摩擦磨损的分子动力学

方 亮 著

机 械 工 业 出 版 社

本书采用分子动力学模拟的研究方法，对微装备、微制造领域的纳米摩擦和磨损问题进行了系统论述。其主要内容包括：绪论、分子动力学的原理与方法、纳米压入过程模拟、空气条件下纳米磨料磨损行为、含水膜条件下单晶铜纳米薄膜材料的磨损行为、化学机械抛光过程的分子动力学、晶界对纳米多晶铜力学性能的影响。本书主要应用 LAMMPS 大规模并行软件进行模拟计算，其中还涉及大量对位错理论、相变理论和相场方法的应用讨论，内容针对性强，可为解决微装备、微制造领域的纳米摩擦和磨损问题提供帮助。

本书可供从事摩擦磨损技术工作的研究人员和工程技术人员阅读，也可供相关专业在校师生参考。

图书在版编目（CIP）数据

摩擦磨损的分子动力学/方亮著．—北京：机械工业出版社，2023.2（2024.1 重印）

ISBN 978-7-111-72627-2

Ⅰ.①摩…　Ⅱ.①方…　Ⅲ.①摩擦-分子动力-研究②磨损-分子动力-研究　Ⅳ.①O561

中国国家版本馆 CIP 数据核字（2023）第 025585 号

机械工业出版社（北京市百万庄大街 22 号　邮政编码 100037）
策划编辑：陈保华　　责任编辑：陈保华　王　良
责任校对：张亚楠　张　征　　封面设计：马精明
责任印制：邓　博
北京中科印刷有限公司印刷
2024 年 1 月第 1 版第 2 次印刷
169mm×239mm · 23.5 印张 · 16 插页 · 458 千字
标准书号：ISBN 978-7-111-72627-2
定价：169.00 元

电话服务　　网络服务
客服电话：010-88361066　　机　工　官　网：www.cmpbook.com
010-88379833　　机　工　官　博：weibo.com/cmp1952
010-68326294　　金　书　网：www.golden-book.com

机工教育服务网：www.cmpedu.com

前言

随着微机电系统（MEMS）的应用日益成熟和大规模集成电路制造的需求越来越旺盛，制造和应用中产生的摩擦学问题近年来得到了国内外学者的关注和重视。这两个领域的摩擦学研究属于纳米摩擦学范畴，在应用方面，学者们主要关注如何减少摩擦和磨损；而在制造方面，学者们的兴趣则主要在如何科学利用和调控摩擦和磨损，最典型的应用就是芯片制造中的化学机械抛光。在化学机械抛光中，研究人员想方设法在产生尽可能少的缺陷的基础上，有效增大被抛光材料的磨损率，即材料的去除率，这和在应用中要尽可能减少材料磨损是截然相反的。

纳米摩擦学研究的蓬勃发展离不开现代显微检测技术，如扫描电子显微镜（SEM）、高分辨率透射显微镜（HRTEM）、X 射线光电子能谱（XPS）、扫描隧道显微镜（STM）、原子力显微镜（AFM）、纳米压痕仪（NI）等。其中新型的纳米压痕仪还结合了原子力显微镜，它除了能开展纳米压痕试验外，还可以应用于纳米划痕试验，从中可以得到许多精确的纳米级或微米级的材料力学行为，如压入硬度、弹性模量、屈服强度、断裂韧度等。有的新型纳米压入装置还可以用于微纳尺度材料的压缩、拉伸、断裂、疲劳摩擦和磨损等测试，极大地推动了纳米摩擦学的研究。理论上，分子模拟技术，特别是分子动力学模拟软件的发展，无疑给纳米摩擦学研究增添了助推剂，它可以打破和克服纳米尺度真实试验工作的局限，运用大规模多 CPU 并行处理的计算机来完成纳米尺度摩擦磨损过程的模拟。分子模拟理论和现代显微检测技术协同合作，使人类把视野延伸到原子和分子水平。在此基础上，从事跨尺度的研究才真正成为可能。

纳米摩擦学与宏观摩擦学一样，涉及摩擦、磨损和润滑，也属于交叉学科的范畴，数学、物理学、化学、力学、机械学、晶体学、材料学等都与纳米摩擦学相关联。本书仅涉及其中一个方向，即运用分子动力学计算软件 LAMMPS 模拟几种材料的纳米磨损过程，期望从中得出规律性的认识，并能对该领域的应用实践打下基础。

第 1 章简要综述了分子动力学的发展及其应用价值；第 2 章概述了分子动力学的原理、作用势函数和模拟工具；第 3 章从纳米压入原理和试验入手，论述了使用分子动力学模拟得到的对单晶铜、单晶硅的纳米压入的规律性认识，在该章的最后一节，还专门叙述了单晶纳米线的拉伸行为，提出材料尺度对材料性能有重要影响的支撑观点；第 4 章系统论述了在空气润滑下单晶铜的纳米二体和三体磨料磨损的模拟试验及其规律，介绍了单晶硅的纳米磨料磨损，指出纳米尺度与宏观磨料磨损的主要区别之一在于不能忽略被磨表面的弹性回复作用，据此，完善了纳米尺度下椭球磨料的滑动与滚动的判据；第 5 章分析了在含水膜条件下单晶铜的纳米压入、二体及三体磨料磨损的行为，并将磨料滚动与滑动的判据延伸到有水润滑的条件，水膜的存在能降低摩擦因数并影响材料的去除率；第 6 章直接针对化学机械抛光过程，系统讨论了单晶硅表面覆盖有无定形二氧化硅膜情况下的纳米压入和磨损行为，并在含有水膜的情况下，分析了材料的磨损去除机理，还采用非刚性磨料模拟磨损过程，发现采用非刚性磨料时，相比刚性磨料，材料去除效率较高，单晶硅表面去除质量好，基体无缺陷；第 7 章中，作者采用分子动力学系统研究了纳米多晶铜的变形行为，并结合使用相场法构建了更接近实际的多晶模型，定量分析了晶界的移动和孪晶演化过程，为将来合理设计晶体结构提供了理论依据。

本书为《磨料磨损》的续作。书中主要内容为作者十余年相关最新科研工作的总结。作者指导的博士生孙甲鹏（河海大学副研究员）、史俊勤（西北工业大学副教授）、陈娟（太原科技大学讲师）、张猛（日本东京大学博士后）和优秀硕士生朱向征（深圳迈瑞生物医疗电子股份有限公司）整理了书中主要章节内容及计算数据。特别是张猛博士为本书的排版做了重要的工作，在此一并向同学们表示衷心感谢。也衷心感谢在指导研究生过程中，作者所在研究组老师，特别是孙琨教授的协助指导和帮助。同时感谢国家自然科学基金委员会对本书的出版提供的经费支持（MEMS 中的纳米三体磨料磨损，项目编号：51375364）。感谢所有支持过本人的朋友、家人和亲戚。

书中的错误在所难免，期望广大读者谅解，并提出建设性的意见，以帮助作者在本书再版时订正。

为便于读者分析、理解内容，对于一些重要的彩色图，均附于书后的插页中，对于未在插页中列出的彩色图，如认为有必要，欢迎读者通过电子邮件向作者索取，作者电子邮箱为：fangl@ mail. xjtu. edu. cn。

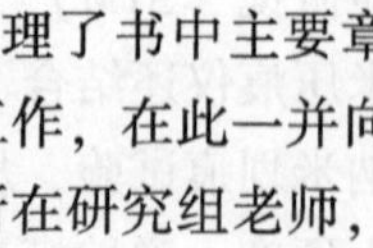

目录

第1章　绪　　论

1.1　分子动力学模拟的发展历史

分子动力学（molecular dynamics，MD）是一种分子模拟方法，该方法依靠牛顿力学及计算机数值求解分子体系，在由分子体系的不同状态构成的系统中抽取样本，从而计算体系的构型积分，并以构型积分的结果为基础，进一步计算体系的热力学量和其他宏观性质。具体来讲，分子动力学是利用原子核来研究系统中原子的运动轨迹。在合适的相互作用势函数下，初始原子（具有一定的速度和位置）的位移发生了变化，通过求解牛顿运动方程，可以得到不同时刻原子的速度、加速度和其他相关的物理信息，然后根据热力学统计理论，得出物质的宏观性质。

经典的分子动力学方法是 Alder 和 Wainwright[1,2] 于 1957 年提出并首先在“硬球”液体模型下应用的，他们发现了由 Bethe 和 Kirkwood[3] 等在 1939 年根据统计力学预言的“刚性球组成的集合系统会发生由液相到结晶相的转变”，后来人们称这种相变为 Alder 相变。Rahman[4] 于 1963 年采用连续势模型研究了液体的分子动力学模拟。1980 年 Andersen[5] 等创造了恒压分子动力学方法。1983 年 Gillan[6] 等将该方法推广到具有温度梯度的非平衡系统，从而形成了非平衡系统分子动力学方法体系。1984 年 Nose[7] 等完成了恒温分子动力学方法的创建。1985 年针对势函数模型化比较困难的半导体和金属等，Car[8] 等提出了将电子论与分子动力学方法有机统一起来的第一性原理分子动力学方法。1991 年 Cagin[9] 等进一步提出了应用于处理吸附问题的巨正则系综分子动力学方法。20 世纪 80 年代后期，计算机技术飞速发展，加上多体势函数的提出与发展，使分子动力学模拟技术有了进一步的发展。

经典分子动力学（classical MD）通过实验结果或经验模型确定原子间作用势，计算量较小，可以解决较大规模的问题，但是可移植性差，针对不同的问题，可能需要确定不同的经验参数。在 20 世纪 80 年代以前，分子动力学模拟一般都采用对势模型，该模型仅考虑近邻原子间的库仑作用力和短程相互作用，并认为系统能量为各粒子能量总和。对势可以比较好地描述除金属和半导体以外的几乎所有无机化合物。比较常用的对势有硬球势、Lennard-Jones（LJ）势、Morse 势、Johnson 势等，它们在特定的问题中均有各自的优越性。

实际上，在多原子体系中一个原子的位置不同将影响空间一定范围内的电子云分布，从而影响其他原子之间的有效相互作用，因此，人们开始考虑粒子间的多体作用（many-body effects），构造出多体势结构。多体势于 20 世纪 80 年代初期开始出现，Daw 和 Baskes[10] 等在 1984 年首次提出了嵌入原子法（embedded-atommethod，EAM），EAM 势很好地描述了金属原子之间的相互作用，是描述金属体系最常用的一种势函数。EAM 势对于由共价键结合的有机分子以及半导体材料并不适用。为更好描述各种含有共价键作用的物质，人们考虑了电子云的非球形对称，将 EAM 势推广到共价键材料。为此，Daw 和 Baskes[11] 等提出了修正嵌入原子核法（MEAM）。从某种意义上说这个模型是半经验的，因为它从局域电子密度观点出发解决全部问题，使用的参数有从实验中获得的数据（如晶格常数、转变能、体积弹性模量、弹性系数等）。

在体系平衡过程中以及达到平衡之后，每一步或者每 N 步的原子位置、动量、能量、力等大量的原始数据会被保存下来。通过直接计算或者统计分析，从这些保存的数据中可以得到以下参量：

1）基本的能量、结构和力学特性，其中一些数据会被用来修正经验势函数。

2）与压力和体积相关的热膨胀系数、熔点和相图。

3）结构缺陷和扩散、晶界结构和滑动性能。

4）热容、不同相间的亥姆霍兹自由能差、热传导性质。

5）径向分布函数和扩散系数。

6）过程和现象的描述，例如喷涂、气相沉积、快速塑性流动、裂纹生长和快速断裂、纳米压痕、冲击波的扩展、爆炸、放射、离子轰击、团簇效应和纳米摩擦等。

相比于第一性原理方法，MD 计算方法速度非常快、计算体系更大。但是，MD 计算方法也存在一些限制：

1）可用的势函数非常有限，特别是对于多组分体系，同时势函数的精确性也经常受到质疑。

2）模拟体系的尺寸仍然无法达到宏观尺寸，时间尺度也只能限制在纳秒量级。

3）无法获得电磁性质。

1.2 分子动力学模拟的应用与意义

当代科学的发展离不开实验、理论和模拟，目前为止实验、理论和模拟的发展齐头并进，模拟是联系理论和实验的桥梁，在揭示实验现象，预测理论结果中起着关键的作用。分子动力学模拟是最接近实验条件的模拟方法，能够从原子层面给出体系的微观演化方程，展示实验现象发生的机理及规律。对于原子核和电子所构成的多体系统，求解运动方程（如牛顿方程、哈密顿方程或拉格朗日方程），其中每一个原子核被视为在全部其他原子核和电子作用下运动，通过分析系统中各粒子的受力情况，用经典或量子的方法求解系统中各粒子在某时刻的位置和速度，以确定粒子的运动状态，进而计算系统的结构和性质。随着半导体工业和计算机算法的发展，以及各种势函数的发展，分子动力学的研究受到了广泛的关注，同时也被应用到不同的领域，如：凝聚态物理、材料科学、纳米力学、核技术、生物医学、反应化学等领域[12]。

对于一些过程变化极快的物理过程，很难通过实验的方法进行动态的观察并进行相关信息的统计，因此人们广泛采用 MD 模拟的方法进行研究。高能粒子碰撞就是一个典型的案例[13]，采用 MD 方法，人们可以对不同条件下的高能粒子碰撞进行模拟，模拟中单个原子或其他类型的粒子会获得几十电子伏到几千电子伏甚至是兆电子伏的能量，特别是在辐照损伤的模拟中。粒子以极快的速度对材料进行碰撞，通过模拟可以观察到缺陷的产生和湮灭过程，并能对点缺陷和团簇可视化。但由于 MD 的时间尺度限制，使得不能够很好地对缺陷的演化进行模拟，但随着计算方法的改进，这一问题也逐渐被解决。除此之外，MD 还能够模拟相变[14, 15]、冲击振动[14, 16, 17]、爆炸力学等一些变化过程极快的过程。

传统的力学特性测试包括：拉伸、压缩及剪切等，也能够采用 MD 进行模拟。同样由于其模拟是在原子时间和空间下进行的，从而导致了模拟中的应变率极高，很难降低模拟中的应变率[18, 19]。同样为了兼顾计算效率，也很难在较大规模的体系中通过求解复杂的薛定谔方程来获得原子间的作用力，因此，势函数也必须做出相应的简化。尽管如此，MD 依然可以很好地揭示多晶材料的相关变形机制，如位错的释放、孪晶的形成以及微观结构的演化等变形机制，并且 MD 仍然可以很好地预测不同参数对材料的力学特性及变形行为的影响，对相关材料的设计具有一定的指导意义。因此，MD 对材料力学特性的探究主要集中在材料微观结构的变形过程、缺陷的演化对力学特性的影响以及裂纹的产生及扩展等方面。

摩擦磨损是导致工业设备和零件失效的主要因素之一，所造成的经济损失是巨大的。美国曾有统计表明，每年因摩擦磨损造成的经济损失占其国民生产总值的4%[20-24]。为了认识摩擦磨损的微观机制，人们也对其进行了大量的研究。采用 MD 构建平面–平面、粗糙峰–平面接触、粗糙峰–单峰接触模型，来探究摩擦磨损中接触面积、载荷、温度、相对速度、晶体取向等对相关力学特性参数的影响[25]。通过机械加工过程中，刀具和材料基体间最为常见的摩擦磨损行为，MD 也可以很好地模拟切削过程，从而探究切削过程中不同材料的黏附效应、材料转移规律及能量耗散机制[26]。

表面涂覆是在基体表面上形成一种涂层，从而获得所需基体材料的力学特性。MD 在表面工程上的应用也比较多[27]，如表面沉积过程及性质的模拟。沉积过程实质就是较低能量原子的相互作用，通过 MD，可以揭示原子在界面处的产生、扩散、晶格的位错、形变等行为对相关力学和微观摩擦性能的影响。此外，还可以对表面改性过程、应力状态以及表面裂纹进行模拟。

随着信息技术和超精尖技术的发展，大规模集成电路的集成度越来越高，硅片直径的日益增大，使得芯片特征线宽逐渐减小[28]。另一方面，随着器件小型化，微/纳机电器件（MEMS/NEMS）被广泛应用在军事、医疗、生物、环境控制、传感器等国计民生的各个方面[29, 30]，这就对大规模集成电路和 MEMS 器件的加工制造提出了更加严苛的要求。要求进入芯片加工的硅片具有原子级的平坦度和表面及次表面零缺陷的超光滑表面。目前，化学机械抛光是唯一能够达到这种要求的关键加工技术。在化学机械抛光过程中，由于抛光液中化学试剂的影响，单晶硅表面被氧化，并生成了一层 0.1nm 到几个纳米的无定型 SiO_x 膜[31, 32]，很明显，这层膜的出现改变了原始单晶硅片的性质。然而，近几年的化学机械抛光研究的重点在于宏观过程参数对硅片表面质量和抛光效率的影响。

除此之外，MD 还广泛应用于其他自然界和工业界的许多系统，譬如生化分子（蛋白质、酶、核酸、多糖类等），聚合物（安全玻璃、脂肪、药物、尼龙、橡胶、油类分子等）等包含大量的原子和分子的体系[33]。

1.3 分子动力学模拟的发展趋势

在材料学、物理学和力学前沿领域中，多尺度现象是一个名副其实的跨学科研究课题[34]。固体材料的变形直至破坏，跨越了从原子结构到宏观的近十个尺度量级，所以必须要对材料的跨尺度行为进行研究，从而实现材料结构的力学设计，并对正在服役的材料寿命进行准确预测。随着数学、物理学、化学、材料科学等领域的发展，多尺度研究越来越受到重视。近些年来，研究人员也提出了材料基因组计划（the materials genome initiative，MGI），该计划就是一个典型的针对材料的多尺度研究。寻找和建立材料从原子排列到相的形成，再到显微组织的形成，最终到材料宏观性能与使用寿命之间的相互关系，这种把成分—结构—性能关系和数据库与计算模型结合起来的方式，可以大大加快材料研发速度，降低材料研发的成本，提高材料设计的成功率[35]。在多尺度研究中，MD 扮演着重要的角色，从分子动力学和蒙特卡洛方法（包括从头计算分子动力学[8, 36]）中可以获得较多的信息，包括热力学性能、反应途径、结构、点缺陷和位错迁移率、晶界能和晶界迁移率、析出相尺寸等[37, 38]。此外，MD 模拟也可以给蒙特卡洛、相场演化方程求解提供较多的输入参量。

为了提高 MD 模拟精度，1985 年，Car 和 Parrinello[36]在传统的分子动力学中引入了电子的虚拟动力学，把电子和核的自由度做统一的考虑，首次把密度泛函理论与分子动力学有机地结合起来，提出了从头计算分子动力学方法（简称 CP 方法），使基于局域密度泛函理论的第一原理计算直接用于统计力学模拟成为可能，极大地扩展了计算机模拟实验的广度和深度。近年来，这一方法已成为计算机模拟实验的最先进和最重要的方法之一，每年有几百篇有关从头计算分子动力学方法的文章被 SCI 收录。也有很多研究人员将 MD 和有限元进行结合，在这种多尺度分析方法中，力和位移是最常见的两种建立连续介质区与离散原子区连接的变量，基于连续介质理论定义的柯西应力存在局部行为，而基于粒子间相互作用定义的 Virial 应力存在截断半径，具有非局部行为，因此两者不能在多尺度计算中进行协调从而导致计算错误。鉴于此，采用位移作为连续介质区与离散原子区相连的连续变量[39]，在细观区域和宏观区域通过应力强度因子实现应力的传递。

此外，为了提高传统的 MD 模拟模型的真实性，研究人员尝试用不同的方法进行构建。自从 1998 年，人们将 Voronoi 方法引入到构建多晶体系后[40-42]，该方法因为比较简单一致而广泛使用，但在该方法中所构建的模型晶界均为平直的面，这大大降低了变形过程中纳米多晶的耦合，从而限制一些变形行为的发生[43, 44]。随后人们又开发了采用分子动力学烧结的方法[45]，该方法更加合理，但创建的晶体中包含各种空洞，烧结的质量完全取决于烧结的压强和时间，因此会很难进行控制并给模拟带来其他的变量。为了创建更加合理的体系，近期研究人员又开发了采用透射电子显微镜（TEM）或扫描电子显微镜（SEM）拍摄的图像以及 CAD 图像等方法来构建多晶模型体系[46]，由此可见人们对模拟模型的重视程度。

除此之外，还有算法软件的研究。MD 模拟的研究人员对 Atomeye 这个由李巨老师开发的软件并不陌生，该软件是一款小巧且功能强大的可视化软件，可以轻松可视化百万级的原子体系，渲染效果较好。但要熟练的进行使用，必须记住并熟悉相关命令，因此对初学者不是很友好。随着计算机计算技术的发展，越来越多的 Windows 操作系统下的可视化软件应运而生，包括 OVITO 及 VMD 等，在这些软件中集成了各种缺陷分析和统计的工具。结合几何分析，研究人员也设计了大量的缺陷分析方法，包括：共近邻分析（command neighbor analysis，CNA）[47, 48]，中心对称参数（centrosymmetry parameters）[49]以及位错提取分析（dislocation analysis，DXA）[50, 51]等，后面也会对这些方法研究进行深入的分析和讨论。

随着 GPU（graphics processing unit）硬件和软件技术的发展，在 MD 模拟中的一些简单的可并行问题会在 GPU 中进行计算，如 EAM 势函数的加速计算。相比于 CPU，GPU 不仅价格较为便宜，而且单个 GPU 的计算核心数远大于 CPU，能达到上千个。因此，可以极大地提高计算的效率。目前基于 GPU 的 MD 发展也较为迅速[52, 53]，有兴趣的读者可以学习樊哲勇近期开发的 GPUMD[54-56]。

基于第一性原理计算开展机器学习来训练势函数是近年计算材料领域的重要进展之一。精确训练的势函数具有可以比拟第一性原理的精度，但计算量显著降低，其计算量仅与模拟原子数呈线性关系，而典型的密度泛函计算一般与原子数成三次方关系。因此，基于机器学习经验势可以用来高精度地模拟超大规模的复杂材料体系。准确的机器学习经验势需要同时利用第一原理获得的力和能量来同时训练。由于力是能量的一阶导数，这导致需要十分庞大的数据集才能实现准确的训练结果，同时对训练方法也提出了很大挑战[57]。

参考文献

[1] ALDER B J, WAINWRIGHT T E. Phase transition for a hard sphere system[J]. J Chem Phys, 1957, 27(5):1208-1209.

[2] ALDER B J, WAINWRIGHT T E. Studies in molecular dynamics . I. general method[J]. J Chem Phys, 1959, 31(2):459-466.

[3] Bethe H A, Kirkwood J G. Critical behavior of solid solutions in the order-disorder transformation[J]. J Chem Phys, 1939, 7(8):578-582.

[4] RAHMAN A. Correlations in motion of atoms in liquid argon[J]. Physical Review, 1964, 136(2A):A405-A411.

[5] ANDERSEN H C. Molecular-Dynamics simulations at constant pressure and-or temperature[J]. J Chem Phys, 1980, 72(4):2384-2393.

[6] GILLAN M J. Diffusion in a temperature gradient[M]. Bosten: Springer Science, 1983.

[7] NOSE S. A unified formulation of the constant temperature molecular-dynamics methods[J]. J Chem Phys, 1984, 81(1):511-519.

[8] CAR R, Parrinello M. Structural, dynamical, and Electronic-Properties of Amorphous-Silicon - an Abinitio Molecular-Dynamics study[J]. Physical Review Letters, 1988, 60(3):204-207.

[9] CAGIN T, PETTITT B M. Molecular-Dynamics with a variable number of molecules[J]. Mol Phys, 1991, 72(1):169-175.

[10] DAW M S, BASKES M I. Semiempirical, quantum-mechanical calculation of hydrogen embrittlement in metals[J]. Physical Review Letters, 1983, 50(17):1285-1288.

[11] DAW M S, BASKES M I. Embedded-Atom Method: Derivation and application to impurities, surfaces, and other defects in metals[J]. Physical Review B, 1984, 29(12):6443-6453.

[12] 陈娟. SiO_2/Si 双层纳米材料力学及摩擦磨损行为的分子动力学模拟[D]. 西安:西安交通大学, 2019.

[13] MALERBA L, TERENTYEV D, OLSSON P, et al. Molecular dynamics simulation of displace-

ment cascades in Fe-Cr alloys[J]. Journal of Nuclear Materials, 2004, 329:1156-1160.

[14] KADAU K, GERMANN T C, LOMDAHL P S, et al. Microscopic view of structural phase transitions induced by shock waves[J]. Science, 2002, 296(5573):1681-1684.

[15] SANDOVAL L, URBASSEK H M. Solid-Solid phase transitions in Fe nanowires induced by axial strain[J]. Nanotechnology, 2009, 20(32)325704.

[16] CHAISSE F, HEUZE O. Fundamental property of the solid equation of state infered from shock waves physics[J]. Mater Res Soc Symp P, 2002, 731:297-300.

[17] LI W H, YAO X H, BRANICIO P S, et al. Shock-Induced spall in single and nanocrystalline SiC[J]. Acta Materialia, 2017, 140:274-289.

[18] SAINATH G, CHOUDHARY B K. Molecular dynamics simulations on size dependent tensile deformation behaviour of [110] oriented body centred cubic iron nanowires[J]. Mat Sci Eng a-Struct, 2015, 640:98-105.

[19] SAINATH G, CHOUDHARY B K, JAYAKUMAR T. Molecular dynamics simulation studies on the size dependent tensile deformation and fracture behaviour of body centred cubic iron nanowires[J]. Comp Mater Sci, 2015, 104:76-83.

[20] 刘高航, 刘光明. 工程材料与结构的失效及失效分析[J]. 国外金属加工,2006(1):6-9.

[21] 屈晓斌, 陈建敏, 周惠娣, 等. 材料的磨损失效及其预防研究现状与发展趋势[J]. 摩擦学学报,1999, 19(2):187-192.

[22] 李舜酩. 机械疲劳与可靠性设计[M]. 北京:科学出版社, 2006.

[23] 薛群基, 张军. 微观摩擦学研究进展[J]. 摩擦学学报,1994, 14(4):360-369.

[24] 雒建斌, 何雨, 温诗铸, 等. 微纳米制造技术的摩擦学挑战[J]. 摩擦学学报, 2005, 25(3):283-288.

[25] 柳培, 韩秀丽, 孙东立, 等. 材料摩擦磨损分子动力学模拟的研究进展[J]. 材料科学与工艺, 2017, 25(3): 26-34.

[26] 梁迎春, 郭永搏, 陈明君. 纳米加工过程中金刚石刀具磨损研究的新进展[J]. 摩擦学学报, 2008, 28(3):282-288.

[27] 王泽, 李国禄, 王海斗,等. 分子动力学模拟及其在表面工程中的应用现状[J]. 材料导报, 2014, 28(9):91-100.

[28] 黄庆红. 国际半导体技术发展路线图(ITRS)2013 版综述(3) [J]. 中国集成电路, 2014, 23(11):14-26.

[29] AYAZI F, NAJAFI K. High Aspect-Ratio combined poly and Single-crystal Silicon (HARPSS) MEMS technology[J]. Journal of Microelectromechanical Systems, 2000, 9(3):288-294.

[30] 翟羽婧, 杨开勇, 潘瑶. 陀螺仪的历史、现状与展望[J]. 飞航导弹, 2018, 12(12): 84-88.

[31] XU J, LUO J B, WANG L L, et al. The crystallographic change in Sub-Surface layer of the silicon single crystal polished by chemical mechanical polishing[J]. Tribology International, 2007, 40(2):285-289.

[32] ESTRAGNAT E, TANG G, LIANG H, et al. Experimental investigation on mechanisms of silicon chemical mechanical polishing [J]. Journal of Electronic Materials, 2004, 33 (4):

334-339.
[33] 陈正隆,徐为人,汤立达. 分子模拟的理论与实践[M]. 北京:化学工业出版社, 2007.
[34] 柴立和. 多尺度科学的研究进展[J]. 化学进展, 2005, 17(2):186-191.
[35] 赵继成. 材料基因组计划简介[J]. 自然杂志, 2014, 36(2):89-104.
[36] CAR R, PARRINELLO M. Unified approach for Molecular-Dynamics and Density-Functional theory[J]. Physical Review Lettors, 1985, 55(22):2471-2474.
[37] BERENDSEN H J C, POSTMA J P M, VANGUNSTEREN W F, et al. Molecular-Dynamics with coupling to an external bath[J]. J Chem Phys, 1984, 81(8):3684-3690.
[38] SOLER J M, ARTACHO E, GALE J D, et al. The SIESTA method for *ab initio* Order-N materials simulation[J]. J Phys-Condens Mat, 2002, 14(11):2745-2779.
[39] 王路生. 基于分子动力学与有限元方法的金属材料变形及失效的多尺度模拟[D]. 重庆: 重庆理工大学, 2018.
[40] VORONOI G. Nouvelles applications des paramètres continus à la théorie des formes quadratiques[J]. J. Reine Angew. Math, 1908, 134:198-287.
[41] SCHIOTZ J, DI TOLLA F D, JACOBSEN K W. Softening of nanocrystalline metals at very small grain sizes[J]. Nature, 1998, 391(6667):561-563.
[42] SCHIOTZ J, VEGGE T, DI TOLLA F D, et al. Atomic-Scale simulations of the mechanical deformation of nanocrystalline metals[J]. Phys Rev B, 1999, 60(17):11971-11983.
[43] ZHANG M, CHEN J, XU T, et al. effect of grain boundary deformation on mechanical properties in nanocrystalline Cu film investigated by using phase field and molecular dynamics simulation methods[J]. J Appl Phys, 2020, 127(12):125303.
[44] ZHANG M, XU T, LI M E, et al. Constructing initial nanocrystalline configurations from phase field microstructures enables rational molecular dynamics simulation[J]. Comp Mater Sci, 2019, 163:162-166.
[45] KADAU K, GERMANN T C, LOMDAHL P S, et al. Molecular-Dynamics study of mechanical deformation in Nano-Crystal line aluminum[J]. Metall Mater Trans A, 2004, 35a(9): 2719-2723.
[46] PRAKASH A, HUMMEL M, SCHMAUDER S, et al. NanoSCULPT: A methodology for generating complex realistic configurations for atomistic simulations[J]. Methodsx, 2016, 3:219-230.
[47] STUKOWSKI A. Structure identification methods for atomistic simulations of crystalline materials[J]. Model Simul Mater Sc, 2012, 20(4): 045021.
[48] ACKLAND G J, JONES A P. Applications of local crystal structure measures in experiment and simulation[J]. Physical Review B, 2006, 73(5): 054104.
[49] KELCHNER C L, PLIMPTON S J, HAMILTON J C. Dislocation nucleation and defect structure during surface indentation[J]. Physical Review B, 1998, 58(17):11085-11088.
[50] STUKOWSKI A, ALBE K. Extracting dislocations and Non-Dislocation crystal defects from atomistic simulation data[J]. Model Simul Mater Sc, 2010, 18(8): 085001.
[51] STUKOWSKI A, BULATOV V V, ARSENLIS A. Automated identification and indexing of dislocations in crystal interfaces[J]. Model Simul Mater Sc, 2012, 20(8):085007.

[52] 费辉，张云泉，王可，等．基于 GPU 的分子动力学模拟并行化及实现[J]．计算机科学，2011，38(9):276-278.

[53] 林江宏，林锦贤，吕暾．多核 CPU 和 GPU 加速分子动力学模拟[J]．计算机应用，2011，31(3):843-847.

[54] FAN Z Y, CHEN W, VIERIMAA V, et al. Efficient molecular dynamics simulations with Many-Body potentials on graphics processing units[J]. Comput Phys Commun, 2017, 218:10-16.

[55] FAN Z Y, PEREIRA L F C, WANG H Q, et al. Force and heat current formulas for Many-Body potentials in molecular dynamics simulations with applications to thermal conductivity calculations[J]. Physical Review B, 2015, 92(9): 094301.

[56] FAN Z Y, PEREIRA L F C, HIRVONEN P, et al. Thermal conductivity decomposition in Two-Dimensional materials: Application to graphene[J]. Physical Review B, 2017, 95(14):144309.

[57] COPPER A M, KSTNER J, URBAN A, et al. Efficient training of accurate neural network potentials by including atomic forces via taylor expansion: Application to water and a Transition-Metal oxide[J]. npj Computational materials, 2020, 54:1-14.

第2章　分子动力学的原理与方法

2.1　分子动力学原理

随着人们对材料认知的不断探索，目前已经构建了实验、模拟和理论一体化的研究方法，其中计算机模拟是连接实验和理论之间的重要桥梁，同时它也弥补了人们对材料微观变形机理认识的不足以及大大缩短了新材料的设计周期。早在20世纪50年代时，Alder和Wainwright首次采用MD模拟了球体之间的相互作用[1, 2]，但由于计算机硬件设备的限制，模拟体系受到限制。近现代以来，计算机技术及硬件的发展迅猛，模拟体系小至几个粒子，大到上百万甚至上亿个粒子，所对应的三维多晶体系中的晶粒尺寸变化范围也较大，从而为探究多晶金属材料的Hall-Petch现象提供了必要条件。经典分子动力学是依靠牛顿力学来模拟原子、分子所构成的体系的运动，体系中粒子的相互作用采用经验势函数来描述，由于忽略了电子之间的相互作用，因此，不必求解复杂的薛定谔方程，从而使得模拟的体系和时间变大，经典MD方法被广泛应用于研究纳米尺度的多晶材料特性以及材料中不同缺陷之间的相互作用。在模拟体系中通过分析系统中各粒子的受力情况，以及系统中各粒子在某时刻的位置和速度，以确定粒子的运动状态，随后采用统计力学来计算系统的结构和性质。

根据牛顿经典力学，对于一个简单的原子系统，原子 i 的加速度（a_i）可以表示为

$$a_i = \frac{f_i}{m_i} \tag{2-1}$$

式中，f_i为原子受到的外力；m_i为原子的质量。通过该公式可以得到原子的运动细节信息，原子受到的力可以根据势函数 U 的梯度来获得：$f_i = -\nabla_i U$，∇为哈密顿量（或算子）。通常描述原子的运动细节包括位置（q_i）、速度（$\dot{q}_1$）和动量矢量信息（P_i），采用拉格朗日量（Lagrangian）和哈密顿量（Hamiltonian）。

在广义坐标系统下，系统在 $t = t_1$ 和 $t = t_2$ 的两个位置之间的运动方程满足 $S = \int_{t_1}^{t_2} L(q,\dot{q}_1,t)\,\mathrm{d}t$ 取最小值，$L(q,\dot{q}_1,t)$ 表示拉格朗日量，它表示有一个可以描述系统状态的量，它在时间上面的积分就是系统状态的演化量，这样的演化量需要满足最小化原理，通过变时积分可以导出拉格朗日方程如下：

$$\frac{\mathrm{d}}{\mathrm{d}t}\left(\frac{\partial L}{\partial q'}\right) = \frac{\partial L}{\partial q} \tag{2-2}$$

式中，旁边带撇的为偏导数。

在 MD 中，对于 n 个原子的保守系统而言，拉格朗日方程 S 可以表示为系统的动能和势能之差：

$$L = \frac{1}{2}\sum_{i=1}^{n} m_i \dot{q}_1^2 - \sum_{i<j} U(r_{ij}) \tag{2-3}$$

式中，上面带点的为全导数。

而哈密顿量可以表示为动能和势能之和：

$$H = \frac{1}{2}\sum_{i=1}^{n} \frac{P_i^2}{m_i} + \sum_{i<j} U(r_{ij}) \tag{2-4}$$

式中，r_{ij}为原子 i 和原子 j 之间的距离。对哈密顿量进行正则化，可以得到力方程：$-\frac{\partial H}{\partial q_i} = \dot{P}_1 = F_i$，和速度方程：$-\frac{\partial H}{\partial P_i} = \dot{q}_1$，$\dot{P}_1$ 为动量矢量的全导数。

拉格朗日方程通常用于求解原子系统运动的方程，即原子的速度和位置，并能施加模拟中的一些条件如约束、外力和边界条件等。而哈密顿正则方程更适合于求解系统的动力学演化过程和热力学状态[3]。

2.1.1　*N* 原子系统

N 原子系统总的受力如式（2-5），在某一位置时，如果能量是恒定的（$\mathrm{d}E/\mathrm{d}t=0$），则作用于原子 i 的力是对能量求导的负值。在实际的 MD 中，作用力如式（2-6）：

$$F(r_1, r_2, \cdots, r_N) = \sum_i m_i a_i = \sum_i m_i \frac{\mathrm{d}^2 r_i}{\mathrm{d}t^2} \tag{2-5}$$

$$F_i = m_i \frac{\mathrm{d}^2 r_i}{\mathrm{d}t^2} = -\frac{\mathrm{d}U(r_i)}{\mathrm{d}r_i} \tag{2-6}$$

式中，r 为原子间距离。

在给定的时刻，作用于原子的力可以通过相互作用势得到，而相互作用势仅是所有原子位置的函数。那么，接下来则是求解运动公式。理论上，第一项和第二项积分将会产生速度和位置。然而，对于 $6N$ 系统（$3N$ 个位置和 $3N$ 个动量）其解析解是不可能如此简单的。因此，MD 模拟采用了数学迭代的有限差分方法，用有限差分取代微分，从而将微分公式转变为有限差分公式。例如，采用泰勒展开式，后一刻 $t+\Delta t$ 的位置由前一刻 t 的位置得到，如下所示：

$$r(t+\Delta t) = r(t) + v(t)\Delta t + \frac{1}{2!}a(t)\Delta t^2 + \frac{\mathrm{d}^3 r(t)}{3!\,\mathrm{d}t^3}\Delta t^3 + \cdots \tag{2-7}$$

式中，Δt 为一个小的离散步长，在 $t+\Delta t$ 时间内所有的变化率均被假设是恒定的；v 为速度。实际的公式是用多项式来近似的。然后，N 个原子系统的牛顿运动公式的积分过程如下：

1）由给定的势函数计算所有原子上的力。

2）基于得到的力 $\boldsymbol{F}_i$，根据 $\boldsymbol{a}_i = \boldsymbol{F}_i/m$ 来计算加速度 $\boldsymbol{a}_i$。

3）采用有限差分方法（后面式2-15），计算 $t+\Delta t$ 时刻的 $\boldsymbol{r}_i$、$\boldsymbol{v}_i$和 $\boldsymbol{a}_i$。

4）将计算得到的数据作为下一步分输入值，重复以上过程直到达到平衡。

在实际的 MD 运行中，差分项通常考虑到泰勒展开式中的第三阶，更高阶项的截断误差为 O（Δt^4）。方程的解虽然不是很精确，但是与实际已经很接近。

2.1.2 Verlet 算法

在实际的 MD 运行中，有好几种牛顿运动公式的数学积分方法和原子轨迹计算方法，它们的目的均是保证模拟的稳定性和结果的精确性。1967 年，Verlet[4, 5]首次发展了一种算法，其过程如下：

采用第三阶项，写出前一时刻和后一时刻的原子位置如下：

$$r(t+\Delta t) = r(t) + v(t)\Delta t + \frac{1}{2!}a(t)\Delta t^2 + \frac{\mathrm{d}^3 r(t)}{3!\mathrm{d}t^3}\Delta t^3 \tag{2-8}$$

$$r(t-\Delta t) = r(t) - v(t)\Delta t + \frac{1}{2!}a(t)\Delta t^2 - \frac{\mathrm{d}^3 r(t)}{3!\mathrm{d}t^3}\Delta t^3 \tag{2-9}$$

将两个公式求和，得出 $t+\Delta t$ 时刻原子位置的最终表达式：

$$r(t+\Delta t) = 2r(t) - r(t-\Delta t) + a(t)\Delta t^2 \tag{2-10}$$

因此，利用 r（t）、r（$t-\Delta t$）和 a（t）就可以预测 r（$t+\Delta t$）。第一步需要前一时刻 r（$t-\Delta t$）的位置，如公式（2-9）。但是，通过采用正常的泰勒展示可以避免它的计算，即：

$$r(t+\Delta t) = r(t) - v(t)\Delta t + \frac{a(t)}{2}\Delta t^2 \tag{2-11}$$

第一步计算之后，利用公式（2-10）进行第二步计算 r（$t+2\Delta t$）。在使用 Verlet 算法时速度并未随时间演变，但是速度需要用来计算动能，速度是通过 $2\Delta t$ 时间间隔内位置的改变来间接求得：

$$v(t) = \frac{r(t+\Delta t) - r(t-\Delta t)}{2\Delta t} \tag{2-12}$$

Verlet 算法简单，相对比较精确，时间可逆，每一步只需要一次力的计算。

2.1.3 Velocity-Verlet 算法

Velocity-Verlet 算法是 MD 中使用频率最高的算法之一[6, 7]。在此算法中，$t+\Delta t$时刻的位置、速度和加速度由 t 时刻的相应的量得来，其过程如下：

采用半个步长来更新半个步长的速度 v 和一个步长的位移 r，即：

$$r(t+\Delta t)=r(t)+v(t)\Delta t+\frac{1}{2!}a(t)\Delta t^2+\frac{\mathrm{d}^3r(t)}{3!\mathrm{d}t^3}\Delta t^3+\cdots \tag{2-13}$$

$$v\left(t+\frac{\Delta t}{2}\right)=v(t)+\frac{1}{2!}a(t)\Delta t \tag{2-14}$$

$$r(t+\Delta t)=r(t)+v(t)\Delta t+\frac{1}{2!}a(t)\Delta t^2=r(t)+v\left(t+\frac{\Delta t}{2}\right)\Delta t \tag{2-15}$$

通过势能关系，采用整个步长来更新加速度 a，即进一步更新速度为：

$$v(t+\Delta t)=v(t)+\frac{a(t)+a(t+\Delta t)}{2}\Delta t=v\left(t+\frac{\Delta t}{2}\right)+\frac{1}{2}a(t+\Delta t)\Delta t \tag{2-16}$$

可以看出，速度只有在新的位置和加速度（等效于新的力）得到后才更新。这种算法很容易实施，是时间可逆的、精确的，同时适用于短的步长和长的步长，因为每一步都计算位置和速度，因此稳定性很好。通常这种算法会存在能量波动，但不会出现长时间的能量漂移。

2.1.4　初始位置和速度

为了求解牛顿运动公式，初始速度和位置需要被提供。原子的初始位置可以是任何位置，但是按照已知的晶格位置，原子的初始位置通常必须是特定的。原子的初始速度可以都是零，但是在给定的温度下，根据麦克斯韦分布或者高斯分布规律，原子的速度通常是随机的。例如，在热力学温度 T 时一个原子的初始速度为 v 的概率为

$$P(v)=\left(\frac{m}{2\pi k_BT}\right)^{\frac{1}{2}}\exp\left(-\frac{mv^2}{2k_BT}\right) \tag{2-17}$$

式中，k_B是玻尔兹曼常数。为了保证总的线性动量为零，速度的方向也是随机选择的。

2.1.5　时间步长

一名芭蕾舞演员一步可能能跳 2m 的距离并且在空中停留 1s，为了追踪她的运动轨迹，必须要有一部能够在 1s 内捕捉 5～10 个动态的照相机。同理，当固体晶格中的原子在 10～14s 内振动时，就需要一个单位为 10～15s。这种小的时间间隔就称为时间步长 Δt，并且假设在这个时间步长内原子的速度、加速度和力是恒定的，这样才能进行简单的代数运算。根据牛顿运动公式的求解规律，原子的位置会在每一个时间步长更新。因此，在保证能量存储和运行稳定的前提下，为了加速模拟，时间步长应该尽可能的大；一个实际的规律是在一个时间步长内，原子的运动不应该超过最大距离的 1/30，这样通常的时间步长从 0.1 到几飞秒。

跟时间步长相关的计算负荷和准确性在计算过程中是一个比较矛盾的问题。

较小的时间步长增加了计算负荷但是可以提高计算精确性，反之亦然。如果总能量不稳定，说明时间步长太大。对于因为高温、轻质量或者势能曲线而引起的原子运动相对较快，则最好采用较短的时间步长。

2.1.6　总模拟时间

一个典型的 MD 运行可能需要 103～106 个时间步长，相对的总模拟时间是几百个纳秒（10^{-9}s）。通常而言，这样的时间长度足以观察材料中的静态和动态特性。运行一个 MD，计算太长可能会引起误差积累和数据产生的效率降低。但是，总的模拟时间应该长于系统的弛豫时间，从而获得可靠的数据，特别是对于相变、气相沉积、晶体生长和辐射损伤淬火等这样的现象，系统的平衡则非常慢，则要确保总的模拟时间足够长。

2.1.7　系综类型

MD 模拟盒子中的每一个原子的运动和行为都是不同的，并且系统每一步的微观状态都是更新的。当系统经过合适的模拟和平衡后，体系中所有微观状态的总和（包含了体系中所有不同的微观状态）称为系综，其具有相同的宏观状态和热力学特性。

1. 微正则系综（microcanonical ensemble，NVE）

NVE 系综是保持体系的总能量、粒子数和体积恒定，形成一个孤立保守的系统。MD 模拟中，粒子数和体积值设定后保持不变，需要借助一些数学方法以控制能量保持不变，一般采用标定速度的方法。

2. 正则系综（canonical ensemble，NVT）

NVT 系综是保持体系的温度、粒子数以及体积恒定，通过控制温度不变以达到分子模拟接近实际情况，但体系能量不断变化。对于采用 NVT 系综的模拟，控制温度是操作的关键，通常可直接对粒子速度调整以求动能的改变，进而实现对温度的调节，或可使体系的温度和外界某一体系的热浴温度保持相同。通常采用的温度控制方法主要有速度标定法、Andersen 控温法、Berendsen 控温法、Nosé 控温法及 Nosé-Hoover 控温方法等。本书的工作中主要采用 NVT 系综进行模拟。

3. 等温等压系综（constant temperature and pressure ensemble，NPT）

NPT 系综是保持体系的粒子数、温度与压力恒定不变。其中温度控制方法与 NVT 系综一样，而压力控制方法需要依靠调节体积来实现。为保持体系压力恒定，可依靠控制体系中原胞大小实现。通常采用的压力控制方法有恒压标度法、Andersen 控压法、Berendsen 控压法及 Parrinello-Rahman 控压法等。

2.1.8　温度和压力控制

相比于实际的实验，NVT 系综下的 MD 计算通常需要恒定的温度，它可以通过标定速度来获得。平均动能与平均速度和原子的温度相关，即：

$$\langle E_{\mathrm{kin}}\rangle = \left\langle \frac{1}{2}\sum_i m_i v_i^2 \right\rangle = \frac{3}{2}NkT \tag{2-18}$$

式中，“3”为三维系统中的维度自由度；k 为玻耳兹曼常数。温度是与平均速度直接相关的。

$$\langle v\rangle = \left(\frac{3kT}{m}\right)^{\frac{1}{2}} \propto T^{\frac{1}{2}} \tag{2-19}$$

则通过给每一个速度分量乘以相同的因子来使得温度从 T 增加或降低到 T'：

$$\langle v_{\mathrm{new}}\rangle = \langle v_{\mathrm{old}}\rangle\left(\frac{T'}{T}\right)^{\frac{1}{2}} \tag{2-20}$$

应用此式可以实现所有原子的速度逐渐增加到期望值。尽管系统并不是完全等同于真实的、严格热力学条件下的 NVT 系综，但是通过实际的速度标定可以保证温度。

MD 中为了获得 NVT 系综和相应的热力学性质（如亥姆霍兹自由能），需要施加一个热浴相互作用，即将系统耦合到一个热浴中或者人为的坐标和速度。

在 NPT 系综中，为了得到恒定的压力，通常采用扩展系综（压力浴），同时允许系统的体积改变。

2.1.9　能量最小化

找到一个系统的能量最小化的构型是不太容易的，因此需要一些系统化的方法来搜寻能量最小化。

1. 最速下降法

这种方法是从计算原子的初始构型的能量 U 开始的，原子向着能量更低的方向运动，直到搜寻线与势能梯度垂直。当任何进一步的更新导致更高的能量 U 时，下一步搜寻将从沿着最速下降的方向开始，如图 2-1a 所示。这个过程不断地迭代重复直到搜寻到原子构型的最小能量。因此这种搜寻路径是一个“之”字形，而其中很多正交的步数花费了太多的时间导致过程较慢。

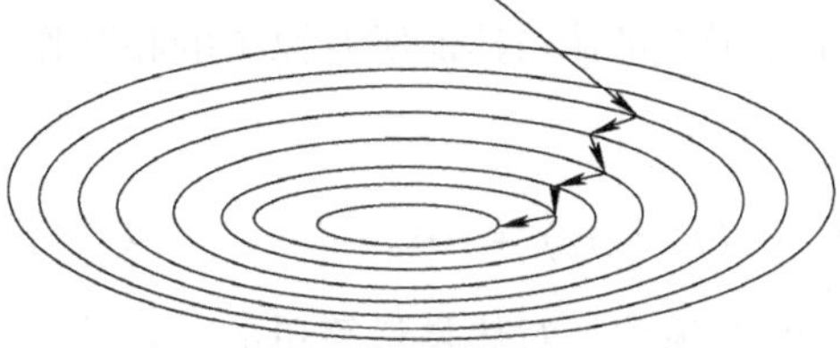

a）最速下降法

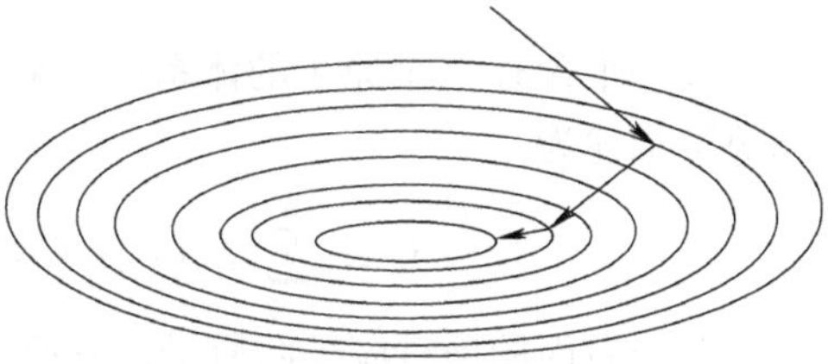

b）共轭梯度法

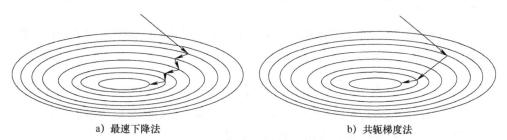

图 2-1　能量最小化积分方法[4, 5]

2. 共轭梯度法

这种方法通过沿着最速下降的方向开始搜寻，停止在一个局部极小值，然后基于新的能量梯度（原子之间力的负值）和之前的搜寻方向指出一个新的方向。因此，如图 2-1b 所示，这种搜寻路径相对直接，具有更少的步数、搜寻速度更快。

2.2 分子间相互作用与势函数

当原子足够接近时，原子之间就会通过相互吸引和排斥处于平衡位置，这个过程就是由所谓的势函数决定的。原子遵从牛顿第二运动规律而最终会以最小势能状态处于平衡距离。作用于一个原子上的作用力 F 为

$$F = ma = m\frac{\mathrm{d}v}{\mathrm{d}t} = m\frac{\mathrm{d}^2 r}{\mathrm{d}t^2} = \frac{\mathrm{d}p}{\mathrm{d}t} \tag{2-21}$$

式中，a 为加速度（$0.1\mathrm{nm}\cdot\mathrm{ps}^{-2}$）；$v$ 为速度（$0.1\mathrm{nm}\cdot\mathrm{ps}^{-1}$）；$t$ 为时间（ps）；r 为距离（Å）；p 为动量（$\mathrm{g}\cdot 0.1\mathrm{nm}\cdot\mathrm{ps}^{-1}$）；$m$ 为质量。

如果不同时刻体系的总能量 E 是恒定的（$\mathrm{d}E/\mathrm{d}t = 0$），对于 MD 来说这就是一个孤立系统，$F$ 是势能对位置微分的负值，即

$$F = -\Delta U \rightarrow F = -\Delta U(r_1, r_2, \cdots, r_N) \tag{2-22}$$

式中，U 为势能（eV）。因此，如果知道一个系统的势能（原子间距离的函数），则可以确定作用于原子上的作用力，进而可以对不同时刻的式（2-22）进行求解。

特定系统势函数的参数是通过对实验数据或者由第一性原理计算得到的数据进行修正而得到的。这些实验参数包括平衡晶格参数、内聚能、体相模量、弹性常数、空位形成能、热膨胀参数、介电常数、振动频率、表面能等。这些参数都具有系统的特定性，因此要将一个特定的势函数应用于另外的系统或条件时首先要确定其适应性。

2.2.1 对势

在一个含有 N 个原子的体系中，某一个原子 i 同时和其他所有原子的相互作用势可描述为

$$U = \sum_{i<j}^{N} U_2(r_i, r_j) + \sum_{i<j<k}^{N} U_3(r_i, r_j, r_k) + \cdots \tag{2-23}$$

其中右面的项对应于两原子、三原子等的势函数。对势是最简单的势函数形式，仅考虑两个原子的相互作用，忽略所有其他的原子。

典型的就是 1924 年提出的 Lennard-Jones 势函数[8]，表达式如下：

$$U_{\mathrm{LJ}} = 4\varepsilon\left[\left(\frac{\sigma}{r}\right)^{12} - \left(\frac{\sigma}{r}\right)^{6}\right] \tag{2-24}$$

式中，ε 为势能曲线的最低能量（与势阱深度和内聚能相关）（eV）；σ 为势能为零时的原子间的平均相互距离（0.1nm）；这两个参数是针对特定的材料拟合出来的。图 2-2 所示为 Lennard-Jones 对势曲线。

两个原子从一个较远的距离互相接近时，当 $r = \infty$时引力和斥力均为零；当两个原子接近时，偶极矩之间产生吸引作用，同时 r^{-6}项很好地描述了范德华相互作用；当两个原子进一步接近时，由于静电重合，泡利斥力开始起作用，r^{-12}项很好地描述了斥力的剧增；当两个原子处于平衡相互作用距离时，两种力相互平衡，并且能量处于最低；当 r 进一步减小时，能量从 $r = \sigma$ 处的零开始快速增加。

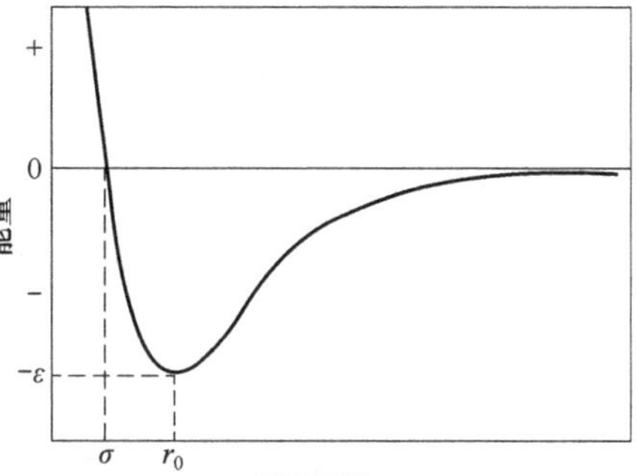

图 2-2　Lennard-Jones 对势曲线[8]

这种简单的对势能够很好地描述惰性气体分子间的相互作用，也可以描述不同种类原子间的作用。不同种类原子的 LJ 势函数可以通过 Lorentz-Berthelot 混合法则来获得。因多原子的影响是不能完全忽略的，所以对势不能用于金属、半导体和其他固体材料。

2.2.2　Morse 势

Morse 势是以物理学家 Philip M. Morse 的名字命名的，一种对于双原子分子间势能的简易解析模型[9]

一方面，对 Morse 势求解 Schroedinger 方程具有解析解，方便分析问题；另一方面，由于它隐含包括了键断裂现象，对于分子振动的微细结构具有很好的近似。Morse 势包含谐振子模型所缺乏的特性，那就是非成键态。相比量子谐振子模型，Morse 势更加真实，因为它能够描述非谐效应、倍频及组合频率。Morse 势可描述成如下形式：

$$U = \sum_{ij} D_0\left[\mathrm{e}^{-2\alpha(r-r_0)} - 2\,\mathrm{e}^{-\alpha(r-r_0)}\right] \tag{2-25}$$

式中，D_0 、α 和 r_0 分别代表两种原子的结合能、弹性模量和原子之间平衡距离，其中 D_0是势阱深度，控制着势阱的“宽度”

2.2.3　SW 势函数

共价键材料包括硅、二氧化硅、有机材料、还有一些碳基材料（石墨烯、金刚石、类金刚石膜），这类共价键具有两个非常显著的特征：结合强度高，键具有方向性。所以，为这类材料建模时就得考虑原子位置、键长（拉伸）、键角（弯曲），甚至有二面角（扭转）。最开始的 SW 势函数就是为金刚石结构的硅开发的[9]。SW 势函数由两体势和三体势线性组合构成，表达如下：

$$U = \sum_i \sum_{j>i} \varepsilon f_2(i,j) + \sum_i \sum_{j>i} \sum_{k>j} \varepsilon f_3(i,j,k) \tag{2-26}$$

式中，ε 为原子间的键合能（eV）；f_2 为对原子对之间相互作用能（eV），式子如下：

$$f_2(i,j) = g_{ij} A_{ij}(B_{ij} r_{ij}^{-p_{ij}} - r_{ij}^{-q_{ij}})\exp[(r_{ij} - a_{ij})^{-1}]\ r_{ij} < a_{ij} \tag{2-27}$$

否则，$f_2(i,j) = 0$。g_{ij} 为软化函数，控制两体势的贡献大小；A_{ij}、B_{ij}、p_{ij}、q_{ij}、a_{ij} 为原子对 i、j 原子的参数。f_3 为三体势部分（eV），是三个原子 i、j、k 的函数，可表达为

$$f_3(i,j,k) = h(r_{ij},r_{ik},\theta_{jik}) + h(r_{ji},r_{jk},\theta_{ijk}) + h(r_{ki},r_{kj},\theta_{ikj}) \tag{2-28}$$

式中，r_{ij} 为原子间的距离（0.1nm）；θ_{jik} 为原子距离 r_{ij} 和 r_{ik} 之间的夹角（°）。当 $r_{ij} < a_{jik}^{ij}$，$r_{ik} < a_{jik}^{ik}$ 时，函数 h 表达如下：

$$h(r_{ij},r_{ik},\theta_{jik}) = \lambda_{jik}\exp\left[\frac{\gamma_{jik}^{ij}}{r_{ij} - a_{jik}^{ij}} + \frac{\gamma_{jik}^{ik}}{r_{ik} - a_{jik}^{ik}}\right] \times (\cos\theta_{jik} - \cos\theta_{jik}^{0})^2 \tag{2-29}$$

否则，$h(r_{ij},r_{ik},\theta_{jik}) = 0$。$\lambda_{jik}$、$\gamma_{jik}^{ij}$、$\gamma_{jik}^{ik}$、$a_{jik}^{ij}$、$a_{jik}^{ik}$、$\theta_{jik}^{0}$ 为三个原子的参数。a_{jik}^{ij}、a_{jik}^{ik} 为三体势部分的截断距离（0.1nm）；θ_{jik}^{0} 为原子 j、i、k 之间平衡夹角（°）。

SW 势函数考虑了键长、键角等参数，可以简化原子之间的相互作用，也使得材料比较稳定，可以处理硅中位错、点缺陷、一些表面结构和液态、混合状态时的问题，但不足之处是它只能描述一种平衡原子配置，而不能捕获其他的稳定结构。键序的发明可以解决这一缺陷，通过一个键序参数可以评估不同键的强度，所以采用一个势函数就可以获得系统的稳定状态。代表性的键序势函数为 Tersoff 势函数[10]。

2.2.4 Tersoff 势函数

在共价键固体中，因为这些固体结构是低密排结构（通常配位数只有 4）并且含有很强的方向性的键。金刚石和闪锌矿结构属于这种固体并且有一个 109.47°的键角和 sp^3 杂化轨道的键。因此，键角和键序是这类材料的基本特征，两个原子之间的键的强度依赖于局部环境，例如配位数和键角。1988 年，Tersoff 意识到这种几何因素后发展了一种新的势[11]：

$$U = \frac{1}{2}\sum_i \sum_{j\neq i} [f_{ij} A_{ij}\exp(-\lambda_{ij} r_{ij}) - f_{ij} b_{ij} B_{ij}\exp(-\mu_{ij} r_{ij})] \tag{2-30}$$

式中，U 为体系的总能量（eV）；等式右边第一项、第二项分别是吸引项和排斥

项；b_{ij} 为键序函数，它不仅取决于 i、j 原子的位置，而且还与 i 原子周围的近邻原子有关，这是 Tersoff 势函数的主要特点，可表示为

$$b_{ij} = \left[1 + \left(\beta_i \sum_{k \neq i,j} \zeta_{ijk}\right)^{n_i}\right]^{-1/(2n_i)} \tag{2-31}$$

$$\zeta_{ijk} = f_{ik}\exp[\mu_{ij}^{m_i}(r_{ij} - r_{ik})^{m_i}]\left\{1 + \frac{c_i^2}{d_i^2} - \frac{c_i^2}{d_i^2 + (h_i - \cos\theta_{ij\ k})^2}\right\} \tag{2-32}$$

式中，β_i 为键级系数；c_i 、d_i 、h_i 为弹性常数；ζ_{ijk} 为角势能（eV）；θ_{ijk} 为原子 i、j 和原子 i、k 之间的键角（°）；r_{ij} 为原子间距（0.1nm）；n_i 为 i 原子近邻的原子总数；m_i 为原子 i 近邻原子总数（截断半径为 f_{ik} 范围内的原子总数）。f_{ij} 为光滑截断半径（0.1nm），描述如下：

$$f_{ij} = f_c(r_{ij}, \sqrt{R_iR_j}, \sqrt{S_iS_j}) \tag{2-33}$$

$$f_c(r,R,S) = \begin{cases} 1 & (r \leqslant R) \\ \dfrac{1}{2} + \dfrac{1}{2}\cos\dfrac{\pi(r - R)}{S - R} & (R < r < S) \\ 0 & (S \leqslant r) \end{cases} \tag{2-34}$$

$$\lambda_{ij} = \frac{\lambda_i + \lambda_j}{2} \tag{2-35}$$

$$\mu_{ij} = \frac{\mu_i + \mu_j}{2} \tag{2-36}$$

$$A_{ij} = \sqrt{A_iA_j} \tag{2-37}$$

$$B_{ij} = \sqrt{B_iB_j} \tag{2-38}$$

式中，A_{ij} 、B_{ij} 为吸引项、排斥项的对偶势结合能（eV）；S、R 为截断半径（0.1nm）；λ_{ij} 、μ_{ij} 为吸引项和排斥项的对偶势势能曲线梯度系数（下标 i 和 j 指相应原子的相关物理量）。

尽管势函数的两项都依赖于距离，但是这种类型的势函数通常有超过 6 个参数需要被拟合。当参数化程度很好时，这种势能可以非常好地描述原子间的作用而且已经被广泛地应用于不同共价键固体和分子中，例如 SiC、Si、金刚石、石墨烯和无定型碳。文献 [12] 给出了硅 - 氧 Tersoff 势函数。

2.2.5　EAM 势函数

金属材料典型的特点是导电性能好、热传导快，这是因为金属中的价电子为自由电子。原子和周围自由电子之间的相互作用是键能的重要组成部分，这种性能的描述可以采用嵌入原子法（EAM）。1984 年，Daw 和 Baskes 首次提出了嵌入原子法。EAM 势的基本思想是把晶体的总势能分为两部分[13, 14]：一部分是位于晶格点阵上原子核之间的相互作用对势，另一部分是原子核与镶嵌在电子云海中

的相互作用的嵌入能，代表多体相互作用。在嵌入原子法中，系统的总势能表示为

$$U = \sum_i F_i(\rho_i) + \frac{1}{2}\sum_{j\neq i} \varphi_{ij}(r_{ij}) \tag{2-39}$$

式中，F_i 为嵌入能（eV）；第二项是对势项，根据需要可以取不同的形式。φ_{ij} 为第 i、j 两原子间作用势（eV）；ρ_i［第 j 个原子总和（有 n 个原子）在第 i 原子处贡献的电荷密度］可以表示为

$$\rho_i = \sum_{j\neq i} \rho_{ij}(r_{ij}) \tag{2-40}$$

式中，$\rho_{ij}(r_{ij})$ 为第 j 个原子的核外电子在第 i 个原子处贡献的电荷密度；r_{ij} 为第 i 个原子与第 j 个原子之间的距离（0.1nm）。对于不同的金属，嵌入能函数和对势函数参数需要通过拟合金属的宏观参数来确定。

这种类型的势函数能够很好地描述大多数金属和过渡态金属（特别是面心立方结构）的相互作用。可描述金属材料的热动力学函数、塑性变形、熔点、缺陷、晶粒边界结构和摩擦学行为[15]。EAM 的缺点是它认为金属键是没有方向的，事实上，部分金属具有球形对称键，比如镁和钴。为了考虑这种球形对称和方向键，提出了修正的 EAM 势，现在已经发展到了可以描述半导体材料的相互作用[16]。

2.3 周期性边界条件

在分子模拟中，由于模拟的粒子数量有限，因此，计算不可避免受到表面和有限尺寸的影响。为了减小这种影响，模拟系统的尺寸不得不设计得比较大，造成计算成本太高或许根本无法模拟。所以，边界条件的选取对于计算模拟非常重要。常用的边界条件大致分为以下四种：

1）自由边界条件。常用于大型的自由分子的模拟。

2）固定边界条件。在所有要计算到的粒子晶胞之外还要包上几层结构相同的位置保持不变的粒子，包层的厚度必须大于粒子间相互作用的力程范围。包层部分代表了与运动粒子起相互作用的宏观晶体的那一部分。

3）柔性边界条件。这种边界条件更接近于实际，它允许边界上的粒子有微小的移动以反映内层粒子的作用力。

4）周期性边界条件。在模拟较大的系统时，为了消除表面效应或边界效应，经常采用周期性边界条件，就是让原胞上下、左右、前后对边上的粒子之间相互作用。为了将分子动力学原胞有限立方体内的模拟扩展到真实大体系的模拟，通常采用周期性边界条件。采用这种边界条件，就可以消除引入原胞后的表面效应，构造成一个准无穷大的体积来更准确地代表宏观系统。边界条件的表现具体是这样的：

当有一个粒子穿过基本分子动力学原胞的立方体表面时，就让该粒子也以相同速度穿过此表面的对面的表面，重新进入该分子动力学原胞内，如图 2-3 所示。

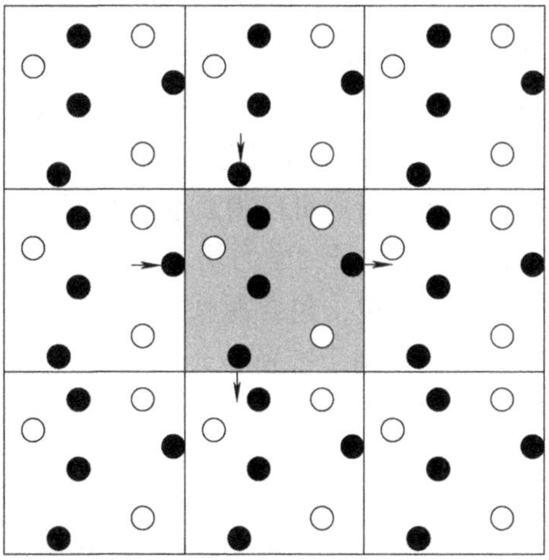

图 2-3　周期性边界条件

在进行周期性边界条件模拟时，要采用截断半径的方法计算非键结的远程作用力，否则会因重复计算粒子所受的力而导致不正确的结果。当 $r > r_c$时（r 为原子间距离），范德瓦尔斯势能的值已经非常接近于零，表示该作用力已可忽略不计，这时的 r_c称为截断半径。截断半径的选取最大不能超过模拟盒子的一半。

2.4　分子动力学模拟工具

目前，分子动力学模拟的主要软件为 GROMACS、AMBER、NAMD 以及 Lammps。GROMACS[17] 是用于研究生物分子体系的分子动力学程序包。它可以用分子动力学、随机动力学或者路径积分方法模拟溶液或晶体中的任意分子，进行分子能量的最小化、分析构象等。它的模拟程序包含 GROMACS 力场（蛋白质、核苷酸、糖等），研究的范围可以包括玻璃和液晶到聚合物、晶体和生物分子溶液。GROMACS 是一个功能强大的分子动力学的模拟软件，其在模拟大量分子系统的牛顿运动方面具有极大的优势。与同类软件相比，它还具有一些特有的优势：

1）GROMACS 进行了大量的算法的优化，使其计算功能更强大。

2）GROMACS 具有友好的用户界面，拓扑文件和参数文件都以文档的形式给出。在程序运行过程中，并不用输入脚本注释语言。所有 GROMACS 的操作都是通过简单的命令行操作进行的，而且运行的过程是分步的，随时可以检查模拟的正确性和可行性，可以减少时间上的浪费。

3）GROMACS 操作简单，功能丰富，而且对于初学者来说易于上手。

4）GROMACS 程序包中包括各种常见的蛋白质和核酸的拓扑结构。包括 20 种标准的氨基酸以及其变异体，4 种核苷和 4 种脱氧核苷，以及糖类和脂类。

AMBER[18]是著名的分子动力学软件，用于蛋白质、核酸、糖等生物大分子的计算模拟。Amber 也指一种经验力场（empirical force fields）。力场和代码是分开的，一些软件中包含 Amber 力场，而其他的力场也包含在此 AMBER 的软件中。通过详细的免费使用手册，用户可以得到更多的信息，AMBER 提供两部分内容：用于模拟生物分子的一组分子力学力场（无版权限制，也用于其他一些模拟程序中）；分子模拟程序软件包，包含源代码和演示（有版权限制，需要购买）。AMBER 主要程序：Leap：用于准备分子系统坐标和参数文件，有两个程序：xleap：x-windows 版本的 Leap，带 GUI 图形界面。tleap：文本界面的 Leap。Antechamber：用于生成少见小分子力学参数文件。有的时候一些小分子 Leap 程序不认识，需要加载其力学参数，这些力学参数文件就要 Antechamber 生成。Sander：MD 数据产生程序，即 MD 模拟程序，被称为 AMBER 的大脑程序。Ptraj：MD 模拟轨迹分析程序。

NAMD（Nanoscale Molecular Dynamics）[19]是用于在大规模并行计算机上快速模拟大分子体系的并行分子动力学代码。NAMD 用经验力场，如 Amber，CHARMM 和 Dreiding，通过数值求解运动方程，计算原子轨迹。与其他软件相比：

1）NAMD 软件所能模拟的体系的尺度，如微观，介观或跨尺度等。是众多 MD 软件中并行处理最好的，可以支持几千个 Cpu 运算。在单机上速度也很快。模拟体系常为 10000～1000000 个原子。

2）使用的力场有 charmm，x-plor，Amber 等，适合模拟蛋白质、核酸、细胞膜等体系，也可进行团簇和 CNT 系统的模拟。

3）软件主要包含两部分处理工具：namd 是计算部分，本身不能建模和数据分析；vmd 及其他数据统计分析软件。

LAMMPS[20]是一个经典的分子动力学代码，它可以模拟液体中的粒子，固体和气体的系综。可以采用不同的力场和边界条件来模拟全原子、聚合物、生物、金属、粒状和粗料化体系。LAMMPS 可以计算的体系小至几个粒子，大到上百万甚至是上亿个粒子。LAMMPS 可以在只有单个处理器的台式机和笔记本上运行且有较高的计算效率，但是它是专门为并行计算机设计的。它可以在任何一个安装了 C++ 编译器和 MPI 的平台上运算，这其中当然包括分布式和共享式并行机和 Beowulf 型的集群机。LAMMPS 是一款可以修改和扩展的计算程序，比如，可以加上一些新的力场、原子模型、边界条件和诊断功能等。通常意义上来讲，LAMMPS 是根据不同的边界条件和初始条件对通过短程力和长程力相互作用的分子、原子和宏观粒子集合对它们的牛顿运动方程进行积分。高效率计算的 LAMMPS 通过采用相邻清单来跟踪它们邻近的粒子。这些清单是根据粒子间的短程互斥力的大小进行优化过的，目的是防止局部粒子密度过高。在并行机上，LAMMPS 采用空间分解技术来分配模拟的区域，把整个模拟空间分成较小的三维小空间，其中每一个小空间可以分配在一个处理器上。各个处理器之间相互通信并且存储每一个小空间边界上的“ghost”原子的信息。LAMMPS（并行情况）在模拟三维矩形盒子并且具有近均一密度的体系时效率最高。与其他软件相比，LAMMPS 具有以下优势：免费的开源代码；可以根据需要修改、扩展计算程序；可对固、液、气三种状态的物质进行模拟；能够模拟多种体系（原子，聚合物，有机分子，粒子材料）；模拟的体系可以达到上百万个粒子（计算资源）；方便并行计算。

分子动力学模拟有特定的软件选择，模拟所选用的软件与软件主流使用的力场有关，这是因为软件本身就具体一定的偏向性。比如，做蛋白体系，选用 GROMACS、AMBER、NAMD 均可；做 DNA 和 RNA 体系，首选肯定是 AMBER；做界面体系，Dl_ POLY 比较强大。做材料体系，最强大的是 LAMMPS。在本书中选择的分子动力学模拟软件就是 LAMMPS。

2.5　缺陷的分析及可视化

2.5.1　缺陷的分析识别方法

通过 MD 模拟获得一系列原子构型及相关参量或者原子信息之后，为了得到所关心的参量，进一步对输出的数据结果进行深入分析是非常必要的。金属材料在力学作用或者摩擦磨损过程中的塑性变形包括位错、层错和孪晶。中心对称参数、滑移矢量、配位数、共邻域分析和键角分析等是目前使用比较广泛的缺陷识别方法，但是它们也都不尽完美、各有优势，所以实际使用中需要将不同的方法相结合。

1. 配位数

配位数方法根据原子配位数的差异对原子进行分类，只需要在设定的截断半径下统计某一原子周围的其他原子数量，截断半径通常设定为晶体第一近邻域与第二近邻域距离的中间值。以单晶铜晶体为例，完好的晶体铜是面心立方结构，配位数为 12。在位错核位置附近被压缩的原子的配位数大于 12，而位错核位置附近被拉伸的原子的配位数则小于 12；而表面原子的配位数小于 12 并且随着晶面结构的不同而有所差异，如单晶铜（111）面的原子配位数是 9，（100）面和（110）面上原子的配位数分别是 8 和 7。另一方面，由于共格孪晶界和层错上的原子配位数与完好的晶体原子配位数一样，所以配位数方法无法识别这两种缺陷。如图 2-4所示为采用配位数方法得到的位错形态图，其包含了以上两种缺陷，其中配位数为 12 的原子被隐藏了。

图 2-4　配位数方法显示的缺陷形态

2. 中心对称参数

众所周知，对于如体心立方（BCC）、面心立方（FCC）、密排立方（HCP）等中心对称的晶体结构，若以中心点向其最近邻的原子做矢量，则所有矢量加和一定为 0。然而，当晶体结构中出现缺陷时，这种对称性则会遭到破坏，所有矢量的加和不再为 0。根据此规律，可以对晶体中的缺陷进行识别分析。面心立方金属的中心对称参数 *CSP* 可以表示为

$$CSP = \sum_{i=1,6} |\overrightarrow{R_i} + \overrightarrow{R_{i+6}}|^2 \tag{2-41}$$

式中，R_i为近邻原子对，R_{i+6}为与 R_i中心对称的原子对。铜晶体的（111）面和（100）面的 *CSP* 分别为 1.95nm 和 2.62nm。图 2-5 所示为采用中心对称参数方法得到的单晶铜纳米压痕的位错构型。

3. 共邻域分析

由于原子的热运动和晶格不规则的弹性变形均会引起中心对称参数的结果有所改变，所以区分不同缺陷形态的界限很不明显，而共邻域分析（CNA）则很好地解决了这个问题。图 2-6 所示为采用 CNA 方法得到的单晶铜纳米压痕的缺陷构型，其中 CNA 等于 1 的原子被隐藏了。

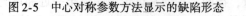

图 2-5　中心对称参数方法显示的缺陷形态

图 2-6　共邻域分析方法显示的缺陷形态

CNA 采用 4 个指数 *i*、*j*、*k*、*l* 来区分不同的晶体结构。对于任意两个原子 a 和 b，若它们是最相邻的两个原子，则指数 *i* 为 1，否则 *i* 为 2；指数 *j* 指明原子对共同的近邻原子数；指数 *k* 指明共同紧邻原子之间的成键数；指数 *l* 则进一步指明前 3 个指数未能区分的结构。相比于中心对称参数和配位数方法，共邻域分

析只能识别规则的晶体结构，不只考虑最邻近原子，而且考虑一些复杂结构的次近邻原子，所以对结构变形很敏感。

4. 位错提取算法

位错分析（DXA）主要是用于识别变形过程中的位错类型并对位错的长度进行统计分析，该方法由 Stukowski 和 Albe 提出并逐步发展[21, 22]。尽管该方法发展时间不长，但对 MD 模拟中的变形机制的分析至关重要，该方法也可以对晶体内的结构进行定量分析，但对于几十万或者百万的原子体系进行分析时，分析速度较慢。因此，一般只针对一些关键的变形进行位错分析，如在塑性变形开始时进行 DXA 分析来观察位错的释放过程或者流变阶段分析位错的相互作用。FCC 多晶体常见的位错包括 Perfect 位错（1/2 <110>）、Shockley 分位错（1/6 <112>）和梯杆位错（1/6 <110>）等。在 OVITO 软件中已经集成了该方法来分析位错并实现可视化。

2.5.2　可视化方法

MD、分子力学和蒙特卡洛模拟等原子模拟产生了三维原子构型或者轨迹，因此需要进一步的分析来获得新的科学结果。然而，若没有合适的软件工具，则无法发现、接近和使用这些关键的信息和结果。

MD 模拟结果的可视化方法有很多，本书作者主要采用独立可视化软件 OVITO[23]。OVITO 是由德国 Darmstadt 理工大学的 Alexander Stukowski 开发的免费开源的软件，用于原子和粒子模拟数据的科学可视化和分析，可以帮助科学家更好地获得材料现象和物理过程。

利用 OVITO 软件在处理和分析数据、可视化结果的过程中，使用者需建立一系列数据处理步骤，如图 2-7 所示。每一个处理步骤都以特殊的方式对数据进行修改，最终这个处理过程被展示在屏幕上并得到输出图形。

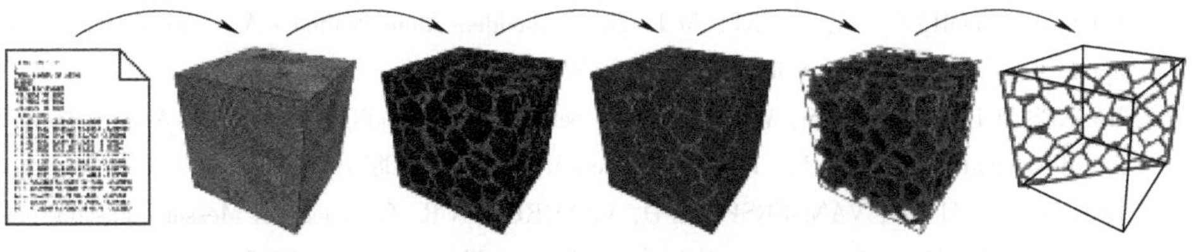

图 2-7　OVITO 数据处理、分析和可视化过程[23]

参考文献

[1] ALDER B J, WAINWRIGHT T E. Phase transition for a hard sphere system[J]. J Chem Phys, 1957,27: 1208-1209.

[2] ALDER B J, WAINWRIGHT T E. Studies in molecular dynamics, I-General method[J]. J Chem Phys, 1959,31:459-466.

[3] 马文. 冲击压缩下纳米多晶金属塑性及相变机制的分子动力学研究[D]. 长沙:国防科学技术大学, 2011.

[4] VERLET L. Computer "experiments" on classical fluides, I-Thermodymical properties of Lennard-Jones moleculars[J]. Physical review, 1967,159 :98-103.

[5] VERLET L. Computer "experiments" on classical fluids, II-Equilibrium correlation functions[J]. Physical Review, 1968,165:201-214.

[6] VOTER A F. A method for accelerating the molecular dynamics simulation of Infre-Quent events [J]. Journal of Chemical Physics, 1997,106:4665-4677.

[7] VOTER A F, CHEN S P. Accurate interatomic potentials for Ni, Al and Ni_3Al[C]. MRS Online Proceedings Library Archive, 1986,82:175-180.

[8] JONES J E. On the determination of molecular fields, II-From the equation of state of a gas[C]. Proceedings of the Royal Society of London Series A-Containing Papers of a Mathematical and Physical Character, 1924: 463-477.

[9] GIRIFALCO L A, WEIZER V G. Application of the morse potential function to cubic metals[J]. Physical Review, 1959,114:687-690.

[10] STILLINGER F H, WEBER T A. Computer-Simulation of local order in condensed phases of silicon[J]. Physical Review B, 1985,31:5262-5271.

[11] TERSOFF J. New Empirical-Approach for the structure and energy of covalent systems[J]. Physical Review B, 1988,37:6991-7000.

[12] MUNETOH S, MOTOOKA T, MORIGUCHI K, et al. Interatomic potential for Si-O systems using tersoff parameterization[J]. Computational Materials Science, 2007,39:334-339.

[13] DAW M S, BASKES M I. Embedded-Atom method: Derivation and application to impurities, surfaces, and other defects in metals[J]. Physical Review B, 1984,29:6443-6453.

[14] FOILES S M, BASKES M I, DAW M S. Embedded-Atom-Method functions for the FCC metals Cu, Ag, Au, Ni, Pd, Pt, and their alloys[J]. Physical Review B, 1986,33:7983-7991.

[15] DAW M S, FOILES S M, BASKES M I. The Embedded-Atom method - A review of theory and applications[J]. Materials Science Reports, 1993,9:251-310.

[16] BASKES M I, NELSON J S, WRIGHT A F. Semiempirical modified Embedded-Atom potentials for silicon and germanium[J]. Physical Review B, 1989,40:6085-6100.

[17] BERENDSEN H J C, VANDERSPOEL D, VANDRUNEN R. Gromacs - A Message-Passing parallel Molecular-Dynamics implementation[J]. Comput Phys Commun, 1995,91:43-56.

[18] SALOMON-FERRER R, CASE D A , WALKER R C . An overview of the amber biomolecular simulation package[J]. Wires Comput Mol Sci, 2013,3:198-210.

[19] PHILLIPS J C, HARDY D J, MAIA J D C, et al. Scalable molecular dynamics on CPU and GPU architectures with NAMD[J]. J Chem Phys, 2020,153(4):044130.

[20] PLIMPTO S. Computational limits of classical Molecular-Dynamics simulations[J]. Comp Mater Sci, 1995(4),4:361-364.

[21] STUKOWSKI A, ALBE K. Extracting dislocations and Non-Dislocation crystal defects from atomistic simulation data[J]. Model Simul Mater Sc, 2010,18:085001.
[22] STUKOWSKI A, BULATOV V V, ARSENLIS A. Automated identification and indexing of dislocations in crystal interfaces[J]. Model Simul Mater Sc, 2012,20:085007.
[23] STUKOWSKI A. Visualization and analysis of atomistic simulation data with OVITO-the open visualization[J]. Modelling and Simulation in Materials Science and Engineering, 2009,18 :015012.

第3章　纳米压入过程模拟

3.1　概论

纳米压入（nanoindentation）是在硬度试验基础上发展起来的一种新型材料试验方法。它可在材料表面较小的区域，通过连续控制和记录加载和卸载时的载荷、位移等数据，获得材料表面、微区的压痕硬度、弹性模量、压痕蠕变、压痕松弛和断裂韧度等力学性能指标，使材料的微观组织结构与宏观力学性能间建立起关联联系，便于指导材料的设计和研究。该方法具有试样制备方便，测试时间短，试验条件易于控制，记录数据精度高等优点。

纳米压入试验方法的研究始于20世纪80年代中期，1997年，国际标准化组织（ISO）开始仪器化纳米压入试验的标准化工作，并从2002年开始，先后正式发布了5个相关国际标准（ISO 14577-1～5），目前起草中的标准还有两个。随后我国也颁布了相关试验标准（GB/T 21838.1～4）。可见，纳米压入试验方法已得到科技与工程界的共识，逐渐成为一种常规的材料测试方法。

纳米压入是基于Hertz接触理论而开展的。Oliver和Pharr[1,2]提出了从纳米压入载荷-压痕深度关系曲线得到材料的弹性模量和硬度的基本方法，该方法确定了纳米测量技术的基础。近年来，纳米压入和试验技术还在不断发展，一些原子力显微镜（AFM）相继都配置了纳米压入试验功能，相应的有限单元法、分子动力学方法也都被应用于纳米压入的理论计算中了。

3.2　纳米压入原理和试验

1. 纳米压入原理

纳米压入压头的选择是一个关键因素，一般人们倾向于采用玻式金刚石压头（Berkovich diamond indenter）。Berkovich压头如图3-1所示，尖端为正三棱锥形状，三个棱锥面与锥体轴线夹角为65.27°，三个面间的夹角为120°，国际标准要求压头尖端钝圆半径须小于200nm。与显微维氏硬度四棱锥压头（锥面与轴线夹角为68°）相比，Berkovich压头的压痕部分投影面积与压痕深度比是相同的。

Berkovich压头的面间角从工艺角度上可以做得非常精确，不同供应商所提供的Berkovich压头的面间角误差对测量结果的影响几乎可以忽略不计。人们采用

Berkovich 压头测量材料表面性能，代替维氏压头的另一个原因是 Berkovich 压头容易被磨削成更为尖锐的单点尖端，而不像维氏压头，往往容易被磨成一条线状尖端。欲得到一个理想的压头尖端在实际上几乎是不可能的，往往理论上可以采用半径很小的球状尖端来近似计算压头的接触力学响应。

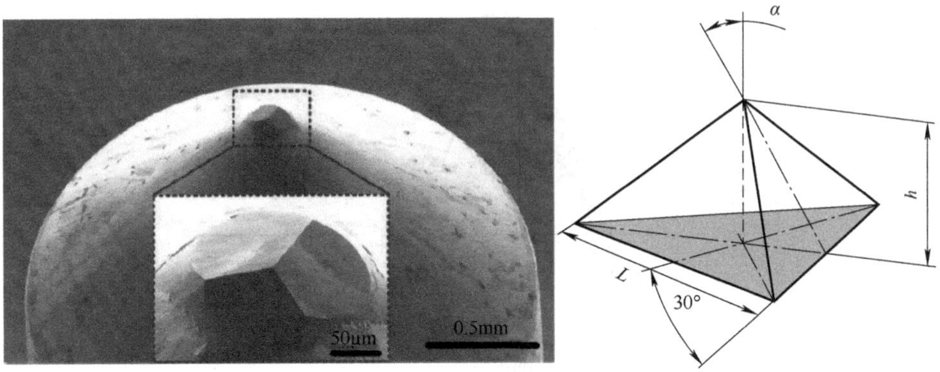

a) SEM图像[3]　　b) 几何参数[4]

图 3-1　Berkovich 压头

下面采用球形压头几何条件来近似计算加载和卸载过程。

（1）加载过程　当半径为 R 的球形压头压入表面时，假设接触半径为 a，压入载荷为 P，如 $R \gg a$，根据 Hertz 接触理论，可得

$$a^3 = \frac{3}{4}\frac{PR}{E^*} \tag{3-1}$$

式中，E^* 为当量弹性模量，其表达式为

$$\frac{1}{E^*} = \frac{1-v_1^2}{E_1} + \frac{1-v_2^2}{E_2} \tag{3-2}$$

式中，E_1，v_1与 E_2，v_2分别是压头（下标 1）和被压入材料（下标 2）的弹性模量和泊松比。实际上，压头材料一般是用金刚石制成的，故当量弹性模量 E^* 可近似为被压入材料的弹性模量 E_2。也可以将式（3-1）表示为平均压强 p_m：

$$p_m = \frac{P}{\pi a^2} = \left(\frac{4}{3}\frac{E^*}{\pi}\right)\frac{a}{R} \tag{3-3}$$

如只考虑弹性变形，将平均压强当作压入应力，a/R 当作压入应变，则压入应力与应变成正比，并且也与当量弹性模量 E^* 成正比。图 3-2 所示为文献［5］作者用蓝宝石脆性材料所做球形压头压入试验的应力–应变曲线，其中虚直线即为 Hertz 压入弹性变形部分曲线，可看出与式（3-3）的理论表述是吻合一致的。对于全弹性变形，最大主切应力位于压头正下方的距离为 $\approx 0.5a$，其值为 $\approx 0.47p_m$。如运用 Tresca 或 von Mises 切应力判据，塑性屈服将发生于 $\tau \approx 0.5\sigma_Y$，如用平均压强表示，

则为 $p_m \approx 1.1\sigma_Y$[6,7]，式中 τ 为屈服剪切应力；σ_Y 为屈服正应力。如屈服发生后进一步增加应变，应力 - 应变曲线将偏离式（3-3）的正比关系。发生完全屈服后，p_m 就是常说的硬度 H。

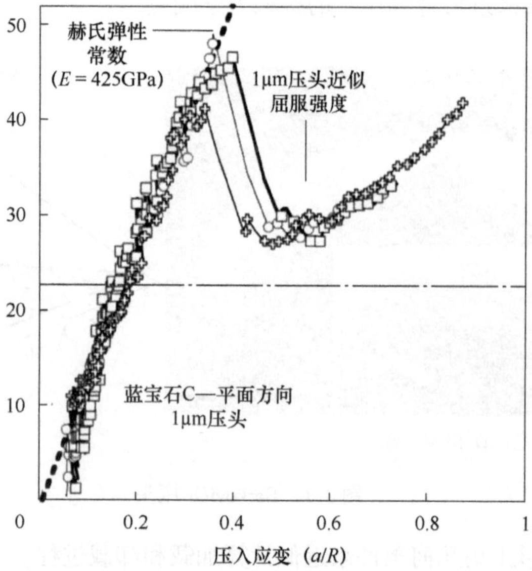

图 3-2　球形压头压入蓝宝石单晶 C 平面方向加载板的应力-应变曲线[5]

当压痕深度超过球形尖端部分时，棱锥体就成为起主导作用的几何体，压入表面下的塑性变形也变得更为显著。达到最大压入载荷时的接触面积，可被用来将棱锥体转换为等效圆锥体，以将问题简化处理，因为总可以找到一个合适的圆锥角，使圆锥的面积和压痕深度比与棱锥体相等。该角度可以从 Berkovich 压头压入棱锥面与锥体轴线夹角的 α（图 3-1）来确定，其面积为

$$A = 3\sqrt{3}\, h_C^2 \tan^2\alpha \tag{3-4}$$

对于半圆锥角为 θ 的圆锥，其面积为

$$A = \pi h_C^2 \tan^2\theta \tag{3-5}$$

式中，h_C为图 3-1b 中的压痕深度。棱锥面与锥体轴线的夹角 $\alpha \approx 65.27°$，$\theta \approx 70.30°$。为此，代入上述角度值，式（3-4）和式（3-5）就成为

$$A \approx 24.5\, h_C^2 \tag{3-6}$$

纳米压入主要是通过试验过程的载荷-位移曲线来获得材料的各项性能参数。Fischer-Cripps[8] 假设被压材料有明确的弹塑性转变点，则载荷 - 位移（$P-h$）满足下述关系：

$$P = E^* \left\{ \frac{1}{\sqrt{\pi}\tan\theta} \frac{\sqrt{E^*}}{H} + \left[\frac{2(\pi-2)}{\pi} \frac{\sqrt{\pi}}{4} \frac{\sqrt{H}}{E^*} \right] \right\}^{-2} h^2 \tag{3-7}$$

式中，E^* 是当量弹性模量；H 是被压入材料硬度；θ 是等效圆锥半圆锥角（对 Berkovich 压头，$\theta \approx 70.30°$）。从式（3-7）可见，载荷与位移的平方是成正比关系的。图 3-3 所示为在最大载荷为 50mN 下，Berkovich 压头压入石英玻璃的载荷-位移曲线。

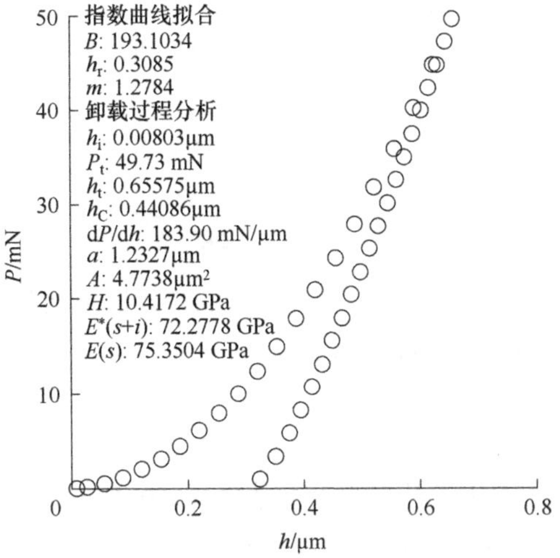

图 3-3　Berkovich 压头压入石英玻璃的载荷－位移曲线[9]

（2）卸载过程　在加载达到最大值或在最大值保持一段时间后卸载，压痕深度也会随之减少。因塑性变形是永久变形，加载过程中发生了能量（热）耗散，材料不会因卸载而发生形状变化，故卸载时发生的是纯弹性变形。卸载时的载荷－位移曲线的斜率 $\mathrm{d}P/\mathrm{d}h$ 就可以表示为被压入材料的刚度。如假设压头为半圆锥角为 θ 的刚性圆锥体压入半无限大弹性平面，则有[9,10]：

$$P = \frac{\pi a^2}{2} E^* \cot\theta \tag{3-8}$$

压入自由表面下的深度 h 可表示为

$$h = \left(\frac{\pi}{2} - \frac{r}{a}\right) a\cot\theta \quad r \leqslant a \tag{3-9}$$

当 $r=0$ 时，将式（3-8）带入上式可得

$$P = \left(\frac{2E^*}{\pi}\tan\theta\right) h^2 \tag{3-10}$$

可见载荷与压痕深度的平方依然成正比，与式（3-7）保持一致。

对式（3-10）求导数，可得被压入材料的刚度：

$$\frac{\mathrm{d}P}{\mathrm{d}h} = \left(\frac{4E^*}{\pi}\tan\theta\right) h \tag{3-11}$$

再次利用式（3-9），并令 $r=0$，代入上式，得

$$\frac{\mathrm{d}P}{\mathrm{d}h}=2E^{*}a \tag{3-12}$$

圆锥体垂直压入材料表面，可等效为面积为 A，半径为 a 的圆，故上式又可表示为

$$E^{*}=\frac{1}{2}\frac{\mathrm{d}P}{\mathrm{d}h}\frac{\sqrt{\pi}}{\sqrt{A}} \tag{3-13}$$

上式便是当量弹性模量的表达式，即当量弹性模量可用纳米压入最大载荷卸载时的曲线部分斜率表示。

若需求材料的压入硬度 H_{IT}，则代入式（3-6）得

$$H_{IT}=\frac{P_{max}}{A}\approx\frac{P}{24.5h_C^2} \tag{3-14}$$

式中，A 为投影面积；P_{max} 和 h_C 值均可从压入试验数据中获得。该压入硬度常被称为仪器化压入硬度（Instrumented indantation hardness），它与维氏硬度（Vickers hardness）间有较好的相关关系[11]：

$$H_V=0.0945H_{IT} \tag{3-15}$$

20 世纪 50 年代，Tabor 提出了从材料硬度估算屈服强度的关系，他认为对大多数金属材料（大的 E/H 值，弹性模量和硬度的比值）而言，硬度值约为屈服强度的三倍。后来 Johnson 根据“静力核”的假设，提出了屈服强度计算更精确的表达式[11]：

$$\frac{p_m}{\sigma_Y}=\frac{2}{3}\left[2+\ln\frac{\left(\frac{E}{\sigma_Y}\right)\cot\theta+4(1-2\nu)}{6(1-\nu)}\right] \tag{3-16}$$

从上式可以更精确算得屈服强度。

对于脆性材料，通过 Berkovich 压入试验，还可以测量断裂韧性。其算式为[12]

$$K_I=0.016\left(\frac{a}{l}\right)^{\frac{1}{2}}\left(\frac{E}{H_{IT}}\right)^{\frac{2}{3}}\frac{P}{c^{\frac{3}{2}}} \tag{3-17}$$

式中，E 为被测材料的弹性模量，其余几何参数的含义如图 3-4 所示。

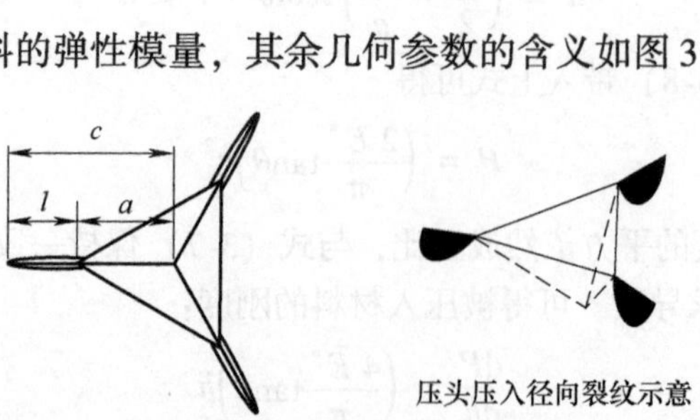

图 3-4　Berkovich 压入脆性材料产生径向裂纹的几何参数[11]

2. 纳米压入试验

对纳米压入，目前一般采用相应的仪器来完成。纳米压入仪主要包含三个基本组成部分，即装有压头的刚性机架，微加载机构和压头位移传感器。图 3-5 所示为纳米压入装置的机构示意。目前应用纳米压入装置较多的部门有高等院校、政府研究机构、质检实验室等。

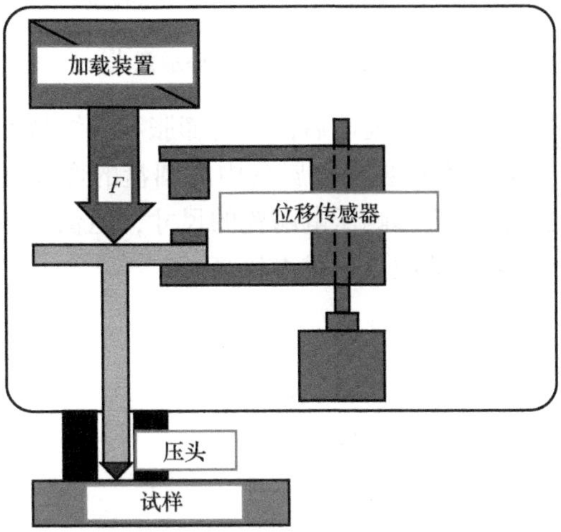

图 3-5　纳米压入装置的机构示意[13]

纳米压入装置要求测量位移的精度必须小于 1/10nm，且加载载荷的精度在几 nN 以内。如测量薄膜材料时，一定要满足十分之一原则，即压痕深度不能超过膜厚的 1/10。加载一般使用压电陶瓷，采用电感线圈或静电磁场变化驱动，最大载荷一般小于 1μN；而位移传感器使用电感或电容变化来检测。下面分别简述纳米压入仪各组成部分的工作原理。

（1）加载装置　市面上采用的一种加载方式是利用一组平行的盘片（一般在两到三个之间）产生的静电引力实现精确载荷控制。如美国 Hysitron 纳米压痕仪（图 3-6、图 3-7）就是采用该加载方式。其缺点是只能加载 30μN 以内的垂直载荷。

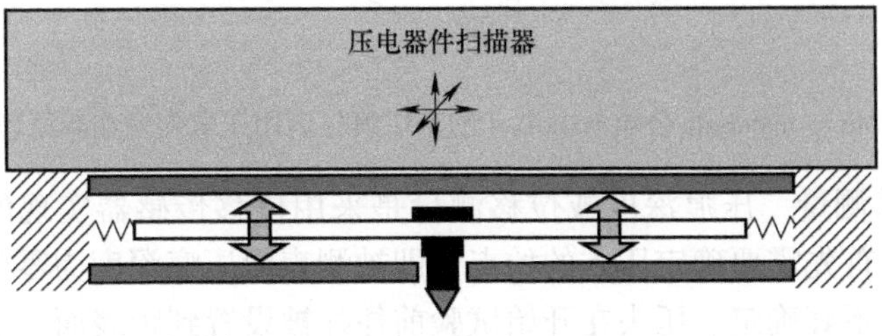

图 3-6　Bruker 公司的 Hysitron 纳米压痕仪运用静电引力加载原理示意[14]

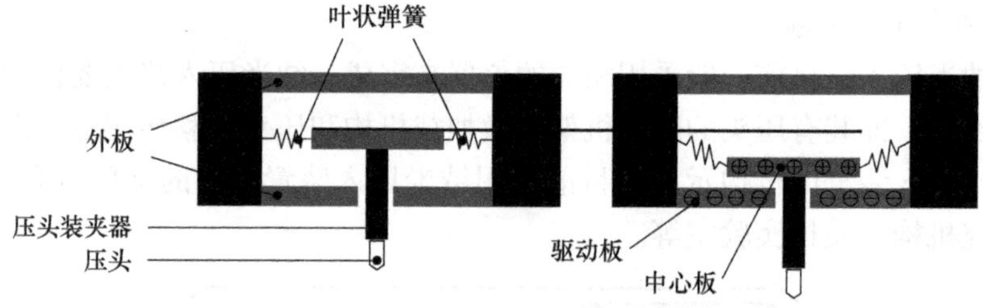

图 3-7　静电加载的原理示意[15]

另一种方法是采用压电陶瓷通电后体积的膨胀和收缩特性来实现加载和卸载（图 3-8，图 3-9）。一般使用封装在金属盒中的圆盘的弯曲变形将载荷施加于压头上。虽然环境温度和湿度会影响压电陶瓷的尺寸，但仍可以通过闭环控制来消除这一误差。这种加载装置的缺点是成本较高。

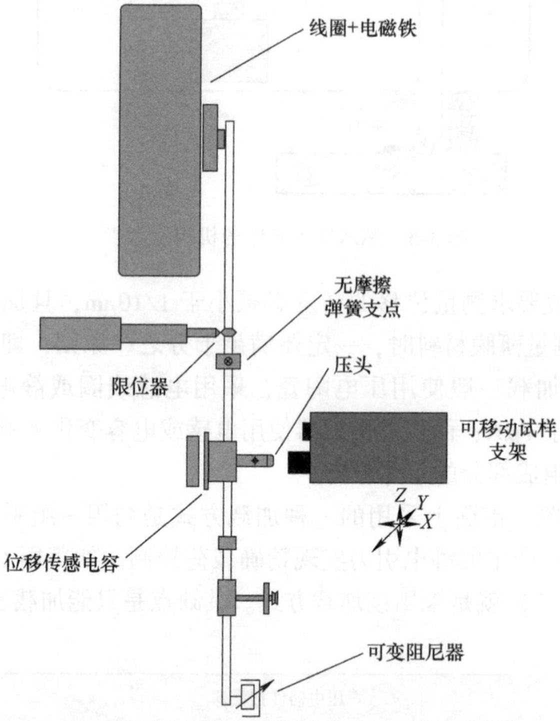

图 3-8　Micro materials 公司 NanoTest 纳米压痕仪运用压电陶瓷加载原理示意[14]

（2）位移测量　压痕深度或位移测量是采用位移传感器实现的。要准确测量压痕深度，首先需要确定压入的始点，即被测表面压痕深度为零的位置，但实际该位置非常不好确定。压头在开始试验前往往被设置到距表面一定高度的工作距离处（一般在 100μm），然后再下降至表面后开始测量。

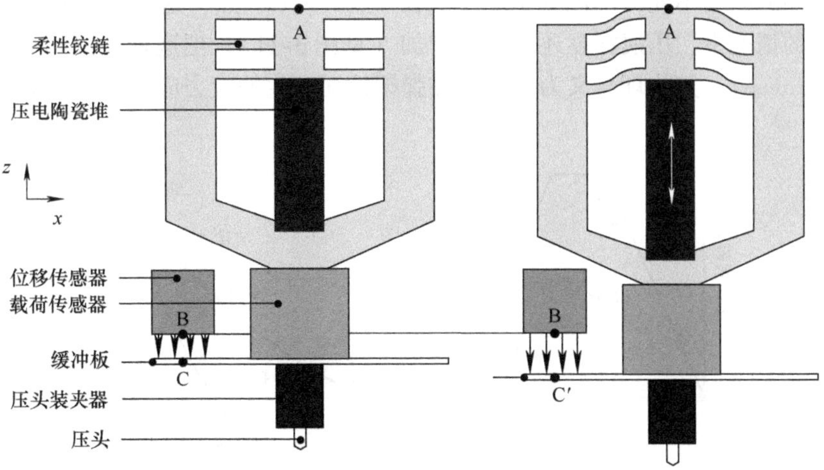

图 3-9　压电陶瓷驱动原理示意[15]

通常位移传感装置由二到三个平行的平板电容组成，使用交流桥式电路，当平板间距离改变时，通过调节电路中的电流，很容易获得压头位移数据。其原理虽然简单，但为了获得高的信噪比，要求平板足够大，平板间距离尽可能小，这反过来又影响到测量量程，同时为了保证平板足够平行，使用了涂层玻璃，又易于造成搬运时的损坏。目前市场上也有采用 LVDT（Linear Variable Differential Transformer）来测量位移的，国内称之为线性可变差动变压器。LVDT 属于直线位移传感器，工作原理就是铁心可动变压器。它由一个初级线圈，两个次级线圈，铁心，线圈骨架，外壳等部件组成。利用交流励磁波驱动，通过输出线圈电流变化计算位移，即用电感变化来替代电容变化，测量距离的改变。这种传感器除可以达到毫米级的量程，测量精度还能达到 0.1μm 级别，且较长时间不需进行周期性的重新标定零点。为准确获得试验压头的压入始点，纳米压入仪一般设置了一枚参比探针来辅助确定压入的“零点”。

(3) 机架　为保证测量的准确度，一般要求机架的刚性要足够高，目前商品纳米压痕仪一般采用花岗岩或铸铁制成。也有使用铝合金的，但其减振效果较差。此外，设计时还可考虑采用蜂巢或支柱等来提高仪器在加载方向的刚度。

图 3-10 所示为纳米压入试验的示意。首先，仪器找到被测试表面的“零点”，从“零点”开始，逐渐增加压入载荷，从载荷-时间梯形曲线（见图 3-10a）可看出，载荷从“*A*”点增加到“*B*”点，达到最大值，然后直接开始卸载，即“*B*（*C*）”点重合，沿 *CD* 线降至“*D*”点，载荷回到零。如记录载荷-压痕深度（位移）曲线（见图 3-10b），对应载荷-时间梯形线，形成指数曲线上升（*AC* 段）和下降［*B*(*C*)］*D* 段这样两段曲线，通过图 3-10b 曲线计算，即可求出材料的一些常见的表面力学性能。如压入过程载荷达到最大值后，保持

一段时间的载荷不变，即图 3-10a 中“B”点到“C”点，这时会发现在压入载荷不变的情况下，压痕深度还会持续增加（见图 3-11），把这种现象归类为材料蠕变（Creep），其物理意义为因材料黏弹塑性而产生的应力应变延迟效应。

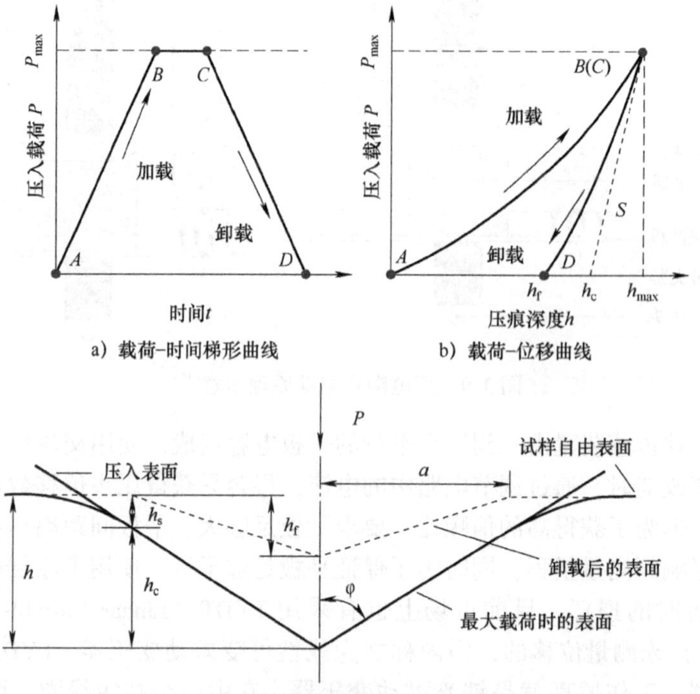

图 3-10　纳米压入试验

根据图 3-11 的参数，可以定义压入蠕变为[13]

$$C_{\text{creep}} = \left(\frac{h_2 - h_1}{h_1}\right) \times 100\% \tag{3-18}$$

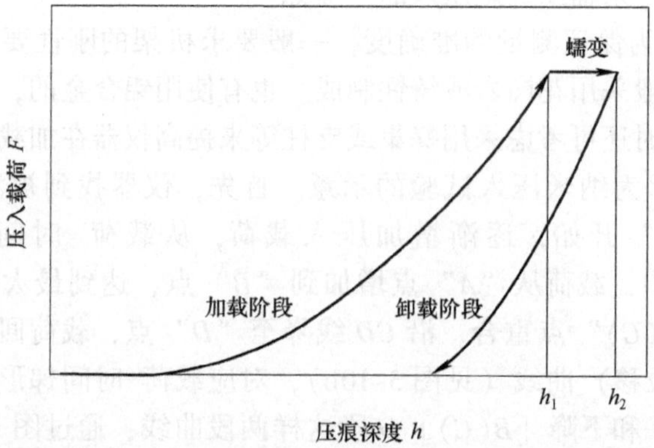

图 3-11　纳米压入试验的载荷-位移曲线中，载荷达到最大值保持载荷不变产生的位移量[13]

式中，h_1为加载到最大载荷时的压痕深度；h_2为保载阶段的压痕深度。

图 3-12 所示为从能量耗散角度来解释纳米压入的载荷–位移曲线示意。其中由加载、保载和卸载曲线所包围的面积为材料的耗散能，即塑性变形能。卸载曲线下所包围的面积为弹性变形能（弹性能），这部分能量属于守恒能量部分，即可恢复的能量。

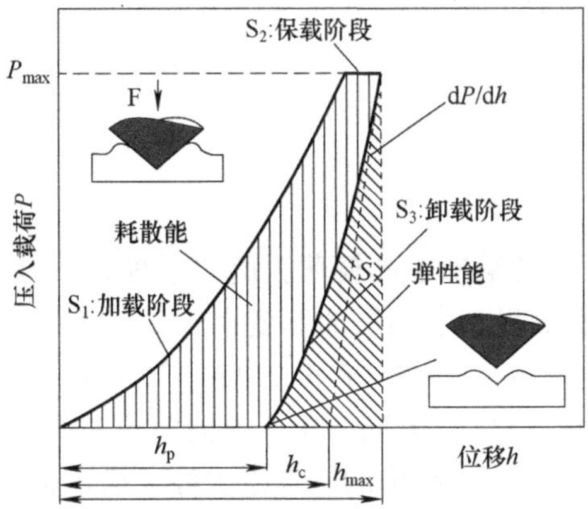

图 3-12　从能量耗散角度解释纳米压入的载荷–位移曲线[16]

3.3　分子动力学模拟纳米压入过程

目前研究纳米尺度上材料力学性能的方法主要有两种：一种是纳米尺度上的单轴拉伸或者压缩测试；另外一种是纳米压痕方法。从上一章的研究可知，当试样的尺寸降低到纳米尺度时，单轴实验下材料的塑性变形模式将会发生改变，由宏观尺度上的材料内部 Frand-Read 位错源的激活转变为纳米试样表面源的激活。显然纳米尺寸上单轴实验结果已经无法像宏观尺度上那样简单地推广到其他更复杂的情况下，因为表面源的激活是一维纳米尺度试样所特有的。因此想要研究二维或者三维纳米材料的力学性能，研究其他可能的塑性变形机理，就需要采用其他的实验方法，比如纳米压痕。纳米压痕技术，是近些年发展起来的一种测试和分析材料在微纳米尺度力学性能的重要方法。与单轴拉伸或者压缩实验不同的是，纳米压痕往往会激活材料内部位错源，比如分子动力学模拟表明单晶金属材料（100）面在纳米压痕中初始塑性是由不全位错在试样次表层各向同性成核激活的，这为纳米材料力学性能的研究提供了有效的工具。

纳米孪晶化是近年来人们发现的一种实现低层错能面心立方金属强韧化设计的有效方法。原位实验和分子动力学模拟都表明了纳米孪晶金属材料的强度强烈地依赖于孪晶层的厚度[17-22]。孪晶层的引入是否会对金属材料产生强化作用、弱化作用或者没有作用，取决于孪晶片层的厚度和试样外部的特征长度[22]。但是，到目前为止共格孪晶界在金属材料塑性变形中的作用机理依然是一个亟待解决的问题。

作者采用分子动力学模拟了单晶和纳米孪晶铜薄膜的纳米压痕过程。研究了单晶铜和纳米孪晶铜薄膜的力学行为及性能；分析了纳米压痕中单晶铜和纳米孪晶铜薄膜的塑性变形机理。揭示了孪晶片层厚度对单晶铜和纳米孪晶铜薄膜弹性、塑性力学性能的影响影响规律；发现了孪晶辅助的位错成核过程；阐明了依赖于孪晶片层厚度的“内在尺度效应”。

3.3.1 模拟方法

图 3-13 所示为建立的纳米孪晶铜薄膜的原子模型。该模型包含了一系列等间距排列的Σ3 共格孪晶界。孪晶层的厚度在 1.25 ~ 5.64nm 之间。模型尺寸为 23.5nm × 23.5nm × 23.5nm，包含了 1121480 个原子。x、y、z 轴分别沿着 [-110]、[11 -2] 和 [111] 方向。压入方向沿着 z 轴方向，与共格孪晶界的方向垂直。模拟采用 Mishin[23] 提出的嵌入原子势来描述铜原子之间的相互作用。Mishin 嵌入原子势预测的铜的不稳定层错能为 161.0mJ · m^{-2}，不稳定的孪晶能为 182.4mJ · m^{-2}，孪晶能为 18.2mJ · m^{-2}，内禀层错能为 43.5mJ · m^{-2}。内禀层错能与实验结果 45mJ · m^{-2}[24] 相符合，因此 Mishin 嵌入原子势在铜力学性能的分子动力学模拟中得到了广泛的应用。

初始，原子放置在铜的面心立方晶格位置上，晶格常数为 0.3615nm。为了获得平衡的原子构型，试样首先在 0 压和 0.01K 的温度下采用 Nose-Hoover[25, 26] 算法等温等压平衡 20ps。然后，球形压头以 10m/s 的速度压入试样。压入过程中，试样底部 1nm 的原子层被冻结以防止压试样的平移运动；其余原子处于正则系综（NVT），以保持恒定的温度 0.01K。侧向采用周期性边界条件，以模拟无限大周期性阵列压痕的情况。压入方向上采用自由的边界条件。压头采用虚拟的斥力来模拟，即：

$$F = AH(r)(R-r)^2H(r) = \begin{cases} 1 & r < R \\ 0 & r \geqslant R \end{cases} \tag{3-19}$$

式中，A 为压头的刚度参数 [eV/ (0.1nm)^2]；r 为原子到压头球心的距离 (Å)；R 为压头的半径 (nm)；H (r) 为阶跃函数。

仔细检验 A 的值对模拟结果的影响，结果发现当 A 在 3 ~ 30 eV/(0.1nm)^2 变化时，模拟结果不会发生很大的变化，模拟中 A 取为 10 eV/(0.1nm)^2。R 取为 8nm。

整个模拟过程都采用美国 Sandia 国家实验室开发的开源的大规模并行分子动力学软件 LAMMPS[27] 来进行。采用 Verlet 积分算法，时间步长为 1fs。这一时间步长对于硅来说是足够小的，已经应用于大量硅的分子动力学模拟中。为了观察缺陷的形态和演化，这里采用中心对称参数对模拟结果进行可视化处理。

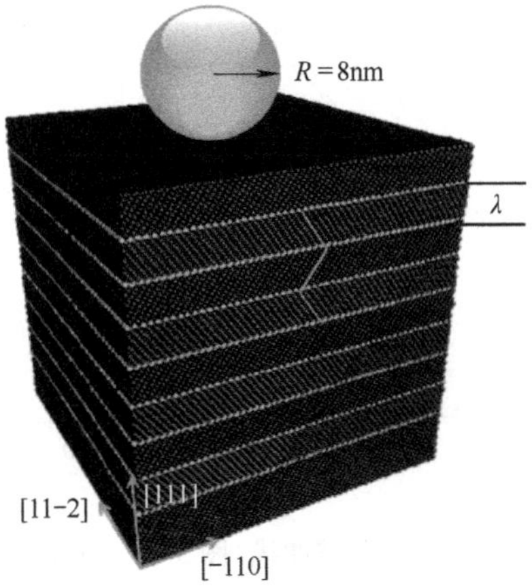

图 3-13　纳米孪晶铜薄膜的原子模型

3. 3. 2　纳米力学行为及性能

1. 弹性变形

根据经典的 Hertzian 接触理论，刚性的球形压头与无限大弹性平面接触时，接触载荷 F 可以表示为

$$F = \frac{4}{3}M\,d^{3/2}\sqrt{R} \tag{3-20}$$

式中，d 为压痕深度（nm）；M 为压痕模量，表示了接触体系的刚性（GPa），在各向同性的材料中，M 可以表示为

$$M = \frac{E}{1-\nu^2} \tag{3-21}$$

式中，E 为材料的弹性模量（GPa）；ν 为泊松比。

图 3-14 所示为单晶和不同孪晶片层厚度的孪晶铜的载荷–位移曲线。方便起见，将单晶看作是孪晶片层厚度 λ 为无限大的孪晶铜。从图 3-14 中可以看出所有的曲线在弹性变形阶段几乎都是重合的，且很好的符合了幂函数关系。对所有的曲线采用式（3-20）进行拟合，以求得压痕模量 M_{fit}，结果如图 3-15 所示。可以看出纳米孪晶铜的压痕模量在 186. 5 ~ 198. 6GPa 之间，随着孪晶片层厚度的增大先增大后降低，在孪晶片层厚度为 3. 76nm 时达到最大；但是变化幅度不大，最大值与最小值相差 6. 09%。单晶铜薄膜的压痕模量为 193. 5GPa，与理论值 151. 9GPa 相差较大，这主要是由于单晶铜薄膜变形的各向异性造成的。值得注意的是单晶铜薄膜的压痕模量在孪晶铜薄膜压痕模量的变化范围之内，这意味着

可以通过改变孪晶层厚度轻微地改变压痕模量。在本书研究范围内，孪晶的引入最大可以增大压痕模量2.63%，最大可以降低压痕模量3.62%。

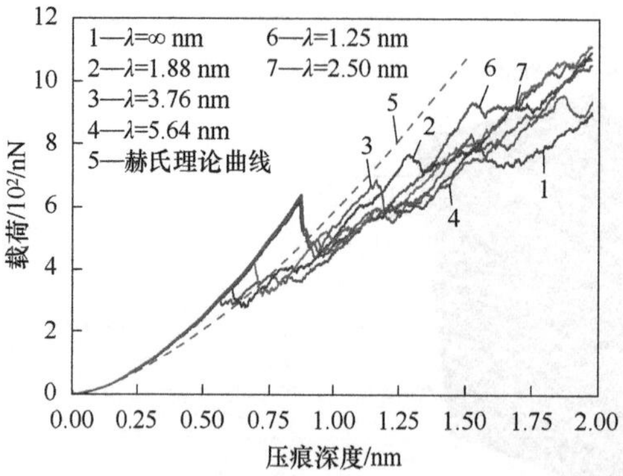

图3-14 单晶和纳米孪晶铜薄膜的载荷–位移曲线

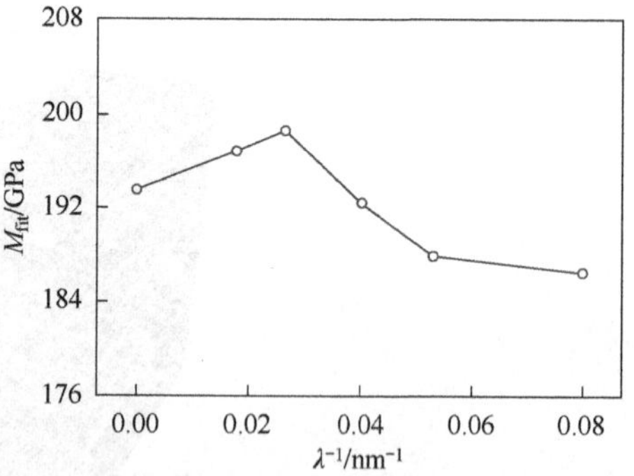

图3-15 压痕模量与孪晶片层厚度倒数的关系

总之，纳米共格孪晶界的引入对单晶铜的弹性变形行为影响不明显，这与以往的研究是一致的[21]。

2. 塑性变形

从图3-14可以看出所有的载荷–位移曲线在弹性变形之后，载荷突然降低。进一步的分析表明这一变化对应于第一次位错成核，也就是初始塑性的形成。之后，载荷随着压痕深度的增加锯齿状升高，这是由于离散的位错事件造成的。这一结果与微纳米尺度上单轴拉伸/压缩测试中应力应变曲线上应力的不连续（位移加载）是类似的。应力应变曲线的不连续是纳米尺寸材料变形的一个基本特征，其机理在于有限位错的离散的成核和滑移，而不像宏观尺度上大量已有的位错同时开动和滑移。

为了进一步研究纳米孪晶铜和单晶铜的塑性变形，计算得到了纳米压痕过程中压力–压痕深度关系曲线。压力的计算是用载荷除以接触面的水平投影面积。接触面积在原子尺度上的定义到目前仍然是一个仁者见仁智者见智的问题。一般有两种定义方式，一种定义接触面积为边缘接触原子所围成的面积，即假设了边缘原子所围成的所有原子都保持了接触状态。另外一种定义为实际接触原子的单原子面积总和。后一种定义方式严格说来更精确，但是困难在于如何定义单原子面积，图3-16给出了这两种定义的区别。实际上，在塑性接触范围内两种定义方式的差别是非常小。方便起见，这里采用第一种计算方式。模拟中先实时地将接触原子的坐标输出，然后在所有原子坐标的水平投影点上做Delaunay三角形网格分割，所有三角形网格的面积之和就是要求的接触面积。图3-17显示了最终计算的压力–压痕深度曲线。从图可以看出压力首先随着压痕深度的增加而增加，然后突然地下降，之后缓慢降低。这表明初始塑性变形后材料发生了显著的软化，这是由位错的滑移造成的。压力的突然下降与载荷的突变是对应的。下降前是孪晶铜纳米压痕所能达到的最大压力，也就是塑性初始压力。塑性发生后，压痕压力实际上就是宏观尺度上定义的材料硬度。这样从图 3-17 可以看出，孪晶铜和单晶铜的纳米硬度将会出现“尺度效应”，即纳米硬度随着压痕深度的增加而降低。孪晶铜的硬度稍微地大于单晶铜，这与已经大量报道的共格孪晶界的增强作用是一致的。

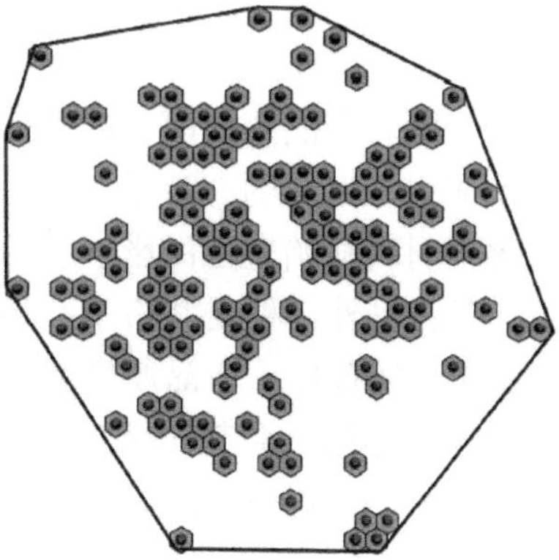

图 3-16　接触面积示意图[28]

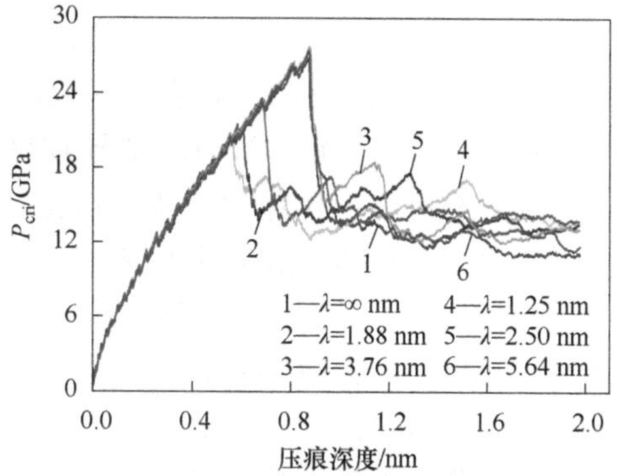

图 3-17　单晶和纳米孪晶铜薄膜的压力-压痕深度曲线

单晶铜塑性初始压力 P_{cri} 为 26.79GPa，对应的临界压痕深度 D_{cri} 为 0.86nm，这一结果与文献［29］中的报道是一致的。图 3-18 给出了纳米孪晶铜塑性初始压力随着孪晶片层厚度倒数的变化关系。有意思的是塑性初始压力并不会随着孪晶片层厚度的降低而持续的增大。当孪晶层的厚度降低到 3.76nm 以下时，塑性初始压力会出现突然的降低；之后随着孪晶片层厚度的持续降低而迅速的降低，存在着一个最大的塑性初始压力。这一结果表明若以孪晶片层厚度作为特征尺寸，纳米孪晶铜纳米压痕过程中将会出现类似于多晶体金属材料晶粒尺寸造成的“内在尺度效应”。当孪晶片层厚度降低到临界点 3.76nm 纳米前，纳米孪晶铜的塑性初始压力随着孪晶片层厚度的增加而增加（对应于多晶体金属材料中的 Hall-Patch 关系）；但是超过临界点后，将会出现相反的变化趋势（对应于多晶体金属材料中的反向 Hall-Patch 关系）。尽管如此，进一步的研究表明孪晶尺度效应与晶粒尺度效应的作用机理是不一样的（详

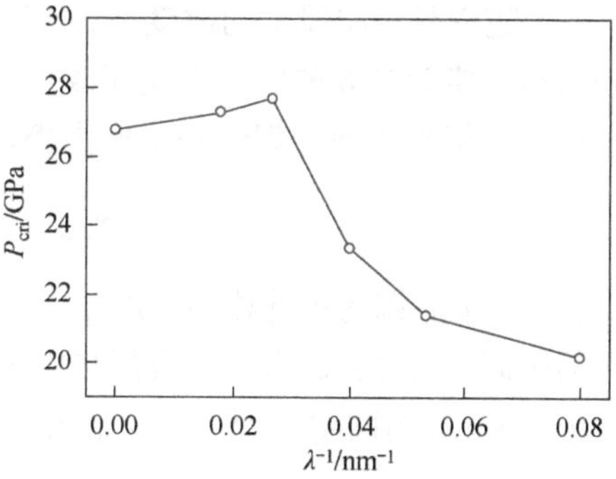

图 3-18　初始压力与孪晶片层厚度倒数的关系

见后文)。Lu[30,31]等通过单轴拉伸实验发现：当孪晶层的厚度变化时，多晶纳米孪晶铜的拉伸强度同样存在着一个最大值；对应的孪晶厚度为15nm。当孪晶层的厚度降低到15nm以下时，拉伸强度将会随着孪晶片层厚度的降低持续的降低，这是由塑性变形机理的转变造成的。类似的变化趋势也出现在孪晶纳米线中[32]。

3. 孪晶片层厚度对初始塑性的影响机理

前面的研究已经指出：纳米孪晶铜的塑性初始压力随着孪晶片层厚度的降低先增加后降低。塑性初始压力与位错成核的临界分切应力是对应的，为了便于讨论后面将不再刻意地区分两者。一般说来共格孪晶界对材料初始塑性的影响有两种机制，一种是位错源数量增加导致材料的软化[31,33]；另外一种是共格孪晶界对位错成核有一个排斥力，从而强化材料[32,33]。在纳米压痕中，孪晶厚度的改变并不会引起位错源数量的改变，因此位错源控制的软化作用不会起作用。如果只考虑共格孪晶界对位错成核的斥力的话，显然位错成核的临界分切应力应该随着孪晶厚度的降低而持续增加。那么模拟中发现的孪晶厚度小于3.76nm后塑性初始压力随着孪晶片层厚度的降低而迅速降低是什么原因造成的呢？

本书作者的模拟结果和以往的研究都明确了单晶铜和纳米孪晶铜（111）面纳米压痕中位错是从次表面成核的。成核点与位错表面的距离非常小，例如在单晶铜中大约为1nm。此时表面对位错的作用将变得重要起来。由于表面原子的能量比内部原子的高，因此，位错在表面附近区域成核所需要的能量也比内部成核低一些。表面的作用可以用一个镜像力来表示。共格孪晶界面对位错成核的影响也可以用镜像力来表示。因此综合考虑共格孪晶界和表面的作用，纳米孪晶铜中位错成核的临界分切应力可以表示为

$$CRSS = \tau_0 + \tau_{CTB} + \tau_{surf} \tag{3-22}$$

式中，*CRSS* 为位错成核的临界分切应力（GPa）；τ_0为理论抗剪强度（GPa）；τ_{CTB}为共格孪晶界的镜像力（GPa）；τ_{surf}为自由表面的镜像力（GPa）。

τ_0不随孪晶片层厚度的改变而改变，而τ_{surf}和τ_{CTB}分别随着位错成核点与自由表面和共格孪晶界的距离变化而改变。假设初始成核位错为一无限长的直线形纯螺位错，根据线弹性理论和镜像力理论τ_{surf}可以表示为

$$\tau_{surf} = -\frac{\alpha\mu b}{4\pi r_F} \tag{3-23}$$

式中，μ为单晶铜的抗剪模量/GPa；b为位错的柏氏矢量；r_F为位错成核点距离表面的距离（nm）；α为一个表征自由表面强度的无尺度量。

依据Chen的两项模型[34]，τ_{CTB}可以表示为

$$\tau_{CTB} = \frac{\beta\mu b}{4\pi r_T} \tag{3-24}$$

式中，r_T为位错成核点距离共格孪晶界的距离（nm）；β 为一个表征共格孪晶界强度的无尺度量。

依据 Hertzian 接触理论，塑性初始压力 P_{cri} 可以表示为临界分切应力的函数，即：

$$P_{cri} = \frac{1}{0.48}CRSS \approx 2.083CRSS \tag{3-25}$$

将式（3-22）~式（3-24）代入式（3-25），最终得到塑性初始压力的表达式为

$$P_{cri} \approx 2.083\left(\tau_0 + \frac{\alpha\mu b}{4\pi r_F} - \frac{\beta\mu b}{4\pi r_T}\right) \tag{3-26}$$

当孪晶层的厚度小于临界值 3.76nm 后，位错成核发生在共格孪晶界上（详见下一节），τ_{CTB}的值变为 0，此时塑性初始压力将会随着位错成核点到表面距离的降低而降低。当孪晶层的厚度大于临界值 3.76nm 时，位错成核点发生在试样内部。此时 τ_{surf}的作用较小，且随着孪晶片层厚度的变化几乎不变（成核点位置不变）。塑性初始压力将会随着位错成核点到共格孪晶界距离的减小而增加。

为进一步证明塑性初始压力只与位错成核点距离共格孪晶界和自由表面的距离有关，而与孪晶层的数量无关，只在单晶铜中加入单层的共格孪晶界，然后改变共格孪晶界与压入表面的距离，获得的结果与现在的结果是一致的。

3.3.3　塑性变形机理

图 3-19 所示为单晶铜纳米压痕过程中位错的演化过程。图 3-19 中原子依据中心对称参数进行着色，并隐去了中心对称参数小于 0.1 的原子（完好的原子），仅仅留下了缺陷原子和表面原子。当压痕深度达到塑性初始深度 0.86nm 时，试样次表面发生各向同性的不全位错成核，即三个可能的等效滑移系几乎同时开动，如图 3-19a所示。完全的各向同性成核应该是 3 个位错核心，但是一般情况下只能发

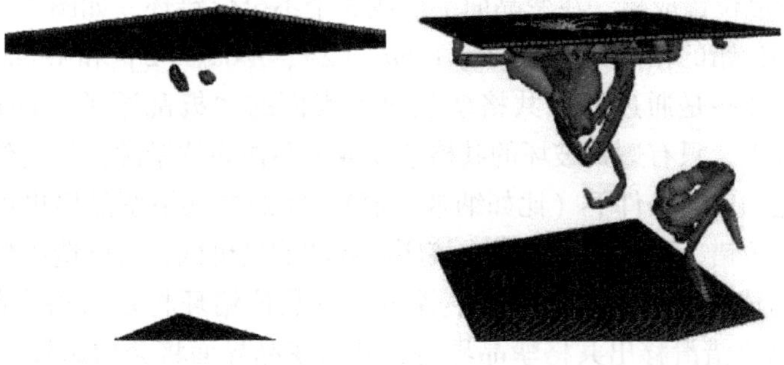

a）压深0.86nm，位错初始成核　　　　b）压深1.947nm

图 3-19　单晶铜纳米压痕位错演化（彩色图见插页）

现2个位错核心，在进一步的加载中另外一个位错也会成核。随着压痕深度的增加，初始成核的三个位错向表面和试样内部扩展形成大范围的层错面，这些层错面相互反应形成FCC单晶金属纳米压痕中典型的菱形层错结构，如图3-19b所示。

图3-20解释了孪晶片层厚度为2.50nm的纳米孪晶铜纳米压痕过程中位错的演化。原子的显示规则与图3-19是一致。研究发现初始塑性由单晶铜中的不全位错在次表面各向同性成核转变为孪晶位错，在孪晶界各向同性成核，如图3-20a所示，或者说是孪晶辅助的不全位错成核。进一步研究发现，当孪晶片层厚度小于3.76nm（不包含3.76nm）后，纳米孪晶铜的初始塑性都是由孪晶位错各向同性成核激活的。这正好与塑性初始压力在孪晶片层厚度小于3.76nm后的突然降低相对应。因此，认为正是由于孪晶辅助的不全位错成核导致了纳米孪晶铜塑性初始压力的降低。完好的晶体中不全位错成核需要越过一个能垒，这就是不稳定的层错能。Mishin嵌入原子势计算的铜的不稳定层错能为161.0mJ · m^{-2}。孪晶位错的成核实际上就是不全位错在共格孪晶界上的成核。因为共格孪晶界本身具有一个较高的能量，即孪晶能18.2mJ · m^{-2}，这为不全位错的成核提供了额外的能量，因此孪晶位错成核能应该为不稳定的层错能减去孪晶能142.8J · m^{-2}。由于低的能量障碍，孪晶位错的成核将会优先于不全位错的成核，从而造成纳米孪晶铜低的塑性初始压力。

由于孪晶位错成核对纳米孪晶铜纳米压痕性能的重要影响，接下来将详细地讨论孪晶位错的成核过程。当纳米压痕深度达到0.675nm时，在应力的作用下，共格孪晶界上三个等效滑移方向上原子开始偏离初始的晶格位置，破坏了晶格局部的对称性，在试样表面下方紧挨第一个共格孪晶界下界面形成3个对称分布的“捣乱原子”（图3-20a中的蓝色原子）。进一步的研究表明这些“捣乱原子”还不是真正的位错原子，而只是孪晶位错成核的先兆，因为其中心对称参数为0.1~0.5，远小于位错原子的中心对称参数2.0~4.0。随着压痕深度的增加，“捣乱原子”的数量增多，其不对称性越来越高，在该局域积累了大的应变。最终在压痕深度达到0.685nm时孪晶位错成核，在孪晶面上形成3个不全位错环，如图3-20b所示。三个对称的孪晶位错的柏氏矢量分别为$1/6a_0$ [2]、$1/6a_0$ [2]和$1/6a_0$ [2]。这表明孪晶位错的成核是通过紧靠共格孪晶界下表面的“捣乱原子”的运动形成的。在以往的研究中，只有遭到破坏的共格孪晶界才会作为位错源，发射位错，但本研究表明在合适的应力条件下（比如纳米压痕），完好的共格孪晶界也可以作为位错源，发射孪晶位错，并且孪晶位错成核所需要的能量更低，由此造成材料的软化。

孪晶位错成核后，继续增加压痕深度，孪晶位错环将在共格孪晶界上滑移、扩大。当孪晶位错滑移出共格孪晶界时，共格孪晶界面将会向试样内部移动一个原子层的距离（$1/3a$），如图3-20c所示。这一过程也就是解孪晶或者是孪晶生成过程。当三个位错环相遇时，孪晶位错的滑移受阻；新的不全位错从孪晶位错

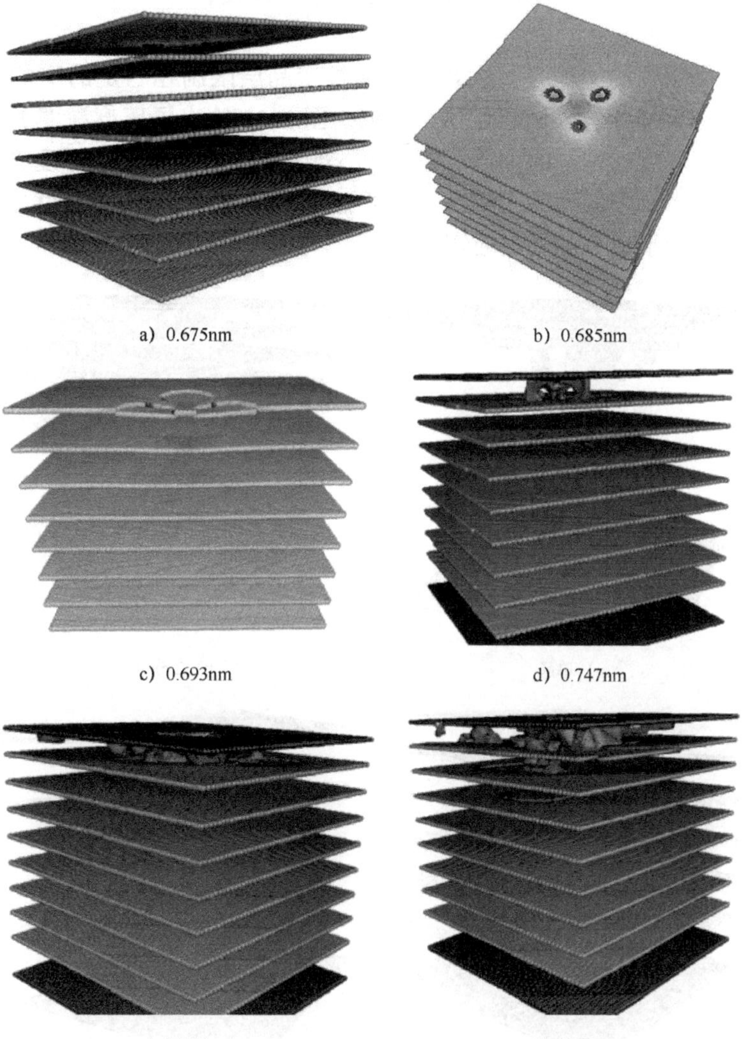

a) 0.675nm　b) 0.685nm　c) 0.693nm　d) 0.747nm　e) 1.117nm　f) 1.697nm

图 3-20　孪晶层片厚度为 2.50nm 的纳米孪晶铜纳米压痕中的位错演化（彩色图见插页）

相交区域附近成核并迅速向表面滑移，最终与表面相交，如图 3-20d 所示。随着压痕深度的继续增加，位错迅速地增殖。当新形成的不全位错遇到共格孪晶界时，或者被共格孪晶界吸收或者穿过共格孪晶界。在压入较浅的时候，大部分的位错被共格孪晶界吸收从而在共格孪晶界上形成新的孪晶位错，发生解孪晶或者孪晶生长。这一过程使得位错被限制在了压头下方第一个孪晶区域内部，如图 3-20e所示。继续增加载荷，位错迅速地增殖并穿过多个共格孪晶界，如图 3-20f所示。这种孪晶–位错的相互作用，一方面阻碍了位错的运动，强化了材料，导致纳米孪晶铜的硬度稍微地大于单晶铜的硬度；另一方面造成了压力-压痕深度曲线上大的起伏。

另外一个重要的方面是，大量的位错被孪晶层限制在一定的窄的表层范围内，试样内部大部分的区域是位错自由的。图 3-21 给出了压痕深度 1.974nm 时不同孪晶片层厚度的试样的位错形态图，不难看出所有孪晶片层厚度下，位错都被限制在了几个有限的孪晶区域内。这可能会形成一些有用的物理性能，例如缺陷自由的区域会形成高的导电通道。

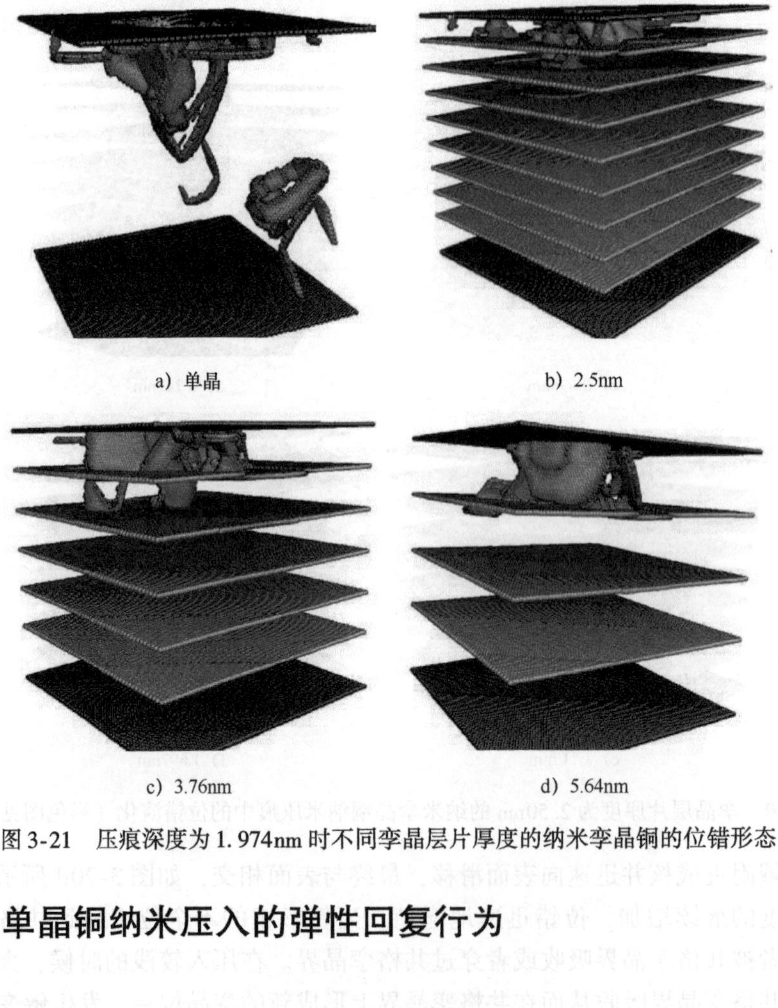

a）单晶　　b）2.5nm

c）3.76nm　　d）5.64nm

图 3-21　压痕深度为 1.974nm 时不同孪晶层片厚度的纳米孪晶铜的位错形态

3.4　单晶铜纳米压入的弹性回复行为

3.4.1　引言

前面简单讨论了单晶铜和纳米孪晶的纳米压入行为。铜由于尺度效应，纳米材料在发生塑性变形后与宏观材料发生塑性变形后有很大差别，宏观状态下材料在发生塑性变形后，材料发生弹性回复的量非常小，经常忽略不计，但在纳米尺度下由于纳米材料的尺度效应和表面效应，材料的弹性回复量非常大。对于三体磨料磨损的运动特性的研究，纳米尺度下的弹性回复对磨料的运动方式的影响将不能忽略。作者将从恒定速度加载和恒定载荷速率加载的纳米压痕分子动力学的计算，来讨论单晶铜在发生塑性变形后的弹性回复行为。

3.4.2　分子动力学模型以及单晶铜力学参量

以纳米球形压头与单晶铜基体压入过程为研究对象，建立纳米压痕的三维分子动力学模型，如图 3-22 所示。模型中压头为金刚石，在模拟过程中定义为刚性，压头半径 $R=2.6\text{nm}$，压头中含的碳原子数 11252 个，在 x、y、z 方向的晶向为［100］、［010］、［001］，如图 3-22 中红色原子。单晶铜基体为长方形，在 x、y、z 方向的尺寸为 $30.1\text{nm}\times20.4\text{nm}\times12.5\text{nm}$，以及晶向为［100］、［010］、［001］，其中包含 651000 个铜原子。在分子动力学模拟实验中，将单晶铜基体分为三个部分，如图 3-22 所示，黄色层为固定层，浅蓝色为恒温层以及深蓝色的牛顿层。牛顿层是压头与单晶铜实际作用区域，其内部的原子由牛顿方程来描述；恒温层的主要目的是传输压头与单晶铜作用过程中产生的热，确保牛顿层温度恒定，保证温度为 0K；固定层始终处于固定状态，防止在计算过程中模型的偏移，实际计算过程中不参与计算。

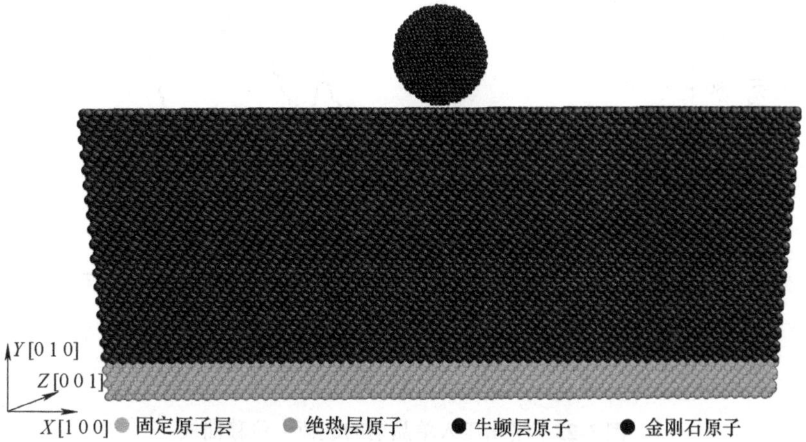

图 3-22　单晶铜基体的分子动力学模型（彩色图见插页）

文中铜–铜之间使用的势函数为 EAM 势，该势函数的应用非常广泛成熟；铜–碳之间使用的是 Morse 混合势，用来描述压头与单晶铜之间的作用势。实验模型参数见表 3-1。

表 3-1 实验模型参数

模　型	铜 基 体
作用势	EAM 嵌入势
尺寸/nm	长方体 30.1×20.4×12.5
步长/ps	0.001 ps
初始温度/K	0
弛豫时间/ps	50
压入速度/$m\cdot s^{-1}$	10，50，100
恒速度下压痕深度/nm	1，1.5，2，2.5
恒定载荷速率/$nN\cdot ps^{-1}$	0.1，0.5，1.0

用所构建的模型计算单晶铜压痕硬度值为 3.26GPa（图 3-23），与文献［35］中的 2.62GPa 非常吻合；计算单晶铜的弹性模量为 121.58GPa，与文献［36］值 124.9GPa 也非常吻合，可见本书所建立的分子动力学模型是可靠的。

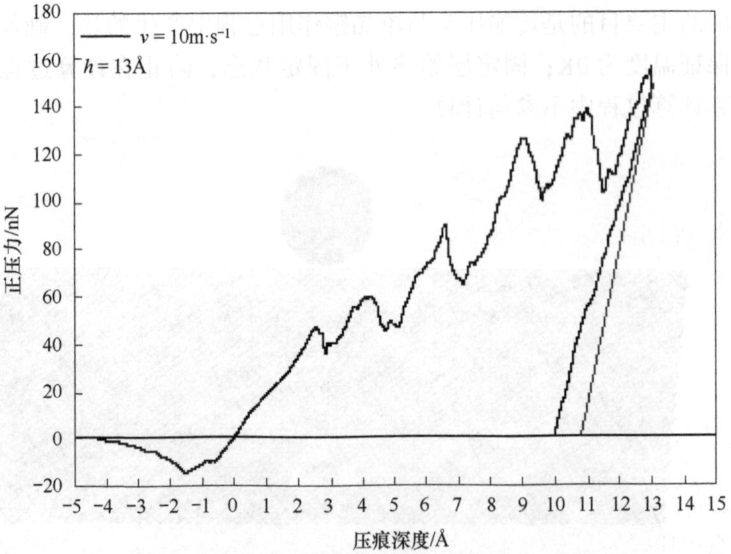

图 3-23　纳米压入单晶铜的载荷 – 位移曲线

3.4.3 恒定速度加载条件下的弹性回复

由图 3-23 纳米压入的载荷 – 位移曲线可知，当压头压入一定深度后，载荷会随位移的增加而突然下降，该点为单晶铜开始发生塑性变形的临界深度，压痕深度小于该深度，材料仅发生弹性变形，载荷卸载以后，单晶铜将完全回复；当压痕深度大于这一深度时，材料既有弹性变形又有塑性变形。Wang[37]等对 NiAl 合金研究后发现，在 NiAl 合金发生塑性变形后，其弹性回复系数随着 Ni 的含量变化而发生变化。对于弹性回复系数的计算方法，Wang 提出两种求解方式，如图 3-24 所示。弹性回复系数为 R_L和 R_W，其定义为

$$R_L = \frac{D_0 - D_1}{D_0} \tag{3-27}$$

$$R_W = \frac{W_0 - W_1}{W_0} \tag{3-28}$$

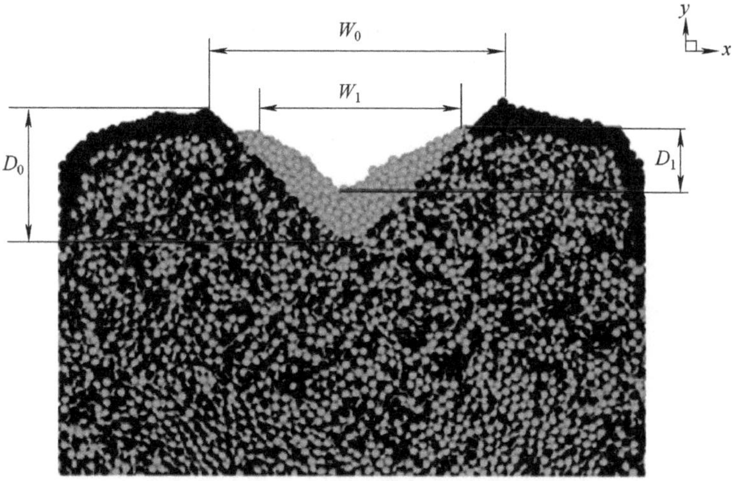

图 3-24　Wang 的弹性回复系数计算模型[37]

在纳米尺度下的三体磨损中，由于纳米材料的尺度效应以及表面效应，纳米材料在发生塑性变形后其弹性回复对磨料的运动方式的影响将会很大，因此必须考虑弹性回复的影响作用。通过纳米压痕实验发现，在压头压入到一定深度卸载后，单晶铜基体的压痕深度变小，单晶铜中形成的层错以及位错随着时间逐渐减少，如图 3-25 所示。从图 3-25 中可知，卸载后由于压头对单晶铜的作用力减小，单晶铜内部缺陷向基体表面运动，形成台阶。从图 3-25 中可知，卸载后基体中的层错随着时间的推移，逐渐减少，最终消失，单晶铜的弹性回复与单晶铜内部缺陷运动有关，因此影响单晶铜内部缺陷形成的因素，都有可能影响到单晶铜的弹性回复。纳米材料的加工是通过材料发生塑性变形来实现的，材料的弹性回复将影响纳米材料加工后的表面情况，因此计算纳米材料的弹性回复，将会对纳米材料的加工具有指导意义。

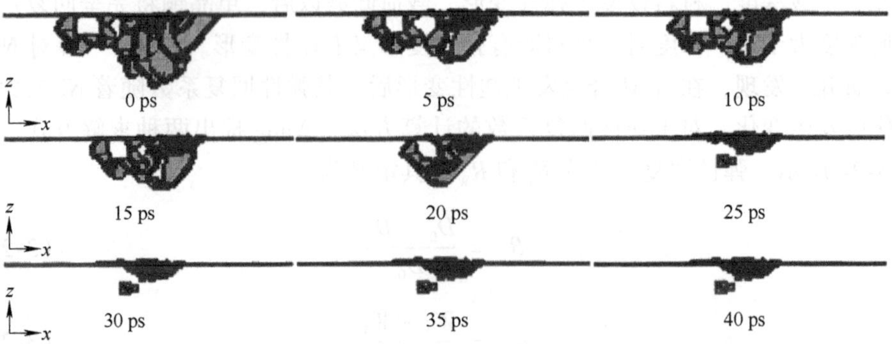

图 3-25　卸载后单晶铜的内部缺陷随时间变化的构型图

因本书作者使用的压头为球形，采用式（3-27）来求解弹性回复系数，弹性回复系数用 α 表示，见式（3-29），计算方法示意图如图 3-26 所示。

$$\alpha = \frac{D - d}{D} \tag{3-29}$$

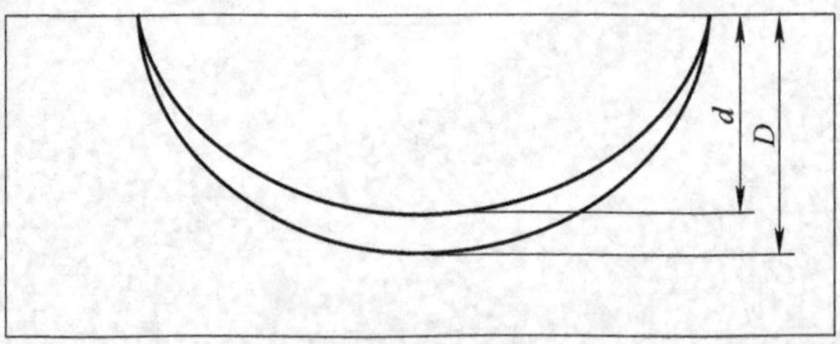

图 3-26　弹性回复系数计算方法

1. 位移加载速率对弹性回复的影响

学者们研究发现，在纳米压痕实验研究中，加载速度对纳米材料内部缺陷结构的形成和发展都有着显著的影响。如程东等[38]通过分子动力学计算研究发现，加载速度越大，单晶铜内部产生位错时的载荷越大，并且压头压入单晶铜中的深度也越小。既然加载速度对纳米压入过程中单晶铜的位错形核有影响，是否对在卸载以后单晶铜的弹性回复有影响呢？答案是肯定的。

分子动力学模拟计算中，在压头的尺寸和压入的深度都相同的情况下，压头的速度分别为 $10m \cdot s^{-1}$、$50m \cdot s^{-1}$ 和 $100m \cdot s^{-1}$。压头分别以以上的速度压入单晶铜中，当压痕深度达到 1.5nm 时，保持位移不改变，弛豫时间间隔为 100 ps，然后再以相同的速度卸载，则压头与单晶铜基体的载荷 – 位移曲线图如图 3-27 所示和载荷 – 时间曲线如图 3-28 所示。由图中可知，加载速度越大，达到指定深度时载荷越大，弛豫初始阶段载荷松弛（relaxation）的幅度也越大，弛豫足够时间后的载荷越小。对于这种现象，可以通过纳米材料的弹滞性（黏弹性）来解释。对于宏观材料，遵循连续体理论，材料弹性变形的传播相当于声速，远大于加载的速度，因此对于宏观材料内部缺陷的形成和发展没有影响。但对纳米材料，材料的弹性和塑性变形是通过原子相互作用和移动实现的，其速度与原子的运动速度有关，所以纳米材料的弹、塑性变形与压头的压入速度相关。压头速度越快，单位时间内原子的位移越大，单晶铜的塑性变形就越严重，基体生成大量的棱柱形层错环，位错塞结的密度也越大，同时压头速度快，对单晶铜的冲击也越大，使基体中存储的能量就越多。在弛豫初始阶段，基体内部中存储的能量向基体表面传递的越多，压头与基体之间的作用力减小的越多，使弛豫稳定后的载荷越小。

由图 3-27 和图 3-28 可知，纳米尺度下，原子加载的速度会影响到压头与单晶铜基体之间载荷的增加速率，因此也将影响单晶铜的塑性变形，必将会对单晶铜的弹性回复产生影响。弛豫后匀速卸载过程也会对卸载后的弹性回复情况造成影响。根据卸载后压头正下方原子的移动位移量，得到图 3-29 所示的结果。图 3-29表示弛豫后以不同速度匀速卸载的弹性回复系数变化图。从图中可知，随着卸载速度增大，弹性回复系数减小。原因是压头的速度越快，压头对单晶铜基体的冲击也越大，单晶铜中形成大量稳定的层错结构，如图 3-30 所示。从图中可知，速度较小时，单晶铜主要形成棱柱形层错环，该结构不稳定，卸载后向基体表面运动，使单晶铜的弹性回复量增大，弹性回复系数减小。随着载荷的增大，基体中棱柱层错环逐渐增多，大量的棱柱形层错环相互交织，形成稳定的层错结构，该结构的交互作用阻碍缺陷向基体表面运动，使单晶铜的弹性回复量减小，弹性回复系数减小。

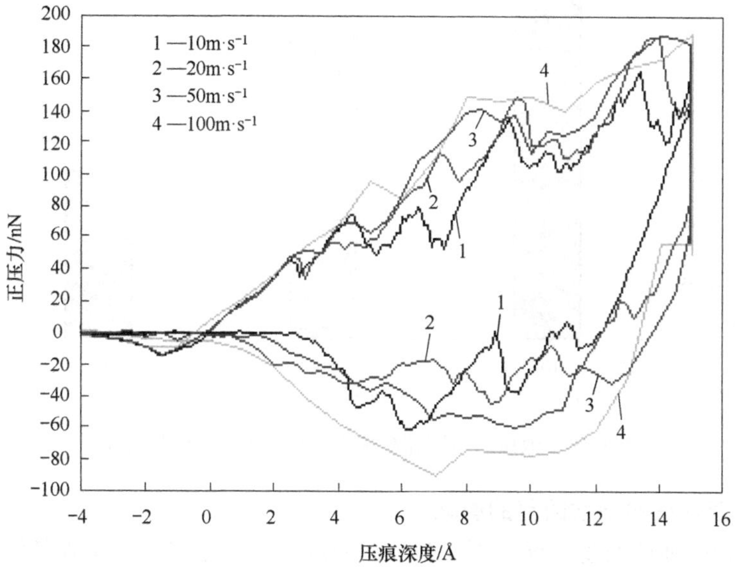

图 3-27　不同压入速度下纳米压入的载荷－位移曲线

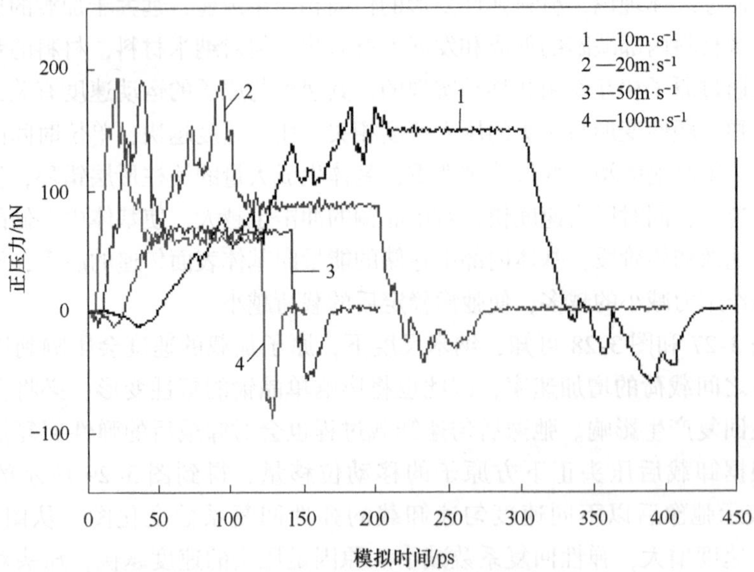

图 3-28　不同压入速度下纳米压入的载荷－时间曲线

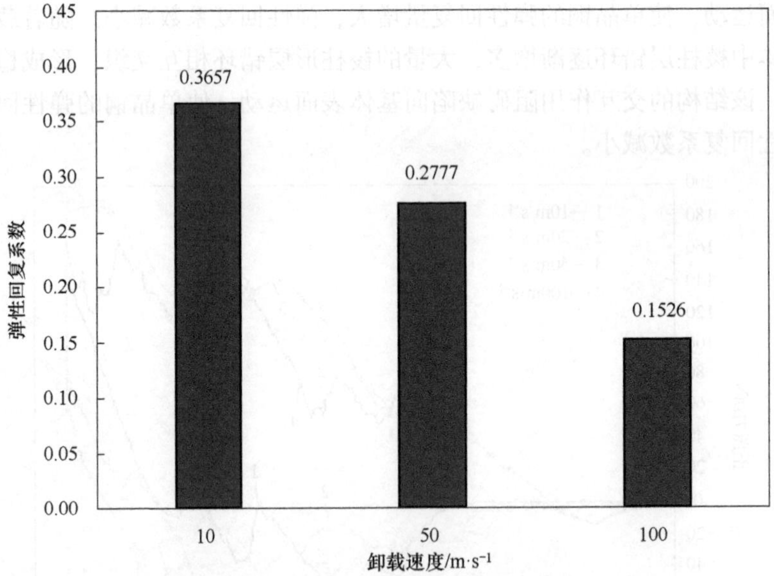

图 3-29　弛豫后不同卸载速度下单晶铜的弹性回复量

2. 压痕深度对弹性回复的影响

单晶铜的弹性回复情况，不仅与加载速度有关，还与压头压入基体的深度有关。通过分子动力学模拟，压头以 $10\text{m}\cdot\text{s}^{-1}$的速度向基体运动，当压痕深度达到 1nm、1. 5nm、2nm、2. 5nm 时，突然卸载得到不同深度时的弹性回复系数，如图 3-31所示。

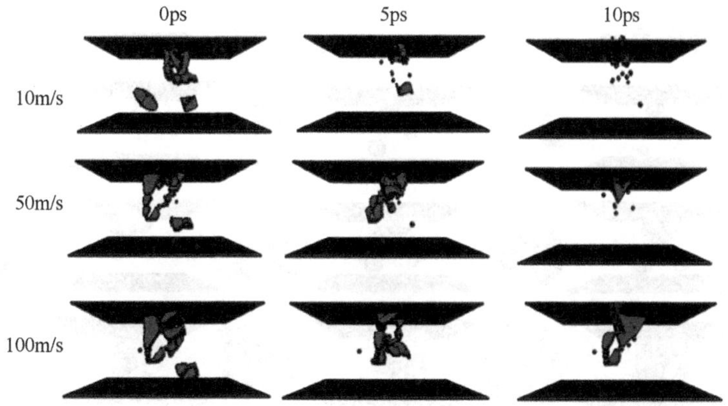

图 3-30　以不同加载速度压入相同深度下的单晶铜内部原子构型

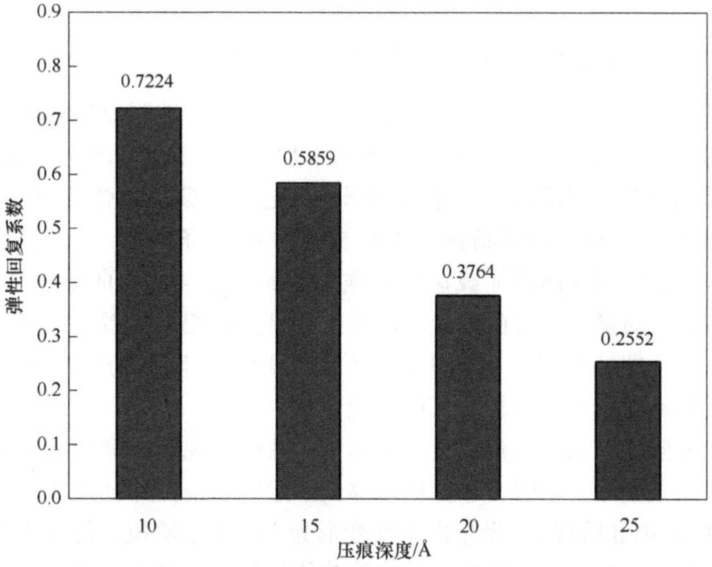

图 3-31　不同压痕深度下突然卸载的弹性回复系数

由图 3-31 可知，在相同的压入速度条件下，随着压痕深度的增加，单晶铜的弹性回复系数逐渐减小。压痕深度较小时，单晶铜基体中发生塑性变形后，主要形成棱柱形层错环（见图 3-32），该结构在卸载以后易于向基体表面运动，使弹性回复量增大，弹性回复系数增大；压痕深度较大时，基体中生成大量的棱柱形层错环相互交织，形成复杂的稳定的缺陷结构，卸载后，这些交织的层错结构相互阻碍向基体表面运动，使弹性回复量减小，弹性回复系数减小。

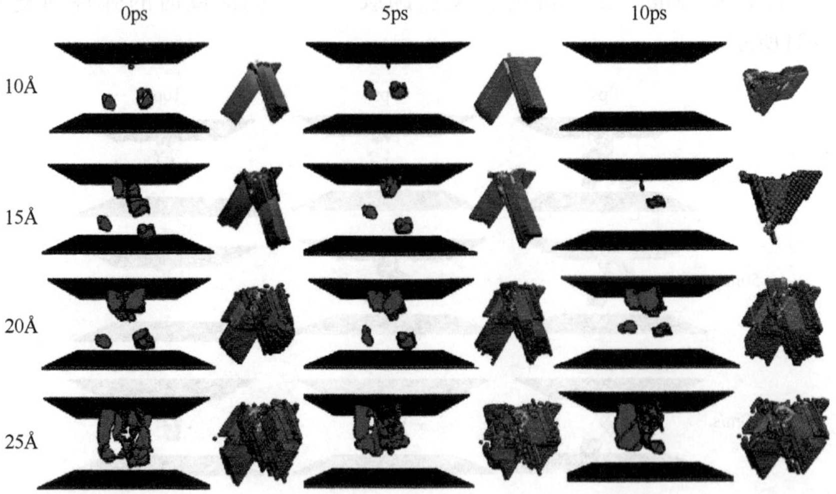

图 3-32　卸载后不同压痕深度下的单晶铜原子构型

3.4.4　恒定载荷速率加载条件下的弹性回复

对于纳米压痕试验的加载方式通常有两种，一种是控制位移的恒定速度的加载方式；另一种是控制载荷的恒定载荷速率加载。在纳米压痕中，加载方式不同，对单晶铜内部缺陷的形成有不同的影响，进而卸载后的弹性回复也不相同。如图 3-33 所示，在恒定的载荷速率为 0.50nN · ps^{-1}条件下，加载到 100nN 时，保压 500 ps，然后以相同的加载速率卸载，得到载荷 - 位移曲线。从图中可知，在第 I 阶段，载荷随着位移的增大而增大，并呈线性相关关系，该过程中基体虽然变形但未发生塑性变形（见图 3-34 第 I 阶段），该阶段为单晶铜弹性变形阶段，曲线的斜率为单晶铜弹性变形的弹性系数。

对于第Ⅱ阶段，随着压痕深度逐渐增大，载荷出现缓慢降低的现象。这是由于，当载荷增大到一定值时，单晶铜基体内部形成层错，并且迅速向基体内部运动（见图 3-34 第Ⅱ阶段），发生以塑性变形为主的变形阶段，使压头与单晶铜作用区域应力释放，进而导致压头与单晶铜基体的作用力减小，导致压头实际设置载荷大于基体与压头之间的载荷，使压头继续压入单晶铜内部，压痕深度增大。在第Ⅲ阶段，载荷随着压痕深度的增加逐渐增大，其曲线与第 I 阶段曲线几乎平行，斜率基本相等，所以可以近似认为这一阶段也为单晶铜发生弹性控制为主的变形过程。该过程中单晶铜内部没有出现新的层错和位错（见图 3-34 第Ⅲ阶段），也没有大量产生新的层错和位错扩展、运动。在第Ⅳ阶段，载荷随着压痕深度的增加逐渐增加，但曲线的斜率比 I 和Ⅲ阶段小，表明该阶段既有弹性变形又有塑性变形，即该阶段单晶铜基体内部缺陷向基体内部运动，同时压头逐渐压入。恒定载荷速率加载过程中单晶铜的层错生成和扩展对应的每个阶段的构型总图如图 3-34 所示。

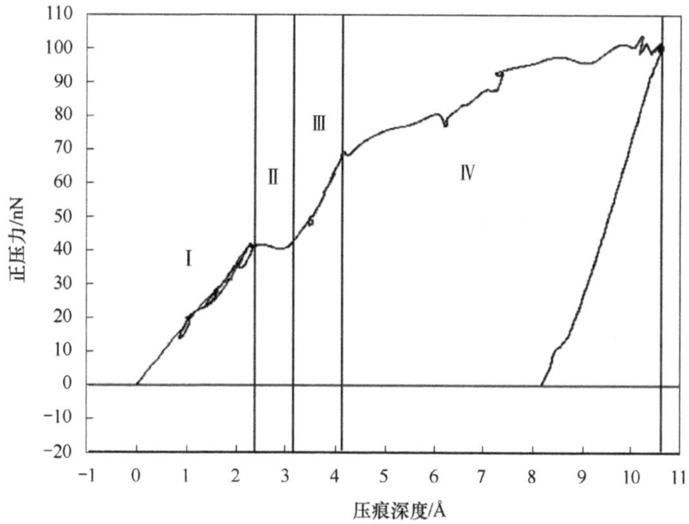

图 3-33 恒定载荷速率加载下的载荷－位移曲线

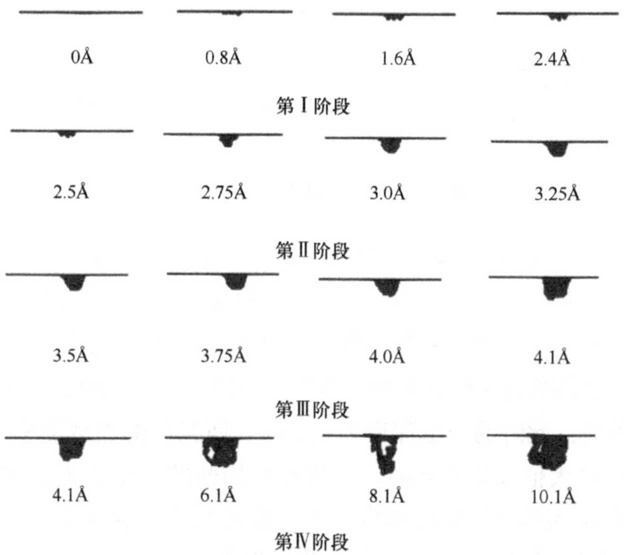

图 3-34 各加载阶段对应的层错构型图

恒定载荷加载速率的加载方式对单晶铜内部结构的形成和发展过程的影响，将会影响到卸载后单晶铜的弹性回复情况，因此有必要研究恒定载荷速率加载条件下对弹性回复的影响因素。

1. 加载速率对弹性回复的影响

在原子尺度下，材料受到外力作用时，力的传递是通过原子之间的相互作用和移动来实现的。力的传递速度取决于原子的移动速度，在温度一定条件下，外界加载速度的不同将会影响到原子的移动速度，进而会影响到材料内部结构的形成和变化，影响材料的弹性回复的大小。

恒定速率加载是以 0.2nN · p s^{-1}，0.5nN · p s^{-1}和 1.0nN · p s^{-1}的加载速率加载，达到最大载荷 100nN 时，以最大的载荷保压 500ps，然后以相同的加载速率卸载。得到载荷随时间的变化曲线如图 3-35 所示。

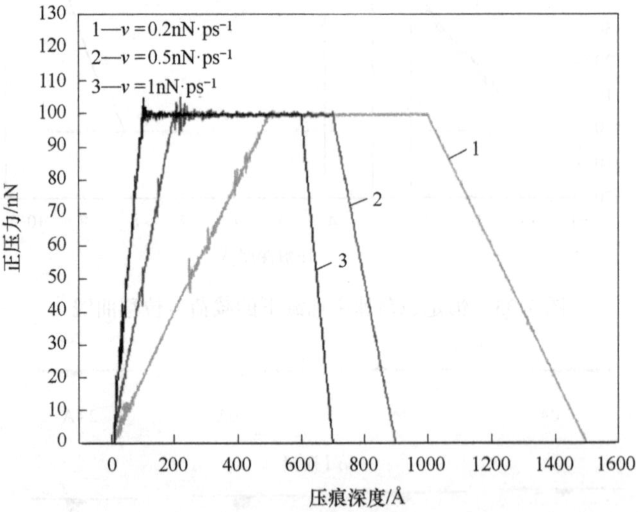

图 3-35 载荷随时间变化曲线

图 3-36 所示为不同载荷速率加载条件下的弹性回复系数变化图。从图中可知，在恒定载荷速率加载条件下，卸载以后单晶铜的弹性回复系数受到加载速率的影响，载荷加载速率越大，单晶铜在卸载后的弹性回复系数越小。图 3-37 所示为不同载荷加载速率下的载荷 - 位移曲线。从图中可以看出，载荷速率 1.0nN · ps^{-1} 时，载荷到达最大值时，此时的压痕深度为 1.2nm，而载荷的加载速率为 0.2nN · ps^{-1} 时，压痕深度的最大值仅为 0.8nm。说明载荷加载的速率越大，加载到相同的最大载荷时，压头压入单晶铜中的深度越大。在较大的加载速率下，单晶铜基体内部产生大量的层错和位错，其中位错线总长度的变化趋势如图 3-38 所示。由位错线长度的变化可知，在载荷加载速率为 0.2nN · p s^{-1} 时，形成的位错长度非常短，同时也形成少量的堆垛层错。而在载荷速率为 1.0nN · p s^{-1} 时，载荷达到最大值时，位错长度最大，此时的位错交互作用较为严重，基体中产生大量的堆垛层错。由于位错的交互作用，在单晶铜基体形成稳定的堆垛层错，正是由于这些

稳定的缺陷存在，使原子处于能量最低的稳定状态，在载荷卸载以后，大量缺陷原子存在于单晶铜基体的内部，并没有向单晶铜表面运动，从而使单晶铜的弹性回复量减小，进而导致单晶铜在卸载后的弹性回复系数减小。单晶铜的弹性回复系数随着载荷的加载速率的增加而减小，其根本原因在于加载过程中形成大量位错和堆垛层错，这些缺陷的存在使卸载以后基体向压痕表面的运动量减小，弹性回复系数减小。

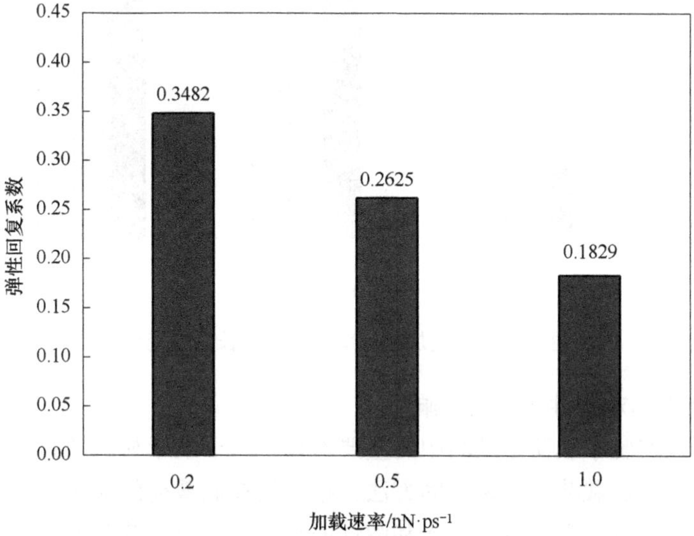

图 3-36　不同加载速率下的弹性回复系数

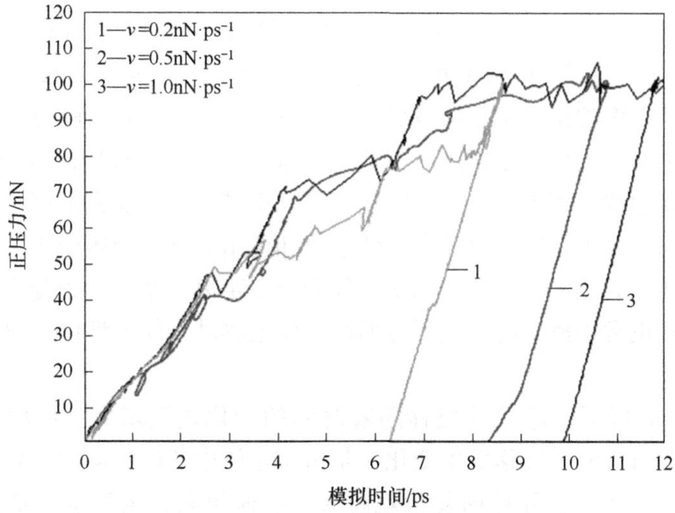

图 3-37　不同载荷加载速率下载荷 – 位移曲线

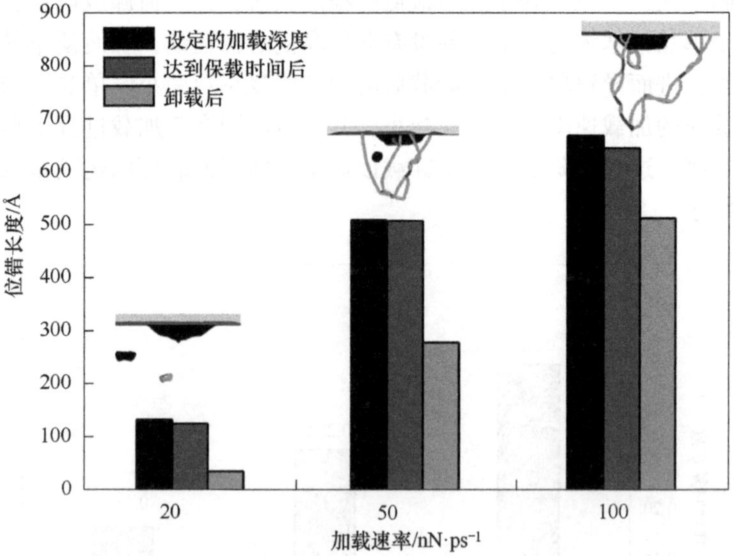

图 3-38　不同加载速率下的位错长度的变化

2. 载荷大小对弹性回复的影响

纳米压入实验中载荷是试验中的重要参数，对于纳米材料的弹性回复特性来说也是如此。恒定载荷加载速率的方法，很容易控制载荷的大小，因此使用载荷加载的方法研究单晶铜的纳米压入和弹性回复特性。压入载荷的大小将直接影响到压头压入基体的深度以及单晶铜基体的塑性变形量。

使用分子动力学的方法，在载荷加载速率为 $0.2\text{nN}\cdot\text{ps}^{-1}$ 条件下，分别加载到 100nN，150nN 和 200nN，达到最大载荷后卸载，得到不同载荷下的载荷－位移图，如图 3-39 所示。由图 3-39 可知，载荷较大时，压头压入基体的深度越深，基体发生塑性变形就越严重。卸载后压痕下方原子弹性恢复量随时间的变化关系曲线，如图 3-40 所示。在卸载后 5ps 内，单晶铜基体的弹性回复量和回复速率非常大。由于在加载过程中，压头不断压入单晶铜基体，单晶铜中原子的晶格发生变化，原子间距变小，同时生成大量的层错和位错。原子间距变小，原子之间存在着斥力，卸载后原子间斥力使原子回复到稳定距离，原子间距变大，所有的原子间距回复到正常距离后使压痕下方的原子向上移动，使弹性回复量在短的时间内变化量很大。

在卸载 5ps 以后，原子的位移随着时间的变化逐渐增大，最后趋于稳定状态。该段时间内的原子位移发生变化，是由于基体中的位错运动导致的。在该阶段，随着载荷的增大，弹性回复量就越大。载荷越大，压头压入基体的深度越深，单晶铜中发生的塑性变形越严重，基体中积累的残余应力越大，能量也越多。卸载后，压痕处的原子在基体中的残余应力作用下，向基体表面运动，同时基体中的位错向表面运动，在基体表面形成台阶，使单晶铜的弹性回复量增大，进而使单晶铜的弹性回复系数增大，如图 3-41 所示。因此在恒定载荷加载条件下，在单晶铜发生塑性变形条件下，载荷越大，单晶铜的弹性回复系数越大。

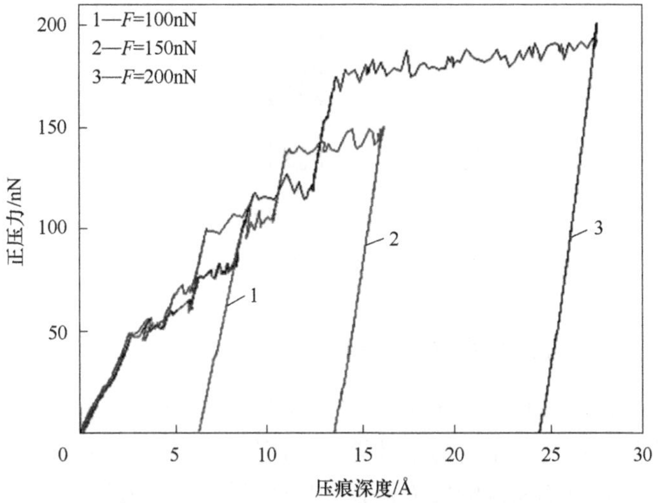

图 3-39　不同载荷下的载荷 – 位移曲线

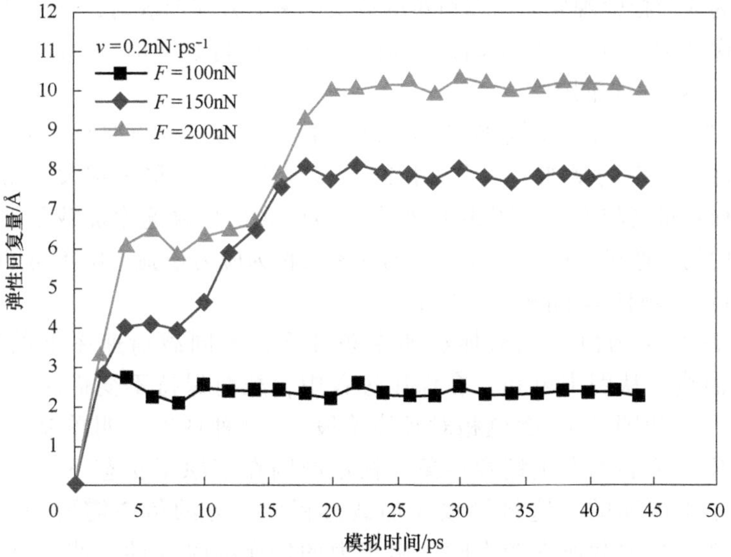

图 3-40　不同载荷下单晶铜的弹性回复量随时间的变化曲线

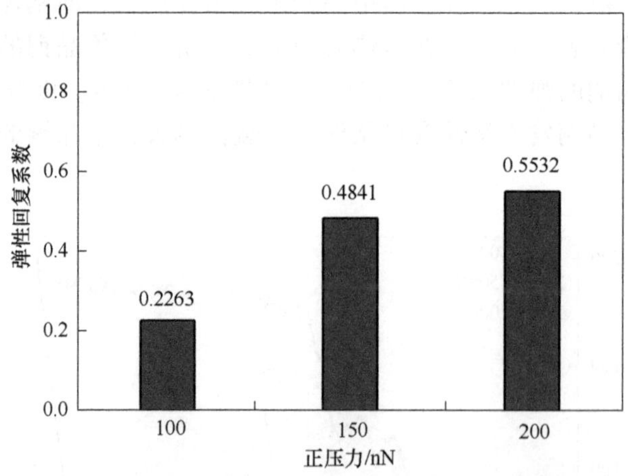

图 3-41　不同载荷下单晶铜弹性回复系数的变化

3.4.5　单晶铜的蠕变和应力松弛现象

宏观条件下，晶体的蠕变特性受到多重因素的影响，如材料受力方向、温度、晶体结构等。通过分子动力学计算，使用恒定位移速率加载和恒定载荷速率加载两种方法来研究单晶铜的应力松弛和蠕变特性。不同的加载方式，单晶铜表现出不同的蠕变形式。恒定位移速率加载的方式下，当压入一定深度后，保持压头的位置不变，则压头与基体之间的作用力将会减小，呈现不同幅度的载荷降低，此即为应力松弛现象。当以恒定的载荷速率的方式加载时，当加载到一定的载荷后，保持载荷恒定一定的时间，则压头的深度将会增加，此即为蠕变现象。两种现象其本质是相同的。

图 3-37 为恒定位移不同加载速率条件下的时间 - 载荷曲线。从图中可知，随着位移加载速率的增加，压入到相同最大载荷时，位移量越大，在弛豫过程中，载荷松弛量就越大，如图 3-42 所示。以恒定的位移速率加载条件下，达到最大载荷后的弛豫过程中，载荷降低的现象又称为应力松弛。由图可知，不同的加载速率将会影响到单晶铜的松弛量。

图 3-43 所示为恒定载荷加载速率条件下，不同载荷速率下的单晶铜位移 - 载荷曲线。从图中可知，在保压过程中，载荷保持不变而压头的位移深度逐渐增大（如图 3-43 颜色相对较浅阶段），这种现象表明单晶铜发生明显的蠕变现象。单晶铜发生蠕变现象，根本原因在于原子状态下，材料的受力是通过原子来传递的，这将导致在加载过程中，力的传递需要一定的时间，具有时效性。当加载速率较大时，由于力的传递的时效性，使基体与压头之间的作用力大于压痕区域的次表层下的原子之间的作用力，因此在弛豫过程

中，压痕表面的力将继续向表层传递，使基体继续发生塑性变形，进而使压头压痕深度增加。

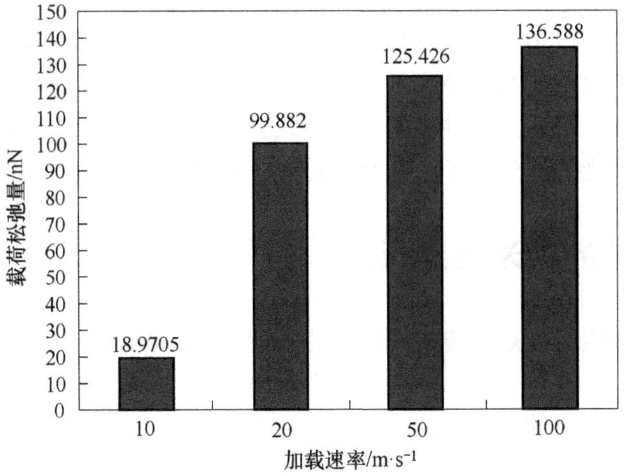

图 3-42　不同位移加载速率下弛豫过程中载荷松弛量

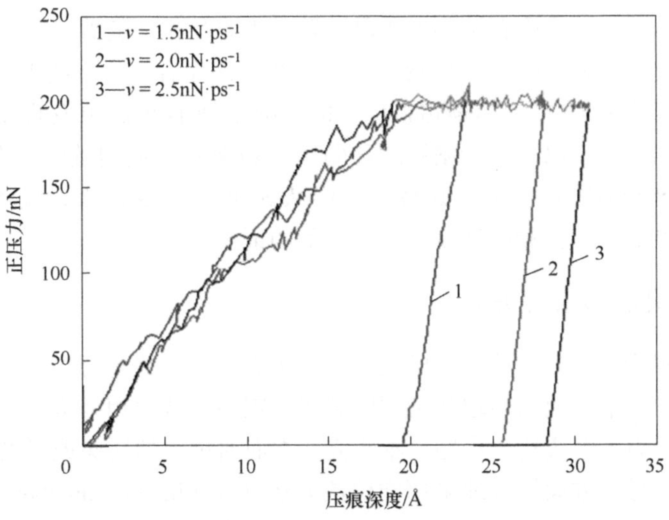

图 3-43　不同恒定载荷加载速率下的位移－载荷曲线

3.4.6　小结

通过对单晶铜基体在不同的加载方式下的弹性回复情况进行研究，发现在恒定速度的加载条件下，加载速度越大，单晶铜基体弹性回复量越小，弹性回复系数越小；在这种加载条件下，压头压入的深度越大，基体的弹性回复系数越小。

在恒定的载荷加载速率下，加载到相同载荷下，载荷加载的速率越大，单晶铜的弹性回复越小；在相同的加载速率下，载荷越大单晶铜的弹性回复量越大，弹性回复系数也越大。不同的加载方式下，加载到一定的深度或者是载荷下，保压一定时间后发现，在以恒定的速度加载条件下，保压过程中，表现为载荷降低的应力松弛现象；在恒定的载荷速率加载下，保压过程中，表现为载荷不变压头的压痕深度增加的蠕变现象。两种不同表现形式，其本质是一样的，都是在外界条件下，纳米材料的受力通过原子之间相互传递，使力的传递具有时效性。

3.5 单晶硅的纳米压入行为

单晶硅作为生产大规模集成电路和芯片的主要材料，研究单晶硅的纳米压入行为和磨料磨损行为对于芯片制造业具有重要意义。目前，国内外在单晶硅高压相变方面开展了大量的研究工作，特别是围绕金刚石对顶砧和纳米压痕所致的单晶硅相变方面有许多文献报道。Wu 和 Huang[39]采用透射电子显微镜和拉曼光谱研究了纳米研磨过程中单晶硅的相变。纳米研磨过程是一个纳米二体磨料磨损的过程。研究发现 bc8（Si-Ⅲ）和 r8（Si-Ⅻ）纳米晶体嵌入在非晶相中。该作者推断相变路径为：初始金刚石结构的单晶硅转变为非晶相；随着接触压力的增加部分非晶相转变为 bc8（Si-Ⅲ）和 r8（Si-Ⅻ）相。该作者随后在纳米划痕测试中发现了相似的相变路径[40]。Gassilloud[41]也在纳米划痕测试中发现了 r8（Si-Ⅻ）存在于非晶相当中。以往的金刚石对顶砧实验和纳米压痕测试中，人们发现 bc8（Si-Ⅲ）和 r8（Si-Ⅻ）相是在卸载过程中从 Si-Ⅱ 相转变而来。显然非晶到 bc8（Si-Ⅲ）和 r8（Si-Ⅻ）相的转变还缺乏可信的证据。

3.5.1 相识别和表征方法

无论是实验还是分子动力学模拟，纳米压痕和纳米磨料磨损所致的单晶硅高压相变研究中一个突出的问题就是相区域相对较小，这为相结构的辨别带来了非常大的困难。为了解决这一难题，本研究一方面通过大的压头或者磨料直径来增大相变区域，另一方面综合地采用配位数方法（coordination number，CN）、径向分布函数（radial distribution function ，RDF）和键角分布函数（bond angle distribution function，ADF）来识别和表征相结构。通过这几种不同的方法，系统地表征了相结构短程、长程的有序性，极大地提高了结果的可靠性和可信度。

根据以往的研究结果，纳米压痕和纳米磨料磨损中一般会出现 5 种类型的晶体相：Si-Ⅰ，Si-Ⅱ，Si-Ⅲ，Si-Ⅻ 和 bct5 相。为了区分这 5 种晶体结构，首先采用 CN 对单个原子进行识别，并据此进行可视化，观察分析集中的单相区域的分布特征；然后计算单相区域的 RDF 和 ADF，进一步确认相结构，分析表征该结构的长程结构信息和结构的扭曲。

1. 基于配位数的相识别方法

常规的配位数（或者最近邻原子）方法广泛地应用于分子动力学模拟中结构、缺陷的识别、表征和可视化，例如金属塑性变形过程中位错的识别。但是常规的配位数方法不能够完全区分Si-Ⅰ，Si-Ⅱ，Si-Ⅲ，Si-Ⅻ和bct5相，因为Si-Ⅰ，Si-Ⅲ和Si-Ⅻ相三种结构都具有四重配位数。金刚石结构的Si-Ⅰ相在常压和0.235nm的距离下有4个最近邻原子。Si-Ⅱ相在0.242nm的距离下有4个最近邻原子，在稍微大的距离0.257nm处有另外2个近邻原子。Bct5相在0.231nm的距离下有1个最近邻原子，在稍微大的距离0.244nm处有4个近邻原子。因此Si-Ⅰ，Si-Ⅱ和bct5相可以通过常规的配位数方法识别出来：即在一个合适的截断半径（这里取为0.28nm）下，配位数为4、5、6的相结构分别为Si-Ⅰ、bct5和Si-Ⅱ相。但是据此区分出来的Si-Ⅰ相原子中包含了Si-Ⅲ和Si-Ⅻ相原子，因为Si-Ⅲ和Si-Ⅻ相在距离分别为0.237nm和0.239nm处有4个最近邻原子。为了区分这3种具有相同配位数的相结构必须要考虑更大截断半径处原子的分布。研究表明Si-Ⅲ相在2GPa的压力下在0.34nm处有一个独特的非成键原子，Si-Ⅻ相在0.323nm或者0.383nm处也有一个非成键原子[42]。而Si-Ⅰ相在0.383nm处有12个次近邻原子。因此依据次近邻原子数可以将Si-Ⅰ相和Si-Ⅲ/Si-Ⅻ相区分开来，即配位数为4的原子在合适的截断范围内（这里取为0.28~0.35nm）具有1个近邻原子的即为Si-Ⅲ/Si-Ⅻ相；具有12个近邻原子的则为Si-Ⅰ相。根据以往的研究，Si-Ⅲ/Si-Ⅻ相常常是混合在一起的，因此本书中不再对这两相做进一步的区分。这种综合考虑近邻和次近邻原子进行相结构识别的方法已经成功地应用在了以前的研究当中[43]。

2. 径向分布函数和键角分布函数

径向分布函数通常指的是给定某个原子（i原子）的坐标时，其他原子（j原子）在空间的分布概率（离给定原子多远）。键角分布函数指的是给定某个粒子的键角的分布。径向分布函数和键角分布函数常用来研究物质的有序性。径向分布函数$g(r)$表达式为[44]

$$g(r)=\lim_{dr\to 0}\frac{p(r)}{4\pi(N_{pairs}/V)\,r^2 dr} \tag{3-30}$$

式中，$g(r)$为径向分布函数；r为计算粒子对的距离（nm）；$p(r)$为距离在$r\sim r+dr$的球壳层内发现的粒子对的平均数量；V为计算体系的总体积（nm^3）；N_{pairs}为计算集合1和集合2中唯一的原子对数量。

当集合1和集合2包含两种不同的原子时：

$$N_{pair}=N_1N_2 \tag{3-31}$$

当集合1和集合2包含了相同数量和类型的原子时：

$$N_{\text{pair}} = N_1(N_1 - 1) \tag{3-32}$$

式中，N_1为集合1中原子的数量；N_2为集合2中原子的数量。

RDF给出了整个计算区域内原子结构的统计特征，反映了以单个原子为中心小于某个截断半径（典型值为0.5nm）的球体内原子的统计分布特征。如果计算区域过小（特征长度小于0.5nm），几乎所有的原子都处于边界上，RDF所反映的结构信息特别是长程的结构信息将是不可靠。为了获得可信的结果，RDF要求计算区域的尺寸要足够的大（至少大于其截断半径的2倍，这里为1nm）。事实上在分子动力学模拟中要使得单个相区域在三个空间尺度上的特征长度都大于0.5nm，就要求模型的尺寸要足够的大，这也是采用大模型的原因所在。如果对大范围的区域进行计算获得的RDF是多种相的叠加结果，加之相界面附近原子的不规则排列，将使得结果的可信度降低。ADF的计算虽然只包含最近邻原子，但是混合相和相界面附近原子比例的增加也使得计算结果的精确性降低。为了提高分子动力学模拟中RDF和ADF的计算准确性，一方面需要尽可能地增大计算区域的尺寸，另一方面需要采取必要的措施降低边界的影响。

这里，首先通过CN方法获得了Si-Ⅰ，Si-Ⅱ，Si-Ⅲ/Si-Ⅻ和bct5相原子的分布，然后计算每种单相区域的RDF和ADF。纳米压痕模拟中典型的Si-Ⅱ，Si-Ⅲ/Si-Ⅻ和bct5相单相区域的尺寸分别为1.9nm×1.4nm×1.8nm、2.2nm×1.7nm×2.5nm、5.4nm×3.1nm×5.4nm，最小的长度是截断半径的3倍，已经足以给出可靠的结果。为了降低甚至消除边界原子的影响，将计算区域外围0.5nm的区域考虑进邻域原子中去，也就是将j原子的计算区域扩展到i原子计算区域外0.5nm，如图3-44所示。

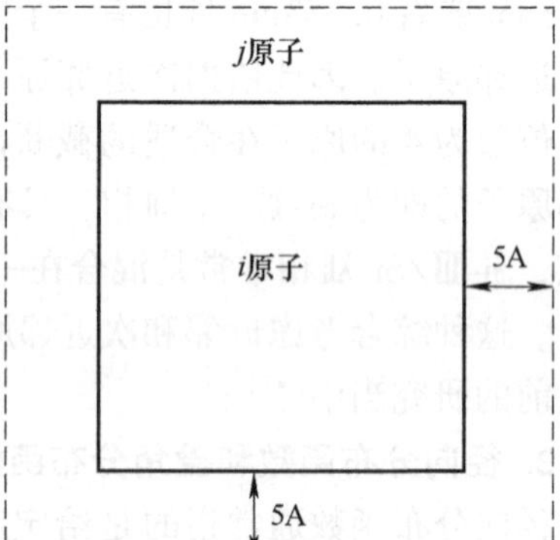

图3-44　ADF和RDF计算

3. 算法的实现

CN、RDF和ADF的计算是在LAMMPS计算结束后，通过读取原子轨迹数据进行的。CN、RDF和ADF计算最耗时的计算任务是获得每一个原子的邻域表。如果采用普通的搜索算法，计算每一个原子的邻域原子时都需要把其他所有原子遍历一次，算法的复杂度为O（N2）。当原子数量达到百万规模时，这一算法的耗时是无法忍受的。为降低计算规模，这里采用格子索引算法计算原子的邻域表。下面以立方体中心元胞为例说明格子索引算法。在格子索引算法中，中心元胞被划分为$m \times m \times m$个更小的立方体格子，如图3-45所示，只要格子的边长r_{cell}大于截断半径（0.5nm），与任意一个原子有非零相互作用的原子，必然位于该原子所在的格子之中或与该格子接触的另外 26 个格子之中。因此，该模拟过程只需要计算位于这些格子中的原子之间的作用力。每个格子大约包含 $N_c = N/m^3$ 个粒子，计算某个原子与其他原子之间的相互作用，共涉及约 27 N_c对原子。当 $27N_c < N$ 时，格子索引算法的计算量低于不利用格子索引算法的计算量。由于 $N_c = N/m^3$，因此只要 $m > 3$，$27N/m^3 < N$ 就成立。

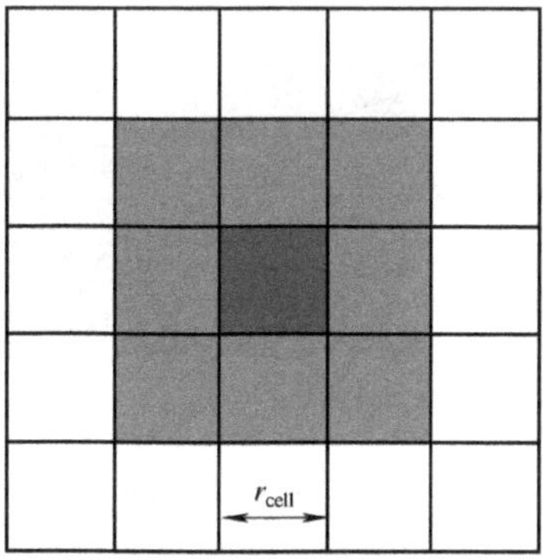

图 3-45　格子索引算法

3.5.2　纳米压痕中单晶硅的相变

单晶硅纳米压入的计算模型与图 3-32 类似，不同的仅仅是将单晶铜换成单晶硅即可。图 3-46 给出了压痕深度为 4.50nm 时单晶硅（100）面纳米压痕后试样中截面上相分布图。图中原子依据配位数进行着色，其中天蓝色原子是 bct5 相原子，蓝色原子是 Si-Ⅱ相原子，红色原子是 Si-Ⅲ/Si-Ⅻ相原子，黄色原子是配位数小于 3 的原子即表面原子。相变区域的中心是一个相对大的 6 重配位数的 Si-Ⅱ相区，如图 3-46a 所示。另外在相变区域的四周沿着 ±[100] 和 ±[010] 方向分布着 4 个几乎贯穿整个相变区域的 Si-Ⅱ相区。bct5 相则围绕着 Si-Ⅱ相，并沿着 [101]，[-10 -1]，[10 -1] 和 [-101] 方向分布，将 4 个 Si-Ⅱ相区分割开来。bct5 相与 Si-Ⅱ相的相界面并不规整，存在一个宽范围的过渡区域，在这个区域内 bct5 相与 Si-Ⅱ相交错分布，压头正下方几层原子却保持为原始的金刚石结构与 Si-Ⅲ/Si-Ⅻ相原子的混合相。在小的压痕深度时，压头正下方几层原子为原始的金刚石结构（这里没有给出）。所观察到的 Si-Ⅱ相和 bct5 相分布特征与文献中报道的结果是一致的[43]。

为确认生成的 Si-Ⅱ相和 bct5 相，计算了相变区域中心位置的 Si-Ⅱ相及周围 BCT5 相集中区域的径向分布函数、键角分布函数、配位数，如图 3-47、图 3-48 所示。为了便于比较，图中也画出了平面波赝势理论计算的 bct5 相结构的 RDF 峰[45] 和 Tersoff 势函数计算的 Si-Ⅱ相结构的 RDF 峰[46]。Si-Ⅱ相的第一个主峰位置在 0.251nm。理论上 Si-Ⅱ相第一主峰和第二个主峰在 0.242nm 和 0.257nm，由于这两个峰距离非常近，轻微的热振动或者原子的轻微弹性变形都会导致这两个峰的混合，所以分子动力学模拟很难区分这两个峰。bct5 相第一个主峰位置 0.239nm，位于理论上第一主峰 0.231nm 与第二主峰 0.244nm 之间。Si-Ⅱ相的键角分布函数在 75°、104°位置有 2 个主峰，另外在 149°，176°位置有两个小峰。bct5 相在 81.9°、110° 136°位置有 3 个峰。拓宽的径向分布函数和键角分布函数峰表明晶格经历了大弹性变形。径向分布函数和键角分布函数峰均确认了 Si-Ⅱ和 bct5 相的存在。

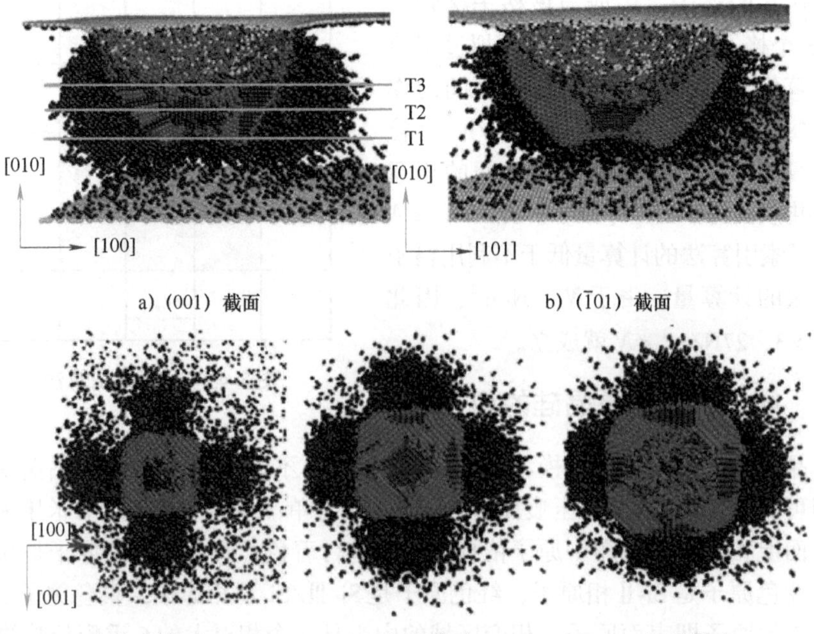

a）(001) 截面　b）($\bar{1}$01) 截面

c）T1截面　d）T2截面　e）T3截面

图 3-46　纳米压痕所致单晶硅高压相分布（彩色图见插页）

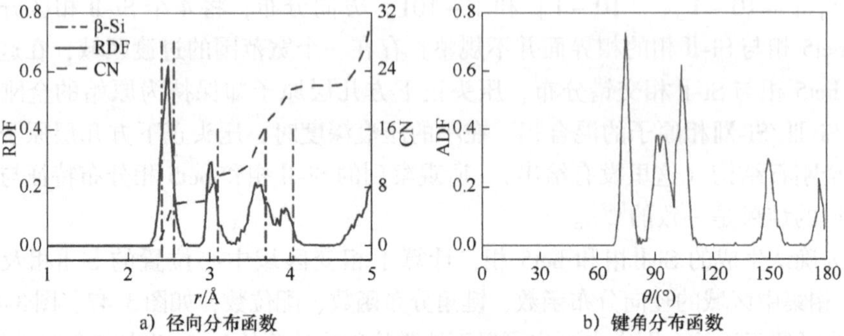

a）径向分布函数　b）键角分布函数

图 3-47　S-II 相结构特征

在相变区域的周围及压头的正下方可以发现大面积的介稳相原子沿着 ±［100］和 ±［010］方向分布，如图 3-47 所示。依据配位数判断，这些原子应为具有 4 重配位数的 Si-Ⅲ/Si-Ⅻ相原子。以往的实验研究表明，Si-Ⅲ/Si-Ⅻ相只出现在载荷释放过程，在加载过程尚未发现这两相的存在。Kim[43] 等的分子动力学研究也发现了这两相的存在，他认为这两种介稳相原子是 Si-Ⅰ 相转变为 Si-Ⅱ 和 bct5 相的过渡相。仔细观察发现，这些介稳相原子是孤立存在的，与金刚石结构原子交叉排列，并没有发现连成片的介稳原子存在，也就是说这种介稳原子并没有形成稳定的相区。另外，研究表明，这些介稳原子在载荷释放后会恢复到金刚石结构，这与实验中只在卸载后存在 Si-Ⅲ/Si-Ⅻ相的发现不符。另外，压痕中 Si-Ⅲ/Si-Ⅻ相领先于 Si-Ⅱ相和 bct5 相出现，但是在未形成 Si-Ⅱ相和 bct5 相前加卸载过程是可逆的。图 3-49 给出了该介稳相的径向分布函数和键角分布函数，为了方便对比图中也画出了金刚石结构的硅的 RDF 峰和 ADF 峰。从图中可以看出所有的 RDF 峰都扩展开来；第一个 RDF 峰的位置稍微的向左偏移，第二个和第三个峰稍微的向右偏移。在 3.5 nm 的位置发现了一个小矮峰，这正是配位数识别认为这些原子是 Si-Ⅲ/Si-Ⅻ相原子的原因所在。完整的金刚石结构原子具有正四面体结构，其 ADF 只在 109°位置有一个峰。介稳相原子在 112°有一个主峰，在 97.2°位置有一个小的峰。这与 Si-Ⅲ相 118°和 99°的键角及 Si-Ⅻ相 137°的键角是不同的[42,47]。因此这种介稳相原子并不是 Si-Ⅲ/Si-Ⅻ相原子而是扭曲的金刚石结构原子（distorted diamond cubic structure，DDS）。

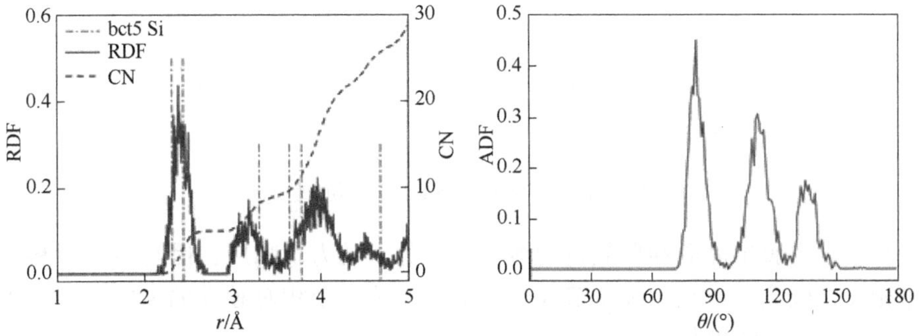

a）径向分布函数　　b）键角分布函数

图 3-48　bct5 相结构特征

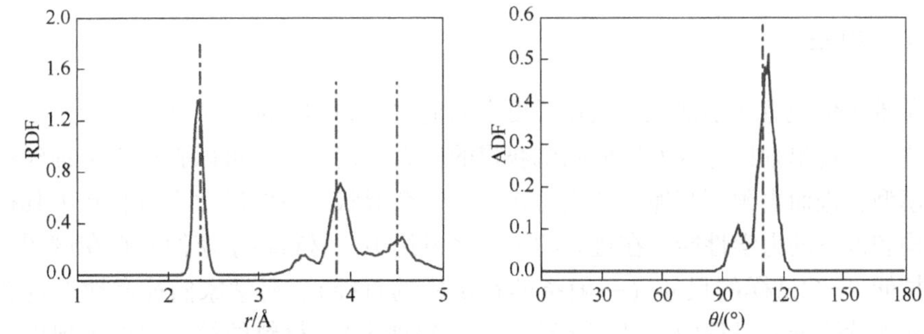

a）径向分布函数　　b）键角分布函数

图 3-49　介稳相结构表征

为研究相变路径，跟踪了纳米压痕过程中一个小的压入间隔中原子类型的改变，统计结果如图 3-50 所示。从图中可以看出 DDS 原子直接由 Si-Ⅰ相原子转变而来；在进一步的变形中，一部分的 DDS 原子恢复到初始的 Si-Ⅰ相原子，其余的则保留下来；没有发现 DDS 原子会转变为 bct5 相原子或者 Si-Ⅱ相原子。大部分新形成的 bct5 相原子由 Si-Ⅰ相原子直接转变而来；极少部分来源于 Si-Ⅱ相原子，这可能与 bct5 相和 Si-Ⅱ相界面附近原子的配位数的转变有关。新形成的 Si-Ⅱ相原子一部分由 Si-Ⅰ相原子转变而来，另一部分由 bct5 相转变而来。这是由于 Si-Ⅱ相被 bct5 相包围着，Si-Ⅱ相的扩大就需要吞食 bct5 相原子。另外从图 3-50a 中可以看出 bct5 相的出现领先于 Si-Ⅱ相的出现。

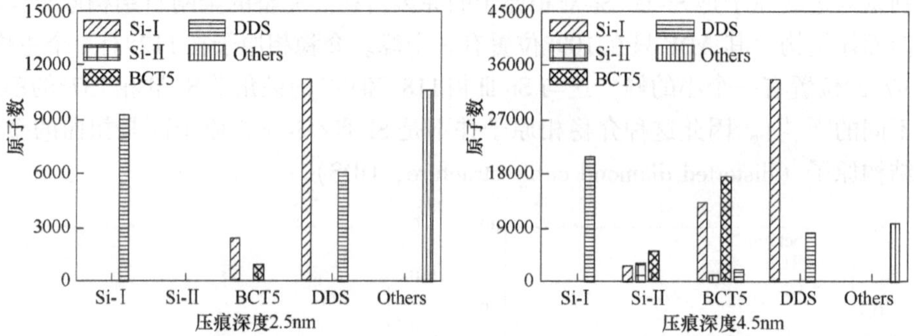

a）2.25nm到2.50nm　　b）3.75nm到4.50nm

图 3-50　纳米压痕中原子类型的改变

对于含水膜单晶硅和单晶铜的纳米压入分子动力学响应，因与纳米磨料磨损规律相关性较高，放至后续章节详述。下文作为一个相对独立的命题，专门来讨论一下单晶纳米线的拉伸行为。

3.6 单晶纳米线的拉伸行为

3.6.1 引言

单轴拉伸或者压缩测试是宏观尺度上研究材料力学性能的最基本、最广泛的实验方法。通过单轴拉伸或者压缩测试获得的应力－应变曲线可以直接用于构建材料本构模型，进而去预测其他复杂应力状态、复杂形状、不同尺寸下材料及由其构建的结构和设备的力学性能。在过去的半个多世纪中，材料科学家们一直在试图降低单轴拉伸/压缩试样的尺寸（一般指的是试样的直径）。科学家们惊奇地发现在试样尺寸连续降低的过程中（从毫米到微米再到纳米），材料的拉伸强度表现出强烈的尺度依赖性，也就是著名的“尺度效应”——越小越强[48, 49]。伴随这一强度变化过程的是材料塑性变形机制的连续转变：从宏观尺度上的通过位错 Frand-Read 位错源[50]等方式的位错增殖机制转变到微米尺度上的“位错贫化”“单臂位错源”等机制，在纳米尺度上又转变为表面位错源机制[51]。这一系列新现象促使了材料科学研究者对材料力学性能这一古老领域的认识。对小尺度材料单轴力学性能研究的另外一个驱动力来自于一系列潜在的应用，比如小尺度的纳米线是未来 NEMES 器件中的基本构筑结构；20nm 以下的金纳米线是未来超大规模集成电路中的互联材料。伴随着原位透射电子显微镜拉伸、压缩等实验设备和分子动力学、第一性原理计算等模拟计算的进步，低维材料的力学性能特别是单轴的拉伸/压缩力学性能迅速发展成为近年来国内外研究的热点领域和前沿方向之一。

目前，绝大多数的研究主要关注于试样的直径改变引起的尺度效应，而忽略了试样长度的影响。这导致了过去几年中纳米线力学性能研究中往往出现一些相互矛盾、模拟与实验不相符的结果。以往的分子动力学模拟表明，单晶面心立方金属纳米线单轴拉伸中表现出了高的拉伸强度（达到吉帕，比宏观试样高了 1～2 个数量级）、显著的应变软化等特征，并且以延性方式断裂[52]。一些实验验证了这种变形行为[53,54]，但是另外一些实验研究表明单晶面心立方金属发生突然的脆性断裂，没有明显的延性缩颈而是迅速的发生剪切局部化[55]。直到最近，Wu[56]的研究表明了这种脆性或者延性的断裂方式是由于试样长度的不同造成的，随试样长度的增大，纳米线将会发生韧－脆转变。

本章采用大规模分子动力学模拟直径在纳米尺度上的试样的单轴拉伸过程，研究纳米尺度的试样也就是一维纳米线的力学行为和性能。主要关注于单晶金纳米线长度方向上的“外在尺度效应”。研究了长度对纳米线力学性能、塑性变形和失效方式的影响。研究范围从最短 3.53nm 到最长约 1μm。结果不仅支持了 Wu[56]等发现的韧－脆转变，而且揭示了长度依赖的拉伸强度的变化规律；在超短的纳米线中发现了优异的高强和高韧的性能组合。

3.6.2　模型及方法

1. 原子模型

采用大尺度分子动力学方法模拟 [111] 朝向的金纳米线的单轴拉伸过程。图 3-51 给出了本书建立的金纳米线的原子模型及坐标。模型由内部变形区域、固定层和加载层组成。固定层和加载层原子设定为刚性原子，厚度都为 0.82nm。所有的纳米线都是初始直径为 6.66nm 的圆柱形，但是初始长度在 3.53～1060.02nm 范围内变化。为了模拟有限长的纳米线，纳米线的三个方向上都采用自由边界条件。

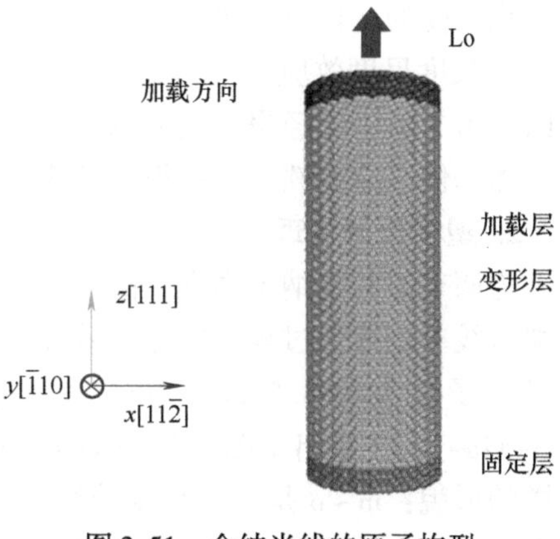

图 3-51　金纳米线的原子构型

2. 模拟方法

金原子初始放置在面心立方的晶格位置，晶格常数为0.408nm。为了获得300K下纳米线的平衡构型，必须精心地设计平衡方法，特别是对于长的纳米线，更要精心。由于自由表面的作用，在热平衡过程中纳米线长度方向往往会形成一个低频、长周期的振荡，这种振荡会造成轴向应力的振荡。为了抑制这种振荡，采用Langevin动力学[57]方法在300K温度下小心地平衡纳米线，之后通过加载层施加一恒定的速度使得纳米线在$5\times10^{7}s^{-1}$的应变速率下单轴地拉伸，但是固定层的原子保持不动。拉伸过程中采用Nose-Hoover热浴法[25,26]，使纳米线的温度控制在300K。金原子之间的相互作用采用嵌入原子势[58]来表示。位错、孪晶等位错的识别和显示采用共邻域分析技术（common neighbor analysis，CNA）。

3.6.3 模拟结果

1. 金纳米线的纳米力学性能

图3-52a~d给出了长度分别为3.53nm，7.07nm，106.00nm和1060.02 nm的金纳米线单轴拉伸中的工程应力应变曲线。从图中可以看出长度为3.53nm的金纳米线显示出了令人惊异的高强度（4.98GPa）和高伸长率（275.18%）的优异性能组合。长度为7.07nm的金纳米线同样显示了高强度（4.19GPa）和高伸长率（174.03%）的优异性能组合。但是长度为1060.02nm的金纳米线的强度仅为2.70GPa，伸长率也只有3.33%。图3-53给出了金纳米线的屈服强度、伸长率及弹性模量随着纳米线长度的变化关系。从图中可以看出，随着纳米线长度的降低，纳米线的屈服强度和伸长率都增加；当纳米线的长度大于21.2nm时，屈服强度和伸长率增加的幅度比较小；小于21.2nm后，屈服强度和伸长率随着纳米线长度的减小剧烈的增大。这一突然的变化暗示了可能的塑性变形机理的改变。图3-53插入图给出了弹性模量随纳米线长度的变化，可以看出弹性模量随纳米线长度的变化可以忽略。以上结果表明金纳米线的屈服强度和伸长率具有显著的“长度尺度效应”，但是弹性模量没有明显的尺度依赖性。另外从图3-52中可以看出文献中已经报道过的纳米线拉伸力学性能的典型特征，如弹性变形后应力突然降低、应变软化、锯齿状的应力应变曲线等。

2. 塑性变形机理

为调查短的金纳米高强、高延优异性能组合的起源，仔细分析了不同长度的金纳米线单轴拉伸过程中的原子构型和缺陷的演变，结果如图3-54所示。图中仅显示了长度为3.53nm、106.00nm和1060.02nm的金纳米线的分析结果。图3-54a~i和l给出了图3-52标注点的位错形态；图3-54j和k所示为是缩颈时试样的形貌；m~o是三种长度的纳米线的断裂形貌。原子依据其结构进行着色，其中面心立方结构的原子被隐去了，蓝色代表密排六方结构的原子，红色代表缺

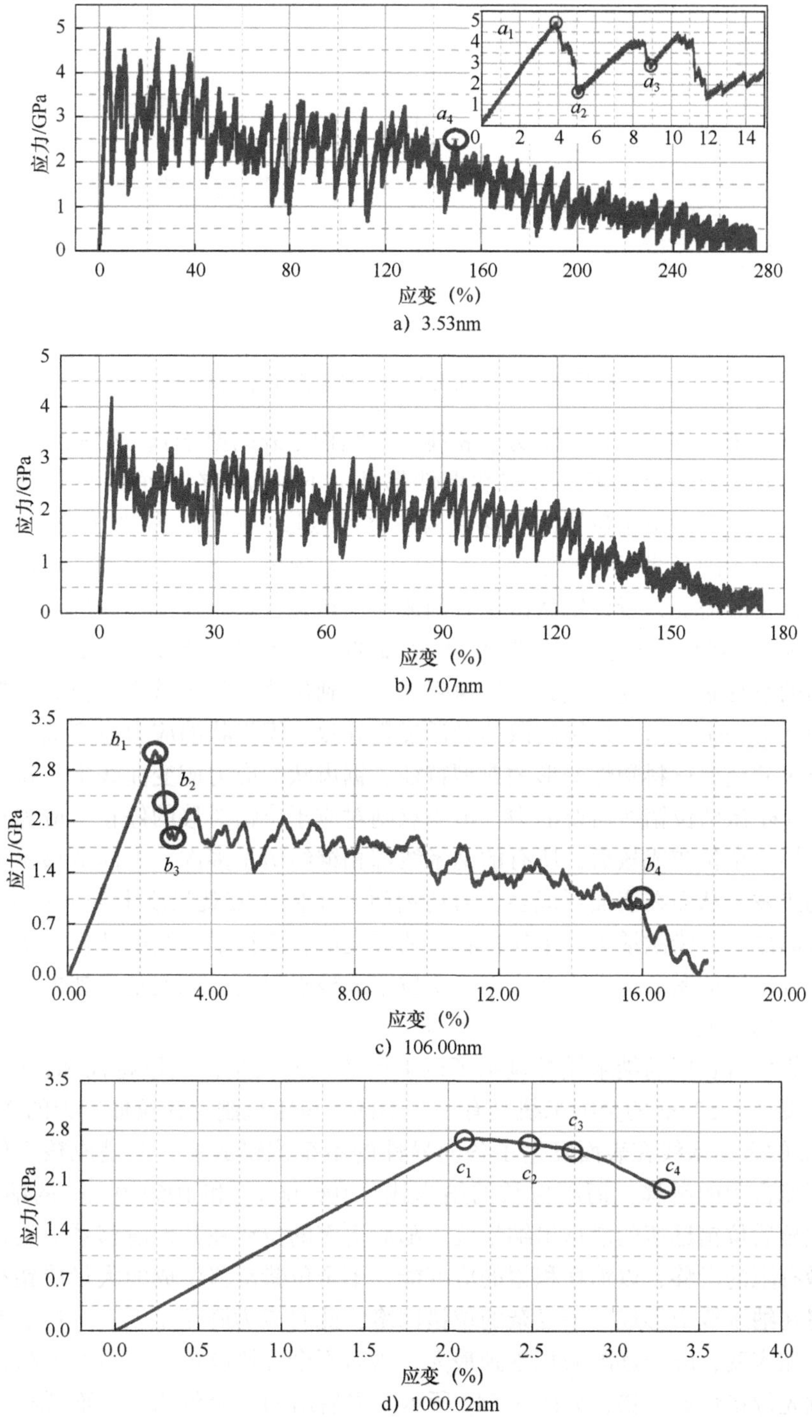

图 3-52　金纳米线的应力应变曲线

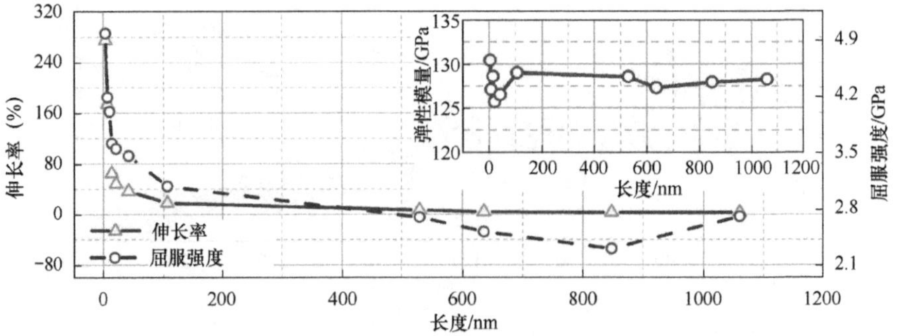

图 3-53　伸长率、屈服强度及弹性模量随纳米线长度的变化

陷原子（除面心立方、体心立方、密排六方结构之外的原子）。从图 3-54 中可以看出，所有的金纳米线第一次塑性事件都是由不全位错在表面成核造成的，如图 3-54a~c 所示。不全位错的滑移在其滑移区域形成层错，如图 3-54 中蓝色原子所示。由于纳米线尺度的限制，不全位错一旦形核，会快速的滑移出试样；连续的塑性变形需要大量位错从试样表面成核来承载，从而在试样内部形成很多的层错，如图 3-54d ~ f。由于位错滑移所需要的力要小于位错成核所需要的力，因此位错的滑移必然伴随着应力的迅速降低，直到位错滑移出试样，应力重新积累直到激活下一个位错。位错离散的激活过程导致了锯齿状的应力应变曲线，这也是纳米尺寸金属材料塑性变形的典型特征。锯齿状的应力应变曲线上，每一个最高点对应于激活位错所需要的力。最小点则对应于位错滑移的停止，应力积累的开始。第一个位错成核后，所有的纳米线都相继经历了多次、不同滑移系上位错激活的迸发，从而在表面形成多个剪切刻面（不同于宏观尺度上的剪切带）。这些多次离散的位错激活消耗了拉伸积累的应变能，维持了持续的塑性变形。但是所有后续位错的激活都发生在了第一个位错成核点附近，也就是说塑性变形限制在了有限的区域内。

尽管所有长度的纳米线都显示了以上所述共同的塑性变形特征和位错机制，但研究发现 3. 53nm 的金纳米线具有一些不同的位错机制。在拉伸应力的作用下，3. 53nm 的金纳米线在表面发生了各向异性的不全位错成核，但是成核后位错被限制不能自由的滑移，而不像长的纳米线（106. 00nm 和 1060. 02nm 的纳米线）那样成核后位错迅速的滑移出纳米线。随后更多的位错在其他滑移系上迅速的成核并做有限的滑移，以消耗积累的应变能。不全位错滑移生成的大量层错相互作用最终在纳米线中形成一个复杂的位错网络，此时应力降至最低，如图 3-54d 所示。增加应变，应力逐渐的积累到最大，落后不全位错成核，随后的滑移消除了先前领先位错形成层错，如图 3-54g 所示。之后新的不全位错在表面成核，重复上面的过程，使得纳米线发生连续的塑性变形。在长的纳米线中，也发现了落后位错的成核，减少了试样内部的层错，如图 3-54h、i 和 l 所示。

随着拉伸应变的进一步增加，由于不可动层错的限制，已经形成很多滑移刻面的纳米线不能再通过前面分析的离散位错的激活方式维持连续的塑性变形。于是，在纳米线变形严重的局部区域迅速地形成缩颈，如图 3-54j 和 k 所示。但是对于 1060.02nm 的纳米线并没有观察到缩颈的出现，而是迅速的剪切局部化断裂，如图 3-54l、o 所示。缩颈发生前，纳米线通过离散的位错成核和滑移方式在较大的区域范围内均匀的变形，应力成锯齿状的缓慢降低。由于长度方向尺寸的限制，3.53nm 和 7.07nm 的纳米线在缩颈形成前沿长度方向发生了均匀的变形。即便是缩颈发生后，依然需要一个大的应变以激活大量的位错过程，直到失效的发生。但是其他长度的纳米线在缩颈发生后，迅速的发生断裂。因此短的纳米线高的伸长率是由于大量不同滑移系上的位错激活使得纳米线发生均匀的变形造成的。

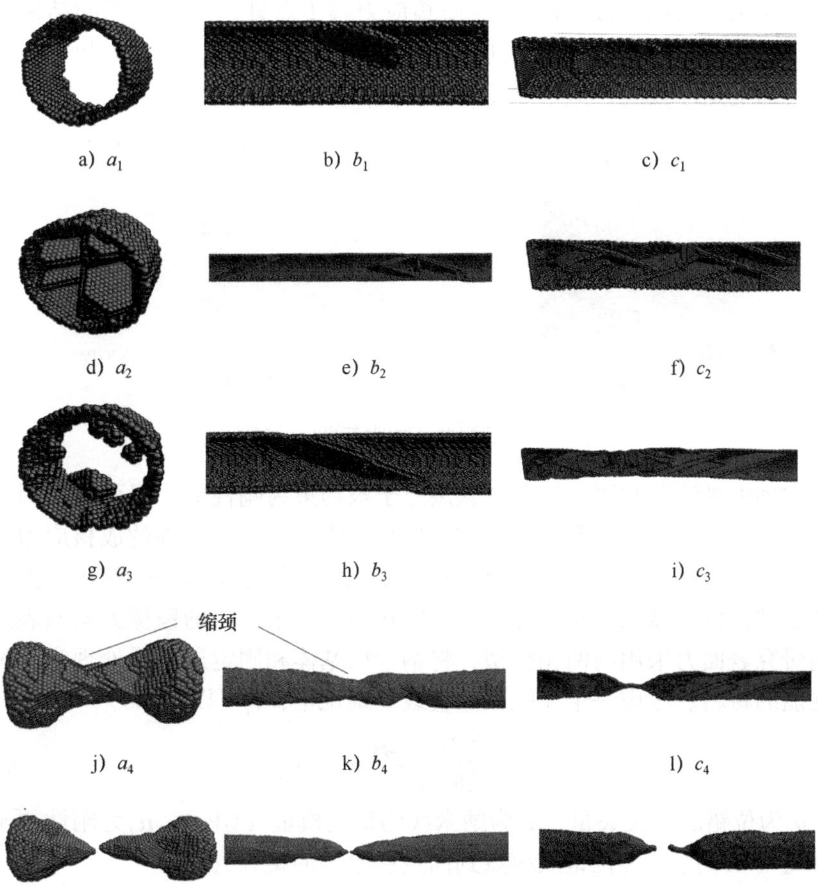

a) a_1　b) b_1　c) c_1

d) a_2　e) b_2　f) c_2

g) a_3　h) b_3　i) c_3

j) a_4　k) b_4　l) c_4

m) a_5　n) b_5　o) c_5

图 3-54　原子构型演变（对应于图 3-52 中的标注点）（彩色图见插页）

3. 短纳米线高强度的理论模型

Rinaldi 等[59]在单晶镍的原位纳米压缩实验中曾报道了超短的纳米柱具有超高的抗压强度。本书作者认为主要的原因在于基底对试样产生的额外载荷和多轴应力。Rinaldi 等的研究也表明了短的纳米线具有高的强度。为了寻找高强度的来源，首先采用有限元方法计算稍微长的6.66nm 的纳米线的压缩过程的应力状态。计算中选取金的弹性模量为 130.0GPa，泊松比为 0.3；试样的底部施加位移约束，顶部施加位移载荷，以模拟分子动力学计算中的加载情况。图 3-55 给出了应变为1.60%时纳米线轴向和径向的应力云图。从图中可以看出由于试样长度的限制，整个试样内部存在大的轴向和径向应力梯度，圣维南定律不再成立。最大的轴向应力为4.49GPa，最大的径向应力也达到了 1.11GPa。因此相对于轴向应力，径向应力是不可以忽略的。试样的顶角和底角位置是最大的应力集中点。据此推断，位错的成核位置应该在顶/底角应力集中点处。但是模拟的结果没有支持这一结果，第一个位错成核往往发生在试样偏中部位置。因此本研究中多轴应力和应力梯度是存在的，但不是短的纳米线高强度的主要因素。

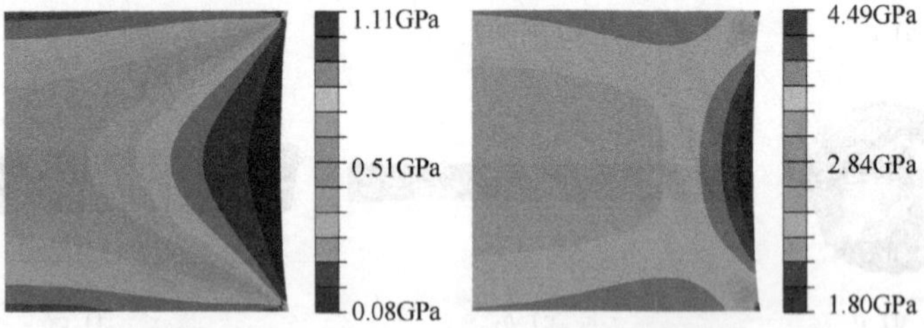

a）径向应力　　b）轴向应力

图 3-55　应力云图

考虑到纳米线两端固定层和加载层原子被约束为刚性的，很可能是两端刚性原子层的作用提供了一个附加的约束，增加了第一次位错事件的成核应力，导致强度的增加。为此尝试估计刚性原子对位错成核临界分切应力的作用。类比经典材料学中的镜像力概念，将刚性原子层的作用以一个虚拟的镜像力 τ_f来表述。依然采用研究表面力采用的两相模型，将纳米线基体和固定层原子处理为两种不同材料性能的材料。考虑一个无限长的直线型螺位错，τ_f可以表示为

$$\tau_f = \frac{\boldsymbol{b}\mu_1}{4\pi r}\left(\frac{2\mu_2}{\mu_1 + \mu_2} - 1\right) \tag{3-33}$$

式中，$\boldsymbol{b}$ 为位错的柏氏矢量；μ_1为纳米线的切变模量（GPa）；μ_2为刚性原子层的切变模量（GPa）；r 为位错成核点到固定层原子的距离（nm）。

考虑到刚性原子层的切变模量为无限大，τ_f的公式为

$$\tau_f = \frac{\boldsymbol{b}\mu_1}{4\pi r} \tag{3-34}$$

假设位错成核位置在距离固定层原子 $h \cdot L$ 处，L 为纳米线的长度，h 为比例因子；成核点到加载层原子和固定层原子的距离为分别为 r_u 和 r_b，则表达式分别为

$$r_u \approx \frac{L(1-h)}{\sin\theta} \tag{3-35}$$

$$r_b \approx \frac{h}{\sin\theta}L \quad 0 < h \leqslant 0.5 \tag{3-36}$$

式中，θ 为固定层原子与 {111} 滑移面的夹角。

将式（3-35）、式（3-36）代入式（3-34），得到刚性层原子对位错成核的镜像力为

$$\tau_f' = \kappa \frac{\boldsymbol{b}\mu_1 \sin\theta}{4\pi L} \tag{3-37}$$

$$\kappa = \frac{1}{h(1-h)} \tag{3-38}$$

因子 κ 代表了位错成核点的影响。考虑刚性原子层的作用，位错在纳米线表面各向异性成核的临界切应力 τ_{CRSS} 为

$$\tau_{CRSS} = \tau_0 + \kappa \frac{\boldsymbol{b}\mu_1 \sin\theta}{4\pi L} \tag{3-39}$$

式中，τ_0 为无限长纳米线位错成核的临界切应力（GPa）。

从式（3-39）可以看出位错成核趋向于纳米线的中心位置成核，此时 h 为 0.5，镜像力达到最小。分子动力学模拟表明，对于 3.53nm 的纳米线第一个位错成核点处 $h \approx 0.40$，和以上模型预测的结果相符合。

为定量估计位错的临界剪切应力 τ_{CRSS}，取 $\mu_1 = 23.667\text{GPa}$、$b = 0.16657\text{nm}$、$\sin\theta = 2\sqrt{2}/3$、$h = 0.5$，则最小的镜像力为

$$\tau_{f\max}' = 11.83/L \tag{3-40}$$

当纳米线的长度大于 24nm 时，最小镜像力 0.05GPa，已经可以忽略。因此在本书的研究中将 24nm 作为刚性原子层的最大作用长度。当纳米线的长度大于 24nm 时，刚性原子层的作用可以忽略，反之则必须要考虑。从式（3-39）可以看出位错成核的临界切应力反比于纳米线的长度。图 3-56 给出了分子动力学模拟的不同长度的纳米线位错成核的临界切应力的变化。临界切应力的计算是用纳米线的屈服强度乘以 Schmid 因子 0.314。采用表达式（3-39）拟合模拟结果，如图 3-56所示。拟合的 κ 和 τ_0 分别为 6.60 和 1.03GPa。

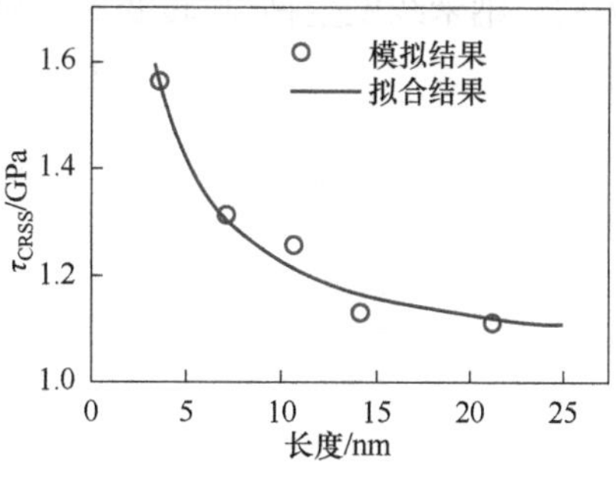

图 3-56 位错成核临界切应力 τ_{CRSS} 随长度的变化

4. 长度依赖的韧 – 脆转变

从图 3-52 可以看出，短的纳米线（长度为 3.53nm、7.07nm 和 106.00nm）在断裂失效之前经历了一系列应力的锯齿状变化。前面的研究已经指出这种锯齿状的变化是由于离散的位错激活造成的。随着纳米线长度的增加，纳米线的伸长率降低，断裂前应力的锯齿状变化次数越少。但是 1060.02nm 的纳米线在经历了第一次的应力降低后就断裂了，即应力在达到屈服强度后材料迅速地发生了脆性断裂。断裂前材料经历了很小的应变，伸长率仅为 3.33%。对比图 3-54 中 n 和 o，不难看出 1060.02nm 试样断裂前塑性变形局限在了小的区域范围内，大量位错沿着同一个滑移面激活。这些结果表明随着纳米线长度的增加，单轴拉伸测试中纳米线将会发生显著的韧 – 脆转变。综合考虑现在的研究结果与以往的报道，可以看出纳米线的力学性能不仅仅在直径的尺度上表现出了显著的“尺度效应”，而且在长度方向上展示了类似的“尺度效应”。这与宏观尺寸材料力学性能与尺寸无关的特性是完全不同的。

接下来将视线转移到纳米线的韧 – 脆转变长度上。Wu[56] 等提出了一个分析模型来求解纳米线的韧 – 脆转变长度。为了便于说明问题和数学处理，假设纳米线的截面形状为边长为 d 的正方形，纳米线的长度为 L_0，弹性模量为 E，总的应变为 ε，滑移方向与轴向夹角为 α。另外依据前面对塑性变形机理的研究，假设所有的位错都在同一个滑移面上，位错的滑移长度为 s，如图 3-57 所示。这样沿着轴向的塑性应变可以表示为 $s \cdot \cos\alpha / L_0$。由于滑移的发生，有效承载面积降低了 $s \cdot d \cdot \sin\alpha$。滑移过程中，滑移区域上的应力 σ_m 由于截面面积的降低和拉伸载荷的降低而发生改变：

$$\sigma_m = \frac{Ed}{L_0} \frac{L_0\varepsilon - s\cos\alpha}{d - s\sin\alpha} \tag{3-41}$$

σ_m 将会随着滑移长度的增加而持续的增加，只要：

$$\frac{L_0}{d} > \frac{\cot\alpha}{\varepsilon} \tag{3-42}$$

因此，纳米线发生韧-脆转变的临界长度 L_c 为

$$L_c = d\cot\alpha / \varepsilon \tag{3-43}$$

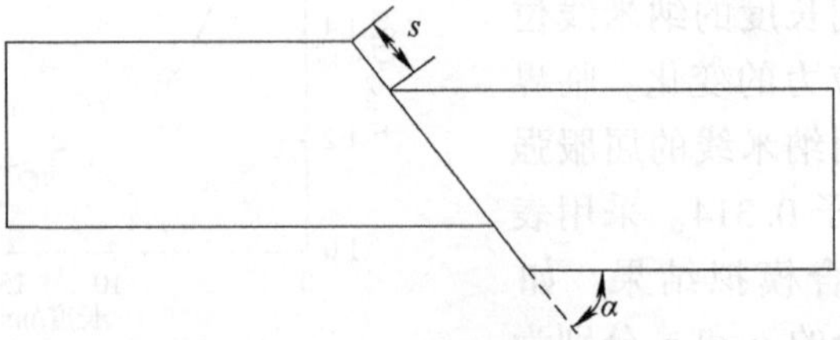

图 3-57　韧 – 脆转变模型

如纳米线的断裂都是由于不全位错的激活和滑移造成的，此时 $\cot\alpha=2\sqrt{2}$。考虑到分子动力学模拟得到 $\varepsilon_y\approx0.024$，纳米线的直径为 6.66nm，代入式（3-43）得到临界长度为 784.89nm。如果纳米线的断裂都是由于全位错的激活和滑移造成的，此时 $\cot\alpha=\sqrt{2}$，则临界长度变成了 392.44nm。实际的情况应该是不全位错与全位错都存在（本书的分子动力学模拟结果证明了这一点），则临界长度应该在 392.44nm 和 784.89nm 之间。分子动力学模拟求得的临界长度为 706.68nm，确认了模型的正确性；同时也表明了纳米线的塑性变形过程以不全位错的成核为主，全位错的数量比较少。

5. 讨论及实验设计

上述研究表明了超短的纳米线（<24nm）具有优异的高强高延性组合。计算表明这是由分子动力学引入的刚性固定层和加载层原子对位错成核的约束作用造成的。这样研究的意义很容易遭到质疑，因为高的性能是由人为引入的，并且刚性层在实际中是不可能存在的。实际上，刚性原子层的引入等同于假设了实验中加持端材料的晶格结构与试样是一样的，但是切变模量为无限大。从预测的模型看来，短纳米线高的强度实际上是由于刚性层大的切变模量造成的，与刚性原子层实际的晶体结构没有关系。因此如果用相对于纳米线来说切变模量非常大的材料代替刚性原子层，依然能够得到同样的高强高延性能组合。基于此考虑，提出一个硬/软/硬的三明治结构的纳米线，即两端硬的材料中间夹一层短的纳米线，如图 3-58 所示。依据上面的推测，硬的端部材料能够像刚性原子层一样约束位错的成核和运动，更能够提供高的强度和延性。这也为所提出的超短纳米线的优异力学性能提供了一个实验研究方案，即：采用冷焊、多层膜雕刻等方法制备出硬/软/硬的三明治结构的纳米线，然后在原位拉伸设备上进行拉伸测试。

为验证上面推测，建立了一个 Cu/Al/Cu 三明治结构纳米线的原子模型，如图 3-59 所示。Cu、Al 之间及各自原子之间使用嵌入原子势函数来表述。初始 Al 纳米线的直径为 6.61nm，长度为 7.01nm；Cu 的端部直径为 9.26nm，长度为 7.01nm。Cu 端部的轴向沿［100］方向，而 Al 纳米线的轴向为［111］方向。模拟方法与金纳米线是一样的。图 3-60 给出了该三明治结构纳米线的应力应变曲线，同时对比地给出了长度为 42.09nm，直径为 6.61nm 的 Al 纳米线的应力应变曲线。可以看出，三明治结构纳米线的伸长率达到了 325.01%，远高于 Al 纳米线的 46.50%。尽管如此，三明治结构纳米线的强度并没有比 Al 纳米线的高，这可能是由于 Cu/Al 界面原子结构造成的。图 3-61 给出了三明治结构纳米线拉伸过程位错的演化。可以看出 Cu/Al 界面限制了位错的运动，使得位错仅仅发生在 Al 的内部，而铜则是位错自由的。由于位错运动的限制，后续位错在 Al 表面均匀的成核，使得试样均匀的变形直到缩颈的出现。从而使得三明治结构纳米线具有了非常高的断裂伸长率。

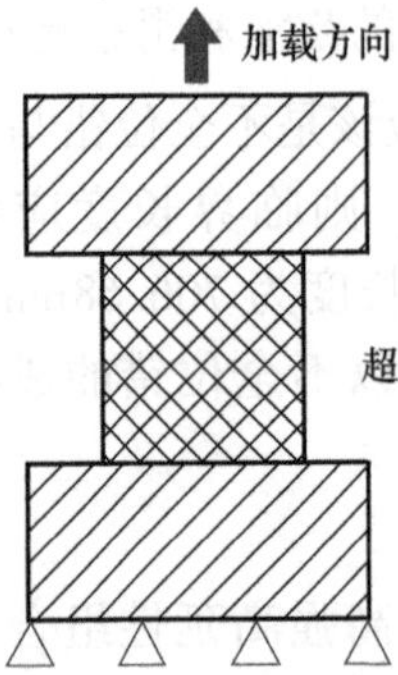

图 3-58　三明治结构纳米线

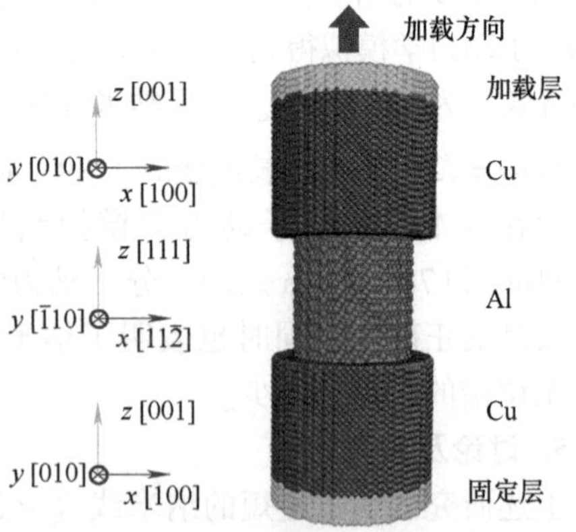

图 3-59　三明治结构纳米线的原子模型

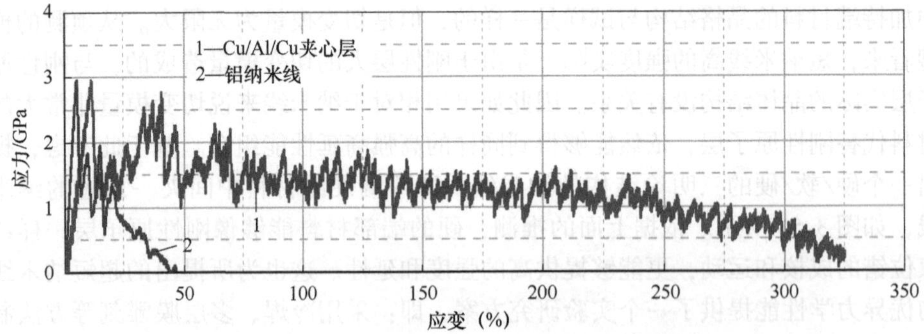

图 3-60　三明治结构纳米线的应力应变曲线

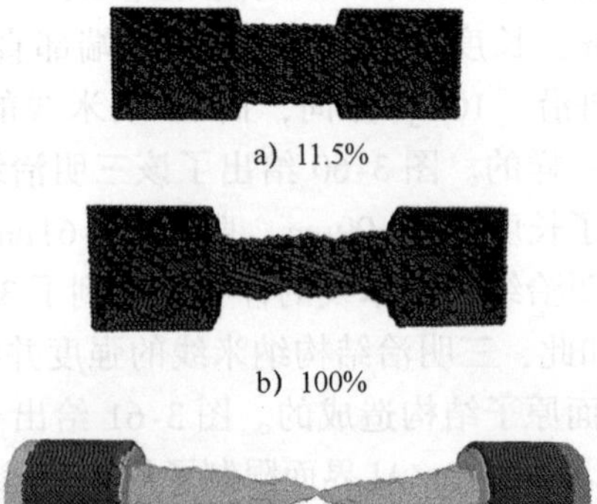

a）11.5%

b）100%

c）325%

图 3-61　三明治结构纳米线的位错演化

6. 小结

采用分子动力学方法模拟了有限长金纳米线单轴拉伸过程，分析了纳米线的力学性能、塑性变形机理及失效方式。主要的结论如下：

1）在单轴拉伸测试中，材料的力学性能不仅在直径方向上具有强烈的尺度效应，在试样的长度方向上依然具有显著的“外在尺度效应”，即：“越短越强”。不仅如此，纳米线还表现出“越短越延”的特性。

2）当长度降低到 24nm 以下，金纳米线展现出优异的高强（3 ~5 GPa）、高韧（伸长率 >60%）的性能组合。约束的位错成核和滑移是优异性能的主要来源。基于镜像力理论，本书作者提出了一个纳米线屈服强度的预测模型，预测结果与分子动力学模拟结果相吻合。

3）提出了一种三明治结构的纳米线结构模型以获得高强、高延的优异性能组合。分子动力学模拟初步证明了设想的可行性，同时也为后续的研究提供了一种实验方案。

4）随着长度的降低，纳米线会发生两种可能的力学性能和变形行为的转变。当纳米线的长度降低到 706. 68nm 以下时，纳米线将会从脆性断裂转变为延性断裂。继续降低纳米线的长度至 24nm 以下，纳米线将会展示出高强、高延的优异性能组合。分析表明脆性断裂是由于大量位错沿着同一滑移面滑移导致纳米线迅速的剪切局部化造成的。短纳米线的高强度主要源于约束的位错成核和滑移。

参考文献

[1] OLIVER W C, PHARR G M. An improved technique for determining hardness and elastic modulus using load and displacement sensing indentation experiments[J]. Journal of Materials Research, 1992,7:1564-1583.

[2] OLIVER W C, PHARR G M. Measurement of hardness and elastic modulus by instrumented indentation: Advances in understanding and refinements to methodology[J]. Journal of Materials Research, 2004,19:3-20.

[3] XU L X, KONG L Q, ZHAO H W, et al. Mechanical behavior of undoped n-type GaAs under the indentation of berkovich and Flat-Tip indenters[J]. Materials, 2019,12:12071192.

[4] KARIMZADEH A, KOLOOR S S R, AYATOLLAHI M R, et al. Assessment of Nano-Indentation method in mechanical characterization of heterogeneous nanocomposite materials using experimental and computational approaches[J]. Scientific Reports, 2019, 9:15763.

[5] BASU S, MOSESON A, BARSOUM M W. On the determination of spherical nanoindentation stress-strain curves[J]. J. Mater. Res. ,2006,21:2628-2637.

[6] TABOR D. The Hardness of metals[M]. Oxford:Oxford University Press, 1951.

[7] JOHNSON K L. Contact mechanics[M]. Cambridge: Cambridge University Press, 1985.

[8] FISCHER-CRIPPS A C. Nanoindentation[M]. 2nd ed. Springer-Verlag, N-Y, 2004.
[9] FISCHER-CRIPPS A C. Critical review of analysis and interpretation of nanoindentation test data [J]. Surface & Coatings Technology,2006, 200:4153-4165.
[10] SNEDDON I N. Boussinesq's problem for a rigid cone[C]. Proc. Camb. Philos. Soc. ,1948, 44:492-507.
[11] FISCHER-CRIPPS A C. The ibis handbook of nanoindentation[R]. Fischer-Cripps Laboratories Pty Ltd. , Forestville, NSW, 2005.
[12] DUKINO R D, SWAIN M V. Comparative measurement of indentation Fracture-Toughness with berkovich and vickers indenters[J]. Am. Ceram. Soc. , 1992,75(12):3299-3304.
[13] NAIR R,TAYLOR M,FISCHER H. Measuring hardness and more through nanoindentation[R]. (2014-1-12)[2022-10-16]. https://www. semanticscholar. org/paper/Measuring-Hardness-and-More-through-Nanoindentation-Nair-Taylor/a86552246b785f86f4f01a4d935f8f5e5802d0e4.
[14] FISCHER-CRIPPS A C. Nanoindentation [M]. 3rd ed. Mechanical Engineering Series, Springer Nature Switzerland AG, Part of Springer Nature, 2011.
[15] WANG S B, ZHAO H W. Low temperature nanoindentation: Development and applications[J]. Micromachines, 2020,11(4) :11040407.
[16] LEI M, XU B, PEI Y T, et al. Micro-Mechanics of nanostructured carbon/shape memory polymer hybrid thin film[J]. SoftMatter, 2016,12:106-114.
[17] WANG J, SANSOZ F, HUANG J, et al. Near-Ideal theoretical strength in gold nanowires containing angstrom scale twins[J]. Nature Communications, 2013,4:1742-1749.
[18] JANG D, LI X, GAO H, et al. Deformation mechanisms in nanotwinned metal nanopillars[J]. Nature, Nanotechnology, 2012, 7:594-601.
[19] AFANASYEV K A, SANSOZ F. Strengthening in gold nanopillars with nanoscale twins[J]. Nano Letters, 2007, 7(7):2056-2062.
[20] CAO A J, WEI Y G, MAO S X. Deformation mechanisms of Face-Centered-Cubic metal nanowires with twin boundaries[J]. Applied Physics Letters,2007,90(15): 151909.
[21] DENG C, SANSOZ F. Enabling ultrahigh plastic flow and work hardening in twinned gold nanowires[J]. Nano Letters, 2009, 9:1517-1522.
[22] DENG C, SANSOZ F. Size-Dependent yield stress in twinned gold nanowires mediated by site-specific surface dislocation emission[J]. Applied Physics Letters, 2009,95:091914.
[23] MISHIN Y, MEHL M J, PAPACONSTANTOPOULOS D A, et al. Structural stability and lattice defects in copper: Ab initio,Tight-Binding, and Embedded-Atom calculations[J]. Physical Review B, 2001, 63(22) :224106.
[24] CARTER C B, RAY I L F. Stacking-Fault energies of Copper-Alloys[J]. Philos Mag, 1977, 35(1):189-200.
[25] HOOVER W G. Constant-Pressure equations of motion[J]. Physical Review A, 1986, 34(3): 2499-2500.
[26] NOSE S. A unified formulation of the constant temperature Molecular-Dynamics methods[J]. J Chem Phys, 1984, 81(1):511-519.

[27] PLIMPTON S. Fast parallel algorithms for Short-Range Molecular-Dynamics[J]. J Comput Phys, 1995, 117(1):1-19.
[28] MO Y F, TURNER K T, SZLUFARSKA I. Friction laws at the nanoscale[J]. Nature, 2009, 457(7233):1116-1119.
[29] ZIEGENHAIN G, HARTMAIER A, URBASSEK H M. Pair vs many-body potentials: Influence on elastic and plastic behavior in nanoindentation of fcc metals[J]. Journal of the Mechanics and Physics of Solids, 2009, 57(9):1514-1526.
[30] LU L, CHEN X, HUANG X, et al. Revealing the maximum strength in nanotwinned copper [J]. Science, 2009, 323(5914):607-610.
[31] LI X Y, WEI Y J, LU L, et al. Dislocation nucleation governed softening and maximum strength in Nano-Twinned metals[J]. Nature, 2010, 464(7290):877-880.
[32] GUO X, XIA Y Z. Repulsive force vs. Source number: Competing mechanisms in the yield of twinned gold nanowires of finite length[J]. Acta Materialia, 2011, 59(6):2350-2357.
[33] DENG C, SANSOZ F. Repulsive force of twin boundary on curved dislocations and its role on the yielding of twinned nanowires[J]. Scripta Mater, 2010, 63(1):50-53.
[34] CHEN Z M, JIN Z H, GAO H J. Repulsive force between screw dislocation and coherent twin boundary in aluminum and copper[J]. Physical Review B, 2007, 75:986-989.
[35] LI L Q, SONG W P, XU M, et al. Atomistic insights into the Loading-Unloading of an adhesive contact: A rigid sphere indenting a copper substrate[J]. Computational Materials Science, 2015,98:105-111.
[36] 余永宁. 金属学原理[M]. 北京:冶金工业出版社, 2003.
[37] WANG C H, FANG T H, CHENG P C, et al. Simulation and experimental analysis of nanoindentation and mechanical properties of amorphous NiAl alloys[J]. Journal of Molecular Modeling, 2015, 21(6):161-170.
[38] 程东,严立,严志军. 单晶 Cu 在纳米压痕过程中的微观破坏机制[J]. 大连海事大学学报,2005, 31(2): 72-75.
[39] WANG Y, ZOU J, HUANG H, et al. Formation mechanism of nanocrystalline High-Pressure phases in silicon during nanogrinding[J]. Nanotechnology, 2007, 18: 465705.
[40] WU Y Q, HUANG H, ZOU J, et al. Nanoscratch-Induced phase transformation of monocrystalline Si[J]. Scripta Materialia, 2010, 63: 847-850.
[41] GASSILLOUD R, BALLIF C, GASSER P, et al. Deformation mechanisms of silicon during-nanoscratching[J]. Physica Status Solidi a-Applications and Materials Science, 2005, 202: 2858-2869.
[42] PILTZ R O, MACLEAN J R, CLARK S J,et al. Structure and properties of silicon XII: A complex tetrahedrally bonded phase[J]. Physical Review B, 1995, 52:4072-4085.
[43] KIM D E, OH S I. Atomistic simulation of structural phase transformations in monocrystalline silicon induced by nanoindentation[J]. Nanotechnology, 2006, 17:2259-2265.
[44] LEVINE B G, STONE J E, KOHLMEYER A. Fast analysis of molecular dynamics trajectories with graphics processing units: Radial distribution function histogramming[J]. Journal of Com-

putational Physics, 2011,230: 3556-3569.

[45] BOYER L L, KAXIRAS E, FELDMAN J L, et al. New Low-Energy Crystal-Structure for silicon [J]. Physical Review Letters, 1991, 67:715-718.

[46] BALAMANE H, HALICIOGLU T, TILLER W A. Comparative study of silicon empirical interatomic potentials[J]. Physical Review B, 1992, 46:2250-2279.

[47] CRAIN J, ACKLAND G J, MACLEAN J R, et al. Reversible Pressure-Induced structural transitions between metastable phases of silicon[J]. Physical Review B, 1994, 50:13043-13046.

[48] BRINCKMANN S, KIM J Y, GREER J R. Fundamental differences in mechanical behavior between two types of crystals at the nanoscale[J]. Physical Review Letters, 2008, 100 :155502.

[49] UCHIC M D, DIMIDUK D M, FLORANDO J N, et al. Sample dimensions influence strength and crystal plasticity[J]. Science, 2004, 305(5686): 986-989.

[50] JOHN P H,JENS L. Theory of dislocations[M]. New York: John Wiley & Sons, 1982.

[51] ZHU T, LI J, SAMANTA A, et al. Temperature and Strain-Rate dependence of surface dislocation nucleation[J]. Physical Review Letters, 2008, 100(2):025502.

[52] GALL K, DIAO J K, DUNN M L. The strength of gold nanowires[J]. Nano Letters, 2004, 4 (12):2431-2436.

[53] KIM J Y, GREER J R. Tensile and compressive behavior of gold and molybdenum single crystals at the Nano-Scale[J]. Acta Materialia, 2009, 57(17):5245-5253.

[54] KIENER D, GROSINGER W, DEHM G, et al. A further step towards an understanding of Size-Dependent crystal plasticity: In situ tension experiments of miniaturized single-crystal copper samples[J]. Acta Materialia, 2008, 56(3):580-592.

[55] RICHTER G, HILLERICH K, GIANOLA D S, et al. Ultrahigh strength single crystalline nanowhiskers grown by physical vapor deposition[J]. Nano Letters 2009, 9(8):3048-3052.

[56] WU Z X, ZHANG Y W, JHON M H, et al. Nanowire failure: Long = Brittle and Short = Ductile[J]. Nano Letters, 2012, 12(2):910-914.

[57] SCHNEIDER T, STOLL E. Molecular-Dynamics study of a Three-Dimensional One-Component model for distortive phase transitions[J]. Physical Review B, 1978, 9:3048-3052.

[58] GROCHOLA G, RUSSO S P, SNOOK I K. On fitting a gold embedded atom method potential using the force matching method[J]. J Chem Phys, 2005, 123(20),204719.

[59] RINALDI A, PERALTA P, FRIESEN C, et al. Sample-Size effects in the yield behavior of nanocrystalline nickel[J]. Acta Materialia, 2008, 56(3):511-517.

第 4 章　空气条件下纳米磨料磨损行为

4.1　概论

纳米磨料磨损中的二体磨料磨损是一种相对较简单的材料表面磨损形式，实验上比较容易操作，可通过划痕实验来实现。但在纳米尺度下实验很难实现微观过程的观察和机理的解释。而分子动力学模拟提供了一种从原子尺度下进行研究的方法。Urbassek[1,2]等人对铁（100）面的纳米划痕进行了研究并揭示了其内部位错的产生和反应过程。Zhang[3]等人通过 MD 方法模拟了单晶铜的纳米切削过程。Zhu[4]等人则通过研究切削条件和切削行为的关系，发现切削工具的几何结构、背吃刀量和材料体相温度都对材料的抗切削能力有重要的影响。Sun[5]等人比较了纳米颗粒在纳米单晶和晶界上的摩擦行为，结果表明晶界不仅能够阻碍位错扩展和吸附，而且可以成为新的位错源。Li[6]等人研究了金刚石工具在单晶铜基体上高速摩擦导致的亚表面损伤和材料去除，研究表明更高的摩擦速度、更大的工具尺寸和背吃刀量会导致更大的磨损体积和更高的温度，而低温磨损则会产生更多的堆垛缺陷。目前看来，已经有为数不少的科研工作者对材料的纳米尺度二体磨料磨损或者纳米划痕进行了 MD 模拟研究。但实际上，人们对纳米尺度下与宏观条件下的磨料磨损相互关系的认识还有待完善。特别是纳米尺度下和宏观条件的磨料磨损究竟存在哪些共同点和差异点？是值得深入研究的地方。简单起见，先从空气条件下纳米磨料磨损开始进行研究，然后，从下一章开始，考虑含水膜的磨料磨损，最后针对微机电（MEMS）和超大规模集成电路制造的化学机械抛光（CMP）工艺，讨论单晶硅的磨料磨损。

4.2　磨料磨损基本理论

磨料磨损属于摩擦学范畴，涉及物理、化学、力学、材料与机械多学科的知识。磨料磨损给工农业生产造成巨大的损失，人类抵抗磨损和有效利用磨损，已成为一项重要的任务。磨损过程是由物体操作表面相对运动引起的物质逐渐损失的现象。其中磨料磨损则是一种由硬颗粒或硬的凸起物对摩擦表面产生相对运动而引起的材料表面产生塑性变形或脱落的现象，是在接触条件下相对运动的物体产生的材料脱离母体的流失过程。

概括来说，如果从磨料运动的行为来考虑，磨料磨损可分为二体磨料磨损和三体磨料磨损。其中二体磨料磨损是当一个粗糙表面或固定的磨料滑过另一表面而造成材料去除时所发生的磨损；在三体磨损中，磨料是松散的，相互间可以做相对运动，当它们滑过磨损表面时，又有可能发生转动的一种磨料磨损形式。三体磨料磨损中，大多数磨料嵌入另一个较软表面时，磨损中二体磨料磨损的比例就增加了；如果假设全部磨料均嵌入较软表面时，三体磨料磨损就成为二体磨料磨损。因此，二体磨料磨损可以认为是三体磨料磨损的一个特例。

对于二体磨料磨损，当硬度较高的磨料在正压力下压入被磨损表面，并在切向力下运动时，就像在做纳米划痕试验。因此，纳米划痕试验，原理上可以用于表征材料的二体磨料磨损抗力。从被磨材料失效机制来分析，被磨料切削下来的材料是受切削机制主导的。理论和实验研究都表明，材料硬度越低，越容易被切削掉。还有一部分材料是在磨料作用时被“犁”出沟槽，而堆积在沟槽的两侧，发生了剧烈的塑性变形，当塑性变形多次发生，并积累到一定次数后，将会发生低周疲劳，最终会从母体上剥落下来。发生低周疲劳被剥落下来的材料则是受塑性变形机制主导的。图 4-1 所示为二体磨料磨损的犁沟形貌。图中横截面中 A_1，A_2为犁沟脊的面积，即塑性变形部分材料的面积，A_g为犁沟的面积，S 为磨料划过的距离。运用图 4-1 就可以计算出纯切削磨损的面积，一般学术上用f_{ab}因子来表示：

$$f_{ab} = \frac{A_g - (A_1 + A_2)}{A_g} \tag{4-1}$$

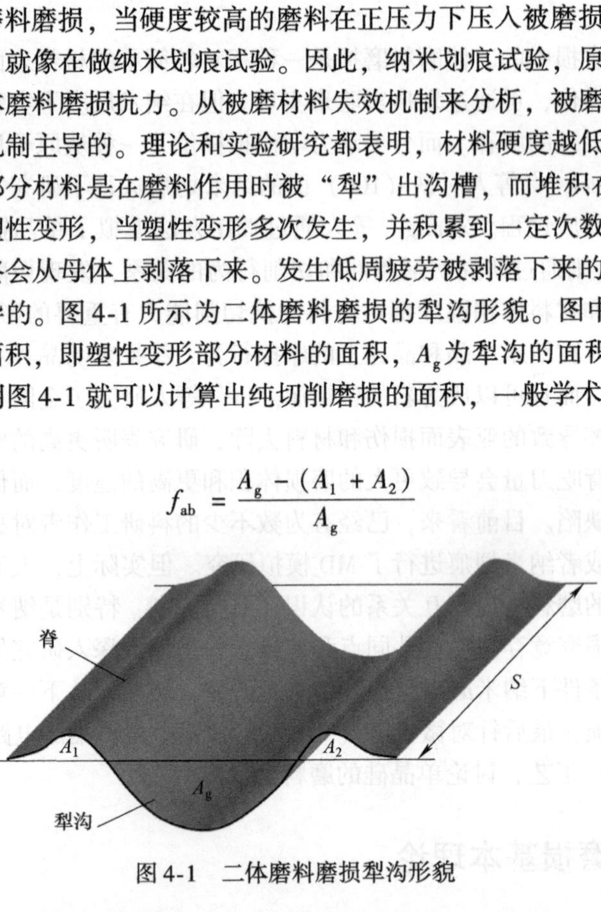

图 4-1　二体磨料磨损犁沟形貌

其实f_{ab}因子表示了材料受纯切削磨损的比例因子。若该值等于 1，表示纯切削磨损；若该值等于 0，即为纯塑性磨损。如为脆性材料，在被磨料犁过后，可能会直接发生剥落，如仍用f_{ab}因子来表示的话，f_{ab}因子可能会大于 1。这时材料的磨损就可以归类为断裂机制。但对大多数广泛应用的工程材料来说，要求硬度和韧性合理搭配，即磨损的断裂机制应受到限制，为此学术界的注意力主要集中在对切削和塑性变形机制的讨论上。

对于三体磨料磨损，前面提到，是一种可以包含二体磨料磨损的形式，从而物理上更为复杂。1992 年，Fang[7]等人为了控制和评价三体磨损过程中磨料颗粒的运动方式，搭建了单颗磨料磨损试验装置，首次实现了磨料运动过程的在线动态观测。随后，在此实验观测的基础上，根据磨料颗粒在运动过程中的受力情况推导出了材料特性载荷与磨料运动的力臂关系（e/h），并结合力矩平衡关系及摩擦因数定义建立了磨料运动方式判据以及球形磨料颗粒的力臂关系，即磨料滑动的条件为 $\mu \leqslant (e/h)$，滚动的条件为 $\mu > (e/h)$[8]，该理论判据得到了实验与数值模拟的双重验证[8,9]。图 4-2 即是三体磨料颗粒受力分析示意。

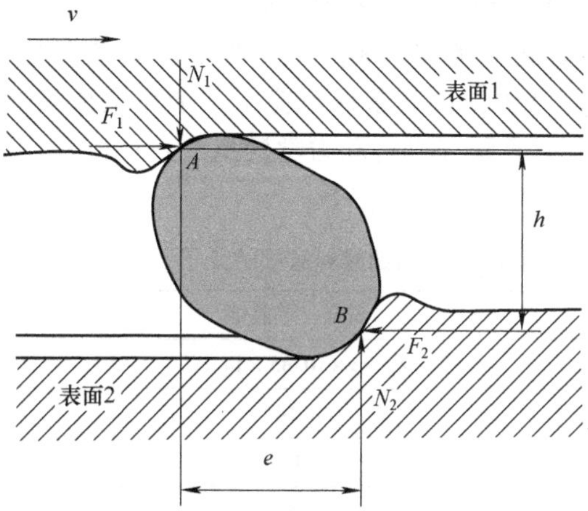

图 4-2　三体磨料磨损中磨料受力分析

三体磨料磨损中，磨料在主运动平面存在着滑动和滚动两种状态。滑动磨料起着二体磨料磨损的作用，即材料失效的机理为切削和塑性变形磨损；滚动磨料对材料的作用则主要为塑性变形磨损。所以，三体磨料磨损材料也主要为切削和塑性变形磨损，差别是塑性变形磨损的作用比二体磨料磨损更强。如考虑整个三维空间，磨料还可能存在绕某个非垂直于正交平面的旋转轴转动，但因这种转动是暂态的，在学术上可以将其忽略。对于脆性材料，磨料滚动和滑动对材料的损伤更为复杂，以上的观点需要重新进行评价。此外，作者还希望后续研究的学者能启动对于脆性材料三体磨料磨损的深入研究。

4.3　空气条件下纳米尺度单晶铜的二体磨料磨损

4.3.1　单晶铜二体磨料磨损模型构建

无水膜单晶铜二体磨料磨损分子动力学模型如图 4-3 所示。无水膜条件下，单晶铜二体磨料磨损模型由（100）晶面构成的单晶铜基体和刚性的球形磨料组成。单晶铜原子的初始速度根据 Maxwell 函数分布。其中，将单晶铜基体分为固定层、恒温层和牛顿层，牛顿层原子的运动遵循牛顿第二定律，用于研究材料磨损机理和规律；恒温层通常采用 Nosé – Hoover 热浴方法控制整个模型的温度恒定在 300K，用于基体间原子的热传递；固定层是为了防止模拟过程中模型的偏移以及减小边界作用，不参与实际的计算过程。为了节约计算成本和减小因模拟规模产生的尺寸效应，基体在 x 和 z 方向采用周期性边界条件（periodic boundary conditions，PBC)，在 y 方向上采用固定边界条件。用 EAM 势来描述铜原子之间的相互作用，铜原子与碳原子之间的相互作用采用 Morse 势来表述。首先为了消除初始建模过程中的不合理因素，采用共轭梯度法对模型进行能量最小化，模拟采用 NVT 微正则系综进行弛豫 100ps，所谓微正则系综指原子数（N)、体积（V）和总能量（E）守恒，这些条件对应了一个完全孤立体系。在基体温度恒定在 300K 后，采用 NVE 系综进行动力学模拟。表 4-1 列出了分子动力学模拟参数。表 4-2 列出了 Cu—C 的 Morse 参数。

表 4-1　单晶铜磨料磨损的分子动力学参数

材　料	试样：单晶铜	磨料：金刚石
尺寸/nm	28.92 × 10.85 × 14.80	半径 3
原子数量	400140	20752
时间步长/fs	1	
初始温度/ K	300	
滑动速度/(m/s)	50 ~ 200	
压入力/nN	40 ~ 100	
滑动距离/nm	0 ~ 20	
滑动方向	[100] 向（010）表面移动	

表 4-2　Cu—C 相互作用的 Morse 势函数参数

参　数	数　值
D_0/eV	0.087
α/nm	51.41
γ_0/nm	0.205

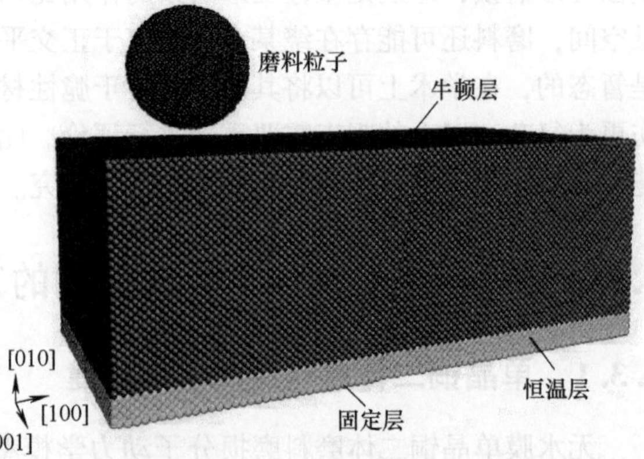

图 4-3　无水膜单晶铜二体磨料磨损分子动力学模型

4.3.2　单晶铜二体磨料磨损分子动力学

化学机械抛光（CMP）过程中的机械作用主要源于磨料对基体材料的磨损过程。在外载荷作用下，磨料压入基体内部后，以一定速度在基体表面滑动，从而实现材料去除。不同的工艺参数，如磨料所受的外载荷和磨料的滑动速度，对基体材料的去除过程会产生显著的影响，同时影响基体材料的亚表层损伤，产生不同质量的抛光表面。这里将阐述空气环境下，不同工艺参数对单晶铜磨料磨损过程影响的现象和规律，以期为获得更高质量的抛光表面提供理论指导。

1. 滑动速度对基体表面形貌和内部缺陷的影响

根据磨料的滑动速度，将表面加工分为以下三类：当磨料的速度小于 45m/s 为一般加工；磨料的速度在 45 ~ 150m/s 之间，为高速加工；当磨料的速度大于 150m/s，为超高速加工。为了节约计算成本，通常采用较高速度进行模拟计算。具体参数为 50m/s、100 m/s、200m/s 的滑动速度在单晶铜基体表面滑动相同的长度——20nm。

图 4-4 所示为载荷为 40nN，滑动长度为 16nm 时，不同滑动速度下单晶铜基体表面形貌图，单晶铜原子根据计算得到的位移值着色，位移值如色标所示。随着磨料滑动距离的增加，去除的单晶铜原子分布在划痕两侧和磨料前端。磨料的滑动速度为 200m/s 时，磨料前端堆积单晶铜原子的数量和体积明显大于磨料在低速时去除铜原子数在磨料前端的堆积，而在划痕两侧，在初始位置只有少量的单晶铜原子分散在两侧，划痕两侧的原子随着距离的增加而增多。当磨料的滑动速度为 50m/s 时，划痕两侧的铜原子分布较均匀。

研究结果表明，磨料的滑动速度对表面原子分布有显著的影响。在相同载荷条件下，随着磨料滑动速度的增加，磨料前端的原子堆积体积增加，去除的单晶铜原子排列得更紧密。这是由于在磨料作用下已经去除的铜原子随着磨料运动被带离原位置，磨料的滑动速度越大，去除的单晶铜原子就越来不及向两侧分散，从而随磨料滑动而被带离，堆积在磨料的前端，因此磨料前端铜原子数就越多，单晶铜基体划痕两侧的堆积铜原子数减少，在起初位置只有少量的单晶铜原子分散在两侧。

抛光过程中，不仅需要关注抛光工件的表面质量，还应关注抛光后材料的内部质量。材料内部的缺陷很容易成为工件在使用过程中位错形核、扩展的源头，影响工件的使用性能、寿命等。对缺陷的形成和演变过程进行深入的研究，有利于获得更好质量的工件。

如图 4-5 所示，载荷为 40nN，磨料的滑动速度分别为 50m/s、100m/s、200m/s 时，从左到右分别为滑动长度为 4nm、8nm 和 16nm 时单晶铜基体内部瞬时缺陷原子构型图。图中原子是依据 CNA 计算值着色，其中，红色原子代表的

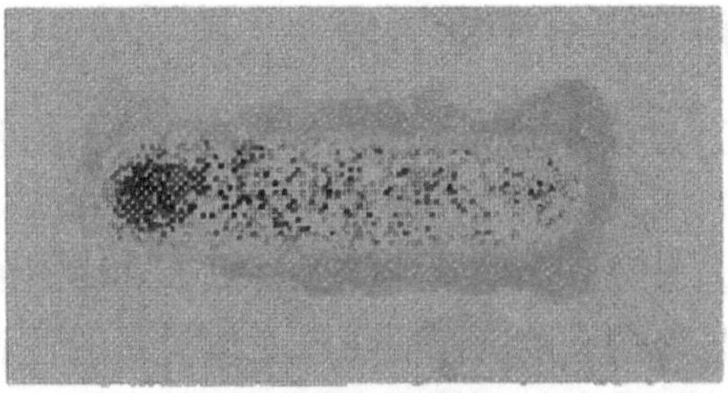

a）滑动速度50m/s

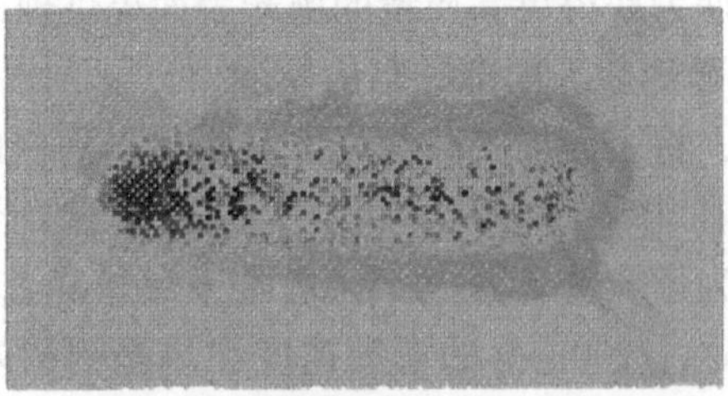

b）滑动速度100m/s

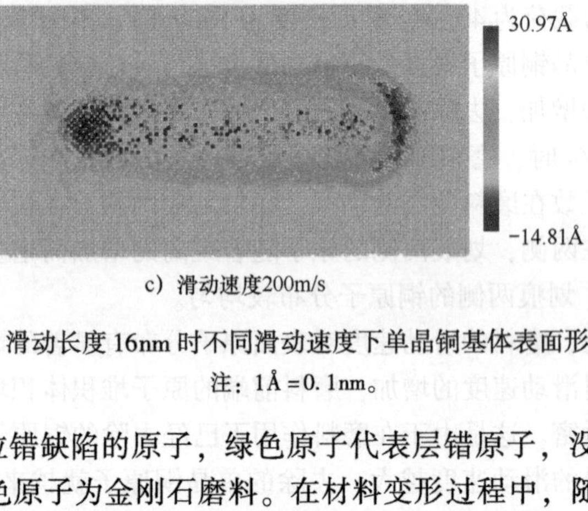

c）滑动速度200m/s

图 4-4　载荷 40nN，滑动长度 16nm 时不同滑动速度下单晶铜基体表面形貌（彩色图见插页）

注：1Å = 0.1nm。

是表面或者发生位错缺陷的原子，绿色原子代表层错原子，没有发生畸变的铜原子被隐去。紫色原子为金刚石磨料。在材料变形过程中，随着表面台阶的出现，材料表面出现原子堆积，材料内部位错形核，出现位错，位错在滑移面向上或向下运动，或止于原子表面或者在材料内部形成位错环。单晶铜基体内部的缺陷结构有空位、堆垛层错、棱柱位错环、V 形位错环和原子团簇等（图 4-5）。单晶铜内部缺陷主要分布在磨料下方和前方，当磨料的滑动速度 50m/s，滑动长度为 4nm 时，磨料下方形成位错胚胎沿｛111｝滑移系进行运动，聚集着大量的堆垛层错和棱柱位错环，向下扩展到单晶铜基体内部，在其表面形成位错线，在磨料前方存在一个 V 形位错环，V 形位错环是由两个肖克莱分位错 1/6 <112> 组成，两个分位错在向基体内部扩展时发生交叉滑移，两个位错相遇时形成压杆位错 1/6 <110>，这个不动位错又称为 Lomer-Cottrell 位错锁，阻碍了位错向基体内部扩展，使其垂直于扩展方向进行攀移，在基体内部形成 V 形位错环，如图 4-6a 所示。随着滑动距离的增加，棱柱位错环向上运动。当磨料的滑动速度为 200m/s 时，单晶铜基体内部的缺陷数量少，主要位于下方，缺陷向基体内部扩展距离短，在基体内部出现大量的空位缺陷，这些缺陷很容易成为工件在使用过程中出现缺陷的源头，如图 4-6c 所示。

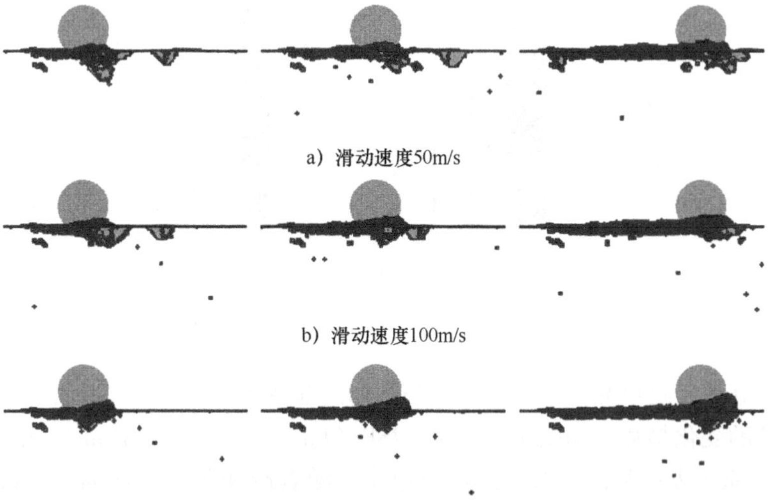

a）滑动速度50m/s

b）滑动速度100m/s

c）滑动速度200m/s

图 4-5　载荷 40nN，不同滑动速度下单晶铜基体内部瞬时缺陷（彩色图见插页）

注：每个分图中，左图为滑动距离 4nm，中图为滑动距离 8nm，右图为滑动距离 16nm。

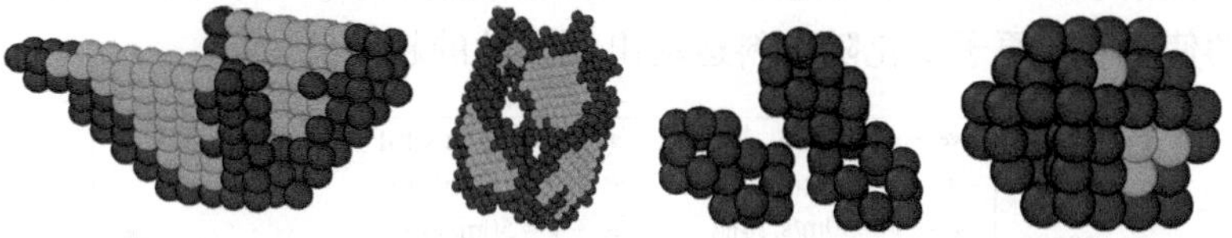

a）V形位错　b）棱柱位错　c）空位缺陷　d）原子团簇

图 4-6　单晶铜基体的位错缺陷

图 4-7 所示为载荷 40nN、80nN 下，不同滑动速度时，单晶铜内部缺陷达到基体内部的最大深度。由图可知，随着磨料滑动速度的增加，位错缺陷的最大深度逐渐减小。滑动速度越大，磨料和基体发生磨损的时间越短，位错形核得不到能量的持续支持而发生湮灭，如图 4-5c 所示，基体内部的位错缺陷较少，位错缺陷的最大深度较小，载荷 40nN，磨料的滑动速度 200m/s 时，位错缺陷最大深度为 2.552nm。滑动速度越小，位错形核就有充裕的反应时间以向基体内部扩展，如图 4-5a 所示，位错缺陷的规模和种类较多，位错缺陷的最大深度大，载荷 40nN，磨料的滑动速度 50m/s 时，位错缺陷最大深度为 3.461nm。

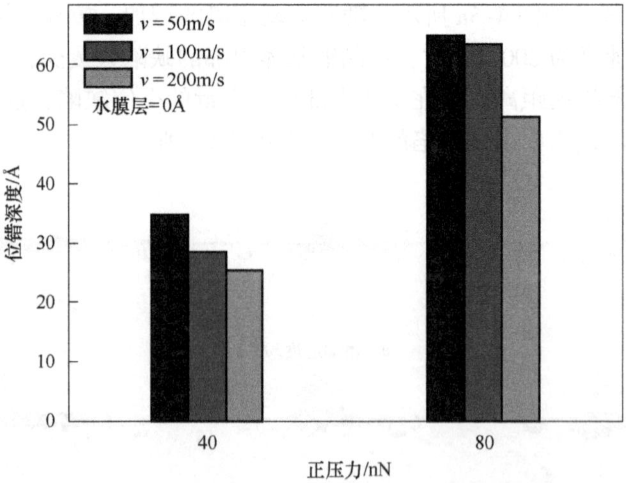

图 4-7　不同滑动速度下单晶铜基体的位错缺陷深度

为更好地反映单晶铜基体内部缺陷结构的演变规律，统计了单晶铜基体内部缺陷原子的变化趋势，如图 4-8 所示。ISF（Intrinsic Stacking Fault）表示层错原子，other 原子表示基体表面的无定形原子。随着滑动距离的增加，other 原子增加，这是由于随着磨料的运动，单晶铜基体有更多的表面缺陷产生。滑动速度 200m/s 时的 other 原子最多，50m/s 时的 other 原子数最少，滑动速度越大基体表面的无定形原子就越多。而 ISF 原子随滑动速度增加而减小，这是由于较高的滑动速度使位错形核时间短，数量少，所以位错数量减小。基体内部缺陷原子的形成和运动使得 ISF 原子变化随磨料运动出现波动的趋势。

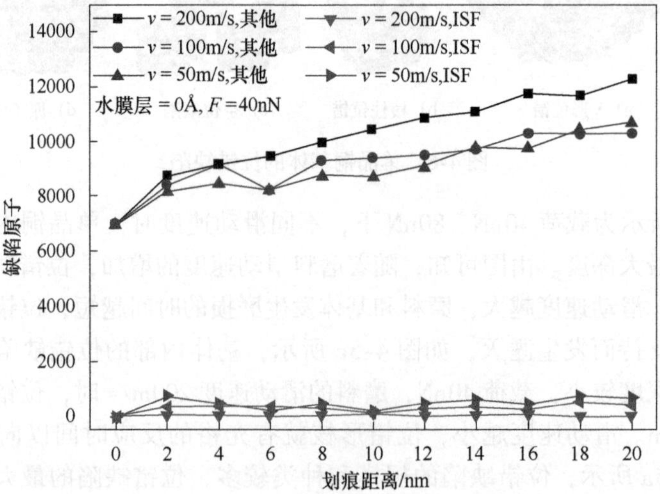

图 4-8　单晶铜基体的缺陷原子-距离曲线

模拟结果表明，在单晶铜二体磨料磨损过程中，随着磨料滑动，在纳米压痕阶段积累的能量随着单晶铜基体内部缺陷的出现和反应逐渐释放，位错缺陷主要集中在磨料下方。随着磨料滑动速度的增加，基体内部缺陷变得较少，这是由于较高的滑动速度使单晶铜基体内部位错没有充分的时间和变形能的支持，使得位错形核消失，因此基体内部缺陷的种类和数量较少，位错缺陷运动的时间较短，缺陷向基体内部扩展距离短，同时基体表面发生变形的原子重组时间也较短，材料表面无定形原子较多。

2. 滑动速度对摩擦力和摩擦因数的影响

如图 4-9 所示载荷为 40nN、80nN 条件下，磨料滑动速度为 50m/s、100m/s、200m/s 时摩擦力的变化。不同滑动速度，摩擦力在磨料滑动初期快速增加，达到稳定状态后摩擦力围绕着恒定值略有波动。

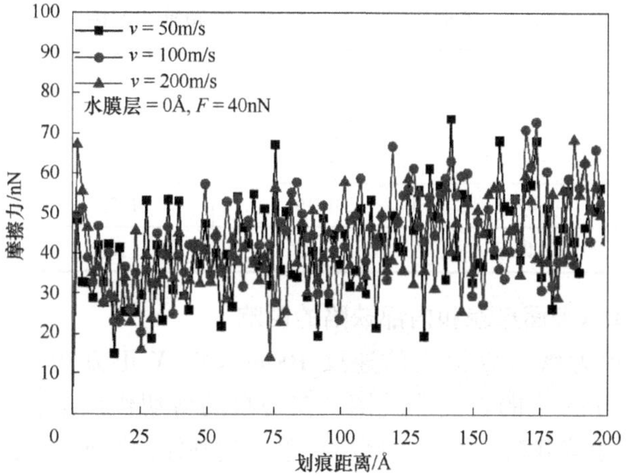

a）载荷40nN

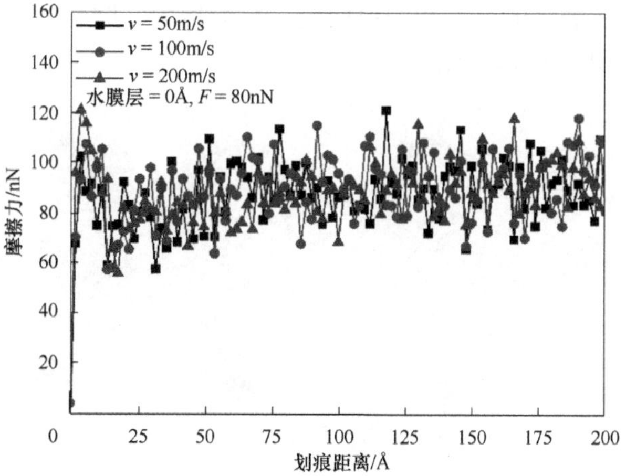

b）载荷80nN

图 4-9　不同滑动速度下的摩擦力-距离曲线

表4-3列举了三种滑动速度对应的平均摩擦力及摩擦系数的大小，由表可知，摩擦因数均大于1，在宏观尺度下，摩擦力主要是由切削力组成，而在纳米尺度下，摩擦力是由黏附力、切削力和磨屑的阻力共同组成。黏附力是一种分子力，只有当两个物质非常接近时才显现出来，在宏观尺度下是不予考虑的，而在微观尺度，其数量级已经和切削力同等等级，因此在纳米尺度下，磨料滑动过程中产生的摩擦力较大，摩擦因数较大，这一结果和Peng等[1]研究结果相一致。模拟结果表明，随着磨料滑动速度的增加，摩擦因数增加。这是由于当磨料的滑动速度越大，导致基体内部的位错形核及运动主导的塑性变形较少，磨料去除的铜原子主要位于磨料的前端，来自磨屑的阻力和黏附力均增加，因此增加了切削过程中的摩擦阻力，摩擦因数也随之增加，这一结论，也与张俊杰等[10]研究所得出的结论相一致。

表4-3　不同滑动速度的摩擦系数和平均摩擦力

滑动速度 /m·s^{-1}	40 nN		80 nN	
	摩擦力/nN	摩擦系数	摩擦力/nN	摩擦系数
50	46.8	1.17	97.2	1.22
100	47.6	1.19	103.2	1.29
200	48.8	1.22	108	1.35

3. 载荷对基体表面形貌和内部缺陷的影响

图4-10所示为磨料以恒定的速度100m/s向X正方向运动，载荷40nN、60nN、80nN、100nN下的表面形貌图。在磨料的剪切作用下，单晶铜基体表面形成一条划痕，随着载荷的增加，磨料和单晶铜基体的磨损作用增加，划痕的宽度和深度均增加。聚集在前端的铜原子随着磨料的运动逐渐向两侧分散。去除的单晶铜原子分布在磨料的前方和划痕两侧，载荷增大，磨料前方的铜原子增多，两侧的铜原子堆积高度也增加。

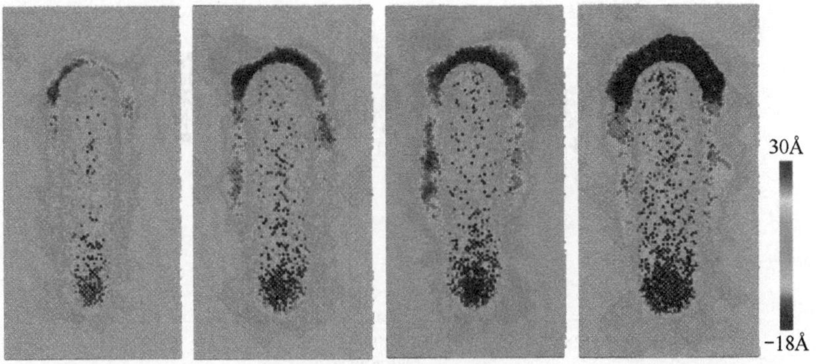

a）载荷40nN　b）载荷60nN　c）载荷80nN　d）载荷100nN

图4-10　滑动距离16nm，不同载荷下单晶铜的表面形貌（彩色图见插页）

图 4-11 所示为载荷 40nN、60nN、80nN、100nN 下，磨料滑动速度 100m/s，滑动距离分别为 4nm、8nm、16nm 时单晶铜基体内部的位错瞬态图。随着载荷的增加，磨料和单晶铜基体的作用增加，单晶铜基体内部产生更多缺陷。图 4-12 统计了无水膜条件下，磨料滑动速度 100m/s 时，位错缺陷最大深度的变化。随着载荷的增加，其值增加，从图 4-11 基体内部的瞬时缺陷中可知，载荷越大，位错缺陷越向基体内部扩展。载荷 40nN 时位错缺陷的最大深度为 2.831nm，载荷 60nN 时位错缺陷的最大深度为 5.309nm，载荷 80 nN 时位错缺陷的最大深度为 6.336nm，载荷 100nN 时位错缺陷的最大深度为 7.489nm。

a）载荷40nN

b）载荷60nN

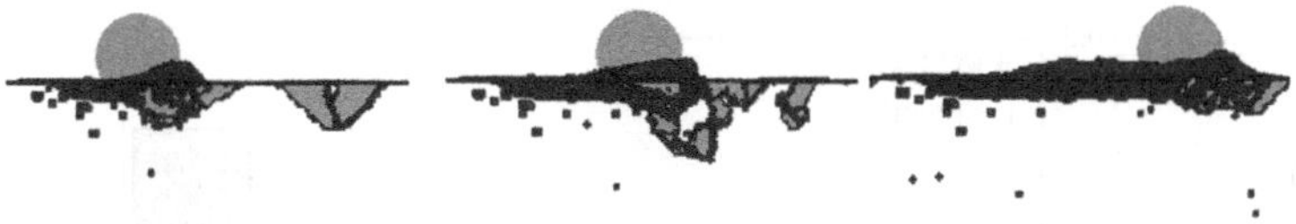

c）载荷80nN

d）载荷100nN

图 4-11　不同载荷下单晶铜的内部瞬时缺陷

注：每个分图中，左图为滑动距离 4nm，中图为滑动距离 8nm，右图为滑动距离 16nm。

模拟结果表明，随着载荷的增加，单晶铜基体去除的原子和基体内部的缺陷均增加。磨料和基体的机械作用增加，磨料压入基体的深度增加，可以去除更多的材料，同时基体内部会产生更多的位错，这些位错相互缠结，深入基体内部。载荷的增加，基体内部的空位缺陷增加，不利于工件在使用过程的稳定性。

晶体中位错的数量用位错密度 ρ 表示，它的意义是单位体积晶体中所包含的位错线总长，即

$$\rho = S/V \tag{4-2}$$

式中，V为晶体的体积（m^3）；S为晶体中位错线的总长度（m）。位错密度ρ的单位是m/m^3，也可简化为$1/m^2$。图4-13所示为磨料滑动距离为20 nm时单晶铜基体内部的位错密度图，由图可知随着载荷的增加，单晶铜基体内部位错密度增加。

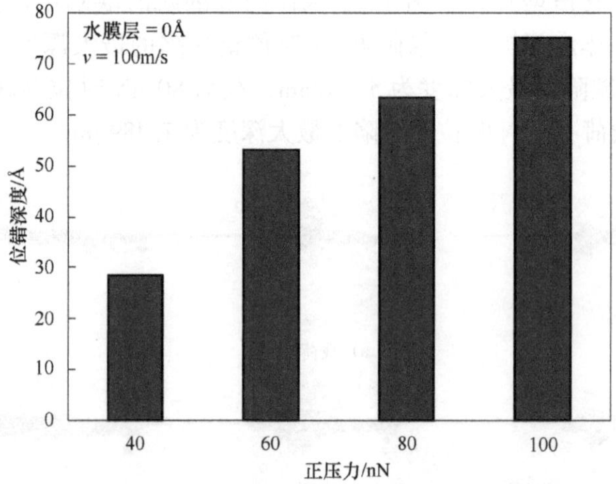

图4-12　不同载荷下单晶铜的内部位错深度

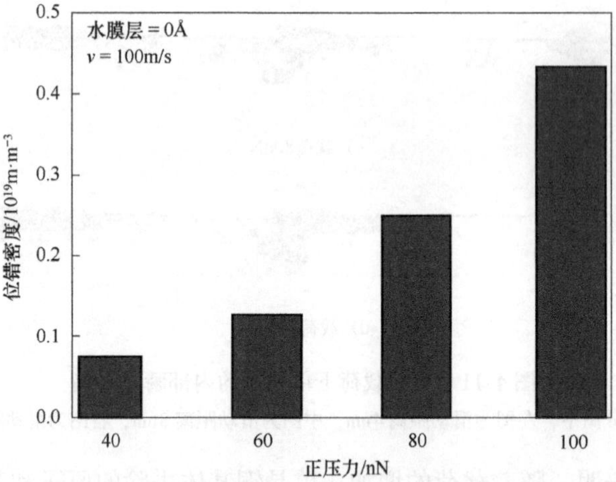

图4-13　不同载荷下单晶铜基体的位错密度

图4-14分析了载荷40nN，滑动速度100m/s条件下基体内部位错线长度的变化。其中，位错的柏氏矢量是根据DXA算法分析得出，图中肖克莱分位错1/6 <112>的颜色是绿色，全位错1/2 <110>的颜色为蓝色，梯杆位错1/6 <110>的颜色为紫红色，位错线上的箭头代表位错的方向，紫色的箭头代表柏氏矢量的方向。在相邻滑移面上滑移的位错形成了柏氏矢量1/6 <110>梯杆位错。在面心

立方晶体中，1/6 <112> 的分位错在塑性变形中起到了显著的作用，通常称它为肖克莱（Schockley）分位错。

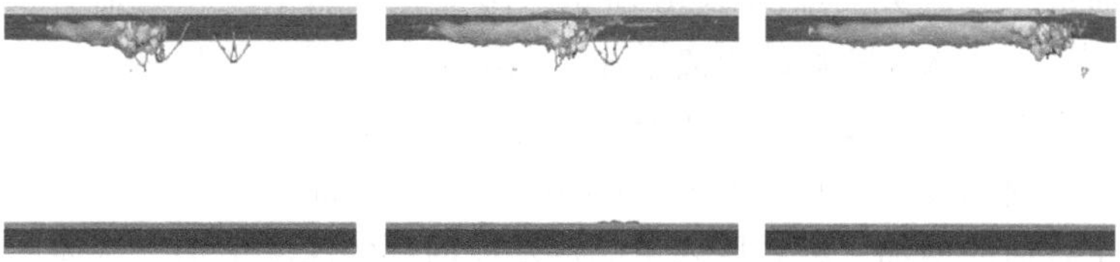

a）滑动距离4 nm　　b）滑动距离8 nm　　c）滑动距离16 nm

图 4-14　载荷 40nN 单晶铜基体内部瞬时位错线（彩色图见插页）

载荷 40nN，滑动距离 4nm 时单晶铜基体内部缺陷由 2 条梯杆位错和 15 条肖克莱分位错组成，位错线相互交叉，形成复杂的位错网络。当滑动距离为 16nm 时，基体和磨料作用区域前方的位错网络更加复杂。随着磨料向前运动，在磨料剪切作用下，磨料与基体之间出现位错，在磨料滑动过的区域，单晶铜基体发生弹性回复，磨料和单晶铜基体作用区域留下表面缺陷和少量空位，深入到内部的位错线湮灭。在滑动后期，基体内部的位错线长度短，密集聚集在磨料与基体的剪切区域。在单晶铜和磨料的剪切作用下，达到材料去除的效果。由于单晶铜和磨料的作用时间短，基体内部位错线相互发生反应的时间短，生成的位错线只能聚集在变形区域相互缠结，当磨料离开作用区域，位错得以释放，或向下独立成环或湮灭或留在基体内部。图 4-15 统计了不同载荷下单晶铜基体内部位错线总长度随滑动距离的变化趋势。载荷越大，产生更多的畸变原子，位错线长度越长。位错线的生成、运动使基体内部位错线的长度具有波动性。

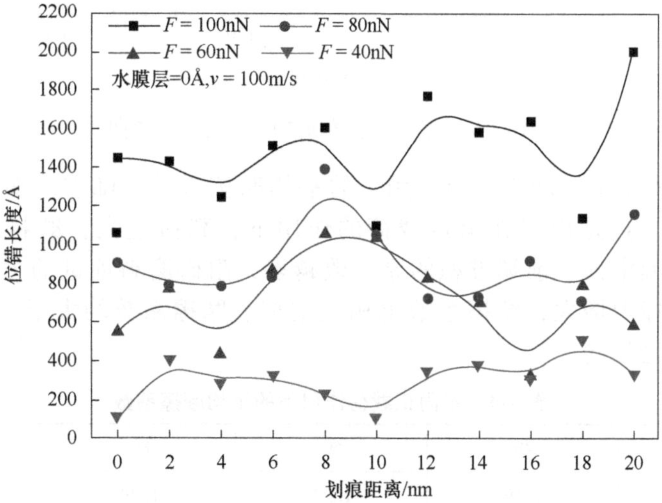

图 4-15　不同载荷下单晶铜基体内部位错线总长度-距离曲线

4. 载荷对摩擦力和摩擦系数的影响

为了进一步分析两体磨损中磨料对基体产生的影响作用，对磨损过程中磨料的力学性质进行了研究。如图 4-16 所示，施加在磨料上的正载荷分别为 40nN、60nN、80nN、100nN，随滑动距离增加，在恒载条件下，其磨料所受正压力在一定值附近上下波动，其波动是由于原子自身的振动和基体内部位错的生成和释放而产生的。磨料运动时，磨料所受的摩擦力迅速增加，在达到稳定值后上下波动。随着正载荷的增加，磨料压入单晶铜基体内部的深度增加，基体内部变形增大，磨料前方聚集了大量的原子，阻碍磨料的运动，磨料在运动过程中所受的阻力增加，因此摩擦力增加。在 z 方向上，磨料在划痕两侧所受的力，在数值上几乎相等，方向相反，相互抵消，故可忽略不计。

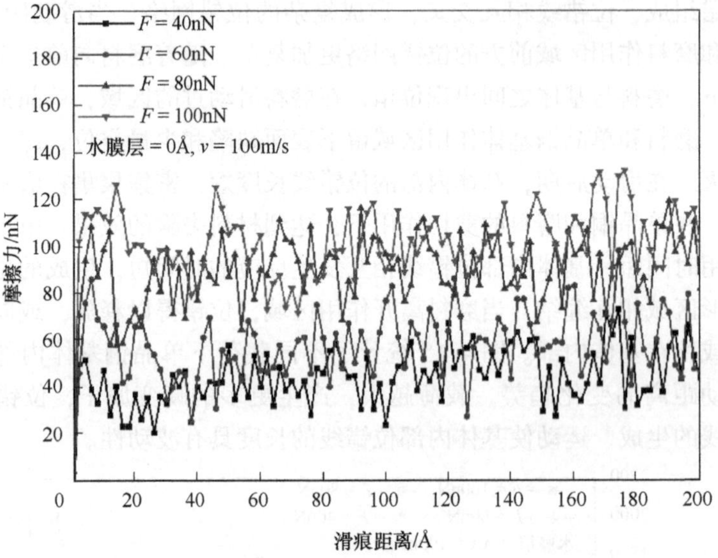

图 4-16　无水膜下不同载荷的摩擦力 – 距离曲线

表 4-4 列出了不同正载荷作用下的平均摩擦系数，随着载荷的增加，摩擦因数增加。这是由于在恒定载荷的作用下，载荷越大，磨料压痕深度越大，运动过程中磨料前端堆积的原子数越多，阻碍磨料前进的力越大，故磨料所受的摩擦力增大，摩擦系数也相应增加。摩擦系数均大于 1，与之前的模拟试验结论相同。

表 4-4　不同正载荷作用下的平均摩擦系数

正压力/nN	40	60	80	100
摩擦系数	1.19	1.23	1.29	1.38

4.4　空气条件下纳米尺度单晶铜的三体磨料磨损

4.4.1　单晶铜三体磨料磨损的分子动力学模型

1．纳米金刚石椭球磨料的三维模型构建

分子动力学计算模型的构建中，对于球形和圆锥形等一些规则的模型可以在分子动力学软件自带模块中构建，而椭球形的模型分子动力学软件中还不能构建。这里作者主要研究纳米椭球磨料的运动方式的影响因素，因此必须首先构建纳米椭球模型。分子动力学可以导入符合其格式的数据文件来构建模型，因此采用C++语言编写纳米椭球形的金刚石模型，所建的椭球模型内的原子需要符合金刚石晶体结构的排列规律，且其大小、轴比可以自由调整，可以显示相对原子量，输出数据文件格式需满足 LAMMPS 软件输入要求。

因椭球的模型是由原子组成的，所以建立椭球模型的实质就是求出所有原子的坐标，设计该程序的实质是能够按照格式输出每一个按照晶格规律排列出的原子坐标。由此来看，设计该程序的关键点应该有两个：其一是确定每个原子的相对位置关系，并以此确定算法；其二是确定 LAMMPS 的数据接口格式和规定，以此来确定模型能够成功导入其中。

首先，按照要求，确定以单一的碳原子、金刚石晶胞形式进行填充。由于单晶硅也是金刚石晶胞结构，故只要改变原子类型和晶格常数便可将金刚石纳米椭球晶拓展成为单晶硅纳米椭球晶，最后做到在程序输入的时候就能够选择是生成金刚石还是单晶硅结构。

金刚石晶体结构如图 4-17 所示，可以看到，金刚石晶胞结构总体来说就是在普通的 FCC 结构的基础上体内多包含了 4 个原子，这 4 个原子分别位于体对角线的1/4位置和 3/4 位置。其中每个碳原子的配位数是 4，C－C 键的键长为 0.154nm，晶胞的晶格常数为 0.356nm。对于单晶硅而言，其晶体结构与金刚石相同，不同的仅仅是晶格常数为 0.5428nm。

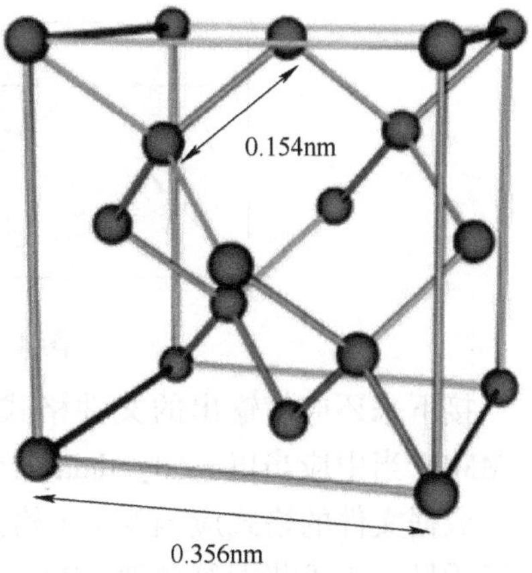

图 4-17　金刚石晶体结构

对于这类晶体结构模型构建，需要考虑到晶体的无限延展性和平移对称性，循环应是程序设计的主要思路。在讨论循环时，需首先明确循环时需遵循的原则：“不多不少”。“不多”指在循环过程中不能产生重复原子位置，而“不少”指在循环中应对所有阵点上原子生成，不能有遗漏。

对于循环而言，大家知道其循环步长是已知的，应该等于晶格常数，因此下面就是确定其循环单元和循环方式的做法。在选择循环单元时，若以整个晶胞为基准来进行循环，很容易造成原子位置重叠。这是由于在晶胞不断堆积累加时，两个相邻晶胞处肯定会有部分原子交叠。若是选择最后再去除这部分原子，势必造成很大的麻烦和障碍。所以，最终确定选择循环单位应是原子，同时又注意不要遗漏。这时可利用晶体学知识，选取每个晶胞独有原子，再把这些原子每次加上循环步长循环之后，便可得到点阵上的所有原子，没有重复，也不会遗漏。

具体做法是，先计算晶胞独有原子的个数。对于顶点，原子个数为 8 × 1/8 =1个，对于面心，原子个数为 6 × 1/2 =3 个，对于体内原子，4 个原子都是。然后在晶胞内选取这样 8 个原子进行标注，如图 4-18 所示。依次对这 8 个原子进行循环便可得到所有原子。

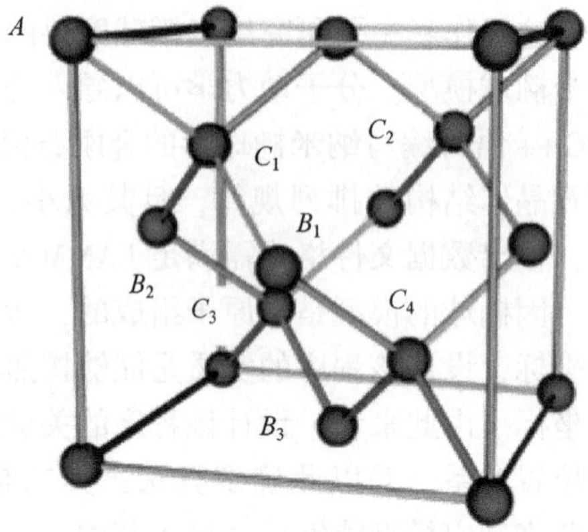

图 4-18　金刚石晶胞内的独有原子

对于循环方式，比较简单的一种就是利用三重嵌套，在第一卦限沿着 x、y、z 三个方向同时进行循环，可知将生成一个长方体的模型。对每一个点，再利用偏移后的椭球方程 $\frac{(x-a)^2}{a^2}+\frac{(y-b)^2}{b^2}+\frac{(z-c)^2}{c^2}=1$（其中 a，b，c 为椭球的三个半轴长）对坐标进行限制，不再输出椭球外原子，便可得到模型，如图 4-19 所示。

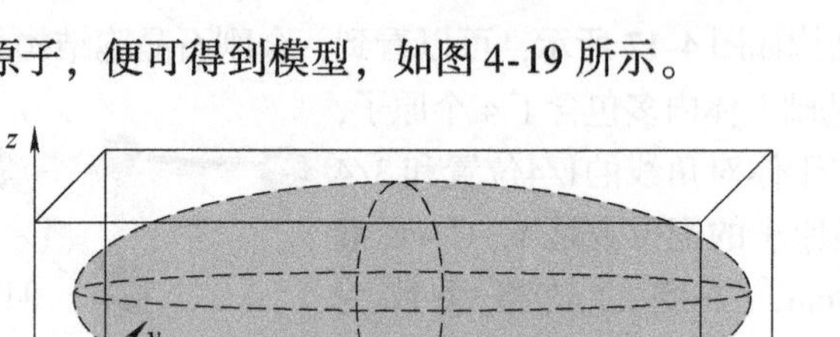

图 4-19　椭球生成位置

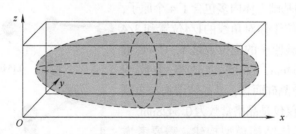

接下来还应使输出的文件格式符合 LAMMPS 输入接口。模型的数据文件在 LAMMPS 当中应当以 read_ data 命令导入，并满足以下条件：

数据文件的格式应当为 dat 格式，按照格式需要提供原子总数、原子类型、原子质量、边界范围等条件。对于每一个数据点应当编排为一行的数据，每行数据代表的原子都有自己的编号，按照每行编号加 1 的方法来进行原子编号。对于格式，有几种模式可供选择，这里选择的是编号－类型－直角坐标－极坐标的格式书写，其中若选择了直角坐标，其他坐标信息可直接置零。

需注意 LAMMPS 当中的一些使用规则，如长度的单位不是纳米，而是默认为埃。某一种原子具体的原子种类（atom type）编号需要与基体模型进行联合考虑。因为基体原子也有原子种类编号，在某些场合下，基体需要分为多层，如恒温层时，椭球的原子编号需根据基体的原子种类编号进行调整。在不考虑这种影响时，可将其编号默认为 1。

2. 程序流程图分析

程序流程如图 4-20 所示。在开始建立程序之后，首先需创建名为 data. dat. 的输出流文件，该文件以 data 格式建立在该 C++ 程序的资源文件目录下，方便之后计算出数据导出。接下来判断该文件是否建立成功，若不成功，程序将自动结束，此时应当检查该目录下的文件情况。若成功，接下来便根据 LAMMPS 所需格式，输出 data 文件开头部分信息。

下面输入原子类型和椭球的尺寸。原子类型在该程序中有两种可供选择，一种是碳，另一种是硅，它们将对应生成金刚石和单晶硅，如上文所述，它们的不同仅仅体现在原子类型和晶格常数上面，故在输入原子类型后，程序将自动在 data 文件中输出碳或硅的原子类型，并在之后计算循环步长时进行差异化对待。对于椭球的尺寸，依次输入的是 a、b、c 三个半轴长度。虽然椭球尺寸是可以随意指定的，但在设定时还是应当把滚动方向轴轴长设置为最长轴，以防止模拟过程中发生绕正压力加载轴方向转动。

接下来计算三个方向上的循环步数 d、e、f，并定义三个零循环整数 i、j、k 以及初始值为零的整数 m 作为原子计数值。d、e、f 的计算方法很简单，就等于该轴上最大长度除以单个晶胞的长度，这就是在每个方向上的循环步数。这里需注意的是，由于晶胞原子是在一个卦限内生成的，所以 d、e、f 的计算应当按整个轴长来计算，即两倍半轴长。定义 i、j、k 是为了接下来进行三方向循环，相当于记录下当前循环位置的循环数，每次加 1 就可以推进循环进行。m 是用来进行原子计数的整数，初始都记为零。根据 LAMMPS 里面对于数据接口的要求，最终生成的 data 文件需要显示原子总数，而且在数据生成过程中就需要对每个当下生成的原子进行编号，所以这个数又可以起到编号作用，每次编完号之后加 1 即可。

接下来的三重嵌套循环是整个程序核心。如上文所述，将所有原子分为 A、B_1、B_2、B_3、C_1、C_2、C_3、C_4 八个原子循环，首先要对其中一种原子进行循环操作。

假定刚开始选定的是 A 类原子，首先进入第一个判断框，循环没有结束，程序接着进行。i、j、k 的作用类似于十进制中的进位，在循环过程中要依次进行加 1 操作来实现每个格点的循环到位，一旦加到其相对应的循环步数时就要进行进位，那么对应循环步数其实就可类比于进制的概念。

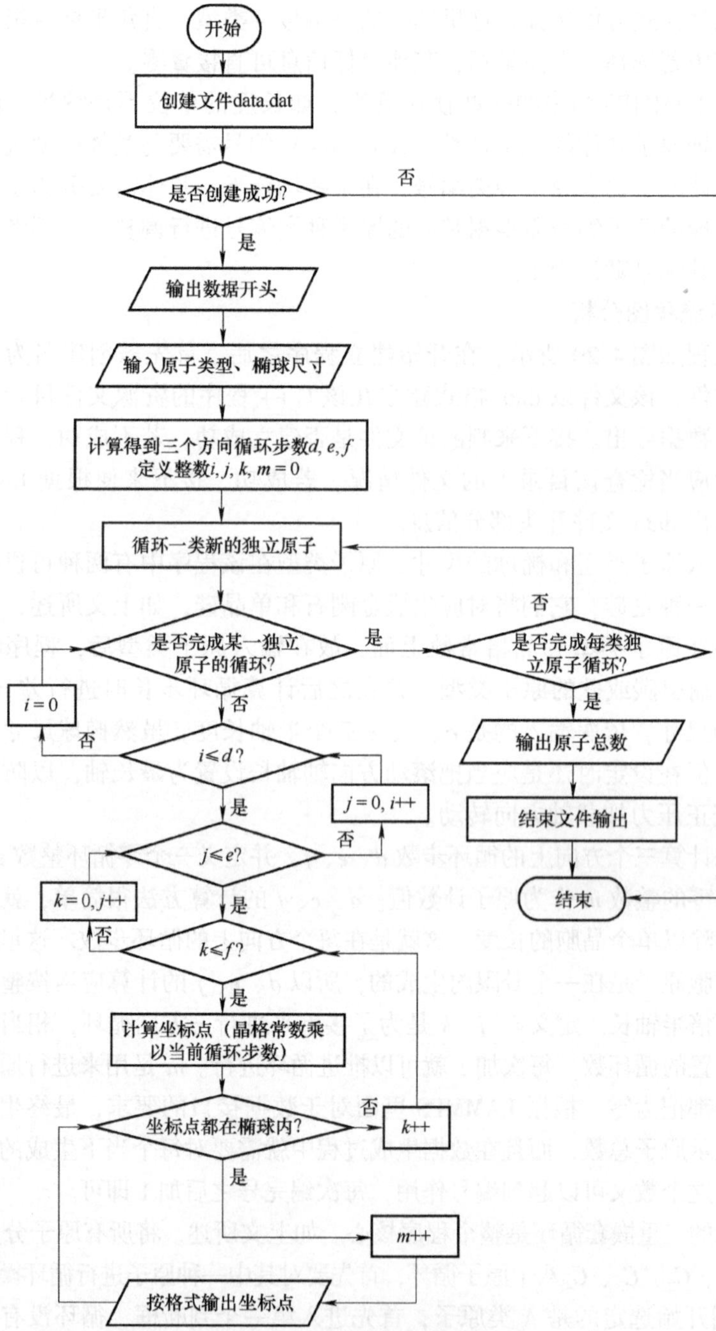

图 4-20　椭球生成程序的流程图

在进位操作完成到最小位数 k 时，执行每次循环中的命令。命令的具体内容为：①根据当前的循环数还原成当前坐标值，做法与之前正好相反，用各个方向的循环数乘以晶格常数；②用偏移后的椭球方程判断当下的坐标点是否在椭球内，即椭球方程带入后应小于 1。若是在椭球外则自动重新进入进位循环系统当中，而不再进行接下来的操作，若是在椭球内则需将原子计数 m 加 1，然后按照前面所述的格式输出当前点坐标信息，完成之后同样再退回到进位循环系统中。

在进位到最高位，使得 i 也大于其循环总步数时，则可推知对于此 A 类原子已经循环完毕，那么继续进行判断，是否所有种类原子都已经循环完毕？显然，程序现在仅仅对一类原子进行了循环，还有七类原子有待于进行循环，接下来可再选定一类新的原子（假定为 B_1）重新开始与刚才完全相同的循环过程，最终就可以对八类原子全部循环，此时目标就已经实现，即找到了所有的原子坐标并将它们的信息合理地输出到了 data 文件当中。

最后，完成循环之后的 m 就是原子总数，将其输出到屏幕上面，然后回到 data 文件里面进行修改。当然，此时所有数据都已输出完毕，应关闭输出流操作。整个模型就这样建立完成。

3. 金刚石椭球模型的正确性验证

（1）质心坐标的验证　质心坐标是 LAMMPS 当中对模型操作的基础，确定质心坐标的实际位置和质心坐标的理论值对比是至关重要的一步验证过程。

对于质心，可以利用质心公式进行计算，对于质点分散系而言，也就是各个方向上的坐标按照质点质量的加权取平均值。而对于质点代表的是相同原子的情况，由于它们的质量是相同的，那么直接对其所有坐标去取平均值就可以得到其质心坐标了。这个工作可以放在 MATLAB 中完成。

由上文中椭球的生成位置可知，第一种算法下椭球的质心位置随模型尺寸裁剪结果不同而发生变化，当然理论上的质心位置就是形心位置，若三半轴长度分别为 a、b、c 那么理论质心位置就应该是（a、b、c）。

相较之下，第二种算法的质心理论位置是固定的，且由于算法考虑到了椭球的对称性，那么此时生成的实际椭球质心坐标应该是和这个值完全吻合的，下面也将对此做出检验。

对于这两种算法，各选三组数据，计算理论质心坐标和实际质心坐标之间的差距。表 4-5、表 4-6 是对运行结果的展示。其中表 4-5 为第一种算法下的数据，表 4-6 为第二种算法下的数据，坐标轴上的量纲为 Å。

表 4-5　第一种算法下理论与实际质心坐标对比　（单位：0.1nm）

椭球类型	理论 x 坐标	实际 x 坐标	理论 y 坐标	实际 y 坐标	理论 z 坐标	实际 z 坐标	误差率(%)
单晶硅椭球	70	70.016678	60	59.994355	50	50.011208	0.02
金刚石椭球	90	89.992306	65	64.994395	40	40.003304	0.01
	20	19.999130	15	15.004060	10	10.025034	0.09

表 4-6　第二种算法下理论与实际质心坐标对比　（单位：0.1nm）

椭球类型	理论 x 坐标	实际 x 坐标	理论 y 坐标	实际 y 坐标	理论 z 坐标	实际 z 坐标	误差率(%)
单晶硅椭球	70	70	60	60	50	50	0
金刚石椭球	90	90	65	65	40	40	0
	20	20	15	15	10	10	0

由两个表格中的数据可以得知，第一种算法下得到的理论质心坐标和实际坐标并不一致，但是差距很小，三组数据的综合误差率并没有超过 0.1%，符合预期的精度要求。而对于第二种算法，得到的实际质心坐标和理论质心坐标没有任何差别，完全吻合，再次证明运用这种算法进行建模是成功的。

（2）晶格结构的验证　程序算法的基础就是晶格结构，需要对建好的模型选取一个晶胞，看它是否符合金刚石的晶体结构。

由于两种算法生成的晶体结构是相同的，故只需用其中一种算法得到的模型进行检验即可。下面选取第二种算法得到的模型，从中获取一个晶胞的原子，如图 4-21 所示。将图 4-21b 对比图 4-17 的晶体结构图像，可看出这就是金刚石结构，证明此模型也是正确的。

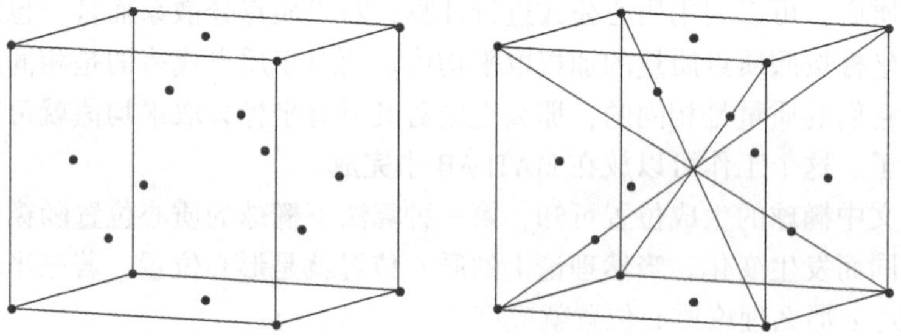

a）晶体模型中提取的晶胞原子点阵　　b）做辅助线后的晶胞示意

图 4-21　原子点阵的晶格结构显示

4.4.2　恒载下单晶铜的三体磨料磨损模型

采用相同的单晶铜材料作为摩擦副，金刚石作为磨料，其中金刚石设置为刚性。椭球磨料在单晶铜中的三体磨料磨损模型如图 4-22 所示，模型尺寸为 32.6nm × 20.2nm × 14.9nm，磨料在 x、y、z 三个方面的晶向分别为 [100]、[010]、[001]，基体中包含 575640 个原子，磨料的尺寸随着椭球长径比的变化而发生变化。单晶铜为面心立方结构，晶格常数为 0.35667nm，单晶铜沿着 x、y、z 三个方面的晶向分别为 [100]、[010]、[001]；摩擦副表面为（010）面。磨料在 y 方向压入，滑动的方向为 x 方向，即磨料在（010）面上沿着 [100] 方向滑动。模拟中 x 和 z 方向上设置为周期性边界条件，即模拟了侧向无限多个周期性排列的磨料磨损的情况，以消除边界的影响。z 方向设置为自由的边界条件。单晶铜的最上端和最下端的原子层被冻结，命名为固定层原子，用来防止单晶铜的平动移动，如图 4-22 中的天蓝色和浅绿色所示。在摩擦过程中，将会产生一定的热量，为了耗散摩擦磨损过程中产生的热量，在固定层上方和下方设置恒温原子层，也可以称作绝热层，如图 4-22 中的橘黄色和黄色所示，用来消除摩擦磨损过程中产生的摩擦热，使基体模型到达恒定的温度。恒温层的原子相当于热浴状态，可以瞬间吸收或者释放热量而使自己保持温度不变。由于恒温层与磨损面之间保持一定的距离，摩擦热可以逐渐地传递到热浴（绝热）层，而后被耗散掉。但由于试样尺寸上的限制和所设置的绝热层，实际计算中恒温层和固定层对声子的反射是不可避免的，这会对计算结果带来一定的误差。近年来一些学者尝试了一些方法来消除边界对声子的反射，遗憾的是到目前为止尚未有成熟的方法可以使用。图 4-22 中的深蓝色和蓝色为牛顿层原子，该层中原子遵循牛顿运动定律。

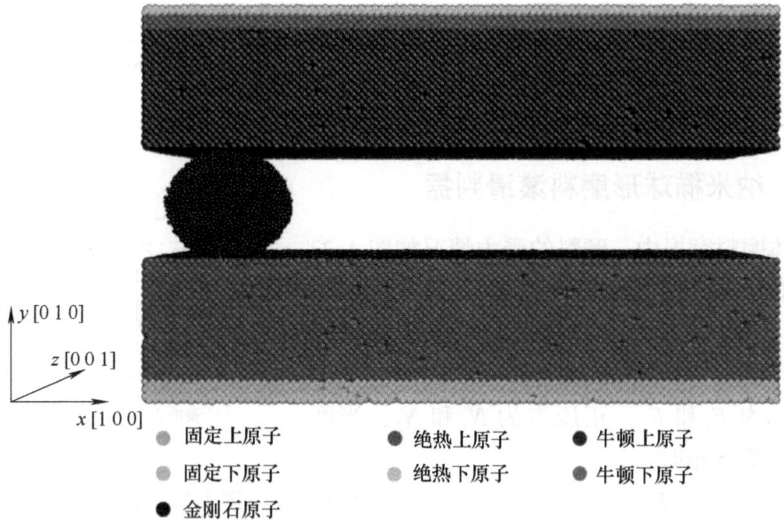

图 4-22　三体单晶铜椭球形磨料的分子动力学模型（彩色图见插页）

模拟过程中，首先将整个体系放置在恒温体系中热浴，使整个体系的温度从 0K 逐渐地升高到 300K，然后在 300K 的温度下弛豫 50 ps 即已获得 300K 温度下体系的平衡结构，在这一个过程中采用的是 Nose-Hoover[11] 热浴方法。当体系达到平衡状态以后，将固定原子层固定，恒温层原子设置为 NVT 系综，其余的原子仍设置为 NVE 系综。恒温层原子采用耗散粒子动力学方法进行恒温操作，即 Langevin 热浴[12]。之所以采用与平衡时不同的热浴方法是因为 Langevin 热浴能更好的使局部区域的温度保持恒定；而 Nose-Hoover 热浴则使得整个体系的温度恒定，温度在空间上可能存在长程的起伏，这样的结果不适合这个试验研究。随后，对所建立的模拟体系施加一定的载荷，实现在恒载荷下，三体磨料磨损的分子动力学计算。对上下板上的固定层原子施加相向的相等的载荷，使磨料压入单晶铜基体中一定的深度，然后对上板单晶铜基体施加一定的速度，使基体带动磨料沿 x 轴方向运动。采用的单晶铜三体磨料磨损分子动力学计算参数见表4-7。

表 4-7 单晶铜三体磨料磨损分子动力学计算参数

模　型	铜 基 体
作用势	EAM 嵌入势
尺寸/nm	长方体 32.6×20.2×14.9
步长/ps	0.001
初始温度/K	300
弛豫时间/ps	50
压入载荷/nN	40~100
运动方向	基体模型 x 方向正向
牵引速度/m·s^{-1}	10~50
磨料长径比	0.5~1.0

4.4.3 纳米椭球形磨料滚滑判据

三体磨料磨损中，磨料的受力情况如图4-23所示。磨料在上下接触面上分别受到分散的摩擦力和正压力，本书中将分散的摩擦力和正压力等效作用在 A 点和 B 点上，上下表面上的摩擦力分别为 F_1 和 F_2，正压力为 N_1 和 N_2，当磨料处于平衡状态时：

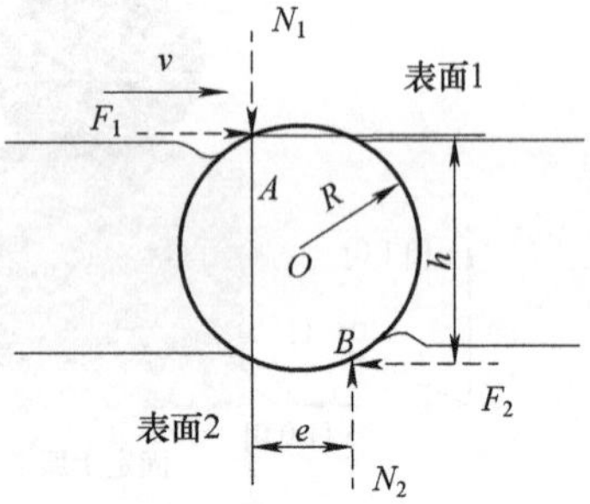

图4-23 磨料受力示意图

$$F = F_1 = F_2 \tag{4-3}$$

$$N = N_1 = N_2 \tag{4-4}$$

摩擦力力矩为 Fh，正压力的力矩为 Ne。其中摩擦力力矩是磨料滚动的驱动力矩，而正压力力矩是磨料滚动的阻力矩。因此当磨料以滚动的方式运动时，摩擦力矩大于滚动力矩，即：

$$Fh > Ne \tag{4-5}$$

反之，如果磨料以滑动的运动方式运动，则摩擦力矩小于滚动力矩，即：

$$Fh < Ne \tag{4-6}$$

根据摩擦因数的定义：$\mu = F/N$，可得磨料滚动的条件为：

$$e/h < \mu_r \tag{4-7}$$

同样，磨料滑动的条件则为：

$$e/h > \mu_s \tag{4-8}$$

式中，μ_r 为滚动摩擦因数；μ_s 为滑动摩擦因数。

从 3.4 节可知，与宏观尺度上不同的是，纳米压入中材料发生了显著的弹性回复，这与宏观尺度上金属材料弹性回复可忽略的情况是不同的。因此要正确预测纳米三体磨料磨损中磨料的运动方式，就必须考虑弹性回复的作用。刚性的球形金刚石磨料夹在严重塑性变形的试样之间，定义磨料的半径为 R，压入角度为 θ，弹性回复角为 $\alpha\theta$（α 为无尺度的弹性回复因子，小于 1 是因为弹性回复总是存在的）。θ 的变化范围为 0 ~ $\pi/2$。图 4-24给出了存在弹性回复时磨损系统的示意图和参数说明。从图中不难看出弹性回复的存在，增加了一个附加的滚动驱动力矩。为便于处理，将这一驱动力矩的作用等效为降低了滚动的阻力臂 e。

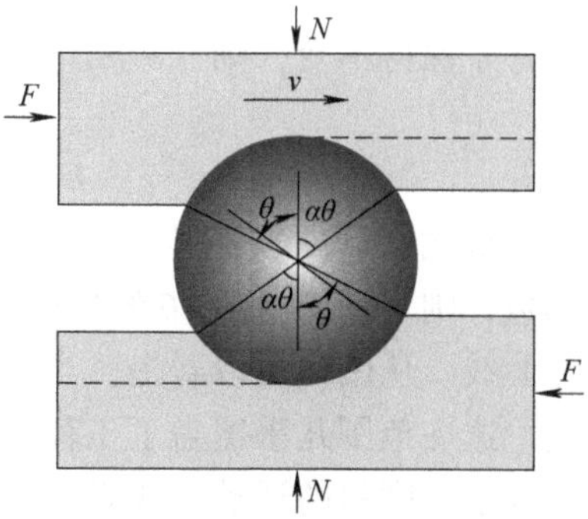

图 4-24　球形磨料下的参数

根据图 4-24 的几何条件，滚动的阻力臂可表示为

$$e_c = \frac{8R}{3\pi[\sin\theta^2 + \sin(\alpha\theta)^2]}[\sin\theta^3 - \sin(\alpha\theta)^3] \tag{4-9}$$

动力为

$$h_c = \frac{4}{3} \times \frac{R\sin\theta^3}{\theta - \sin\theta\cos\theta} \tag{4-10}$$

组合式（4-9）和式（4-10）可以得到

$$\frac{e_c}{h_c} = \frac{2(\theta - \sin\theta\cos\theta)}{\pi[\sin\theta^2 + \sin(\alpha\theta)^2]}\left[1 - \left(\frac{\sin\alpha\theta}{\sin\theta}\right)^3\right] \tag{4-11}$$

从式（4-11）可以看出，$(e/h)_c$是压入角 θ 和无尺度的弹性回复因子 α 的函数［下标 c 专指球形磨料（circle），无下标表示对磨料外形无限制］。压入角可以用压痕深度 D 和球形磨料的半径 R 来表示：

$$\theta = \arccos\left(\frac{R - D}{D}\right) \tag{4-12}$$

图 4-25 给出了动力臂 h_c随压入角 θ 的变化曲线。从图可以看出，h_c是 θ 的单调递减函数，当 θ 趋近于 0 时（也就是没有压入），h_c趋近于最大值 $2R$，当 θ 达到最大值 $\pi/2$ 时，h_c取最小值 $8R/3\pi$。阻力臂 e_c是压入角 θ 和无尺度的弹性回复因子 α 的函数，e_c与 θ 的关系随着 α 的不同而变化，而不再是简单的单调变化。所以（e/h）$_c$与 θ 的关系也不会是简单的单调递增或者单调递减。

当无尺度的弹性回复因子 α 趋近于0时，该模型将返回到方亮[8,13,14]的模型。此时阻力臂为

$$e_c = \frac{8R}{3\pi}\sin\theta^3 \tag{4-13}$$

动力臂 h 保持不变，则 $(e/h)_c$ 为

$$\frac{e_c}{h_c} = \frac{2(\theta - \sin\theta\cos\theta)}{\pi\sin\theta^2} \tag{4-14}$$

分析式（4-13）不难发现，e_c将是 θ 的单调递增函数。考虑 h_c是 θ 的单调递减函数，则 $(e/h)_c$将是 θ 的单调递增函数。图4-26给出了 $(e/h)_c$随压入角 θ 的变化曲线。从图中可以看出，当压入角在0~π/2变化时，$(e/h)_c$在0~1范围内变化。这一范围几乎覆盖了工程材料一般服役情况下摩擦系数的范围。因此在宏观尺度上，磨料的运动方式必然会出现从滑动向滚动的转变，这与方亮[8,13,14]的研究是一致的。

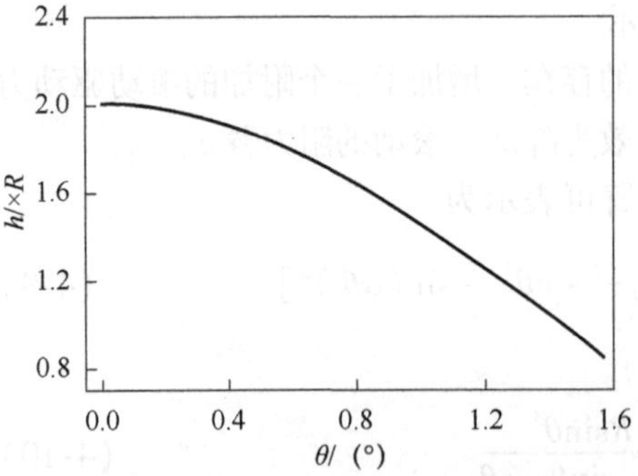

图4-25　动力臂 h 随压入角 θ 的变化

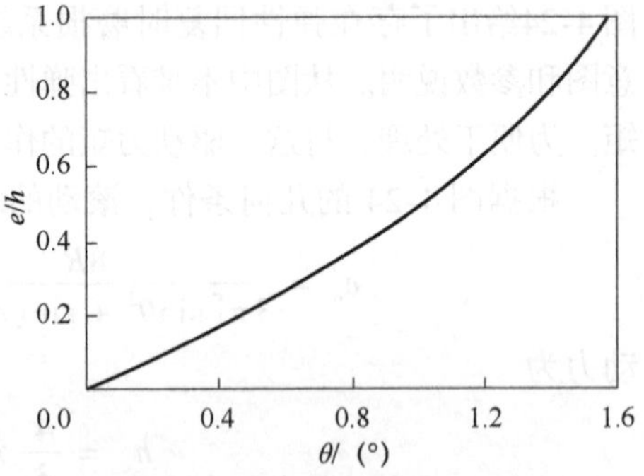

图4-26　方亮的模型中 e/h 随压入角 θ 的变化[8,13,14]

现在来考虑椭球磨料在三体磨料磨损中的滚滑判据。椭球形磨料中的椭球在两个方向上的轴长相等，即三个轴的长度为 a（长轴），b（短轴），a（长轴）。过磨料中心三垂直截面投影的磨料，随短轴（$b \leqslant a$）参数改变成小于 a，可以表现为椭圆形本文利用接触点处的曲率圆将接触面等效为球形面，经过计算表明等效后的表面与原来实际表面的误差在容许的范围内[13]，表明该方法可行。为便于处理，假设：

a）磨料颗粒为椭球形刚体。

b）磨料颗粒本身重量不计。

c）磨料颗粒在垂直于材料表面的正交平面内运动，不考虑转动。

d）磨料力与正压力在接触面上都是均匀分布的。

e）椭球球心在滚动过程中的轨迹为平行于 x 轴的直线。

椭球形磨料参数示意如图 4-27 所示，设：椭球在滚动过程中球心轨迹为平行于 x 轴的直线，曲率圆的圆心坐标：$(x_o,\ y_o)$

椭圆参数方程为

$$\begin{cases} x = a\cos\beta \\ y = b\sin\beta \end{cases} \tag{4-15}$$

对椭圆方程求一阶导数和二阶导数得

$$y' = -\frac{b\cos\beta}{a\sin\beta} \tag{4-16}$$

$$y'' = -\frac{b}{a^2\sin\beta^3} \tag{4-17}$$

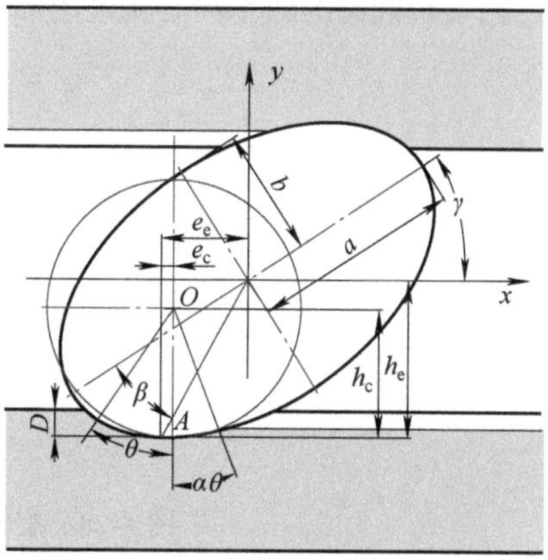

图 4-27　椭球形磨料下的参数

椭圆在任一点的曲率半径为

$$R = \frac{(1 + y'^2)^{\frac{3}{2}}}{|y''|} \tag{4-18}$$

将式（4-15）~式（4-17）带入式（4-18），得曲率半径为

$$R = \frac{[(a^2 - b^2)\sin\beta^2 + b^2]^{\frac{3}{2}}}{a\,b} \tag{4-19}$$

曲率中心坐标为

$$\begin{cases} x_o = x - \dfrac{y'(1 + y'^2)}{y''} \\ y_o = y + \dfrac{1 + y'^2}{y''} \end{cases} \tag{4-20}$$

将式（4-15）~式（4-17）带入式（4-20），得曲率圆圆心坐标为

$$\begin{cases} x_o = \dfrac{\cos\beta^3(a^2 - b^2)}{a} \\ y_o = \dfrac{\sin\beta^3(b^2 - a^2)}{b} \end{cases} \tag{4-21}$$

对椭圆方程旋转 γ 角，得旋转椭圆方程为

$$\begin{cases} x_1 = a\cos\beta\cos\gamma - b\sin\beta\sin\gamma \\ y_1 = a\cos\beta\sin\gamma + b\sin\beta\cos\gamma \end{cases} \tag{4-22}$$

则旋转椭圆的曲率中心 (x_{o1}, y_{o1}) 轨迹方程为

$$\begin{cases} x_{o1} = \dfrac{\cos\beta^3(a^2 - b^2)}{a}\cos\gamma - \dfrac{\sin\beta^3(b^2 - a^2)}{b}\sin\gamma \\ y_{o1} = \dfrac{\cos\beta^3(a^2 - b^2)}{a}\sin\gamma + \dfrac{\sin\beta^3(b^2 - a^2)}{b}\cos\gamma \end{cases} \tag{4-23}$$

由旋转椭圆的曲率圆心轨迹图形图4-28可知，对于椭球形磨料，其阻力臂为

$$e_e = e_c + x_{o1}\,\text{sign}\,x_1 \tag{4-24}$$

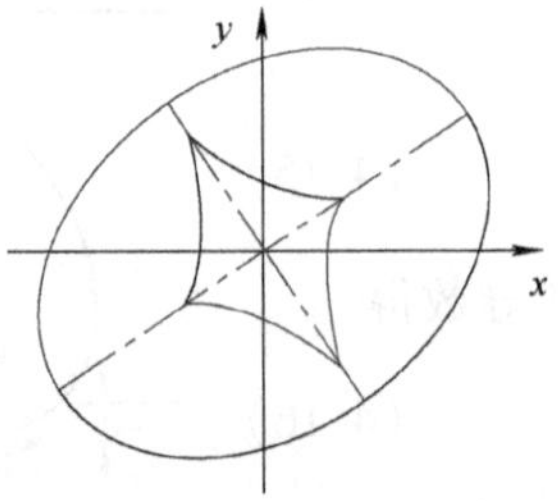

图4-28 旋转椭圆的曲率圆心轨迹

动力臂为

$$h_e = h_c + y_{o1}\,\text{sign}\,y_1 \tag{4-25}$$

则：

$$\frac{e_e}{h_e} = \frac{e_c + x_{o1}\,\text{sign}\,x_1}{h_c + y_{o1}\,\text{sign}\,y_1} \tag{4-26}$$

将式（4-9）、式（4-10）、式（4-19）、式（4-22）和式（4-23）带入式（4-26）得

$$\frac{e_e}{h_e} = \frac{\dfrac{8[(a^2-b^2)\sin\beta^2+b^2]^{\frac{3}{2}}[\sin\theta^3-\sin(\alpha\theta)^3]}{3\pi ab(\sin\theta^2+\sin(\alpha\theta)^2)} + \left[\dfrac{\cos\beta^3(a^2-b^2)}{a}\cos\gamma - \dfrac{\sin\beta^3(b^2-a^2)}{b}\sin\gamma\right]\text{sign}\,x_1}{\dfrac{4[(a^2-b^2)\sin\beta^2+b^2]^{\frac{3}{2}}\sin\theta^3}{3ab(\theta-\sin\theta\cos\theta)} + \left[\dfrac{\cos\beta^3(a^2-b^2)}{a}\sin\gamma + \dfrac{\sin\beta^3(b^2-a^2)}{b}\cos\gamma\right]\text{sign}\,y_1} \tag{4-27}$$

式中，$\theta = \arccos\sqrt{1-\dfrac{Fa^2b^2}{\pi H[(a^2-b^2)\sin\beta^2+b^2]}}$；$a$ 为椭圆长轴长度（0.1nm）；b 为椭圆短轴长度（0.1nm）；γ 为椭圆的转动角度（°）；F 为正载荷（nN）；H 为材料硬度（GPa）；β 为椭圆方程的参数；α 为材料弹性回复系数。

由 $(e/h)_e$ 值的大小与摩擦因数的大小可得：当 $(e/h)_e<\mu$ 时，磨料以滚动方式运动；当 $(e/h)_e>\mu$ 时，磨料以滑动方式运动。

当椭球形磨料在三个坐标轴上的轴长都相等时，即 $a=b$，磨料为球形，化简式（4-27）得

$$\frac{e_e}{h_e}=\frac{\dfrac{8b[\sin\theta^3-\sin(\alpha\theta)^3]}{3\pi[\sin\theta^2+\sin(\alpha\theta)^2]}}{\dfrac{4b\sin\theta^3}{3[\theta-\sin\theta\cos\theta]}}$$

$$=\frac{2[\sin\theta^3-\sin(\alpha\theta)^3](\theta-\sin\theta\cos\theta)}{\pi[\sin\theta^2+\sin(\alpha\theta)^2\sin\theta^3]}$$

$$=\frac{2(\theta-\sin\theta\cos\theta)}{\pi[\sin\theta^2+\sin(\alpha\theta)^2]}\left[1-\left(\frac{\sin(\alpha\theta)}{\sin\theta}\right)^3\right] \tag{4-28}$$

该结果与参考文献［15］提出的球形磨料的滚滑判据方程一致，由此说明该判据导出是正确的，也进一步说明，球形磨料是椭球形磨料的一个特例。椭球形磨料初始平放着，当试样以一定的速度滑动时，磨料将会转动成一定的角度，因此在一定的条件下，讨论 $(e/h)_e$［方便起见，以下均转回到运用 e/h 代替 $(e/h)_e$］与转动角度的关系是有意义的。

图 4-29 所示为压入角度为 60°、弹性回复角度为 30°下的 e/h 随着转动角度的变化关系图，从图中可知，当磨料转动一定的角度后，e/h 值出现峰值，因此，磨料位置为峰值时与摩擦系数的大小关系将决定磨料的运动方式。当该处的值大于磨料的摩擦系数，磨料将发生滑动；当该处的最大值小于摩擦系数，磨料将发生滚动。

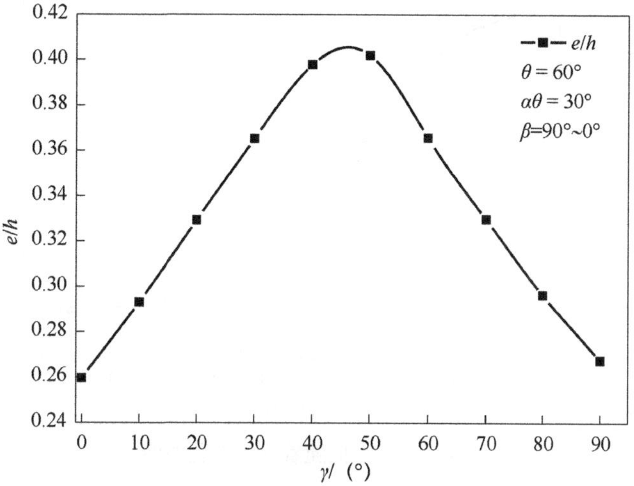

图 4-29　不同转动角度下的 e/h 变化曲线

纳米尺度下，根据式（4-28），弹性回复对磨料的滚滑运动的影响趋势如图 4-30所示，压入角度为 60°，β 为 90°，椭球磨料的长轴长为 3nm，短轴长为 2. 5nm 条件下，e/h 随着弹性回复系数的变化曲线。从图中可知，随着弹性回复系数的增大，e/h 值逐渐减小，磨料趋向于滚动方式运动。图 4-31 为压入角度为

60°，弹性回复系数为0.5，椭球磨料的长轴长为3nm，短轴长为2.5nm条件下，e/h 值随着 β 角度的变化趋势。从图中可知，随着 β 角度的增大，e/h 值逐渐减小，磨料越趋向于以滚动方式运动。

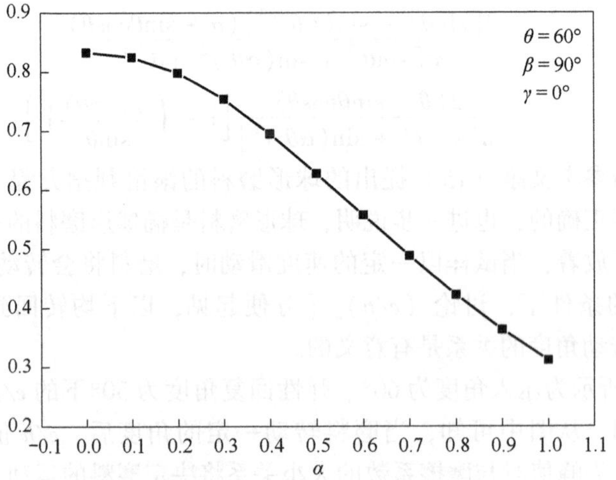

图4-30　e/h 值随着弹性回复系数变化曲线

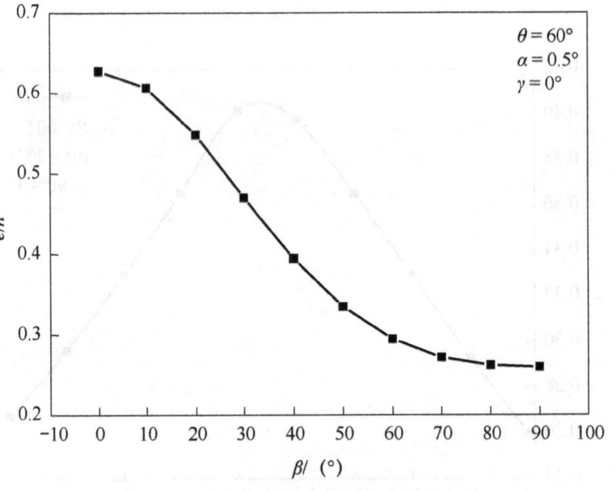

图4-31　e/h 值随着 β 角变化曲线

根据以上所述，通过磨料和摩擦副表面的接触力学分析，得到了纳米椭球形磨料的受力情况。根据磨料和表面接触时的几何形位关系以及磨料形状几何参数，利用等效圆近似法得到了椭球磨料的运动方式判据。通过在长径比以及牵引速度两个条件下对所得判据方程进行验证，发现计算所得的判据方程与实际磨料的运动方式非常吻合。通过对方程的参数分析发现，当磨料的转动角度为45°时，磨料的 e/h 值最大，如果摩擦系数大于此时状态的 e/h 值，则磨料的运动方式为滚动；否则磨料的运动方式为滑动。随着弹性回复系数和 β 角的增大，e/h 值逐渐减小，磨料越趋向于滚动。

4.4.4　空气下单晶铜的纳米三体磨料磨损

1. 长径比（短长轴比）对磨料运动特性与磨料磨损性能的影响

在实际的状况中，磨料的形状为不规则形状，磨料的形状对摩擦副的磨损情况产生重要影响。在宏观的三体磨料磨损中，磨料的形状对摩擦磨损影响的理论研究已经形成一定的体系，但在纳米尺度下，不规则的磨料对摩擦副的摩擦磨损影响的研究还不够成熟。由于不规则磨料的任意性，不利于理论模型的建立，这里采用椭球形磨料，通过改变磨料的长径比，讨论椭球形磨料对单晶铜摩擦副的磨料磨损性能。磨料的长径比越接近 1，磨料外形越接近于球体；磨料的长径比越小，代表磨料尖锐度越大。为此，将研究的参数选择为：正载荷 80nN，滑动速度 $50\text{m}\cdot\text{s}^{-1}$，改变长径比，采用分子动力学计算，讨论长径比对磨料的运动方式的影响以及对单晶铜基体的损伤情况。

（1）长径比对磨料运动方式的影响　在载荷为 80nN，滑动速度为 $50\text{m}\cdot\text{s}^{-1}$ 条件下，通过纳米三体椭球形磨料磨损的分子动力学的计算的构型图发现（图 4-32），当磨料的长径比小于 0.83 时，在不同的时刻下，磨料状态都一样，说明随着时间

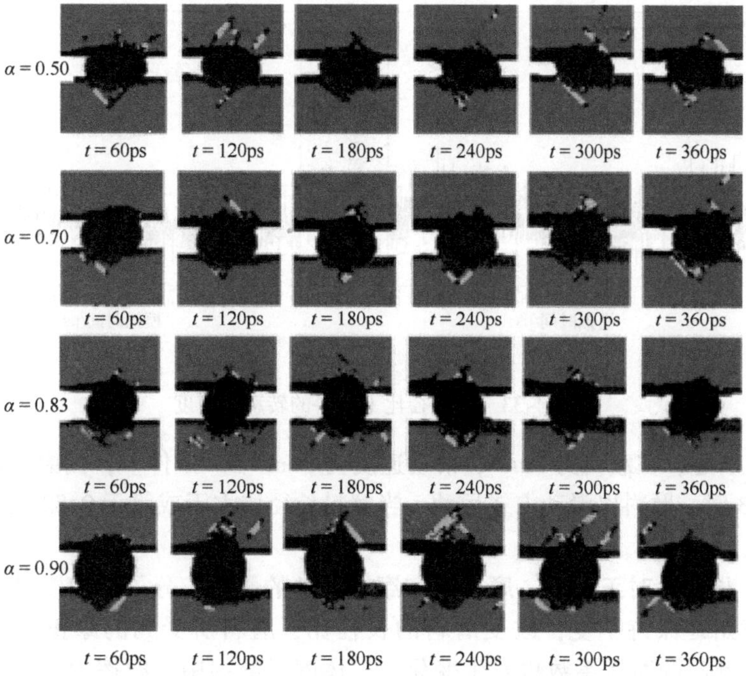

图 4-32　不同长径比下磨料位置的原子构型

的增加，磨料的一直处于滑动状态运动。当磨料的长径比大于或等于0.83时，磨料的状态随着时间的变化而变化，磨料以滚动的方式进行运动。通过计算得到的磨料的转动角速度随时间的变化曲线（图4-33）进一步证明通过原子构型图观察的正确性。由图4-33可知，长径比小于0.83时，磨料的转动角速度在零附近波动，其平均值为零，说明此时磨料并没有发生转动，其运动方式为滑动。长径比大于或等于0.83时，磨料的转动角速度不为零，说明磨料在运动过程中发生转动，磨料以滚动的方式运动。磨料的转动角速度为负值，表明转动角速度设置的方向与转动方向相反。

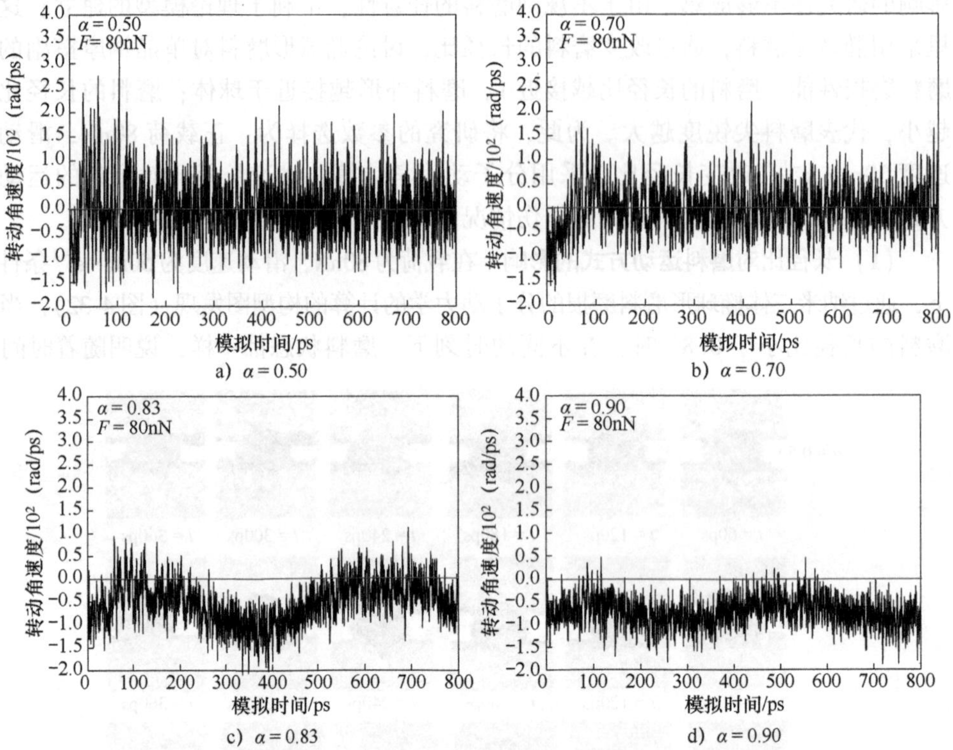

a) α=0.50　b) α=0.70　c) α=0.83　d) α=0.90

图4-33　同长径比下磨料的转动角速度

综上所述，在载荷为80nN，滑动速度为50m·s^{-1}条件下，当磨料的长径比小于0.83时，磨料以滑动方式运动，当磨料长径比大于或等于0.83时，磨料以滚动方式运动。

（2）长径比对正压力、摩擦力和摩擦系数的影响　分子动力学计算中，外加正载荷始终保持不变，改变磨料的长径比，磨料所受到的摩擦力也发生变化，进而磨料的摩擦系数也发生变化。三体磨料磨损中，摩擦力是磨料发生运动的驱动力，摩擦力的变化将会影响到磨料的运动方式。图4-34所示为不同长径比下的正载荷和摩擦力随着滑动距离的变化关系图。从图中可知，随着长径比改变，平均正载荷基本保持不变，围绕 80nN 附近波动。随长径比的增大，摩擦力曲线由平滑曲线变化为类似正弦曲线，原因是磨料的形状为椭球形，在滚动过程中，随着磨料转动角不同，导致摩擦力曲线呈现类似正弦曲线的变化趋势。

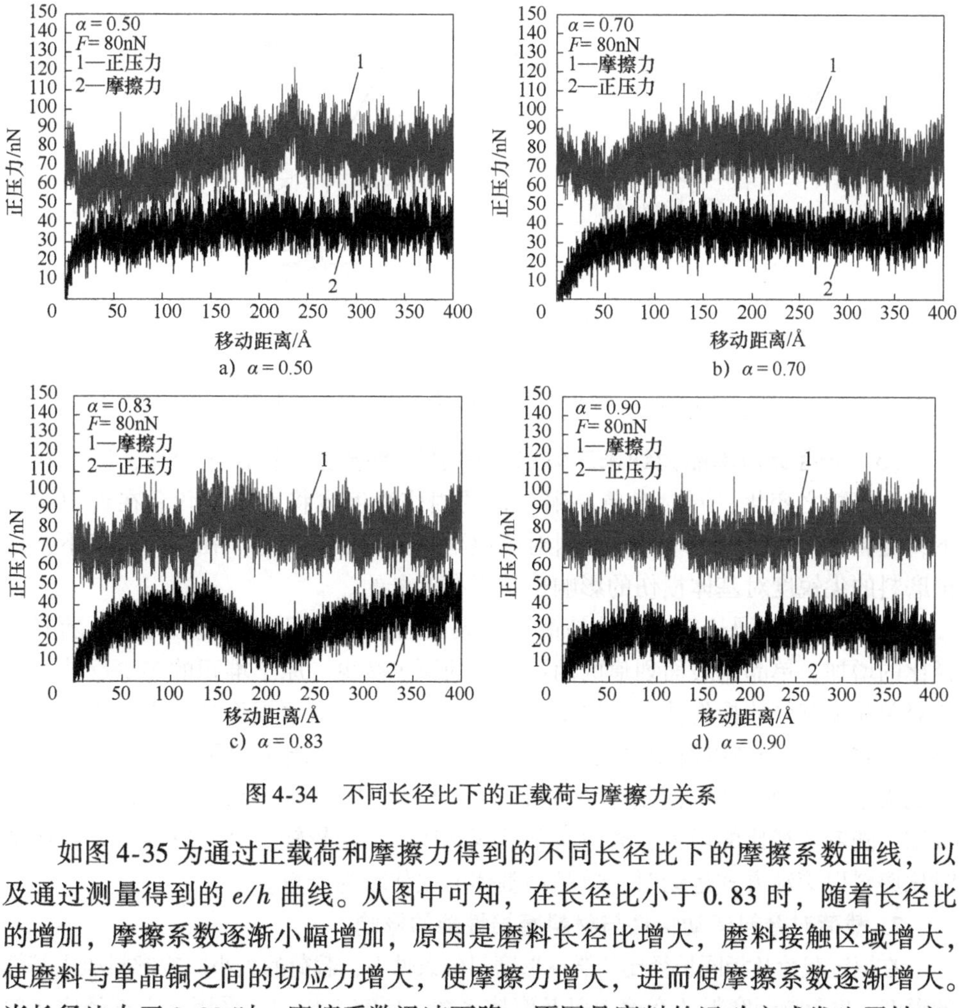

图 4-34　不同长径比下的正载荷与摩擦力关系

如图 4-35 为通过正载荷和摩擦力得到的不同长径比下的摩擦系数曲线，以及通过测量得到的 e/h 曲线。从图中可知，在长径比小于 0.83 时，随着长径比的增加，摩擦系数逐渐小幅增加，原因是磨料长径比增大，磨料接触区域增大，使磨料与单晶铜之间的切应力增大，使摩擦力增大，进而使摩擦系数逐渐增大。当长径比大于 0.83 时，摩擦系数迅速下降，原因是磨料的运动方式发生了转变，从滑动运动方式变化为滚动运动方式。正是由于磨料的运动方式发生转变，摩擦系数迅速降低，这和宏观状态下的磨损性能是一致的。宏观状态下，磨料的运动方式可以通过 e/h 与摩擦系数的关系进行比较来判断磨料的运动方式。从图 4-35 可知，磨料以滑动方式运动时，长径比小于 0.83，磨料的 e/h 大于摩擦系数；当磨料以滚动方式运动时，长径比大于或等于 0.83，磨料的 e/h 小于摩擦系数，该关系和宏观下的磨料运动方式的判据一致，因此宏观下磨料的滚滑判据适合纳米尺度下磨料运动方式的判断。

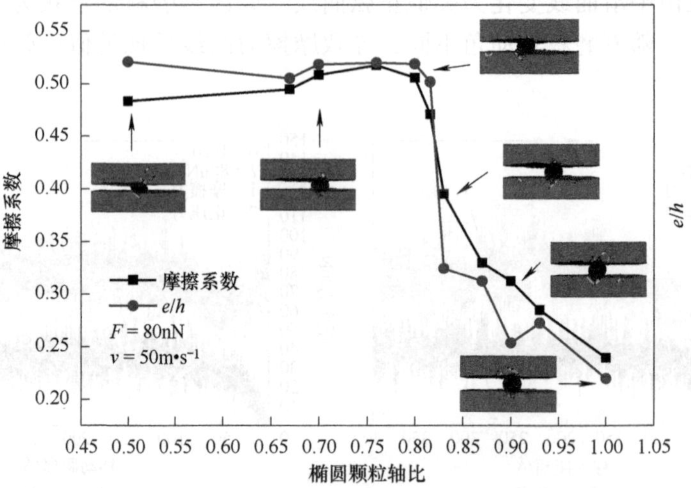

图 4-35　不同长径比下的摩擦系数和 e/h 曲线

(3) 长径比对单晶铜纳米三体磨料磨损下的损伤　长径比变化，则磨料的尖锐度也随之变化，同时对单晶铜基体的损伤程度也将发生变化。在宏观状态下，随着磨料尖锐度的增大，磨料对摩擦副的损伤也越严重。在纳米尺度下，讨论磨料的尖锐度对基体损伤的影响也是很有意义的。

图 4-36 为不同长径比下单晶铜基体表面的损伤情况。从图中可知，随着长径比的增加，单晶铜表面划痕的两边堆积的原子减少。原子堆积的多少反映了磨料对单晶铜基体的损伤情况。原子堆积高度越大，单晶铜损伤越严重。当长径比小于 0.83 时，磨料以滑动方式运动，基体表面的划痕周围原子堆积较多；当长径比大于 0.83 时，磨料以滚动方式运动，基体划痕表面的原子堆积很少。由此可知，随着长径比的增大，磨料对单晶铜基体的损伤较轻。磨料以滑动方式运动时比磨料以滚动方式运动时，单晶铜基体的损伤较为严重。

2. 载荷对磨料运动特性与材料磨损性能的影响

在恒定载荷及相同长径比的椭球形磨料的条件下，载荷的大小影响磨料压入基体的深度，也影响到磨料的摩擦力以及摩擦系数。研究工作中，采用固定长径比 0.83 和滑动速度 $50\text{m}\cdot\text{s}^{-1}$，改变正载荷，讨论磨料的运动状态以及对单晶铜的损伤程度。

(1) 载荷对磨料运动方式的影响　在磨料的长径比为 0.83 条件下，滑动速度为 $50\text{m}\cdot\text{s}^{-1}$时，随载荷变化的磨料原子构型如图 4-37 所示。通过观察原子构型图中磨料的状态发现，在载荷小于 110nN 条件下，磨料的状态随着时间的变化而发生变化；而在载荷大于或等于 110nN 条件下，磨料的状态不随时间的改变而发生变化，这说明磨料在正载荷大于或等于 110nN 条件下，磨料以滑动方式运动，小于 110nN 时，磨料以滚动方式运动。通过计算得到的磨料的转动角速度进一步说明通过视觉观察判断的磨料的运动方式正确性。如图 4-38 所示为不同载荷下磨料的转动角速度曲线。在载荷小于 110nN 时，磨料的转动角速度不为零，说明磨料在运动过程中发生转动，磨料以滚动方式运动。在载荷大于或等于 110nN 时，磨料的转动角速度在零附近波动，其平均值为零，说明磨料在运动过程中没有发生转动，它以滑动方式运动。

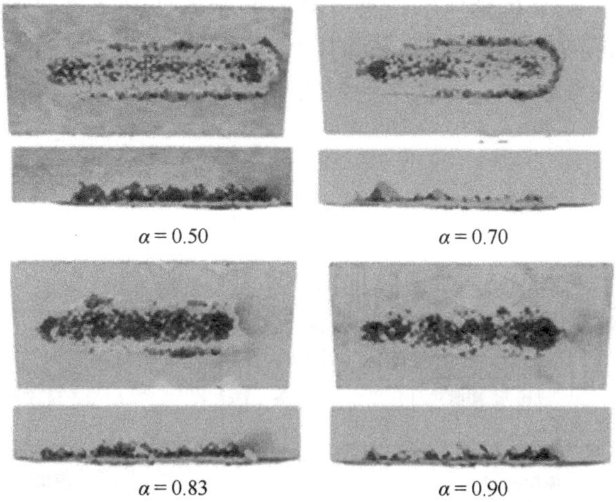

图 4-36　不同长径比下单晶铜基体表面损伤（彩色图见插页）

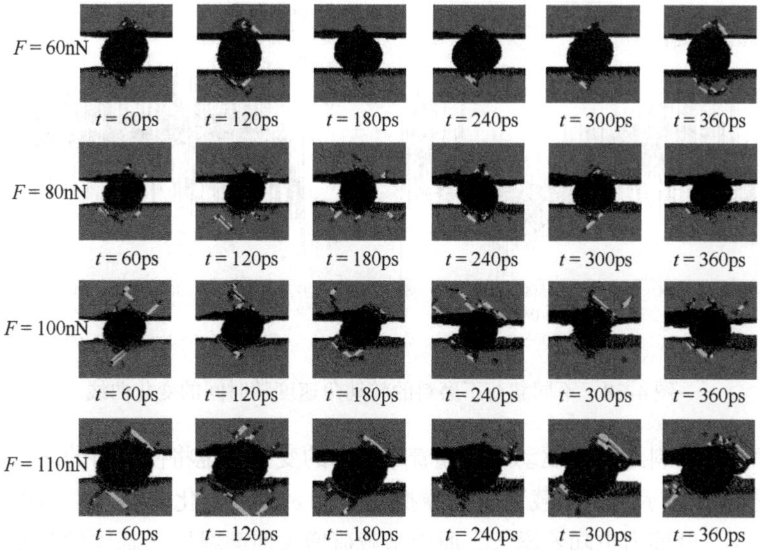

图 4-37　不同载荷下的原子构型

综上所述，在磨料的长径比为0.83，滑动速度为$50m \cdot s^{-1}$条件下，磨料所受的正载荷大于或等于110nN时，磨料的运动方式为滑动；当正载荷小于110nN时，磨料的运动方式为滚动。

(2) 载荷对摩擦力和摩擦系数的影响 正载荷的大小将决定磨料的压痕深度，将会影响到摩擦系数的大小，进而会影响磨料的运动方式。由于椭球形磨料在恒载荷下，长径比为0.83时是磨料发生滚滑转变的临界值，因此采用长径比为0.83的磨料作为研究对象。恒定的载荷下，在长径比为0.83，滑动速度为$50m \cdot s^{-1}$条件下，随着正载荷的增加，磨料初始运动时的正载荷逐渐增大，但滑动过程中载荷下降的幅度也越大，同时随着载荷的增加，摩擦力曲线逐渐由正弦曲线变化为平滑曲线，并且磨料所受到的摩擦力也逐渐增大，如图4-39所示。

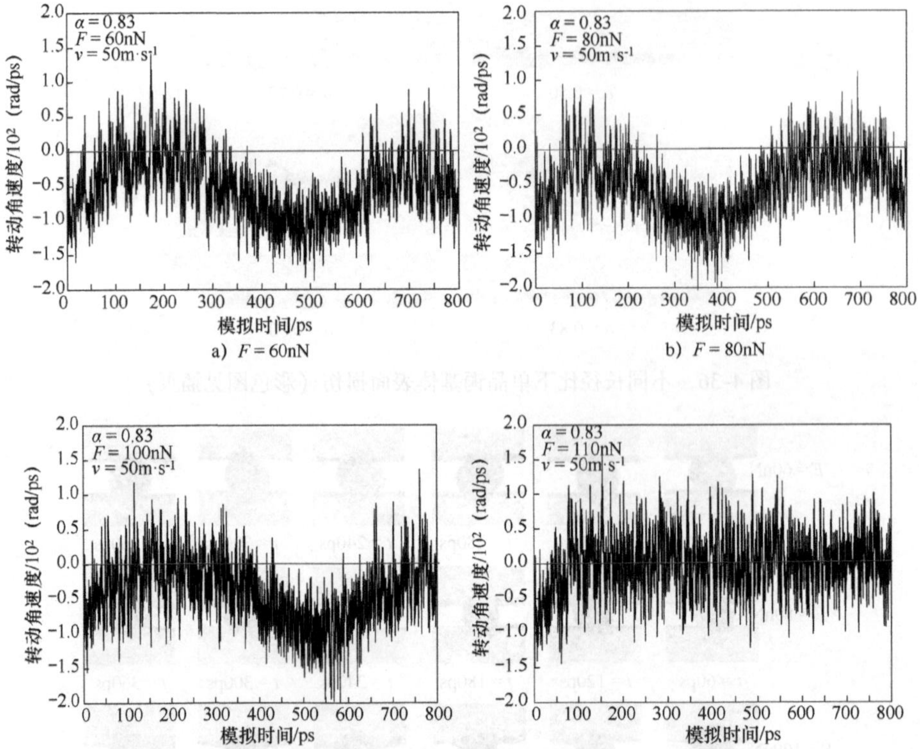

a) $F = 60nN$　b) $F = 80nN$　c) $F = 100nN$　d) $F = 110nN$

图4-38　不同载荷下磨料的转动角速度随时间的变化曲线

摩擦力是磨料运动的驱动力，随着摩擦力的变化，也将使磨料的滚滑参数发生变化。图4-40所示为不同载荷下的摩擦系数和e/h的变化曲线。由图可知，随着载荷的增大，摩擦力也随着增大，原因是载荷增大使磨料压入基体的深度增大，磨料受到的剪切力和磨料前脊的阻力都增大，进而使磨料的摩擦系数增大。但当载荷大于 110nN 时，摩擦系数急剧增大，原因是磨料运动方式发生转变，由原来的滚动转变为滑动，使摩擦系数增大。从图 4-40 中还可知，磨料以滑动方式运动，载荷小于 110nN 时，磨料的 e/h 大于摩擦系数；当磨料以滚动方式运动，在载荷大于或等于 110nN 时，磨料的 e/h 小于摩擦系数，该关系和宏观下的磨料运动方式的判据一致，因此宏观下磨料的滚滑判据适合对纳米尺度下磨料运动方式的判断。

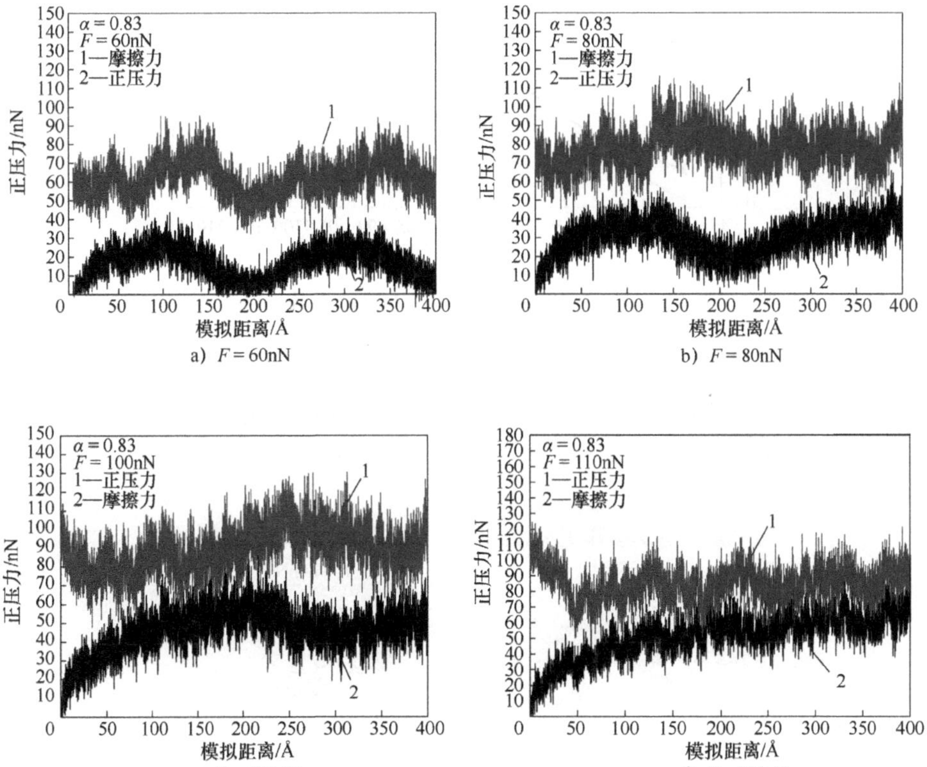

a）$F = 60nN$　b）$F = 80nN$　c）$F = 100nN$　d）$F = 110nN$

图 4-39　不同载荷下的正压力和摩擦力

随着载荷的增大，磨料的运动方式由滚动转变为滑动。载荷的变化也将会影响到磨料对单晶铜基体的损伤情况。载荷增大，磨料压入单晶铜基体的深度增大，在滑动过程中，磨料对基体的损伤也越严重。

（3）载荷对单晶铜纳米三体磨料磨损下的损伤　从图 4-41 中可知，随着载荷的增大，单晶铜基体表面划痕的深度逐渐增加，划痕两边的原子堆积高度逐渐增加。当载荷为 110nN 时，单晶铜表面的原子堆积高度最大。载荷为 110nN 时，单晶铜表面的损伤较为严重。因此载荷越大，对单晶铜基体的损伤越严重。当磨料以滑动方式运动时，对单晶铜基体的损伤比滚动时严重。在工业使用中，对于三体磨料磨削可以选择高载荷，让磨料以滑动方式运动，提高磨削效率。

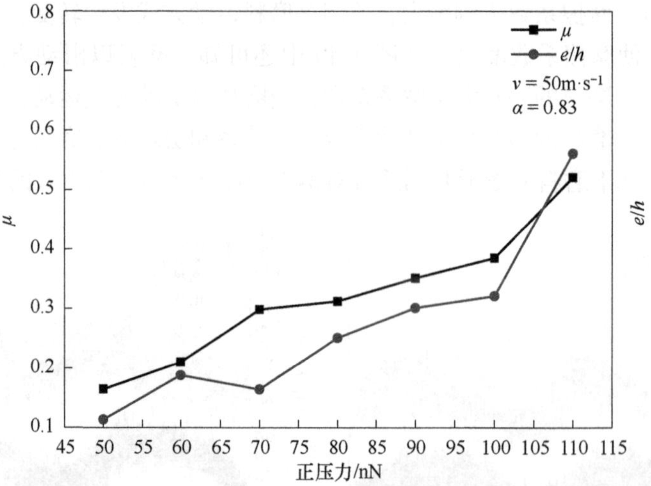

图 4-40　不同载荷下的 e/h 与摩擦系数关系

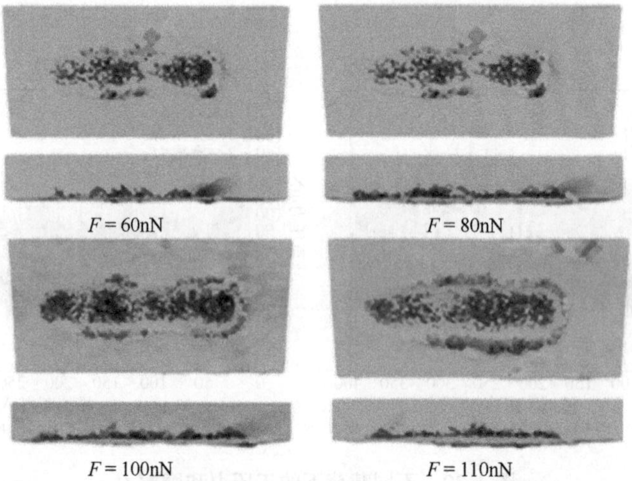

图 4-41　不同载荷下单晶铜基体表面的损伤（彩色图见插页）

3. 单晶铜试样滑动速度对磨料运动特性与材料磨损性能的影响

试验中发现，滑动速度对磨料的运动方式也会产生影响。滑动速度变化使磨料与单晶铜基体之间的作用时间发生变化，进而影响到单晶铜基体的塑性变形及弹性恢复，影响到磨料在运动过程中的摩擦力与摩擦系数。载荷选择为 80nN，磨料的长径比为 0.83，改变试样滑动速度，讨论磨料的运动状态以及对单晶铜基体的损伤情况。

（1）滑动速度对磨料运动方式的影响　在磨料的长径比为 0.83，磨料所受到的正载荷为 80nN 条件下，通过分子动力学计算以及可视化方法得到不同速度下的原子构型图，如图 4-42 所示。从图中可知，试样的滑动速度小于或等于 $15m \cdot s^{-1}$时，随着时间的推移，磨料的状态保持不变，磨料以滑动方式运动；而试样的滑动速度大于 $15m \cdot s^{-1}$时，随着时间的变化，磨料的状态也发生着变化，可知磨料以滚动方式运动。通过计算得到的磨料的转动角速度如图 4-43 所示，从图中可知，在速度小于或等于 $15m \cdot s^{-1}$时，磨料的转动角速度为零，说明磨料在运动过程中，磨料没有发生转动，磨料以滑动方式运动。但在速度大于 $15m \cdot s^{-1}$条件下，磨料转动角速度不为零，磨料在滚动过程中发生转动，磨料以滚动方式运动。通过磨料的转动角速度随时间的变化曲线，进一步表明通过原子构型图观察的磨料运动方式是准确的。

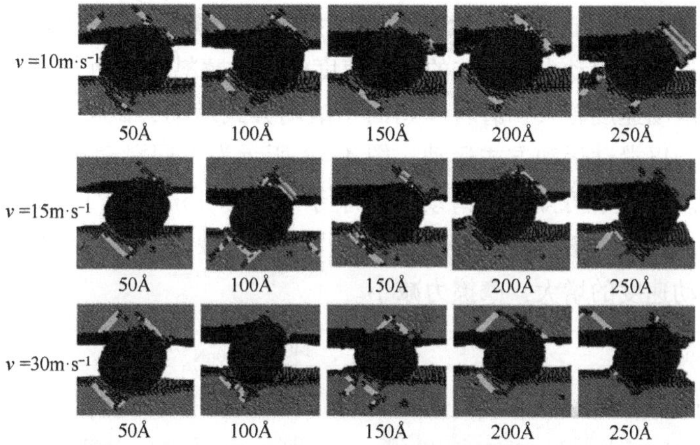

图 4-42　不同滑动速度下的构型图

综上所述，磨料长径比为 0.83，磨料所受的正载荷为 80nN 条件下，单晶铜试样的滑动速度小于或等于 $15m \cdot s^{-1}$时，磨料的运动方式为滑动；试样滑动速度大于 $15m \cdot s^{-1}$时，磨料以滚动方式运动。

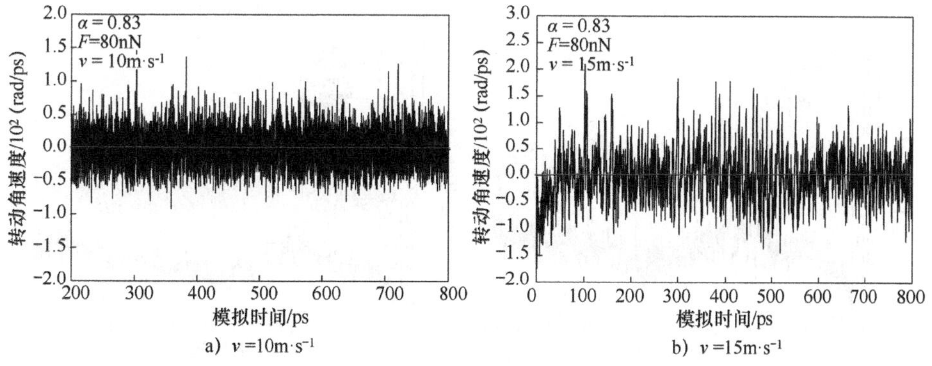

图 4-43　不同滑动速度下磨料的转动角速度随时间的变化曲线

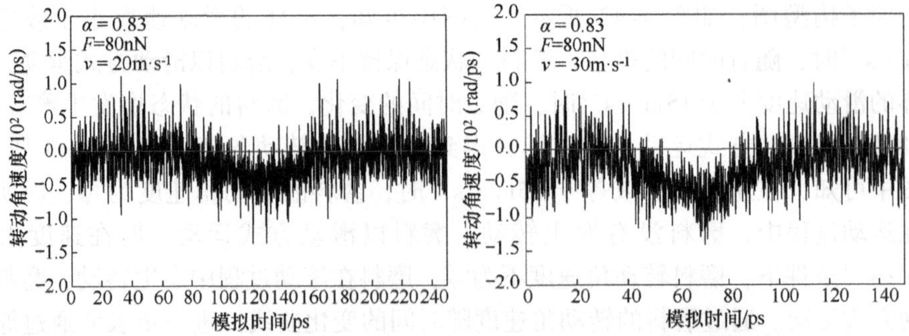

c) v =20m·s⁻¹　　d) v =30m·s⁻¹

图 4-43　不同滑动速度下磨料的转动角速度随时间的变化曲线（续）

(2) 滑动速度对正压力、摩擦力和摩擦系数的影响　基体与磨料之间的摩擦力是磨料运动的驱动力，基体的运动速度将影响磨料的运动方式。在恒定载荷下，试样的滑动速度越大，磨料越趋向于滚动方式运动；试样的滑动速度越小，磨料则趋向于以滑动运动方式运动。图 4-44 所示为不同滑动速度下的正压力和摩擦力曲线。从图中可知，在滑动速度小于或等于 15m · s^{-1}时，磨料的摩擦力曲线呈平滑曲线，当滑动速度大于 15m · s^{-1}时，摩擦力曲线呈近似正弦曲线，并且随着滑动速度的增大，摩擦力减小。

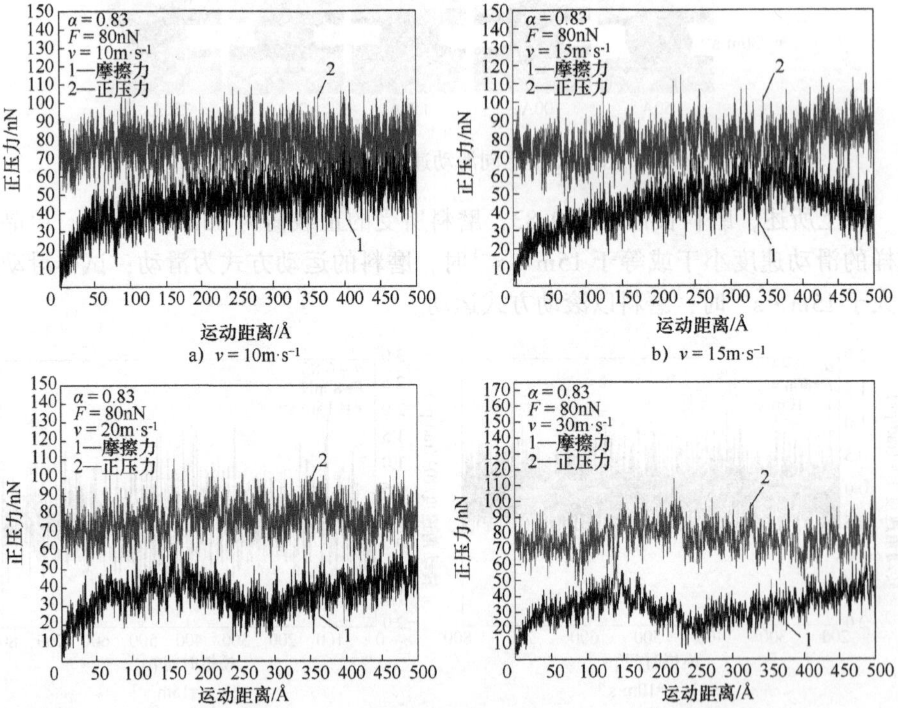

a) v = 10m·s⁻¹　　b) v = 15m·s⁻¹

c) v = 20m·s⁻¹　　d) v = 30m·s⁻¹

图 4-44　单晶铜试样在不同滑动速度下的正压力和摩擦力曲线

图 4-45 所示为不同滑动速度下的摩擦系数与 e/h 曲线，从图中可知，随着速度的增加，磨料与单晶铜基体之间的摩擦系数在逐渐减小。速度越大，磨料压入基体中的深度越小，图 4-46 所示为速度为 $15\mathrm{m}\cdot\mathrm{s}^{-1}$和 $30\mathrm{m}\cdot\mathrm{s}^{-1}$条件下，磨料滚动前试样滑动相同距离下的磨料压入基体的深度。从图中可知，速度较大时，磨料压入基体的深度减小，磨料与基体之间的接触面积减小，使磨料与基体之间的摩擦力减小，进而使摩擦系数减小；另外在滑动速度大于 $15\mathrm{m}\cdot\mathrm{s}^{-1}$时，磨料由滑动变为滚动，运动方式发生变化使摩擦系数也减小。从图中可知，磨料以滑动方式运动时，滑动速度小于或等于 $15\mathrm{m}\cdot\mathrm{s}^{-1}$，磨料的 e/h 大于摩擦系数；当磨料以滚动方式运动时，滑动速度大于 $15\mathrm{m}\cdot\mathrm{s}^{-1}$，磨料的 e/h 小于摩擦系数，该关系和宏观下的磨料运动方式的判据一致，因此宏观下磨料的滚滑判据适合对纳米尺度下磨料运动方式的判断。

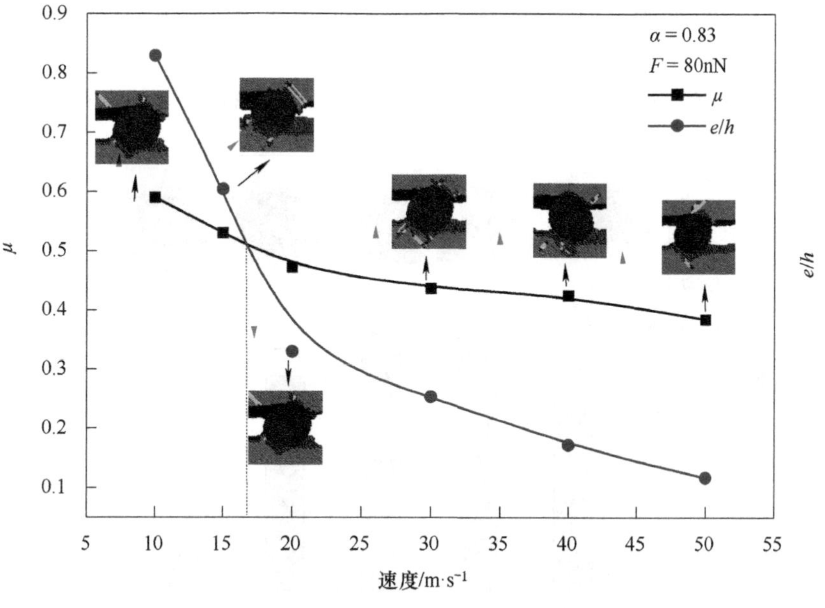

图 4-45　不同滑动速度下的摩擦系数与 e/h 曲线

速度使磨料运动方式的转变原因是：速度较小时，磨料与基体之间的作用时间较长，磨料压入基体的深度较大，而速度较大时，磨料压入基体的深度较小。由图 4-30 可知，磨料的压痕深度越小，单晶铜基体中的弹性回复系数越大，弹性回复量越大，磨料的 e/h 值越小，基体越趋向于滚动。另外，滑动速度越大，磨料前堆积的原子的高度越小（图 4-47），磨料与基体的作用点向椭圆短轴方向运动，即 β 越小，使 e/h 值越小（图 4-31）。两者因素相结合，使摩擦系数大于 e/h 值，进而使磨料以滚动方式运动。

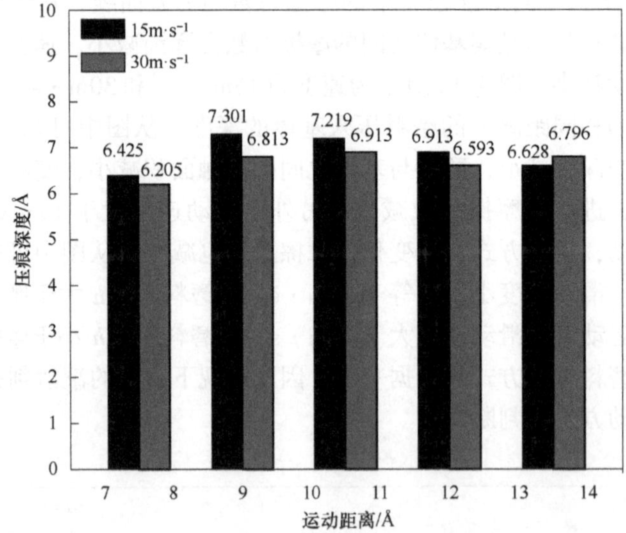

图 4-46　不同滑动速度下试样滑动相同距离下的磨料压入基体的深度

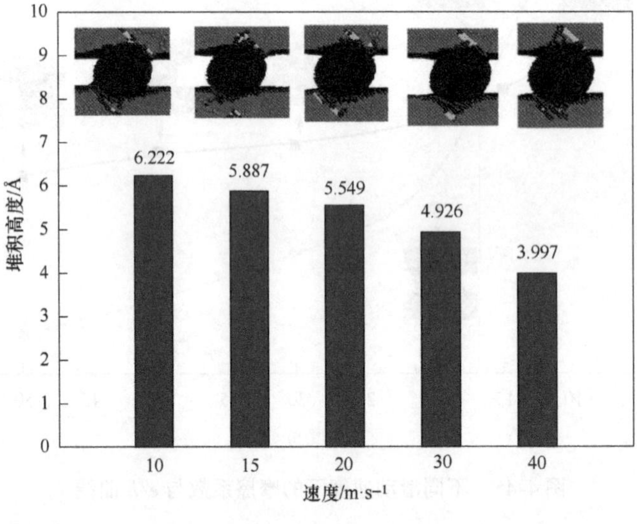

图 4-47　不同牵引速度下磨料前堆积的原子高度构型图

4.5　空气条件下纳米尺度单晶硅的磨料磨损

4.5.1　单晶硅磨料磨损分子动力学模拟方法

图 4-48a 所示为二体磨料磨损的分子动力学模型。模拟中磨损面保持静止，磨料以恒定的速度运动，从而对试样进行磨损。实际三体磨料磨损中，事先只知

道上下磨损面的相对运动速度与施加的载荷，而磨料的运动方式是由磨损面与磨料之间的相互作用决定的，是一个待求的量。因此三体磨料磨损的模型应该同时考虑上下两个磨损面，而不像二体磨料磨损那样可以忽略其中一个。图 4-48b 所示为三体磨料磨损的分子动力学模型。该模型包含一对磨损面和一个磨料，代表了一个基本的磨损单元。模拟中给两个磨损面施加一个相对运动速度，通过磨料与磨损面之间的相互作用来驱动磨料运动；实时采集磨料的平动速度和自转速度以确定磨料的运动方式。

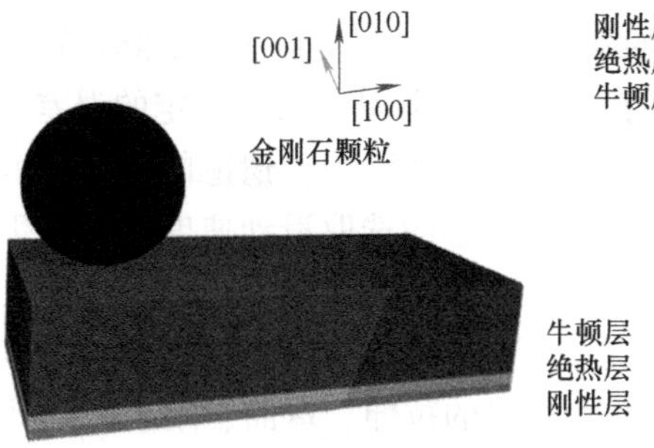

a）纳米二体磨料磨损

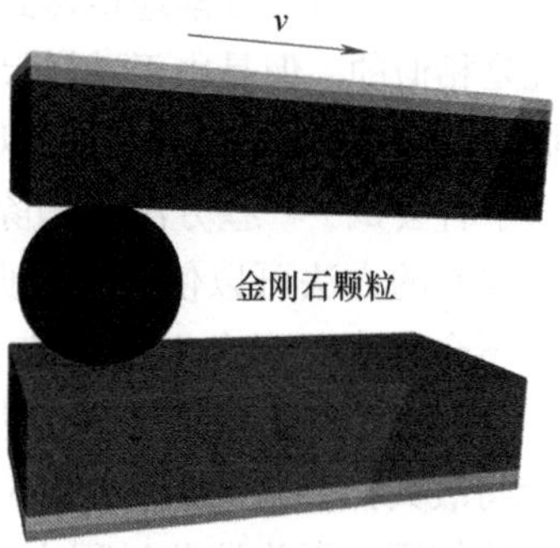

b）纳米三体磨料磨损

图 4-48　纳米磨料磨损分子动力学模型

如图 4-48 所示，纳米二体磨料磨损模型包括了一个单晶金刚石磨料和一个单晶硅的试样；而纳米三体磨料磨损的模型由上下两个单晶硅的试样和夹在中间的金刚石磨料组成。为了便于对比，纳米二体与三体磨料磨损采用同样尺寸的金刚石磨料和同样尺寸的试样（第一体）。综合考虑研究准确性和计算成本，采用两种尺寸的模型。大模型采用直径 21.72nm 的金刚石磨料，试样尺寸为 70.60nm × 32.59nm × 16.29nm，包含了 2834079 个硅原子。小模型采用直径 10.86nm 的金刚石磨料，试样尺寸为 54.31nm × 21.72nm × 13.58nm，包含 808000 个硅原子。金刚石磨料初始位置与试样保持 0.54nm 的距离，以消除其对试样平衡构型的影响。模型尺寸的确定经过反复的计算测试，以保证尺寸对结果的影响可以忽略，同时尽可能地降低模型尺寸以降低计算成本。最终选取的模型在最窄的方向上和最大的压痕深度情况下，变形区域的大小与未变形区域的大小比例为 1:1。大模型便于观察磨损面的形貌、试样的变形情况、磨损机理等，但是计算成本高。对比研究表明，小模型获得的磨损面形貌、试样的变形机制、磨损机理等与大模型是一致的，但是小模型的计算成本要低得多，更便于进行大批量的计算以研究载荷、晶体朝向、滑动方向等参数对磨损规律、机理的影响。

硅原子初始置于金刚石结构的点阵位置上，晶格常数为 0.5431nm。沿着 x、y、z 三个方面的晶体学朝向分别为［100］、［010］、［001］；磨损面为（001）

面。磨料压入的方面为 z 方向，滑动的方向为 x 方向，即磨料在（001）面上沿着［100］方向滑动。模拟中 x 和 y 方向上设置为周期性边界条件，即模拟了侧向无限多个周期性排列的磨料磨损的情况，以消除边界的影响。z 方向设置为自由的边界条件。试样底部 1 nm 厚的原子层被冻结以消除试样的平动位移。为了耗散掉磨损过程产生的摩擦热，在冻结原子层的上面选择 1.6 nm 厚的原子层为恒温层，以吸收多余的热量。恒温层原子相当于一个热浴，可以瞬间的吸收与其相邻原子的热量或者为其提供热量而保持自己的温度不变。由于恒温层与磨损面之间保持一定的距离，摩擦热可以逐渐地传递到绝热层，而后被耗散掉。这一过程与实际摩擦中的情况是相似的。但是由于试样尺寸上的限制和采取的热浴算法，实际计算中恒温层和固定层对声子的反射是不可以避免的，这会给计算结果带来一定的误差。近年来一些学者尝试了一些方法来消除边界对声子的反射[16-19]，遗憾的是到目前为止尚未有成熟的方法可以使用。因此模拟中需要小心的选取滑动速度，使得生成的摩擦热不会太大，以免对结果造成不利的影响。本书中选取的滑动速度最大为 200m/s。另外一种常用的热量耗散方法是使得整个试样就是一个无限大的热浴，可以瞬间散失掉多余的热量。这一方法在纳米线的拉伸、弯曲、纳米压痕等模拟中广泛地使用，因为这些过程中不会产生大量的热，显然对于摩擦磨损过程，这一方法与实际情况相去甚远，以往的摩擦模拟中也很少被采用。除了冻结原子层和恒温原子层，其余的硅原子依据牛顿运动定律自由的运动，也就是遵循微正则系综（microcanonical ensemble，或称 NVE）运动规则。对于纳米三体磨料磨损上下两个试样采用相同的设置。金刚石原子初始放置在金刚石点阵位置上，晶格常数为 0.3567nm。由于金刚石的硬度远远大于单晶硅的硬度，为了降低计算成本将金刚石原子设置为刚性原子，即假设金刚石的变形可以忽略不计。

模拟中，首先将整个体系放置在恒温热浴（即采用 NVT 系综）中小心地使温度从 0K 逐渐地升高到室温 300K；然后在 300K 下平衡 50 ps 以获得 300K 下体系的平衡结构，这一过程采用 Nose-Hoover[11,20] 热浴方法。体系平衡后将冻结层原子冻结，恒温层原子设置为 NVT 系综，其余原子则设置为 NVE 系综。恒温层原子采用耗散粒子动力学方法进行恒温操作，即 Langevin 热浴[12]。之所以采用与平衡时不同的热浴方法是因为 Langevin 热浴能够更好地使得局部区域的温度保持恒定；而 Nose-Hoover 热浴则使得整个体系的温度恒定，温度在空间上可能存在长程的起伏，这是不想看到的结果。随后，纳米二体磨料磨损使纳米磨料以 100m/s 的速度压入试样；对于纳米三体磨料磨损则在其中一个试样的固定层原子上施加一恒定速度 100m/s，使得纳米磨料压入试样。最后，纳米二体磨料磨损使纳米磨料以 100m/s 的速度沿着 x 方向移动，从而对试样进行磨损；纳米三体磨料磨损则在其中一个试样的固定层原子上施加一恒定的 x 方向的速度 200m/s，使磨料对试样进行磨损。值得注意的是，由于纳米三体磨料磨损中试样有一个平动的速度，因此恒温层温度的计算中需要减去试样平动速度的影响。

整个模拟过程都采用美国 Sandia 国家实验室开发的开源的大规模并行分子动力学软件 LAMMPS[21] 开展。模拟采用 Verlet 积分算法；时间步长取为 2.5fs。这一时间步长对于硅来说是足够小的，已经大量地应用于硅的分子动力学模拟中。

对于硅，常用的势函数有 Stillinger-Webe 势[22] 和 Tersoff[23, 24] 势两种。Tersoff 势最初是用来精确预测单晶硅高压相变的，因此更适合于单晶硅相变的研究。Stillinger-Webe 势能够更好的模拟硅的剪切行为和位错行为，因此它可以精确的预测硅的层错能。但是 Stillinger-Webe 势过高地估计了金刚石结构向 Si-Ⅱ 相结构转变的能垒，不适合用来模拟硅的高压相变行为。已有的单晶硅纳米划痕实验表明，在小的载荷下单晶硅的变形机制为相变，只有在大的载荷下才会出现位错。作者更关心的是单晶硅的相变塑性，因此选取 Tersoff 势函数进行单晶硅纳米二体磨料磨损和三体磨料磨损的模拟。金刚石磨料与单晶硅试样之间的相互作用采用简单的两体势函数 Morse 势来表述。

4.5.2 单晶硅磨料磨损行为

纳米尺度三体磨料磨损中，磨料的运动方式可以通过磨料的质心平动速度和自转速度来获得。考虑理想情况下的三体磨料磨损：假如试样和磨料都是刚体，当磨料相对试样做无滑移的滚动时，磨料的中心速度应为试样滑动速度的一半，这是磨料所能获得的最小速度（磨料与试样之间的相互作用力足够大，以至于不可能发生磨料静止的情况）；当磨料相对试样纯滑动时，磨料的速度与试样保持一致，达到最大。在模拟中，选定磨料的速度范围为 100～200m/s。但是由于实际情况下试样会发生复杂的塑性变形，磨料与试样之间的相互作用变得较复杂，很难用合适的分析模型进行预测，有必要使用原子尺度上的分子动力学进行模拟。

图 4-49 给出了大小两种模型下磨料的质心速度和自转速度。从图中可以看出，磨料的质心速度在 100m/s 附近振荡，一开始的振荡比较大，随着磨损的进行逐渐地趋于平稳。速度一开始的剧烈振荡是由于磨料的初始速度为零，突然的加速使得磨料形成大的速度振荡。速度振荡随着滑动距离或者时间的增加而减弱，最后趋于平稳。平稳后速度小的振荡是由于试样表面和磨料表面的原子台阶造成的。稳定的速度恰恰是试样滑动速度的一半。这些结果表明，在书中模拟条件下磨料趋向于滚动而不是滑动。模拟还表明，小尺寸的磨料与大尺寸的磨料具有相同的趋势。

当单晶硅试样发生大的塑性变形时，各个表面接触点与旋转轴之间的距离差别增大，除了最大接触圆外其余接触点的速度都小于试样的滑动速度，这导致了局部接触点上发生滑移。这种局部的滑移是宏观尺度上滚动摩擦的摩擦力起源之一。图 4-50 所示为最大接触半径上最高接触点的切向速度的时间演化。这一切向速度稍微大于试样的移动速度 200m/s，说明了局部滑移的存在。一般说来局部滑移导致的能量耗散是非常小的，特别是在大的塑性变形情况下，相对于塑性剪切力局部滑移的作用是可以忽略不计的。

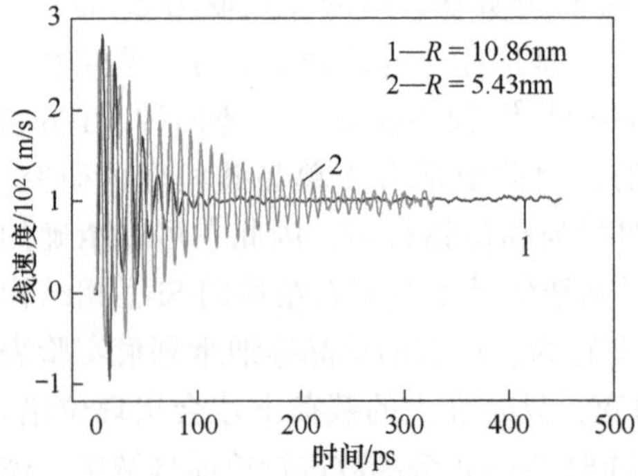

a）质心速度

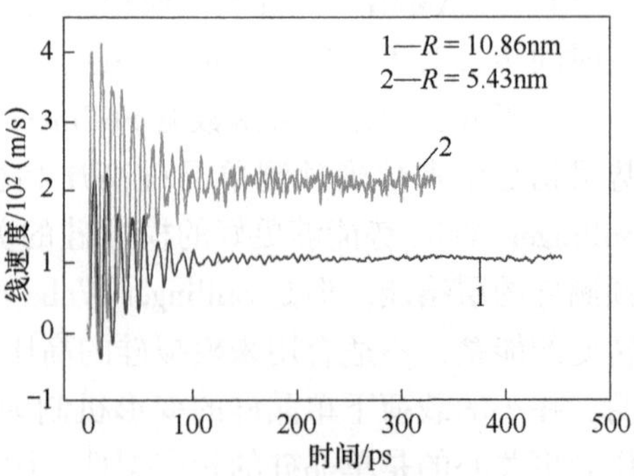

b）自转速度

图 4-49　纳米磨料的运动特征

图 4-51 给出了典型的纳米二体磨料磨损和三体磨料磨损过程中摩擦力和正压力随时间的演化关系。从图中可以看出，在同样的正压力下纳米三体磨料磨损所产生的摩擦力要比纳米二体磨料磨损的小。考虑到纳米三体磨料磨损中磨料的运动方式为滚动，凭经验可以理所当然地认为纳米三体磨料磨损产生的摩擦力一定会比纳米二体磨料磨损的小。但仔细研究发现，纳米三体磨料磨损中小摩擦力形成的机理与宏观尺度上是不一样的。

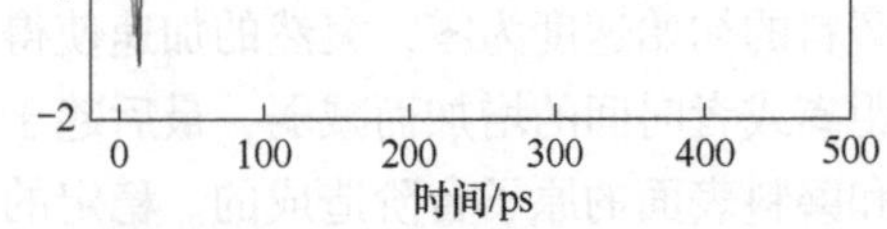

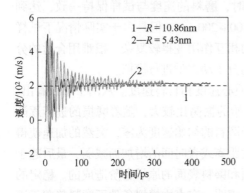

图 4-50　最高接触点的切向速度

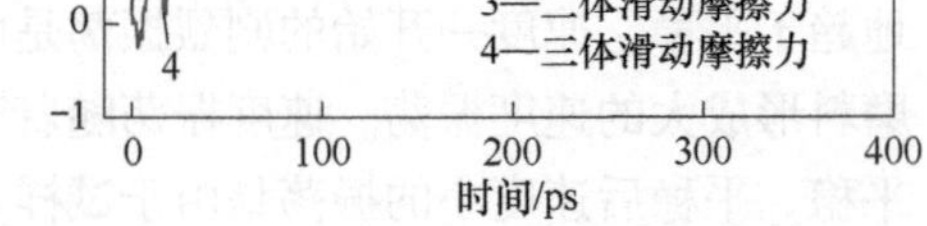

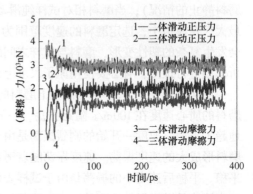

图 4-51　摩擦力和正压力随时间的变化

在弹塑性变形的区域内，总的摩擦力包括了两部分，一部分是黏着力，另外一部分是磨料滑过表面时试样的剪切力。黏着力主要与试样表面的化学性质相关，因此在纳米三体磨料磨损和纳米二体磨料磨损中，由于采用了同样的试样模型和势函数所以黏着力的差异是可以忽略不计的。剪切力主要与试样表面的塑性变形相关。图 4-52 给出了纳米二体磨料磨损与纳米三体磨料磨损过程中典型的原子构型图，从图中可以看出，纳米二体磨料磨损与纳米三体磨料磨损对试样表面造成的塑性变形具有明显的不同。纳米二体磨料磨损对试样表面造成的塑性变形最显著的特征是材料在磨料前端的大量堆积，如图 4-52a 所示；而纳米三体磨料磨损中几乎观察不到这种堆积的存在。纳米三体磨料磨损对试样表面造成的塑性变形最显著的特征莫过于磨料通过后试样显著地弹性回复。显著地弹性回复不但是磨料滚动运动的驱动力，而且是纳米三体磨料磨损低摩擦力产生的主要原因。考虑简单的接触面计算，假设纳米二体磨料磨损与三体磨料磨损中试样的抗剪强度 p_m 是一样的，则纳米磨料磨损中摩擦力可以估计为

$$f = p_m(A_{Vtotal} - A_{Ver} + \alpha_V A_{Vpileup}) \tag{4-29}$$

式中，f 为摩擦力（nN）；p_m 为材料的抗剪强度（GPa）；A_{Vtotal} 为不考虑弹性回复和堆积的情况下，接触面的垂直投影面积（nm^2）；A_{Ver} 为弹性回复部分的垂直投影面积（nm^2）；α_V 为常数，与径向应力的分布有关；$A_{Vpileup}$ 为堆积部分的垂直投影面积（nm^2）。

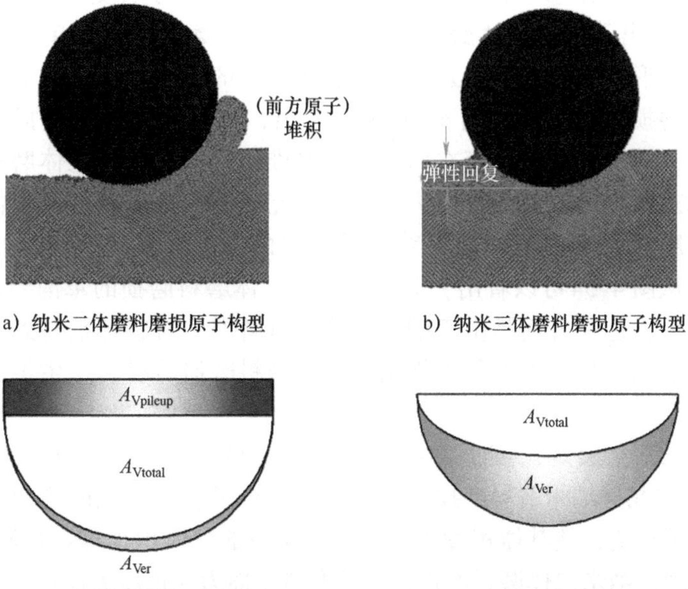

a）纳米二体磨料磨损原子构型　b）纳米三体磨料磨损原子构型

c）纳米二体磨料磨损接触面积投影　d）纳米三体磨料磨损接触面积投影

图 4-52　纳米磨料磨损过程原子构型与接触面积投影

参数的详细说明如图 4-52c 和 d 所示。A_{Ver} 前面的符号表示弹性回复的出现能够降低剪切摩擦，因为弹性回复部分与磨料的接触面上沿着运动方向的分力与摩擦力的方向是相反的。纳米三体磨料磨损中显著弹性回复和几乎可忽略的堆积意味着非常大的 A_{Ver} 和几乎为 0 的 $A_{Vpileup}$。而纳米二体磨料磨损中 A_{Ver} 几乎为 0，$A_{Vpileup}$ 非常大。因此纳米三体磨料磨损产生的摩擦力比纳米二体磨损要小。

图 4-53 给出了纳米三体磨料磨损和纳米二体磨料磨损摩擦力与正压力的关系。不难发现，对于纳米三体磨料磨损，摩擦力与正压力的关系可以很好地采用修正的 Amoton 法则来拟合，对纳米二体磨料磨损，发现摩擦力与正压力可以通过两条相交的直线来很好的拟合。在载荷小于 754.34nN 时，纳米二体磨料磨损修正的摩擦系数为 0.84。纳米三体磨料磨损修正的摩擦系数为 0.86。纳米二体磨料磨损与纳米三体磨料磨损几乎相同的摩擦因数暗示了相同的磨损机理。当载荷大于 754.34nN 时，纳米二体磨料磨损摩擦法则的改变，预示了磨损机理可能发生了转变。

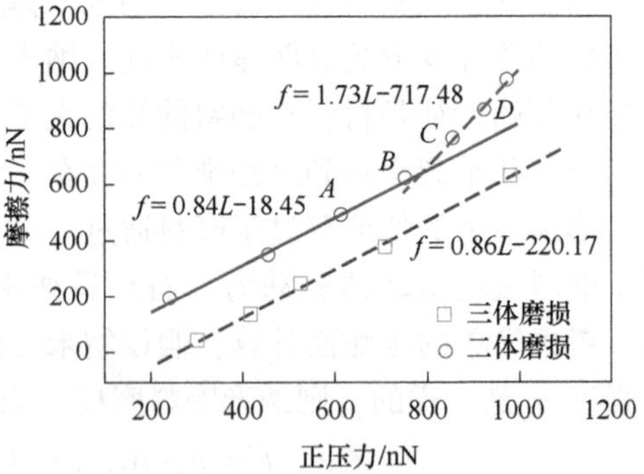

图 4-53　纳米二体和三体磨料磨损中，摩擦力和正压力的关系拟合直线

图 4-54 给出了纳米二体磨料磨损和纳米三体磨料磨损后单晶硅表面的磨损形貌。磨损形貌的获取，通过先提取表面原子的位置信息，然后据此绘制表面轮廓获得磨损形貌图。从图 4-54 可以看出，纳米二体磨料磨损后犁沟两边存在明显脊，同时磨料前端存在明显的材料堆积。但是纳米三体磨料磨损后只在犁沟两侧观察到了较低的脊。进一步的研究表明，在所有的压痕深度下，纳米三体磨料磨损后试样表面的形貌都是相似的，没有发现磨料前端材料的堆积。另外，从图 4-54 可以看出，磨损后纳米二体磨料磨损的犁沟要比纳米三体磨料磨损的深，这一方面是由于纳米二体磨料磨损中材料都推挤到了犁沟的两侧和磨料的前端，另一方面是由于纳米三体磨料磨损后材料发生了显著的弹性回复。

一般情况下，宏观尺度上磨损机理的转变可以通过体积损失量来间接判定[14]。但在单晶硅纳米磨料磨损中此方法不再合适，主要是因为单晶硅在磨损过程中发生了相变，使其体积发生变化，而这一部分体积很难定量测量和预测。作者研究发现，纳米二体磨料磨损机理转变与摩擦力 - 正压力曲线上两条拟合曲线的交点是一致的，如图 4-53 所示，这个交点可以被认为是磨损机理的转变点。当载荷小于该点的载荷时，磨损机理以塑性变形犁沟为主，大于该点的载荷时，磨损机理以切削为主。为更清楚地说明这一点，图 4-55 给出了转变点附近的原子构型图。图 4-55a ~ d 分别对应于图 4-53 中 $A \sim D$ 四个点。图中原子根据其原子类型进行了着色，其中深蓝色的原子是金刚石结构原子，天蓝色原子是 bct5 相原子，蓝色原子是 Si-Ⅱ 相原子。不难看出，在 A 点和 B 点的原子构型图中，材料在磨料前沿的堆积不是很明显；C 点和 D 点则非常显著。对于纳米三体磨料磨

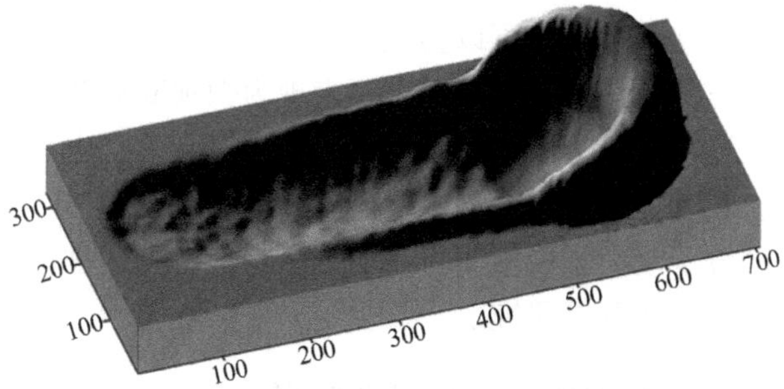

a）纳米二体磨料磨损

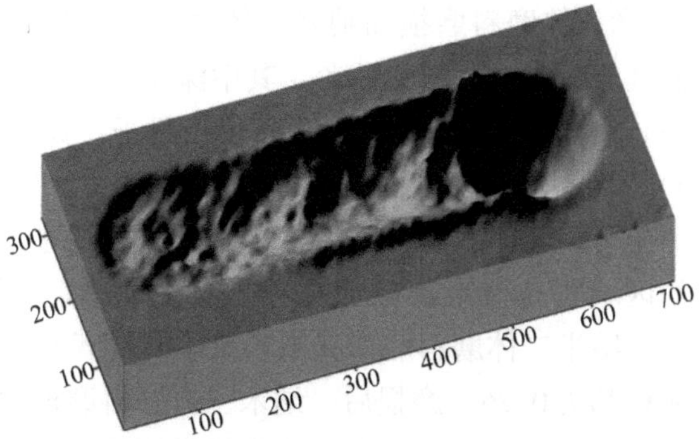

b）纳米三体磨料磨损

图 4-54　磨损形貌（彩色图见插页）

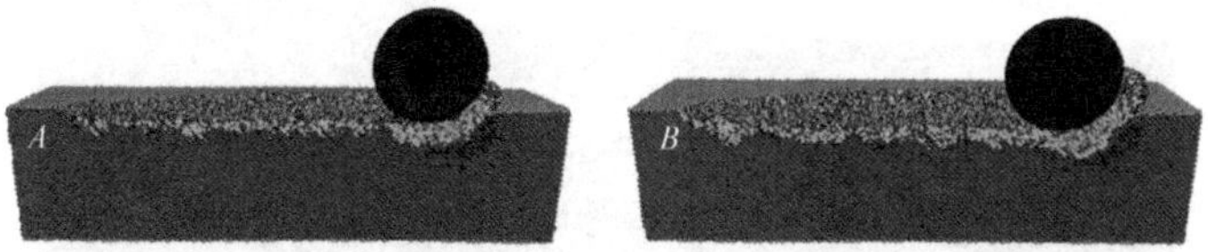

a）*A*　　b）*B*

c）*C*　　d）*D*

图 4-55　图 4-53 中标注点的原子构型图

损，在所有的载荷下都没有在磨料前端观察到材料的堆积，这说明纳米三体磨料磨损的磨损机理在所有的载荷下以塑性变形犁沟机理为主，这与摩擦力 - 正压力曲线获得的结果是一致的。以上结果表明，随着压入载荷的增加，纳米二体磨料磨损的磨损机理将会从塑性变形犁沟机理转变为切削机理为主；但纳米三体磨料磨损的磨损机理在试验参数条件下以塑性变形犁沟机理为主。徐相杰等的研究同样表明，宏观条件下的单晶硅磨料磨损主要表现为微观断裂为主的机制，微观条件下（纳米划痕试验）则表现为塑性变形犁沟机制[25,26]。由此看来，磨损中磨料的尺度越小，材料性能及磨损越趋向于向“塑性”行为转变。第3.6节金单晶纳米线单轴拉伸的分子动力学模拟所得到的推论，也与上述推论有惊人的相似之处，在此方面值得进一步开展研究。

4.5.3 单晶硅纳米磨料磨损时的塑性变形

图4-56给出了纳米三体磨料磨损和纳米二体磨料磨损后沿中截面的原子构型图。图中原子根据其原子类型进行了着色，其中深蓝色的原子是金刚石结构原子，天蓝色原子是bct5相原子，蓝色原子是Si-Ⅱ相原子，详细的原子分类方法见下段叙述（4.5.4）。图中金刚石结构原子、bct5相原子、Si-Ⅱ相原子的混合相代表了非晶相。从图中可以看出，磨损前后材料发生了明显的非晶化，但在磨料下方与磨料划过后的区域非晶结构稍有所差别。进一步的研究表明，相对于0K温度下的金刚石结构，纳米二体磨料磨损和纳米三体磨料磨损中磨料正下方非晶相原子的相对原子体积都为0.76。磨损后，纳米三体磨料磨损中非晶相原子的相对原子体积膨胀为0.94；纳米二体磨料磨损中非晶相原子的相对原子体积比纳米三体磨料磨损中稍小，为0.90。纳米磨料磨损前后非晶体积的显著变化预示着可

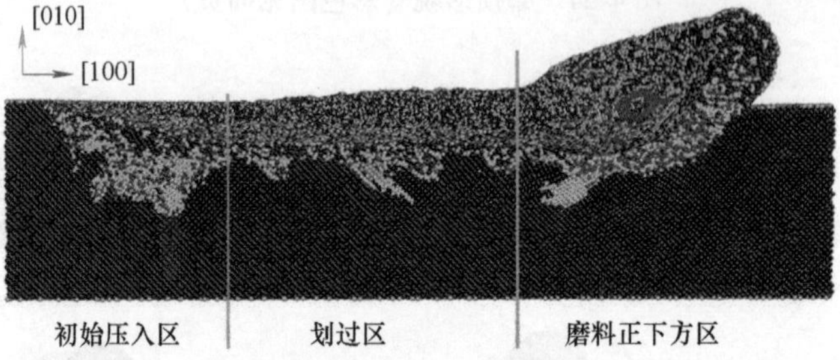

a）纳米二体磨料磨损

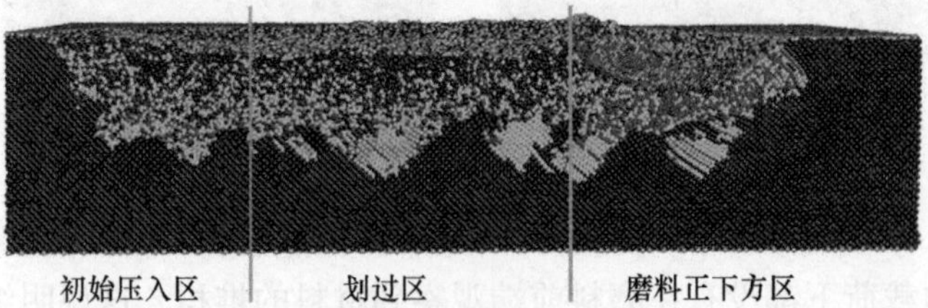

b）纳米三体磨料磨损

图4-56 纳米磨损中原子构型的截面图（彩色图见插页）

能有两种不同的非晶网络结构。至此，研究证实了磨料磨损中弹性回复起源于磨损后非晶相体积的膨胀。虽然纳米二体磨料磨损与纳米三体磨料磨损中单晶硅的相变是类似的，但是纳米三体磨料磨损中相变层的厚度比纳米二体磨料磨损要大，加之磨损后体积略微大的非晶，使得纳米三体磨料磨损中弹性回复更为显著。另外纳米三体磨料磨损中磨料前端材料堆积的缺失也是其显著弹性回复的另外一个重要原因。总之，纳米磨料磨损中弹性回复主要起源于单晶硅的相变。

正如上面指出，纳米三体磨料磨损中相变层的厚度要比纳米二体磨料磨损大。为了更清楚地说明这一点，研究中将磨损面分为三个区域：初始的压入区域（initial indentation region）、划过区域（scratched region）和磨料正下方区域（beneath abrasion），如图 4-56 所示。纳米三体磨料磨损中三个区域相变层的厚度大体基本相同。但纳米二体磨料磨损中划过区域相变层的厚度比另外两个区域稍小些。进一步研究表明，在所有的压痕深度时，纳米三体磨料磨损中相变层的厚度都要比纳米二体磨料磨损大，如图 4-57 所示。因此纳米三体磨料磨损导致单晶硅的变形损伤比纳米二体磨料磨损情况更严重。

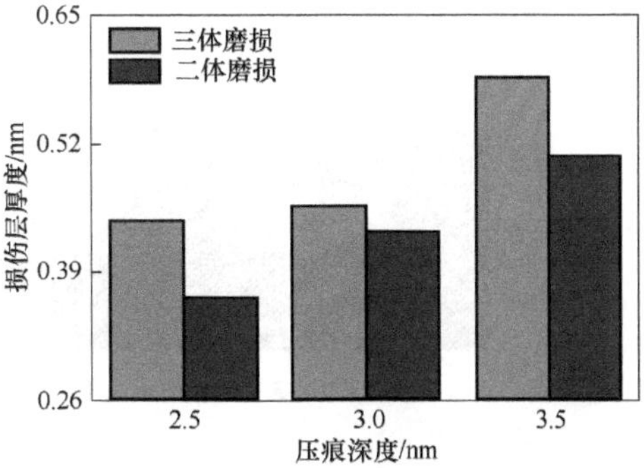

图 4-57　不同压痕深度下磨损相变层的厚度

4.5.4　纳米磨料磨损中单晶硅的相变

为便于说明，对于纳米二体磨料磨损，将磨损面分为 4 个区域进行讨论：即初始压入区域、磨损区域、磨料作用区域和切削区域。图 4-58 给出了纳米二体磨料磨损在压痕深度 4.50nm 时不同区域和界面的相分布特征。为了便于比较，图 4-58e～g 给出了对应的纳米压痕过程中的相分布。在初始压入区域，压痕所致的 Si-Ⅱ 相在磨损后完全消失了。对比初始压入区域磨料划过前（图 4-58e～g）和划过后（图 4-58a～d）的相分布，不难发现纳米压痕中生成的 Si-Ⅱ 相和 bct5 绝大多数都转变成了非晶相。非晶相由配位数为 4、5、6 等的原子随机混合而成。但是有一小部分的 bct5 仍然保留了下来，集中分布在相变区域的底部。磨料划过之后，压痕生成的 DDS 原子大部分回复到初始的金刚石结构原子。

跟踪了初始压入区域磨料划过前和划过后原子类型的转变，其统计结果如图 4-59a所示。从图中可以看出，磨料划过之后，几乎全部的 Si-Ⅱ 原子转变成了 Si-Ⅰ 和 bct5 相原子；一部分的 bct5 相原子转变为 Si-Ⅰ 相原子，另外一部分保留了下来；另外几乎所有的 DDS 原子都回复到了 Si-Ⅰ 相原子。这表明了应力撤掉后，整个压入区域原子的配位数降低了，生成了密度较低的非晶相。在磨料作用区域，大量的非晶相包围着磨料；一小部分 bct5 相分布在相变区域的底部；大量孤立的 DDS 原子分布在相变区域周围，如图 4-58a、i 和 j 所示。在磨料的周围并没有发现 Si-Ⅱ 相的存在，这与纳米压痕过程的相变完全不同。磨料划过之后，非晶相保留了下来。在非晶区域没有发现 Si-Ⅰ 相的纳米晶。一部分 bct5 相在磨料划过之后转变成了非晶相，还有一部分保留了下来分布在相变区域的底部，如图 4-58a和 h ~ j 所示。磨损形成的切屑完全由非晶组成，如图 4-58a 所示。在图 4-58截面 T4 附近磨料划过前后原子类型的转变如图 4-59b 所示。原子类型的转变与初始的纳米压入区域是一致的。

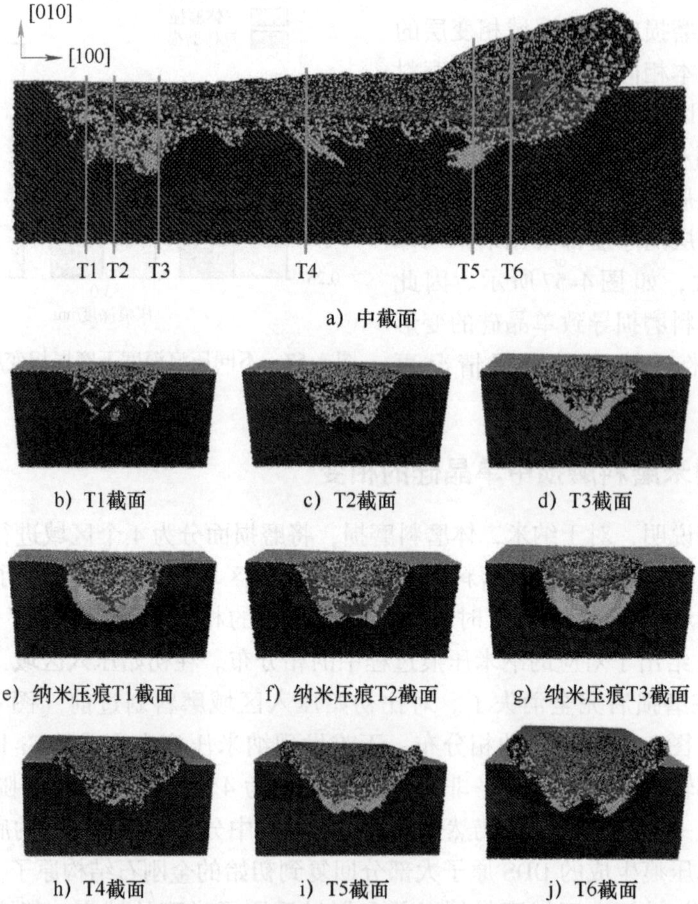

图 4-58 纳米二体磨料磨损相分布图（彩色图见插页）

（图中原子依据配位数着色，天蓝色原子是 bct5 相原子，蓝色原子是 Si-Ⅱ 相原子，红色原子是 Si-Ⅲ/Si-Ⅻ相原子，黄色原子是配位数小于 3 的原子，即表面原子）

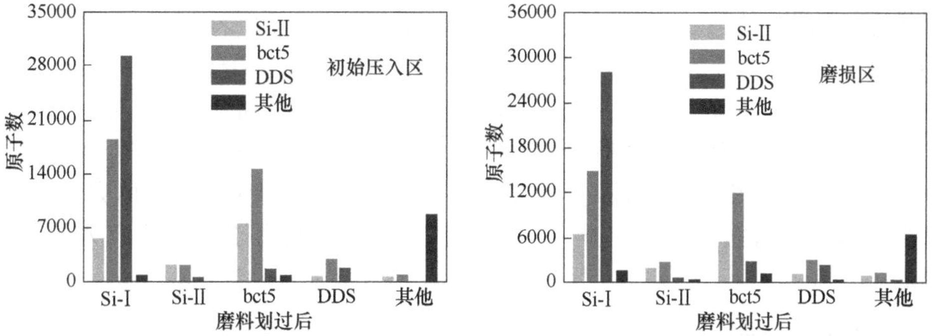

a）初始压入区域　　b）磨损区域

图 4-59　纳米二体磨料磨损中原子类型的改变

纳米三体磨料磨损的相变过程与纳米二体磨料磨损的相变过程（图 4-59）是类似的。在初始的压入区域，大部分的 bct5 相在磨料划过后转变成了非晶相，少部分的 bct5 相保留了下来分布在相变区域的底部，如图 4-60a ~ d 所示。对比

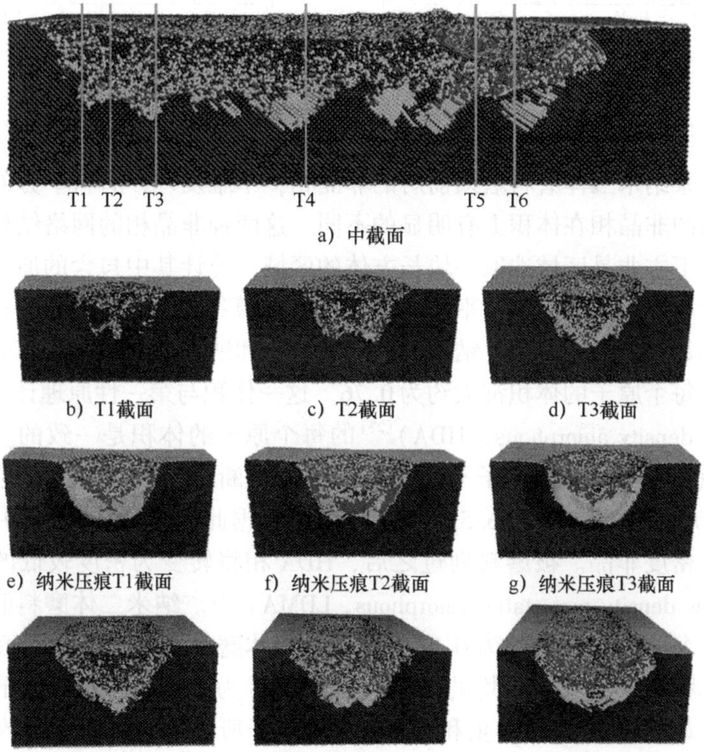

a）中截面

b）T1截面　　c）T2截面　　d）T3截面

e）纳米压痕T1截面　　f）纳米压痕T2截面　　g）纳米压痕T3截面

h）T4截面　　i）T5截面　　j）T6截面

图 4-60　纳米三体磨料磨损中原子类型的改变（彩色图见插页）

图4-61a 和图4-59，没有发现纳米三体磨料磨损与纳米二体磨料磨损初始压入区域的原子类型转变有什么不同。在磨料作用区域，更大面积的bct5 分布在非晶相的底部，如图4-60i 和 j 所示。磨料滑过之后，厚的非晶相残留在了试样表面；非晶相底部仍然残留了大部分的bct5 相，如图4-58a 和 h 所示。与纳米二体磨料磨损相比，纳米三体磨料磨损生成了更多的bct5 相，这也可以从原子类型转变统计图看出来，如图4-61b 所示。所有这些结果表明：相对于纳米二体磨料磨损，纳米三体磨料磨损造成了更显著的相变，这种不同是由于不同的应力状态造成的。

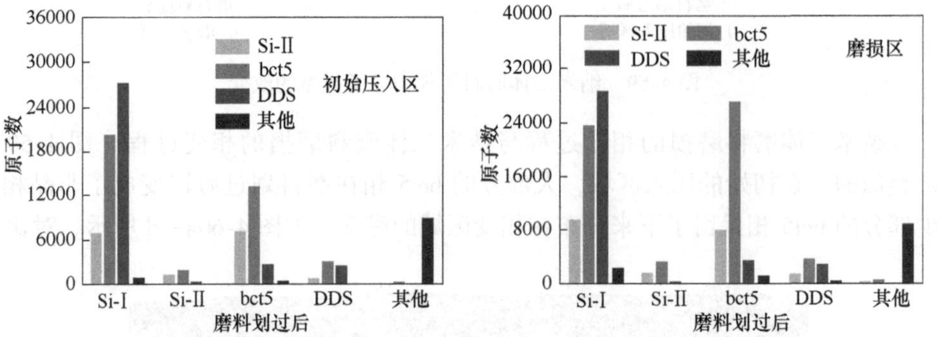

a）初始压入区域　　b）磨损区域

图4-61　纳米三体磨料磨损中原子类型的改变

仔细观察纳米三体磨料磨损前后的非晶相，不难发现，磨料下方的非晶相与磨损后残留的非晶相在体积上有明显的不同，这两种非晶相的网络结构是否一样呢？在磨料下方非晶区域选取一块长方体的区域，统计其中包含的原子数目，然后计算每个原子所占的体积、平均的配位数。计算结果表明相对于0K 下单晶硅金刚石结构每个原子的体积，纳米二体磨料磨损和纳米三体磨料磨损磨料作用区域非晶原子每个原子的体积都大约为0.76。这一体积与第一性原理计算的高密度非晶（high density amorphous，HDA）[27] 的每个原子的体积是一致的。进一步计算显示，该长方形区域内原子平均的配位数（截断半径0.302nm）为6.27，与实验值6.40[28] 和CP 模拟值6.5[29,30] 是一致的。据此判断磨料下方作用区域的非晶相就是高密度非晶。被磨料划过之后，HDA 相将转变为密度较低的低密度介稳非晶（low density metastable amorphous，LDMA）[31]。纳米二体磨料磨损后试样表面LDMA 每个原子的体积为0.94，而纳米三体磨料磨损后试样表面LDMA 每个原子的体积为0.90；其平均的配位数为5.02。为了进一步与已有的研究结果进行对比，计算了HDA 中5 重和6 重配位数原子所占的比例。这一数值在HDA 中为83.40%，在LDMA 中为61.3%，与Dominik[32] 的报道是一致的，进一步确认了本书作者对HDA 和LDMA 的标定。无论是高的每个原子体积、高的平均配位数，还是高的 5 重和 6 重原子比例，都表明了相对于 LDMA，HDA 具有更致密的非晶网络。图 4-62 给出了 HDA 和 LDMA 的径向分布函数 RDF 和键角分布函数 ADF。RDF 上消失的第三个峰确认了 HDA 和 LDMA 的非晶特征。相比于 HDA，LDMA 的第一个峰强度更高，第二个峰的位置向更大的径向分布函数（RDF）曲线峰间距离偏移。LDMA 的 ADF 在正四面体角 109°位置有一个拓宽的峰；另外在 60°位置有一个肩。相对于 LDMA，HDA 的 ADF 的中心峰的位置迁移到了 78°位置，LDMA 中 60°位置的肩转变为一个小峰；另外在 155°附近有一个小的肩。HDA 和 LDMA 的 ADF 的不同说明了 HDA 和 LDMA 是两种不同网络结构的非晶。值得注意的是，LDMA 并不是一般意义上的低密度非晶（low-density amorphous silicon，简称 LDA），而是介于 HDA 和 LDA 之间的一种介稳的非晶结构。在静水压力生成的 HDA 相的解压过程中也发现过类似的 LDMA[33]。

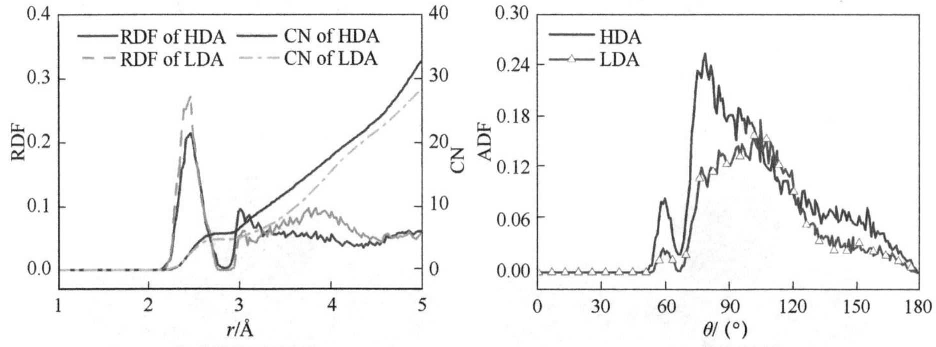

a）初始压入区域　　b）磨损区域

图 4-62　高密度非晶和低密度非晶的结构特征

前面的研究表明：纳米磨料磨损中在磨料的直接作用下金刚石结构的单晶硅 Si-I 将会转变为高密度非晶相 HDA；当磨料划过后高密度的非晶相 HDA 将会转变为低密度的介稳非晶 LDMA。到目前为止，作者还没有发现纳米划痕或者纳米二体磨料磨损中 Si-I 到 HDA 相变的直接实验证据，也没有发现有研究者对磨料划过前后的非晶硅网络结构进行过表征。但是从已有的研究中可以发现，在其他的载荷条件下这一相变是可能发生的，这为本书的研究结果提供了间接佐证。Durandurdu[27] 的第一性原理计算显示单晶硅在静压力达到 15GPa 时会转变为 HDA。Deb[34] 曾报道在金刚石对顶砧实验中，多孔硅中的晶体会部分转变为 HDA，在压力撤去后，HDA 将会转变为 LDA。Mcmillan[35] 采用金刚石对顶砧实验，研究了一个密度驱动的相变。在加压的过程中，LDA 会转变为 HDA，在压力撤掉后，HDA 又重新恢复到了 LDA。以上研究从侧面证明了单晶硅从金刚石结构转变为高密度非晶，压力撤去后 HDA 致密的网络转变为低密度的 LDMA 是可能发生的。

大量的研究表明，非晶硅纳米划痕后，试样表面主要的残余相[36-39]，在高的应力[36]和低速下[35]，一些小的晶体结构，如金刚石结构纳米晶粒、介稳相 bc8 和 r8 晶粒嵌入在非晶中。可以推测，有两种可能的相变路径会生成这种残余相结构：一种是移动磨料使得单晶硅直接的非晶化，在磨料划过之后，生成的非晶保留在了试样表面；另外一种是在移动的磨料下生成高压相，比如 Si-Ⅱ 和 bct5 相，在磨料划过之后这些高压相直接转变为非晶相。由于实验中实时检测试样的晶体结构是非常困难的，因此无法给出相变路径的直接实验证据。分子动力学模拟弥补了这一缺陷，能够提供准确的、实时的结构信息，从而揭示详细的相变路径。图 4-63 所示为纳米三体磨料磨损过程中不同时刻的原子构型图。原子的着色规则与图 4-58 是一样的。从图中可以清楚地看出，在磨料作用区域下方初始的金刚石结构的单晶硅转变为了非晶硅。在磨料滑过后，生成的非晶硅保留在了试样的表面。纳米三体磨料磨损中的相变路径与纳米二体磨料磨损是一致的。事实上，这两种非晶具有不同的网络结构。总之，本书的分子动力学模拟不仅支持了实验结果[40]，而且澄清了高密度非晶到低密度介稳非晶的转变是纳米二体磨料磨损或者纳米划痕和纳米三体磨料磨损中主要的相变路径。

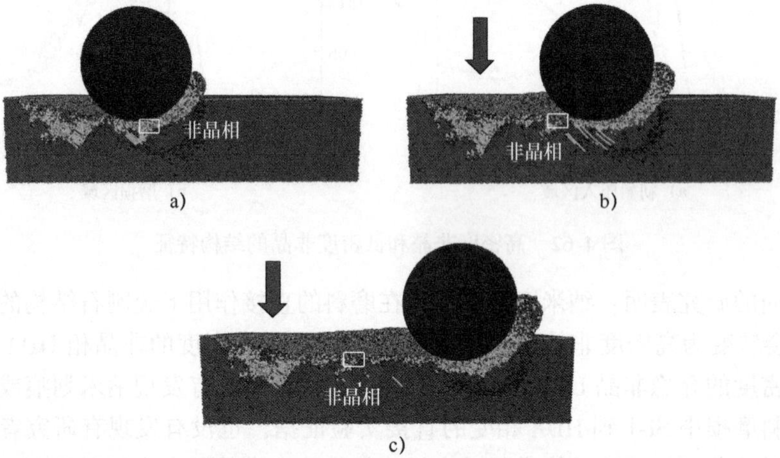

图 4-63　纳米三体磨料磨损中的相变路径（彩色图见插页）

4.5.5　单晶硅相变的应力机理

在纳米磨料磨损中滑动的压头使得单晶硅直接的非晶化，而不像纳米压痕中那样转变为 Si-Ⅱ 和 bct5 的晶体相。加载速度的影响可以很容易排除掉，因为本书的模拟中纳米压痕与纳米磨料磨损的速度是一样的。因此，这种不同主要原因是由于纳米磨料磨损与纳米压痕在单晶硅试样中形成的应力状态是不一样的。在以往的研究中，研究者们同样也将纳米压痕与金刚石对顶砧实验中单晶硅不同相变的原因归结为应力状态的不同。

目前普遍的观点认为当金刚石结构的单晶硅沿着［100］方向加压时，四面体结构的扁平化引起了金刚石结构的 Si-Ⅰ 向 Si-Ⅱ 的转变；这种转变是由静水压力驱动的[41]。遗憾的是，到目前为止单晶硅非晶化的应力机理依然是一个亟待解决的问题。早期的研究将纳米压痕中非晶相的形成归咎于静水压力的作用，即认为高的体积应变是单晶硅非晶化的主要原因[42, 43]。随后的研究认为偏应力的作用是不可以忽略的。Minowa 和 Sumino[44]认为纳米划痕中形成的高的切应力促使了单晶硅的非晶化。Zhang 和 Tanka[45, 46]建议八面体切应力是纳米压痕、纳米二体磨料磨损和纳米三体磨料磨损中非晶化的诱因。Kim[41]强调了偏应力在纳米压痕所致单晶硅中的贡献。最近 Chrobak[47]的研究表明，高的静压力对 Misses 应力的比例促进了纳米压痕中单晶硅的非晶化，而低的比例则诱发了单晶硅纳米颗粒纳米压痕中的位错塑性。大量的纳米压痕实验表明，静水压力不能够独立地解释纳米压痕实验中的很多现象，比如相变的各向异性[48]、低的转变压力[49]和 bct5 相的发现（金刚石对顶砧实验中并没有发现）[50]。这些结果表明偏应力或者切应力造成的形状相关的变形在单晶硅的相变中起着重要的作用。单独的切应力依然无法解释纳米压痕和纳米磨料磨损中相变的不同。因此，有理由相信单独的静水压力或者单独的切应力都无法准确地解释不同载荷条件下相变的不同。那么什么样的静水压力和切应力的组合将会促进非晶化？什么样的组合又促成了单晶硅向其他高压相的转变？

这里采用维里理论计算原子尺度的应力。为了消除原子局部热振动造成的应力的剧烈变化，本书定义原子的应力为计算原子与其最近邻原子应力的平均值。图 4-64 显示了纳米压痕、纳米二体磨料磨损、纳米三体磨料磨损中静水压力和 Mises 应力云图。从图中可以看出，对于所有的试样，静水压力和 Mises 应力都在磨料的下方很小的区域内形成集中应力。纳米压痕中的 Mises 应力略微地大于纳米二体磨料磨损和纳米三体磨料磨损的 Mises 应力；但是三种情况下静水压力的大小看不出区别。表面上看来，似乎大的 Mises 应力是三种情况下不同相变的原因所在。但研究中并没有发现 Mises 应力或者是静水压力与相变区域的分布是对应的。因此 Mises 应力和静水压力都不能独立地用来解释单晶硅的相变。

进一步，还计算了相变发生的前一时刻纳米压痕、纳米二体磨料磨损、纳米三体磨料磨损中磨料下方应力集中区域平均的静水压力（σ_h）和 Mises 应力（σ_{von}），结果列在表 4-8 中。表中同时计算了 σ_h/σ_{von} 的值。纳米压痕中平均的静水压力为 10.15GPa，与实验中得到的 Si-Ⅰ 向 Si-Ⅱ 转变的转变压力 11～12.5GPa 相近。相反纳米二体磨料磨损和纳米三体磨料磨损中静水压力 6.93GPa 和 8.55GPa 远小于 Si-Ⅰ 向 Si-Ⅱ 转变的转变压力，因此纳米磨料磨损中未发现 Si-Ⅱ 相的存在。如果认为切应力是单晶硅非晶化的原因所在，那么纳米压痕似乎更容

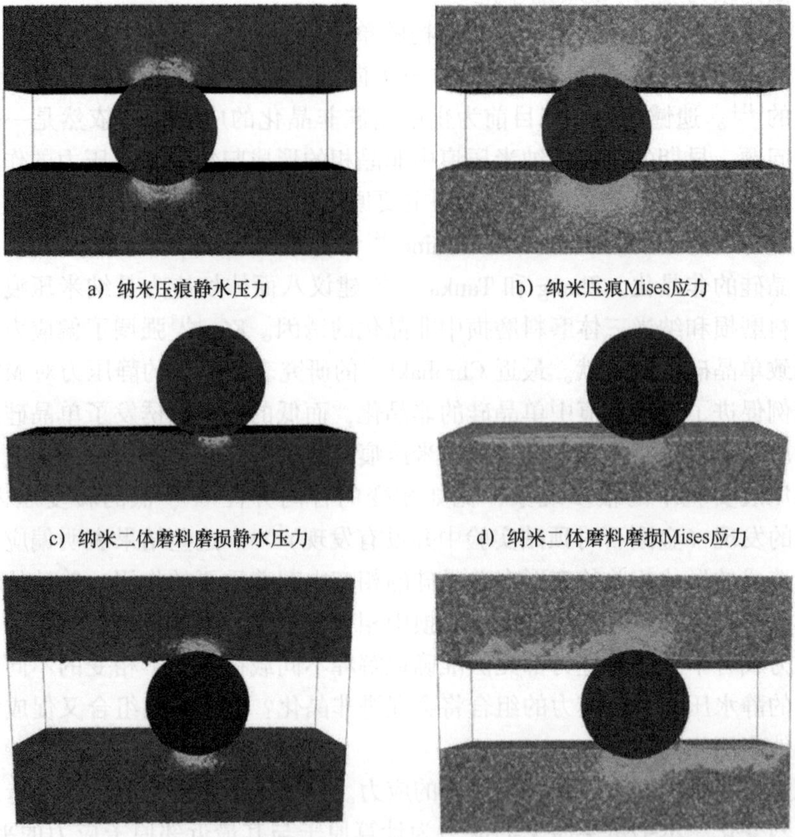

a）纳米压痕静水压力　　b）纳米压痕Mises应力

c）纳米二体磨料磨损静水压力　　d）纳米二体磨料磨损Mises应力

e）纳米三体磨料磨损静水压力　　f）纳米三体磨料磨损Mises应力

图 4-64　静水压力和 Mises 应力云图

易发生非晶化，因为其切应力要大于纳米磨料磨损。这与本书分子动力学模拟和已有的实验结果不相符。综合考虑静水压力和切应力的作用，单晶硅相变的应力准则为：不论切应力有多大，如果静水压力大于临界值 $\sigma_{ch}=10\sim12.5$ GPa，金刚石结构的 Si-Ⅰ相将发生向 Si-Ⅱ相的转变；如果静水压力小于临界值，Mises 应力达到临界值 $\sigma_{cvon}=16.0$ GPa，单晶硅将会发生非晶化。这一准则总结如下：

$$\begin{cases}\text{Si-I}\rightarrow\text{Si-II} & \sigma_h\geqslant\sigma_{ch}\\ \text{Si-I}\rightarrow\alpha-\text{Si} & \sigma_h<\sigma_{ch}\text{和}\sigma_{von}\geqslant\sigma_{cvon}\end{cases}\tag{4-30}$$

$$\sigma_{ch}\approx10\sim12.5\text{GPa}\quad\sigma_{cvon}\approx16.0\text{GPa}$$

式中，α – Si 为非晶硅。

这一准则同样适用于金刚石对顶砧实验和单轴压缩实验。在这两种载荷条件下单晶硅将会转变为 Si-Ⅱ相。

从表 4-8 中可以看出，纳米压痕和纳米三体磨料磨损的平均的静水压力和 Mises 应力是非常相近的，而纳米二体磨料磨损则不同。这是由于纳米二体磨料磨损与纳米三体磨料磨损中磨料的运动方式不同。纳米三体磨料磨损中磨料的运动方式为滚动。相对于滑动运动，滚动在试样表面形成辗压作用，从而形成更大的静水压力。这种作用随着滑动速度的降低会被放大，因此在小的滑动速度下，纳米三体磨料磨损中将会有可能发生 Si-Ⅰ 向 Si-Ⅱ 的相变。遗憾的是，由于计算能力和分子动力学模拟算法的限制目前还无法在低速下进行模拟。

表 4-8　平均的静水压力 σ_h 和 Mises 应力 σ_{von}

	纳米压痕	纳米二体磨料磨损	纳米三体磨料磨损
σ_h/GPa	10.15	6.93	8.55
σ_{von}/GPa	17.85	16.89	16.08
σ_h/σ_{von}	0.57	0.41	0.53

4.5.6　小结

采用大规模分子动力学模拟方法研究了纳米压痕、纳米二体磨料磨损和纳米三体磨料磨损过程中的相变机理、相分布特征、相分布规律及相变路径。采用配位数、径向分布函数和键角分布函数表征了单晶硅的高压相 Si-Ⅱ 和 bct5 及两种不同网络结构的非晶相——高密度非晶和低密度介稳非晶的结构特征。主要结论有：

1）纳米压痕中主要的相变机理是金刚石结构的单晶硅转变为 β-Si 和 bct5 相。但是单晶硅的非晶化是纳米二体磨料磨损和纳米三体磨料磨损中主要的相变机制。

2）纳米二体磨料磨损和纳米三体磨料磨损中的相变路径是金刚石结构的单晶硅在磨料下方和前沿转变为高密度的非晶相；在磨料滑过之后，生成的高密度非晶相转变为低密度的介稳非晶相。

3）通过对比纳米压痕、纳米二体磨料磨损和纳米三体磨料磨损中平均的静水压力和切应力的不同，提出了一个新的单晶硅相变的应力准则：只要静水压力大于临界值 $\sigma_{ch}=10\sim12.5$ GPa，金刚石结构的 Si-Ⅰ 相将发生向 Si-Ⅱ 相的转变；如果静水压力小于临界值，Mises 应力达到临界值 $\sigma_{cvon}=16.0$ GPa，单晶硅将会发生非晶化。这一准则强调了切应力在单晶硅非晶化中的作用。

4）在纳米压痕、纳米磨料磨损中磨料或压头下方相变区域的外围存在着一些孤立分布的介稳原子，以前的研究中依据配位数认为这些原子为 Si-Ⅲ/Si-Ⅻ原子。研究表明，这些介稳原子只是一些扭曲的金刚石结构原子，在应力撤去后将会恢复到初始的金刚石结构，在进一步的加载中也不会发生向其他相的转变。

参考文献

[1] GAO Y, RUESTES C J, URBASSEK H M. Nanoindentation and nanoscratching of iron: Atomistic simulation of dislocation generation and reactions[J]. Computational Materials Science, 2014, 90:232-240.

[2] ALHAFEZ I A, BRODYANSKI A, KOPNARSKI M, et al. Influence of tip geometry on nanoscratching[J]. Tribology Letters, 2017, 65 (1):26-38.

[3] ZHANG J, SUN T, YAN Y D, et al. Molecular dynamics simulation of subsurface deformed layers in AFM-Based nanometric cutting process[J]. Applied Surface Science, 2008, 254 (15) : 4774-4779.

[4] ZHU P Z, HU Y Z, MA T B, et al. Study of AFM-Based nanometric cutting process using molecular dynamics[J]. Applied Surface Science, 2010, 256(23):7160-7165.

[5] SUN K, FANG L, YAN Z Y, et al. Atomistic scale tribological behaviors in Nano-Grained and single crystal copper systems[J]. Wear, 2013, 303 (1-2) :191-201.

[6] LI J, FANG Q H, LIU Y W, et al. A molecular dynamics investigation into the mechanisms of subsurface damage and material removal of monocrystalline copper subjected to nanoscale high speed grinding[J]. Applied Surface Science, 2014, 303:331-343.

[7] FANG L, KONG X L, ZHOU Q D. A wear tester capable of monitoring and evaluating the movement pattern of abrasive particles in three-body abrasion[J]. Wear, 1992, 159 (1):115-120.

[8] FANG L, KONG X L, SU J Y, et al. Movement patterns of abrasive particles in Three-Body abrasion[J]. Wear, 1993, 162-164(Part B):782-789.

[9] FANG L, LIU W M, DU D S, et al. Predicting Three-Body abrasive wear using Monte Carlo methods[J]. Wear, 2004, 256 (7-8):685-694.

[10] 张俊杰．基于分子动力学的晶体铜纳米机械加工表层形成机理研究[D]．哈尔滨:哈尔滨工业大学, 2011.

[11] NOSE S. A unified formulation of the constant temperature molecular dynamics methods[J]. Journal of Chemical Physics, 1984, 81:511-519.

[12] SCHNEIDER T, STOLL E. Molecular-Dynamics study of a Three-Dimensional One-Component model for distortive phase transitions[J]. Physical Review B, 1978, 17:1302-1322.

[13] FANG L, ZHAO J, LI B, et al. Movement patterns of ellipsoidal particle in abrasive flow machining[J]. Journal of Materials Processing Technology, 2009, 209:6048-6056.

[14] FANG L, CEN Q H, SUN K, et al. FEM computation of groove ridge and Monte Carlo simulation in two-body abrasive wear[J]. Wear, 2005, 258(1-4):265-274.

[15] SUN J P, FANG L, HAN J, et al. Abrasive wear of nanoscale single crystal silicon[J]. Wear, 2013, 307(1-2):119-126.

[16] BENASSI A, VANOSSI G E, SANTORO G E, et al. Parameter-Free dissipation in simulated sliding friction[J]. Physical Review B, 2010, 82:081401(R).

[17] JONES R E,KIMMER C J. Efficient Non-Reflecting boundary condition constructed via optimization of damped layers[J]. Physical Review B, 2010, 81:094301.
[18] GUDDATI M N, THIRUNAVUKKARASU S. Phonon absorbing boundary conditions for molecular dynamics[J]. Journal of Computational Physics, 2009, 228:8112-8134.
[19] LI X T, WEINAN E. Variational boundary conditions for molecular dynamics simulations of crystalline solids at finite temperature: Treatment of the thermal bath[J]. Physical Review B, 2007, 76:104107.
[20] HOOVER W G. Constant-Pressure equations of motion[J]. Physical Review A, 1986, 34(3): 2499-2500.
[21] PLIMPTON S. Fast parallel algorithms for Short-Range molecular dynamics[J]. Journal of Computational Physics, 1995, 117:1-19.
[22] HALICIOGLU T, TILLER W A, BALAMANE H. Comparative study of silicon empirical interatomic potentials[J]. Physical Review B, 1992, 46:2250-2279.
[23] TERSOFF J. Modeling Solid-State chemistry: nteratomic potentials for multicomponent systems [J]. Physical Review B, 1989, 39(8):5566-5568.
[24] TERSOFF J. Empirical interatomic potential for silicon with improved elastic properties[J]. Physical Review B, 1988, 38:9902-9905.
[25] 徐相杰,余丙军,陈磊,等. 滑动速度对单晶硅在不同接触尺度下磨损的影响[J]. 机械工程学报,2013, 49(1):108-115.
[26] 李小成,吕晋军,杨生荣. 单晶硅滑动磨损性能及其相变研究[J]. 摩擦学学报,2004, 24(4):326-331.
[27] Durandurdu M, Drabold D A. High-Pressure phases of amorphous and crystalline silicon[J]. Physical Review B, 2003, 67:212101.
[28] WASEDA Y, SUZUKI K. Structure of molten silicon and germanium by X-Ray-Diffraction[J]. Zeitschrift Fur Physik B-Condensed Matter, 1975, 20:339-343.
[29] STICH I, CAR R, PARRINELLO M. Structural, bonding, dynamic, and Electronic-Properties of liquid Silicon-An abinitio Molecular-Dynamics study[J]. Physical Review B, 1991, 44: 4262-4274.
[30] STICH I, CAR R, PARRINELLO M. Bonding and disorder in liquid silicon[J]. Physical Review Letters, 1989, 63:2240-2243.
[31] DEMKOWICZ M J, ARGON A S. High-Density liquidlike component facilitates plastic flow in a model amorphous silicon system[J]. Physical Review Letters, 2004, 93:025505.
[32] DAISENBERGER D, WILSON M, MCMILLAN P F, et al. High-Pressure X-Ray scattering and computer simulation studies of density-induced polyamorphism in silicon[J]. Physical Review B, 2007, 75:224118.
[33] DURANDURDU M, DRABOLD D A. Ab initio simulation of First-Order Amorphous-to-Amorphous phase transition of silicon[J]. Physical Review B, 2001, 64:014101.
[34] DEB S K, WILDING M, SOMAYAZULU M, et al. Pressure-Induced amorphization and an Amorphous-Amorphous transition in densified porous silicon[J]. Nature, 2001, 414:528-530.
[35] MCMILLAN P F, WILSON M, DAISENBERGER D, et al. A Density-Driven phase transition

between semiconducting and metallic polyamorphs of silicon[J]. Nature Materials, 2005, 4: 680-684.

[36] GASSILLOUD R, BALLIF C, GASSER P, et al. Deformation mechanisms of silicon during nanoscratching[J]. Physica Status Solidi A-applications and Materials Science, 2005, 202: 2858-2869.

[37] WU Y Q, HUANG H, ZOU J, et al. Nanoscratch-Induced phase transformation of monocrystalline Si[J]. Scripta Materialia, 2010, 63:847-850.

[38] ZHOU L B, SHIMIZU J, SHINOHARA K, et al. Three-Dimensional kinematical analyses for surface grinding of large scale substrate[J]. Precision Engineering-Journal of the International Societies for Precision Engineering and Nanotechnology, 2003, 27:175-184.

[39] HUANG H, WANG B L, WANG Y, et al. Characteristics of silicon substrates fabricated using nanogrinding and Chemo-Mechanical-Grinding[J]. Materials Science and Engineering A-Structural Materials Properties Microstructure and Processing, 2008, 479:373-379.

[40] WANG Y, ZOU J, HUANG H, et al. Formation mechanism of nanocrystalline High-Pressure phases in silicon during nanogrinding[J]. Nanotechnology, 2007, 18:465705.

[41] KIM D E, OH S I. Deformation pathway to High-Pressure phases of silicon during nanoindentation[J]. Journal of Applied Physics, 2008, 104:013502.

[42] WEPPELMANN E R, FIELD J S, SWAIN M V. Observation, analysis, and simulation of the hysteresis of silicon using Ultra-Micro-Indentation with spherical indenters[J]. Journal of Materials Research, 1993, 8:830-840.

[43] PHARR G M, OLIVER W C, HARDING D S. New evidence for a Pressure-Induced Phase-Transformation during the indentation of silicon[J]. Journal of Materials Research, 1991, 6: 1129-1130.

[44] MINOWA K, SUMINO K. Stress-Induced amorphization of a silicon crystal by mechanical scratching[J]. Physical Review Letters, 1992, 69:320-322.

[45] ZHANG L C, TANAKA H. On the mechanics and physics in the Nano-Indentation of silicon monocrystals[J]. JSME International Journal Series A-Solid Mechanics and Material Engineering, 1999, 42(4):546-559.

[46] ZHANG L C, TANAKA H. Atomic scale deformation in silicon monocrystals induced by Two-Body and Three-Body contact Sliding[J]. Tribology International, 1998, 31:425-433.

[47] CHROBAK D, TYMIAK N, BEABER A, et al. Deconfinement leads to changes in the nanoscale plasticity of silicon[J]. Nature Nanotechnology, 2011, 6:480-484.

[48] GERBIG Y B, STRANICK S J, COOK R F. Direct observation of phase transformation anisotropy in indented silicon studied by confocal raman spectroscopy[J]. Physical Review B, 2011, 83:205209.

[49] GILMAN J J. Shear-Induced metallization[J]. Philosophical Magazine B-Physics of Condensed Matter Statistical Mechanics Electronic Optical and Magnetic Properties, 1993, 67:207-214.

[50] GERBIG Y B, MICHAELS C A, FORSTER A M, et al. In situ observation of the Indentation-Induced phase transformation of silicon thin films[J]. Physical Review B, 2012, 85:104102.

第 5 章　含水膜条件下单晶铜纳米薄膜材料的磨损行为

5.1　概论

对于 MEMS 器件和芯片制造中的材料而言，一方面其制备过程涉及精密抛光，通常采用化学机械抛光（CMP）技术，该过程是机械作用与化学作用的协同结果，因此材料的去除、抛光、摩擦磨损受多重因素影响；另一方面，纳米器件在实际工作中受工况条件严重影响。材料无论是在抛光过程还是在工况环境下，环境的湿润度或抛光过程中的液态水（包括抛光液中的水和冲刷作用的水）是一个显而易见的、不可忽略的影响因素。然而，实际研究或应用中，这种简单因素对材料力学、摩擦磨损行为的影响却常常被忽略。特别是纳米尺度下，这种简单的、易被忽略的影响会因为尺度效应被放大，因此有必要深入研究湿润或者水环境下纳米材料的摩擦学行为。

到目前为止，液态环境甚至简单的湿润条件下的纳米材料的力学性能及弹塑性变形行为和机理的实验研究依然非常有限，相关的 MD 模拟更是鲜有报道。因此，作者在计算条件允许的情况下，构建了较大规模的 MD 模型，将更复杂的湿润环境因素考察在内，开展了湿润气氛或者超薄水环境下单晶铜的纳米压痕模拟，希望揭示复杂环境中纳米材料性能转变和变形行为及相应的机理。

5.2　单晶铜含水膜的纳米压入行为

5.2.1　引言

随着超精密、小型化器件需求的日益增长，微纳米尺度金属器件在现代科技中发挥着越来越重要的作用。作为纳米器件的重要组成部分，薄膜或者纳米层状材料已经在微/纳机电系统（MEMS/NEMS）得到了广泛的应用[1-3]。纳米尺度下，当第三体存在或进入摩擦磨损系统时，不同工况条件下第三体会以压入（嵌入）、滚动或滑动的方式造成磨损材料性能改变。材料力学性能明显地依赖于其服役条件，对器件的服役稳定性和寿命有重要的影响，因此，非常有必要对材料的力学行为和性能进行深入的研究。

纳米压入技术是一种非常有用的材料力学性能测试方法，特别是对于研究材料的塑性变形机理更是如此。目前，已有大量的纳米压入实验开展，但是多数条件下由于实验研究维度的限制，很难揭示微观作用过程，而分子动力学（MD）方法则为材料性能的研究提供了非常独特的视角。Liang[4]等人通过铜纳米压入的MD获得了弹塑性响应过程中微观结构的初始变化；Gao等人[5]揭示了铁材料内部的位错产生和反应。尽管现在已有大量的研究从不同角度研究了不同材料的机械或力学行为，但是它们更多的是立足于材料本身，建立在较为简单的模型基础上，忽略了外部环境的影响，如材料表面的湿润度、环境中水分的影响，同时纳米尺度下压痕方法的改变也会严重地影响材料的变形行为。

在前人研究的基础上，作者采用MD方法模拟了单晶铜薄膜表面吸附的水膜对单晶铜力学性能的影响，分析了不同水膜厚度和压入方式下单晶铜的塑性变形行为和位错演变过程，揭示了原子间相互作用和初始塑性机理。该研究有助于更好地理解含水膜纳米材料的变形行为。

5.2.2 模型与模拟方法

图5-1所示为含有水膜的单晶铜纳米压入测试的初始模型，包括球形金刚石纳米压头、水膜和无缺陷的单晶铜基体。基于金刚石结构构件的压头半径为2.53nm，由11954个碳原子组成，单晶铜基体沿着x-［100］、y-［010］和z-［001］晶向的尺寸为$68a \times 68a \times 35a$，其中$a = 0.3615$ nm，为单晶铜的晶格常数。铜基体包括边界层（boundary）、绝热层（thermostat）和牛顿层（newtonian），其中边界层在模拟过程中是固定的，绝热层用来控制体系温度，绝热层和牛顿层的原子服从牛顿运动规律。

水膜是纳米压入、纳米磨损行为研究中的主要影响因素之一，因此水膜初始模型的构建是非常重要的。首先，采用MATERIALS STUDIO软件中的Amorphous Construction模块构建了初始密度为$1.0\ g \cdot cm^{-3}$的水膜，该水膜的三维尺寸都根据需要设定。然后，利用Forcite模块对构建的水膜进行力场分配，此处采用的力场是CVFF，分配完力场的水膜中的每个原子都带有电荷和其他计算所需的参数。接着，从MATERIALS STUDIO软件中导出该水膜文件并导入LAMMPS文件中，利用msi2lamp工具及相关命令将附有力场参数的水膜转换为LAMMPS可执行的data文件。最后，在LAMMPS输入文件中写入读取该data文件的命令，就实现了水膜的构建和读入。

铜原子之间的相互作用力采用EAM势[6,7]，铜原子与碳原子之间的相互作用力采用Morse势函数[8]，见式（2-26），其中参数$D_0 = 0.1$eV，$\alpha = 17$nm^{-1}，$r_0 = 22$nm^{-1}，截断半径为0.4nm。由于金刚石压头被设置为刚性体，所以模拟过程中省略了碳原子之间的相互作用。水分子之间的相互作用采用TIP4P模型[9]，它包含三个固定的点电荷和一个Lennard-Jones中心。氢原子对于体系的热力学性能的影响非常微小，所以氢原子之间的相互作用也被忽略了，铜和氧原子以及碳和氧原子之间采用Lennard-Jones势，相关参数见表5-1[10-12]。

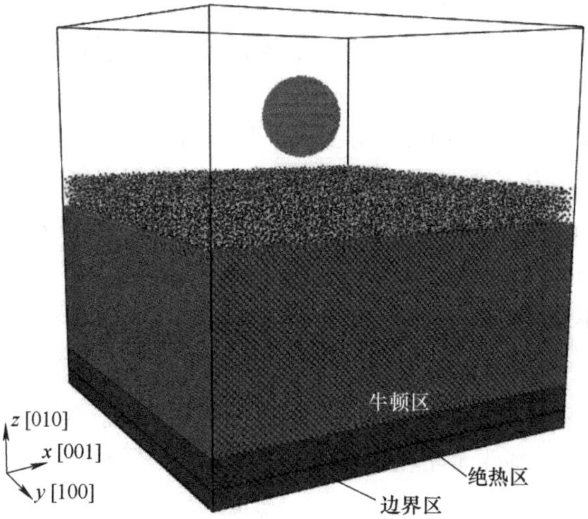

图 5-1　含有水膜的单晶铜纳米压入测试的初始模型

表 5-1　TIP4P 和 Lennard-Jones 势函数参数

原　子　对	ε/kcal① · mol^{-1}	δ/nm	截断半径/nm
氧—氧	0. 1554	0. 31655	0. 6
铜—氧	0. 2708	0. 28877	0. 5
碳—氧	0. 1	0. 3275	0. 5

① 1kcal = 4. 1868kJ。

所有的 MD 模拟均采用大规模分子动力学模拟软件 LAMMPS 开展。速度积分采用 Velocity-Verlet 算法，模拟时间步长为 1fs。沿着 x 和 y 方向设置周期性边界条件，单晶铜绝热层的温度采用 Langevin 热浴方法控制在 300K。纳米压入模拟之前，体系在 NVT 系综下进行 50ps 的弛豫过程。压入过程采用速度控制和载荷控制两种方法。

5. 2. 3　水膜对单晶铜塑性变形的影响

为了研究水膜厚度对单晶铜塑性变形行为的影响和机理，模拟了无水膜及水膜厚度 H 分别为 1. 0nm、2. 0nm 和 3. 0nm 情况下的单晶铜纳米压入，压头的压入采用位移控制，即采用恒定的压入速度 10m · s^{-1}。

1. 载荷 – 压痕深度曲线与位错演变过程

为了分析球形金刚石压头压入单晶铜后导致单晶铜发生的弹塑性变形，分析了载荷 – 压痕深度曲线和位错演化过程。此处，载荷是指压头与水膜和单晶铜相互作用过程中所受的总力。图 5-2 所示为不同水膜厚度下的载荷 – 压痕深度曲线。对于无水膜的体系，当压痕深度小于 0. 25nm 时，载荷 - 压痕深度曲线比较光滑，体现了单晶铜的弹性变形行为，尽管这与其他模拟结果[4,13,14]一致，但是与实验结果[15]存在差异。Liang[4]等人认为，这种差异主要是由于 MD 模拟的压头尺寸和压痕深度与实验差别较大导致的。随着压痕深度增加，由于单晶铜的塑性变形增加，载荷 - 压痕深度曲线突然下降，即发生应力突变。当单晶铜表面有水膜时，载荷 - 压痕深度曲线出现明显的波动，因此很难辨别弹性变形区域和应力突变。另外，由图 5-2 可以看出压痕深度较小时载荷与水膜厚度成正比，而当压痕深度增大时水膜厚度的变化对载荷 - 压痕深度曲线的影响似乎不再成比例。

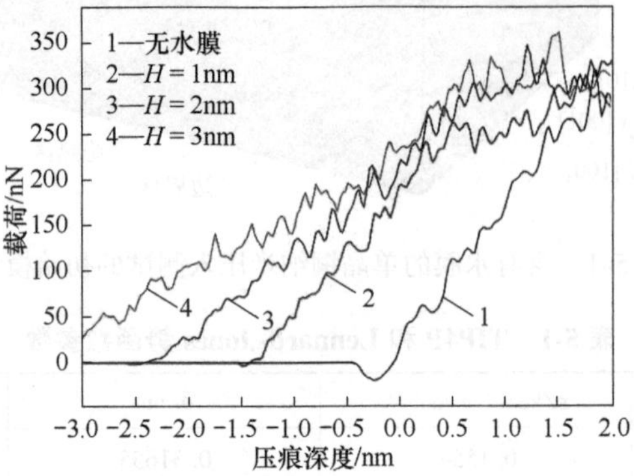

图 5-2　不同水膜厚度下的载荷 - 压痕深度曲线

众所周知，载荷 - 压痕深度曲线特征反映了基体的弹塑性变形响应，而弹塑性变形与基体内的位错结构演变相关联。图 5-3 所示为不同水膜厚度下单晶铜内部的位错演化过程，红色原子代表表面原子与位错原子，绿色和黄色原子表示随压痕深度（h）增加的初始位错扩展，褐色原子表示新成核的位错。通过分析位错形核、扩展过程，可以发现在弹性变形之后，小的原子团簇逐渐出现在压头下方，这就是成核的位错晶坯。当压痕深度不断增加并超过临界深度（如图 5-3 中 $h=0.3\text{nm}$），包裹着堆垛层错（黄色和绿色原子）的肖克莱位错对成核并沿着 {111} 滑移面演化。这个初始位错演变过程对应着载荷 - 压痕深度曲线中的载荷突降的应力集中最高点。肖克莱位错对不断地长大、扩展与单晶铜表面相互作用，同时很多新的位错不断成核，并且形成了大量的位错环和 Lomer - Cottrell 锁（如图 5-3 中 $h=0.4\text{nm}$ 和 $h=0.6\text{nm}$）。

另一方面，从图 5-3 可以看出相同压痕深度下单晶铜表面的水膜越厚，初始肖克莱对的面积和扩展深度就越大，这意味着水膜的存在促进了肖克莱位错对的充分扩展；而无水膜时大量的初始位错相互缠结并且向单晶铜内部扩展缓慢（见图 5-3a）。这种位错扩展的差异性表明水膜的存在可能引起了原子间作用力传递形式的改变。图 5-4 展示了不同水膜厚度下压痕深度较大时单晶铜内部的位错演化过程，其中红色原子表示表面原子和位错原子，蓝色原子表示堆垛层错。

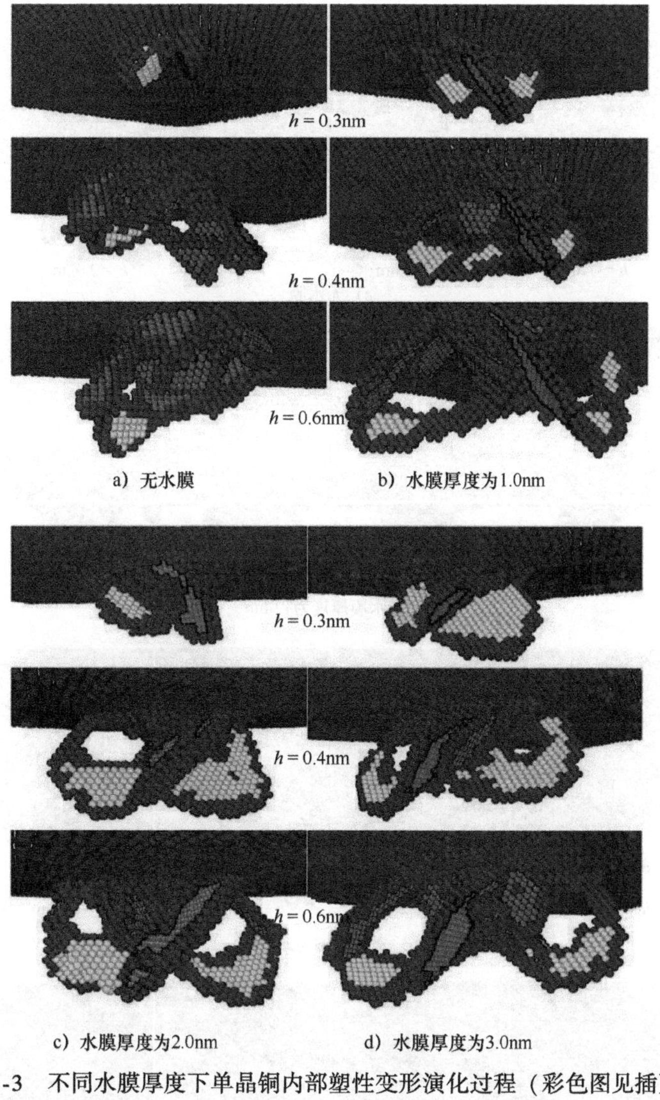

图 5-3　不同水膜厚度下单晶铜内部塑性变形演化过程（彩色图见插页）

图 5-2 表明当压痕深度大于 0. 8nm 时，载荷 – 压痕深度曲线表现出应变爆发的特征，这引起大量新位错形核并不断与其他位错相互作用、相互缠结。因此，很多位错从单晶铜亚表面沿着 {111} 滑移面向内部更深的位置扩展，同时位错之间的相互作用促进了位错环的形成和远离压入区域。另外，图 5-4 也表明水膜厚度的增加可导致位错向基体内部的进一步扩展。为进一步揭示水膜对单晶铜塑性变形的影响，统计了位错线长度，用以描述确定体积内的位错密度，如图 5-5

所示。由图 5-5 可以看出，位错线长度随压痕深度的增加而增大，并与水膜厚度成正比。位错线长度的变化也反映了单晶铜的塑性变形程度。

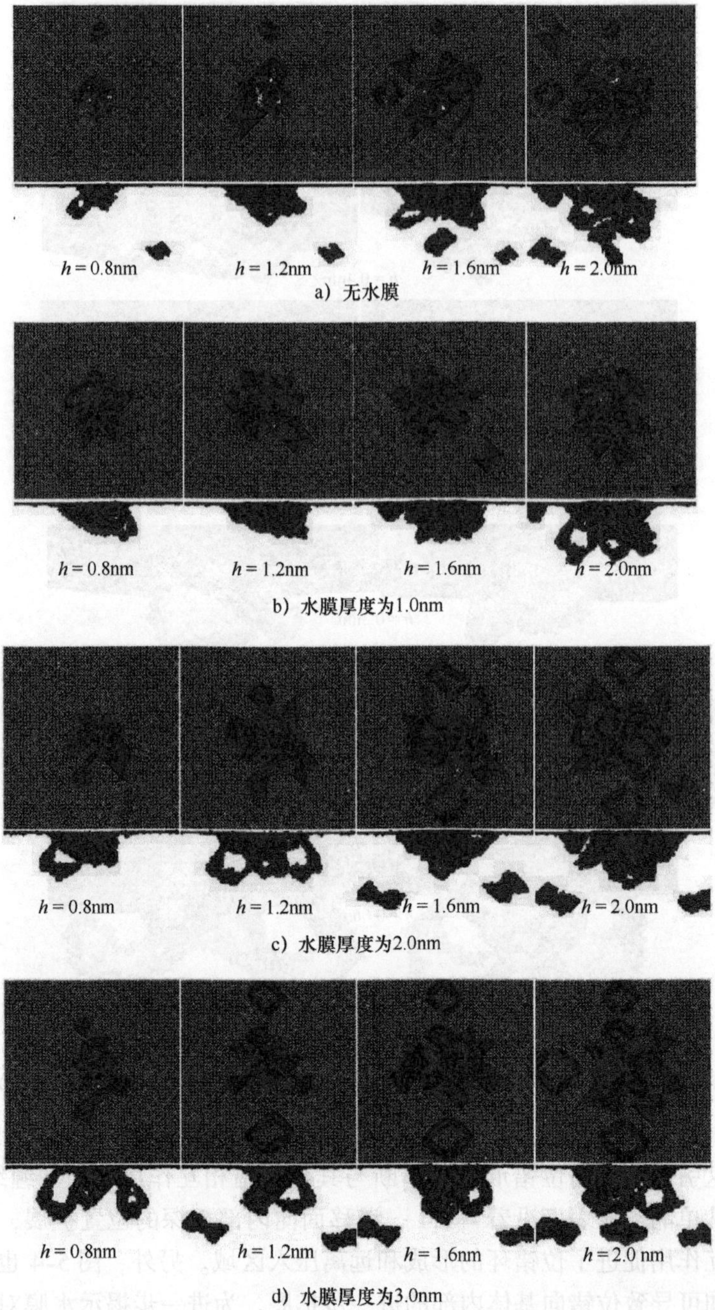

图 5-4　不同水膜厚度下位错演变快照（彩色图见插页）

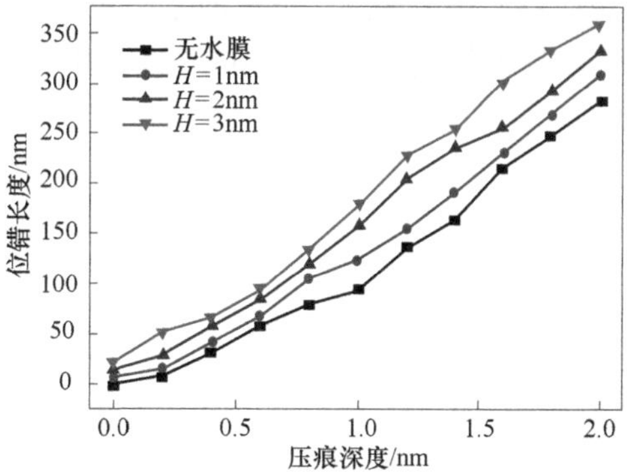

图 5-5　位错长度与压痕深度、水膜厚度关系曲线

2. 塑性变形机理

为了深入揭示水膜对单晶铜塑性变形影响的机理，首先，计算了压头与铜基体之间的相互作用，如图 5-6 所示。由图 5-6 可以看出，当有水膜存在时，压头与铜基体之间的相互作用具有明显的延迟并且远小于无水膜时的相互作用；而且水膜厚度的增加导致压痕深度增加，但是减弱了相同压痕深度下铜与压头的相互作用。

图 5-6 中的插图展示了水膜厚度为 2.0nm 时压头周围单晶铜的部分构型，图 5-7所示为压入内部水分子数目。构型图表明在纳米压入的早期阶段，大量的水分子占据了铜基体与金刚石压头之间的空间，这在一定程度上阻止了压头与基体直接相互作用；随着压痕深度增加，分布在压头与铜表面之间的一部分水分子被压入压坑内，而水膜越厚被压入压坑的水分子越多，所以如图 5-7 所示，压坑内的水分子数目随着压痕深度和水膜厚度增加而快速增大。然而，正是因为压头与铜基体之间存在这些水分子，所有直到压痕深度达到 0.6nm 时，压头与铜的相互作用仍然为零（见图 5-6）。接着，当压头的压痕深度持续增加，其受到的载荷也明显增大，压头周围的水分子很难继续渗入压坑内，则压坑内水分子数目的增长变缓，同时被压入压坑内的水分子被分散开（图 5-6），因而压头与铜基体的相互作用开始增大。

以上结果表明，纳米压入过程中水分子对压头和单晶铜薄膜的接触具有明显的阻碍效应。按常理，与无水情况相比，水膜的这种阻碍效应应该会导致压入更浅、压头下方的原子缺陷更少，但图 5-2 ~ 图 5-5 的结果与此相反。为了进一步解释该矛盾，作者计算了压头 – 水膜和铜 – 水膜的相互作用力，如图 5-8 所示。由图 5-8 可以看出，两种相互作用力具有比较相似的变化趋势，从压头开始下压，两种作用力逐渐增大，再结合图 5-6 中压头与铜基体之间的作用力在很长一段时间内都几乎保持为零，可以得出压入初始阶段水膜承受了压头的压力同时将压力传递到了单晶铜表面；而压痕深度足够大时水膜被突破、压坑内的水分子被分散开，则水膜与压头和铜基体的作用力减小，水膜的影响减弱。

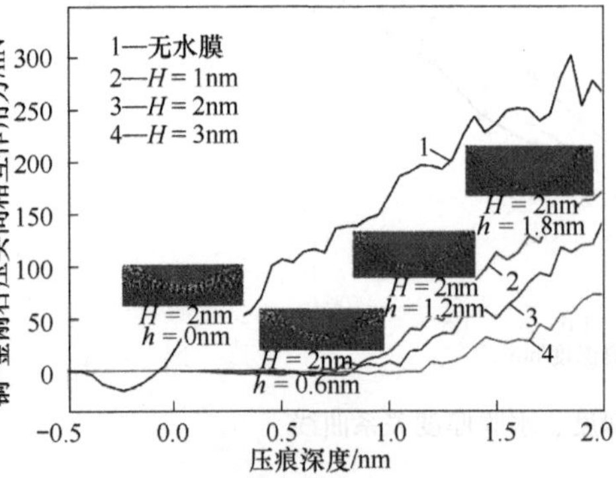

图 5-6　不同水膜厚度下压头与单晶铜之间的相互作用力

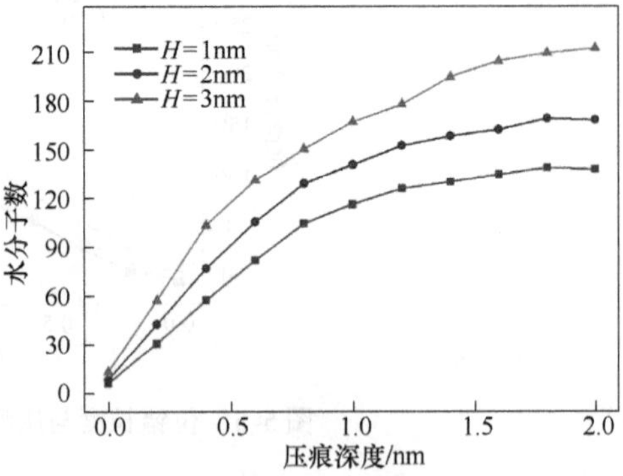

图 5-7　不同水膜厚度下压坑内水分子数目

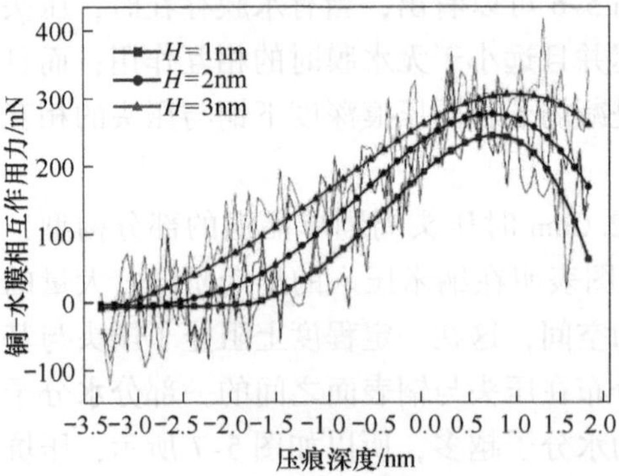

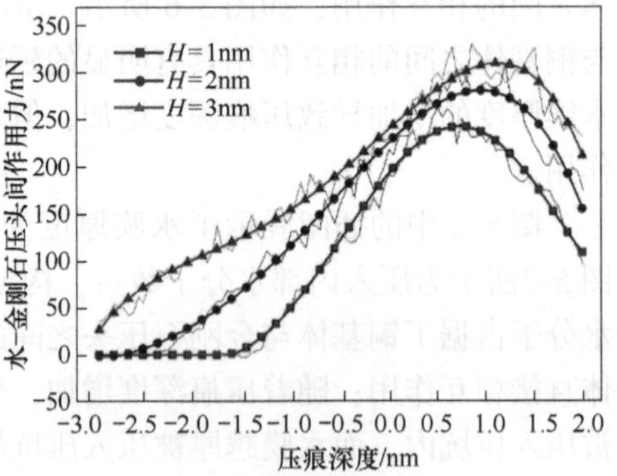

a）铜–水膜相互作用力　　b）压头–水膜相互作用力

图 5-8　不同水膜厚度下水膜与铜基体和压头之间的相互作用力

图 5-9 进一步展示了压头与压坑内和压坑外的水分子之间的作用力。由图 5-9可知，压坑内水分子与压头的相互作用力随着压痕深度的增加呈线性增长，并且与水膜厚度无明显关系；同时，压头与压坑外水分子之间的相互作用力从一个较大的初始值开始增加。实际上，这两种作用力的增大对应着单晶铜内部大量位错的形核和扩展、反应（见图 5-3）。所以在单晶铜塑性变形的早期阶段，压头下方的水分子作为力传递的介质将压头施加的压力传递到了铜表面，导致铜薄膜在与压头未接触的情况下就已经发生了塑性变形。另一方面，压坑外的水分子也受到了压头施加的侧向力并将这部分力传递到了铜表面，进而阻碍了亚表面的位错向表面扩展，但促进了位错向基体内部的扩展。当压头突破水膜后，压头与压坑外水分子的作用力降低，如图 5-9b 所示；压头与铜薄膜的直接作用增强，导致大量的塑性变形。

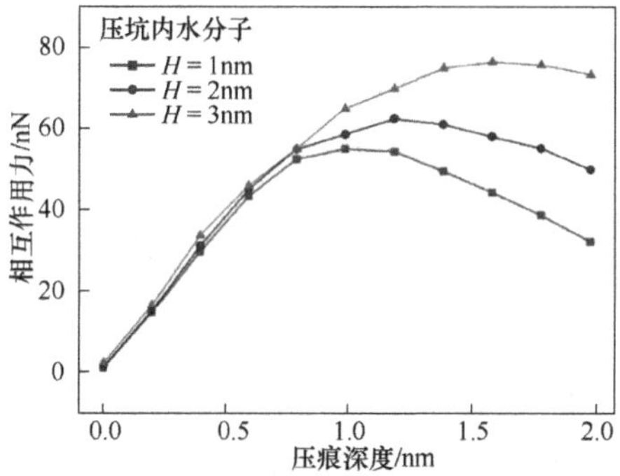

a）压坑内水分子-压头作用力

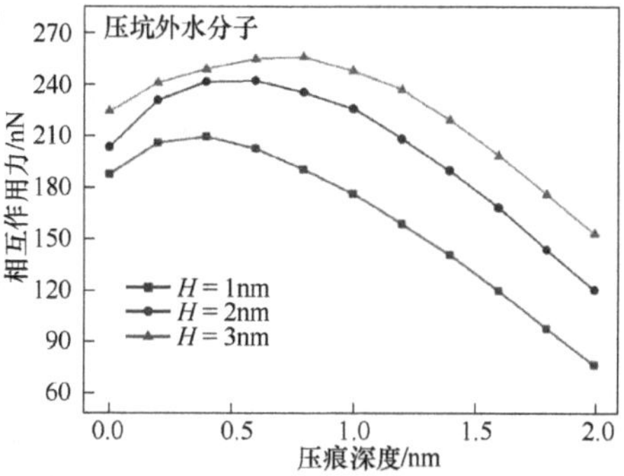

b）压坑外水分子-压头作用力

图 5-9　压头与压坑内和压坑外的水分子之间的相互作用力曲线

5.2.4　压入方式对单晶铜塑性变形的影响

在纳米尺度下，位移控制和载荷控制的压入加载方式可以实现压入过程中的最大位移和最大载荷的控制，它们对材料的力学性能具有重要的影响[16-19]。本部分内容中，位移控制是指加载过程中压头以恒定的速度下压，采用的速度为 $10m \cdot s^{-1}$ 和 $50m \cdot s^{-1}$，最大压痕深度为 2.0nm；载荷控制是指加载过程中对压头施加外力，并且单位时间内外力的增加量（加载率）恒定，采用的力增量为 $1nN \cdot ps^{-1}$ 和 $3nN \cdot ps^{-1}$，最大载荷为 288.5nN。

1. 载荷 – 压痕深度曲线

由图 5-10 和图 5-11 可知，在无水膜的压入条件下，当压痕深度小于 0.4nm 时所有的载荷 – 压痕深度曲线都呈较光滑的线性增加，对应着压入初始单晶铜的弹性变形行为；随着压头下压量增加，载荷 – 位移曲线突然降低，对应着塑性屈服；之后，由于单晶铜的塑性变形增加，大量的应变爆发。这种典型的初始塑性行为与相关研究结果一致[4,13,14,20]。

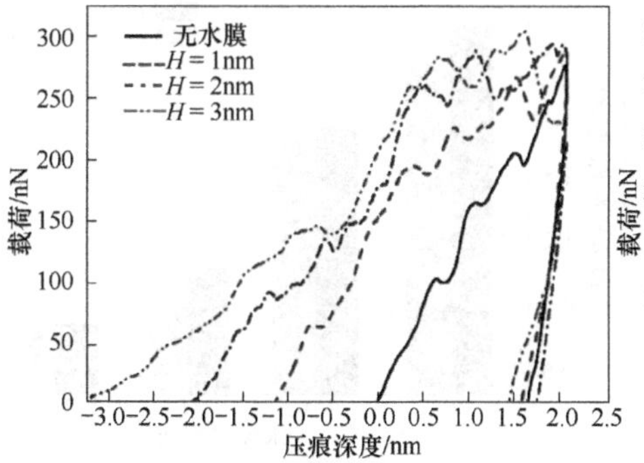

a）压入速度 $v = 10m \cdot s^{-1}$

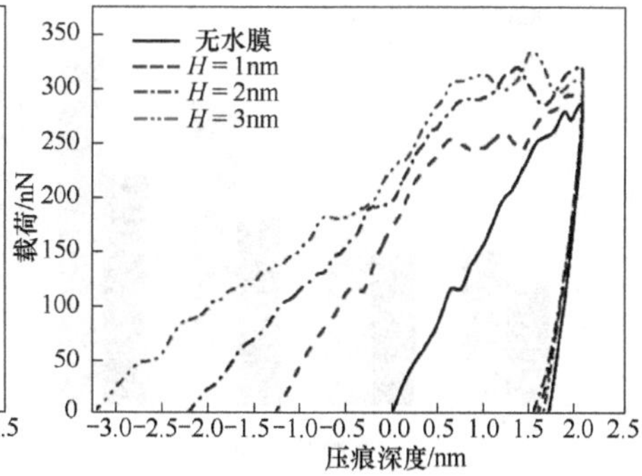

b）压入速度 $v = 50m \cdot s^{-1}$

图 5-10　位移控制加载下的载荷 – 压痕深度曲线

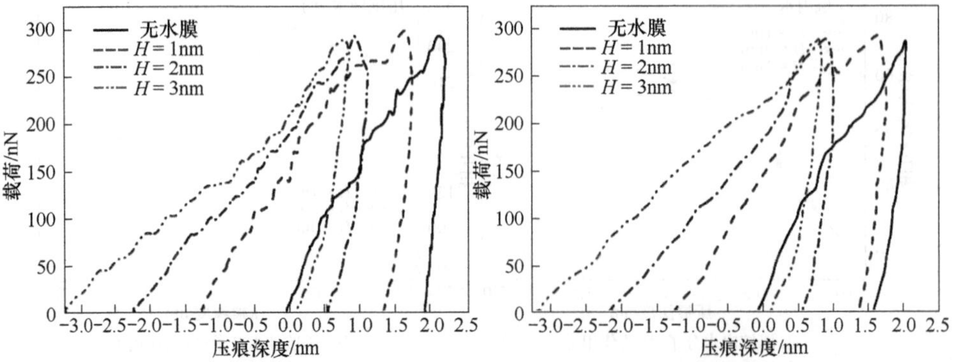

a）载荷速率$F=1\mathrm{nN\cdot ps^{-1}}$　　b）载荷速率$F=3\mathrm{nN\cdot ps^{-1}}$

图5-11　载荷控制加载下的载荷－压痕深度曲线

首先，对于位移控制的纳米压入过程（见图5-10），在水膜存在的情况下，当压头还未压入单晶铜薄膜时载荷－压痕深度曲线具有明显的波动性，并且曲线波动性或者非连续性随水膜厚度增加而增加。这种波动性反映了水膜和压头之间的相互作用过程，主要是由于纳米尺度下水膜中的水分子都是独立的个体，当压头压入铜薄膜时，载荷－压痕深度曲线具有明显的应力松弛特征[20]。然而，水膜的存在引起了单晶铜塑性变形的提前发生，例如水膜厚度为2.0nm时的应力松弛出现在压痕深度为0.3nm，而无水膜情况下的应力松弛发生在压痕深度为0.5nm。相比于低压入速度（$v=10\mathrm{m\cdot s^{-1}}$）下的载荷－压痕深度曲线，高压入速度（$v=50\mathrm{m\cdot s^{-1}}$）下载荷－压痕深度曲线的波动性降低。另外，本书作者计算了加载过程中压头所受到的最大载荷，如图5-12a所示，可以看出在最大压痕深度相同的条件下，最大载荷随水膜增厚和压入速度的增大而增大，增幅分别为7.8%和15.5%。

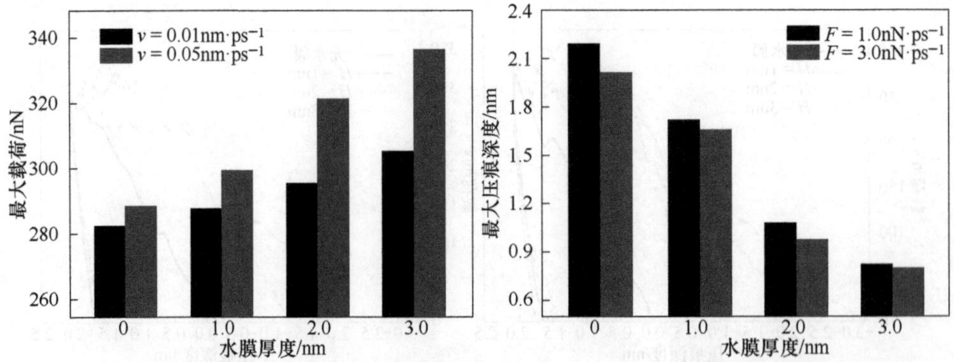

a）位移控制的压入过程　　b）载荷控制的压入过程

图5-12　位移控制压入过程中的最大载荷和载荷控制压入过程中的最大压痕深度

其次，对于载荷控制的压入过程（见图 5-11），因为作用于压头的外力是随时间连续增加的，所以载荷 - 压痕深度曲线没有明显的波动性。图 5-12b 是由载荷 - 压痕深度曲线得到的最大压痕深度。因为压入结束时施加在压头上的最大外力是恒定的，并且纳米压入过程中水膜会消耗大量的能量，所以最大压痕深度随着水膜厚度增加而减小（减幅分别为 61.2% 和 59.3%），该结果与位移控制下的最大载荷的变化截然相反。同时，水膜厚度从 1.0nm 增加到 2.0nm 时最大压痕深度的减小幅度明显大于水膜厚度从 2.0nm 增加到 3.0nm 时最大压痕深度的减小，这说明水膜对单晶铜纳米压入行为的影响随着其厚度的增加而降低。除此之外，可以看出加载率的增大导致最大压痕深度的减小，Chang 和 Zhang[16] 在研究加载率对硅材料塑形行为影响时得到了相似的结论。所有这些结果表明加载率/压入速度和水膜都对金刚石压头在单晶铜上的压入行为具有不可忽略的影响。

2. 位错演化过程

图 5-13 和图 5-14 分别展示了不同水膜厚度和压入速度/加载率时单晶铜内部的位错形核和扩展过程，其中红色原子表示表面原子，蓝色原子表示位错原子，绿色原子表示堆垛层错。

总体而言，这两张图表明当压痕深度超过一个临界值（约 0.3nm）时，单晶铜发生初始塑性变形，压头下方的铜原子团簇形核成为初始的位错晶坯；伴随着载荷增大，压痕深度增加，大量的位错（肖克莱位错对）持续形核并沿着 {111} 滑移面向单晶铜内部更深的位置扩展，位错之间的相互作用促使了位错环和 Lomer-Cottrell 锁等缺陷的形成[5,14,21]。为了量化不同纳米压入时刻或阶段单晶铜内部的缺陷，本书作者统计了压入过程中的位错线长度，如图 5-15 所示。由该图可发现不同的纳米压入条件下，位错线长度均随着压痕深度的增加而持续增大，这验证了由构型图 5-13 和图 5-14 观察到的位错形核、扩展过程。

a）无水膜、压入速度为10m·s⁻¹，压痕深度依次为0.3nm、0.5nm和0.7nm

图 5-13 位移控制压入过程中单晶铜基体内部位错演变（彩色图见插页）

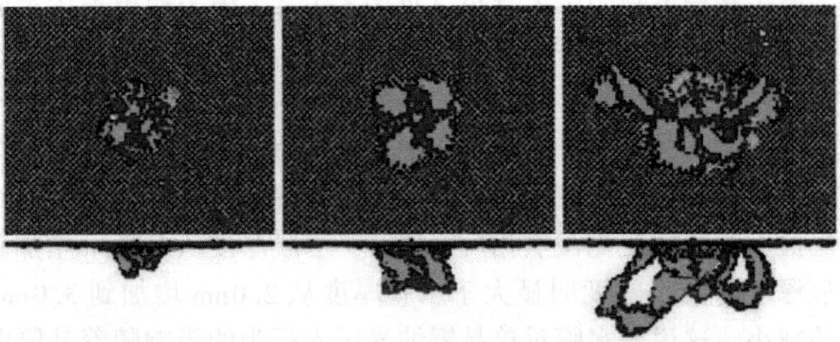

b）水膜厚度为2.0nm、压入速度为10m·s⁻¹，压痕深度依次为0.3nm、0.5nm和0.7nm

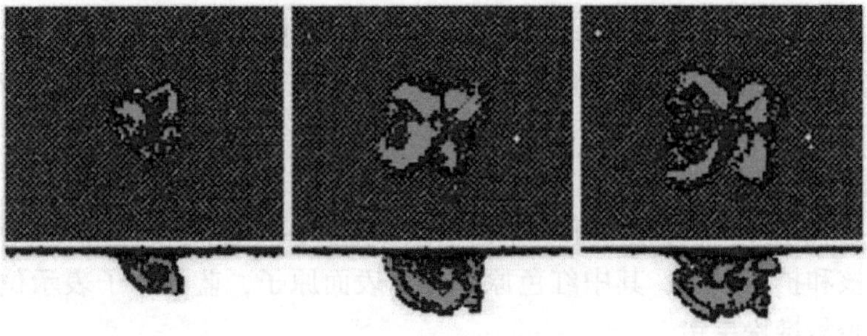

c）水膜厚度为2.0nm、压入速度为50m·s⁻¹，压痕深度依次为0.3nm、0.5nm和0.7nm

图5-13　位移控制压入过程中单晶铜基体内部位错演变（彩色图见插页）（续）

由图5-13a、b可知，相比于无水膜下纳米压入过程形成的位错特征，水膜厚度为2.0nm时相同压痕深度下单晶铜基体内部出现的位错更多，并且压痕深度为0.7nm时形成了较多的位错环，即单晶铜的塑性变形已经进入应变暴发阶段。由图5-14a可以发现，压入速度相同时含水膜的位错线长度增长趋势更大，说明水膜的出现促进了位错生成。图5-15a、b和图5-14b也展示出了相同的趋势。另外，结合图5-14的位错线长度变化和图5-13b、c与图5-15b、c的位错结构，可以发现含水膜情况相同时，压入速度或加载速率越大，位错线长度增长趋势也越大，特别是随着压痕深度继续增大，位错线长度增长趋势的差异更加明显。也就是说无论含水膜或者不含水膜时，位移控制和载荷控制的两种纳米压入方式下，更高的压入速度或者加载率均会引起更多、更大区域的位错分布。以上结果表明，水膜厚度增加以及压入速度或加载率增大都会促进纳米压入初始塑性变形过程中位错的形成和扩展，即影响单晶铜的初始塑性变形特征。

图5-16所示为压入结束时单晶铜内部的位错构型。对于位移控制的压入过程，无水膜时大量的位错从压入亚表面扩展进入铜基体内部，一些位错环包围着堆垛层错进入到单晶铜内部更深的位置并与位错中心分离。如图5-16左侧位错构型，水膜的出现和压入速度的变化引起位错结构存在明显的差异，位错数量随着水膜增厚、压入速度增大而增加。如图5-16右侧位错构型，位错随着水膜增

厚、加载率增大而急剧减少。这些结果表明，水膜的加入和压入速度/加载率的增大对单晶铜塑性变形具有明显的影响。

a）无水膜、加载率为1nN·ps⁻¹，压痕深度依次为0.3nm、0.5nm和0.7nm

b）水膜厚度为2.0nm、加载率为1nN·ps⁻¹，压痕深度依次为0.3nm、0.5nm和0.7nm

c）水膜厚度为2.0nm、加载率为3nN·ps⁻¹，压痕深度依次为0.3nm、0.4nm和0.5nm

图 5-14　载荷控制压入过程中单晶铜基体内部位错演变（彩色图见插页）

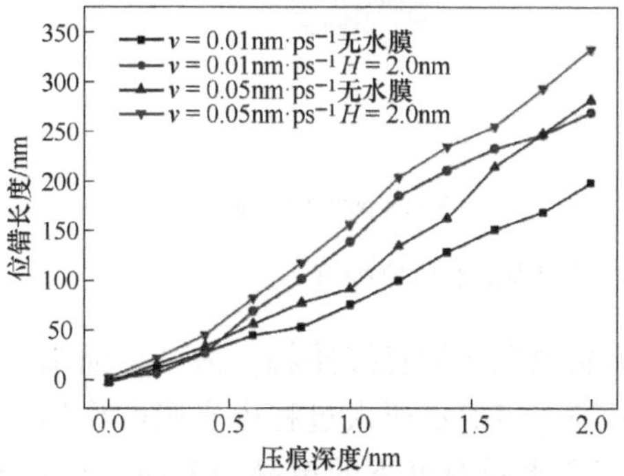

a）位移控制的压入过程

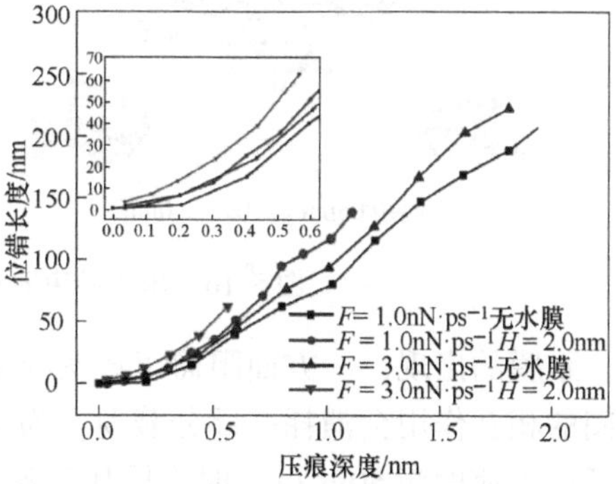

b）载荷控制的压入过程

图 5-15　不同压入条件下的位错线长度

3. 塑性变形机理

对于位移控制的纳米压入过程，无水膜存在时位错随压痕深度和压入速度的增量在较大压痕深度下更明显，如图5-14a所示。当压入速度增大，压头周围的单晶铜区域很难快速地调整，从而发生局部变形，压头附近较大区域的铜表面和亚表面同时发生变形，位错在单晶铜内部更大的区域内同时形核、扩展，即出现大的应变率。这也是图5-10b中载荷-压痕深度曲线波动性降低的原因。如此大的应变率会引起单晶铜内部位错能瞬时增大，进而对压头继续压入铜基体产生阻碍作用。然而，因为位移控制下的纳米压入过程中不考虑压头所承受的外力大小，压头是以恒定速度下压的，所以压头受的外力会不断地瞬时增加以维持其持续压入，而这部分力足以提供充足的外力来抵抗增大的位错能。因此，纳米压入过程中压入速度的增大促进了位错的不断形核和发展。

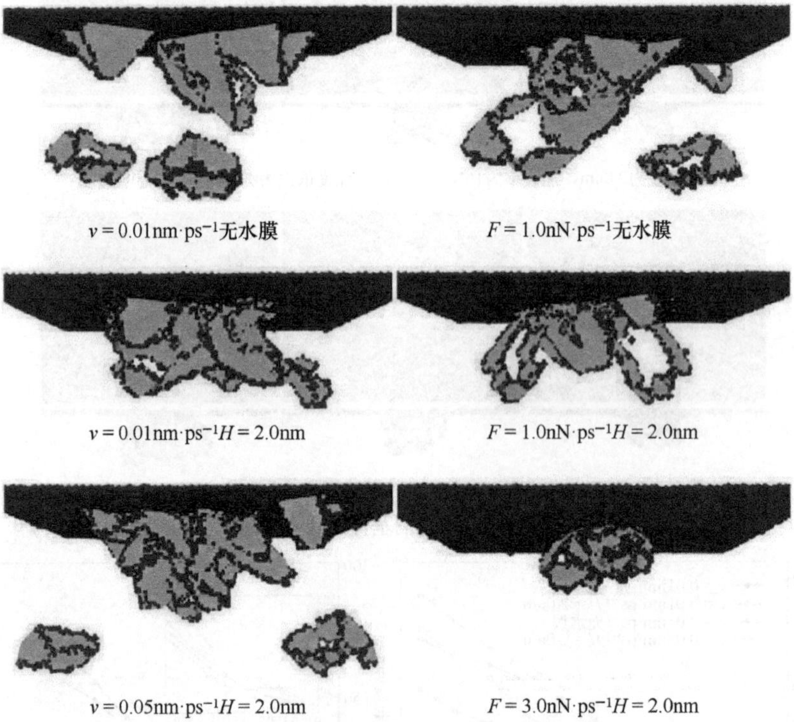

图5-16　压入结束时单晶铜内部的位错构型

水膜的出现，一方面阻碍了压头与单晶铜之间的直接接触，另一方面水分子之间的相互作用会消耗一部分载荷。为了进一步揭示压入过程中水膜的作用，分析了压入速度为$50\mathrm{m \cdot s^{-1}}$时不同压痕深度和水膜厚度下的单晶铜表面损伤构型，如图5-17所示。由该图可看出，压坑周围的表面损伤随压痕深度和水膜厚度增加而增大，水膜的出现也引起压坑内部变得粗糙。由此可知，压头周围的水分子作为力传递的介质，能够将压头所施加的作用力传递至单晶铜表面更大的区域，与此同时，压头下方的一些水分子吸附在压头表面成为压头的一部分，压头下压过程中它们被压入变形的铜原子之间的空隙内，这进一步导致位错产生。另一方面，尽管水分子之间作用会耗散载荷，但是压头为了保持恒定的压入速度会不断调整来弥补这部分载荷的损失，所以位错的产生是不会因为水膜对载荷的消耗而减少的。压入速度增大会加快水膜向铜表面的力传递，从而加速塑性变形，这与图 5-14a 所示结果一致。因此水膜和压入速度的变化改变了压头与铜基体之间的作用形式，而载荷的瞬时调整在压入过程中起了主要作用。

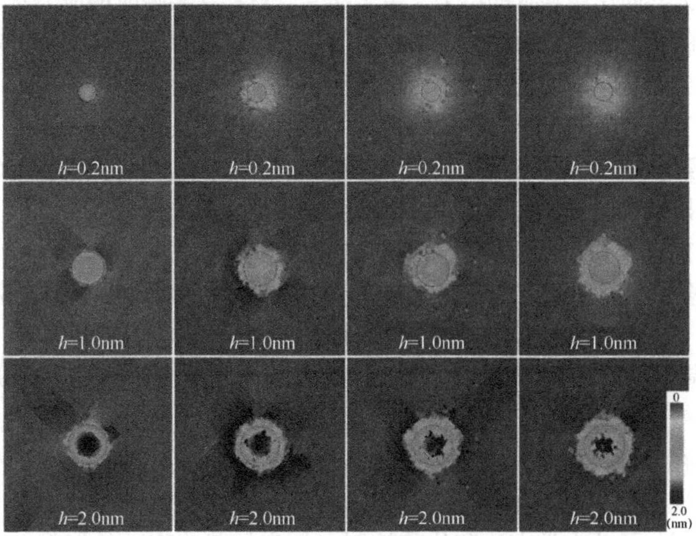

a）无水膜　　b）水膜厚1.0nm　　c）水膜厚2.0nm　　d）水膜厚3.0nm

图 5-17　不同条件下单晶铜表面损伤构型

对于载荷控制的纳米压入，无水膜时加载率的增大同样会引起单晶铜高的应变率，进而加速了位错生成，并向单晶铜内部变形区域更快的扩展，因此如上文所述，相同压痕深度下加载率越快，位错线长度和载荷越大。另外，尽管位错随压痕深度不断增多，但是高的加载率也会引起载荷过快的消耗，而确定的最大载荷（载荷控制的压入中，最大外加载荷是恒定的）在压入的最后阶段不足以提供足够的能量来促进压头的压入，所以最后的压痕深度却随加载率增大而减小。

当水膜存在时，单晶铜的塑性变形过程类似于位移控制的相应过程，即水膜促进了压入早期的位错形核和扩展，同时水分子间的作用也消耗了部分外加载荷；加载率的增大提高了应变率、增加了相同压痕深度下单晶铜的塑性变形，但也引起载荷过快、过多的消耗，所以纳米压入结束时的最大压痕深度却是减小的。由以上结果可以推断出，在载荷控制的纳米压入过程中，如果外加载荷能够持续提供以保证压头达到位移控制下的最大压痕深度（2.0nm），那么单晶铜总的塑性变形应该会和位移控制下的变形一样。换言之，纳米压入方式的差异仅仅反映了压入过程中载荷和位移（或速度）控制方法的不同，而单晶铜塑性变形机理实质上是一样的。

5.2.5 单晶铜应力松弛与弹性回复

在持续恒应力作用下（即使在远低于弹性极限的情况下），金属材料会发生由弹性向塑性转变的缓慢变形，该变形过程与金属所处的温度密切相关。在一定温度下，金属材料受持续应力作用而产生缓慢的塑性变形的现象称为金属的蠕变。蠕变是温度和应力共同作用导致的结果。由于蠕变，材料在某瞬时的应力状态，一般不仅与该瞬时的变形有关，而且与该瞬时以前的变形过程有关。在维持恒定变形的材料中，应力会随时间的增长而减小，这种现象为应力松弛，它可理解为一种广义的蠕变。在纳米尺度下，金属晶体的蠕变和应力松弛现象是影响材料力学、电学等性能的重要因素。蠕变和应力松弛是固体材料热散发过程的宏观表现，不仅取决于材料的结构和显微结构，而且受到应力、温度、环境介质的强烈影响。

作者的前期工作已经表明单晶铜的蠕变行为受加载方式的影响：

1）位移控制的加载方式下，当压头压入基体一定深度后保持在某一位置不动，则压头下方的单晶铜基体受到的载荷减小，即发生应力松弛现象。

2）载荷控制的加载方式下，当压头压入基体并达到一定载荷时保持该载荷一段时间不变，但该时间段内压头的压痕深度增加，即发生蠕变现象。尽管两种加载方式存在差异，但是其加载方式的本质是一样的，因此这两种条件下的应力松弛和蠕变现象的本质也是相同的。

本书采用分子动力学方法和位移控制（恒定加载速率）的加载方式对含水膜条件下单晶铜的应力松弛和弹性回复特性进行进一步研究。采用的压头加载和卸载的速度和时间分别为10m · s^{-1}和300ps，加载结束后保持压头所在位置不变并持续50ps，本书中统一将此过程称为应力松弛过程，随后卸载压头，图5-18展示了该过程。图5-19所示为不同含水膜条件下的载荷 - 压痕深度曲线。上文中已经对压头的压入过程进行了详细的分析，此处不再赘述，主要对应力松弛过程和卸载过程进行分析。

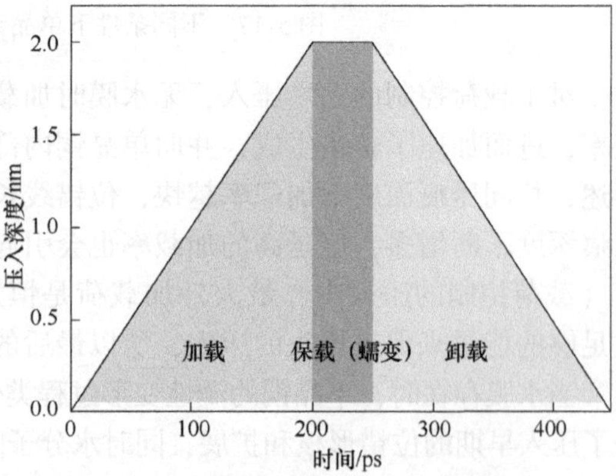

图5-18 位移控制下的加载示意图

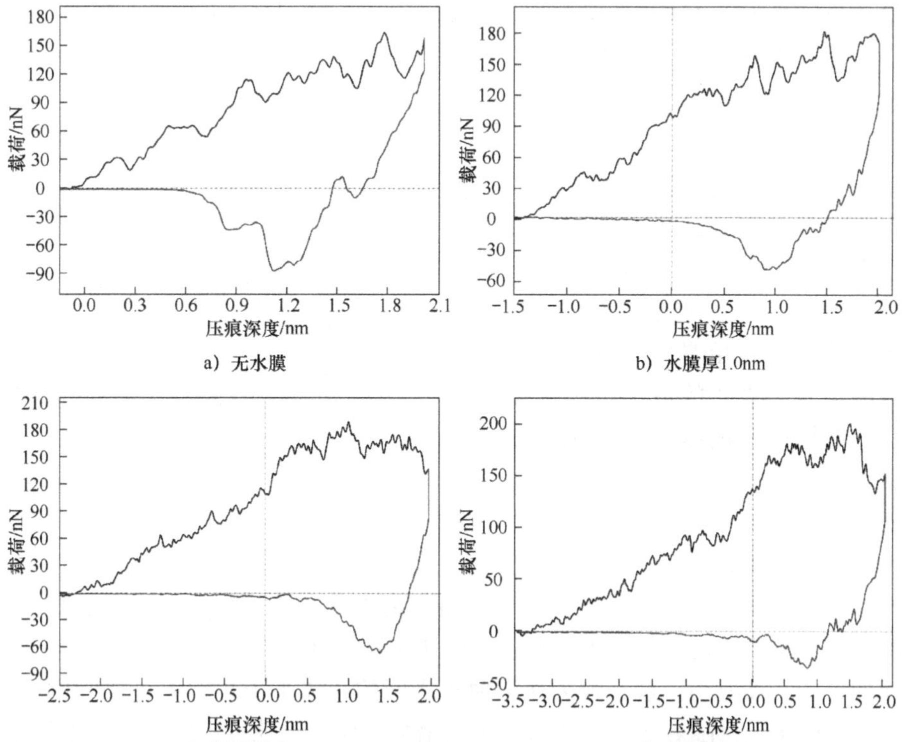

a）无水膜　b）水膜厚1.0nm

c）水膜厚2.0nm　d）水膜厚3.0nm

图 5-19　不同水膜厚度下的载荷 – 压痕深度曲线

由图 5-19 可知，不同的水膜厚度下单晶铜基体在应力松弛过程中的载荷变化和卸载曲线存在明显的差异。卸载过程中，载荷的负值意味着压头颗粒离开单晶铜基体时与单晶铜原子之间存在吸引力，可以看出无水膜时吸引力作用最强（最大值接近 90nN），水膜存在时吸引力减小，意味着水膜的存在阻碍了卸载过程中压头与单晶铜之间的作用。尽管加载结束后压头被固定的时间只有 50ps（见图 5-18），但是该时间段内单晶铜基体所承受的载荷明显减小，即发生应力松弛现象。图 5-20 展示了不同水膜厚度下单晶铜的应力松弛量，可以看出无水膜时应力松弛量明显小于有水膜的情况，并且应力松弛量随着水膜厚度的增加而先增大后减小。这说明应力松弛受水膜

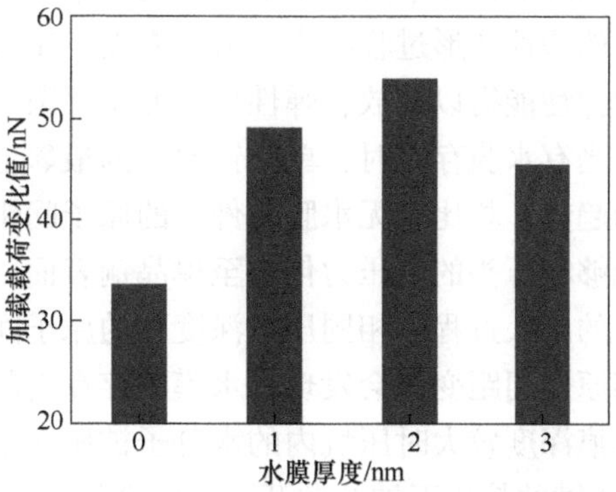

图 5-20　不同水膜厚度下单晶铜的应力松弛量

的影响规律并非如纳米压入过程的单一规律变化，后文会对此进一步说明。

为进一步探讨不同水膜厚度下整个加载、应力松弛、卸载过程中单晶铜的弹塑性变形，计算了压头作用的截断半径内的铜原子之间的最小距离，如图 5-21 所示，其中单晶铜无变形时原子之间的平均距离约为 2.44nm。在无水膜条件下，随着压头开始压入单晶铜基体，变形区域的铜原子之间的最小距离快速减小，即铜原子被压头挤压相互靠近，该过程对应着单晶铜开始发生塑性变形并且有大量位错开始成核；当达到一定压痕深度时，尽管压头继续下压，铜原子之间的最小距离不再减小，这是因为该过程中位错开始大量扩展，并未发生位错或缺陷形式的转变，同时单晶铜基体受到的载荷也未有明显的增大，因此不会造成原子之间最小距离变化。但还是发现该过程中塑性变形区域铜原子之间的平均距离减小，这是因为变形原子之间的距离小于正常原子之间的距离，并且变形原子数量随着压头的压入而不断增加。应力松弛过程中，初期铜原子之间的最小距离略微增大，随后并未有明显的变化，这一方面是该过程中较短时间的应力松弛下应力松弛量较小（见图 5-20）的缘故；另一方面，位错扩展会继续释放应力，进而阻碍了原子间距的减小。卸载过程中，初期由于载荷的快速释放，被挤压的变形区域的弹性能快速释放，因此铜原子的间距迅速增大，而随着压头不断远离单晶铜基体和表面，铜原子之间的距离不再有明显的变化。值得注意的是，在卸载过程中铜原子间距增大包括两方面：一方面，压头对单晶铜的下压力的降低促使了塑性变形原子的位错能得以释放，从而使部分初始塑性变形的原子的塑性变形过程终止；另一方面，压头对单晶铜的挤压力减小和去除导致原子的弹性能得以释放，弹性变形原子逐渐回复至完好的晶体结构。

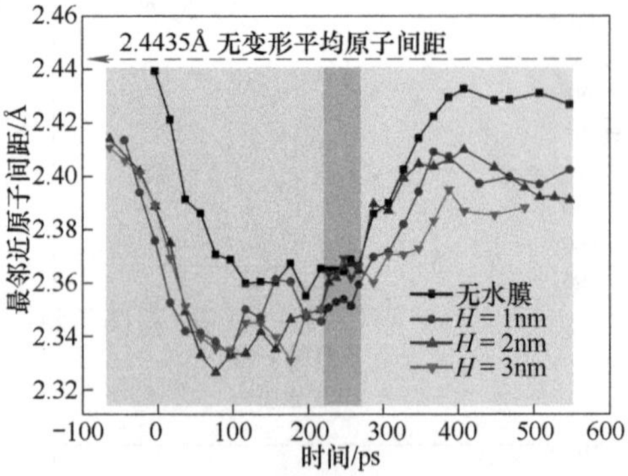

图 5-21　压入区域最邻近原子间距对比

当有水膜存在时，单晶铜原子的最邻近距离随时间的变化与无水膜时呈现相似的趋势。相比于无水膜条件下的原子间距变化，水膜存在时压入过程中由于水膜能够将压头的下压力传递至单晶铜表面，进而导致铜原子间距提前减小；并且随后的压入过程中相同压痕深度下的原子间距小于无水膜的情况。观察压入过程后期原子间距变化会发现，水膜的存在引起铜原子最邻近间距略微增大，这是因为压痕深度较大时压坑内的水分子被压入单晶铜原子之间，部分铜原子在刚性的 H—O 键的挤压下被分散开了。整个压入过程中水膜厚度对单晶铜变形区域的原子最邻近间距的影响并没有明显的规律。50ps 的应力松弛过程中，水膜厚度为

1. 0nm 时，最邻近铜原子间距处于压入后期的原子间距波动的范围内，并且小于无水的情况；相反，水膜厚度为 2. 0nm 和 3. 0nm 时最邻近铜原子间距增大，并几乎与无水情况一致。卸载过程中，水膜厚度为 1. 0nm 和 2. 0nm 时最邻近铜原子间距呈现相似的趋势，并且最终稳定阶段的原子间距也基本一致，而水膜厚度为 3. 0nm 时最邻近铜原子间距小于前两者，这说明较厚的水膜阻碍了变形原子的弹性回复。总体而言，水膜存在的情况下，卸载结束时单晶铜的最邻近原子间距小于无水的情况，即单晶铜的弹性恢复受到了水膜的抑制。

图 5-22 展示了不同水膜厚度下压头卸载前后压坑的切片构型，可以看出压头卸载后压坑的深度和宽度均发生了不同程度的减小，其中无水膜时的变化最明显。图 5-23 展示了不同水膜条件下加载结束（左示图）、卸载开始（中间示图）到卸载结束（右示图）时单晶铜内部的位错构型变化和压入区域的弹性变化，可以看出含水膜条件下，在加载结束时压入区域下方形成的位错、层错数量明显多于无水膜的情况（该结论已在纳米压入部分做了分析）。加载结束到卸载开始期间为应力松弛过程，可以看出压入引起的位错、层错数量并未因为应力松弛而有所减少。卸载结束时，由于能量释放，大量的位错、层错消失，但是水膜厚度较大时（如 $H=3.0$nm）依旧有缺陷残留。另外，图中箭头线显示了压痕高度的变化，卸载结束时的压痕高度明显小于卸载开始，证明了压痕区域的弹性回复。

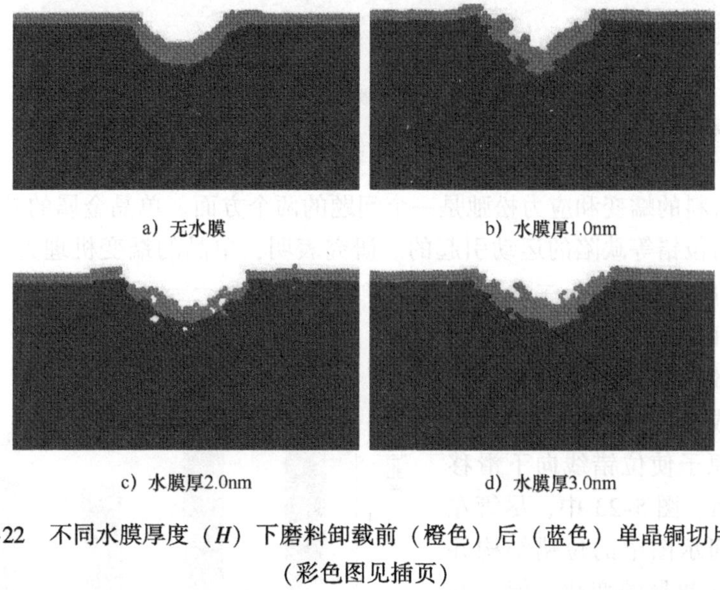

a）无水膜　b）水膜厚1.0nm

c）水膜厚2.0nm　d）水膜厚3.0nm

图 5-22　不同水膜厚度（H）下磨料卸载前（橙色）后（蓝色）单晶铜切片构型（彩色图见插页）

图 5-24 所示为从卸载开始到结束的过程中单晶铜的最大弹性回复量。结果表明，从无水膜到水膜厚度增加到 2. 0nm，单晶铜的最大弹性回复量逐渐减小（减小幅度可达 51. 9%），而水膜厚度为 3. 0nm 时最大弹性回复量略有增加，但

小于水膜厚度为1.0nm的情况。尽管单晶铜的最大弹性回复量的随水膜的变化规律与图5-21中的最邻近原子间距不太一致，但是总体趋势是类似的，即水膜的存在明显降低了单晶铜的弹性回复能力。

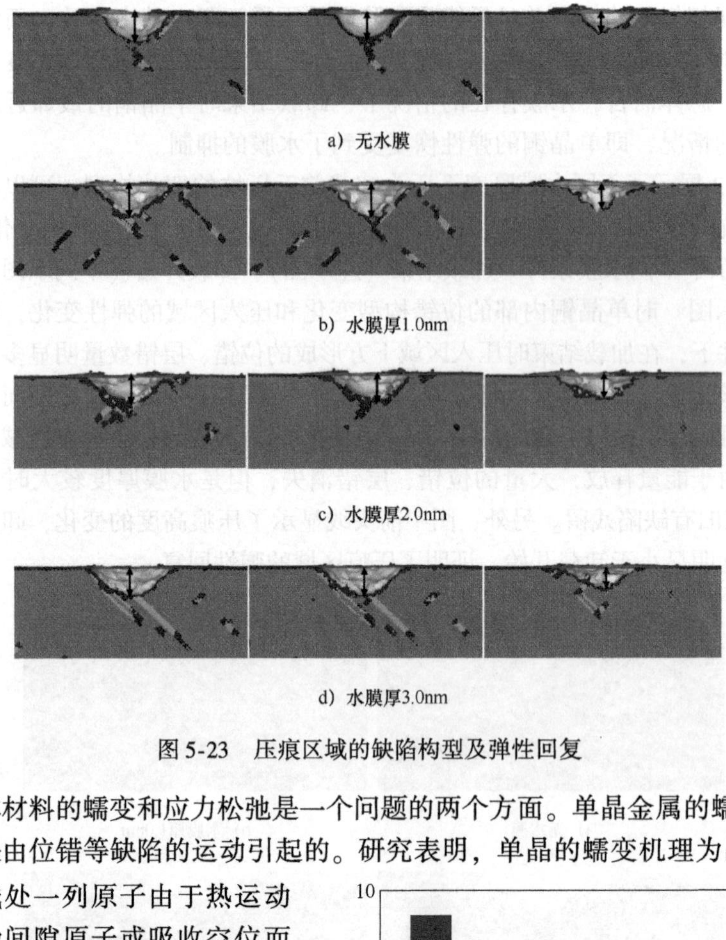

图5-23　压痕区域的缺陷构型及弹性回复

固体材料的蠕变和应力松弛是一个问题的两个方面。单晶金属的蠕变或者应力松弛是由位错等缺陷的运动引起的。研究表明，单晶的蠕变机理为晶格蠕变，即位错线处一列原子由于热运动移去成为间隙原子或吸收空位而移去，导致位错线向上滑移一个滑移面，或其他处的原子移入而增添一列原子使位错线向下滑移一个滑移面。图5-23中，尽管左示图和中间示图中的位错结构并未有明显的数量的变化，但是细微的结构存在差异。如图5-23b中，应力松弛结束时压痕下方紧邻的原来的层错原子消失而位错

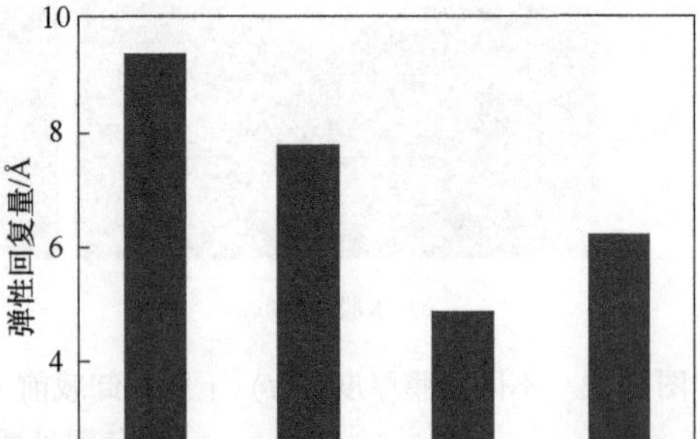

图5-24　压头卸载前后压痕区域的最大弹性回复量

原子移位，压痕下方右侧 45°处的层错原子增多引起位错线下移，其他水膜条件下也可观测到相似的结构转变。这些缺陷结构的转变符合晶格蠕变机理。

5.2.6　小结

研究了水膜和压入方式对单晶铜纳米压入过程中的力学性能、弹塑性变形特征的影响，分析了塑性变形机理。小结如下：

1）水膜对单晶铜的初始塑性变形具有重要影响。相比于无水膜条件，水膜的存在导致载荷－压痕深度曲线具有明显的波动性，促进了初始位错的长大、扩展，而无水膜压入过程中大量的初始位错扩展受限。

2）相互作用力表明随着水膜厚度增加，压头和单晶铜之间的相互作用具有明显的延迟且其数值明显小于无水膜压入。塑性变形早期，压头下方的水分子将压头施加的作用力传递至单晶铜表面，导致塑性变形增加，同时压坑外的水分子通过侧向力传递阻碍了位错向表面扩展，促进了位错向内部延伸。

3）压入速度（10～50m·s^{-1}）和加载率（1～3nN·ps^{-1}）的增加使得单晶铜的瞬时应变率增大、大量位错形核、扩展；水膜的存在因其分子间相互作用而消耗部分载荷能量，导致载荷控制的压入中最大压痕深度分别减小 61.2% 和 59.3%，而位移控制的压入过程因为载荷的瞬时补充而呈相反的结果。两种纳米压入方式的差异仅仅反映了压入过程中载荷和位移（或速度）控制方法的不同，而单晶铜塑性变形机理实质上是一样的。

4）加载结束时，压头被固定的时间段内单晶铜承受的载荷明显减小，即发生应力松弛现象。无水膜时应力松弛量明显小于有水膜的情况，应力松弛量随着水膜厚度的增加而先增大后减小。水膜的存在导致铜原子间距提前减小，并且抑制了单晶铜的弹性回复，最大减幅可达 51.9%。

5.3　单晶铜含水膜的二体磨料磨损

5.3.1　模型与模拟方法

为研究不同条件下单晶铜的二体磨料磨损行为，首先构建了如图 5-25 所示的初始模型，该模型与纳米压入模型类似，包括金刚石纳米球形磨料、单晶铜基体和吸附于表面的水膜（空气磨损模拟中水膜省略）。磨料颗粒具有完好的金刚石结构，模拟过程中设为刚性体。单晶铜基体沿着 x-［100］、y-［010］和 z-［001］三个晶向构建，包括边界区域、绝热区域和牛顿区域，其中边界区域由位于基体最底部的五层原子构成，绝热层由八层原子构成，用来模拟热耗散，牛顿区域原子服从牛顿运动规律。金刚石纳米球形磨料颗粒模拟初始时位于水膜上方 2.0nm 处。

模拟结果的可靠性与准确性依赖于原子之间的相互作用势。铜原子之间的相互作用势为 EAM 势，该势函数是一种多体势方法，能够很好地描述金属结合能的形成。金刚石中的碳原子与铜原子之间的作用采用 Morse 势函数，相关参数见表 5-2。由于球形磨料被设为刚性体，所以未指定碳原子之间的相互作用。水分子的作用采用 TIP4P 模型，氧原子与铜原子及碳原子之间的作用采用 Lennard- Jones（12-6）势，相关参数由 Lorentz-Berthelot 混合规则[9,22]计算得到，见表 5-2。

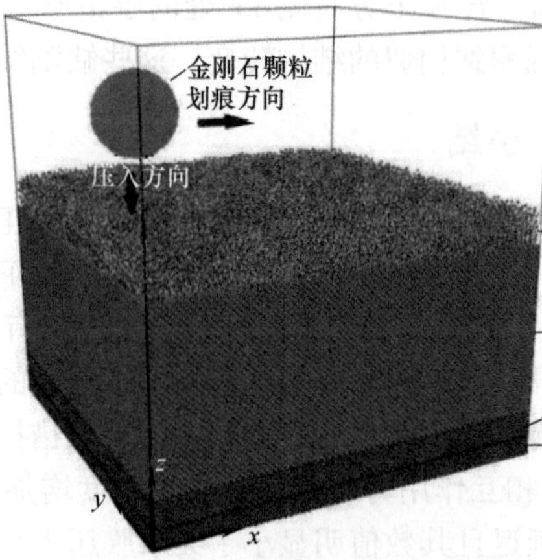

图 5-25　二体磨料磨损的初始模型

表 5-2　Lennard- Jones 势函数及模拟过程参数

特　性	参数设置
磨料颗粒	金刚石结构，球形，半径 2.5nm，11976 个原子
水膜	密度 $1.0\mathrm{g\cdot cm^{-3}}$，厚度（$H$）：0、1.0nm、2.0nm、3.0nm
单晶铜基体	FCC 结构，尺寸 $68a\times68a\times35a$（晶格常数 $a=0.3615\mathrm{nm}$），656608 个原子
Morse 势函数	$D_0=0.1\mathrm{eV}$，$\alpha=1.7\mathrm{nm^{-1}}$，$r_0=0.22\mathrm{nm}$
氧 - 氧 TIP4P 参数	$\varepsilon=0.1554$kcal① · mol，$\delta=0.31655\mathrm{nm}$
氧 - 铜 LJ 参数	$\varepsilon=0.2708\mathrm{kcal\cdot mol}$，$\delta=0.28877\mathrm{nm}$
氧 - 碳 LJ 参数	$\varepsilon=0.1\mathrm{kcal\cdot mol}$，$\delta=0.3275\mathrm{nm}$
两体磨损过程	磨料运动速度 $10\mathrm{m\cdot s^{-1}}$，压痕深度（h）：-0.2nm、0.1nm、0.5nm、1.0nm

① 1kcal = 4.1868kJ。

MD 模拟过程中，采用 Velocity - Verlet 算法对牛顿区域和绝热区域的原子进行速度积分，时间步长设为 1fs，侧向 x 和 y 方向采用周期性边界条件。模拟过程包括四个阶段：①体系弛豫过程，50ps，使研究体系达到局部能量最优化；②纳米压入过程，纳米磨料颗粒沿着 $-z$ 方向运动，穿透水膜压入单晶铜基体，采用位移控制方法；③纳米压入结束后，体系二次弛豫，50ps；④两体磨损过程，磨料颗粒沿着 x 方向匀速运动。纳米压入和磨损过程中磨料颗粒的运动速度均为 $10\mathrm{m\cdot s^{-1}}$。模拟结果可视化采用 OVITO 软件[23]。

前面的研究表明，无水膜和水膜存在时，单晶铜的纳米压入行为具有明显的差异，并且水膜厚度不同也极大地影响着单晶铜基体的塑性变形过程。纳米压入是材料摩擦磨损过程中最初始的阶段——磨料颗粒或磨屑碎片嵌入材料表面，之后磨料颗粒或者磨屑可能通过不同的运动方式（如滑动、滚动）对材料造成不同程度的磨损。作者在下文对球形磨料颗粒在单晶铜表面的纳米划痕过程进行模拟，采用位移控制方法将磨料压入单晶铜，压痕深度为 1.0nm，随后磨料颗粒沿水平方向进行划痕（两体）运动，并揭示无水膜和水膜厚度分别为 1.0nm、2.0nm 和 3.0nm 时单晶铜的变形、磨损机理。

5.3.2　水膜对摩擦力的影响

图 5-26 所示为不同水膜厚度下磨料颗粒受到的摩擦力和正压力。摩擦力定义为单晶铜和水膜分别与磨料颗粒作用的划痕方向的合力，同理，正压力则是垂直方向的合力。该图中摩擦力与正压力随着划痕距离发生变化，划痕的初始阶段正压力从一个较大值（形成于纳米压入阶段）快速下降，而摩擦力从零开始快速增大，说明磨料颗粒开始平动则受到的阻力就会明显增加。通过对比可发现，摩擦力增加和正压力降低所经历的时间（对应划痕长度）随水膜厚度增加而增加。随着划痕距离增加，摩擦力和正压力基本保持动态稳定。

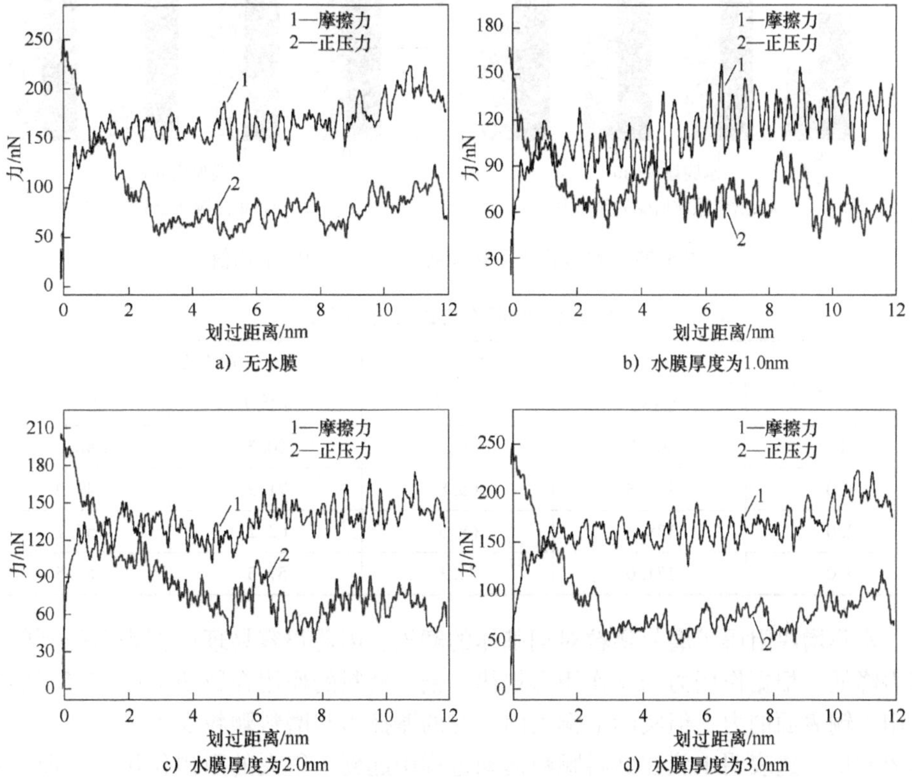

图 5-26　不同水膜厚度下划痕过程中作用于磨料颗粒的摩擦力和正压力

对图5-26中两种力在稳定阶段的平均值进行计算，如图5-27和表5-3所示，进而得到摩擦因数（见图5-28）。图5-27a表明磨料颗粒受到的摩擦力随水膜厚度增加而明显增大，正压力在有水膜存在时无明显变化，但从无水膜到水膜出现正压力增加至少28nN。由此得到的摩擦系数与摩擦力呈现相同的变化趋势——随水膜增厚而连续增大。因此，纳米划痕过程中水膜厚度对磨料沿压入方向的运动似乎无明显影响，但有水膜时的作用明显区别于干滑动。对于材料的摩擦磨损，通常而言，更关心材料本身的磨损，因此提取了作用于单晶铜表面的摩擦力和正压力，包括磨料和水膜的作用，并由此计算得到了磨料稳定运动阶段的力的平均值，如图5-27b所示。由该图可以看出，铜表面受到的摩擦力随水膜厚度增加而降低，正压力呈现相反的趋势；其次，摩擦力的降低量高于正压力的增加量，所以图5-28所示的摩擦系数也随水膜增厚而减小。

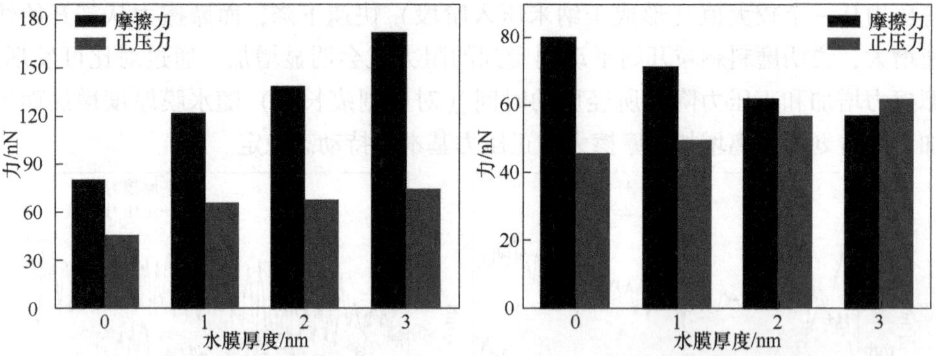

a）磨料颗粒所受的作用力　b）单晶铜所受的作用力

图5-27　划痕稳定阶段摩擦力与正压力的平均值

表5-3　摩擦力与正压力平均值

水膜厚度/nm	磨料颗粒受力/nN		铜表面受力/nN	
	摩擦力	正压力	摩擦力	正压力
0	80.3	46.1	80.3	46.1
1.0	121.8	65.8	71.2	49.9
2.0	138.3	68.5	62.2	57.7
3.0	171.0	74.3	57.5	62.5

水膜增厚阻碍了磨料颗粒对铜基体的磨损，因此很容易理解铜表面受到的摩擦力降低。根据作用力与反作用力规律，铜对磨料的作用在数值上应该等于磨料作用于铜表面的力，但实际上铜表面承受的摩擦力与磨料颗粒受到的摩擦力变化趋势相反。这表明水膜在磨料颗粒运动过程中起到了很大的阻碍作用，从而改变了磨料颗粒所受摩擦力的变化趋势。

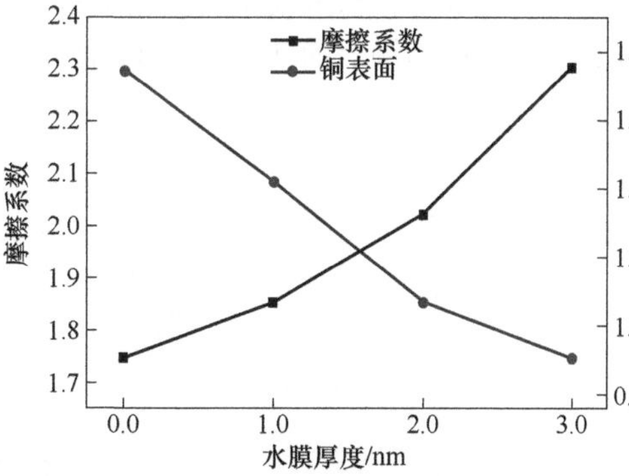

图 5-28　不同水膜厚度下的摩擦系数

值得注意的是作者这里得到的摩擦系数大于 1，更是远大于宏观实验得到的数值。宏观理论中摩擦系数主要包括犁沟和黏附作用[24,25]。但是在纳米尺度下，摩擦系数除了包括犁沟和黏附作用外，由于磨料与磨屑碎片的体积比大于宏观条件，因此磨屑的阻碍作用也明显增强[26]。实际上，纳米尺度下接触区域的黏附作用非常大，甚至超过了犁沟切削作用，同时由于摩擦磨损过程中大量原子变形堆积形成磨屑，对摩擦过程的贡献也是不可低估的。而在本书中，水膜的影响亦是不可忽略的。因此，从纳米磨损的角度来讲较大的摩擦系数是合理的[9,26-28]。

5.3.3　单晶铜表面形貌

图 5-29 和图 5-30 展示了纳米划痕结束时单晶铜表面磨损形貌和犁沟（划痕）两侧脊的分布，图中黄色表示单晶铜表面原子和变形的原子，绿色表示无变形的铜原子，蓝色表示水分子中的氧原子（为了示图清晰，氢原子已被省略），红色球形表示磨料颗粒。

从图 5-29 中可以明显地发现，大量表面原子（黄色）在磨损结束时其位置发生了很大的变化，这些移位原子表明了单晶铜的变形。从顶视图可以看出，磨料颗粒划过后，单晶铜表面出现了形状规整的犁沟或磨损区域，大量的铜原子被从划痕区域磨损出，并堆积于犁沟两侧和磨料运动方向的前端，形成了高高的脊、堆积的磨屑。通过对纳米划痕微观过程的观察，可以发现由磨损原子形成的磨屑随着磨料划动距离的增加而不断增多。

磨料在空气润滑滑动条件下，如图 5-29a 和图 5-30a 所示，整个划痕区域的犁沟形状非常规整，深度是和高度一致的，并且脊的高度也几乎是一致的。与此相反，有水膜存在时，犁沟分布不规整，底部具有明显的原子阶梯，脊的分布高低不一，并且局部堆积明显。例如，图 5-30c、d 中在脊的尾端只有零星的磨屑存在，而前端却有大量的磨屑堆积，这些磨屑的高度几乎达到了磨料颗粒的高度。另外，磨料颗粒在单晶铜表面的划动导致大量水分子在其前端积累，并且累积的水分子随着水膜厚度和划痕长度的增加而急剧增多，如图 5-29b、c、d 所示。水分子的这种积累增加了磨料颗粒前进的阻力，因此磨料受到的摩擦力明显增大，这是磨料受到的摩擦力与单晶铜受到的摩擦力呈现相反变化规律的原因；同时，水分子在磨料颗粒前端的大量堆积，极大地阻碍了划痕过程中磨屑的堆积和脊的形成，这就导致犁沟内部结构、单晶铜表面和脊展现了明显的各向异性特征。

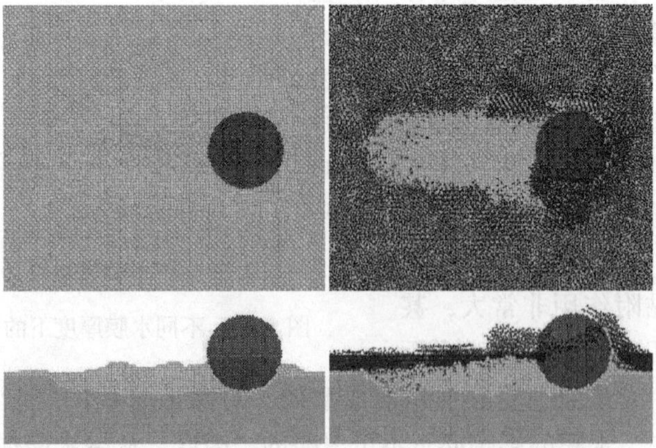

a）无水膜　　b）水膜厚度为1.0nm

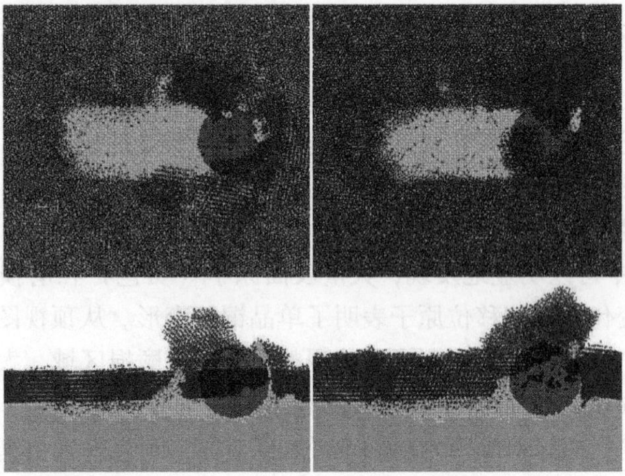

c）水膜厚度为2.0nm　　d）水膜厚度为3.0nm

图5-29　纳米划痕形貌的顶视图（上）和横截面视图（下）（彩色图见插页）

图5-31所示为单晶铜表面磨损形貌的顶视图，图中颜色标明了原子所处的位置深度。无水膜条件下，纳米划痕后的单晶铜表面非常完整，微小的磨损位于犁沟边缘，犁沟内的原子亦具有非常规整的结构。然而，当水膜存在时，犁沟区域（黑色轮廓线以内）以外的单晶铜表面具有较大程度的磨损，并且磨损程度随水膜增厚而明显增加；在犁沟内，位于不同位置或深度的原子的颜色分布变得不规则，说明犁沟内的结构是高低起伏、不规则的。所以，无论是单晶铜表面，还是犁沟区域内的损伤程度，都因水膜的存在和增厚而增加。

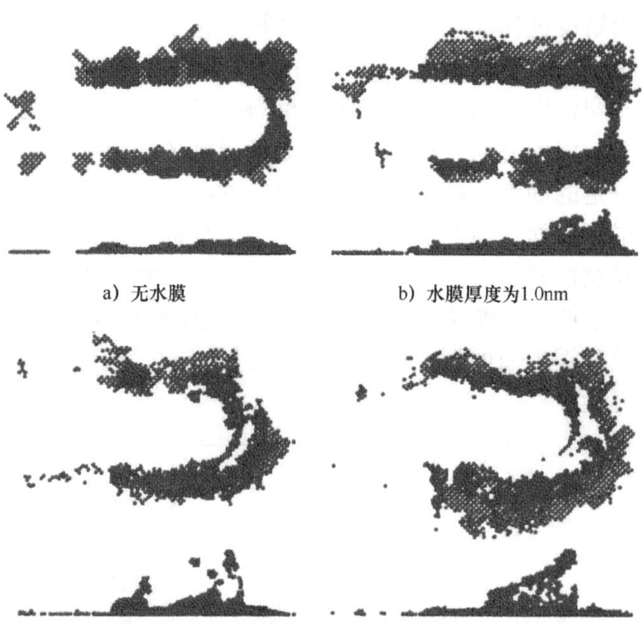

a）无水膜　　b）水膜厚度为1.0nm

c）水膜厚度为2.0nm　　d）水膜厚度为3.0nm

图 5-30　犁沟两侧脊的形貌的顶视图（上侧）和截面视图（下侧）（彩色图见插页）

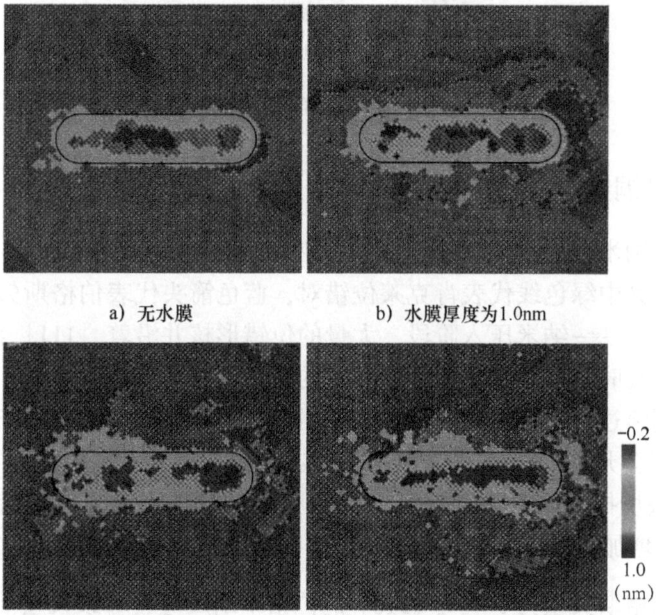

a）无水膜　　b）水膜厚度为1.0nm

c）水膜厚度为2.0nm　　d）水膜厚度为3.0nm

图 5-31　单晶铜表面磨损形貌的顶视图（彩色图见插页）

为揭示纳米划痕过程中水膜的作用，计算了位于犁沟区域中心的水分子的数目（见图5-32）。位于犁沟中心区域的水分子数目随着水膜厚度增加而增加，这些残留在犁沟内的水分子能够阻碍磨料颗粒与单晶铜之间的直接相互作用，特别是沿着划痕的方向，所以单晶铜表面受到的摩擦力降低，即这些残留的水分子具有一定的润滑、减摩作用。同时，这些水分子能够将磨料颗粒的划痕力传递到单晶铜表面，由此引起犁沟内原子阶梯的形成，水分子的这种作用过程类似于机械腐蚀效应。另外，分布于犁沟边缘的水分子多于位于中心的水分子，它们引起了明显的犁沟附近的表面损伤（见图5-31）。因此，水膜确实对磨料颗粒在单晶铜表面的划痕行为具有重要的影响，从而导致表面损伤、脊和犁沟的各向异性。

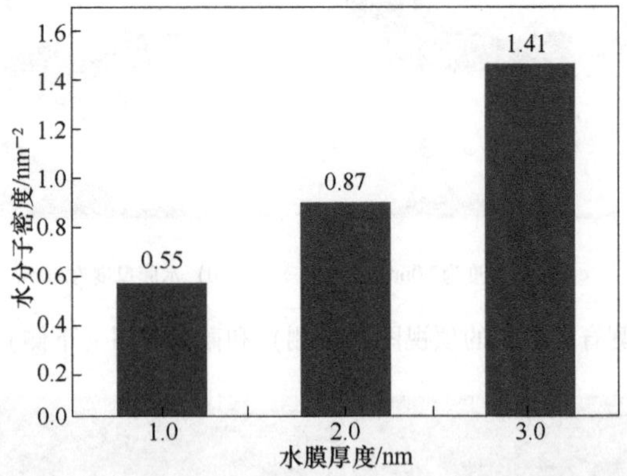

图5-32　位于犁沟中心区域的水分子面密度

5.3.4　单晶铜塑性变形

为了揭示纳米划痕过程中单晶铜的塑性变形行为，图5-33给出了一系列位错演化构型，其中绿色线代表肖克莱位错对，蓝色箭头代表伯格斯矢量。在纳米划痕的第一阶段——纳米压入阶段，大量的位错形核并沿着{111}滑移面扩展，很明显水膜存在时的位错线多于无水膜时的情况。

在纳米划痕过程中，观测到位错网络的特殊重组过程。随着划痕距离增加，位错在磨料下方形核并沿着划痕方向和与划痕方向呈45°角的方向扩展，如图5-34中箭头所指，红色代表表面及位错原子，绿色代表堆垛层错。随着划痕距离的进一步增加，那些集中的位错在犁沟中间位置发生释放，而{111}<110>滑移系统的伯格斯矢量为$b=\frac{a}{2}\langle 110\rangle$的位错不断反应，导致大量堆垛层错和肖克莱位错对产生，肖克莱位错的伯格斯矢量为$b=\frac{a}{6}\langle 112\rangle$。

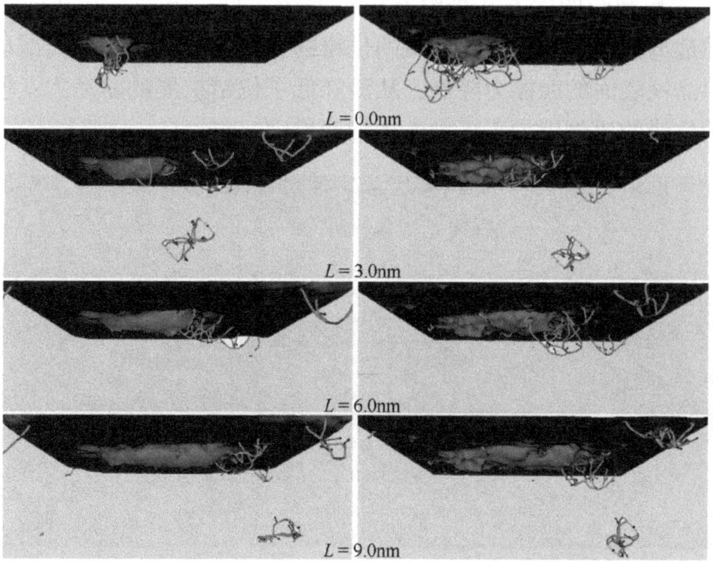

a）无水膜　　b）水膜厚度为1.0nm

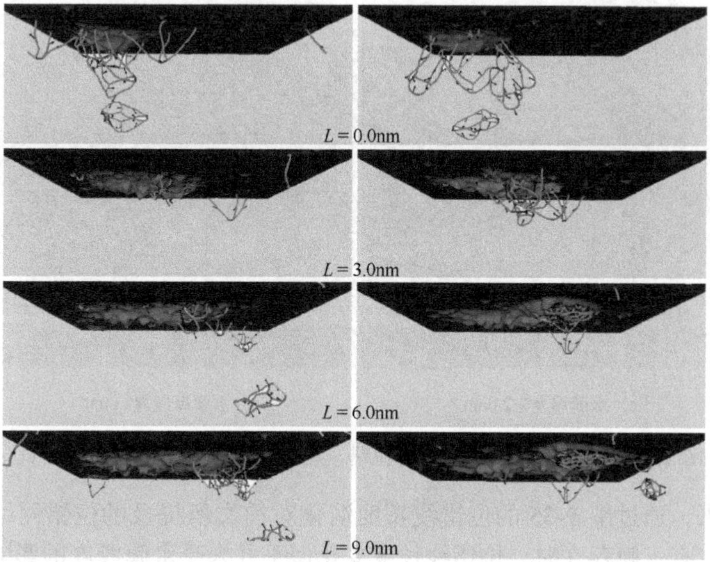

c）水膜厚度为2.0nm　　d）水膜厚度为3.0nm

图 5-33　单晶铜内部位错随划痕长度的演化（彩色图见插页）

由图 5-33 也可以看出，划痕区域的位错演化非常快，例如当磨料颗粒从划痕距离为 $L=3.0$nm 处离开到达 $L=6.0$nm 处时，后一位置处形成新的位错，而之前在 $L=3.0$nm 处形成的位错快速消失，特别是对于干的纳米划痕过程（见

图 5-33a)，磨料颗粒的后方几乎没有位错残留。另一方面，在相同的划痕距离处，扩展并远离磨料正下方磨损区域的位错的比例随着水膜增厚而减小，这是因为作用于单晶铜表面的摩擦力降低，从而降低了位错扩展的驱动力；但是，磨料周围成核的位错的比例因为正压力的增加而增大。

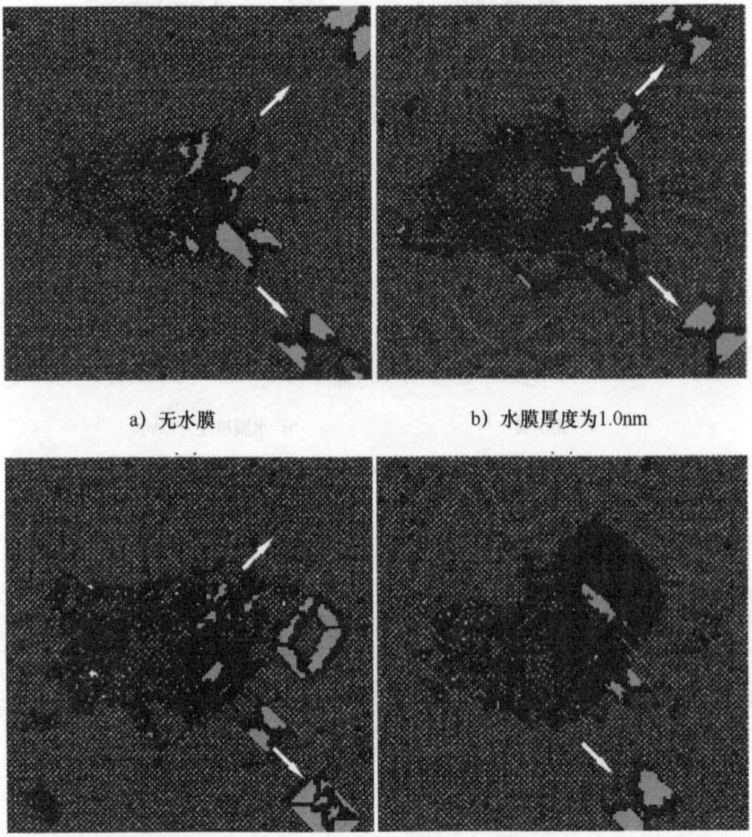

a）无水膜　　b）水膜厚度为1.0nm

c）水膜厚度为2.0nm　　d）水膜厚度为3.0nm

图 5-34　划痕距离为 6.0nm 时位错、层错扩展方向（彩色图见插页）

接下来，通过图 5-35 的位错线长度演化对前文所提及的位错网络重构过程进行分析。有水膜存在时，位错线长度变化似乎并未受水膜厚度的影响。在划痕初始阶段，纳米压入阶段产生的位错开始释放，同时新的位错也在划痕下方逐渐形核，因此划痕距离 $L<3.0\text{nm}$ 时位错线长度变化不明显或者小幅减少；之后，当 $L=3.0\text{nm}$ 时最初形成的位错几乎全部消失，位错网络在 $3.0\text{nm}<L<7.0\text{nm}$ 划痕过程中重组，即新位错的成核和旧位错的消失同时发生；当 $L>7.0\text{nm}$ 时，位错的扩展和反应引起位错长度迅速增加并随后波动。对于无水膜的纳米划痕过程，位错长度基本保持恒定，当 $L<8.0\text{nm}$ 其波动范围在 60～80nm 之间；之后，

位错线长度增加并最终小幅波动，类似于有水膜情况。综上，水膜的存在导致总位错长度的增加。实际上无论水膜是否存在，位错线长度的变化都是不断波动的，其中位错长度的减小意味着位错释放、消失，而增加意味着新位错的大量产生，这种位错的动态变化就反映了划痕过程中位错网络的不断重组。

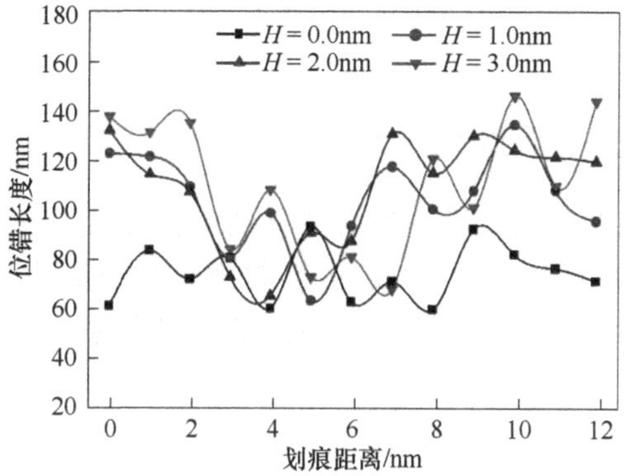

图 5-35　位错长度随划痕距离变化曲线

5.3.5　单晶铜磨损评价

对于磨料颗粒在材料表面划痕形式的两体磨损过程，评价材料的磨损率或者损伤程度非常重要。作者认为，如果某一个铜原子在划痕过程结束时运动出原始的无缺陷的单晶铜表面，并且高于表面 0.18nm（单晶铜晶格常数的一半）时，该原子被认为是被去除或磨损掉的原子。磨损掉的铜原子的数目被用来描述纳米材料的磨损量，磨料颗粒去除前后的单晶铜的磨损量如图 5-36 所示。由图 5-36 可以看出，磨料颗粒从磨损区域移除前，单晶铜的去除量随着水膜的出现和厚度的增加而急剧减小，这意味着水膜的出现和增厚降低了单晶铜的磨损。一方面，这是因为磨料颗粒下方及周围的水分子阻碍了磨料和单晶铜之间的直接接触，导致作用于单晶铜表面的摩擦力减小（见图 5-27b）；另一方面，磨料颗粒周围（特别是前端）水分子的积累阻碍了部分磨损掉的铜原子向表面上方的积累。当磨料颗粒从磨损区域去除后，单晶铜的磨损量的变化与去除前相似。该结果与相关实验结果一致，水膜

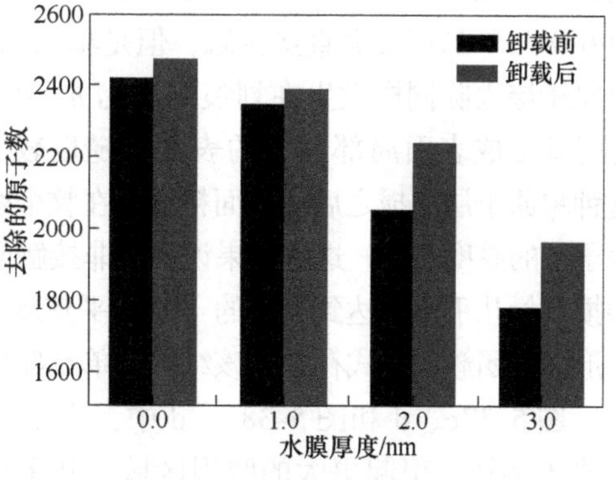

图 5-36　磨料颗粒移除卸载前后磨损掉的铜原子数目

在磨料颗粒划动过程中起到了润滑作用[29]。除此之外，很有意思的是磨料颗粒的卸载导致磨损量增加，特别是在较厚的水膜下，磨料颗粒下方的部分铜原子很容易被磨料颗粒从磨损区域吸引出来而高于表面，而水膜存在时一些被磨损的铜原子以原子阶梯存在于犁沟内，当磨料颗粒移除时这些原子跟随磨料被移除，同时磨料颗粒移除后单晶铜的弹性回复也导致一些原子被从表面挤出。因此，以上结果表明水膜的存在降低了单晶铜的磨损量。

5.3.6 单晶铜单原子层磨料磨损机理

越来越多的研究者开始关注纳米尺度材料的去除或摩擦磨损行为，例如 Luo 和 Dornfeld[30,31] 等人采用直径为 50nm 的磨料颗粒进行磨损实验，发现通过改变实验条件可以实现材料的精密去除，如磨损或者划痕深度最小可降低到 0. 07nm。然而，在亚纳米尺度的磨损条件下，材料的摩擦磨损不同于宏观尺度[32]。作者采用 -0. 2nm、0. 1nm、0. 5nm 和 1. 0nm 的划痕深度（h）来研究划痕深度对材料磨损、去除或者抛光过程的影响，其中划痕深度定义为磨料颗粒在材料表面的压痕深度， -0. 2nm 是指磨料颗粒表面原子未压入基体并且与单晶铜表面的距离为 0. 2nm，这种工况下磨料颗粒与材料未直接接触（非接触条件），而 0. 1nm 意味着磨料颗粒与材料属于单原子层接触。

图 5-37 展示了水膜厚度为 1. 0nm 时单晶铜表面磨损形貌，其中红色为磨料颗粒，绿色为未变形的铜原子，黄色为表面及变形原子，为了示图和分析的方便，俯视图只展示了表面的单层原子，省略了水分子。图 5-38 所示为单晶铜磨损形貌的截面切片视图。

由图 5-37a 可看出，在划痕区域，新的表面层出现在了初始的亚表面之上，一些表面原子高出了单晶铜表面；图 5-38a 表明很多表面原子被从它们原始的位置磨损掉，导致表面空位的形成，如俯视图所示。因此，尽管在 $h = -0.2$nm 时磨料颗粒并未与单晶铜表面直接接触，但是单晶铜表面的单原子层被去除了。这种形式的单原子层去除同样发生在划痕深度为 $h = 0.1$nm 时，如图 5-37b 和图 5 -38b 所示，此时新形成表面局部区域的表面粗糙度较大。但是，如图 5-37a、b 中箭头所示，这种单原子层磨损之后的表面粗糙度在整个磨损区域是比较一致的，几乎都在一两个原子层的厚度之内。这些结果说明在非接触或者单原子层接触条件下，单晶铜表面的磨损质量几乎可以达到所谓的“0nm 平整度”。磨损掉的铜原子以单原子或者几个原子形成的团簇的形式存在，该结果与单晶硅在压痕深度为 0. 1nm 时的结果[32]一致。

图 5-37c、d 和图 5-38c、d 中，由于划痕深度增加，磨料颗粒与更多的单晶铜原子接触，引起更大的磨损区域，几乎所有与磨料颗粒接触作用的铜原子都被从表面磨损去除。当磨料向前划动时，大量的变形原子不断聚集在磨料颗粒前端形成了原子簇或者磨屑碎片，同时磨损区域形成犁沟，并且犁沟两侧形成了高高

的脊，特别是划痕深度为 1.0nm 时更为突出，如图 5-38 所示。从截面视图可看出，犁沟底部形成了明显的原子阶梯，而单晶铜表面磨损随着划痕深度增加明显加重，与非接触和单原子层接触形成了鲜明对比。

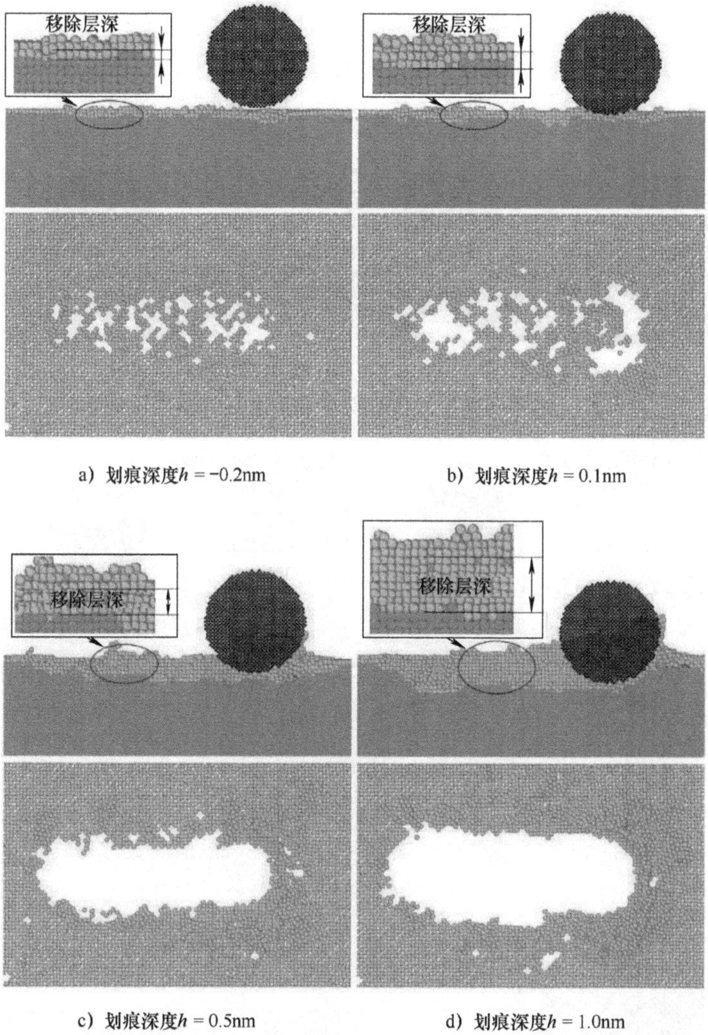

图 5-37　水膜厚度为 1.0nm 时单晶铜磨损截面视图（上，$x-z$ 平面）和俯视图（下，$x-y$ 平面）（彩色图见插页）

为了评价水膜厚度对材料磨损和表面质量的影响，作者对无水膜、水膜厚度为 0.3nm（单层水膜）和 0.5nm（双层水膜）时的纳米划痕过程进行了模拟，磨损形貌分别如图 5-39～图 5-41 所示。水膜厚度为 0.3nm 和 0.5nm 时，不同划痕深度下磨料颗粒在单晶铜表面划过之后均实现了单原子层的磨损，类似于水膜厚度为 1.0nm 时较小的划痕下的单晶铜磨损。

a）划痕深度$h=-0.2\mathrm{nm}$　　b）划痕深度$h=0.1\mathrm{nm}$

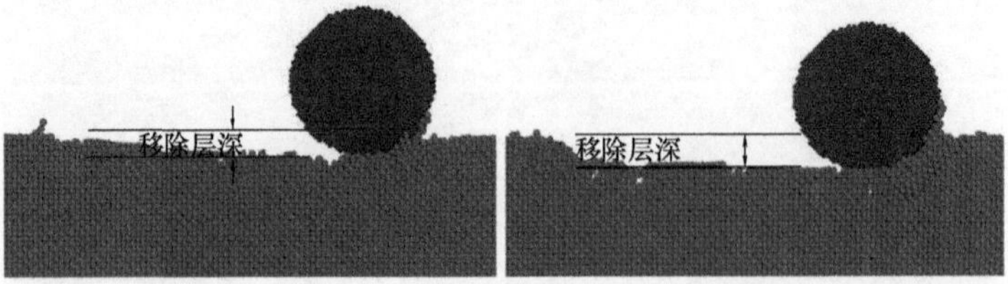

c）划痕深度$h=0.5\mathrm{nm}$　　d）划痕深度$h=1.0\mathrm{nm}$

图 5-38　水膜厚度为 1.0nm 时单晶铜磨损的截面切片视图

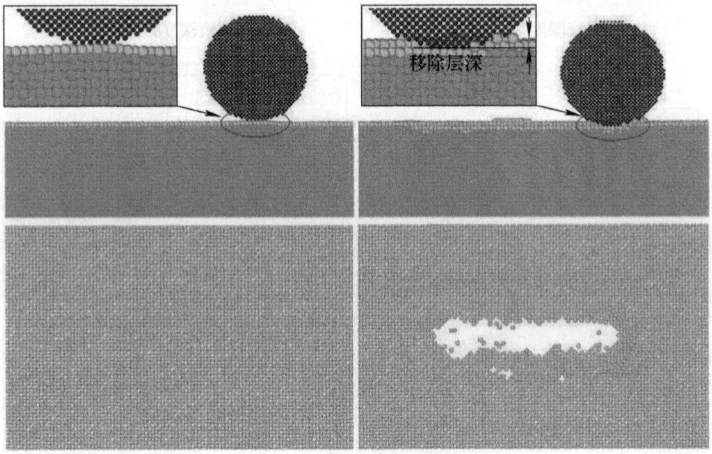

a）划痕深度$h=-0.2\mathrm{nm}$　　b）划痕深度$h=0.1\mathrm{nm}$

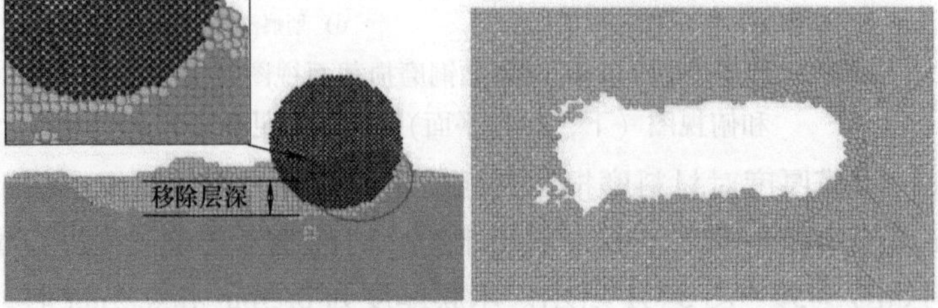

c）划痕深度$h=1.0\mathrm{nm}$

图 5-39　无水膜时单晶铜磨损截面视图（x—z 平面）和俯视图（x—y 平面）

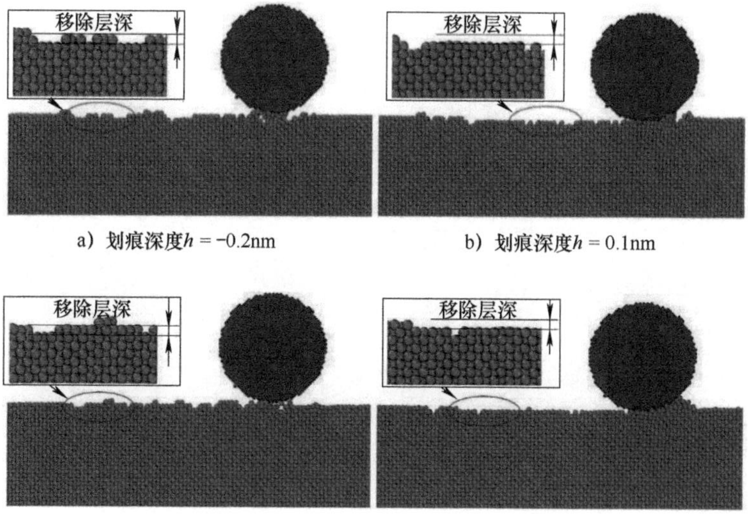

a）划痕深度$h=-0.2$nm　b）划痕深度$h=0.1$nm

c）划痕深度$h=0.5$nm　d）划痕深度$h=1.0$nm

图 5-40　水膜厚度为 0.3nm 时单晶铜磨损的截面（x—z 平面）切片视图

对于无水膜的纳米划痕（见图 5-39），单原子层磨损发生在划痕深度为 0.1nm，而非接触（$h=-0.2$nm）条件下单晶铜表面仍然保持原始的完好晶体结构；随着划痕深度增加到 1.0nm（见图 5-39c），磨料颗粒与单晶铜基体直接接触形成大的磨损区域，几乎所有的与磨料颗粒作用的铜原子都被磨损掉了，单晶铜表面形成了较深的犁沟，大量铜原子堆积于磨料前端形成磨屑。比较图 5-37a、b、图 5-39b 和图 5-41 的俯视图可发现，由于原子磨损形成的表面空位随着水膜厚度减小（从 1.0nm 到无水膜）而增多，即磨损区域的原子数目随水膜厚度减小而增加；但是，另一方面，相同划痕深度下单晶铜的磨损区域面积随水膜厚度减小略微减小。

为揭示单晶铜的磨损机理，提取了包含水膜的磨损形貌（见图 5-42），并计算了残留在磨损区域的水分子数目（见图 5-43）。由图 5-42 可看出，划痕深度为 -0.2nm 和 0.1nm 时，少量的水分子聚集于磨料颗粒前端，而当划痕深度增加至 0.5nm 和 1.0nm 时，聚集的水分子数目显著增多；与此相反，残留在磨损区域的水分子数目却随划痕深度增加而减少，例如非接触条件下（$h=-0.2$nm）残留的水分子数目几乎是单原子层接触时的 4 倍（见图 5-43）。以上结果表明，小的划痕深度下水膜对单原子层磨损具有重要的作用。

对于非接触条件下的纳米划痕过程，图 5-42 的磨损形貌截面图表明磨料颗粒与单晶铜之间的空间被大量残留的水分子占据着。同时，由表 5-4 及图 5-44 所示的平均相互作用力表明，磨料与单晶铜之间的作用力（0.18nN）远小于水膜

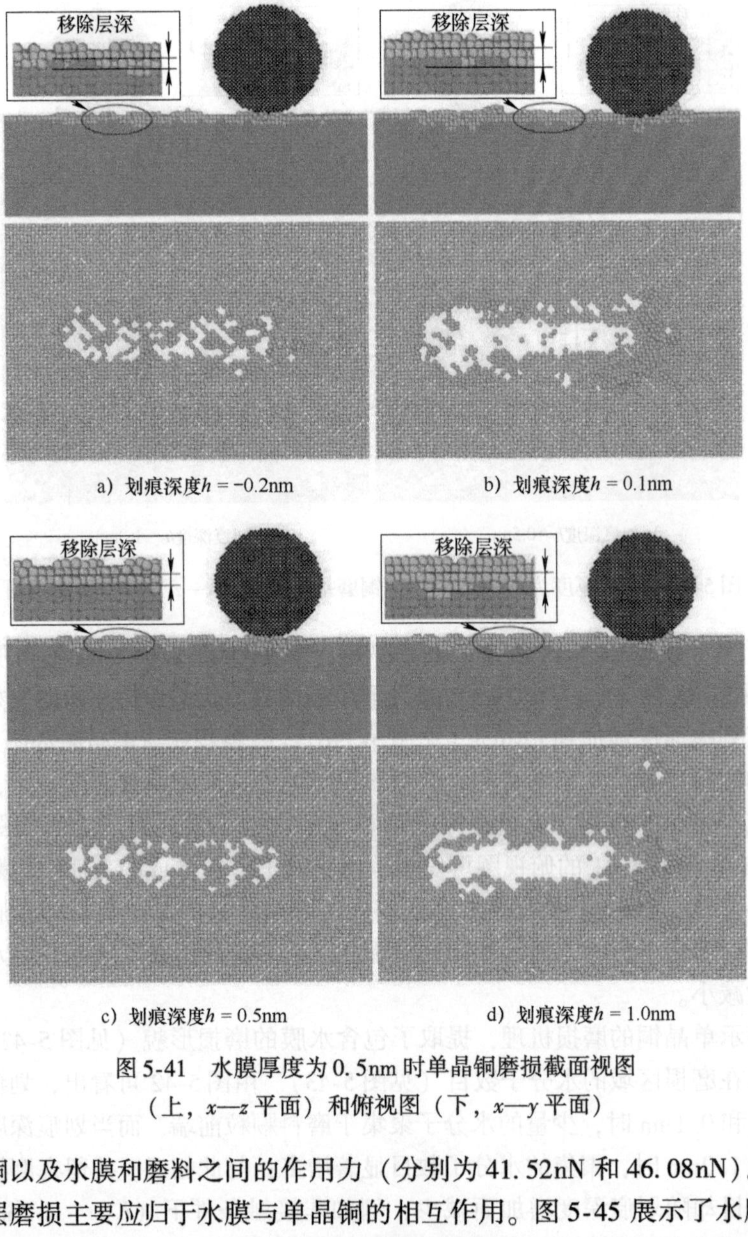

图 5-41　水膜厚度为 0.5nm 时单晶铜磨损截面视图（上，x—z 平面）和俯视图（下，x—y 平面）

和单晶铜以及水膜和磨料之间的作用力（分别为 41.52nN 和 46.08nN）。这说明单原子层磨损主要应归于水膜与单晶铜的相互作用。图 5-45 展示了水膜厚度为 1.0nm、划痕深度为 −0.2nm 时单层原子的磨损过程，其中红色为水分子中的氧原子，灰色为磨料颗粒，土黄色为铜基体，其他几个标记为不同颜色的原子，用于揭示原子去除的详细过程。磨料颗粒水平运动初始时刻，其下方的铜原子微微变形。从 5ps 到 15ps 再到 35ps 的过程中，磨料下方的蓝色铜原子逐渐被周围标记为紫色和浅蓝色的氧原子（代表水分子）吸引或推着移动；一旦水－铜相互

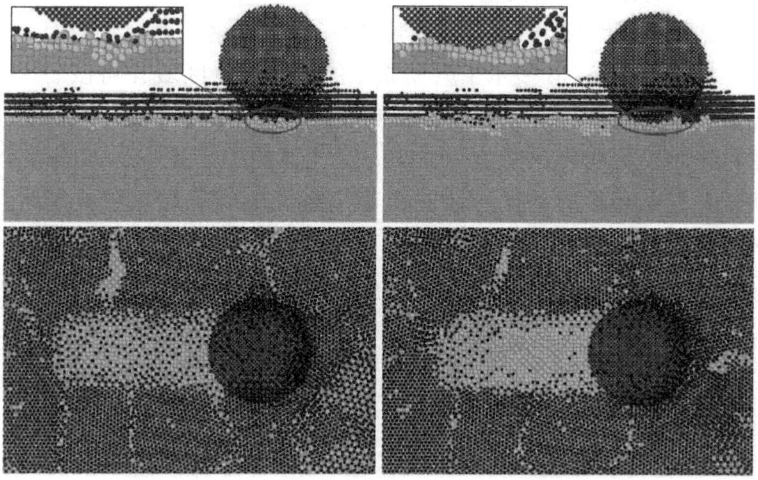

a）划痕深度$h=-0.2$nm　　b）划痕深度$h=0.1$nm

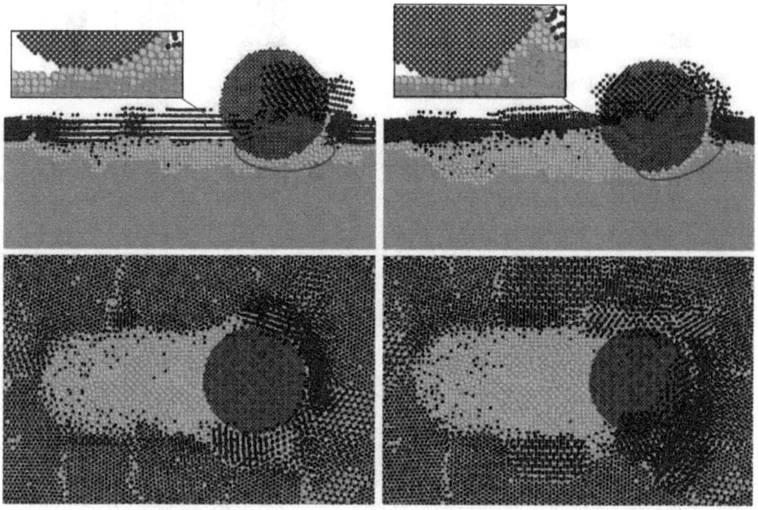

c）划痕深度$h=0.5$nm　　d）划痕深度$h=1.0$nm

图5-42　水膜厚度为1.0nm时单晶铜磨损截面视图（上，x—z平面）和俯视图（下，x—y平面）

作用力大到足以破坏铜原子之间的金属键时，铜原子则从初始位置被去除并可能黏附到磨料颗粒上，例如100ps时蓝色的铜原子已经被磨损掉并位于原始铜表面之上（见图5-45d）。这种原子磨损行为在纳米划痕过程中连续发生，表面铜原子的去除和黏附仅仅引起表面微结构的变化，表面粗糙度的变化仅限于单原子尺度[30-32]。相似的表面原子磨损过程也发生在$h=0.1$nm的纳米划痕中；同时，磨料颗粒与铜基体的作用力增大至18.44nN（见表5-4和图5-44），说明磨料颗粒对铜原子的黏附作用明显增大，导致磨损原子数目增多、磨损区域面积增大（见图5-46b）。另外，图5-46展示了磨损原子的迁移，从区域A可以看出一些铜原子或小的原子团簇从它们最初的位置区域2和5迁移到了区域3和6，但是并未观察到磨屑的形成。划痕深度为-0.2nm时迁移的原子更少，如图5-46a所示。这些结果提供了更充足的证据，证明在非接触和单原子层接触的纳米磨损过程中，黏附力是表面原子磨损的主要作用。

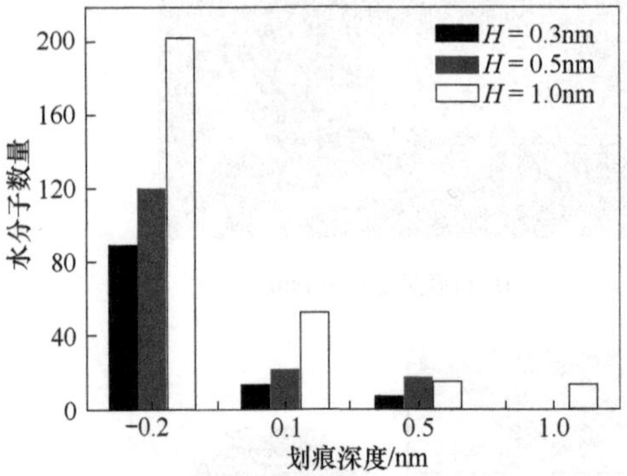

图5-43　单晶铜磨损区域内残留的水分子数量

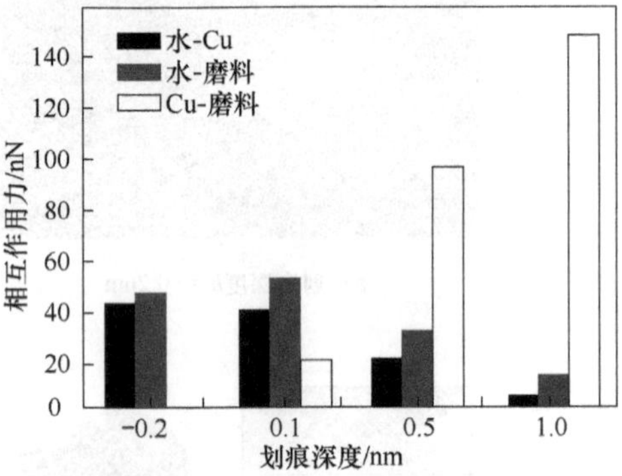

图5-44　水膜厚度为1.0nm时不同划痕深度下组分间的相互作用力

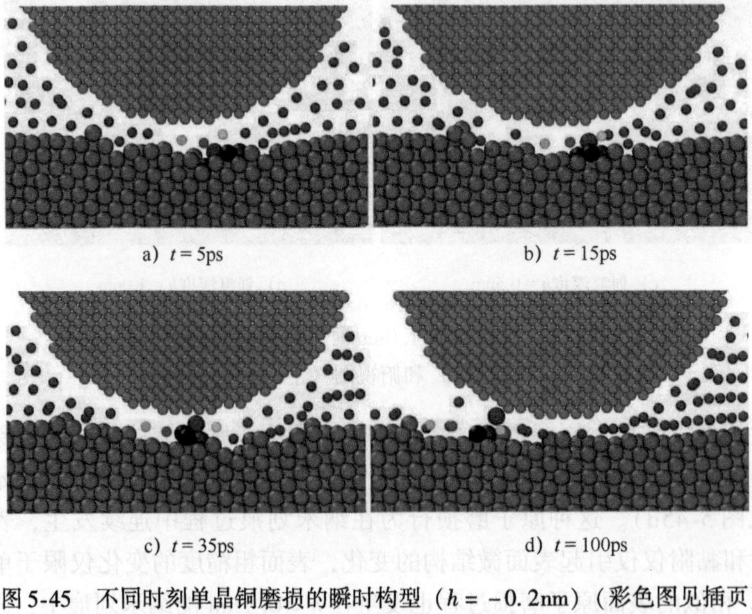

a) $t=5$ps　b) $t=15$ps

c) $t=35$ps　d) $t=100$ps

图5-45　不同时刻单晶铜磨损的瞬时构型（$h=-0.2$nm）（彩色图见插页）

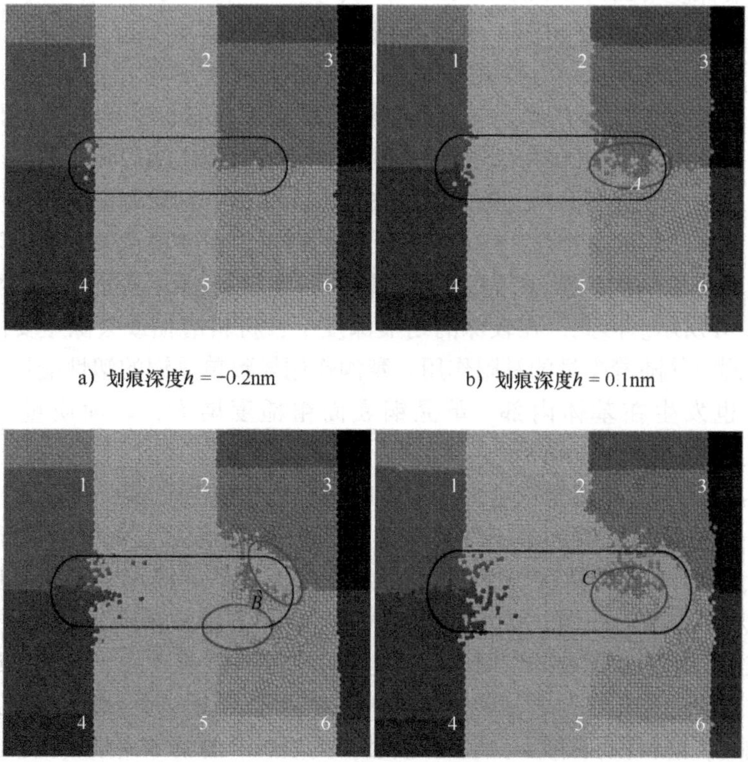

a）划痕深度h = −0.2nm　　b）划痕深度h = 0.1nm

c）划痕深度h = 0.5nm　　d）划痕深度h = 1.0nm

图 5-46　水膜厚度为 1.0nm 时表面铜原子迁移构型

表 5-4　划痕方向的不同组分间的平均作用力

水膜厚度/nm	划痕深度/nm	水-铜作用力/nN	水-磨料作用力/nN	磨料-铜作用力/nN
0.3	−0.2	7.70	9.24	1.23
	0.1	10.41	11.26	21.96
	0.5	4.48	5.40	86.94
0.5	−0.2	17.29	16.17	0.73
	0.1	16.28	17.80	20.12
	0.5	7.02	6.52	90.08
1.0	−0.2	41.52	46.08	0.18
	0.1	39.44	51.94	18.44
	0.5	19.98	30.69	95.59
	1.0	4.24	13.12	147.98

当划痕深度增加到0.5nm和1.0nm时，磨料颗粒下方的大多数水分子被挤出磨损区域（见图5-42和图5-43），则磨料与铜基体直接接触，因此水和铜以及水和磨料之间的相互作用力快速减小，而磨料颗粒和铜基体之间的作用力急剧增大，如表5-4和图5-44所示。特别是划痕深度为1.0nm时，磨料颗粒与铜的相互作用力增大到了147.98nN，远大于其他两个作用力（4.24nN和13.12nN），但是非常接近无水膜时磨料与铜之间的作用力158nN，意味着该划痕深度下磨料颗粒与铜基体之间的直接作用主导了单晶铜的磨损。在磨料颗粒划动过程中，铜表面形成了明显的无定形层，变形区域增大，磨料前端出现了较大的磨屑，如图5-46c、d所示。因此，在较深的划痕深度下，材料磨损或去除主要由犁沟作用控制，同时伴随着少量的黏附作用。犁沟作用导致单晶铜的塑性变形不仅发生在表面，也发生在基体内部，单晶铜表面粗糙度增大，表面质量恶化，如图5-37c、d和5-42c、d所示。

图5-47所示为单层及双层水膜厚度时单晶铜的磨损形貌，可以看出浅的压痕深度下磨料颗粒周围水分子的分布类似于水膜厚度为1.0nm时的情况（见图5-42a、b），然而残留在磨损区域的水分子数目随着水膜厚度增加而减少（见图5-43）。图5-47a、c插图表明有一些水分子保留在磨料颗粒下方，而更多的水分子存在于磨料颗粒前端的空间，所有这些水分子在促进单原子层磨损过程中扮演了非常重要的作用。与之相反，当划痕深度达到0.1nm时，磨料下方几乎没有水分子残留，磨料颗粒开始与铜基体接触，类似于干的纳米划痕（见图5-41b）。表5-4及图5-48和图5-49所示的平均相互作用力表明，当水膜厚度减小到0.5nm和0.3nm时，水和铜以及水和磨料之间的作用力减小而磨料和铜基体的作用力增大。例如，划痕深度为0.1nm，当水膜厚度从1.0nm减小到0.5nm再减小到0.3nm时，水膜和铜的作用力从39.44nN减小到16.28nN最后减小到10.41nN；然而磨料与铜基体的作用力从18.44nN增大到20.12nN最后增大到21.96nN。磨料颗粒与单晶铜之间的作用力最后几乎达到水膜与铜作用力的2倍。这些结果证明，水膜厚度的减小导致其对于单晶铜单原子层磨损的贡献降低，但是磨料颗粒对铜原子的黏附作用增强。

众所周知，尽管材料的磨损在大多数条件下不可避免，但人们始终希望磨损对材料造成的表面损伤以及材料内部的缺陷能达到最小化，实现“0外力下的0nm表面粗糙度和0缺陷”是降低磨损的终极目标。以上众多结果表明，非接触和单层接触条件下可实现材料的单原子层磨损或去除，并且得到很好的表面质量，特别是水膜较厚时；随着划痕深度增加到0.5nm和1.0nm时，磨损区域形成犁沟并伴随着脊的形成，磨料前端磨屑堆积，增大了表面粗糙度值，恶化了表面质量。表5-5是划痕结束时的位错线长度，可用以说明单晶铜内部的塑性变形。由表5-5可以看出，在划痕深度为-0.2nm和0.1nm时没有位错产生，即单晶铜无塑性变形，与相关实验结果[32,33]一致。但是，划痕深度的继续增加引起了位错的形核和扩展，例如划痕深度从 0.5nm 增加到 1.0nm 时，位错线长度从 28.57nm 急剧增加到了 108.01nm。另外，由于水膜增厚导致磨料颗粒与单晶铜的作用力减小，则作用于单晶铜的应力减小，因此位错随水膜增厚亦减少。

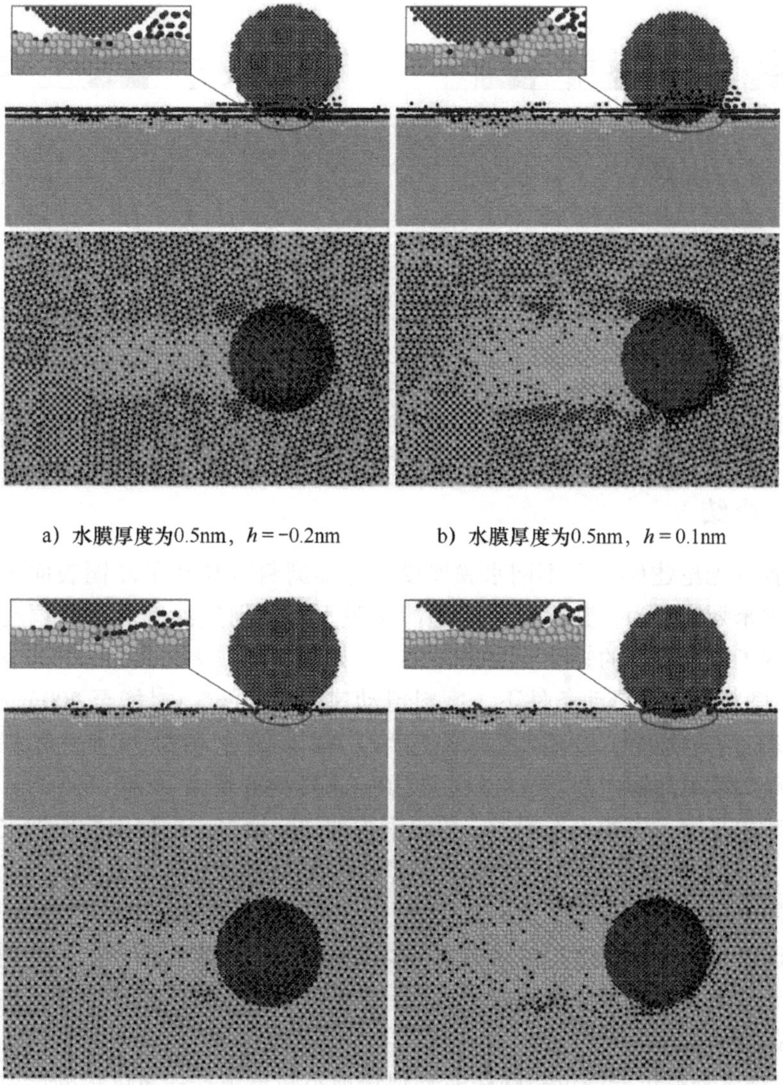

a）水膜厚度为0.5nm，$h=-0.2$nm　　b）水膜厚度为0.5nm，$h=0.1$nm

c）水膜厚度为0.3nm，$h=-0.2$nm　　d）水膜厚度为0.3nm，$h=0.1$nm

图 5-47　水膜为单层及双层时单晶铜磨损截面视图（上，x—z 平面）和俯视图（下，x—y 平面）

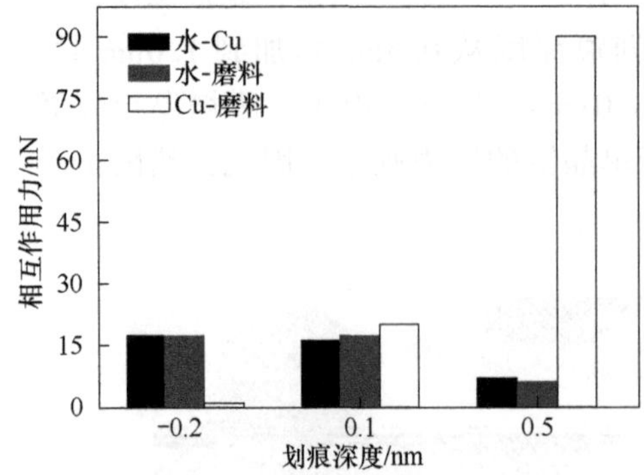

图 5-48　水膜厚度为 0.5nm 时不同划痕深度下组分间的相互作用力

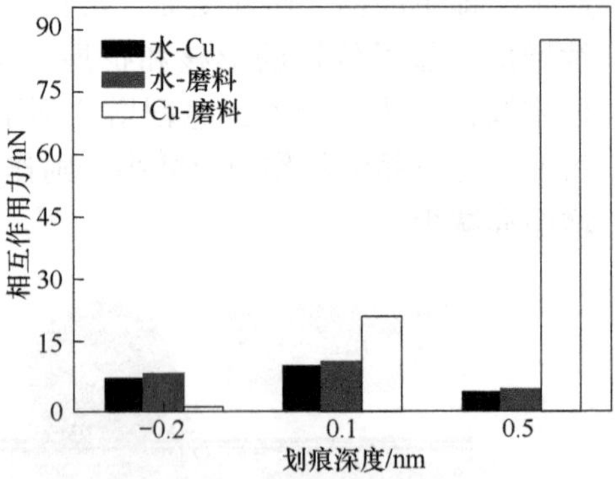

图 5-49　水膜厚度为 0.3nm 时不同划痕深度下组分间的相互作用力

表 5-5　单晶铜内部的位错线长度

水膜厚度/nm	0.3			0.5			1.0			
划痕深度/nm	-0.2	0.1	0.5	-0.2	0.1	0.5	-0.2	0.1	0.5	1.0
位错线长度/nm	0	0	65.55	0	0	42.33	0	0	28.57	108.01

5.3.7　小结

作者首先论述研究了不同水膜厚度下球形磨料颗粒在单晶铜表面的两体磨损——纳米划痕行为，其次研究了超薄水膜下不同划痕深度对单晶铜磨损的影响，实现了单层材料的去除。主要研究结果如下：

1）磨料颗粒干滑动条件下，磨料滑动速度由 $50m \cdot s^{-1}$ 增至 $200m \cdot s^{-1}$ 时，单晶铜表面磨损加重，摩擦因数增幅达到 9.6%，但是局部应力集中能够快速释放，进而导致单晶铜内部形成的缺陷减少；正压力的增大（64~160nN）导致磨料颗粒对单晶铜表面的损伤增加，单晶铜内部缺陷增多，摩擦因数增加 13.4%。

2）水膜的存在和增厚引起作用于磨料颗粒的摩擦力明显增加，然而水膜又阻碍了磨料颗粒与单晶铜之间的直接作用，因此作用于单晶铜的摩擦力却减小。无水膜时，单晶铜表面磨损形貌规整，受损程度较小；水膜存在时，磨料颗粒周围水分子的累积导致犁沟两侧的脊各向异性和表面损伤增大，同时犁沟内部形成不规则的原子阶梯。

3）纳米划痕过程中位错网络能够很快地不断重组——新位错的产生和旧位错的消失同时发生，而水膜的存在则增加了单晶铜内部的位错量。单晶铜的磨损量随着水膜的出现和增厚而降低，说明单晶铜两体磨损中水膜起到了一定的润滑作用。

4）在非接触（$h=-0.2\text{nm}$）和单层接触（$h=0.1\text{nm}$）条件下，可实现纳米材料磨损过程中的单原子层磨损或去除，磨损后形成的新表面比较平整、无变形层、无塑形缺陷存在于亚表面和基体内部。但是，随着划痕深度增加到 0.5nm 和 1.0nm，磨料颗粒将其与单晶铜之间的水分子挤出并与单晶铜直接作用，造成单晶铜表面损伤、大量磨屑碎片聚集、亚表面及内部发生严重的塑性变形。

5）纳米两体磨损过程中，单原子层磨损或去除是由原子间的黏附作用控制的，即水膜能够将磨料颗粒的作用力传递至单晶铜表面，引起表面原子的迁移和去除。大的划痕深度下材料磨损主要是由犁沟作用导致的。

5.4　单晶铜含水膜的三体磨料磨损

5.4.1　引言

三体磨损过程中磨屑或者磨料颗粒相对于上下固体表面存在不同的运动形式，比如滑动、滚动或者滚滑混合方式，而不同的运动方式会对材料表面造成不同的磨损和损伤[30,31,34]。目前，三体磨料磨损的实验研究已经较多，但是几乎所有的研究都忽略了材料所处的外界环境，如湿度或者含水的工况条件，水的存在对材料的力学、摩擦磨损性能具有重要的影响。研究发现影响磨料颗粒或者磨屑运动方式的因素较多，比如磨料颗粒本身的性质（几何形状、硬度等）、材料性质（表面粗糙度、硬度、缺陷等）以及外部条件（压力、速度、润滑流体等），然而在较大湿润度或者含水工况条件下，这些因素对磨料运动方式的影响是否会改变还不得而知。因此，有必要研究高湿度或含水条件下材料的摩擦磨损行为，使研究结果对应用更具有指导意义。

本节围绕对含水条件下单晶铜的纳米三体磨料磨损展开，考察磨料形状、外加载荷和单晶铜上下板的驱动速度对椭球磨料运动方式的影响，分析含水条件下单晶铜的磨损行为和组分间的作用机理。

5.4.2　模型与模拟方法

图 5-50 所示为单晶铜三体磨料磨损的初始模型，其包括上下两块光滑、无缺陷的单晶铜平板、椭球形的金刚石磨料颗粒和吸附于单晶铜表面的超薄水膜。单晶铜平板沿着 x-［100］、y-［010］和 z-［001］晶向的尺寸分别是 $8.0\text{nm}\times2.5\text{nm}\times4.0\text{nm}$，平板由边界层、绝热层和牛顿层组成，其中边界层设为刚性体以保证模拟体系的稳定，绝热层用来控制体系温度，牛顿层为基体磨损、变形的作用区域，绝热层和牛顿层原子服从牛顿运动规律。金刚石磨料颗粒为刚性体，在研究磨料颗粒形状对三体磨损影响时，磨料的长短轴比（α）从 0.70 到 0.90 变化（表 5-6），轴比越小则磨料越尖锐，反之磨料越接近于球形。磨料颗粒形

状的改变仅仅是通过改变 y 方向轴长的尺寸，因此本研究中磨料的体积也是随轴比变化的。

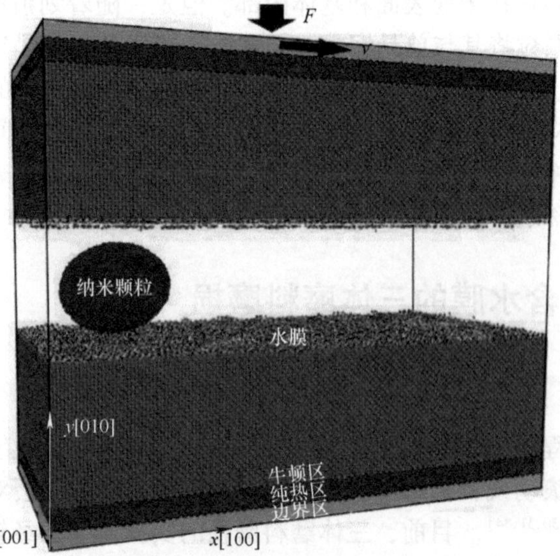

图 5-50　单晶铜三体磨料磨损初始模型

铜原子之间的相互作用力采用 EAM 势函数，铜原子与碳原子之间的相互作用采用 Morse 势函数，磨料颗粒被设为刚性体，碳原子之间的作用力未被计算，水分子内部的作用采用 TIP4P 势模型，铜原子、碳原子与水分子中氧原子之间的作用采用 Lennard-Jones 势函数，各种势函数模型及作用参数见表 5-6。

金刚石磨料颗粒在单晶铜表面之间的磨损过程主要包括 3 个阶段：①NVT 系综下对研究体系进行能量优化，100ps；②对单晶铜上板沿着 $-y$ 方向施加外加正向载荷，直到上板在外加载荷方向上的位移不再变化，即达到垂直压入过程的平衡；③控制上下板以恒定的驱动速度（v）分别沿着 x 和 $-x$ 方向水平运动。磨损过程的第二和第三阶段模拟过程采用 NVE 系综，原子运动采用 Velocity-Verlet 算法进行积分，时间步长为 1fs，采用 Langevin 热浴方法调节绝热层原子的速度以达到控制温度的目的，目标温度为 300K。模拟体系侧向（xz 平面）为周期性边界条件。模拟结果的可视化采用 OVITO 软件。

表 5-6　椭球形磨料颗粒的半轴长度

$\gamma = b/a$	0.70	0.80	0.85	0.90
a（x 方向）/0.1nm	60	60	60	60
b（y 方向）/0.1nm	42	48	51	54
c（z 方向）/0.1nm	60	60	60	60

5.4.3　磨料形状对单晶铜三体磨料磨损的影响

进行超薄水膜条件下三体磨料磨损的非平衡 MD 模拟的初始模型如图 5-50 所示，水膜厚度为 $H=0.35\mathrm{nm}$，单晶铜上下板驱动速度为 $50\mathrm{m}\cdot\mathrm{s}^{-1}$、所施加的正压力为 80nN。因为磨料颗粒的运动方式对单晶铜基体的摩擦磨损具有非常重要的影响，因此首先对磨料形状与其运动方式之间的关系进行讨论。

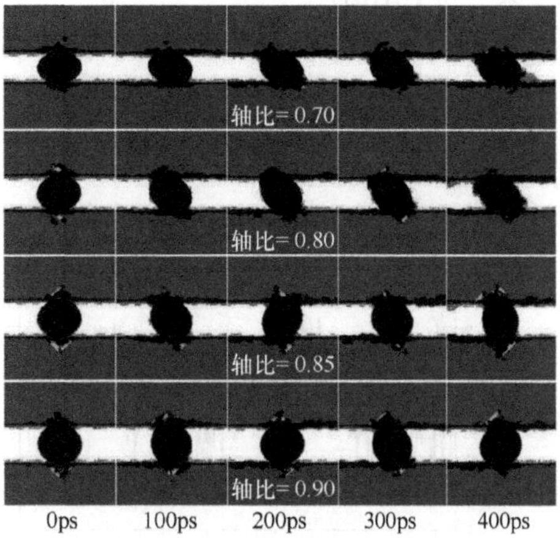

图 5-51　不同时刻磨料颗粒运动及单晶铜磨损的瞬时构型

图 5-51 展示了不同时刻磨料颗粒运动及单晶铜磨损的瞬时构型。纳米颗粒的形状随着轴比的增大（$\alpha=0.70\sim0.90$）由扁平状逐渐向球形转变，对比前两个时刻（0ps 和 100ps）的构型可以发现具有不同轴比的椭球磨料颗粒都经历了一个短暂的滚动过程，并且随着磨料轴比增加，磨料颗粒尖端提前与基体表面接触，这说明磨料的滚动角度随着轴比的增加而明显增大。100ps 之后，轴比为 0.70 和 0.80 的两个比较尖锐的磨料颗粒的瞬时状态不再发生明显的变化，表明初始滚动过程被滑动方式取而代之，并在 200ps 之后保持滑动运动方式不变；相反，具有较大轴比（$\alpha=0.85$ 和 $\alpha=0.90$）的两个椭球磨料颗粒在整个磨损过程中瞬时状态时刻发生着变化，说明它们全程均保持滚动运动方式。

图 5-52 是纳米磨料颗粒的转动角速度随模拟时间的演化。由图 5-52a、b 可以看出尖锐磨料颗粒的转动角速度仅仅在运动初期有较大的波动性，这是磨损初期瞬时作用调整的结果，随后在 0 值附近保持动态平衡，这验证了图 5-51 中磨料的运动特点；同时，对于这两个以滑动方式运动的椭球磨料，初始的非零角速度的绝对值随着磨料轴比增加而增大，意味着相对钝的磨料需要更大的初始转动角速度来调整正压力与摩擦力的平衡。由图 5-52c、d 可知，较大轴比的两个椭球磨料的转动角速度在三体磨损过程中呈现正弦曲线的周期性波动特征，并且其数值大于 0，这是磨料颗粒滚动运动过程应有的特征。

另外，当磨料轴比从 0.85 增大到 0.90 时，正弦曲线的极小值随之增大、曲线的振幅减小，说明磨料不同位置的转动差异性减小、角速度逐渐逼近。由以上这些结果，可以推断球形磨料颗粒（$\alpha=1.0$），在相同的磨损条件下也会呈现滚动的运动方式，并伴随恒定的转动角速度。通过对比相关文献，发现超薄水膜存在的情况下磨料颗粒的运动方式与无水条件下的三体磨料磨损中磨料颗粒的运动方式基本一致，无水情况下磨料颗粒滑滚转变轴比为0.83[35]。

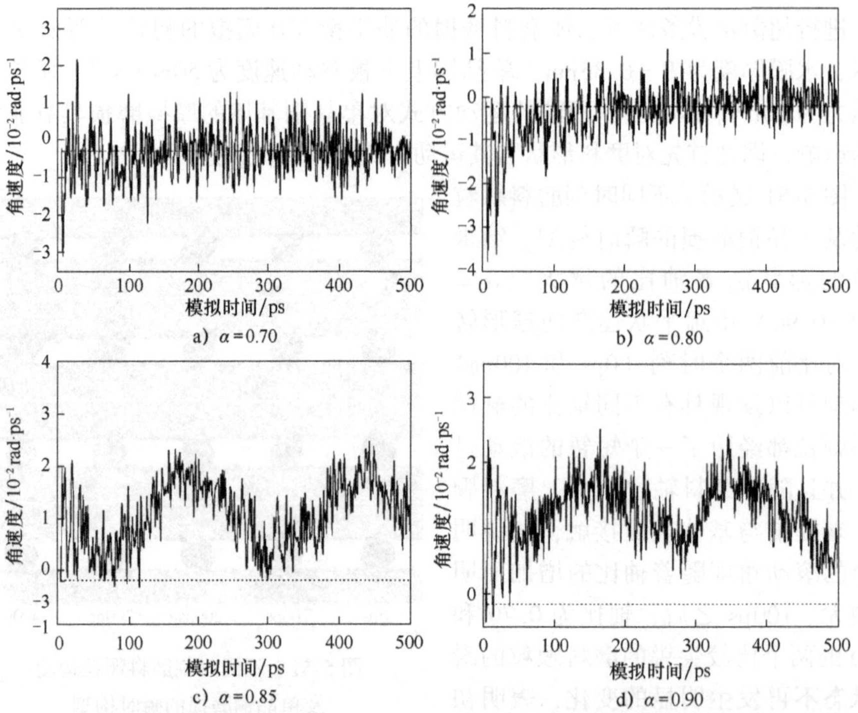

图 5-52　磨料颗粒转动角速度随时间的变化

图 5-53 所示为三体磨损结束时单晶铜上下表面的瞬时构型，其中深蓝色球代表磨料颗粒（磨料在垂直于 *XOZ* 平面视角上为球形，但是在 *XOY* 以及 *YOZ* 平面视角上为椭球形），红色与黄色分别代表水分子中的氧原子与氢原子，青色与淡蓝色代表表面铜原子。图 5-53a、b 表明磨损区域内仅有极少数水分子残留，但是较多的水分子聚集于磨料前端，这意味着大部分原来吸附于单晶铜表面的水分子在三体磨损过程中被磨料颗粒从磨损区域挤出并被推向前端。与此相反，图 5-53c、d 表明很多水分子在三体磨损过程中并未被从磨损区域挤出，而是最终残留在磨损区域，同时磨料前端也未有水分子聚集，这种差异性反映了磨料运动方式的不同。

残留于磨损区域的水分子数目的统计结果如图 5-54 所示。由该图可知滚动运动方式下残留在磨损区域的水分子远多于滑动运动方式；磨料颗粒形状的变化会导致其与水膜或者单晶铜表面的接触面积变化，滑动方式下磨损区域残留的水分子数目随磨料轴比的增加略有减少，而滚动运动方式下残留的水分子数目随磨料轴比的增加略微增加。

另外，值得注意的是磨料轴比为 0.70 时单晶铜上下表面的磨损距离不相同（见图 5-53a），尖锐磨料颗粒的前端会优先嵌入基体并因此导致更大的嵌入深度，特别是随机的瞬时作用力波动会引起磨料颗粒瞬时构型的变化，因此磨料在上板的随机嵌入阻碍了其在上板的滑动。

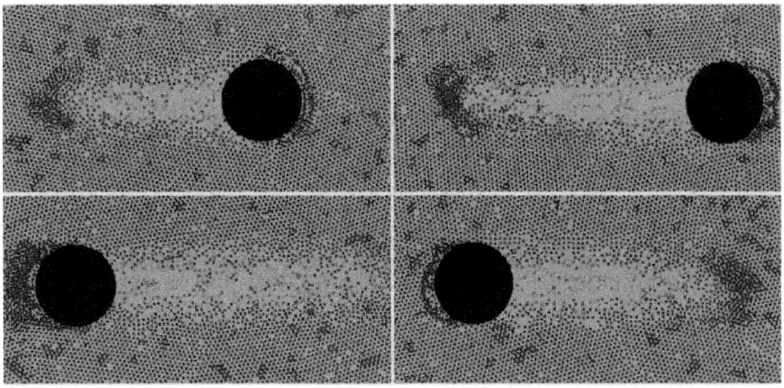

a) $\alpha=0.70$　　b) $\alpha=0.80$

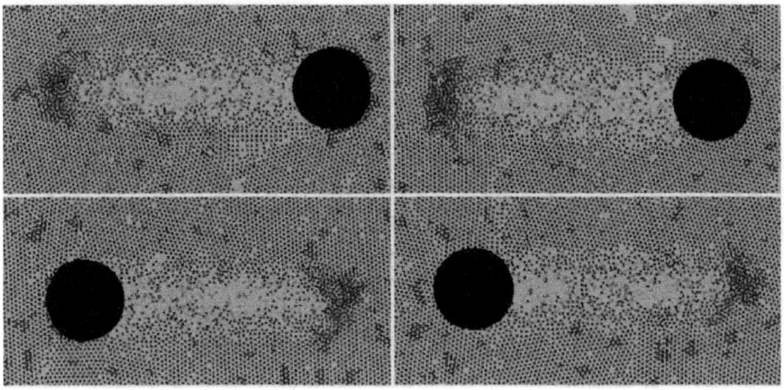

c) $\alpha=0.85$　　d) $\alpha=0.90$

图 5-53　磨损结束时单晶铜上表面（上）与下表面（下）的瞬时构型（彩色图见插页）

水分子的分布不仅影响着磨料颗粒的运动而且影响着单晶铜的摩擦磨损行为。图 5-55 所示为磨损结束时单晶铜上下板的磨损形貌。由图 5-55a、b 可知，滑动的磨料颗粒引起单晶铜上下表面产生规则的磨损犁沟，同时磨损区域大量的铜原子被从初始的位置磨损出并形成脊和前端磨屑堆积，这与两体磨损结果[9,36]类似，水膜存在时，磨料前端磨屑的堆积更明显，但是犁沟两侧脊的高度降低，这意味着水膜的聚集阻碍了犁沟两侧磨屑的堆积[35]。但是，磨料的滚动引起不规整的磨损犁沟、脊和磨屑堆积，并且摩擦磨损区域的磨损原子分布不规则，如图 5-55c、d 所示。这些结果明显不同于干的三体磨料磨损结果[35]，说明水膜（特别是残留在磨损区域的水分子）在磨料颗粒磨损过程中发挥了非常重要的作用。

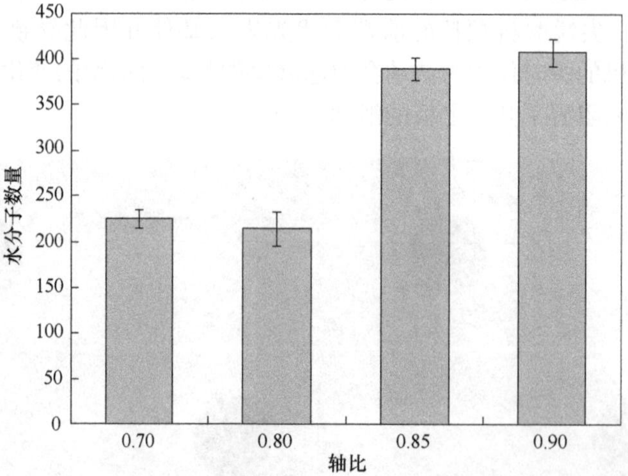

图 5-54　残留在磨损区域的水分子数目

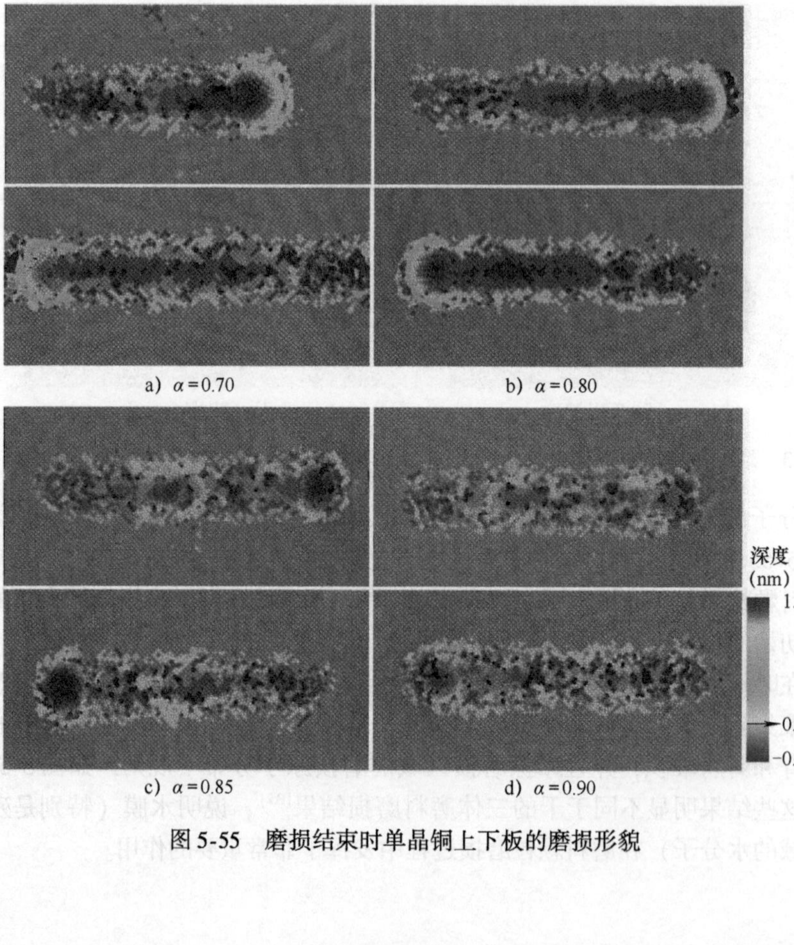

a）$\alpha=0.70$　b）$\alpha=0.80$

c）$\alpha=0.85$　d）$\alpha=0.90$

图 5-55　磨损结束时单晶铜上下板的磨损形貌

另一方面，通过计算磨损或去除的铜原子数目和单晶铜基体内部形核的位错线长度来评价单晶铜的磨损损伤。本节被磨损的铜原子数目的计算方法与图 5-36 一致。图 5-56 表明磨料颗粒滚动引起的磨损铜原子数目小于磨料滑动引起的磨损铜原子数目，但是单晶铜内部的位错线长度呈相反的变化趋势，这说明椭球磨料的滚动运动方式降低了单晶铜表面磨损但是增加了单晶铜内部的损伤（见图 5-51）。对于磨料的滑动过程，初始的转动角度随着轴比增大而增加，这增加了磨料颗粒前进的切削能力，但减小了磨损表面深度；相反，对于磨料的滚动过程，主要的磨损发生在磨料颗粒的站立状态（见图 5-51），而磨料颗粒尖锐度的降低（轴比增大）增加了其与单晶铜表面的接触面积，这会降低局部的应力集中和缺陷形成，但是增加了表面磨损程度。由图 5-56 还可以发现相同的磨料运动方式下磨损的铜原子数目随磨料轴比增大而增多，但是位错线长度随轴比增大而降低。基于以上结果，认为抛光或犁沟作用是磨料滑动过程中对单晶铜基体造成磨损的主要原因，而滚动或者滚珠效应是磨料滚动过程中单晶铜磨损的主要机理。

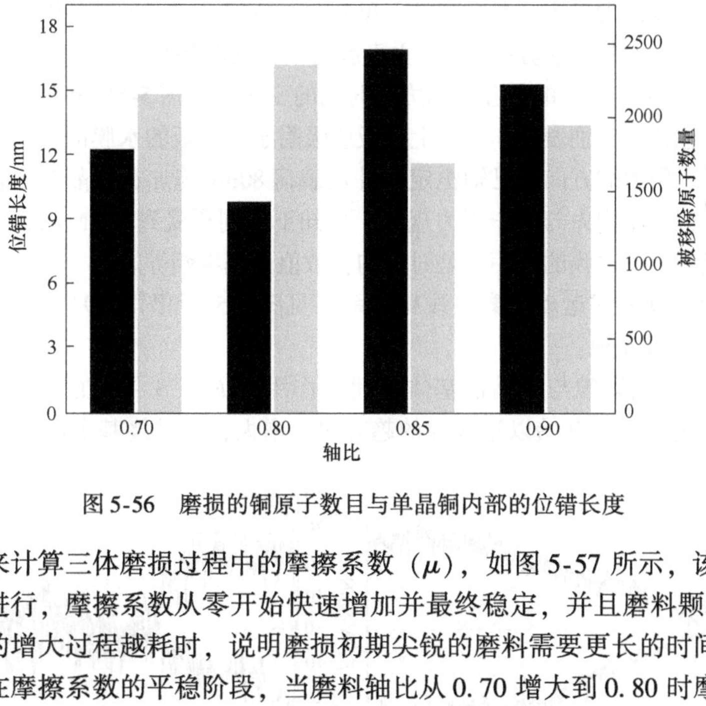

图 5-56　磨损的铜原子数目与单晶铜内部的位错长度

接下来计算三体磨损过程中的摩擦系数（μ），如图 5-57 所示，该图表明随着模拟的进行，摩擦系数从零开始快速增加并最终稳定，并且磨料颗粒越尖锐，摩擦系数的增大过程越耗时，说明磨损初期尖锐的磨料需要更长的时间来调整运动状态。在摩擦系数的平稳阶段，当磨料轴比从 0.70 增大到 0.80 时摩擦系数的平均值从 1.20 降低到 0.90，并且滑动状态下的摩擦系数远大于滚动状态，特别是轴比为 0.70 的磨料的摩擦系数相对于轴比为 0.90 的磨料的摩擦系数从 1.20 降低到了 0.45，降低幅度达到了 62.5%。这些结果说明磨料颗粒从滑到滚的运动形式的改变能够实现材料摩擦磨损的降低，验证了减磨的滚动机理[37-40]。

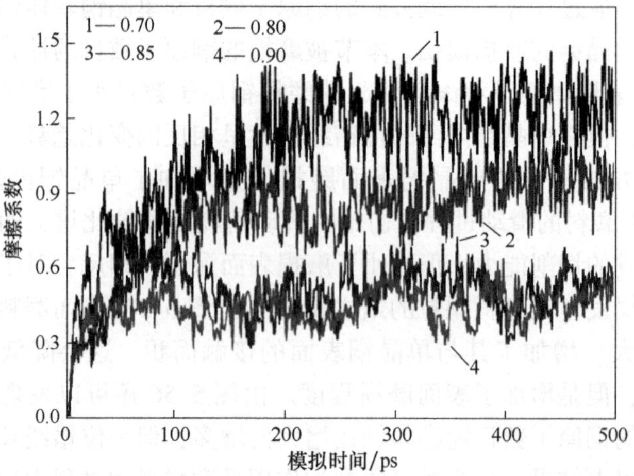

图 5-57 不同磨料轴比的摩擦系数变化曲线

众所周知，受限于固体表面之间的磨料颗粒的运动方式受制于不同组分之间的相互作用。那么，为了揭示磨料颗粒、单晶铜基体和水膜三者之间的作用机理，这里提取了沿着 x（水平运动）和 y（垂直载荷）方向磨料颗粒（S）、单晶铜上下板（B）和水膜（W）之间的相互作用力随时间的变化，如图 5-58 至图 5-61所示，图中黑色和红色曲线分别表示作用于上下板或吸附于上下板的水膜的作用力，数值的正负代表了作用力的方向。已知恒定的外加载荷 80nN 施加在单晶铜上板，而下板保持固定，根据作用力与反作用力规则，可知下板同样受到 80nN 的力，因此作用于上下板或者上下水膜的作用力是对称的，数值上基本相等。

对于以滑动方式运动的磨料颗粒体系（见图 5-58 和图 5-59），沿着正向载荷加载的方向不难发现：

1）椭球磨料颗粒与单晶铜基体之间的作用力 $Fy\_$ S－B 在运动初始呈现出小幅波动，随后从 0 开始以近线性的趋势快速增大，并最终基本保持恒定。

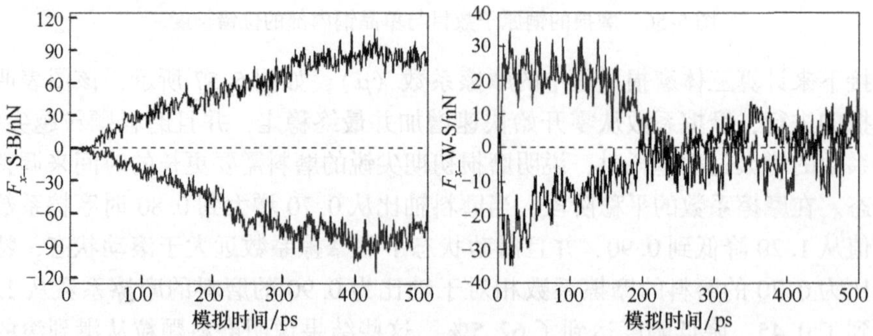

图 5-58 轴比为 0.70 的磨料体系中的相互作用力

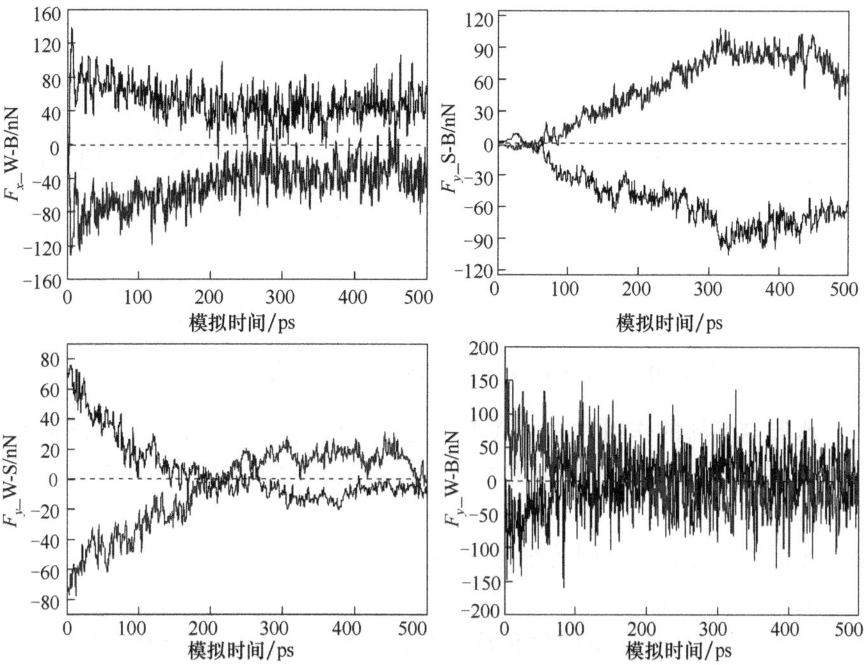

图 5-58　轴比为 0.70 的磨料体系中的相互作用力（续）

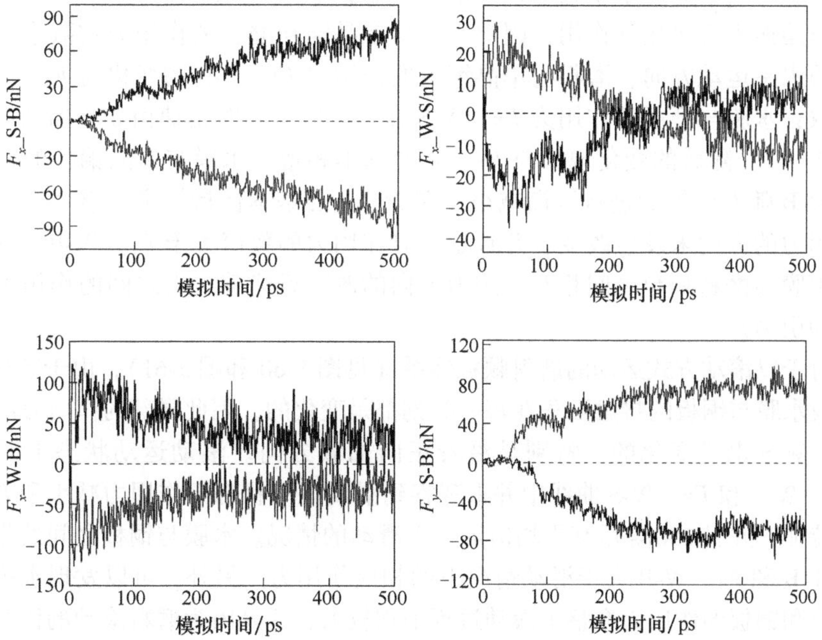

图 5-59　轴比为 0.80 的磨料体系中的相互作用力

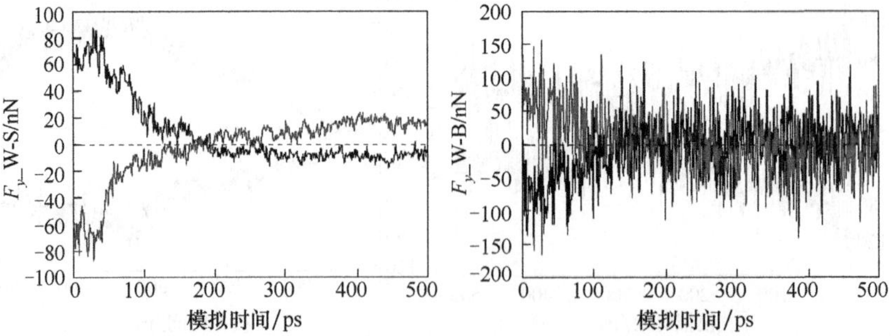

图 5-59　轴比为 0.80 的磨料体系中的相互作用力（续）

2）水膜与磨料的作用力 *Fy*_ W-S 从初始的极大值（约等于外加载荷 80nN）减小为 0，随后沿着初始相互作用力的相反方向略微增加并最终保持动态稳定（约为 15nN）。

3）水膜与单晶铜板之间的作用力 *Fy*_ W-B 和水膜与磨料的作用力 *Fy*_ W-S 呈现出相似的变化特征。

结合三体磨损构型及水膜分布特征和正向相互作用力的变化可知，在三体磨料磨损的早期阶段，因为水膜还未被完全突破，因此施加于单晶铜上下板的外力通过水膜介质传递到磨料颗粒，并非磨料颗粒与单晶铜板直接接触作用。随着运动距离增加，水膜逐渐被从磨损区域挤出（见图 5-53a、b），则磨料颗粒与单晶铜板直接相互作用，因此水膜与单晶铜和磨料的作用力均减小。沿着上板的水平运动方向，磨料与单晶铜板的作用力 *Fx*_ S-B 的变化与 *Fy*_ S-B 基本一致；水膜与磨料的作用力 *Fx*_ W-S 在运动刚开始时迅速由 0 增加到最大值（约 25nN），随后的变化规律与 *Fy*_ W-S 基本相似；水膜与单晶铜板的作用力 *Fx*_ W-B 随着模拟的进行逐渐减小并在 250ps 后基本保持恒定，整个变化过程中作用力的方向未发生改变，并且稳定时作用力的数值大于 *Fy*_ W-B。以上结果中水膜与磨料颗粒之间相互作用力方向的改变意味着二者之间的作用力由斥力变为引力。

对于以滚动方式运动的磨料颗粒体系（见图 5-60 和图 5-61），由于磨料与铜板以及水膜与铜板的接触面积在每一时刻都是变化的，因此局部的作用力 *F*_ S-B 和 *F*_ W-S 也是变化的，特别是沿着正向加载方向。滚动运动状态下的作用力 *Fx*_ W-S 和 *Fy*_ W-S 曲线中并未观察到滑动运动状态下作用力减小和方向改变的特征，并且 250ps 后其平均值远大于滑动的情况。水膜与铜板之间的作用力 *Fx*_ W-B 和 *Fy*_ W-B 大于滑动情况下的相应作用力。另外，可以发现水膜与磨料颗粒和铜板的作用力在整个滚动过程中均较大，这是因为磨料滚动的体系中有大量的水分子残留在磨损区域（见图 5-53c、d），起到了润滑作用。

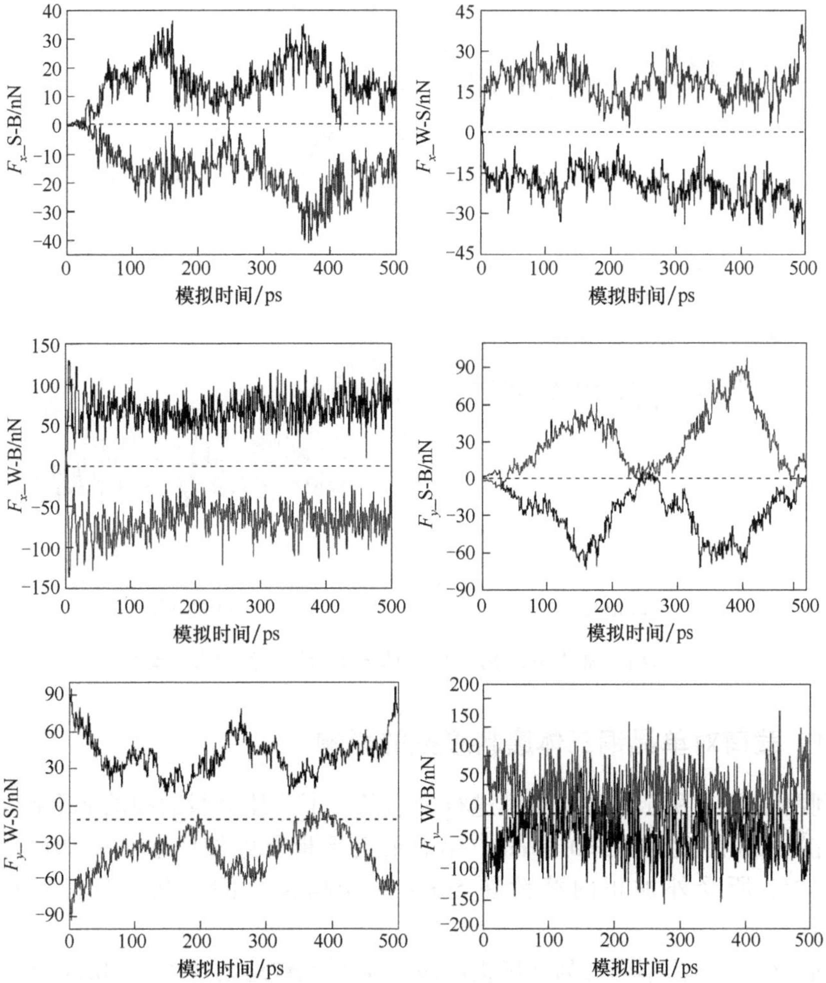

图 5-60　轴比为 0.85 的磨料体系中的相互作用力

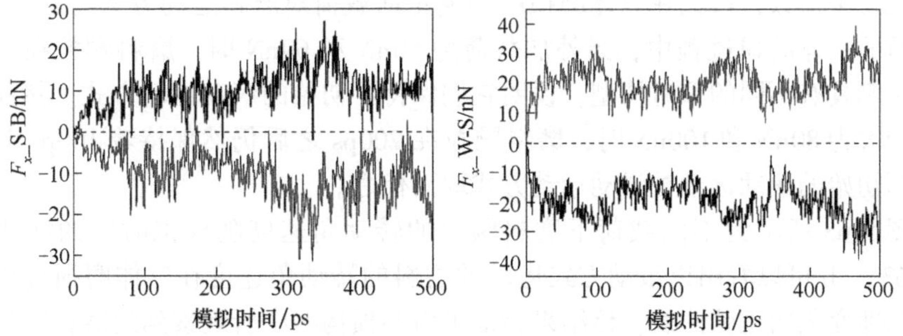

图 5-61　轴比为 0.90 的磨料体系中的相互作用力

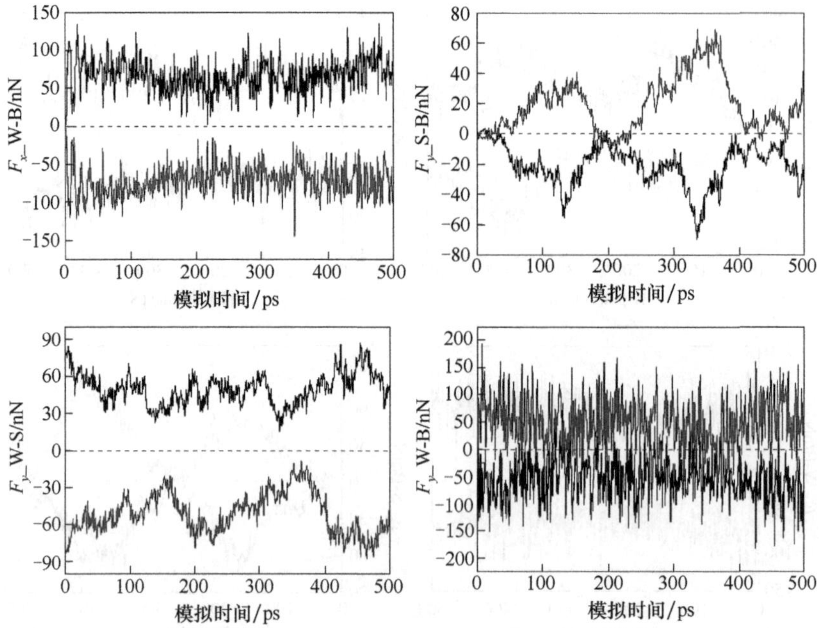

图 5-61　轴比为 0.90 的磨料体系中的相互作用力（续）

5.4.4　载荷对单晶铜三体磨料磨损的影响

利用图 5-50 所示的初始模型进行含水条件下三体磨料磨损的非平衡 MD 模拟研究，水膜厚度为 $H=0.35\text{nm}$，单晶铜上下板所施加的水平驱动速度均为 $50\text{m}\cdot\text{s}^{-1}$，所受外加正向载荷在 50nN 至 100nN 之间变化，磨料颗粒轴比为 0.80。

图 5-62 所示为不同时刻（磨损阶段）磨料颗粒运动及单晶铜磨损的瞬时构型，可以看出不同的外加载荷下磨料颗粒运动到 100ps 时具有几乎一致的构型，这说明磨料从 0ps 到 100ps 经历了几乎相同滚动运动过程，并且磨料颗粒的滚动节奏也几乎一致，可见在三体磨损的初期正向载荷对磨料运动方式的影响很小。在随后的三体磨损过程中，当外加载荷为 50nN 和 60nN 时，磨料颗粒在不同的运动时刻具有不同的瞬时构型，说明它们保持了初始的滚动运动方式。然而，当载荷增大为 80nN 和 100nN 时，磨料颗粒在 200ps 之后仍然保持着 100ps 时的状态，即初始的滚动运动被滑动运动方式取而代之。

图 5-63 所示为不同载荷下磨料颗粒的转动角速度随模拟时间的演化，由图 5-63a、b 可以看出以滚动方式运动的磨料的转动角速度在三体磨损过程中呈现周期性变化的正弦曲线，该结果验证了由磨损构型中所观察到的磨料颗粒的运动方式。另外，可以看出较小的载荷（50nN）下磨料的转动角速度在 100ps 左右

波动幅度较大并且比较接近 0，同时对比图 5-62 也可以发现该磨料颗粒在 100ps 和 200ps 时的构型非常接近，这说明在该时间段内磨料的滚动过程较慢甚至可能存在间歇性的滚滑混合运动。图 5-63c、d 则表明磨料颗粒的转动角速度在运动初期（0～150ps）有较大的波动，从负值逐渐增加到 0，并且在随后的过程中基本保持在 0 附近，该结果也验证了由构型得到的磨料的滑动运动方式。

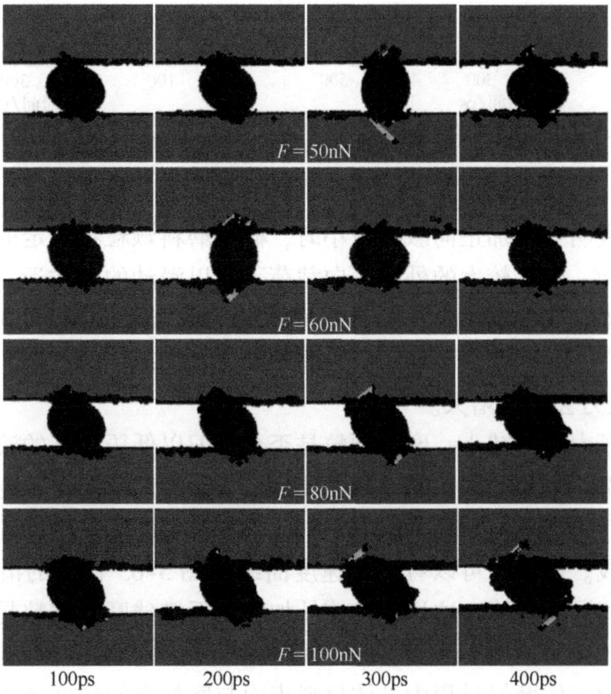

图 5-62　不同载荷下磨料颗粒运动及单晶铜磨损的瞬时构型

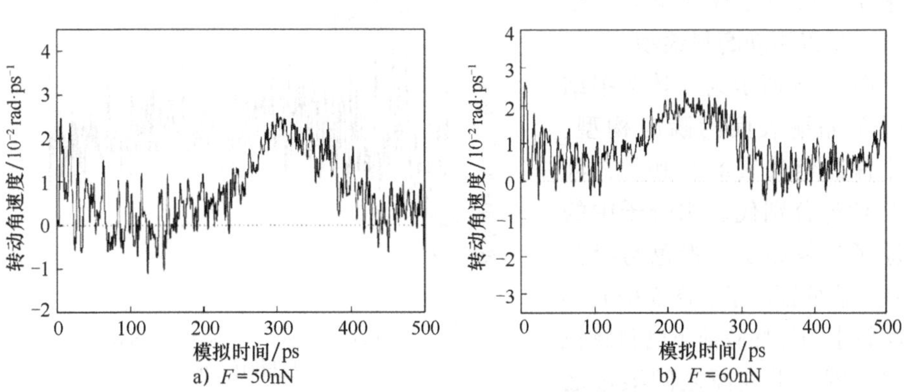

图 5-63　磨料颗粒转动角速度随时间的变化

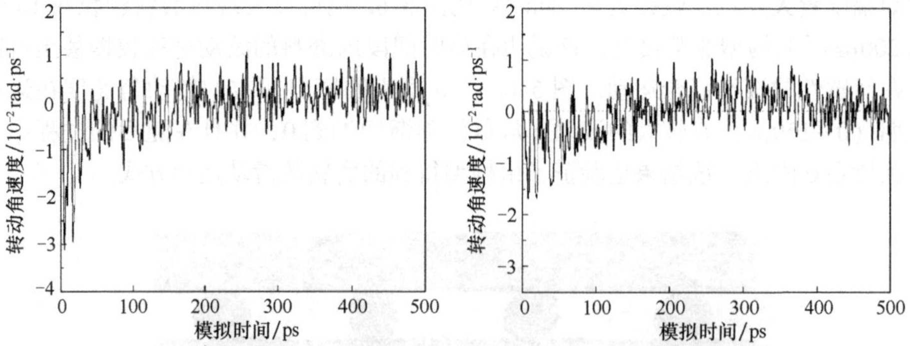

c) $F=80\text{nN}$　　d) $F=100\text{nN}$

图 5-63　磨料颗粒转动角速度随时间的变化（续）

以上结果说明当外加正向载荷较小时，椭球磨料颗粒在一定的驱动速度下以滚动的方式运动，而在较大的外加正向载荷下则以滑动的方式运动。更进一步可以推断出当外加载荷继续增大，磨料颗粒必定继续以滑动方式运动，因为在大的外加压力作用下，磨料颗粒会很容易被不断压入基体（颗粒嵌入基体的亚表面），滚动的阻力会明显增大。

但是，若压力不断减小，磨料颗粒是否会依旧以低压力下的滚动的方式运动呢？为此，在保持上文相同的驱动速度和除压力外的其他条件不变的前提下，对正压力为 40nN 下的三体磨料磨损过程进行了模拟，得到如图 5-64 所示的磨料的转动角速度曲线。由该图可以看出角速度曲线与图 5-63 得到的滑动磨料的转动角度曲线呈现相同的规律，这说明在该外加载荷下椭球磨料颗粒是以滑动方式运动的。该结果改变了由图 5-62 和图 5-63 得到的压力对磨料颗粒运动方式影响的规律，这是因为三体磨损过程中基体材料表面与磨料之间的摩擦力为磨料滚动的驱动力，而摩擦力与正压力是相关的，当正压力较小时基体材料与磨料之间的接触很小，从而导致摩擦力很小而且不足以驱动磨料滚动。

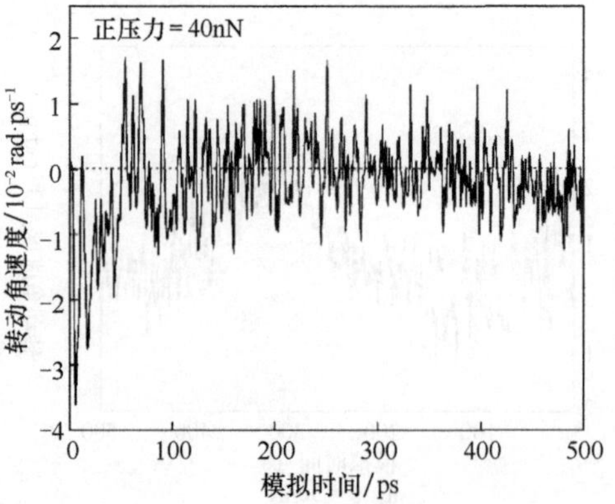

图 5-64　正向载荷为 40nN 时磨料颗粒的转动角速度

图 5-65 所示为三体磨损结束时单晶铜表面的瞬时构型，其中深蓝色代表磨料颗粒，红色与黄色分别代表水分子中的氧原子与氢原子，青色与淡蓝色代表表面铜原子。图 5-65a、b 表明较小的外加载荷下磨料颗粒从单晶铜上下表面之间滚过之后形成了一段磨损区域，一些

原来吸附于磨损区域的水分子被挤出，同时仍有较多的水分子残留在了磨损区域。如图 5-65c、d 所示，对于较大载荷下滑动的磨损系统，磨料滑动过后表面上形成明显的且规整的磨损区域，磨损区域的水分子几乎都被磨料挤出并大量聚集于磨料前端。对比滑动与滚动的磨损表面构型可知滚动运动方式下残留在磨损区域的水分子数目远大于滑动运动方式，这是因为载荷的变化会导致磨料颗粒与水膜或者单晶铜表面的接触面积增大。另外，外加载荷小于等于 40nN 时，磨料颗粒的滑动也会引起表面较多的水分子被从磨损区域挤出，但是由于磨料与单晶铜表面接触面积明显减小，磨损区域也大幅减小。

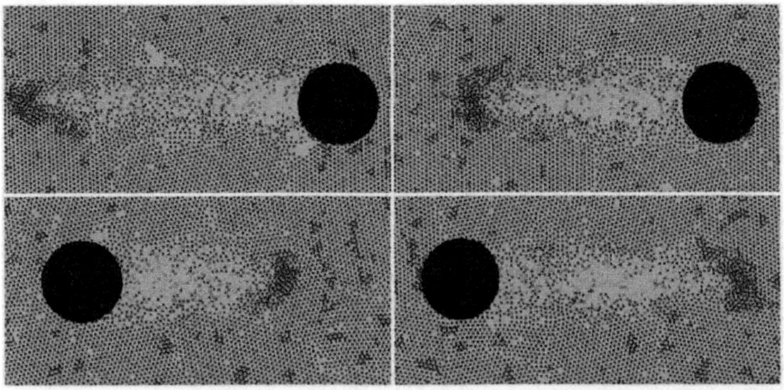

a) $F=50$nN　　b) $F=60$nN

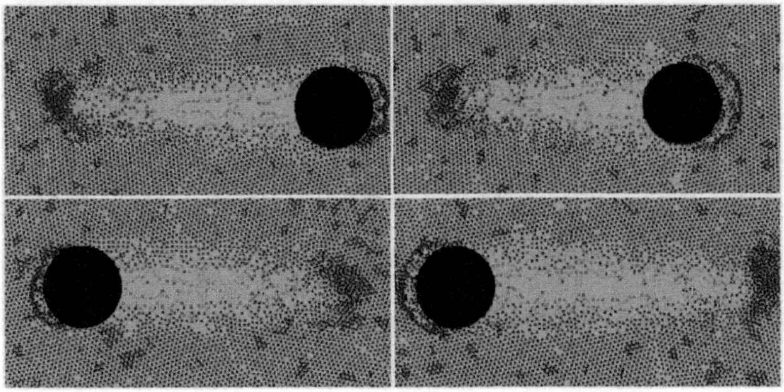

c) $F=80$nN　　d) $F=100$nN

图 5-65　磨损结束时单晶铜上表面（上）与下表面（下）的瞬时构型（彩色图见插页）

图 5-66 所示为磨损结束时单晶铜上下板的磨损形貌。图 5-66a、b 表明磨料的滚动导致单晶铜表面形成不规整的磨损犁沟，摩擦磨损区域的磨损原子呈现各向异性的分布；载荷为 60nN 时单晶铜表面磨损区域的局部深度和磨损原子的堆积高度略微大于载荷为 50nN 时的情况。图 5-66c、d 表明磨料颗粒的滑动造成单晶铜上下表面形成很规整的磨损犁沟，大量的铜原子被从原始位置磨损掉，一部

分堆积于犁沟两侧形成脊，另一部分则形成磨料前端的磨屑，这与纳米划痕的磨损结果[9,36]相似；犁沟的深度和宽度、堆积于犁沟两侧和前端的磨屑均随外加载荷的增大而增多。通过与无水条件下的磨损形貌对比，可以发现水膜存在时，磨料前端磨屑的堆积更明显，但犁沟两侧脊的高度降低，这说明水膜的聚集阻碍了犁沟两侧磨屑的堆积[35]。以上结果表明滑动的椭球磨料颗粒会造成基体材料更大的磨损，同时形成的磨损区域也较规整，滚动的情况则与之相反。

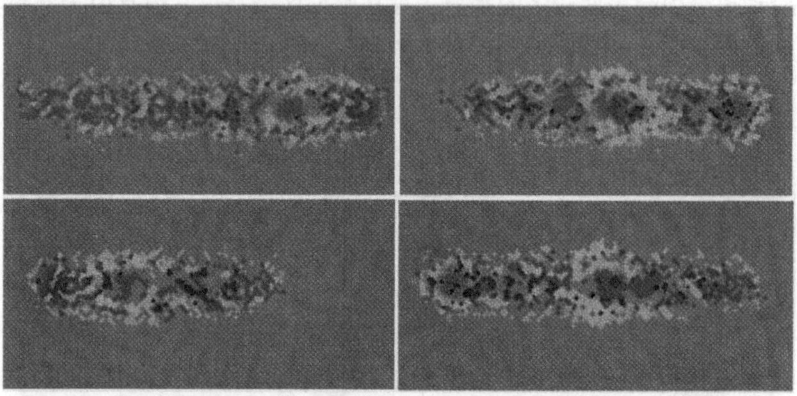

a) $F=50$nN　　b) $F=60$nN

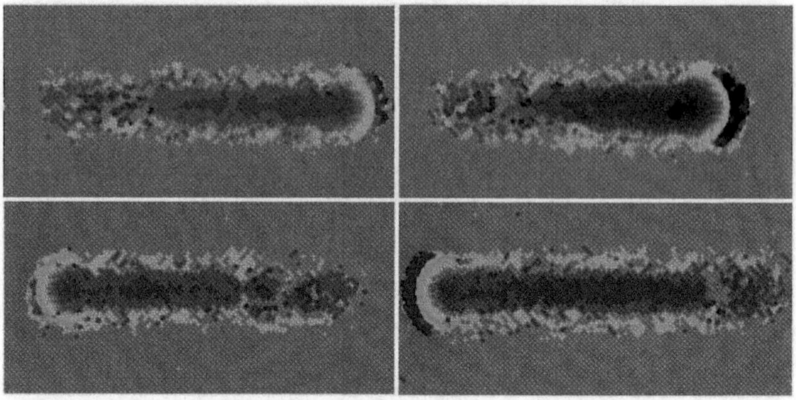

c) $F=80$nN　　d) $F=100$nN

图 5-66　磨损结束时单晶铜上下板的磨损形貌

为进一步揭示摩擦磨损行为，同时计算了三体磨料磨损过程的动态摩擦系数，如图 5-67 所示。当单晶铜上下板刚开始运动时，作用于磨料颗粒的摩擦力从零逐渐增加，因此摩擦系数也是从零开始增加并最终趋于稳定。当磨料颗粒在三体磨损过程中处于滚动运动状态时，一方面，磨料与单晶铜表面以及吸附于表面的水膜之间的正向作用力是时刻变化的（图 5-60 和图 5-61），即磨料与单晶铜表面的作用力增强的同时，与水膜之间的作用力就会减弱，这是因为磨料与单晶铜的作用力增强会促使它们二者之间的水膜被挤出；另一方面，磨料滚动时，与单晶铜和水膜的作用面积时刻在发生变化，所以受到的摩擦力也是变化的（图 5-60 和图 5-61）。两种作用力的变化导致摩擦系数也具有明显的波动性，如图 5-67 所示。然而，对于以滑动方式运动的磨料颗粒，其受到的摩擦力和正压力则相对稳定，因此得到的摩擦系数也是趋于稳定的。图 5-67 同时表明稳定阶段的摩擦系数平均值随着外加载荷的增大而增加，这是因为更大的外加载荷作用下磨料颗粒嵌入基体的深度增加、二者接触面积增大，对基体造成的磨损更严重（如图 5-66 所示）。

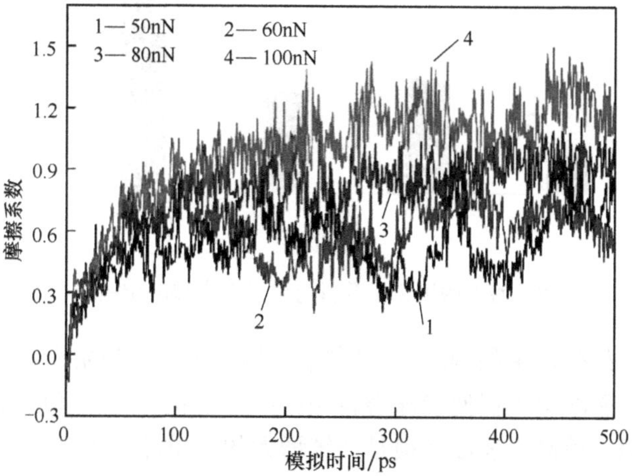

图 5-67　不同载荷下的摩擦因数变化曲线

为评价不同正向载荷作用下椭球磨料颗粒对单晶铜造成的损伤，计算了磨损过程中去除的铜原子的数目和单晶铜内部的位错线长度。图 5-68 表明滚动过程导致磨损的铜原子数目明显少于滑动的情况，说明磨料颗粒的滚动对单晶铜造成的磨损相对滑动较小；同时，可以看出无论是磨料的滑动还是滚动，磨损或去除的单晶铜原子数目随着外加载荷的增大而增加，这是因为更大的外加载荷下磨料与单晶铜的接触面积更大、摩擦力更大，该结果与图 5-67 所示的摩擦系数的变化趋势一致。不同外加载荷下单晶铜内部的位错线长度表明，滚动条件下的位错线随载荷增加而增多；再者，后文 5.5.3 节的分析也表明磨料滚动过程中主要的摩擦磨损发生在磨料颗粒的站立状态，而外加载荷的增大又进一步增加了磨料与单晶铜表面的接触，这会增加局部应力集中和缺陷形成，因此会有更多的内部缺陷形成。当外加载荷由 60nN 增加到 80nN 时，椭球磨料颗粒的运动方式由滚动转变为滑动，单晶铜内部的位错线却减少，这说明在该外加压力范围内，磨料颗粒的滑动仅会造成大量表面原子的磨损或者去除，而不会引起较大的局部应力集中。然而，当外加载荷继续增大到 100nN 时，单晶铜基体内部形成的位错线急剧增多，位错线长度甚至增加了2倍以上，此时磨料的滑动不仅对单晶铜表面造成了很大的损伤，同时也造成单晶铜内部大量缺陷的生成。

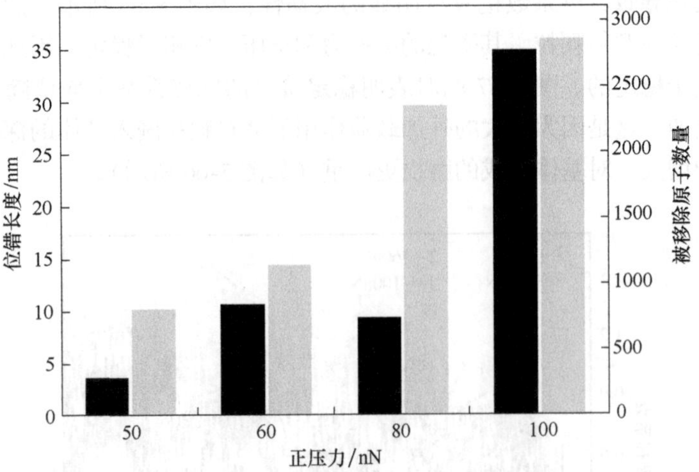

图5-68　磨损的铜原子数目与单晶铜内部的位错线长度

显然，外加载荷对单晶铜磨损的影响并非像磨料形状的影响那样呈现单一的趋势，外加载荷逐渐增大促使椭球磨料颗粒的运动状态经历了由滑动到滚动再到滑动的转变过程，单晶铜表面磨损是持续增大的，单晶铜内部形成的缺陷在磨料的滑动和滚动状态下均是随外加载荷增多的，但是在滚转滑的小的压力范围内则是减少的。

5.4.5　驱动速度对单晶铜三体磨料磨损的影响

三体磨料磨损研究中，单晶铜上下板的水平运动是整个磨损体系的驱动因素，因此上下板的驱动速度是影响磨料颗粒运动方式和单晶铜磨损的重要因素。采用图5-50所示的初始模型进行超薄水膜条件下三体磨料磨损的非平衡MD模拟研究，水膜厚度为$H=0.35$nm，单晶铜上板所受的外加正载荷为80nN，磨料颗粒轴比为0.80。

图5-69所示为不同时刻三体磨料磨损的瞬时构型，由图可知当驱动速度为$10\mathrm{m\cdot s^{-1}}$和$50\mathrm{m\cdot s^{-1}}$时，磨料颗粒在磨损初期（0→100ps）经历了一段滚动过程，在随后的磨损过程中则保持100ps时的滑动状态，并且随着驱动速度增大，磨料滑动的倾斜角明显增大；然而，当驱动速度增加到$70\mathrm{m\cdot s^{-1}}$和$90\mathrm{m\cdot s^{-1}}$时，磨料颗粒在整个磨损过程中又再次以滚动的方式运动。

图5-70所示为不同驱动速度下磨料颗粒的转动角速度随模拟时间的演化，可以看出驱动速度为$10\mathrm{m\cdot s^{-1}}$时磨料颗粒的转动角速度在0值附近波动，当驱

动速度为 $50m \cdot s^{-1}$时，磨料颗粒的转动角速度在运动初期有较大的波动，从负值逐渐增加到 0，并且在随后的过程中基本保持在 0 附近，转动角速度为 0 证明磨料颗粒没有转动，该结果也验证了由构型得到的磨料的滑动运动方式。以滚动方式运动的磨料转动角速度在三体磨损过程中呈周期性的正弦曲线变化，并且曲线波动的周期性随驱动速度增加而加快。以上结果表明随着驱动速度增大磨料颗粒的运动方式由滑动转变为滚动的趋势。

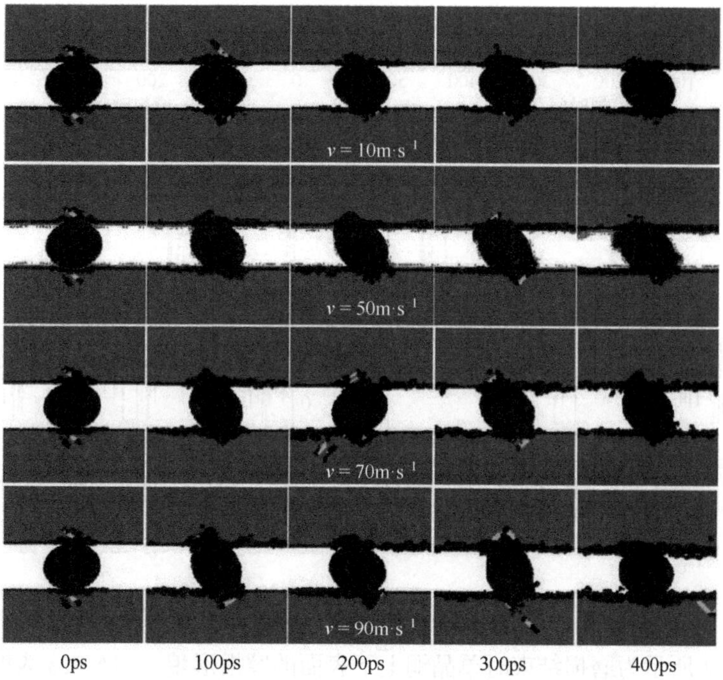

图 5-69　不同驱动速度下磨料颗粒运动及单晶铜磨损的瞬时构型

图 5-71 展示了三体磨料磨损结束时单晶铜表面的瞬时构型。由图 5-71a 可以看出在 $10m \cdot s^{-1}$的驱动速度下，磨损结束时单晶铜上下表面形成的划痕区域很短；另外，划痕区域内残留了较多的水分子，同时有较多的水分子聚集于磨料颗粒前端。如图 5-71b 所示，当驱动速度为 $50m \cdot s^{-1}$时，磨料滑动过后单晶铜表面形成明显的、规整分布的磨损区域，磨料前端有较多的磨屑堆积，并且磨损区域的水分子几乎都被磨料挤出其初始的吸附位置并大量聚集于磨料前端。

相反，如图 5-71c、d 所示，当磨料颗粒从单晶铜上下表面之间滚过之后形成了较长的、分布不规整（如磨损深度和宽度）的磨损区域，尽管有一部分原来吸附于磨损区域的水分子被磨料挤出，并最终留在磨料前端，但是残留在磨损区域的水分子仍较多。对比滑动与滚动的磨损表面构型可知，滚动运动方式下残留在磨损区域的水分子数目多于滑动的情况。

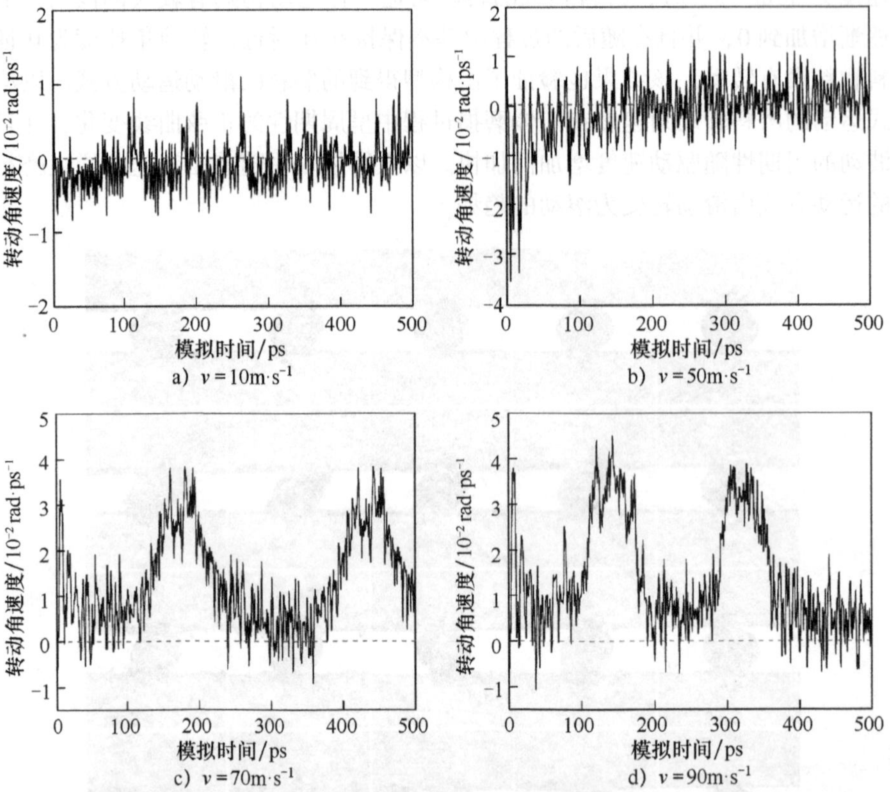

图 5-70　磨料颗粒转动角速度随时间的变化

图 5-72 所示为磨损结束时单晶铜上下表面的磨损形貌。图 5-72a 表明低速下单晶铜表面形成了很短的划痕，并且划痕深度很浅；当驱动速度增加到 50m · s^{-1}时，磨料颗粒的滑动造成其与单晶铜上下表面接触区域中大量的铜原子被磨损掉，进而形成了规整的磨损犁沟，磨损掉的铜原子堆积于犁沟两侧及磨损前端，形成了分布规整的脊和磨屑，如图 5-72b 所示。相比于磨料滚动形成的磨损形貌，磨料滑动造成的磨损则完全不同，图 5-72c、d 表明磨料的滚动导致单晶铜表面形成了不规整的磨损犁沟，磨损区域深浅不一、磨损原子呈现各向异性的分布规律，另外可以看出驱动速度对磨损形貌并无明显影响。

图 5-73 展示了不同驱动速度下摩擦系数随模拟时间的变化关系，因为低速下磨料颗粒运动慢、相同时间内滑过的距离短，因此可以看出驱动速度为 10m · s^{-1}时摩擦系数先是快速增加，随后的模拟过程中不断缓慢增加，这说明磨料颗粒在 500ps 内还未达到运动的平衡阶段。当驱动速度为 50m · s^{-1}时，摩擦系数曲线初期以更快的速率增加并在 100ps 后逐渐保持稳定。驱动速度为 70m · s^{-1}和

$90m\cdot s^{-1}$时，磨料颗粒以滚动的方式运动，磨料与单晶铜表面以及水膜之间的作用力是时刻变化的，也就是说磨料与单晶铜表面之间作用力增强的同时，与水膜之间作用力减弱，这是因为磨料与单晶铜的作用力增强会促使它们之间的水分子被挤出，同时磨料滚动时与单晶铜和水膜的作用面积时刻在发生变化，所以受到的摩擦力也是变化的。因此，摩擦系数呈现明显的锯齿状或者类正弦曲线变化，并且驱动速度越快摩擦系数曲线的波动周期越小。

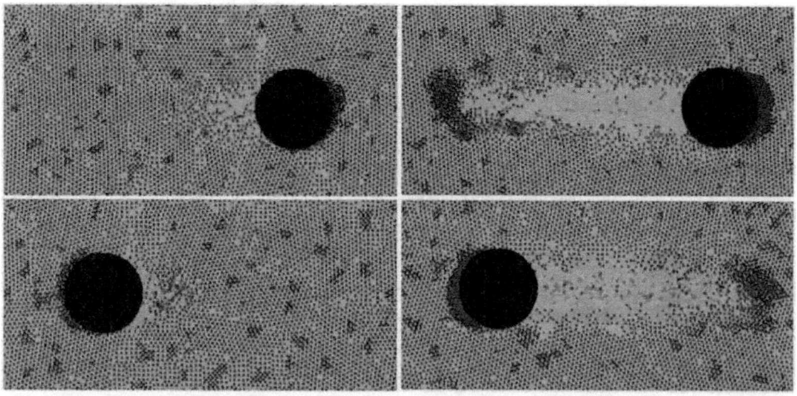

a）$v=10m\cdot s^{-1}$　　b）$v=50m\cdot s^{-1}$

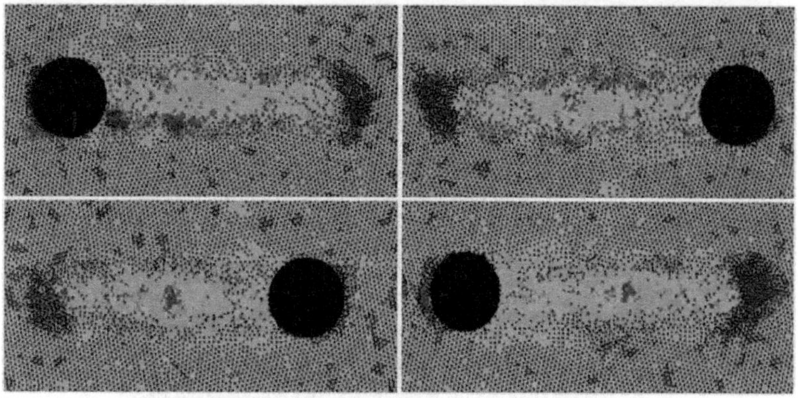

c）$v=70m\cdot s^{-1}$　　d）$v=90m\cdot s^{-1}$

图 5-71　磨损结束时单晶铜上表面（上）与下表面（下）的瞬时构型

通过对比摩擦系数曲线，可以发现驱动速度为 $50m\cdot s^{-1}$时摩擦系数是最大的，这意味着磨料颗粒对单晶铜表面、亚表面造成的摩擦磨损最严重，而 $10m\cdot s^{-1}$时单晶铜表面的摩擦磨损最小，如图 5-72 所示。由此可见随着驱动速度不断增加，椭球磨料颗粒的运动方式由滑动转变为滚动，滑动的磨料颗粒对单晶铜表面造成的摩擦磨损随驱动速度增加而明显增大，但是滚动的磨料颗粒引起的摩擦磨损则相对减弱。

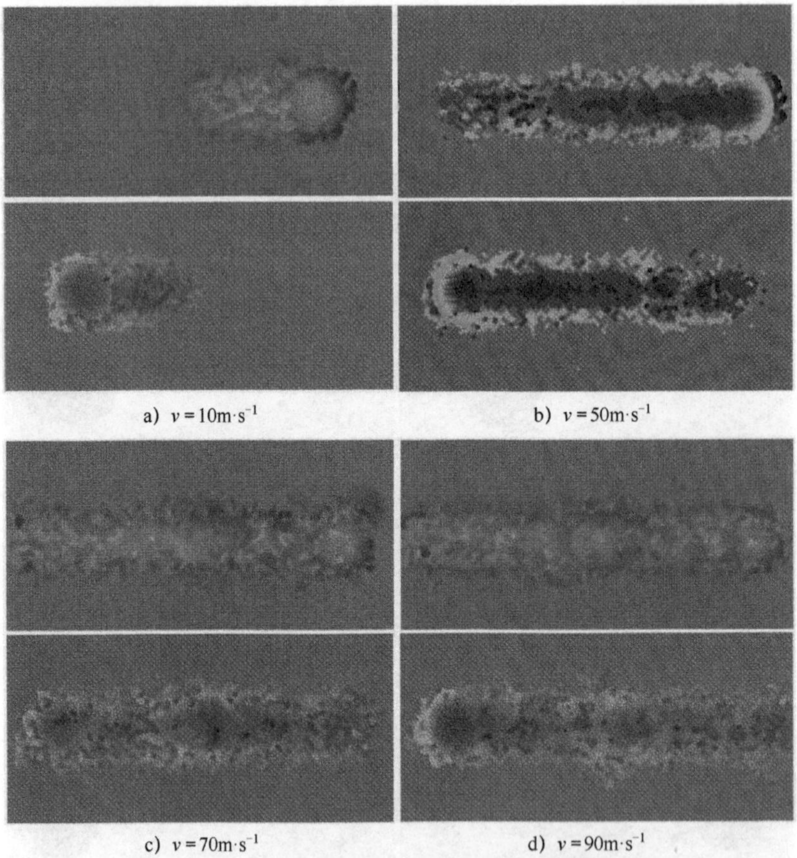

图 5-72　磨损结束时单晶铜上下表面的磨损形貌

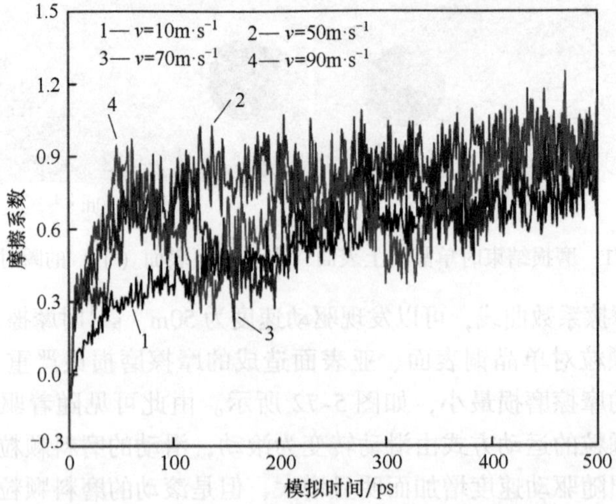

图 5-73　不同驱动速度下的摩擦系数变化曲线

5.4.6　小结

对含水条件下单晶铜的三体磨料磨损进行了研究，考察了磨料形状、外加载荷和单晶铜上下板的驱动速度对椭球磨料运动方式的影响，分析了含水时单晶铜的摩擦磨损行为和微观作用机理。主要研究结果如下：

1）随着磨料颗粒的轴比逐渐增大，磨料的形状由扁平状向球形转变，在相同的外加条件下，当轴比大于 0.80 时，磨料的运动方式由滑动转变为滚动；外加载荷的不断增大导致椭球磨料颗粒的运动方式由低载荷（$F<50$nN）下的滑动转变为中载荷（$50\text{nN}\leqslant F<80$nN）下的滚动，随后又转变为高载荷（$F\geqslant 80$nN）下的滑动；单晶铜上下板驱动速度的增加导致椭球磨料颗粒的运动方式由低速（$v\leqslant 50\text{m}\cdot\text{s}^{-1}$）下的滑动转变为高速（$v>50\text{m}\cdot\text{s}^{-1}$）下的滚动。

2）以滚动方式运动的磨料颗粒在磨损过程中，磨料与单晶铜基体、水膜与铜表面的接触面积是时刻变化的，因此作用力也是周期性变化的，大量的水分子残留于磨损区域阻碍了磨料颗粒与单晶铜表面的直接接触，起到了明显的润滑作用，极大地降低了材料摩擦磨损，摩擦因数降幅可达到62.5%，但是瞬时局部的应力集中增加了单晶铜内部的缺陷形成。

3）以滑动方式运动的磨料颗粒在磨损过程中，磨损早期施加于上下板的外力通过水膜介质传递到磨料颗粒，随着运动距离增加，水膜逐渐被从磨损区域挤出，磨料颗粒与单晶铜直接作用，增加了单晶铜表面的摩擦磨损，但是降低了单晶铜内部的塑性变形。

4）低外加载荷下，椭球磨料颗粒的滑动运动对单晶铜未造成明显的表面损伤和内部缺陷；相反，高外加载荷下，磨料颗粒的滑动不仅造成单晶铜表面严重的磨损，而且引起单晶铜基体内部大量缺陷的生成。

5.5　含水膜的纳米三体磨料磨损理论模型

5.5.1　引言

材料的磨损形式有很多种，比如黏着磨损、疲劳磨损、腐蚀磨损、磨料磨损等。当材料的尺寸降低到微米、纳米尺度，材料的表面体积比增大，则以黏着力、静电力为代表的表面力明显增大，成为材料变形、磨损的主要控制因素[41,42]。研究发现，微纳米材料的摩擦磨损过程中，初期的黏着磨损会因为磨损过程中磨屑的形成和积累发展转变为三体磨料磨损，而磨料磨损则是材料最主要的磨损形式，从而加速磨屑的产生，很容易引起材料的变形、损伤、甚至失效[43,44]。三体磨损过程中磨屑或者磨料颗粒通常相对于上下固体表面存在不同的运动形式，比如滑动和滚动，而不同的运动方式反过来又会对材料表面造成不同程度的磨损和损伤[30,31,34]。

影响磨料颗粒或者磨屑运动方式的因素有很多，通常包括磨料颗粒本身的性质（几何形状、硬度等）、材料性质（表面粗糙度、硬度、缺陷等）以及外部条件（压力、速度、润滑流体等）。近年来，原位观测、X射线散射、拉曼光谱等多种方法已经广泛应用于磨料磨损的实验研究[45-51]。但是，当研究对象小到纳米尺度时，现有的实验手段存在诸多限制。因此，磨料颗粒的运动方式与诸多影响因素之间的关系依旧不明确，并且三体磨料磨损理论模型的研究还很有限，尽管 Fang 等人[51-53]提出了一个力学理论模型来评价磨料颗粒的滚/滑运动方式转变，但是更复杂形状磨料的运动方式判据依然不清晰。

这里将基于空气磨损条件下磨料运动方式理论模型，建立含水条件下椭球形磨料运动过程中的力臂关系 e/h，通过比较 e/h 值与摩擦系数的大小，进而实现椭球形磨料在三体磨损过程中的运动方式的理论预测；通过几何参量、水膜厚度和弹性回复系数等量的分析，考察磨料运动方式的主要影响因素。

5.5.2 含水条件下磨料运动方式的理论模型

1. 球形磨料滚滑判据

Fang 等人[51-53]通过实验、理论推导以及分子动力学模拟研究提出了空气摩擦磨损条件下球形磨料滚滑判据的理论预测模型，如图 4-23、图 4-24 和式（4-11）所示。在此基础上，需要将此模型扩展为含水条件下三体磨损中磨料运动方式的判据模型。

含水条件下，三体磨料磨损中球形磨料的受力情况及几何参数如图 5-74 所示，其中磨料颗粒与基体表面之间以及基体表面上的灰色区域代表水膜。磨料与上下表面接触过程中受到正向压力（N_1 和 N_2）和水平方向的摩擦力（F_1 和 F_2），体系处于动态平衡时可得到摩擦力矩和正压力矩分别为 Fh 和 Ne，前者是磨料滚动的驱动力矩，而后者则是阻力矩。因此当磨料处于滚动运动状态时摩擦力矩大于正压力矩，即

$$Fh > Ne \tag{5-1}$$

反之，当磨料处于滑动运动状态时摩擦力矩小于正压力矩，即

$$Fh < Ne \tag{5-2}$$

由摩擦系数定义 $\mu = F/N$ 可得到三体磨损中磨料颗粒的滚滑判据，即式（5-3）和式（5-4）[51-53]：

$$\frac{e}{h} < \mu_r \quad 滚动运动 \tag{5-3}$$

$$\frac{e}{h} > \mu_s \quad \text{滑动运动} \tag{5-4}$$

式中，μ_r为滚动摩擦系数；μ_s为滑动摩擦系数。

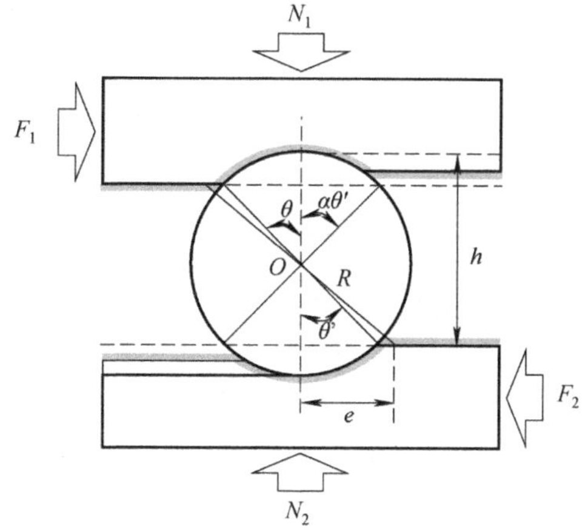

图 5-74　含水条件下球形磨料几何参数示意

如图 5-74，纳米三体磨料磨损过程中，水膜存在会阻碍磨料颗粒与基体表面之间的直接接触，从而引起磨料颗粒的受力点发生变化，同时水膜也可以将磨料的作用力传递至基体表面，同样会引起基体的摩擦磨损。此时，由于磨损条件下力臂关系中的压入角 θ 变为 θ'，弹性回复角 $\alpha\theta$ 变为 $\alpha\theta'$，则得到含水条件下力臂关系的几何表达为

$$e_c = \frac{8R}{3\pi(\sin^2(\theta') + \sin^2(\alpha\theta'))}(\sin^3(\theta') - \sin^3(\alpha\theta')) \tag{5-5}$$

$$h_c = \frac{4}{3}\left(\frac{R\sin^3(\theta')}{\theta' - \sin(\theta')\cos(\theta')}\right) \tag{5-6}$$

2. 椭球磨料滚滑判据

为了研究含水条件下磨料颗粒形状对三体磨损的影响，对球形磨料的几何结构进行变化，得到椭球形的磨料，三个轴比分别为 a、b、c，其中 $a=c$，见表 5-6。为研究方便，利用磨料颗粒与基体表面接触点处的曲率圆将接触面等效为球形，经过计算验证可知等效后的表面与实际表面之间的误差很小，证明了该方法的可行性。处理过程进行几点假设（该假设与干磨损条件下椭球磨料处理方式一致）：①磨料颗粒为椭球形刚体；②磨料颗粒本身重量不计，水膜重量不计，因此作用力不考虑重力；③磨料颗粒在垂直于材料表面的正交平面内运动，不考虑转动，椭球球心在滚动过程中的运动轨迹沿水平方向；④摩擦力与正压力在固体接触面上均匀分布。

含水条件下，椭球磨料滚滑判据关系的建立采用与干磨损条件一致的等效圆方法，此时椭球磨料与等效圆之间的几何关系和相关参数如图 5-75 所示，其中灰色区域代表水膜。椭球磨料运动时，一方面水膜阻碍了磨料与基体表面之间的直接作用，另一方面水膜在磨料前端堆积从而引起磨料运动受阻，因此作用点发生改变，即等效作用点由无水时的点 A 变到点 B，则磨料的压入角 θ 变为 θ'，同时弹性回复角由 $\alpha\theta$ 变为 $\alpha\theta'$。

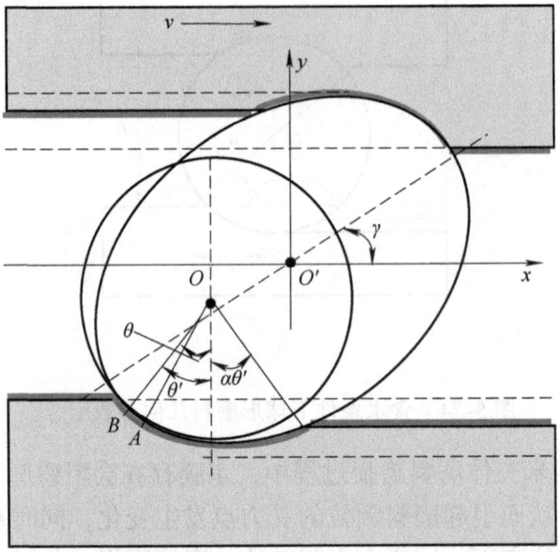

图 5-75　含水条件下椭球磨料几何参数示意图

接下来，对含水条件下椭球磨料运动判据进行详细的推导，该过程与空气磨损条件下椭圆运动关系的建立基本一致，其详细推导过程见本书第 4 章 4.4.3，下面简要归纳如下。椭圆参数方程见式（5-7），任一点的曲率半径见式（5-8）。

$$\begin{cases} x = a\cos(\beta) \\ y = b\sin(\beta) \end{cases} \tag{5-7}$$

$$R = \frac{[(a^2 - b^2)\sin^2(\beta) + b^2]^{\frac{3}{2}}}{ab} \tag{5-8}$$

则曲率圆的圆心坐标（x_0，y_0）可表示为

$$\begin{cases} x_0 = x - \dfrac{y'(1 + y'^2)}{y''} = \dfrac{\cos^3(\beta)(a^2 - b^2)}{a} \\ y_0 = y + \dfrac{1 + y'^2}{y''} = \dfrac{\sin^3(\beta)(b^2 - a^2)}{b} \end{cases} \tag{5-9}$$

式中，y'为椭圆方程的一阶导数；y''为椭圆方程的二阶导数。

当椭球运动转过 γ 角度后，椭圆方程变为

$$\begin{cases} x_1 = a\cos(\beta)\cos(\gamma) - b\sin(\beta)\sin(\gamma) \\ y_1 = a\cos(\beta)\sin(\gamma) + b\sin(\beta)\cos(\gamma) \end{cases} \tag{5-10}$$

由此得到旋转后椭圆的曲率圆圆心（x_{01}，y_{01}）为

$$\begin{cases} x_{01} = \dfrac{\cos^3(\beta)(a^2-b^2)}{a}\cos(\gamma) - \dfrac{\sin^3(\beta)(b^2-a^2)}{b}\sin(\gamma) \\ y_{01} = \dfrac{\cos^3(\beta)(a^2-b^2)}{a}\sin(\gamma) + \dfrac{\sin^3(\beta)(b^2-a^2)}{b}\cos(\gamma) \end{cases} \tag{5-11}$$

结合图 5-75 所示的等效圆方法和旋转椭圆的曲率轨迹，可得到椭球形磨料颗粒运动的阻力臂 e_e和动力臂 h_e的表达式，则椭球磨料运动方式判据中的力矩关系可表示为

$$\frac{e_e}{h_e} = \frac{e_c + x_{01}\mathrm{sign}(x_1)}{h_c + y_{01}\mathrm{sign}(y_1)} \tag{5-12}$$

其中，为了表示椭球磨料的转动方向，引入符号函数 sign（x）和 sign（y）。将式（5-5）、式（5-6）和式（5-11）带入式（5-12），得到几何参数化的椭球磨料运动方式判据中的力矩关系：

$$\frac{e_e}{h_e} = \frac{\dfrac{8\left[(a^2-b^2)\sin^2(\beta)+b^2\right]^{\frac{3}{2}}\left(\sin^3(\theta')-\sin^3(\alpha\theta')\right)}{3\pi ab\left(\sin^2(\theta')+\sin^2(\alpha\theta')\right)} + A\cdot\mathrm{sign}(x_1)}{\dfrac{4\left[(a^2-b^2)\sin^2(\beta)+b^2\right]^{\frac{3}{2}}\sin^3(\theta')}{3ab\left[\theta'-\sin(\theta')\cos(\theta')\right]} + B\cdot\mathrm{sign}(y_1)} \tag{5-13}$$

式中，

$$A = \frac{\cos^3(\beta)(a^2-b^2)}{a}\cos(\gamma) - \frac{\sin^3(\beta)(b^2-a^2)}{b}\sin(\gamma) \tag{5-14}$$

$$B = \frac{\cos^3(\beta)(a^2-b^2)}{a}\sin(\gamma) + \frac{\sin^3(\beta)(b^2-a^2)}{b}\cos(\gamma) \tag{5-15}$$

a 为椭圆长轴（x 方向）长度（nm）；b 为椭圆短轴（y 方向）长度（nm）；γ 为椭圆转动角度（°）；β 为椭圆方程参数角度；α 为材料弹性回复系数。

式（5-13）中，当长短轴 a 和 b 相等时，椭球磨料就成为球形磨料，则此时的滚滑判据几何关系与式（5-5）和式（5-6）的比值一致。该结果与 Pang 等[53]提出的球形磨料滚滑判据力矩关系一致，由此验证了该椭球磨料滚滑判据几何分析模型在特定条件下的正确性。

5.5.3　含水条件下磨料滚滑判据的讨论与分析

1. 角度参量对力臂关系的影响

由式（5-13）可知磨料滚滑关系与转动角度 γ、压入角度 θ'、弹性回复角 $\alpha\theta'$以及椭圆参数方程角度 β 相关。图 5-76～图 5-78 为 e/h 与不同角度参数的关系曲线，这些角度参数对 e/h 大小具有重要的影响，进而影响着 e/h 与摩擦系数 μ 的大小关系。

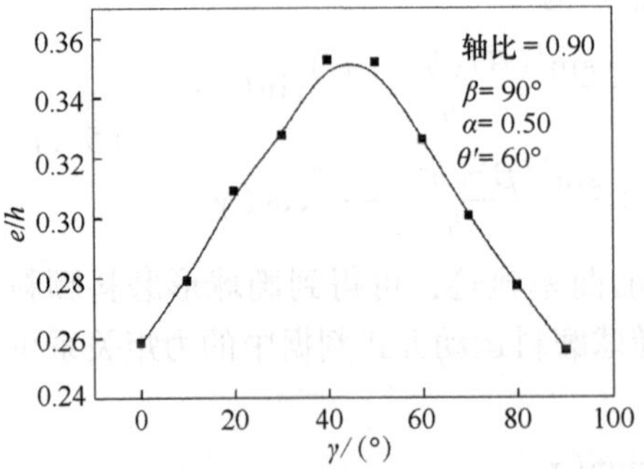

图 5-76 e/h 与磨料转动角度关系曲线

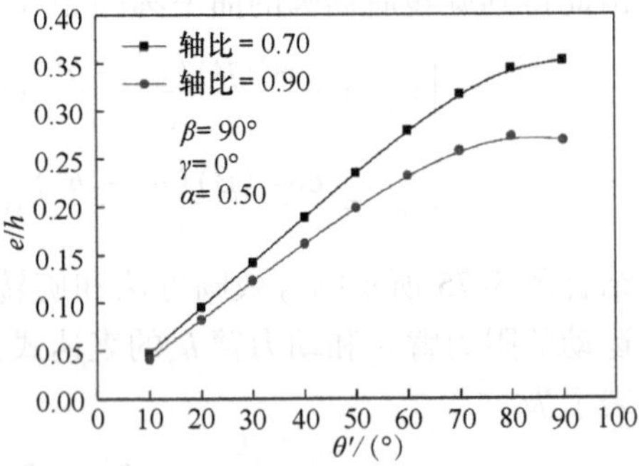

图 5-77 e/h 与磨料压入角度关系曲线

转动角小于 45°时，e/h 值随转动角增加而增大，反之亦然；e/h 值随着压入角度和弹性回复系数的增加而分别呈单调递增和递减，表明磨料被压入基体的深度越大，材料弹性回复能力越弱，磨料越趋向于滑动状态。另外，相同条件下磨料轴比较大时 e/h 值较小，证明磨料越尖锐越不利于滚动，与上一章的分子动力学模拟结果一致。因为压入角度 θ' 与外加载荷有关，弹性回复角度与材料特性有关，而角度 β 与椭球形状有关，因此椭球形磨料的运动方式不仅与其本身形状有关，还与材料特性、所受外力等因素相关。

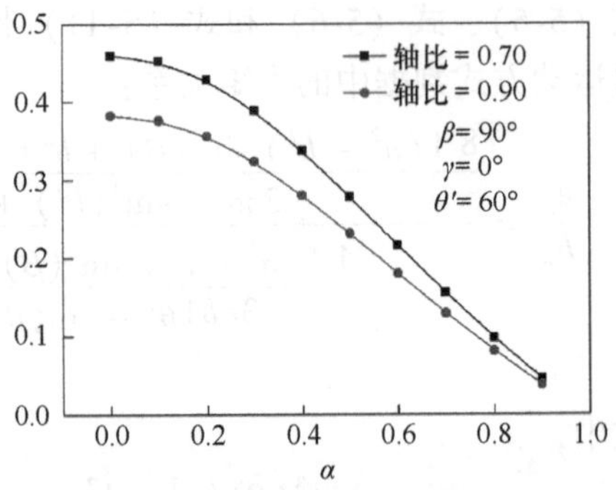

图 5-78 e/h 与基体弹性回复系数关系曲线

2. 水膜厚度对压入角的影响

上文已经指出水膜存在时阻碍了椭球磨料运动过程中与基体表面之间的直接作用，特别是外加压力较小或水膜较厚时该阻碍作用更明显，从而引起等效作用点发生改变，进而引起压入角由 θ 转变为 θ'。在最简单的情况下，即磨料运动过程中水膜是均匀分布的，其厚度 H_N 保持不变，则力臂关系 e/h 与不同角度参数之间的关系曲线（见 5.5.2 部分）与无水膜情况时一样。但是，实际上椭球磨料颗粒在运动过程中（特别是滚动）与基体表面之间的接触时刻发生着变化，这会导致在相同的正压力作用下接触面积不同，基体表面受力不同，因此引起水膜受到的摩擦力也不同，则磨料与表面之间的水膜被挤出的程度不同，水膜分布不规则，厚度也随时变化。

在纳米或原子尺度下，水膜的流体性能减弱，而类固态性能增强，甚至单个水分子或者分子团簇在纳米压入和磨损过程中具有非常强的固体性质。例如在单晶铜纳米压入过程的研究中发现压头下方的水分子能够将压力传递至单晶铜表面进而引起基体弹性和塑性变形；在单晶铜的两体磨损过程中，未被磨料颗粒挤出磨损区域的水分子对单晶铜表面和内部造成了一定的损伤。

正因为具有如上所述的固体性质，水膜会使得三体磨损过程更加复杂。水膜的存在形式主要包括以下两方面：

1）当磨料颗粒在外加压力作用下被压入单晶铜基体并在水平作用力驱动下运动时，一部分水分子未被从压痕区域和磨损区域挤出，存在于磨料颗粒与基体表面之间，如图 5-79 中椭球磨料下方的灰色区域所示。这部分水分子或者超薄水膜能够将力传递至单晶铜表面，因此即使单晶铜与磨料颗粒未直接接触时也会发生一定程度的弹性和塑性变形。在此磨损过程中，水膜与单晶铜基体的物理性能和力学性能不一致，会引起磨料颗粒的压入角和弹性回复角发生变化。

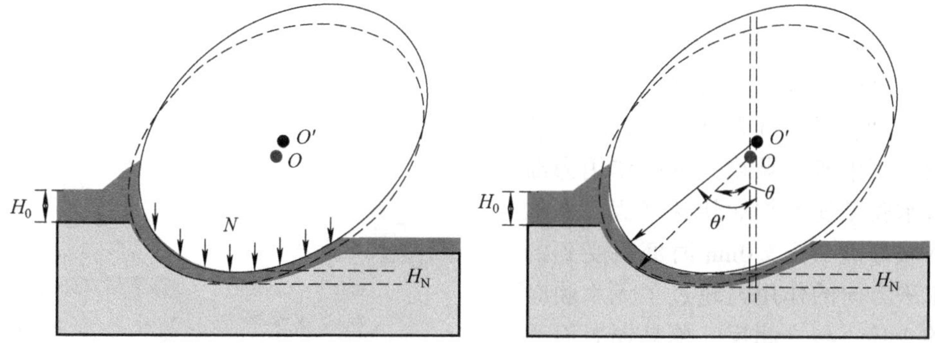

a）受力引起水膜厚度变化　　b）压入角变化

图 5-79　水膜受力及厚度和角度变化分析

2）当磨料颗粒在水平驱动力作用下运动时，一部分水分子被从压痕区域和磨损区域挤出，存在于磨料颗粒前端，如图 5-79 中椭球磨料前端的灰色区域所示。这部分水分子或者水团簇的堆积阻碍了磨料颗粒的前进运动，使得磨料颗粒水平方向的摩擦力增大。

实际磨损过程中，水膜厚度受到正压力 N 的影响，压力 N 越大则水膜被压得越密，厚度 H_N 越小；同时，水膜厚度与初始水膜厚度 H_0 有关（图 5-79），H_0 越大则单个水分子承受的平均作用力越小，厚度 H_N 越大，此关系可表示为下式：

$$\begin{cases} H_N \propto \dfrac{1}{N} \\ H_N \propto H_0 \end{cases} \tag{5-16}$$

初始水膜厚度 H_0 和正压力 N 影响了磨损过程中以两种形式存在的水膜的厚度，进而会影响到磨料颗粒的压痕深度和压入角，如图 5-79b 所示。水膜的存在会导致磨料颗粒的重心和等效作用点上移，所以压入角度会发生变化，此关系可表示为下式：

$$\begin{cases}\varphi = (\theta' - \theta) \propto \dfrac{1}{N} \\ \varphi = (\theta' - \theta) \propto H_0\end{cases} \tag{5-17}$$

式中，φ 为无水膜和有水膜情况下 θ 角的改变。

3. 水膜聚集对磨料运动方式的影响

如图 5-80 所示，水平方向上，运动中的磨料颗粒受到单晶铜表面施加的水平摩擦力 F_{friction}，磨料下方水膜的作用力 F_{f_water}，前端聚集的水分子的阻力 F_{water}，以及磨料后方单晶铜回复产生的弹性回复力 F_{elastic}。如前文所述，摩擦力是磨料颗粒滚动的驱动力，则阻力 F_{water} 对磨料的滚动产生反作用力，而弹性恢复力 F_{elastic} 促进磨料滚动。

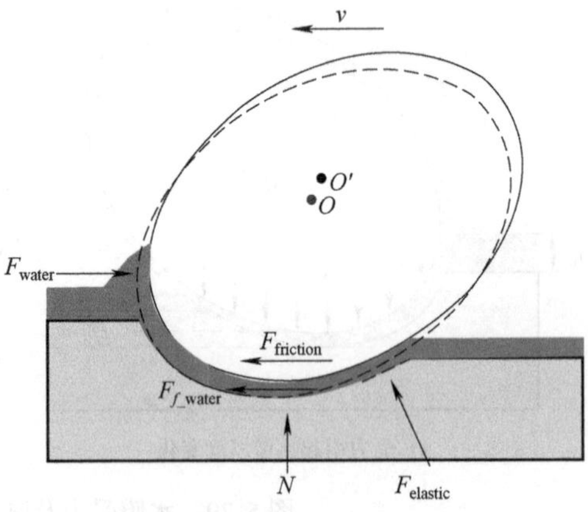

图 5-80　磨料颗粒受力分析

当水膜较厚时，磨料颗粒的运动会引起大量水分子聚集于磨料前端，进而阻碍了磨料颗粒的滚动或者滑动。从表 5-7 可看出，两体磨损过程中磨料颗粒受到的作用力随着水膜厚度增加而快速增大，例如水膜厚度 $H = 3.0\mathrm{nm}$ 时磨料受到的水平方向的作用力超过了无水膜时的 2 倍；与之相反，单晶铜表面受到的作用力却随着水膜厚度增加而降低。因为铜表面的受力主要是磨料颗粒与之作用的结果（水膜吸附于铜表面，二者之间沿水平方向的作用力很弱，可忽略不计），水膜的存在又阻碍了磨料颗粒与铜表面之间的直接作用，因此二者之间的作用力减小。磨料受到的水平方向的作用力来自于铜表面和水膜的共同作用，其中水膜的作用来自于其在前端聚集时，对磨料前进产生的阻力和残留于磨损区域的水分子对磨料的作用力，铜表面对磨料的作用减小（即铜表面受力），而磨料颗粒受到的总的相互作用力却明显增大，则此增大部分为水膜的贡献（表 5-7 中水膜－磨料作用力）。一方面，图 5-29 表明聚集于磨料前端的水分子随着水膜初始厚度增加而明显增多，甚至水分子的堆积淹没了磨料颗粒，因此这部分阻碍作用力不可忽略，对椭球磨料颗粒的滚动产生了较大的阻碍作用；另一方面，尽管作用力 F_{f_water} 与滚动的主要驱动力 F_{friction} 方向一致，但是 F_{f_water} 的出现导致 F_{friction} 减小。相比而言，水膜堆积的阻碍作用强于摩擦方向的贡献。

表 5-7　不同组分间的相互作用力

水膜厚度/nm	磨料颗粒受力/nN		铜表面受力/nN		水膜－磨料作用力/nN	
	水平方向	正压力方向	水平方向	正压力方向	水平方向	正压力方向
0	80.3	46.1	80.3	46.1	0	0
1.0	121.8	65.8	71.2	49.9	50.6	15.9
2.0	138.3	68.5	62.2	57.7	76.1	10.8
3.0	171.0	74.3	57.5	62.5	113.5	11.8

5.5.4　弹性回复对磨料运动方式的影响

在纳米尺度下的磨料磨损中，尺度效应和表面效应使得弹性回复行为不可忽略，进而可能对磨料的运动方式产生较大的影响。纳米压痕结果表明从压入结束到压头离开基体的过程中，由于压头对单晶铜的作用力减小，单晶铜内部缺陷向基体表面运动，内部发生应力松弛，同时压坑内原子发生不同程度的弹性回复（见图 5-22 和图 5-23）。同理，当磨料颗粒在单晶铜表面滑动或滚动后，造成表面发生明显的塑性变形，伴随着一定程度的弹性回复。如图 5-80 所示，磨料颗粒斜后方的铜表面原子因为弹性回复会对磨料产生推动作用，即弹性回复力 $F_{elastic}$。为了量化弹性回复作用的强弱，本部分在纳米压入模型的基础上进行分析。Wang 等[55]在 NiAl 合金的研究中提出了弹性回复系数的两种计算方法，见式（5-18）和式（5-19），其中 D 和 W 的含义如图 5-81 所示。

$$\alpha_L = \left(\frac{D_0 - D_1}{D_0}\right)\% \tag{5-18}$$

$$\alpha_W = \left(\frac{W_0 - W_1}{W_0}\right)\% \tag{5-19}$$

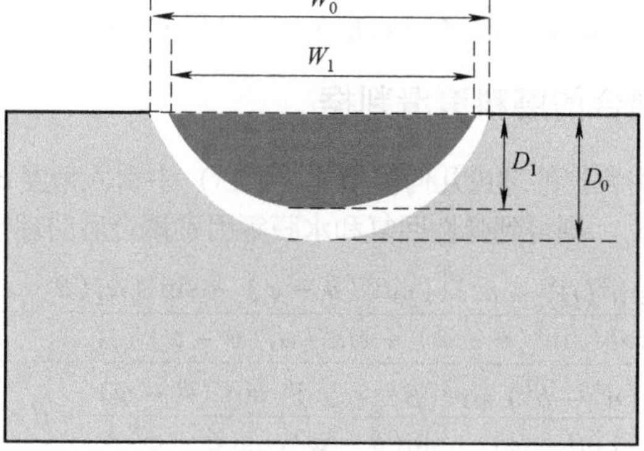

图 5-81　弹性回复

图 5-82 展示了不同水膜厚度下，磨料卸载前后单晶铜基体的弹性回复率（α_L和 α_W）。总体而言，水膜存在时的弹性回复率小于无水膜情况，这说明水膜不利于弹性回复，该结果与图 5-24 的结果一致；同时，横向的弹性回复率几乎是纵向的弹性回复率的 3 倍，说明沿着磨料压入方向的弹性能聚集更大，因此弹性回复量释放更大。

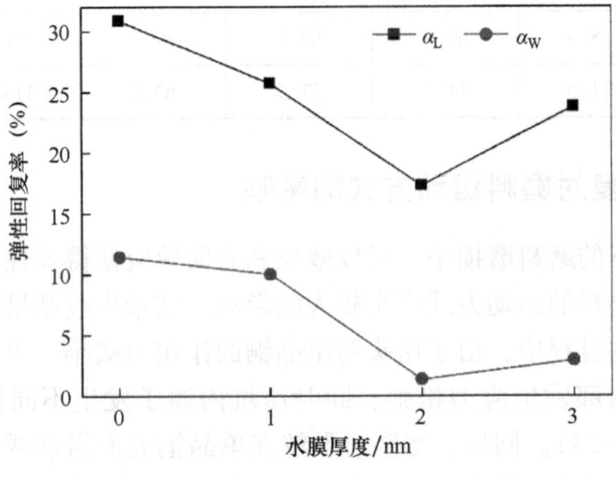

图 5-82　不同水膜厚度下的单晶铜弹性回复率

无水条件下，单晶铜的弹性回复率超过了 30%，含水膜时即使是最小的弹性回复率也达到了 18%，如此大的弹性回复是宏观条件下远远不能达到的。该结果一方面说明材料的弹性回复行为具有很强的尺度效应，另一方面也表明纳米尺度下弹性回复是不可忽略的重要参量。因此，磨料磨损过程中，基体材料弹性回复引起的作用力 $F_{elastic}$ 也必然影响着磨料颗粒的运动方式。依据单晶铜的弹性回复率 α_L，建立弹性回复率与水膜初始厚度（$H_0 \leqslant 2.0$nm）之间的函数关系，即式（5-20）。值得注意的是该函数关系的精确性以及向更厚水膜条件下的扩展仍需进一步验证。

$$\alpha_L = -0.06775 H_0 + 0.31398 \quad H_0 \leqslant 2.0 \tag{5-20}$$

5.5.5　多因素耦合的磨料滚滑判据

在椭球磨料滚滑判据的理论几何模型式（5-13）中引入角度 φ 以及水膜厚度较小时的弹性回复系数 α_L，则得到弹性回复和水膜等因素耦合后的理论滚滑判据模型：

$$\frac{e_e}{h_e} = \frac{\dfrac{8\left[(a^2-b^2)\sin^2(\beta)+b^2\right]^{\frac{3}{2}}\left(\sin^3(\theta-\varphi)-\sin^3(\alpha_L(\theta-\varphi))\right)}{3\pi ab\left(\sin^2(\theta-\varphi)+\sin^2(\alpha_L(\theta-\varphi))\right)}+A\cdot\mathrm{sign}(x_1)}{\dfrac{4\left[(a^2-b^2)\sin^2(\beta)+b^2\right]^{\frac{3}{2}}\sin^3(\theta-\varphi)}{3ab\left[(\theta-\varphi)-\sin(\theta-\varphi)\cos(\theta-\varphi)\right]}+B\cdot\mathrm{sign}(y_1)} \tag{5-21}$$

其中，角度 φ 的函数形式为：

$$\varphi = f\left(H_0, \frac{1}{N}\right) \tag{5-22}$$

压入角度 θ 的函数形式为[54,51]

$$\theta = \arccos\left(\sqrt{1 - \frac{Na^2b^2}{\pi H[(a^2 - b^2)\sin^2(\beta) + b^2]}}\right) \tag{5-23}$$

式中，a 为椭圆长轴（x 方向）长度（nm）；b 为椭圆短轴（y 方向）长度（nm）；β 为椭圆参数方程角度；α_L 为弹性回复系数；N 为外加正压力（nN）；H 为材料硬度（GPa）；H_0 为水膜初始厚度（nm）。

5.5.6　小结

基于球形磨料运动方式的力臂关系模型和滚滑判据，建立了椭球形状的磨料运动过程中的力臂关系 e/h 的几何模型，实现了磨料运动方式的理论预测。主要研究结果如下：

1）建立了含水条件下球形和椭球形磨料颗粒在基体材料之间运动的滚滑判据几何分析模型，通过比较力臂关系 e/h 与摩擦系数的大小来预测磨料的运动方式。

2）分析了角度参量、水膜厚度及堆积、弹性回复对磨料滚滑模型的影响。结果表明转动角小于 45°时，e/h 值随转动角增加而增大，反之亦然；e/h 值随着压入角度和弹性回复系数的增加而分别呈单调递增和递减，表明磨料被压入基体的深度越大，材料弹性回复能力越弱，磨料越趋向于滑动状态；相同条件下磨料轴比较大时 e/h 值较小，证明磨料越尖锐越不利于滚动。正压力越大，水膜厚度越小；水膜厚度与初始水膜厚度呈正相关。聚集于磨料前端的水分子对椭球磨料的滚动产生了较大的阻碍作用；作用力 F_{f_water} 导致 $F_{friction}$ 减小，相比而言，水膜堆积的阻碍作用强于摩擦方面的贡献。

3）水膜存在时单晶铜弹性回复率小于无水膜情况，横向的弹性回复率几乎是纵向的弹性回复率的 3 倍，表明沿着磨料压入方向的弹性能聚集更大，弹性回复量释放更大。

4）无水条件下，单晶铜的弹性回复率超过了 30%，含水膜时即使最小的弹性回复率也达到了 18%，远大于宏观条件下的弹性回复率。依据单晶铜的弹性回复率 α_L，建立了弹性回复率与水膜初始厚度（$H_0 \leqslant 2.0$nm）之间的函数关系。

5）在椭球磨料滚滑判据的理论几何模型中引入角度 φ 以及水膜厚度较小时的弹性回复系数 α_L，得到了弹性回复和水膜等因素耦合后的理论滚滑判据模型。

参考文献

[1] VOYIADJIS G Z, YAGHOOBI M. Large scale atomistic simulation of size effects during nanoindentation: Dislocation length and hardness[J]. Materials Science and Engineering: A, 2015, 634:20-31.

[2] ZHANG L, ZHAO H, DAI L, et al. Molecular dynamics simulation of deformation accumulation in repeated nanometric cutting on Single-Crystal copper[J]. RSC Advances, 2015, 5(17): 12678-12685.

[3] LI L, SONG W, XU M, et al. Atomistic insights into the Loading-Unloading of an adhesive contact: A rigid sphere indenting a copper substrate[J]. Computational Materials Science, 2015, 98:105-111.

[4] LIANG H, WOO C, HUANG H, et al. Dislocation nucleation in the initial stage during nanoindentation[J]. Philosophical Magazine, 2003, 83(31-34):3609-3622.

[5] GAO Y, RUESTES C J, URBASSEK H M. Nanoindentation and nanoscratching of iron: Atomistic simulation of dislocation generation and reactions[J]. Computational Materials Science, 2014, 90:232-240.

[6] DAW M S, BASKES M I. Embedded-Atom method: Derivation and application to impurities, surfaces, and other defects in metals[J]. Physical Review B, 1984, 29(12):6443.

[7] DAW M S, FOILES S M, BASKES M I. The Embedded-Atom method: A review of theory and applications[J]. Materials Science Reports, 1993, 9(7-8):251-310.

[8] GIRIFALCO L A, WEIZER V G. Application of the Morse potential function to cubic metals[J]. Physical Review, 1959, 114(3):687-690.

[9] REN J, ZHAO J, DONG Z, et al. Molecular dynamics study on the mechanism of AFM-Based nanoscratching process with Water-Layer lubrication[J]. Applied Surface Science, 2015, 346: 84-98.

[10] BODA D, HENDERSON D. The effects of deviations from Lorentz-Berthelot rules on the properties of a simple mixture[J]. Molecular Physics, 2008, 106(20):2367-2370.

[11] AL-MATAR A K, ROCKSTRAW D A. A generating equation for mixing rules and two new mixing rules for interatomic potential energy parameters[J]. Journal of computational chemistry, 2004, 25(5):660-668.

[12] WERDER T, WALTHER J, JAFFE R, et al. On the Water-Carbon interaction for use in molecular dynamics simulations of graphite and carbon nanotubes[J]. The Journal of Physical Chemistry B, 2003, 107(6):1345-1352.

[13] SUN K, SHEN W, MA L. The influence of residual stress on incipient plasticity in Single-Crystal copper thin film under nanoindentation[J]. Computational Materials Science, 2014, 81:226-232.

[14] ZIEGENHAIN G, URBASSEK H M, HARTMAIER A. Influence of crystal anisotropy on elastic

deformation and onset of plasticity in nanoindentation: a simulational study[J]. Journal of Applied Physics, 2010, 107(6):061807.

[15] KRACKE B, DAMASCHKE B. Measurement of nanohardness and nanoelasticity of thin gold films with scanning force microscope[J]. Applied Physics Letters, 2000, 77(3):361-363.

[16] CHANG L, ZHANG L. Mechanical behaviour characterisation of silicon and effect of loading rate on Pop-In: A nanoindentation study under Ultra-Low loads[J]. Materials Science and Engineering: A, 2009, 506(1-2):125-129.

[17] SCHUH C, NIEH T. A nanoindentation study of serrated flow in bulk metallic glasses[J]. Acta Materialia, 2003, 51(1):87-99.

[18] MA Z, LONG S, PAN Y, et al. Loading rate sensitivity of nanoindentation creep in polycrystalline Ni films[J]. Journal of Materials Science, 2008, 43(17):5952-5955.

[19] SCHUH C A, LUND A C. Application of nucleation theory to the rate dependence of incipient plasticity during nanoindentation[J]. Journal of Materials research, 2004, 19(7):2152-2158.

[20] SCHUH C A. Nanoindentation studies of materials[J]. Materials Today, 2006, 9(5):32-40.

[21] ZIEGENHAIN G, HARTMAIER A, URBASSEK H M. Pair vs Many-Body potentials: Influence on elastic and plastic behavior in nanoindentation of fcc metals[J]. Journal of the Mechanics and Physics of Solids, 2009, 57(9):1514-1526.

[22] SHI J, ZHANG Y, SUN K, et al. Effect of water film on the plastic deformation of monocrystalline copper[J]. RSC Advances, 2016, 6(99):96824-96831.

[23] STUKOWSKI A. Visualization and analysis of atomistic simulation data with OVITO-the open visualization tool[J]. Modelling and Simulation in Materials Science and Engineering, 2010, 18(1):015012.

[24] BOWDEN F, TABOR D. The Friction and lubrication of solids[M]. Oxford, Clarendon Press, 1964.

[25] HALLING J. Principles of tribology[M]. London: Macmillan Press, 1975.

[26] ZHU P Z, HU Y Z, MA T B, et al. Molecular dynamics study on friction due to ploughing and adhesion in nanometric scratching process[J]. Tribology Letters, 2011, 41(1):41-46.

[27] ZHU P Z, HU Y Z, MA T B, et al. Study of AFM-Based nanometric cutting process using molecular dynamics[J]. Applied Surface Science, 2010, 256(23):7160-7165.

[28] BHUSHAN B. Springer handbook of nanotechnology[M]. Berlin:Springer-Verlag GMBH Gemany, 2017.

[29] CHEN X, ZHAO Y, WANG Y, et al. Nanoscale friction and wear properties of silicon wafer under different lubrication conditions[J]. Applied Surface Science, 2013, 282:25-31.

[30] LUO J, DORNFELD D A. Material removal mechanism in chemical mechanical polishing: Theory and modeling[J]. IEEE transactions on semiconductor manufacturing, 2001, 14(2): 112-133.

[31] LUO J, DORNFELD D A. Material removal regions in chemical mechanical planarization for submicron integrated circuit fabrication: Coupling effects of slurry chemicals, abrasive size distribution, and wafer-pad contact area[J]. IEEE Transactions on Semiconductor Manufacturing,

2003, 16(1): 45-56.
[32] SI L, GUO D, LUO J, et al. Monoatomic layer removal mechanism in chemical mechanicalpolishing process: A molecular dynamics study[J]. Journal of Applied Physics, 2010, 107(6):064310.
[33] TSUJIMURA M. The way to zeros: The future of semiconductor device and chemical mechanical polishing technologies[J]. Japanese Journal of Applied Physics, 2016, 55(6S3):06JA01.
[34] KASAI T, BHUSHAN B. Physics and tribology of chemical mechanical planarization[J]. Journal of Physics: Condensed Matter, 2008, 20(22):225011.
[35] FANG L, SUN K, SHI J, et al. Movement patterns of ellipsoidal particles with different axial ratios in three-body abrasion of monocrystalline copper: A large scale molecular dynamics study[J]. RSC Advances, 2017, 7(43):26790-26800.
[36] SHI J, CHEN J, FANG L, et al. Atomistic scale nanoscratching behavior of monocrystalline Cu influenced by water film in CMP process[J]. Applied Surface Science, 2018, 435:983-992.
[37] TANG Z, LI S. A review of recent developments of friction modifiers for liquid lubricants (2007-present)[J]. Current opinion in solid state and materials science, 2014, 18(3): 119-139.
[38] DAI W, KHEIREDDIN B, GAO H, et al. Roles of nanoparticles in oil lubrication[J]. Tribology International, 2016, 102(5):88-98.
[39] WU Y, TSUI W, LIU T. Experimental analysis of tribological properties of lubricating oils with nanoparticle additives[J]. Wear, 2007, 262(7-8):819-825.
[40] EWEN J P, GATTINONI C, THAKKAR F M, et al. Nonequilibrium molecular dynamics investigation of the reduction in friction and wear by carbon nanoparticles between iron surfaces[J]. Tribology Letters, 2016, 63(3):38-52.
[41] 张文明, 孟光. 微机电系统磨损特性研究进展[J]. 摩擦学学报, 2005, 25(5):489-494.
[42] TANNER D M, DUGGER M T. In: Reliability, testing, and characterization of MEMS/MOEMS II[R]. International Society for Optics and Photonics, 2003:22-41.
[43] ALSEM D H, Dugger M T, Stach E A, et al. Micron-Scale friction and sliding wear of polycrystalline silicon thin structural films in ambient air[J]. Journal of microelectromechanical systems, 2008, 17(5):1144-1154.
[44] SHEN S, MENG Y, ZHANG W. Characteristics of the wear process of Side-Wall surfaces in Bulk-Fabricated Si-MEMS devices in nitrogen gas environment[J]. Tribology Letters, 2012, 47(3):455-466.
[45] KIM D, OH S. Atomistic simulation of structural phase transformations in monocrystalline silicon induced by nanoindentation[J]. Nanotechnology, 2006, 17(9):2259.
[46] Anantheshwara K, Lockwood A, Mishra R K, et al. Dynamical evolution of wear particles in nanocontacts[J]. Tribology Letters, 2012, 45(2):229-235.
[47] GUPTA M C, RUOFF A L. Static compression of silicon in the [100] and in the [111] directions[J]. Journal of Applied Physics, 1980, 51(2):1072-1075.
[48] CLARKE D, KROLL M, KIRCHNER P, et al. Amorphization and conductivity of silicon and

germanium induced by indentation[J]. Physical review letters, 1988, 60(21):2156-2159.

[49] MANN A, HEERDEN D V, PETHICA J, et al. Contact resistance and phase transformations during nanoindentation of silicon[J]. Philosophical Magazine A, 2002, 82(10):1921-1929.

[50] OLIVER M R. Chemical-Mechanical planarization of semiconductor materials[M]. New York: Springer Science & Business Media, 2013.

[51] FANG L, ZHAO J, LI B, et al. Movement patterns of ellipsoidal particle in abrasive flow machining[J]. Journal of Materials Processing Technology, 2009, 209(20):6048-6056.

[52] FANG L, KONG X, SU J, et al. Movement patterns of abrasive particles in Three-Body abrasion[J]. Wear, 1993, 162:782-789.

[53] SUN K, FANG L, YAN Z, et al. Atomistic scale tribological behaviors in Nano-Grained and single crystal copper systems[J]. Wear, 2013, 303(1-2):191-201.

[54] 朱向征. 纳米椭球磨料在单晶铜三体磨料磨损中运动特性三维大型分子动力学计算[D]. 西安:西安交通大学,2016.

[55] WANG C H, FANG T H, CHENG P C, et al. Simulation and experimental analysis of nanoindentation and mechanical properties of amorphous NiAl alloys[J]. Journal of Molecular Modeling, 2015, 21(6):1-10.

第6章　化学机械抛光过程的分子动力学

6.1　概论

本章主要针对芯片制造中的化学机械抛光工艺（CMP）纳米尺度基础理论方面展开论述。由于抛光过程涉及机械和化学共同及交互作用，对整个工艺过程综合研究较复杂，涉及因素众多，故为简化研究过程，将化学作用简化成在单晶硅表面已经合成了一层无定形 SiO_2 膜，然后再考察其力学和摩擦学行为，以突出机械作用对化学机械抛光过程的影响。此研究方法虽然与实际的化学机械抛光有一定的差距，但相比忽略化学作用，仅考虑机械作用又前进了一步，也为将来综合考虑化学和机械作用的影响，创造了一定的条件。

内容具体涉及：①通过球形纳米压痕模拟，探究低维尺度下不同厚度无定型 SiO_2 薄膜对 SiO_2 膜/单晶硅双层复合材料力学行为的影响，分析无定型 SiO_2 膜/单晶硅的塑性变形行为和演化过程，以及过程参数对塑性变形行为的影响，通过该研究可以更好地认识纳观尺度下非晶材料/晶体复合材料的力学行为、相应的塑性变形机理以及两者之间的联系；②通过对无定型 SiO_2 膜/单晶硅双层复合材料纳米压痕蠕变行为和应力松弛行为的模拟计算，研究不同蠕变载荷对蠕变的影响及不同压痕深度对复合试样的应力松弛的影响，分析无定型 SiO_2 膜和单晶硅基体时间相关的塑性变形特征；③模拟无定型 SiO_2 磨料对无定型 SiO_2 膜/单晶硅试样的二体磨料磨损，分析不同 SiO_2 膜厚度单晶硅的摩擦学性能，考察磨料大小对磨损的影响，评估材料去除效率和表面质量，揭示原子尺度材料去除机理以及三者之间的内在联系。

6.2　SiO_2/Si 双层纳米材料的压痕行为

6.2.1　引言

随着信息技术和超精密技术的发展，大规模集成电路的集成度越来越高，硅片直径的日益增大，芯片特征线宽逐渐减小[1]。另一方面，随着器件小型化，微/纳机电器件（MEMS/NEMS）被广泛应用在军事、医疗、生物、环境控制、传感器等国计民生的各个方面[2, 3]，这就对大规模集成电路和 MEMS 器件的加工制造提出了更加严苛的要求。要求进入芯片加工的硅片具有原子级的平坦度和表面及次表面零缺陷的超光滑表面。目前，化学机械抛光是唯一能够达到这种要求的关键加工技术。在化学机械抛光过程中，由于抛光液中化学试剂的影响，单晶硅表面被氧化，并生成了一层 0.1 nm 到几个纳米厚的无定型 SiO_x 膜[4,5]，很明显，这层膜的出现改变了原始单晶硅片的性质。然而，近几年的化学机械抛光研究重点在于宏观过程参数对硅片表面质量和抛光效率的影响，而对这种表面被氧化的纳米尺度的单晶硅关注比较少。因此，非常有必要了解这种复合材料的力学性能和相应的变形行为。

纳米压痕实验和理论研究表明[6,7]，加载时单晶硅会发生从 Si-Ⅰ相到更加致密的 Si-Ⅱ相和 bct－5 相的转变，在慢速卸载时，Si-Ⅱ相转变为 Si-Ⅲ和 Si-Ⅻ的混合相，快速卸载时，Si-Ⅱ相转变为非晶相。Jiang 等人[6,8]系统地研究了压头角度和最大载荷对纳米压痕载荷位移曲线的影响。他们发现当加载过程中生成了足够多的 Si-Ⅱ相时，卸载过程中才会有 Si-Ⅻ/Si-Ⅲ相出现。无定型 SiO_2 是一种由 SiO_4 四面体构成的随机的网状结构，Jin 等人[9]发现 SiO_2 的塑性变形与硅原子的配位数变化有关，材料压缩时，配位数为 5、6 的硅原子数量增多，配位数为 4 的硅原子减少；Mott[10]提出 SiO_4 四面体中的 Si—O 键的变化导致了 SiO_2 的塑性流，并通过改变—Si—O—Si—O—环的大小（环中硅原子的数量）来实现。由于化学机械抛光中单个磨料压入基体的深度约为 1 nm，与单晶硅表面生成的无定型 SiO_2 膜厚度在一个数量级，这种情况下 SiO_2/Si 双层复合材料的性能测试均需要考虑 SiO_2 膜和单晶硅的力学行为和塑性变形，但目前关于这方面的研究和报道较少。

仍采用分子动力学模拟和纳米压痕的方法，来研究纳米尺度无定型 SiO_2/单晶硅双层复合材料的力学行为，分析无定型 SiO_2 膜厚度、不同压痕深度对复合材料力学性能的影响，揭示材料力学行为与无定型 SiO_2 膜和单晶硅基体塑性变形之间的关系，该工作有助于更好地认识无定型膜/晶体基体材料的力学行为和相应的塑性变形演化。

6.2.2　小压痕下纳米压痕行为

1. 建模

模拟系统包括球形金刚石压头、无定型 SiO_2 膜和单晶硅基体，如图 6-1a 所示。球形压头半径为 6nm，包含 158921 个原子，模拟中金刚石球被定义为刚体。单晶硅基体尺寸为（30 ×30 ×16）nm^3，含有 671982 个原子。单晶硅在 X、Y 和 Z 轴上的晶向分别为［100］、［010］ 和［001］。无定型 SiO_2 膜是通过淬火熔融的晶体 SiO_2 而获得的[11]。将 α－方石英晶体（晶体 SiO_2）加热至 7000K，并保持 200ps，使晶体充分融化，然后以 5K · ps^{-1} 的冷却速度降温至 3000K、1500K 和 300K，每段降温结束后在该温度下保温 200ps 来平衡系统，最后得到无定型的 SiO_2 结构。图 6-1b 所示为制备所得厚度为 1.0nm SiO_2 膜的最近邻径向分布函数（Radial Distribution Function，RDF），观察到 Si—O、O—O 和 Si—Si 原子平均距离分别为 0. 163nm、0. 269nm 和 0. 315nm，这一数据与实验结果一致[12]，说明作者 SiO_2 膜制备方法是正确的，该膜是无定型的。SiO_2 膜的厚度为 0. 4nm、0. 6nm、0. 8nm、1. 0nm、1. 4nm 和 2. 0 nm，分别包含 22932、35084、47040、58996、83104 和 119168 个原子。将制备好的无定型 SiO_2 膜作为数据文件导入到纳米压痕模拟系统的 IN 文件中，并置于单晶硅基体表面，然后对整个模拟系统进行弛豫。该模拟系统除了金刚石压头外被分成三部分：固定层、绝热层和牛顿层。固定层厚度为 1. 0nm，设置在模型最底端来确保模型的稳定性；绝热层厚度为 1. 5nm，用来模拟扩散纳米压痕过程中产生的热量，使系统保持在工作常温 300K；双层基体中的其余原子组成牛顿层，根据牛顿运动定律牛顿层中的所有原子都可以自由移动。*X* 和 *Y* 方向为周期性边界条件，*Z* 方向为自由边界。

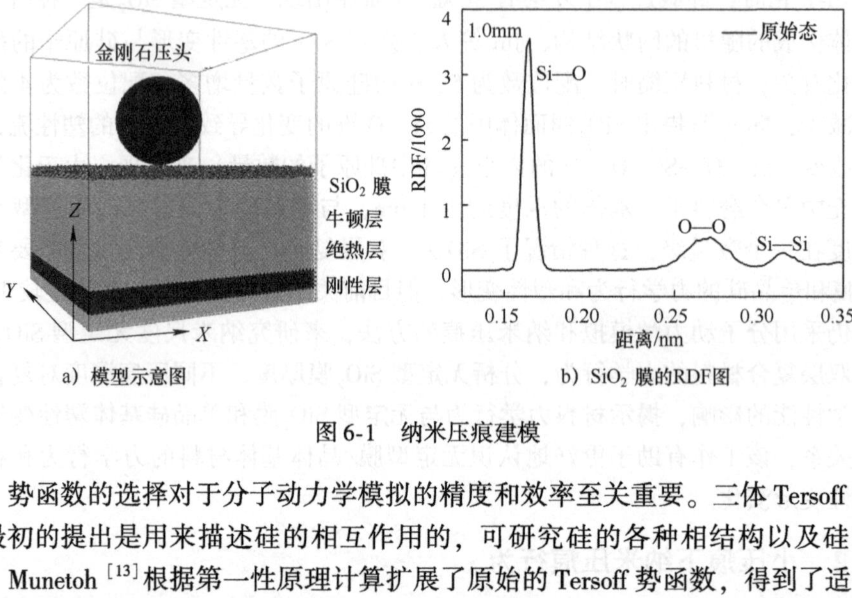

a）模型示意图　　b）SiO_2 膜的RDF图

图 6-1　纳米压痕建模

势函数的选择对于分子动力学模拟的精度和效率至关重要。三体 Tersoff 势函数最初的提出是用来描述硅的相互作用的，可研究硅的各种相结构以及硅的相变。Munetoh[13] 根据第一性原理计算扩展了原始的 Tersoff 势函数，得到了适合描述 Si—O 系统的 Tersoff 势函数，目前该势函数已成功地应用在无定型 SiO_2 及 Si—O 系统的模拟计算中[14, 15]。所以，本书采用扩展的 Si—O Tersoff 势函数来模拟双层基体的 Si—Si、O—O 和 Si—O 原子之间的相互作用。双层基体中的 Si 原子和金刚石压头的 C 原子之间的相互作用采用 Morse 势函数来描述[16]，势能可用式（2-26）来表达。式中 $D_0 = 0.435\text{eV}$，$\alpha = 46.487\text{nm}^{-1}$，$r_0 = 0.19475\text{nm}$ 和 r 分别代表黏着能、弹性模量、原子间的平衡距离和瞬时距离。C—O 原子关系可用标准的 Lennard-Jones 势函数来描述，参数为：$\varepsilon = 0.1\text{eV}$ 和 $\sigma = 0.3275\text{nm}$。

纳米压痕加载之前，首先对系统进行了最陡下降算法的局部能量最小化，然后系统在 300K 的温度下，采用具有 Nose – Hoover 热浴的 NVT 系综来进行长时结构弛豫，时间长达 100ps，使无定型 SiO_2 膜和单晶硅基体很好地结合在一起，直到系统能量最小。待系统平衡后，采用 Langevin 热浴下的 NVE 系综来模拟整个纳米压痕过程。模拟中牛顿运动方程采用 velocity – Verlet 积分算法，时间步长为 0.5fs。整个压痕过程中加载方式为位移控制，压头以 $25m \cdot s^{-1}$ 的压痕速度沿着 Z 轴方向加载和卸载，最大压痕深度设定为 3.2nm。本书的分子动力学模拟计算采用开源的 LAMMPS 软件[17]，并用 OVITO 后处理软件进行可视化[18]。

2. 力学性能测试

为了探究表面覆有不同厚度（L = 0.4nm、0.6nm、0.8nm、1.0nm、1.4nm 和 2.0nm）无定型 SiO_2 膜的单晶硅的力学性能和变形行为，进行了一系列纳米压痕计算，可得到不同最大压痕深度下的载荷 – 位移的压痕曲线，如图 6-2 所示为最大压痕深度为 3.2nm 时的压痕曲线。与加载曲线相比较，卸载曲线呈现出明显的滞后现象，表明压痕过程中发生了大量塑性变形。另外，所有加载曲线呈现出了相似的锯齿形（serrate）的特征，该特征是典型的局部不均匀塑性变形导致的，是位移控制加载过程中塑性的突然爆发而产生的[19]。金属薄膜[20, 21]和体块无定型金属玻璃[22]的纳米压痕过程也发现了这一现象。插图为局部加载曲线的放大图，表明试样表面 SiO_2 厚度为 0.6nm 和 0.8nm 时，serrate 现象会更明显一些。

依据 Oliver 和 Pharr 的方法[23]，双层复合材料的纳米压痕力学性能（压痕模量和硬度）可从一个完整的加载、卸载循环中推导出来。力学性能可以通过非线性拟合纳米压痕卸载曲线来获得，关系式为

$$P = B(h - h_f)^m \tag{6-1}$$

式中，P 为压痕载荷（nN）；h 为压痕深度（nm）；h_f 为曲线卸载后剩余塑性变形深度（nm）；B，m 为拟合参数。接触刚度（S）是卸载曲线起始阶段的斜率，是压痕深度最大处的 dP/dh 值（h_{max}）。球形压头和试样之间的接触深度（h_c）可以用下式得出

$$h_c = h_{max} - 0.75\frac{P_{max}}{S} \tag{6-2}$$

式中，P_{max} 为最大压痕载荷（nN）。基于以上测量，待测试样的硬度可由下面公式来获得

$$H = \frac{P_{max}}{A} \tag{6-3}$$

式中，A 为投影接触面积（nm^2），是接触深度的函数。有效压痕模量（

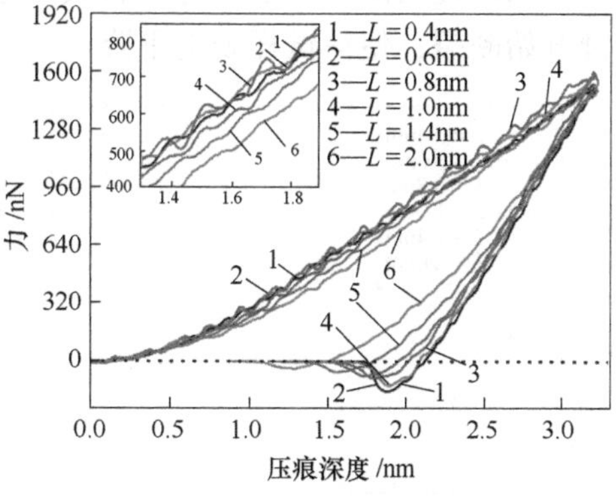

图 6-2　表面覆有不同厚度 SiO_2 的单晶硅纳米压痕曲线（L）

E_{eff}）为

$$E_{eff} = \frac{S}{2}\sqrt{\frac{\pi}{A}} \tag{6-4}$$

E_{eff}是由下式定义的

$$\frac{1}{E_{eff}} = \frac{1-\upsilon^2}{E} + \frac{1-\upsilon_i^{\ 2}}{E_i} \tag{6-5}$$

有效压痕模量均考虑了压头和试样的弹性位移。E、E_i、υ、和υ_i分别为试样和压头的模量和泊松比。对于双层复合材料，不同厚度的SiO_2膜和不变的单晶硅厚度理论上对复合材料的泊松比都有影响。然而，SiO_2膜的厚度远远小于单晶硅基体厚度，膜对复合材料泊松比的影响比较小，获得的复合材料试样的泊松比没有明显的差距，所以采用一个常量的泊松比为0.21来进行整个纳米压痕模拟（单晶硅和无定型SiO_2的泊松比分别为0.22~0.23[24]和0.17[25]）。在模拟中，因为压头被定义为刚体，压头的E_i值是一个无限大的值，所以式（6-5）中右侧最后一项的值为零。

经上面的计算式可获得压痕模量和硬度随压痕深度的变化关系，分别如图6-3和图6-4所示。可以看出，由于压痕深度增加，基体影响逐渐增大，导致测得的复合材料的压痕模量和硬度逐渐增大。例如膜厚为2.0nm的试样，模量和硬度分别从压痕深度为0.8nm时的79.9GPa、8.0GPa增至3.2nm时的131.3GPa、21.2GPa。但在相同压痕深度下，压痕模量随着SiO_2膜厚的增加急剧减小，例如在压痕深度为0.8nm时，膜厚为0.4nm和2.0nm的试样模量分别为136.4GPa和79.9GPa。压痕模量的变化趋势与Xu等人的复合材料的实验结果一致[25]，而相同压痕深度下硬度的变化比较复杂。压痕深度较浅时（0.8nm和1.6nm），试样的硬度（除了膜厚为0.6nm和0.8nm的试样）随着SiO_2膜厚的增加而有轻微的减小。相反，在压痕深度为3.2nm时，硬度随着表面SiO_2膜厚的增加缓慢增加。这是因为在较大压痕深度下，较薄的SiO_2膜内的Si—O化学键开始断裂，使得试样硬度下降。

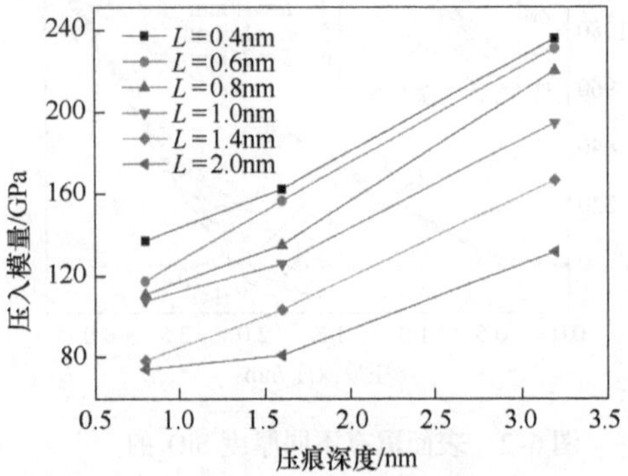

图6-3　压痕模量变化曲线

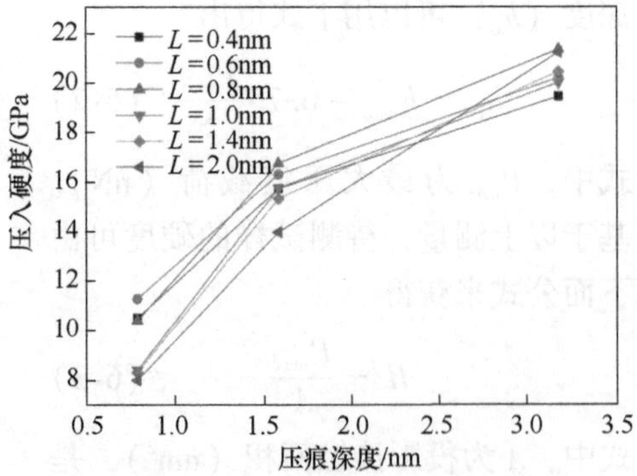

图6-4　压入硬度变化曲线

根据 SiO_2 膜的原子构型图得出，在整个压痕过程中，即使在最大压痕深度为 3.2nm 时，不同厚度的 SiO_2 膜仅发生了压实和减薄而没有破裂，详细的 SiO_2 变形分析见下一段。

3. 无定型 SiO_2 膜的塑性变形行为

无定型 SiO_2 是由大量短程有序的 SiO_4 四面体组成的连续随机网状结构，如图 6-5 所示。为了研究纳米压痕过程中 SiO_2 膜的变形行为，分析了球形压头下 SiO_2 膜的最近邻径向分布函数（RDF）和键角分布函数（bond angle distribution function，ADF），截断半径为 0.2nm。以最大压痕深度 3.2nm 下的分析结果为例，如图 6-6 所示，原始 SiO_2 中的 Si—O、O—O 和 Si—Si 原子平均距离分别为 0.163nm、0.269nm 和 0.315nm。加载后（压痕深度达到最大，卸载之前）Si—O 峰轻微右移，同时，Si—O 峰高度减小而宽度增加，表明加载中 Si—O 原子之间平均距离增大，完全卸载后，发生了部分相反的变化。O—O 和 Si—Si 峰卸载前后位置保持不变。另外发现，加载过程中在 Si—O 峰和 O—O 峰之间原子距离约为 0.20nm 和 0.24nm 处出现了额外的小峰。完全卸载后，因为 SiO_2 膜的弹性回复第一小峰位置不变，高度减小；第二小峰几乎完全消失。

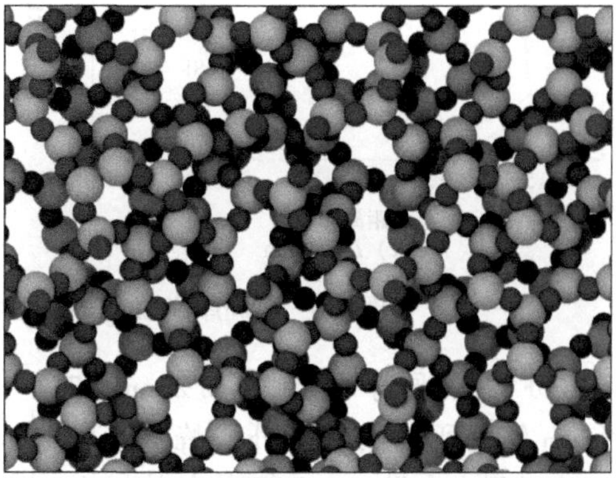

图 6-5　无定型 SiO_2 膜结构

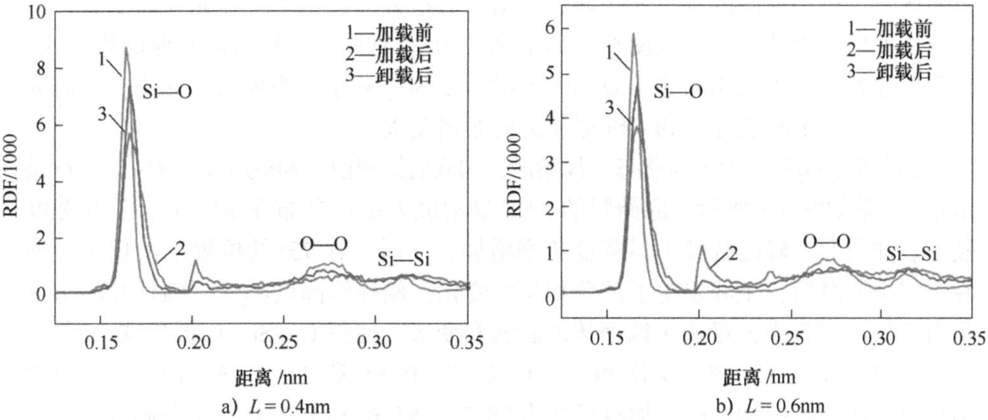

图 6-6　不同厚度 SiO_2 膜的三种状态 RDF 分析

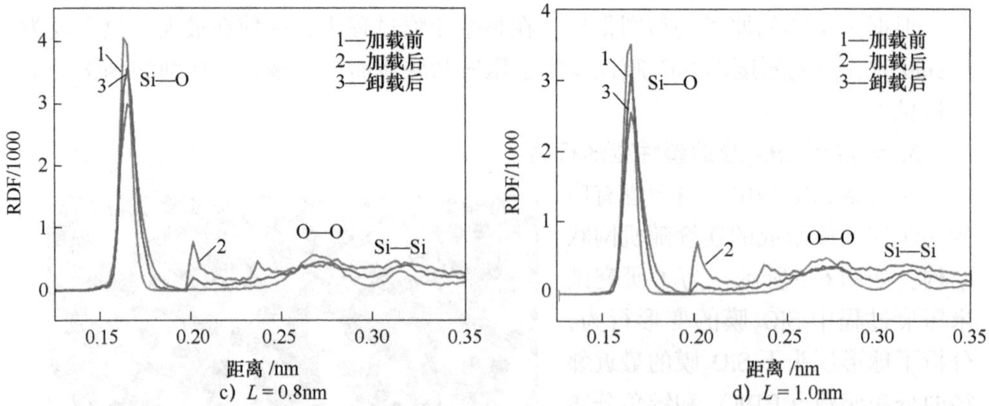

图 6-6　不同厚度 SiO_2膜的三种状态 RDF 分析（续）

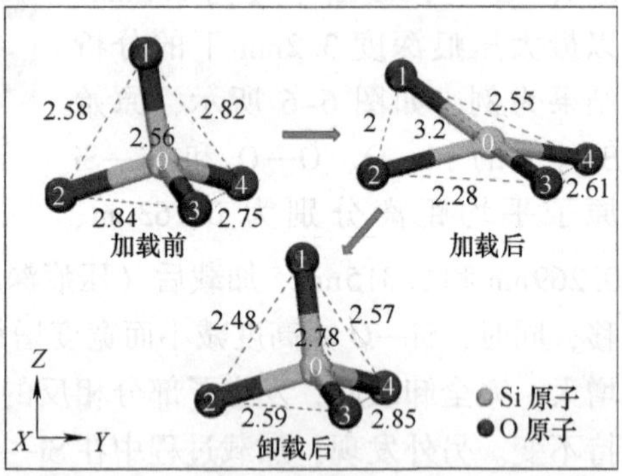

图 6-7　O—O 原子距离变化构型图（0.1nm）

RDF 图中原子距离为 0.20nm 和 0.24nm 处之所以出现额外小峰，是由于压痕过程中大量 SiO_4四面体的旋转和变形使得 O—O 和 Si—Si 原子之间的距离减小所致的。如图 6-7 所示，原始 SiO_4四面体中 1—2、2—3 和 1—3 氧原子之间的距离分别为 0.258nm、0.284nm 和 0.256nm，加载后（压痕深度为 3.2nm）原子距离变为 0.200nm、0.228nm 和 0.320nm，完全卸载后距离回复到 0.248nm、0.259nm 和 0.278nm，表明压痕过程中原始的规整 SiO_4四面体沿着压痕方向被压平了，完全卸载后，部分原子发生了弹性回复。但图 6-6a 中的第二小峰消失了，与其他较厚的膜相比，加载后原始厚度为 0.4nm 的 SiO_2膜变得最薄，Si—Si 原子距离没有变小，反而因为大量 Si—O 键断裂导致 Si—Si 原子之间距离变大。

无定型 SiO_2膜三种不同状态（原始的、加载后卸载前、卸载后）的 O—Si—O 键角分布函数如图 6-8 所示，原始膜的 ADF 显示最大键角分布在 109.5°，且峰宽度较窄。加载后，峰高度减小但宽度急剧增加，同时，在 73°的位置也出现了额外峰。完全卸载后，主峰发生了部分相反的变化，额外峰高度降低。额外峰的出现是由于加载过程中大量 SiO_4四面体的旋转和变形，使得 O—Si—O 键角减小所致。如图 6-9 所示，O—Si—O 键角 1—0—2、2—0—3 和 1—0—3 加载前分别为 102.7°、116.7°和 102.8°，加载后变为 75.3°、85.6°和 152.1°，完全卸载后变为 99.7°、105.9°和 118.8°。大量这样 SiO_4四面体的 O—Si—O 键角的减小导致了 ADF 中出现了额外峰。

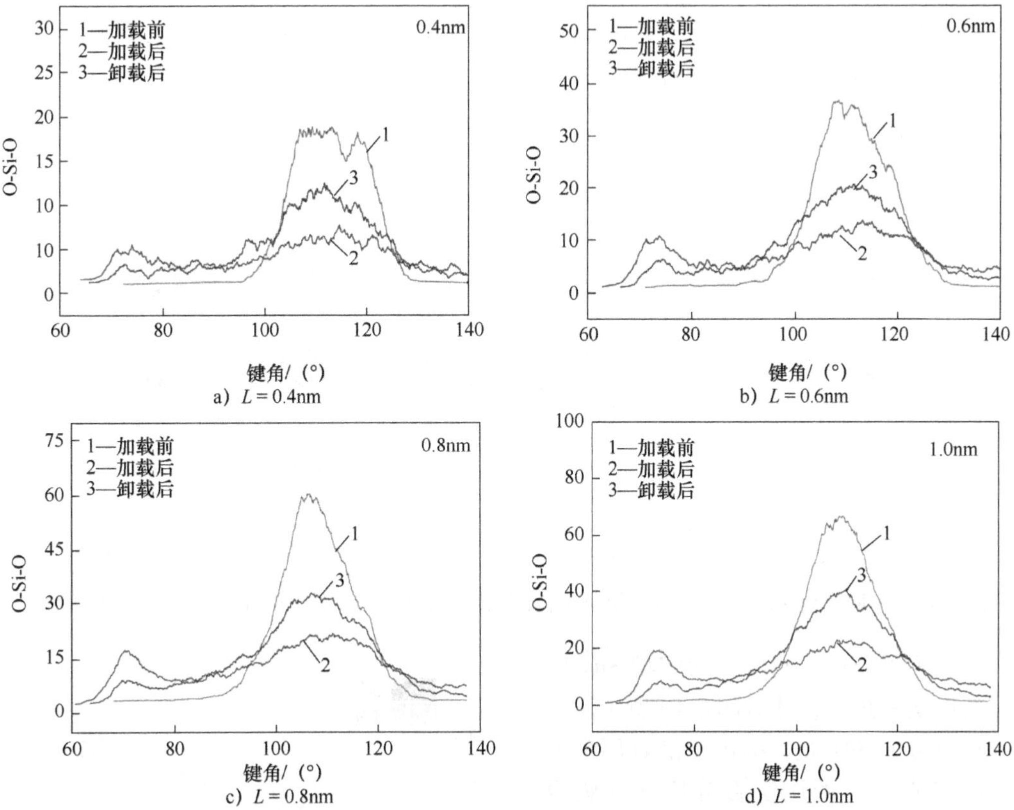

图 6-8　不同厚度 SiO_2 膜的三种状态 ADF 分析

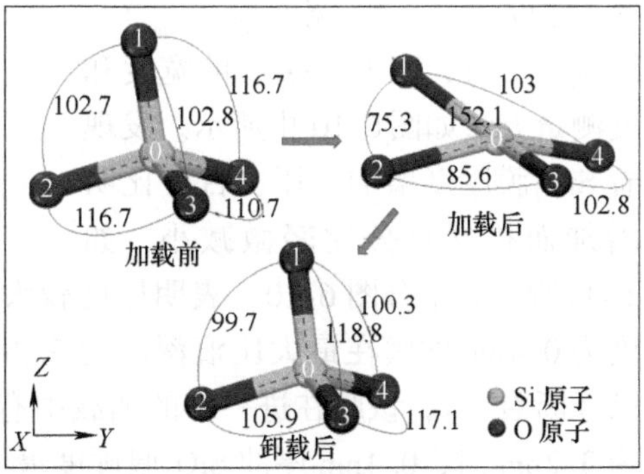

图 6-9　O—Si—O 键角变化构型图（0.1nm）

基于如上无定型 SiO_2 膜的 RDF 和 ADF 分析结果，提取了压头正下方不同膜厚、半径约为 0.4 nm 的无定型 SiO_2 膜，原子构型如图 6-10 所示，其中图 a～d 为加载中不同压痕深度原子构型图，图 e～f 为卸载中原子构型图，灰色代表 O 原子，其他颜色均代表 Si 原子，为追踪 SiO_2 膜中原子的变形情况，可以通过对比 Si 原子在不同压痕深度 h 和水膜厚度 L 参数下，原子相对位置变化得到反映。从图 6-10 中可看出，加载过程中压痕深度从 0.0nm 增至 0.8nm 时，SiO_2 膜厚度均明显减小；之后随纳米压痕试验过程进行，膜厚度缓慢减小，当卸载时，膜厚度又缓慢增大，但反而回复不到原厚度值了。表明加载过程中 SiO_2 膜在压痕的垂直方向发生了压实和减薄，而在膜水平方向发生了延展，尤其对于厚度为 0.4nm 的膜，在压痕深度为 3.2nm 时，膜厚变得最小，甚至达到了单原子层的厚度。

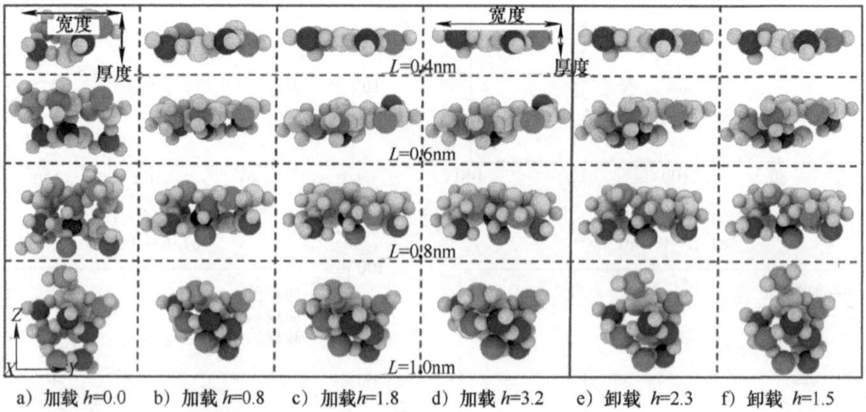

图 6-10　不同压痕深度（h）不同厚度 SiO_2 膜变形演化原子构型图（h：nm）（彩色图见插页）

为了分析不同厚度无定型 SiO_2 膜的压实和扩展，针对图 6-10 所示压头正下方的 SiO_2 膜，提出了沿着压痕方向（垂直）的压实百分比（（膜厚度$_{深度=0.0nm}$ − 膜厚度$_{深度=0.8nm}$）/膜厚度$_{深度=0.0nm}$）和水平方向的扩展百分比（（宽度$_{深度=0.8nm}$ − 宽度$_{深度=0.0nm}$）/宽度$_{深度=0.0nm}$），变形 SiO_2 膜的宽度和厚度测量方法如图 6-10 中所示。发现随着 SiO_2 膜厚度增加，压实百分比明显增加而扩展百分比轻微减小，如图 6-11所示。结合图 6-10，表明厚度较大的膜有进一步压实和扩展的潜力，而厚度为 0.4nm 的膜在最大压痕深度为 3.2nm 时达到了临界压实值（一些 Si—O 键已经断裂了），该膜在进一步的加载中有优先破裂的趋势，合理解释了压痕深度为 3.2nm 时，0.4nm 厚的 SiO_2 膜硬度最小的原因。

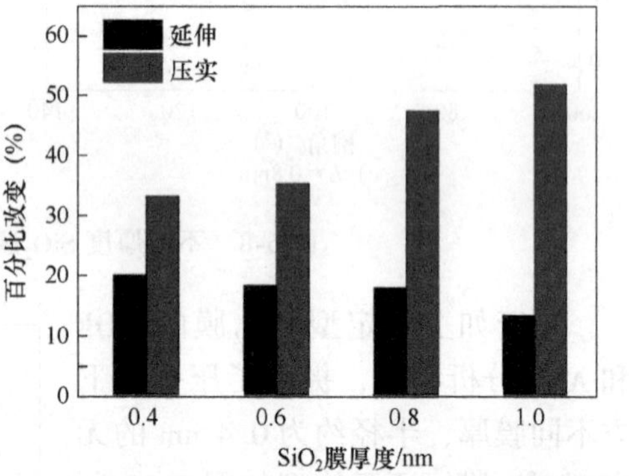

图 6-11　SiO_2 膜延伸和压实百分比变化

4. 单晶硅的塑性变形

实验研究发现，相变为室温下单晶硅的主要塑性变形机理[24, 26-28]。单晶硅的金刚石压砧实验发现，加载中原始的单晶硅（Si-Ⅰ相）转变为金属性的 Si-Ⅱ相，并导致体积收缩近20%。纳米压痕实验发现，加载中压坑内不仅生成了Si-Ⅱ

相，还因为压痕中有剪切应力的出现，降低了 Si-Ⅰ相向 Si-Ⅱ相的转变压力，也导致了新相生成，即 bct-5 相。这个过程是不可逆的，并在缓慢卸载时，加载中生成的 Si-Ⅱ相生成了晶体相的混合物（Si-Ⅻ和 Si-Ⅲ），而在快速卸载时生成了无定型的 a-Si[29-31]。因此，下面主要讨论不同厚度 SiO_2膜下单晶硅的相变行为。

当球形的压头沿着压痕方向加载时，表面无定型的 SiO_2膜首先发生变形，之后在较小的压力下，压头下方单晶硅基体表面发生晶格扭转，导致基体表面生成了一层无定型的 a-Si[32]，这与大量纳米压痕试样结果是一致的[26, 33]。如图 6-12 所示，图 6-12a ~ c 为加载中不同压痕深度下的相变，图 6-12d ~ e 为卸载中相变，图中 Si 原子根据配位数来着色，粉、绿、黄、蓝和红色分别代表 Si-Ⅰ、bct-5、β-Si、表面原子和其他相原子。压痕深度为 0.8nm 时，硅基体表面及次表面发生了无定型的转变，随着压痕深度增加，硅基体所受应力增加，导致新生成无定型硅下面的硅发生了相变。从 Si-Ⅰ相（金刚石硅）转变为 bct-5 相（体心四方）和 β-Si 相（体心四方 β-tin）[34]。因此 bct-5 和 β-Si 的相变原子随着加载的进行持续增多，如图 6-13所示。另外，在相同的压痕深度下，硅基体的相变区域和新生成相的相变原子（无定型硅，bct-5 和 β-Si）随着膜厚的增加而减少，这是因为无定型 SiO_2膜起到了抑制硅相变的作用。本节不讨论卸载过程中硅的相变行为，因为 MD 计算中卸载速度比实际纳米压痕中的速度大好几个数量级，导致卸载后的变形坑内仅出现无定型硅[30, 34, 35]。

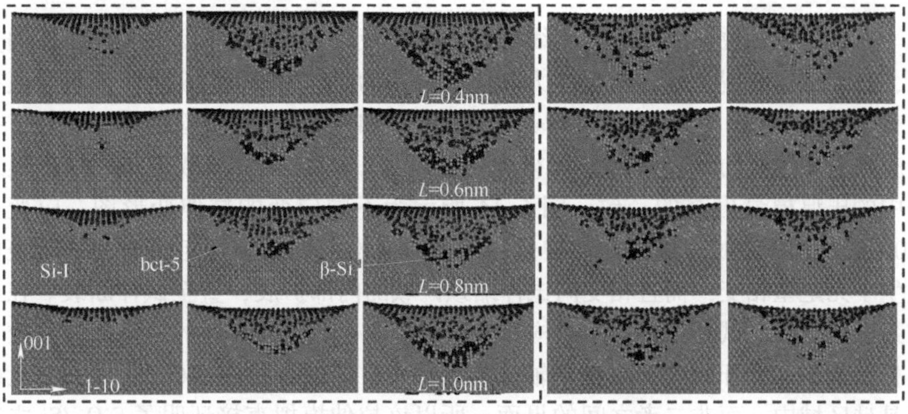

图 6-12　不同压痕深度（h）不同厚度 SiO_2膜下硅基体的相变演化（h：nm）（彩色图见插页）

5. SiO_2/Si 界面强度

为了研究所建模型中无定型 SiO_2和单晶硅基体之间的界面强度，进行了分子动力学的单轴拉伸模拟计算。如图 6-14 所示，拉伸试样为三明治圆柱形，两端为等尺寸的硅，中间部分为厚度为 1nm 的无定型 SiO_2。上端圆柱硅的直径为

3.0nm、长度24.5nm，包含34082硅原子。所以试样总长度为50nm。单晶硅基体的晶向和计算过程所采用的势函数与压痕中相同。单轴拉伸的详细模拟过程类似于Han等人的方法[36]。模拟中圆柱形试样被分为三部分，变形层、固定层和加载层，其中固定层和加载层被定义为刚体，试样两端加载层和固定层原子为黑色。拉伸加载之前，圆柱模拟系统弛豫90ps来平衡系统，弛豫参数与纳米压痕相同。在之后的拉伸过程中，加载层以常数应变速率$2.5\times10^7s^{-1}$沿着Z轴向上移动；固定层中的原子被冻结，不参与拉伸过程。拉伸过程是在NVT系综、300K下进行。

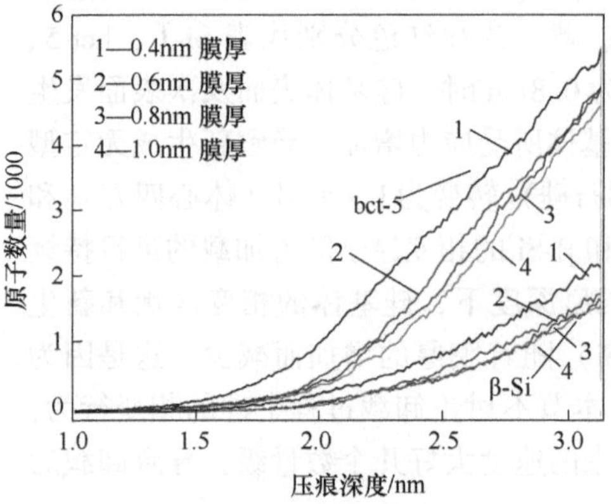

图6-13 Si相变原子数量变化曲线

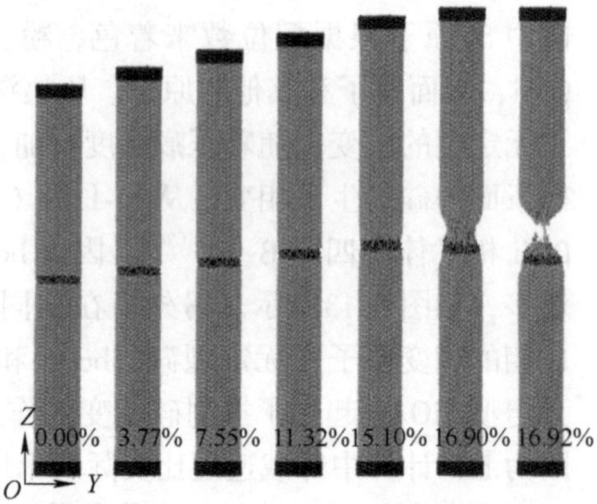

图6-14 不同应变下单轴拉伸变形

典型的单轴拉伸应力应变曲线如图6-15所示，表明试样发生了线弹性的变化，直到试样断裂失效，断裂应力和应变分别为17.7GPa和16.9%，该数值接近Kang[37]的计算（大约13.3GPa，16.2%）和Tang[38]的实验结果。而且，拟合应力应变曲线的线弹性部分可得弹性模量为109.4GPa，该数值与纳米压痕过程中的压痕模量出奇的一致。图6-14所示为不同应变的拉伸变形图，应变从0.00到15.10%时，试样均匀伸长，但当应变增大到某一特定值时，硅的表面发生了无定型相变，而且相变向试样缩颈区域的内部扩展，直至试样断裂。在此缩颈区域以外，试样保持有序结构并未见明显变化。因为材料的拉伸断裂部位是由材料最弱部分开始的，而在单轴拉伸计算中，断裂部位在SiO_2/Si界面之上的单晶硅区域内，而非二者之间的界面，所以该拉伸模拟直接证明了SiO_2/Si之间的界面结合强度高，界面的存在并未影响单晶硅的拉伸变形模式。

应变为16.9%时的SiO_2/Si界面结构如图6-16所示，红色和黄色分别代表氧原子和硅原子。绿色短线代表Si—O化学键，表明无定型SiO_2薄膜和Si基体通过无数化学键紧密地结合在一起，而且Si—O键键能（$542kJ\cdot mol^{-1}$）[39]较Si—Si键大（$222kJ\cdot mol^{-1}$）[40]，这合理地解释了拉伸断裂部位在单晶硅内而非SiO_2/Si界面的原因。

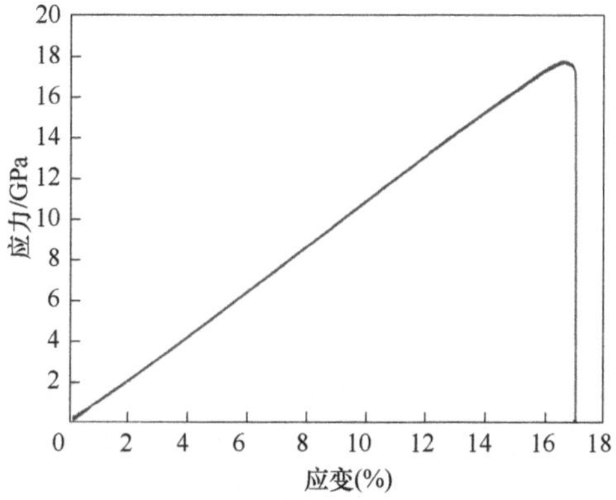

图 6-15 单轴拉伸应力应变曲线

图 6-16 SiO_2/Si 界面横截面原子构型图（应变 16.90 %）（彩色图见插页）

通过仔细研究不同压痕深度下双层基体之间的 Von Mises 应力分布，发现应力随着压痕深度的增加而增加，而且无定型 SiO_2 中出现局部应力集中。以膜厚为 2.0nm 试样在压痕深度为 3.2nm 为例（图 6-17），球形压头下 SiO_2 膜的平均应力比周围硅基体的明显高。类似的应力突变也发生在 Yang 等人[41, 42]的研究中，他们提出界面的应力突变随着压痕深度增加而增加。但是，在该纳米压痕计算中，应力突变数值及其增加速率远远小于 Yang 等人有限元模拟的结果，这可能是分子动力学计算和有限元分析之间不同尺度，及 Yang 等人多层试样界面结合强度较低引起的。SiO_2 膜应力集中的出现会对薄膜材料的塑性变形和复合试样蠕变性能有影响。

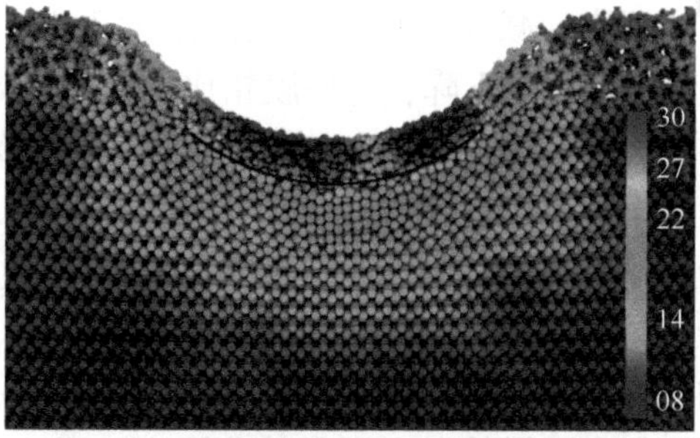

图 6-17 膜厚 2.0nm SiO_2 试样 Von Mises 应力分布截面图（彩色图见插页）

6.2.3 大压痕下纳米压痕行为

1. 建模

为了进一步研究纳米压痕过程中表面覆有无定型 SiO_2 膜的单晶硅的力学性能和变形行为，设定复合试样的压痕深度为 8.2nm。模拟系统依然包括球形压头和双层复合基体。压头半径为 6.0nm。无定型 SiO_2 膜有 0.8nm、1.0nm、1.4nm 和 2.0nm 四种厚度。为了测试模型尺寸的影响，比较了三种不同大小的单晶硅基体：（30.0×30.0×25.0）nm^3、（30.0×30.0×34.8）nm^3和（34.2×34.2×34.8）nm^3。通过比较最大压痕深度下（8.2nm）的压痕载荷位移曲线，发现三种模型的曲线几乎是相互重叠，没有明显的差别。因此，采用模拟尺寸为（30.0×30.0×25.0）nm^3单晶硅来进行模拟，单晶硅含有1130685个原子。模拟的势函数和其他细节见3.2节。

2. 力学性能测试

为了探究大压痕下双层基体（表面无定型SiO_2膜和单晶硅基体）的力学性能和变形行为，模拟了不同压痕深度下（0.8nm、1.6nm、3.2nm、5.6nm、6.4nm和8.2nm）的纳米压痕，获得了不同复合试样的载荷位移压痕曲线，图6-18所示为压痕深度为8.2nm下的曲线。发现当压痕深度小于5.5nm时，压痕载荷随着压痕深度的增加而增加；当压痕深度大于5.5nm时，根据SiO_2膜厚的大小，载荷随压痕深度的增加而有不同程度的减小，之后压痕载荷又增加。从图6-18易发现，所有的试样均经历了较大的塑性变形，而且SiO_2膜在加载中经历从压实、减薄，直到压痕深度大于5.5nm，SiO_2膜发生了破裂。另外，膜越薄，载荷越早下降，与厚膜相比，载荷下降时相应的压痕深度越小，这是因为膜越薄，SiO_2膜越容易发生变形而发生早期破裂。

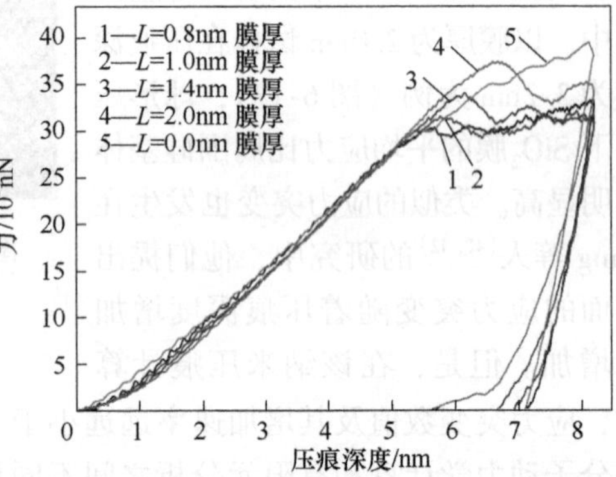

图6-18　压痕深度为8.2nm下的载荷位移压痕曲线

根据Oliver和Pharr[23]的方法，计算了SiO_2/Si不同压痕深度下复合材料的力学性能，获得压痕模量和硬度如图6-19和图6-20所示。发现所有试样的压痕模量随着压痕深度的增加而增加。在相同压痕深度下，模量随薄膜厚度的增加而减小，比如2.0nm试样和纯单晶硅的模量从压痕深度为0.8nm的73.9GPa和171.9GPa分别到压痕深度为8.2nm时的200.9GPa和350.7GPa。由于单晶硅基体的影响，相同压痕深度下纯单晶硅的模量大于复合材料的模量。有意义的是，发现压痕深度为0.8nm下的压痕模量和硬度与实验值一致[43, 44]，其他深度下的数值都比较大，可能的原因将会在后面给出解释。

计算所得的纯单晶硅的硬度随着压痕深度的增加而增加，如图6-20所示，从压痕深度0.8nm下的11.8GPa到压痕深度8.2nm下的31.1GPa，而复合材料的硬度随着压痕深度的增加先增大（压痕深度小于5.6nm），然后根据不同的膜厚有不同程度的降低，最后又随着压痕深度的增加而增加（压痕深度从5.6nm到

8.2nm）。相同压痕深度下的硬度变化比较复杂。首先，在压痕深度较小为 0.8nm 和 1.6nm 时，硬度随着膜厚的增加而有轻微地降低；当压痕深度从 3.2nm 到 6.4nm 时，硬度变化与压痕模量的变化相反，即硬度随着膜厚的增加而增加；最后直到压痕深度到达最大值 8.2nm 时，硬度又随着膜厚增加而减小。这种复合材料硬度变化趋势是由压痕过程中无定型 SiO_2膜的变形行为导致的。在压痕试验加载过程中，加载中无定型 SiO_2膜经历了压实、压实－破裂过渡、破裂和卸载中的弹性回复共四个阶段。SiO_2详细的变形行为将在下节讨论。然而，与计算的硬度值相比，压痕模量受基体的影响更大，这是因为弹性场的长程特性，也就是说压头下基体的弹性变形不是限制在表面膜本身，而是将弹性场传递到了硅基体[45]。

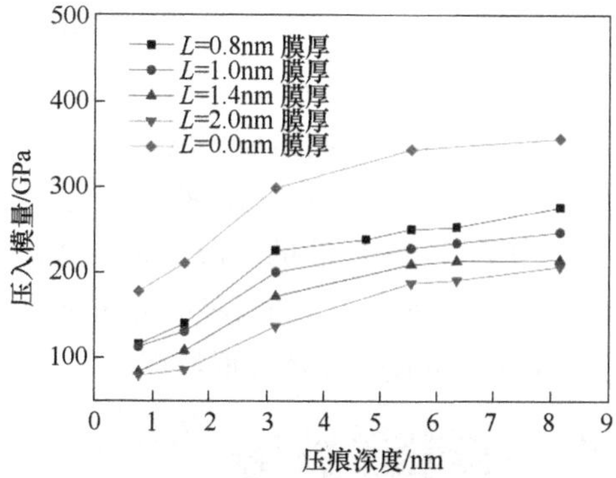

图 6-19 不同薄膜试样的压痕模量变化

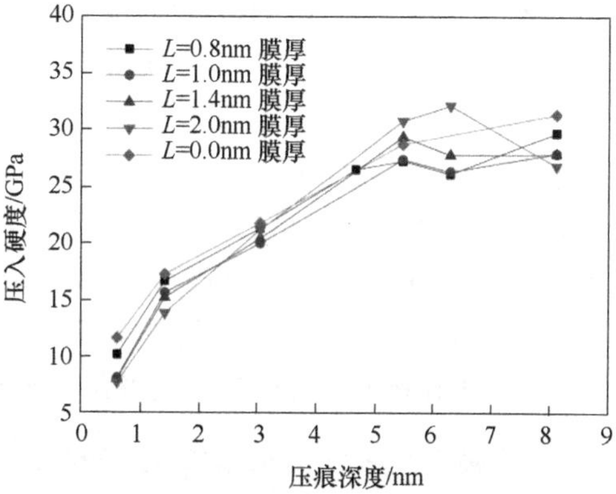

图 6-20 不同薄膜试样的硬度的变化

因为模拟的起始条件可能会影响试验结果，基于这个因素，通过改变起始模拟状态的随机数，进行了压痕深度为 0.8nm 和 2.0nm 下的纳米压痕模拟，并将五次独立的压痕模拟的压痕模量和硬度进行了平均，发现数值及变化趋势与图 6-19和图 6-20 所示的一致，说明获得的力学性能和相应的塑性变形结果是确实可信的。另外，Chen 等人[46, 47]通过无定型 SiO_2胶团高速冲击表面覆有无定型 SiO_2的单晶硅表面，冲击速度（2500～4313$m \cdot s^{-1}$）远远大于纳米压痕模拟速度，通过平均各独立的分子动力学模拟数据，仍然提供了非常有意义的实验数据。

值得注意的是，不同尺度下测量的力学性能有所不同：通过尖锐压头实验（比如 Berkovich 和 Vicker 压头[45]）所得的块体均匀材料的模量和硬度是一定值，而小体积材料分子动力学计算得出的模量和硬度随着压痕深度的增加而增加，这是由于模拟中采用球形压头的缘故。根据 Tabor[48]的研究，因为球形压头几何不相似特性，屈服强度（通过压缩实验获得）和硬度随着当量压痕深度（是接触半径与压头半径的比值）增加而增加。对于传统的尖锐压头，压头是几何相似的，获得的模量和硬度与载荷大小无关。另一方面，本书的力学性能测试采用 Oliver 和 Pharr 的方法，不幸的是，该方法并未考虑试验中出现的 pile-up 现象。pile-up 现象倾向于在软膜/硬基体的试样出现，并低估材料接触面积，最终使得测得的弹性模量和硬度值偏高[45, 49]。在本书的模拟计算中，在纯硅和复合材料中均观察到轻微的 pile-up 现象，使得二者的压痕模量和硬度较高。压痕实验和分子动力学模拟计算所得性能差异的可能原因依然在争论中：压痕尺度影响[50, 51]；分子动力学模拟中理想单晶硅和实验中包含多种缺陷的单晶硅之间的差异[52]。无论如何，球形压头纳米压痕对表面覆有无定型 SiO_2 膜单晶硅基体的力学性能变化趋势的研究提供了新的视角，也对微纳尺度下工程设计和制造具有一定的帮助。

3. 无定型 SiO_2 膜的塑性变形行为

压痕过程中球形压头下方 0.8nm 膜的原子构型演变如图 6-21 所示，可看出随着压痕深度的增加，压头下薄膜厚度减薄，当压痕深度达到 6.0nm 时，SiO_2 膜发生了破裂，如图 6-21d 所示，压痕深度越大，膜破裂越严重。相同压痕深度时，厚膜试样变形较小，如图 6-22 所示，在压痕深度为 7.5nm 时，0.8nm 的薄膜已经完全破裂，而 2.0nm 的膜变形减薄，薄膜开始破裂。为了探究 SiO_2 膜的变形行为，提取球形压头下半径为 5.5nm、膜厚 0.8nm 的 SiO_2 作为研究对象，并通过径向分布函数（RDF）和截断半径为 0.2nm 的键角分布函数（ADF）来研究具体变形特征。

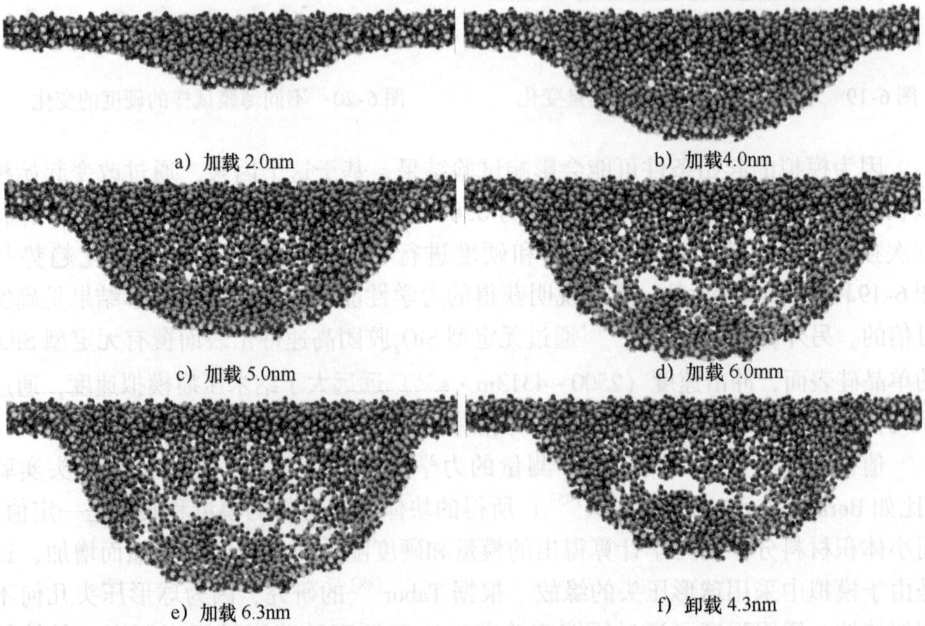

a）加载 2.0nm　b）加载 4.0nm　c）加载 5.0nm　d）加载 6.0mm　e）加载 6.3nm　f）卸载 4.3nm

图 6-21　压痕过程中压坑内的 0.8nm SiO_2 膜的变形演化

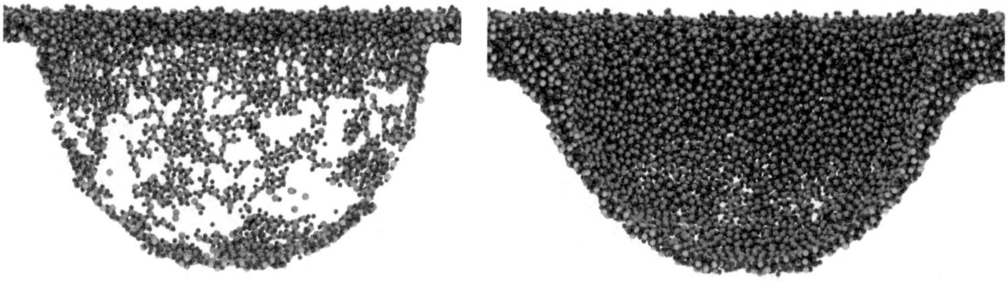

a) 0.8nm　　b) 2.0nm

图 6-22　压痕深度为 7.5nm 时不同厚度 SiO_2 膜构型图

不同压痕深度下 SiO_2 Si—O 键的 RDF 曲线如图 6-23 所示，图 6-23a 所示为 Si—O 原子 RDF 与 Si—O 原子距离的关系，随着压痕深度的增加，Si—O 峰向右朝着较大距离移动，同时 Si—O 峰高减小，峰宽明显增加，直至压痕深度增加到 6.0nm。当压痕深度从 6.0nm 增加到 8.2nm 时，在较小的 Si—O 距离（<0.18nm），左半部分 RDF 的曲线几乎一样，而右半部分 RDF（在较大的距离下，>0.18nm）随着压痕深度的增加而减小，这是由无定型 SiO_2 膜的破裂引起的。卸载时，因为弹性回复，RDF 发生了部分相反的变化。

O—O 原子 RDF 见图 6-23b，表明原始状态下 SiO_2 的 O—O 原子平均距离为 0.265nm，加载时，因为 O—O 原子距离减小，在距离 0.20nm 处 RDF 中有一额外的小峰出现。随着压痕深度增加，O—O 峰的高度明显减小，而额外峰的高度和宽度均显著增加，直到压痕深度达到 5.0nm 时最高。当压痕深度继续增加时，主峰几乎消失，额外峰明显缩小。可看出在最大压痕深度时，O—O 原子距离分布很广，从 0.20nm 到 0.32nm，原始原子距离或减小或增大，这分别是由于加载过程中压痕深度较小时的压实（深度 <5.0nm）和压痕深度较大时拉伸状态的 Si—O 化学键的断裂导致的（深度 >5.0nm）。当卸载时，O—O 主峰依然消失但其数值有轻微的上升，额外峰继续缩小。需要提及的是，压痕加载中额外峰的突然增大是由 Si—O 键长和 O—Si—O 键角共同作用引起的。

图 6-23c 所示为 Si—Si 原子 RDF，表明原始状态 SiO_2 的 Si—Si 原子平均距离为 0.315nm，且峰宽比较窄，加载时在距离 0.28nm 处出现额外峰。随着压痕深度增加至 5.0nm，Si—Si 主峰高度减小宽度增加，额外峰增大；当压痕深度从 6.0nm 增加到 8.2nm 时，主峰右移，且 RDF 的右半峰减小，额外峰缩小，意味着原始平衡状态的 Si—Si 距离在加载中变得更小或者更大，分别是因为 SiO_2 的压实和 Si—O 键的断裂引起的。卸载时，主峰发生了部分相反的变化，而额外峰继续缩小，可看出系统企图恢复到平衡状态来减小系统势能[53]。

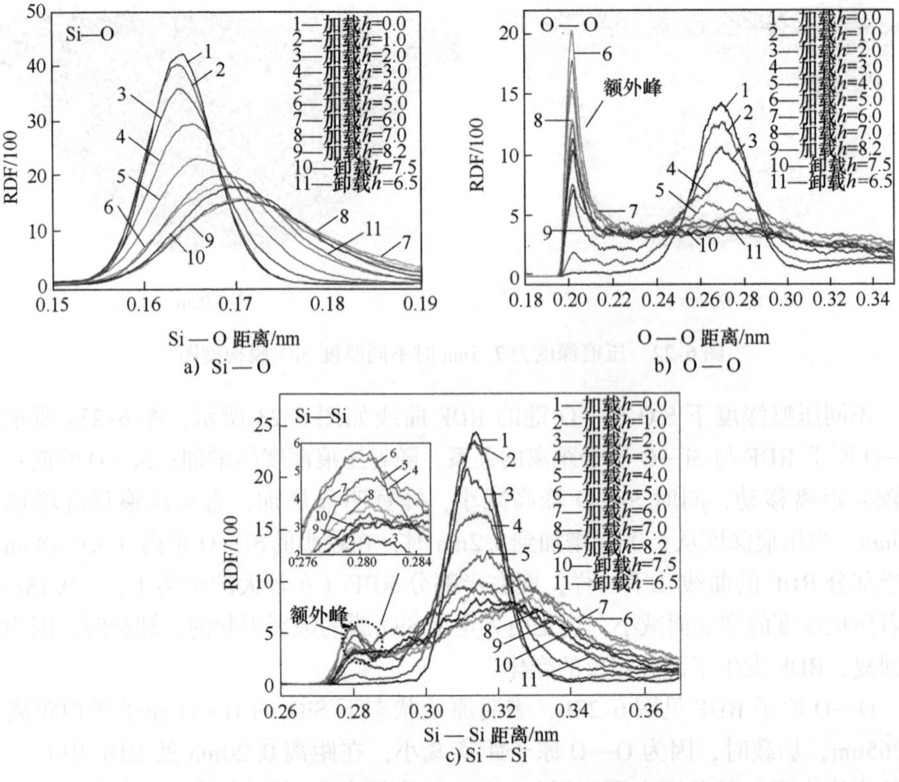

图 6-23　不同压痕深度下原子 RDF 变化曲线（h：nm）

图 6-24 所示为不同压痕深度下的 O—Si—O ADF，可看出键角的最大分布为理想的四面体角度 110°，且加载中在 73°处出现额外峰。ADF 随着压痕深度变化的变化趋势与 Si—Si 原子的 RDF 一致。完全卸载后，键角分布在 70°到 150°的较大范围内。总的来说，RDF 和 ADF 分析结果一致表明 Si—O 原子距离和 O—Si—O 键角因压痕所致的高压力偏离平衡位置[53]，这种无定型结构的变形机理不同于晶体的位错[54]、相变[55-57]和孪晶[58]的塑性变形机理。

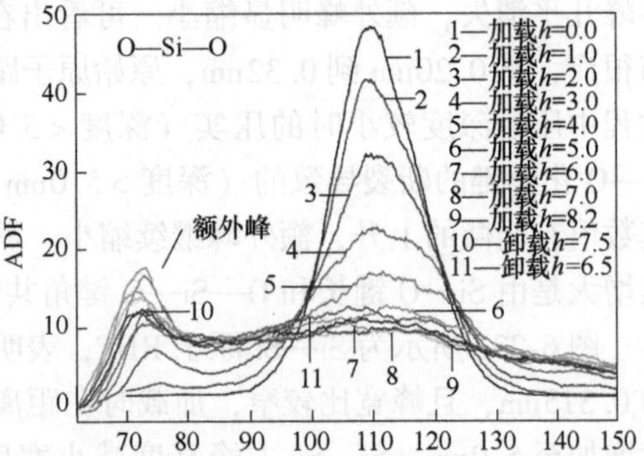

图 6-24　不同压痕深度下 O—Si—O 键角 ADF 变化曲线（h：nm）

为进一步研究压痕过程中无定型SiO_2膜的变形特征，提出了不同配位数的硅原子的百分比变化（percentage change of atom number of x-coordinated silicon, PCNx），这里的CNx表示有x个氧原子通过Si—O键与一个硅原子相连，例如压痕深度为6.0nm的PCNx的计算见式（6-6）。为了方便比较，研究球形压头下方半径为5.5nm，厚度为0.8nm和2.0nm的SiO_2膜，如图6-25所示，PCNx随着压痕深度的变化说明SiO_2膜的塑性变形呈现出四个阶段：压实、压实到破裂过渡阶段、破裂和卸载中的弹性回复。在压实阶段，也就是压痕深度从0.0nm到4.0nm阶段，PCN5明显增加，而PCN4显著减小，PCN2和PCN3基本保持在零值附近。在过渡阶段，对于0.8nm的膜区间为压痕深度4.0nm到5.5nm，对于2.0nm的膜为4.0nm到7.5nm，PCN5继续增加，PCN2和PCN3开始增加，而PCN4急剧减小。在破裂阶段，PCN4和PCN5急剧减少，PCN2和PCN3明显增加；在最后的卸载阶段，发生了与破裂阶段相反的变化。而且还发现在相同的压痕深度下，0.8nm膜的PCNx值明显大于2.0nm膜的，压痕深度较大时的情况除外。

$$\text{PCNx} = \frac{\text{CNx atom number}_{\text{depth}=6.0\text{nm}} - \text{CNx atom number}_{\text{depth}=0.0\text{nm}}}{\text{CN4 atom number}_{\text{depth}=0.0\text{nm}}} \times 100\% \tag{6-6}$$

式中，PCNx为不同配位数的硅原子的百分比；$\text{CNx atom number}_{\text{depth}=6.0\text{ nm}}$为压痕深度为6nm时不同配位数的硅原子数；$\text{CNx atom number}_{\text{depth}=0.0\text{ nm}}$为压痕深度为零时不同配位数的硅原子数；$\text{CN4 atom number}_{\text{depth}=0.0\text{ nm}}$为压痕深度为零时，配位数为4的Si原子总数。

此外，还分析了压痕过程中截断半径为0.2nm内的Si—O键的百分比变化（percentage change of Si—O bond number, PCB，这是压实导致的键生成和破裂中所导致的键断裂的净值），可以进一步确认压痕过程中SiO_2的变形。不同压痕深度下PCB的值可以通过式（6-7）计算。如图6-25c所示，当压痕深度小于4.0nm时，PCB随着压痕深度的增大而明显增加，之后在过渡阶段缓慢减小，在破裂阶段急剧减小。因此，PCNx和PCB的分析一致性表明在起始的压痕中，压实是主要的塑性变形方式，生成了大量的Si—O键。当压痕深度增加时，增加的Si—O键数量无法抵消Si—O键的减小量时，膜就发生了破裂，这是由加载中大量Si—O键的断裂引起的。卸载中的PCB变化与破裂阶段相反，这是膜弹性回复的结果。还发现当压痕深度小于4.0nm时，0.8nm膜的PCB值明显高于2.0nm膜的PCB值，然而当压痕深度大于4.0nm时，0.8nm膜的变化较大，且PCB数值小于2.0nm膜的，表明在相同的压痕深度下，0.8nm膜的塑性变形程度较大。

$$\text{PCB} = \frac{\text{bond number}_{\text{depth}=6.0\text{nm}} - \text{bond number}_{\text{depth}=0.0\text{nm}}}{\text{bond number}_{\text{depth}=0.0\text{nm}}} \times 100\% \tag{6-7}$$

式中，PCB 为 Si—O 键百分比变化；bond $\text{number}_{\text{depth}=6.0\text{nm}}$ 为压痕深度为 6 nm 时的 Si—O 键数；bond $\text{number}_{\text{depth}=0.0\text{nm}}$ 为压痕深度为零时的 Si—O 键数。

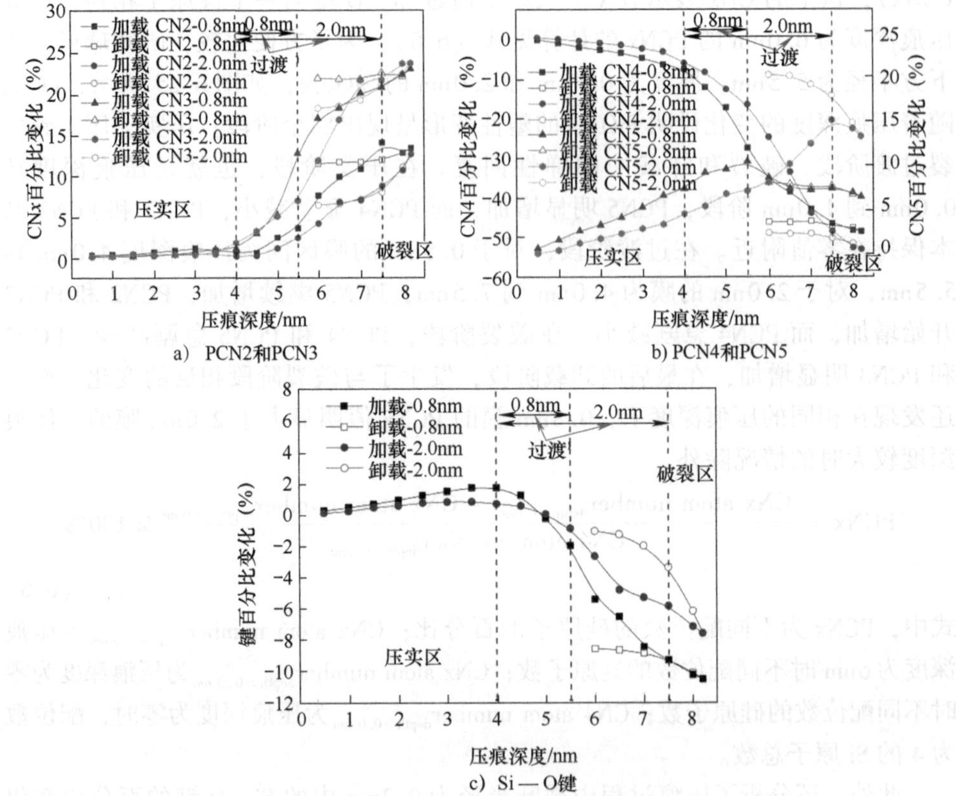

a）PCN2和PCN3　b）PCN4和PCN5　c）Si—O键

图 6-25　PCNx 和 PCB 随压痕深度变化

根据以上两种膜的 PCNx 和 PCB 的分析，发现对于给定的压痕深度，0.8nm 膜的变形程度更大。在短暂的过渡阶段后，大约在压痕深度为 5.5nm 时，0.8nm 膜率先发生了破裂，而 2.0nm 的膜在充分地变形和减薄之后，在压痕深度为 7.5nm 处发生了破裂，这与之前的结论一致，厚膜具有进一步变形和减薄的潜力。卸载时，由于应力的释放，SiO_2膜的弹性回复使得 Si—O 原子距离减小，形成了新的 Si—O 键。因此，卸载时，PCN2 和 PCN3 减小，PCN4、PCN5 和 PCB 值增加。需要注意的是，卸载中 2.0nm 膜的 PCN5 和 PCB 值高于相同压痕深度下加载中的 PCN5 和 PCB 值，这是因为 2.0nm 的膜塑性变形小，更容易发生弹性回复。

无定型 SiO_2 以大量不同的 Si—O 环的形式存在。为了研究原子尺度的变形演化，提取球形压头正下方的一簇无定型 SiO_2 为研究对象，如图 6-26 所示，图中青色为氧原子，其他为硅原子。绿色和玫红（1、2）、黄色和玫红（2-4）、橘黄和玫红（3-5）、红色和玫红（1、5）硅原子分别组成不同的 Si—O 环。图 6-27 所示

为整个压痕过程中 SiO_2 的变形演化过程，发现当压痕深度从 0.00nm 增加到 3.59nm 时，SiO_2 经历了压实和减薄，甚至到单原子层的厚度变化，如图 6-27a～c 所示，压痕过程中观察到了 Si—O 键的生成，见图 6-27c。随着压痕的进行，不同环中的 Si—O 键发生了断裂。在压痕深度为 5.12nm 时，橘黄色的 Si—O 环断裂，见图 6-27d；压痕深度为 5.27nm 和 5.78nm 时，红色的 Si—O 环断裂，见图 6-27e、g；压痕深度为 5.82nm 和 6.16nm 时，绿色的 Si—O 环断裂，见图 6-27h、j；压痕深度为 5.84nm 和 6.16nm 时，黄色的 Si—O 环断裂，见图 6-27i、j，表明原始的小 Si—O 环断裂后与周围的 Si—O 环相连生成了一个较大的 Si—O 环，随着继续加载，新生成的较大的 Si—O 环断裂，又与周围的原子生成了更大 Si—O 环，产生了大量纳米空洞，最后导致 SiO_2 膜破裂。所以，无定型 SiO_2 在小压痕下的塑性变形为压实和减薄，而当压痕较大时大量 Si—O 键断裂导致 Si—O 环变大且环的数量减少，直至 SiO_2 膜发生破裂，这是无定型的 SiO_2 膜塑性变形的特点。

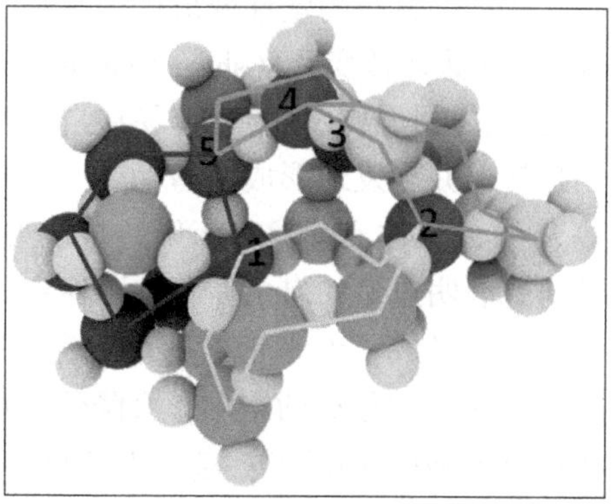

图 6-26 部分 SiO_2 中 Si—O 环
（彩色图见插页）

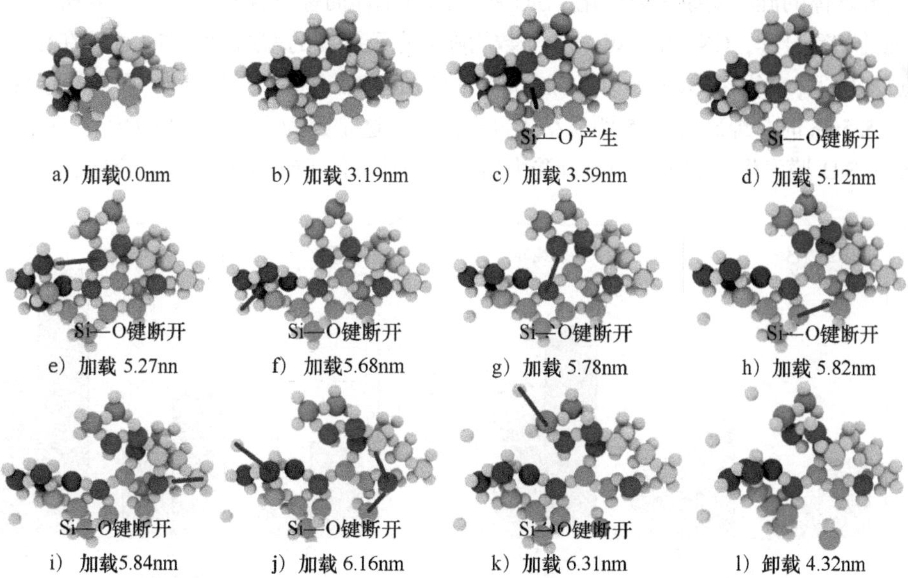

图 6-27 部分 SiO_2 变形演化图
（黑色短线表示键生成，蓝色短线表示键断裂）（彩色图见插页）

无定型材料的塑性变形可用基于无定型塑性理论[59-61]的自由体积（free volume）和剪切转变区（shear transformation zones，STZ）模型来描述。在施加的切应力下，剪切转变区最先容易在自由体积高的区域起动，使得周围材料发生局部的扭转，并自发地形成了剪切带，导致局部剪切过程中自由体积的积累。Yavari 等人[62]的原位实验发现变形的金属玻璃带中的自由体积是铸态下的两倍。但理论研究表明过量的自由体积并不稳定。因此，在热力学作用下，这些过量的自由体积合并形成了剪切带中的纳米空洞[63,64]，反之，这些空洞，比如在本书的模拟中 SiO_2破裂形成的空洞，会降低剪切带进一步发生塑性变形需要的应力，也就使得材料硬度减小[65]，显示出了材料在压实和减薄后应变导致的无定型材料的软化行为。SiO_2膜完全破裂后，由于单晶硅基体的影响，载荷又开始增加。

4. 单晶硅的塑性变形

当球形压头压入待测试样时，无定型 SiO_2膜经历压实、减薄甚至破裂变形，详细的变形行为如前节所述。随着压痕的进行，压痕引起的高应力通过无定型 SiO_2传递到硅基体时，致使硅发生了相变，这是接触加载条件下单晶硅塑性变形的主要机理。很明显，SiO_2膜起了阻碍单晶硅相变的作用，表明较薄 SiO_2膜下的硅基体更容易发生严重的相变，尤其是 SiO_2膜破裂之后。

与纯硅相比，为了研究无定型 SiO_2膜对硅相变的影响，分析了不同穿透深度（穿透深度是指从原始单晶硅表面到压坑最大深度的距离）下纯硅和覆有 0.8nm SiO_2膜的硅基体的硅相变原子数变化，SiO_2膜下的硅基体简称复合硅。如图 6-28 所示，对于纯硅和复合硅，CN5 和 CN6 硅原子数均随着穿透深度的增加而增加，而且在相同的穿透深度下，当压痕深度小于 5.5nm 时，纯硅的 CN5 稍小于复合硅，而当压痕深度等于 5.5nm 时，纯硅的 CN5 明显小于复合硅的，这是因为当压痕深度大于 5.5nm 时，0.8nm SiO_2膜发生了破裂，单晶硅受力增大，而纯硅的 CN6 值稍大于复合硅。

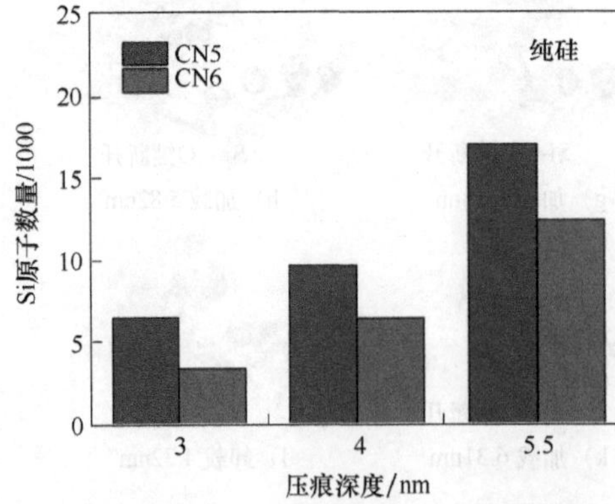

a）纯硅

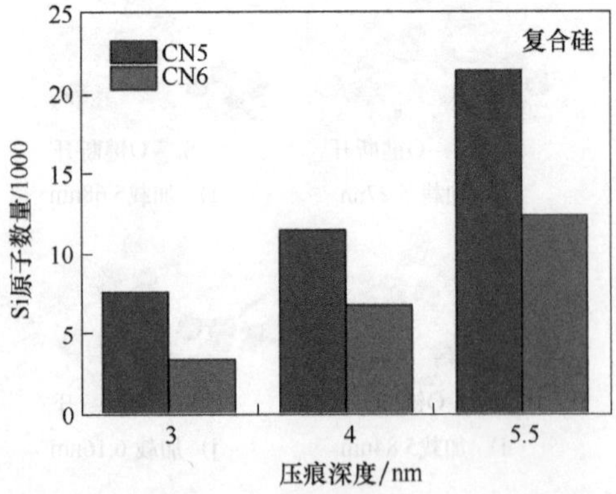

b）复合硅

图 6-28　纯硅和复合硅相变原子数变化

图6-29所示为不同穿透深度下纯硅和复合硅Si（110）横截面的相变分布图，图中酒红、绿色、黄色、蓝色和红色原子分别代表Si-Ⅰ、bct-5、Si-Ⅱ相、表面原子和其他相原子，可看出在相同穿透深度下，复合硅的压坑直径大于纯硅的，但纯硅的相变区域比复合硅更深，而相变直径较小，具体参数见表6-1。这种差异是加载过程中静水压力和剪切压力共同作用的结果，图6-30所示为压痕深度5.5nm时0.8nm试样的应力分布图，可以看出静水压力主要分布在球形压头正下方，Von Mises应力主要分布在球形压头周围，分布范围较广，所以下文重点讨论切压力的分布。单晶硅相分布与应力分布一致，Si-Ⅱ相主要在正压力下生成，而bct-5是在切应力下生成。

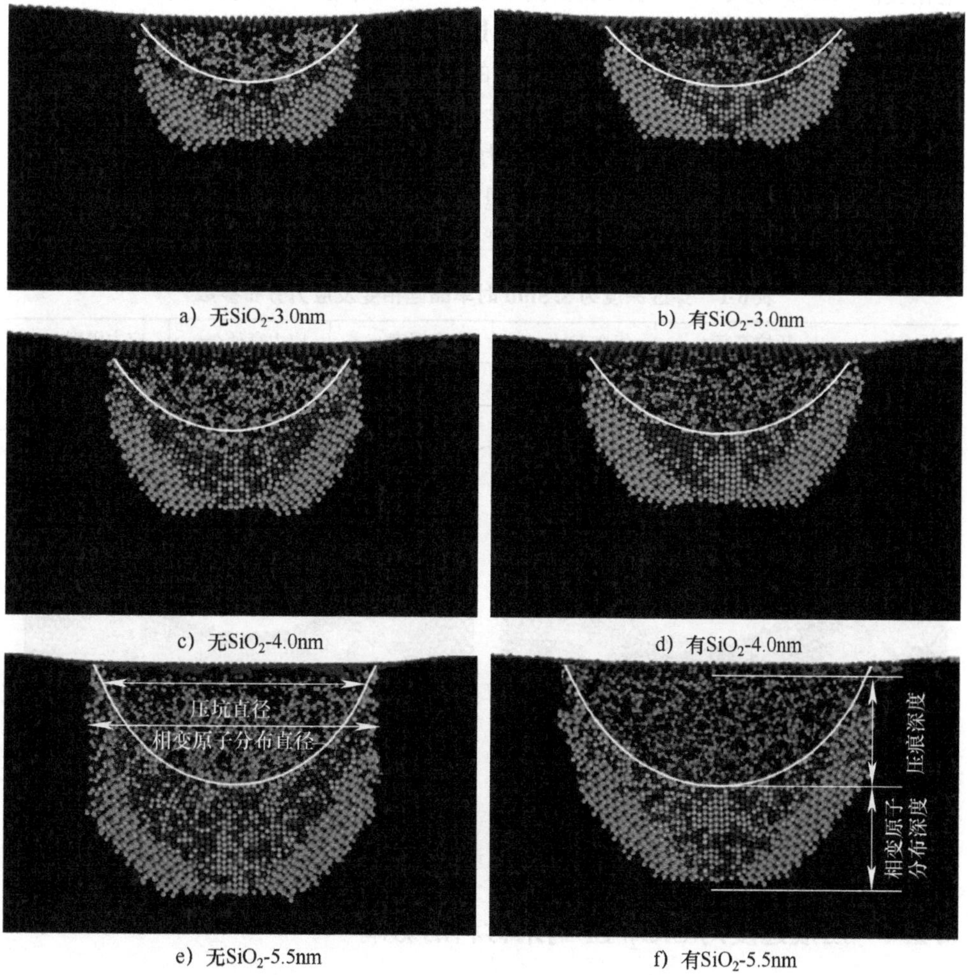

a）无SiO_2-3.0nm　b）有SiO_2-3.0nm

c）无SiO_2-4.0nm　d）有SiO_2-4.0nm

e）无SiO_2-5.5nm　f）有SiO_2-5.5nm

图6-29　不同穿透深度下Si（110）横截面相变分布图（彩色图见插页）

不同穿透深度下单晶硅的 Von Mises 应力分布如图 6-31 所示，可以看出切应力随着穿透深度的增加而增加，而且纯硅的应力向压痕方向（深度方向）扩展，而水平方向（相变直径）较少，复合硅的应力主要在磨料周围，所以应力直径较大，而应力深度较小，见表 6-1，这与单晶硅的相变分布保持高度一致，这是因为球形压头正下方静水压力较大、切应力较小，Si-Ⅱ相是在静水压力作用下产生的，bct-5 相是在切应力作用下生成的。另外，发现纯硅压头周围的区域出现应力集中，而且应力集中面积和相对应力值均高于复合硅。结合图 6-17 可推断出，无定型 SiO_2 膜起到了耗散压痕过程中的能量和从压头传递应力到硅基体的作用。必须提到的是，当试样的局部应力必须超过某一特定的阈值时，材料才会发生相变。Gerbig 等人[66, 67]为压痕实验中 bct-5 相的存在和生成的可能性提供了充足的证据，他们提出从金刚石结构的 Si-Ⅰ转变为 bct-5 相需要的应力小于 Si-Ⅰ相转变为 Si-Ⅱ相的应力，在有切应力存在的压痕试验中，bct-5 相形成需要的理论应力为 8.5GPa[68]。事实上在分子动力学的计算中，Von Mises 应力可见的最小值为 12.5GPa，不同穿透深度下的最大应力值从 14.9GPa 增至 27.5GPa，该数值远远大于 bct-5 相的理论形成压力，这合理的解释了不同穿透深度下纯硅和复合硅相变原子数量和相分布有所差异的原因[6]。

表 6-1　穿透深度为 5.5nm 时单晶硅相变及应力分布参数

	压坑直径/nm	相变直径/nm	相变深度/nm	应力直径/nm	应力深度/nm
纯硅	12.2	13.2	5.3	12.8	4.9
复合硅	13.2	14.2	4.1	15.1	4.1

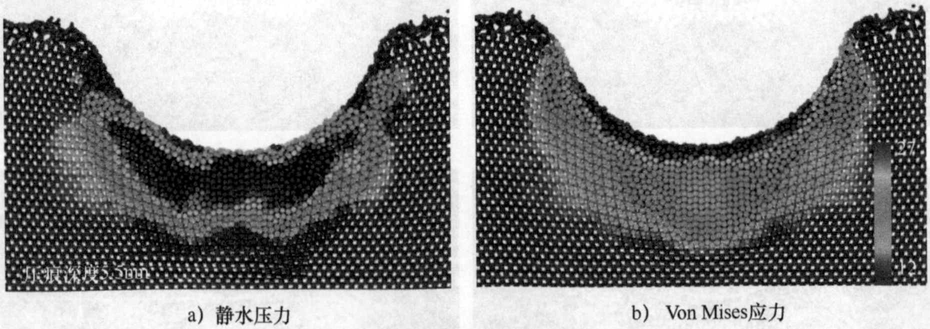

a) 静水压力　　b) Von Mises应力

图 6-30　0.8nm 试样横截面应力分布图（GPa）

6.2.4　压痕速度对 SiO_2/Si 纳米材料的影响

1. 建模

为了分析压痕速度对 SiO_2/Si 双层复合材料的影响，重点分析膜厚为 0.8nm

双层复合材料的塑性变形行为。模拟中采用位移控制加载方式，加载和卸载速度相同，压痕速度分别为$10m \cdot s^{-1}$、$25m \cdot s^{-1}$和$200m \cdot s^{-1}$。其他的模拟细节与前述的相同。

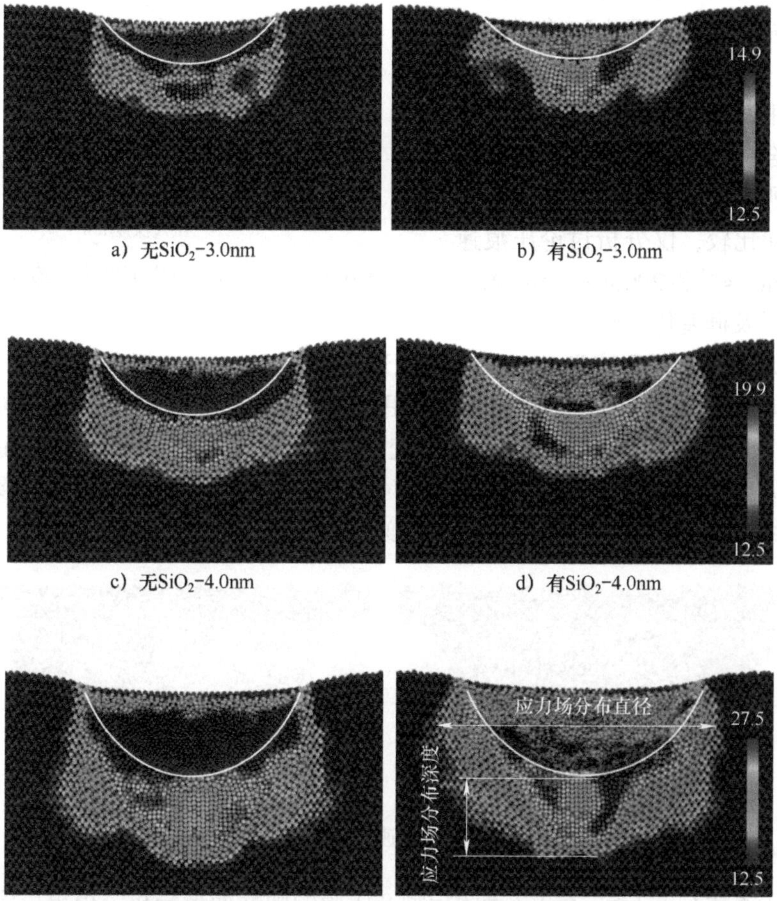

a）无SiO_2-3.0nm　b）有SiO_2-3.0nm

c）无SiO_2-4.0nm　d）有SiO_2-4.0nm

e）无SiO_2-5.5nm　f）有SiO_2-5.5nm

图6-31　Si（110）横截面Von Mises应力分布图（GPa）

2. 压痕速度对载荷位移曲线的影响

采用不同压痕速度时，得到复合试样载荷位移曲线，如图6-32所示。发现当压痕深度从0.0nm增大到约5.5nm时，压痕力是压痕深度的单调增函数，不同压痕速度下的曲线几乎重叠，说明试样变形方式相同；当压痕深度从5.5nm增至最大压痕深度8.2nm时，依据不同的压痕速度，压痕力有不同程度的降低，然后缓慢增大。可看出不同压痕速度的卸载曲线远滞后于加载曲线，表明试样发生了严重的塑性变形。而且高速加载情况下压痕力下降时的载荷小于低速压痕的，结合本章6.2.3的研究结果，说明在压痕速度较大时，无定型 SiO_2 膜发生了早期破裂行为，也说明随着压痕速度增加，双层复合材料的机械强度减弱，这是因为随着压痕速度增加，应变能增加，导致纳米压痕过程中试样缺陷增多，反过来降低了复合材料的进一步变形所需的外力，所以试样刚度减小。为了简化和方便比较，仅分析讨论压痕速度为 $25m \cdot s^{-1}$ 和 $200m \cdot s^{-1}$ 时无定型 SiO_2 膜及硅基体变形行为。

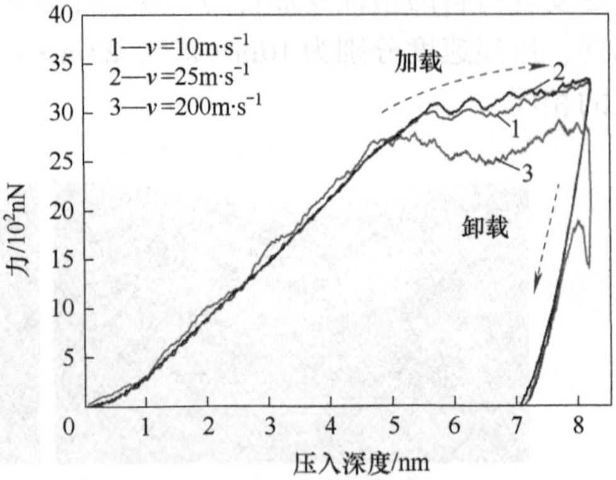

图6-32　不同压痕速度下纳米压痕曲线

3. 压痕速度对无定型 SiO_2 膜塑性变形的影响

不同压痕速度下 SiO_2 膜的横截面如图6-33所示，可以看出，在相同的压痕深度下（5.4nm），高速加载时 SiO_2 膜变形程度更大，膜发生了破裂，而低速加载时未见破裂，这是因为加载速度较高时，SiO_2 膜中变形的原子没有足够的时间来进行结构弛豫，自由体积增加，材料变形更严重。

a) $25m \cdot s^{-1}$　　b) $200m \cdot s^{-1}$

图6-33　不同压痕速度对 SiO_2 膜的影响

基于本章6.2.2节、6.2.3节无定型 SiO_2 膜的塑性变形分析，得出压痕过程中 SiO_2 膜塑性变形呈现出四个阶段：加载中的压实、压实－破裂过渡、破裂和卸载中的弹性回复。特别是在压痕深度较小时，由于大量 SiO_4 四面体的变形和旋转导致无定型 SiO_2 膜发生了压实和减薄，而当压痕深度增大时，大量拉伸状态的Si—O键发生断裂，导致变形的 SiO_2 膜发生了破裂。而且在压实阶段，Si—O原子平均距离变大，且峰高减小、峰宽增大。同时，加载中O—O和Si—Si的RDF中分别出现一小的额外峰，在压痕深度较浅时额外峰高度和宽度随着压痕深度增大而增大，而在压痕深度较大时额外峰随着压痕深度增大而缩小。那么在不同的压痕速度下，无定型 SiO_2 膜和硅基体的变形行为究竟是什么样呢？因此，要通过分析 SiO_2 的RDF参数百分比变化来探究其变形情况（比如Si—O原子之间距离、Si—O峰高度、Si—O 半峰全宽、O—O 及 Si—Si 额外峰高度）。压痕过程中的平均距离百分比变化（percentage change of Si—O distance，PCD）由式（6-8）计算获得，结果如图 6-34 所示。

$$\mathrm{PCD} = \frac{D_{\mathrm{depth}=6.0\mathrm{nm}} - D_{\mathrm{depth}=0.0\mathrm{nm}}}{D_{\mathrm{depth}=0.0\mathrm{nm}}} \times 100\% \qquad (6\text{-}8)$$

式中，PCD 为 Si—O 键长度百分比平均改变率；$D_{\mathrm{depth}=6.0\mathrm{mm}}$为压痕深度为 6.0nm 时的 Si—O 键平均长度；$D_{\mathrm{depth}=0.0\mathrm{mm}}$为压痕深度为零时的 Si—O 键平均长度。

压实阶段 Si—O 原子平均距离百分比变化和半峰全宽百分比变化（percentage change of the full width at half maximum of Si—O peak，PCW）缓慢增加，而在过渡阶段 PCD 和 PCW 均明显增加，在破裂阶段二者基本保持不变。很明显，在相同压痕深度下，$200\mathrm{m\cdot s^{-1}}$时的 PCD 和 PCW 数值均高于 $25\mathrm{m\cdot s^{-1}}$的。与此相反，Si—O 峰高度百分比变化（percentage change of the height of Si—O peak，PCH）在压实阶段明显下降，在过渡阶段缓慢下降，而在破裂阶段几乎保持不变，而且相同压痕深度下，$200\mathrm{m\cdot s^{-1}}$的 PCH 值明显低于 $25\ \mathrm{m\cdot s^{-1}}$的。

对于 O—O 及 Si—Si 原子的 RDF，如图 6-34d、e，在压实阶段 O—O 原子 RDF 中额外峰高百分比变化（percentage change of the height of O—O extra peak，PCHO）和 Si—Si 原子 RDF 中额外峰百分比变化（percentage change of the height of Si—Si extra peak，PCHSi）随着压痕深度的增加而显著增加，而在过渡阶段因 Si—O 键断裂二者的增加速率缓慢减小，甚至在压痕深度为 5.5nm 时为负值，之后由于无定型 SiO_2膜破裂，PCHO 和 PCHSi 逐渐减小。压痕速度为 $25\mathrm{m\cdot s^{-1}}$时，PCHO 和 PCHSi 数值均高于相同深度下 $200\mathrm{m\cdot s^{-1}}$的数值，表明 SiO_2膜在低速加载时经历更大程度的压实。卸载时，因 SiO_2膜的弹性回复，上述提到的参数在慢速卸载时发生了部分相反的变化，而在高速卸载下相应的数值基本保持不变。

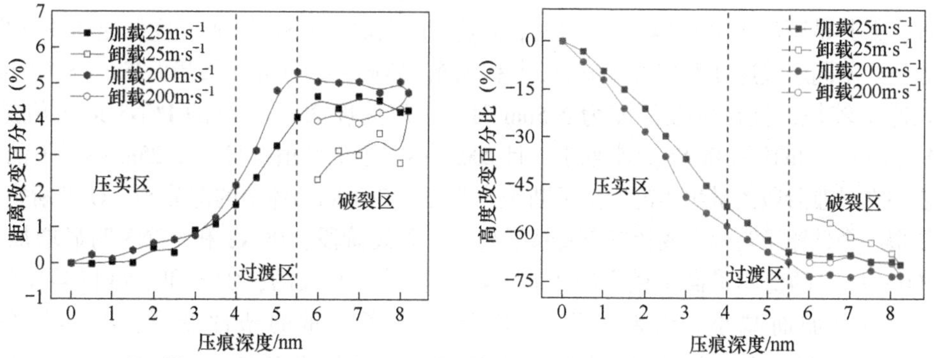

a）平均Si—O原子距离，PCD　　b）Si—O峰高度，PCH

图 6-34　不同压痕速度下 SiO_2参数百分比变化

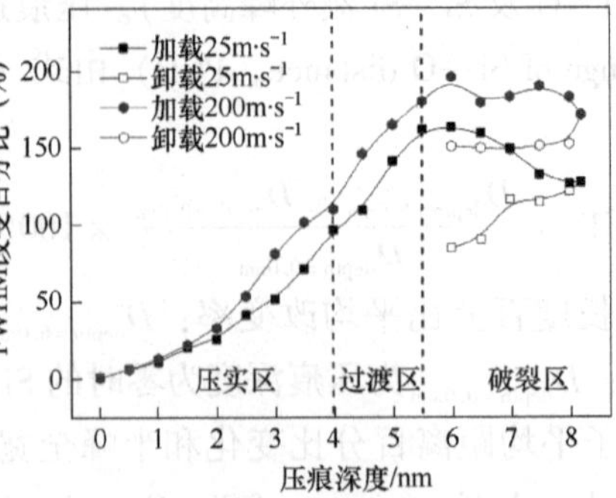

c）为Si—O峰半高全宽，PCW

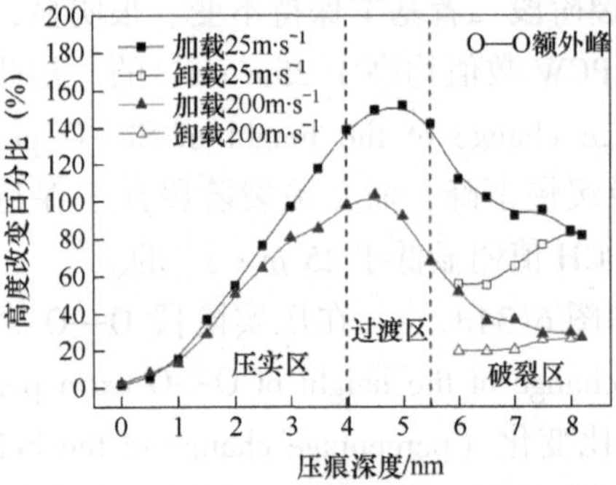

d）O—O额外峰高度，PCHO

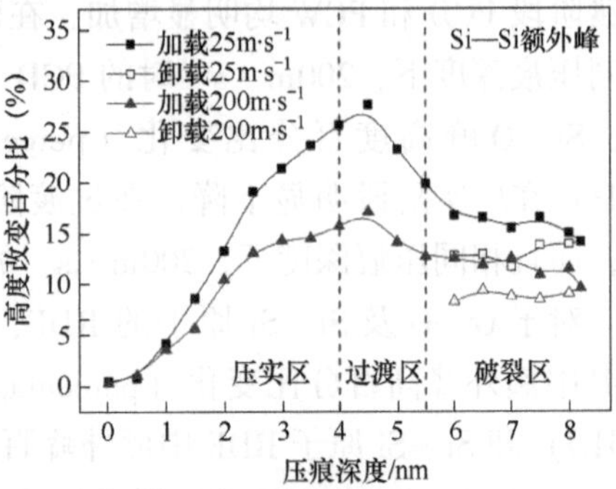

e）Si—Si额外峰高度，PCHSi

图6-34　不同压痕速度下 SiO_2 参数百分比变化（续）

为了探究不同压痕速度下纳米压痕过程中无定型 SiO_2 的变形特征，分析了截断半径0.2nm内的硅原子配位数的原子百分比变化（PCNx）。如图6-35所示，在压实阶段：随着压痕深度增加，PCN2和PCN3几乎保持为零，PCN5明显增加，而PCN4缓慢减小，且 $200m \cdot s^{-1}$ 下的PCN4值较相同压痕深度下 $25m \cdot s^{-1}$ 的低，这说明 SiO_2 发生了压实，并生成了新的Si—O键。过渡阶段：PCN2和PCN3开始突然增加，尤其是压痕速度为 $200\ m \cdot s^{-1}$ 时，高速下的数值大于相同压痕深度低速加载下的数值。不同压痕速度下PCN5的增长速率不同，$200m \cdot s^{-1}$ 下增速较慢而 $25m \cdot s^{-1}$ 下增长速率较快，且在压痕深度为5.5nm时，压痕速度 $25m \cdot s^{-1}$ 的PCN5最大值是 $200m \cdot s^{-1}$ 的两倍。PCN4急剧减小，且 $200m \cdot s^{-1}$ 下的数值明显低于 $25m \cdot s^{-1}$ 下的，表明在过渡阶段大量化学键发生了断裂，即变形 SiO_4 四面体中的部分Si—O键断裂，使得一个硅原子与两个或者三个氧原子相连。破裂阶段：PCN2和PCN3明显增加，$200m \cdot s^{-1}$ 的值明显高于相应的 $25m \cdot s^{-1}$ 的数值。相反的，CN5和CN4随着压痕深度的增加而减小。结果表明，SiO_2 膜发生了严重的塑性变形，尤其是在 $200m \cdot s^{-1}$ 下。最后卸载时，与破裂阶段相比，加载速度 $25m \cdot s^{-1}$ 下的PCNx发生了局部相反的变形，而 $200m \cdot s^{-1}$ 下的相应的数值在某一常数值附近振动。

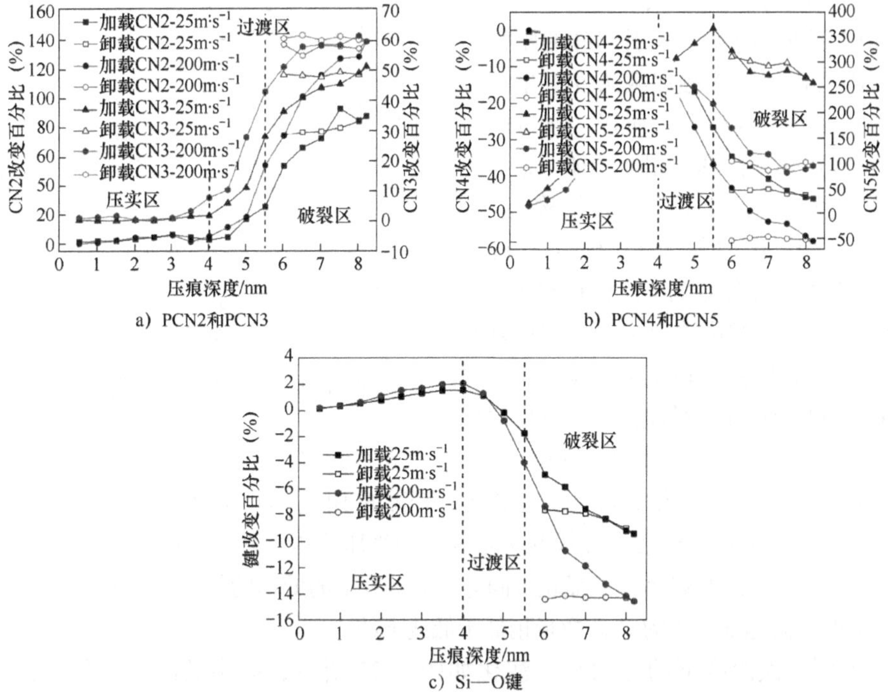

图 6-35　Si 配位数原子和 Si—O 键数量百分比变化

如图 6-35c 所示，在压实阶段 PCB 随着压痕深度增加，不同压痕速度下的曲线几乎重叠。然而随着压痕深度继续增加，部分 Si—O 发生断裂，当压痕过程中增加的 Si—O 键数量无法补偿减少的 Si—O 键数量时，总的 Si—O 数量减少，所以在过渡阶段 PCB 值缓慢减小。在破裂阶段 PCB 急剧减小，较高速度 $200m \cdot s^{-1}$的 PCB 值远小于相同压痕深度下 $25m \cdot s^{-1}$的，这种差异随着压痕深度的增加而增加，甚至在最大压痕深度为 8.2nm 时高达 4.2 %。最后卸载时，压入速度 $25m \cdot s^{-1}$下的弹性回复中，PCB 发生了轻微相反的变化，而 $200m \cdot s^{-1}$时的 PCB 基本保持在一个常数值附近，这是因为无定型 SiO_2在高速压痕时发生了严重的变形，失去了短程有序的结构特征，即原始较规整的 SiO_4四面体被压扁，当载荷继续增大时，SiO_4四面体中的部分 Si—O 键发生断裂，变成了 SiO_3或 SiO_2，由 6.2.3 节 RDF 结果可知，变形后 Si—O 键平均距离增大，O—Si—O 键角分布范围变广，硅的 CN4 原子数减少，CN2 和 CN2 原子数增加，化学键数量减少。概括来讲，PCNx 和 PCB 数量百分比变化表明，在高速压痕时，SiO_2没有充分的压实就优先发生了破裂，而且无定型 SiO_2的变形程度远大于相同深度下低速加载的。

4. 压痕速度对单晶硅相变的影响

加载时，压头沿着压痕方向向下压入待测覆有无定型 SiO_2单晶硅的试样，首先

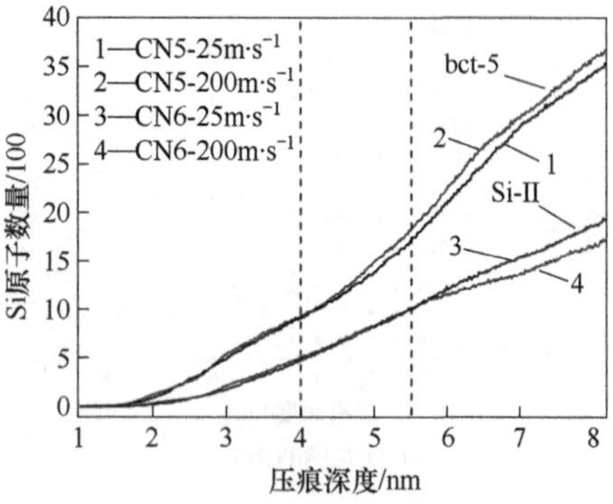

图 6-36　Si 的相变原子数曲线

引起 SiO_2膜的塑性变形，随着压痕进行，单晶硅受到的应力增大引起硅的塑性变形。因为相变是接触加载条件下单晶硅塑性变形的主要机制，所以，通过配位数（CN）来分析硅的相变特征。在分子动力学模拟中，立方金刚石结构的 Si-Ⅰ相（Si-Ⅰ相，配位数为 4）转变为 bct-5（体心四方，配位数为 5）相和 Si-Ⅱ（体心四方 β-tin，配位数为 6）相。加载时，当压痕深度大于 1.5nm 时，硅的相变原子 CN5 和 CN6 开始增加，并随着压痕深度的增大而明显增多，如图 6-36 所示，不仅表明无定型 SiO_2膜起到了阻止硅相变的作用，还说明 CN5 和 CN6 的变化趋势有轻微的不同，即当压痕深度从 0.0nm 增加到 4.0nm 时，硅的 CN5 变化曲线几乎重叠，而当压痕深度超过 4.0nm 时，压痕速度为 $200m \cdot s^{-1}$下的 CN5 数量明显超过同等压痕深度下的低速的数值。当压痕深度超过 5.5nm 时，高速加载下的 CN6 数量稍低于低速下的。

不同压痕深度下的硅的相变演化如图 6-37 所示，图中酒红、绿色、黄色、蓝色和红色原子分别代表 Si-Ⅰ 相、bct-5 相、Si-Ⅱ 相、表面原子和其他相原子，可清晰地看出相变区域和相变原子（bct-5 和 Si-Ⅱ）数量随着压痕进行明显增大，Si-Ⅱ 相出现在接近硅基体表面的相变区域的中心位置，且被 bct-5 相包围，这与球形压头的应力分布特征一致。在压痕深度较浅时（从 0.0nm 到 4.0nm），不同压痕速度下的相变特征和变形量基本一样。然而随着压痕的进行，原始的 Si-Ⅰ相和新生成的 Si-Ⅱ相开始转变为无定型结构，无定型的硅是主要是由配位数等于 4、5、6 的硅原子和其他的原子构成，导致 CN5 的数量增多，解释了压痕深度从 4.0nm 增加到 8.2nm 时，相同压痕深度下高速加载 CN5 数量高于低速加载数值的原因。从图 6-37 可观察到，相同深度下高速加载时的无定型转变比低速加载强烈很多，导致晶体硅失去长程有序的结构特性，并且该转变随着压痕的进行逐渐加剧，以压痕深度 8.0nm 下，图 6-37g 和 h 所示的硅相变为例，与加载速度 $200m \cdot s^{-1}$相变相比，$25m \cdot s^{-1}$下的 Si-Ⅱ相面积明显较大且无定型硅的面积较小。

室温下，硅基体所受应力的差异是导致相分布不同的根本原因。Gerbig[67] 通过实验以及 Han[69] 通过分子动力学模拟提出切应力和静水压力的共同作用使得晶体 - 无定型的转变更为容易。然而，因为本模拟中切应力的作用范围大于静水压力，所以重点分析切应力的分布情况。图 6-38 所示为不同压痕深度下 Si（100）Von Mises应力分布图，可看出切应力随着压痕深度明显增加，且高速加载下的切应力值明显高于相同压痕深度下低速的应力值。有意思的是，在高速加载条件下，压痕深度为 5.0nm 时的切应力突然增加，这是因大量拉伸的 Si—O 键的断裂引起的。如前所述，SiO_2膜在压痕深度从 4.0nm 增加到 5.5nm 时经历了压实 - 破裂过渡转变，而且 SiO_2膜作为耗散能量和传递应力的媒介，对硅的相变有一定的阻碍作用，所以一旦 SiO_2膜开始破裂时，硅基体所受的应力突然增加，这就合理解释了不同压痕速度下硅相分布差异的原因。另外，高速加载下，硅切应力值在 30GPa 左右，而低速时的局部切应力也超过了 24GPa，该数值是金刚石型 Si-I 相向无定型硅的理论转变应力[8]，揭示了高速加载条件下生成更多无定型硅的原因。

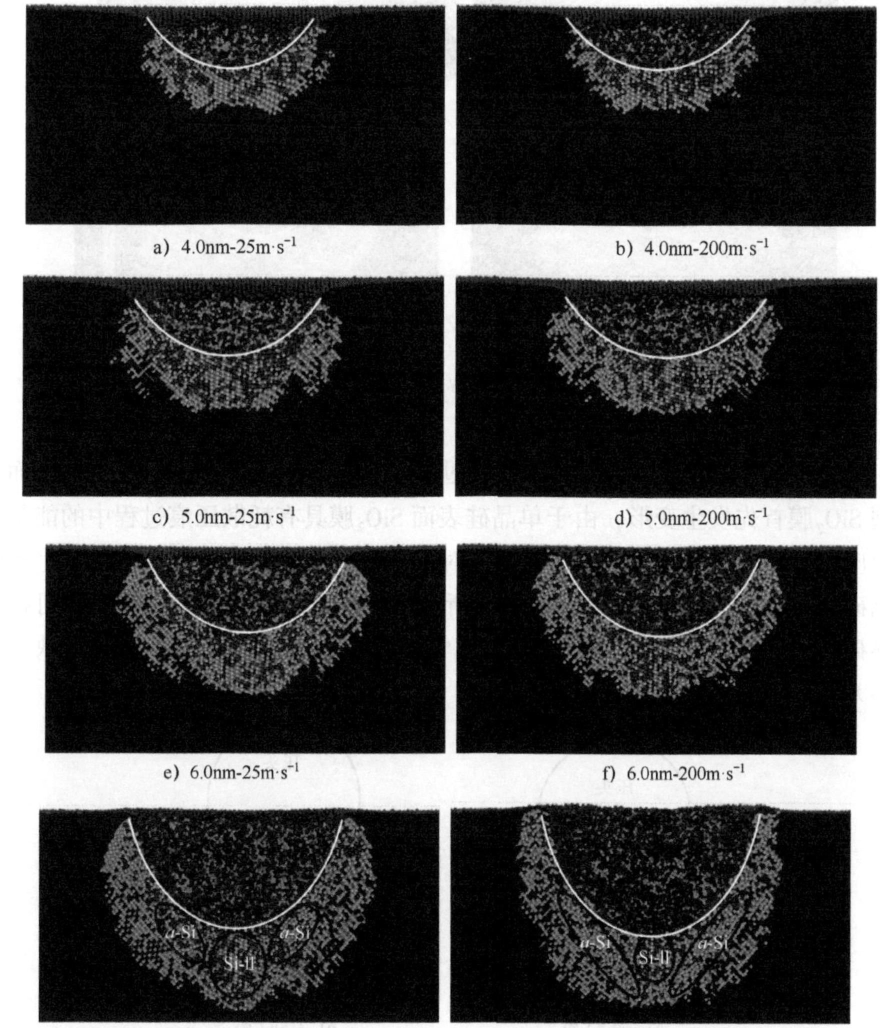

a) 4.0nm-25m·s^{-1}　b) 4.0nm-200m·s^{-1}

c) 5.0nm-25m·s^{-1}　d) 5.0nm-200m·s^{-1}

e) 6.0nm-25m·s^{-1}　f) 6.0nm-200m·s^{-1}

g) 8.0nm-25m·s^{-1}　h) 8.0nm-200m·s^{-1}

图 6-37　不同压痕深度下 Si（100）横截面相变分布图（彩色图见插页）

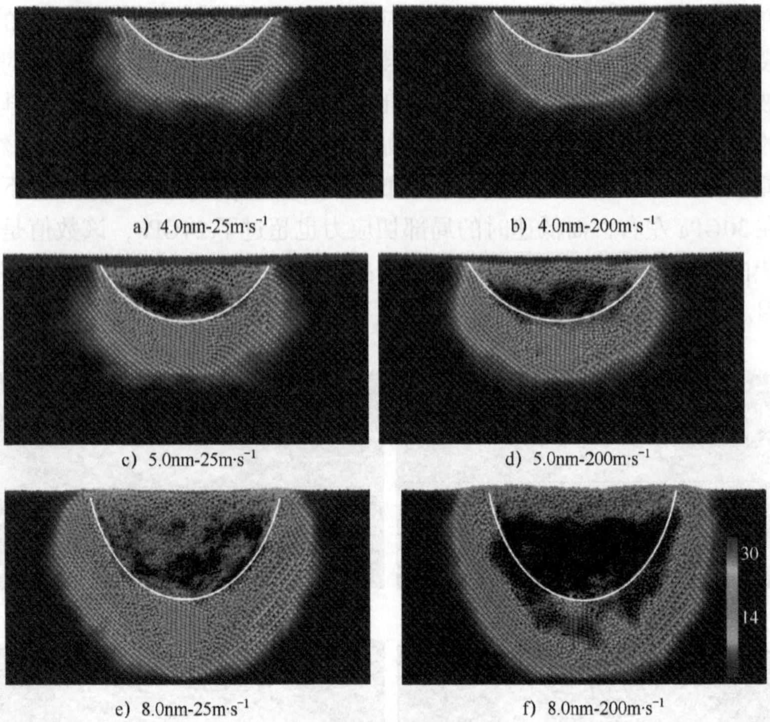

图 6-38　Si（100）横截面 Von Mises 应力分布图（GPa）

5. 压痕模型

根据上述分析可知，随着纳米压痕过程中压头逐渐压入试样，单晶硅表面无定型 SiO_2膜首先发生变形，由于单晶硅表面 SiO_2膜具有耗散压痕过程中的能量及传递应力的作用，因此在压痕条件相同时，复合试样单晶硅的压痕深度 h_c小于纯单晶硅基体的压痕深度 h_{Si}，如图 6-39 所示，说明无定型 SiO_2膜的存在，可抑制单晶硅塑性变形（相变）的发生，为化学机械抛光能够获得少缺陷或无缺陷单晶硅光滑表面提供了物理依据。

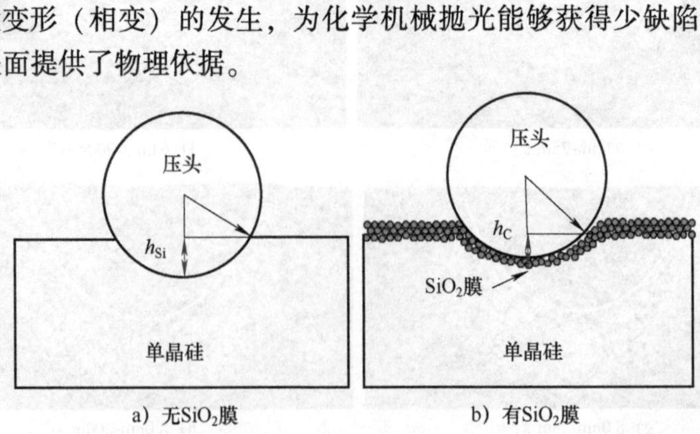

图 6-39　纳米压痕模型图

6.2.5　小结

采用分子动力学模拟方法，研究无定型 SiO_2膜/单晶硅双层复合试样的球形纳米压痕行为，计算了不同压痕深度、不同膜厚复合试样的力学性能，分析纳米压痕过程中材料塑性变形演化，主要研究结果如下：

1）纳米压痕模量随着压痕深度的增加而增加。在相同的压痕深度下，试样模量随着无定型 SiO_2膜厚度的增加而减小。当压痕深度小于 5.6nm 时，复合材料的硬度随着压痕深度的增加而增加，当压痕深度从 5.6nm 增至 8.2nm 时，硬度呈现出先减小后增加的趋势。当压痕深度相同时，无定型 SiO_2的塑性变形对复合试样的硬度影响较大。

2）压痕过程中无定型 SiO_2 内硅原子的配位数 CN 和 Si—O 键数量变化证实 SiO_2膜呈现出四个变形阶段：加载中的压实、压实－破裂过渡、破裂和卸载中的弹性回复。当压痕较小时，SiO_2膜塑性变形为压实和减薄，压痕深度增大时大量 Si—O 键断裂导致 Si—O 环变大，并生成大量纳米空洞，最后纳米空洞合并导致 SiO_2膜发生破裂。

3）单晶硅表面 SiO_2膜的存在抑制了单晶硅相变的发生。膜越薄，硅的相变越容易发生。加载中原始的 Si-Ⅰ 相的单晶硅转变为 bct-5 相和 β-Si 相，在相同的压痕深度下随着膜厚的增加生成的相变原子数减小。

4）较高的纳米压痕速度（$200\ m \cdot s^{-1}$）降低了复合材料的力学性能，SiO_2膜 Si 原子配位数 CN 和 Si—O 键数量百分比变化表明，无定型 SiO_2膜没有充分的压实就率先发生了破裂，而且变形程度远大于相同深度下低速压痕的变形。

5）通过三明治型单轴拉伸计算，分析了 SiO_2/Si 的界面强度，表明界面强度较高，界面对硅试样的断裂模式没有明显的影响，这是因为无定型 SiO_2和 Si 之间的界面是通过大量化学键紧密结合在一起。

6.3　SiO_2/Si 双层纳米材料的蠕变及应力松弛行为

6.3.1　引言

采用纳米压痕进行薄膜试样力学性能测试时，观察到在压头保持目标载荷不变时，试样在该载荷下发生了蠕变，纳米压痕深度增加，这种长时的加载会影响材料力学性能测试及塑性变形。另一方面，在 MEMS 器件中无定型 SiO_2作为介电材料覆盖在单晶硅表面，在长时接触加载后，诱发器件材料蠕变。为了更加精确地预测材料的性能和认识材料的变形行为，很有必要研究双层复合材料与时间相关的性能变化（蠕变和应力松弛）。目前，高温低应力下的单晶硅材料的蠕变性能是在单轴拉伸和弯曲试验中获得（温度范围 800～1300℃，应力为 2～150 MPa），发现蠕变机理为位错的滑移[70]。然而在室温环境下，纳米压痕蠕变实验表明，蠕变主要机理为相变和位错机理。Gerbig 等人[71]试图通过纳米压痕技术研究室温下的单晶硅的蠕变行为，发现加载中生成的 Si-Ⅱ相在蠕变阶段转变为 Si-Ⅲ和 Si-Ⅻ相。对于无定型的材料，压痕较小时，蠕变机理为原子的扩散，而压痕较大时，变形机理需用基于 Spaepen 和 Argon 等人的无定型塑性理论的自由体积（free volume）和剪切转变区（shear transformation zones，STZs）模型来解释。Cao[72]研究了激光沉积的 SiO_2膜的纳米压痕蠕变行为，发现原始沉积试样具有较大缺陷密度和较低的 STz 的剪切抗力，相对于较少缺陷的退火态试样，表现出更为明显对应力指数与压痕尺寸值的影响。尽管对于无定型材料和晶体硅做了大量研究，但受限于薄膜和双层复合材料纳米压痕蠕变行为，尤其是原子尺度的机理，因为实验条件的限制研究甚少。

因此，本节有必要就无定型 SiO_2/单晶硅双层复合材料，并针对 CMP 过程中的作为应用背景的纳米压痕蠕变和应力松弛行为展开讨论。蠕变和应力松弛都是研究与材料时间相关的塑性变形，在具体的蠕变试验中，当载荷达到目标值后，保持载荷不变，监控压头位移。在应力松弛试验中，原则上保护压头位置不变，并监控压头所受到的压痕力，实际试验过程中发现压头的位置很难保持不变，所以蠕变测试比应力松弛应用更广。本节重点研究具有形状自相似的圆锥形纳米压痕蠕变，分析试样蠕变特性和变形行为。另一方面，因为化学机械抛光和 MEMS 微接触中，球面接触大量存在，所以作者借助于分子动力学方法的优势定性分析了采用球形压头的材料的应力松弛行为。工作重点在于探究不同载荷对双层复合材料蠕变行为及不同压痕深度对应力松弛行为的影响，分析纳米尺度无定型 SiO_2膜和单晶硅与时间相关的塑性变形，该工作为非晶/晶体复合材料蠕变分析提供了新的视角。

6.3.2 蠕变行为

1. 建模

纳米压痕蠕变模拟系统由圆锥形压头，双层基体（无定型 SiO_2膜和单晶硅基体）组成，模型如图 6-40 所示。单晶硅基体在 X、Y 和 Z 轴上的晶向分别为 [100]、[010] 和 [001]。无定型 SiO_2由淬火熔融的晶体 SiO_2而获得，在分子动力学模拟时作为输入文件（data 文件）参与到模拟中。复合材料的试样根据原子类型分为三部分：固定层、绝热层和牛顿层原子。模型 X 和 Y 方向为周期性边界，Z 方向为自由边界。模型的具体参数和模拟过程中采用的势函数见表 6-2。

蠕变模拟分为四个阶段：弛豫、加载、保压和卸载。最开始时，模拟系统在最陡下降算法下进行局部能量最小，然后在有Nose-Hoover热浴的NVT系综下弛豫60ps。待系统达到平衡后，锥形压头以8.125nN·(ps)$^{-1}$的速度沿着$-Z$方向加载到目标载荷，然后在该载荷下保压一段时间(200ps)，最后以同样的速率沿着$+Z$方向卸载。整个压痕模拟过程中采用Langevin热浴的NVE系综。

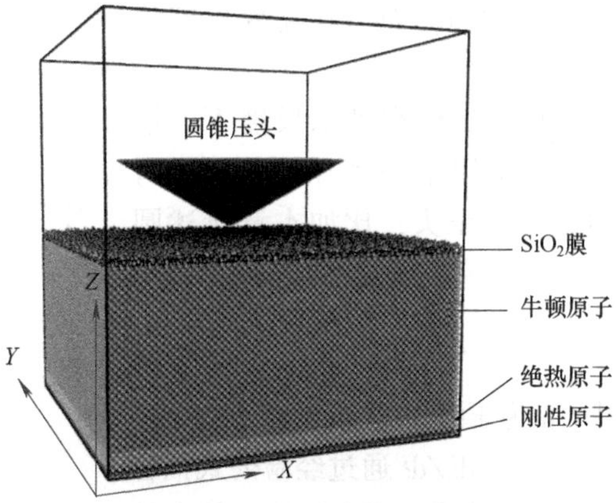

图6-40 压痕蠕变模型示意图

表6-2 模拟参数

内 容	参 数
无定型 SiO_2膜/nm	30×30×0.8 (47040)
	30×30×1.0 (58996)
	30×30×1.4 (83104)
	30×30×2.0 (119168)
单晶硅/nm	30×30×25 (1130685)
圆锥形压头/nm	半角为60° (121300)
SiO_2/Si 势函数	扩展 Si—O tersoff 势函数
C—Si 势函数	Morse 势函数 (D_0 = 0.435eV, α = 46.487nm^{-1}, r_0 = 0.19475nm)
C—O 势函数	L-J 势函数 (ε = 0.1eV, σ = 0.3275nm)
工作温度/K	300
加载卸载速率/nN·(ps)$^{-1}$	8.125
时间步长/fs	0.5
固定层厚度/nm	1
绝热层厚度/nm	1.5

2. SiO_2/Si 双层纳米材料的蠕变及应力松弛行为

压痕时，对每个试样圆锥形的压头以8.125nN·(ps)$^{-1}$的加载速率加载直达三个目标蠕变载荷（480nN、2430nN和4080nN），并在该载荷下保持200ps，最后卸载，具体的蠕变模拟方法如图6-41所示，结果发现试样发生了蠕变，压头继续压入试样，压痕深度增加，相应的蠕变数据也被记录了下来。例如，0.8nm试样的压痕深度随着蠕变时间的变化如图6-42a所示，表明压痕深度随着蠕变时间先急剧增加，而后在蠕变后期稳定增加。

为探究试样在纳米尺度下的蠕变行为，采用了一个经验公式。对于自相似的压头，比如本章所述圆锥压头，压痕应变速率可以表示为

$$\dot{\varepsilon}_{\mathrm{I}} = \frac{1}{h}\frac{dh}{dt} \tag{6-9}$$

式中，h 为压痕深度（nm），t 为蠕变时间（ps）。dh/dt 通过经验公式拟合蠕变位移而获得，采用 Wang 等人的纳米尺度的蠕变位移公式[73]，如式：

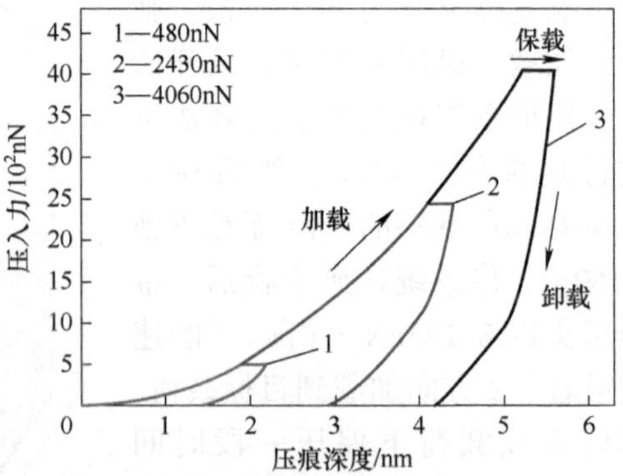

图 6-41　不同蠕变载荷下载荷位移曲线

$$h(t) = h_0 + a \times (t - t_0)^{0.5} + b \times (t - t_0)^{0.25} + c \times (t - t_0)^{0.125} \tag{6-10}$$

式中，h_0为起始压痕深度（nm）；a、b、c 为拟合常数；t_0为蠕变开始时间（ps）。如图 6-42a、b 所示，式（6-10）可以很好地拟合大部分模拟数据，并能捕获数据的所有趋势。因此，式（6-10）可以用来拟合试样的蠕变曲线。

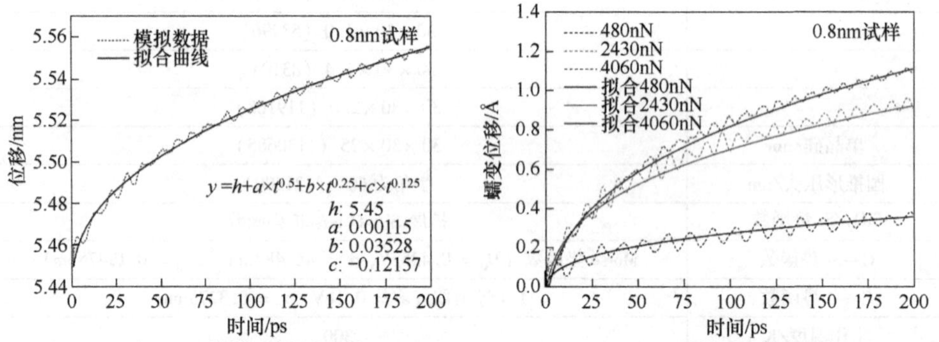

a）0.8 nm试样压痕深度变化　　b）0.8 nm 试样蠕变位移变化

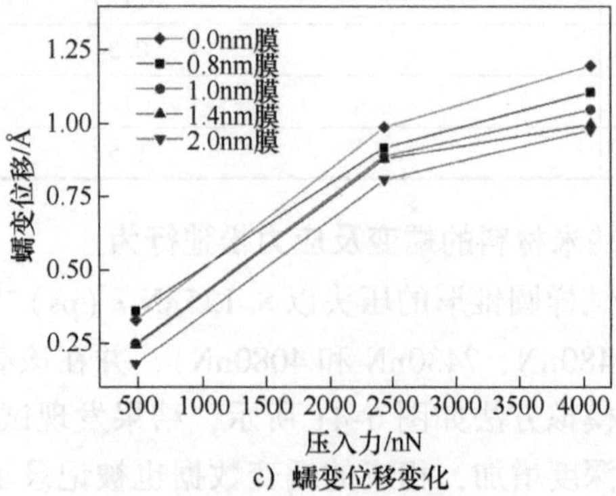

c）蠕变位移变化

图 6-42　蠕变过程中位移变化

基于以上分析，可以获得不同试样不同蠕变载荷下的压痕蠕变位移变化。发现蠕变位移随着蠕变时间先迅速增加而后稳定增加，而且蠕变载荷较高时最终的蠕变位移也比较大，例如 0.8nm 试样的蠕变位移如图 6-42b 所示，在 480nN 和 4060nN 下的蠕变位移为分别为 0.027nm 和 0.106nm。试样不同蠕变载荷下的最终蠕变位移如图 6-42c 所示，发现蠕变位移随着蠕变载荷的增大而明显增大，在相同的蠕变载荷下，蠕变位移随着试样 SiO_2膜厚的增加而轻微减小。

不同蠕变载荷下试样所受的应力可用 $H = P/A$ 来获得，这里 P 和 A 分别为蠕变过程中的载荷和瞬时投影接触面积。观察到随着蠕变时间的增加应力先快速减小而后稳定减小。试样受到的应力随着蠕变载荷的增加而增加，如 0.8nm 试样的在不同蠕变载荷下的应力变化如图 6-43a 所示。这种应力的变化在压痕深度小于 50 nm 的金属玻璃的纳米压痕中也观察到，这是由于较强的表面影响引起的[74]。

蠕变过程中应变速率可以通过式（6-9）计算获得，图 6-43b 所示为 0.8nm 复合试样在不同蠕变载荷下的应变速率，发现蠕变初期的应变速率非常高，随着蠕变的进行，在蠕变后期快速降低到低值，并且随着蠕变时间的增加应变速率变化不大，也就是说蠕变几乎进入到了稳态蠕变阶段，从插入的放大图可以看出，较高蠕变载荷下试样具有更大的蠕变速率，这与蠕变位移的变化趋势一致。在无定型 Ta 膜的纳米压痕蠕变中也观察到相似的变化。还注意到模拟中的应变速率在 $10^5 s^{-1}$左右，比压痕实验中的 10^{-2}[75] 大了好几个数量级，这是由于分子动力学模拟的本身性质决定的，也就是小的变形体积和极快的加载速度。

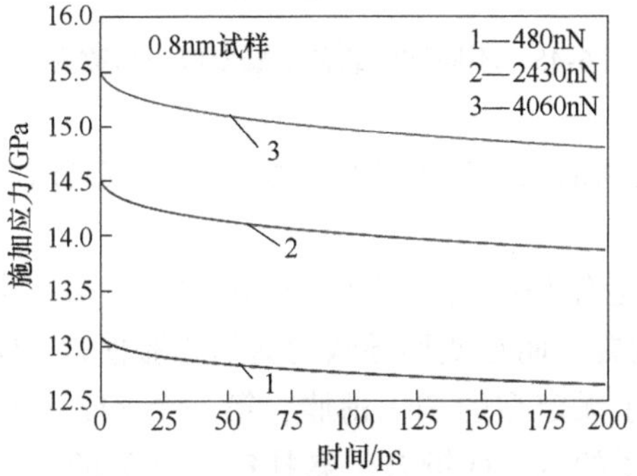

a）施加应力

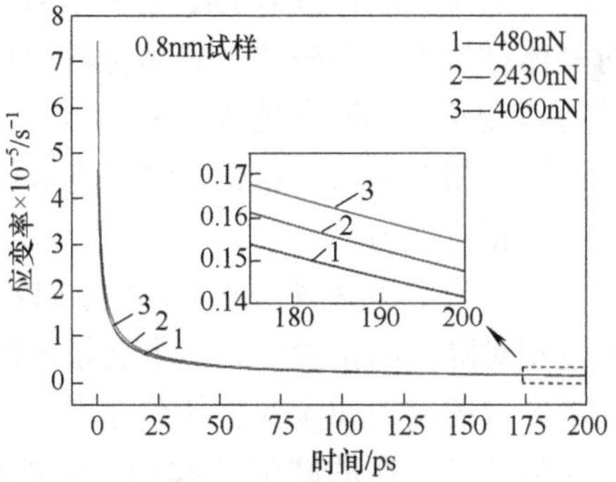

b）应变速率

图 6-43　0.8 nm 试样蠕变过程中施加应力和应变速率变化

蠕变应力指数可以通过对双对数应力应变曲线求斜率来获得，也就是 $n = \partial(\log\dot{\varepsilon}_I)/\partial(\log\bar{\sigma})$，可以提供与时间相关的塑性变形信息。对晶体材料来讲，稳定阶段的蠕变应力指数可以揭示蠕变机理，当 $n=1$ 时，为柯勃尔蠕变；$n=2$ 为晶粒边界滑移；n 为 3~7 时为位错滑移；$n \geq 8$ 时为粒子增强相关的蠕变。然而对于无定型材料，蠕变应力指数与剪切膨胀导致的剪切转变区（STZs）的运作和自由体积的积累有关[60,61]。对于双层复合材料，随着蠕变位移（或者蠕变时间）增长，蠕变应力指数从瞬时蠕变时较高的值快速降低到稳定蠕变阶段的低值，例如0.8nm试样在480nN时的对数应力应变曲线如图6-44所示，蠕变应力指数从高值降低到稳态蠕变时的45.5，表明蠕变趋于从不稳定转变为稳定。不同试样的稳态蠕变应力指数如图6-45所示，可以看出蠕变普遍趋势，n 随着最大压痕力的增加而减小，在4080nN时甚至接近单晶硅试样的 n 值，表现出了 n 值的相反的压痕尺寸影响，这与无定型Ta膜的压痕蠕变结果一致。而且，在相同的压痕力下，除了2.0nm的试样在480nN时外，n 随着 SiO_2 膜厚的增加有轻微的减小。从稳定蠕变角度来讲，物理上应变速率敏感指数（$m=1/n$）可表示稳定蠕变期间材料对局部变形的抵抗力（例如对晶体材料来讲为缩颈，非晶材料为局部剪切变形）。m 值越大（n 值越小）表示蠕变相对均匀，也就是说对本节中提及的某一特定试样，蠕变载荷较高时材料变形相对均匀。

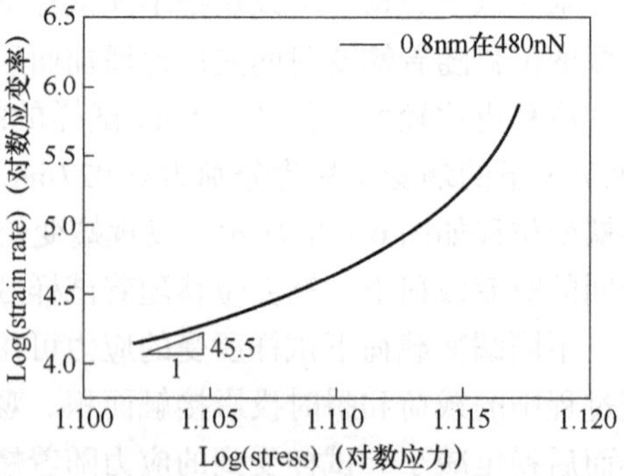

图6-44 蠕变应力和应变速率对数变化曲线

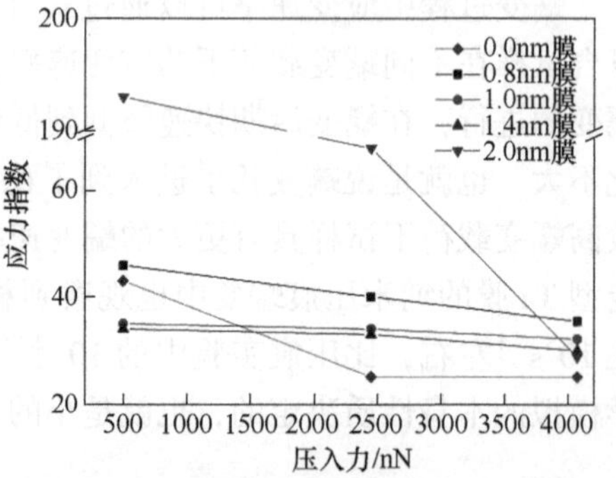

图6-45 不同蠕变载荷下蠕变应力指数变化

对于无定型材料，Argon认为STZ的运作是在周围材料弹性限制中，从一个能量相对降低的位置到另一个能量低的位置，而且变形导致的剪切膨胀使得STZ周围区域的应力和应变重新分布[61]。对于无定型的 SiO_2 薄膜，第一个STZ从原始材料已经存在的缺陷处起动，例如较弱的Si—O键合、悬挂键和断裂的 SiO_3 键，在这些地方施加应力时很容易超过材料的屈服强度，第一个STZ的起动将导致周围自由体积膨胀。这种局部STZ应变的积累和自由体积的增多，可以补偿大尺度下的切应变，甚至导致金属玻璃或者无定型 SiO_2 的宏观纳米压痕塑性变形。对于某个加载后（蠕变前）的复合材料试样，SiO_2 膜的塑性变形和生成的自由体积随着载荷的增大而增大，这与Spaepen[60]的工作一致，他提出自由体积的生成速度正比于应力与应变的乘积。因此，蠕变之前，载荷4060nN下的生成的自由体积密度明显高于较低载荷下的。在较高载荷下，压痕深度的增加导致压头下方有更多的原子参与压痕，因此薄膜的塑性变形增加，自由体积相应增加。当蠕变载荷相同时，厚膜复合试样硬度较小，压痕深度较大，压头下方会有更多的原子参与压痕，自由体积增加。膜越厚，参与变形的原子更多。例如对于2.0nm 的试样，在载荷为480nN 下时，试样的塑性变形几乎为 SiO_2膜的塑性变形。另外，可以采用流变单元模型[76,77]来解释蠕变过程，认为 SiO_2薄膜是由大量低密度、高移动性的类似于液体的区域随机的分布在受到压头压入变形的基体上的。这些类似于液体的区域来源于加载过程（蠕变前）中生成的自由体积。实际上，在高载荷下生成的自由体积均匀地分布在变形区域，使得大量 STZ 在不同的潜在位置上同时起动和运作，可导致随后蠕变中相对均匀流变，也就是说蠕变应力指数降低了。

加载中增加的净自由体积以及分布可以改变 SiO_2膜中 STZ 的激活能和激活体积。基于 Johnson-Samwer 的协作剪切模型（CSM），Pan 等人[78]通过 rate-jump 方法系统地表征了块体金属玻璃的 STZ，STZ 的激活体积可表达为 $\Delta V^* = \dfrac{kT}{m\tau}$，这里 k、T 和 τ 分别为玻尔兹曼常数、温度和切应力。m 为蠕变应变速率敏感指数（蠕变应力指数的倒数）。这里受压 SiO_2膜的切应力是通过 von Mises 来计算的，如图 6-46 所示，观察到薄膜所受的 Mises 应力随着蠕变载荷的增大而增大，τ 值增大；在相同的蠕变载荷下，薄膜越厚，应力集中面积越大，τ 值增大。由前所述，蠕变应力指数随着蠕变载荷的增大而减小，当蠕变载荷相同时，厚膜复合试样的蠕变应力指数稍低，所以，根据上述 STZ 激活体积计算公式，得出蠕变载荷较高时，SiO_2膜的 STZ 起动激活体积较低，相应的激活能也比较低。因此，蠕变时，高蠕变载荷和厚膜下变形 SiO_2中的 STZ 更容易起动和运作。总之，根据以上分析表明，随着蠕变载荷或 SiO_2膜厚增加，由于自由体积的增加及自由体积在变形坑内的均匀分布，蠕变过程中 SiO_2膜的塑性变形从大量潜在的势能较低的位置起动，使得 SiO_2膜的流变更加均匀，n 值降低。另外，可以从图 6-42b 中蠕变位移曲线可看出，0.8nm 试样的曲线在载荷为 4060nN 时比 480nN 更加光滑，具有较小的锯齿行为，变形更加均匀。

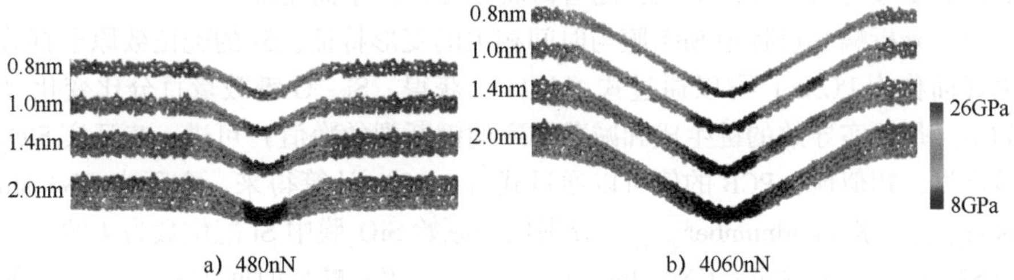

图 6-46　不同蠕变载荷下 SiO_2膜切应力分布

对于纯单晶硅试样，n 值随着蠕变载荷的增大而减小，从较高载荷 2430nN 开始，n 值达到一个稳定值，如图 6-45 所示，表明在不同的蠕变载荷下，蠕变机理保持不变，这与室温下硅的相变为主要塑性变形机理一致。还观察到随着蠕变载荷的增加，复合试样的蠕变应力指数明显减小，并且越来越接近纯单晶硅试样的蠕变应力指数，说明蠕变载荷增大时，复合试样单晶硅基体的蠕变行为占了主要地位；蠕变载荷较小时，无定型 SiO_2 膜的塑性变形为主要蠕变机理，例如蠕变载荷为 480nN 下的 2.0nm 复合试样。

3. 蠕变中的塑性变形行为

（1）无定型 SiO_2 膜的塑性变形　为了研究加载后（蠕变前）无定型 SiO_2 薄膜在不同载荷下的变形行为，分析压头正下方半径为 8.0nm、厚度为 0.8nm 的 SiO_2 膜，具体的特征可以通过以 0.2nm 为截断半径的最近邻径向分布函数来分析，如图 6-47a 所示，蠕变载荷增大，Si—O 峰向右偏移，而且峰高降低但峰宽明显增加，表明在较高载荷下，Si—O 原子平均距离变大。同时，随着载荷的增大，在 O—O 和 Si—Si 原子对的 RDF 曲线上出现了一个额外峰，距离分别约为 0.20nm 和 0.28nm，如图 6-47b、c 所示。额外峰的宽度和高度随着载荷的增大而增大，而 O—O 和 Si—Si 主峰相应减小，表明部分 O—O 和 Si—Si 原子距离因为无定型 SiO_2 膜的压实和减薄而减小。基于以上分析，说明高载荷下变形后的 SiO_2 膜变得更加混乱，相应的塑性变形也变大。根据 6.2.3 节结果容易得出厚度为 2.0nm 的 SiO_2 膜也表现出了相似的变形行为，只是塑性变形程度更小一些。

根据之前 SiO_2/Si 双层复合材料的球形纳米压痕，发现加载过程中无定型 SiO_2 膜的变形表现为三个阶段：压实、过渡和断裂阶段。具体来说，在压痕较浅时由于无数 SiO_4 四面体的旋转和变形产生了压实，在随后的加载中，当大量拉伸的 Si—O 键断裂时，SiO_2 膜发生了断裂。对于圆锥形的纳米压痕，不同蠕变载荷下，复合材料变形前后具体的演化如图 6-48 所示。发现对于特定的 SiO_2 薄膜，比值 l_{after}/l_{before} 在高蠕变载荷（4060nN）时比在低载荷时（480nN）低；在相同的蠕变载荷下，2.0nm 试样的 l_{after}/l_{before} 比 0.8nm 试样的低，表明无定型 SiO_2 膜的变形随着蠕变载荷的增加而增加，随着薄膜厚度的减小而增加。

为了分析蠕变过程中 SiO_2 膜与时间相关的变形特征，Si 的配位数原子百分比变化（简称为 PCNx）可以通过式（6-11）获得。Si—O 键数量百分比变化（简称 PCB，是压实导致的键生成和减薄导致的键断裂的净值）可进一步证实 SiO_2 的变形行为，相似地，PCB 的值可以通过式（6-12）计算得来。方程中 CN4 $atomnumber_{as\text{-}prepared}$ 和 $bondnumber_{as\text{-}prepared}$ 分别代表原始 SiO_2 膜中 Si 配位数为 4 的原子数量和 Si—O 化学键数量；CNx $atomnumber_{time=6.0ps}$ 表示蠕变时间为 6 ps 时，硅的配位数为 x 的原子数量。

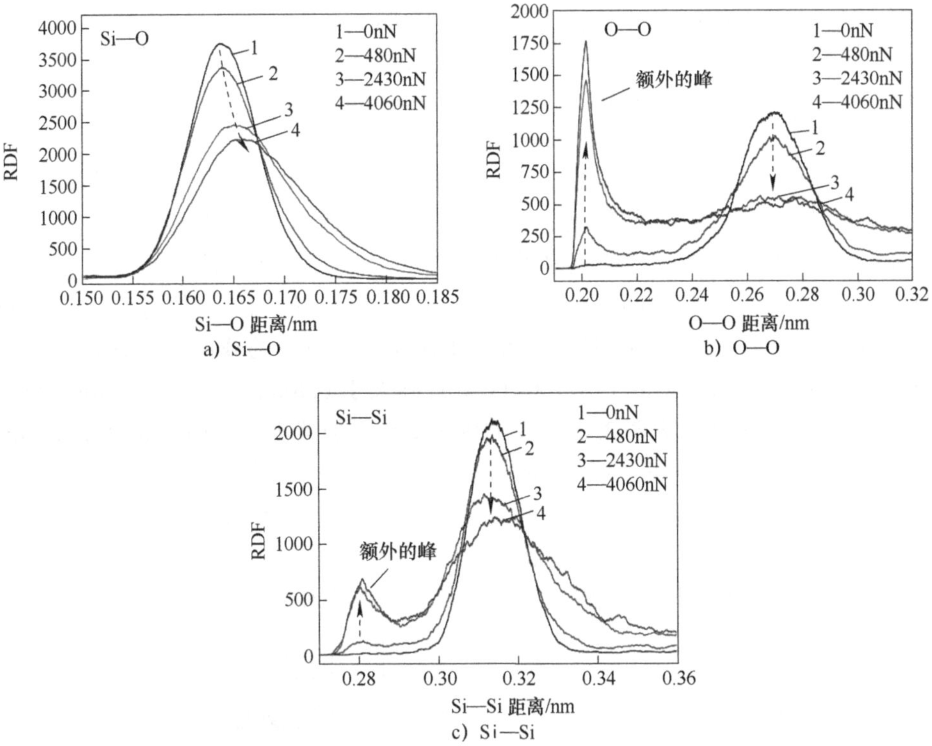

a) Si—O　b) O—O　c) Si—Si

图 6-47　0.8nm 的 SiO_2 薄膜不同载荷下的 RDF

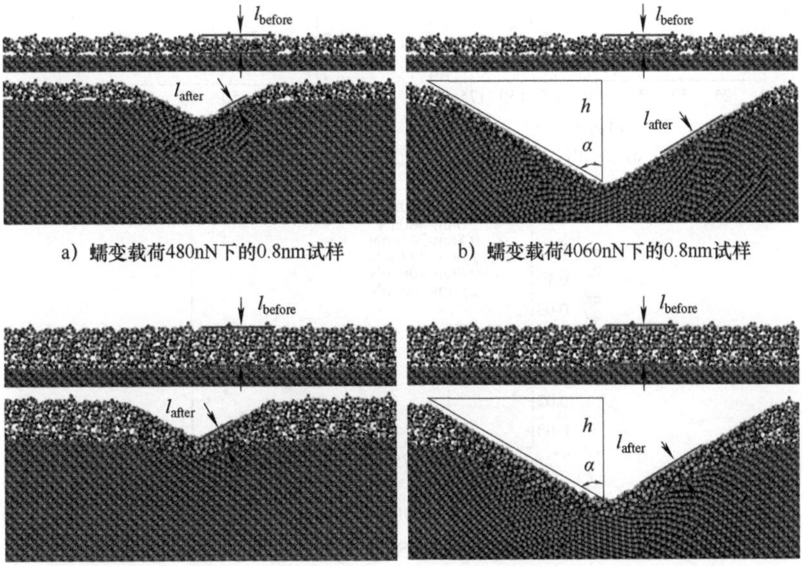

a）蠕变载荷480nN下的0.8nm试样　b）蠕变载荷4060nN下的0.8nm试样

c）蠕变载荷480nN下的2.0nm试样　d）蠕变载荷4060nN下的2.0nm试样

图 6-48　蠕变前试样的横截面图

$$\text{PCNx} = \frac{\text{CNx atom number}_{\text{time}=6.0\text{ps}} - \text{CNx atom number}_{\text{time}=0.0\text{ps}}}{\text{CN4 atom number}_{\text{as-prepared}}} \times 100\% \quad (6\text{-}11)$$

$$\text{PCB} = \frac{\text{bond number}_{\text{time}=6.0\text{ps}} - \text{bond number}_{\text{time}=0.0\text{ps}}}{\text{bond number}_{\text{as-prepared}}} \times 100\% \quad (6\text{-}12)$$

分析了不同蠕变载荷下厚度为0.8nm和2.0nm的无定型SiO_2膜的蠕变特征，如图6-49所示，随着载荷的增加，两种膜的PCN5和PCB明显增加，而同时PCN4的值显著减小，额外的氧原子加入到了一个变形的四面体SiO_4中，导致四面体的SiO_4结构变成了SiO_5的结构，这种大量氧原子的加入，使得CN5的数量增加而CN4减小，说明SiO_2膜确实发生了压实。在较低的载荷下（480nN），相同蠕变时间内2.0nm膜的PCN5和PCN明显大于0.8nm膜的，而2.0nm膜的PCN4低于0.8nm的，表明2.0nm膜的压实变形更加严重。然而480nN下2.0nm膜具体的塑性变形与图6-48所示的结果相悖，进一步说明量化分析的正确性。在较高的蠕变载荷下，如图6-49b所示，2.0nm对应的PCNx和PCB的绝对值明显低于0.8nm的，说明薄膜在较大的蠕变载荷下变形更大，而且压实随着蠕变时间明显增加。综上所述，蠕变中所有的SiO_2薄膜均发生了压实变形。

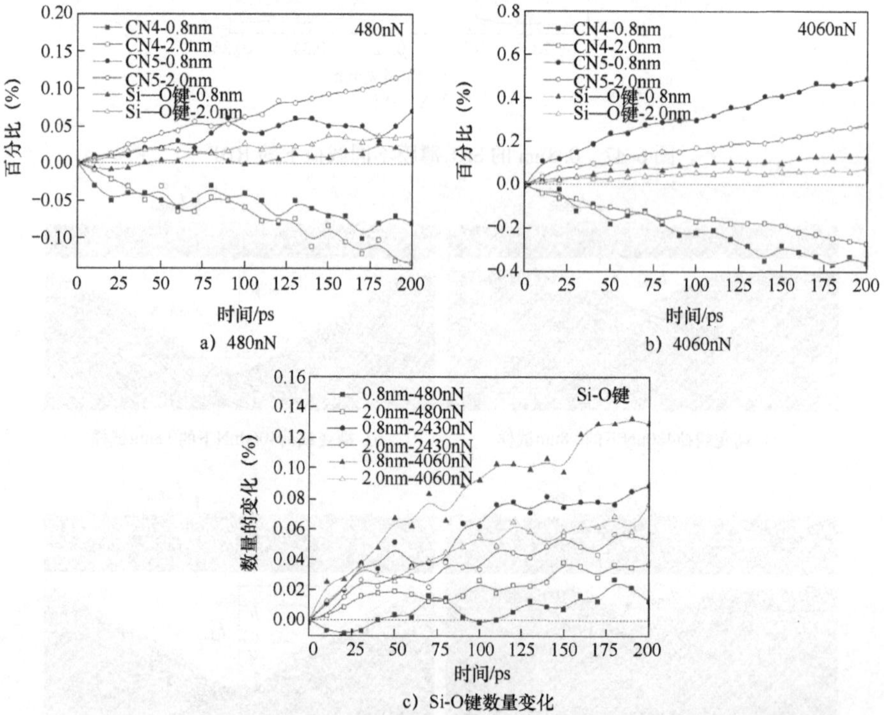

a）480nN
b）4060nN
c）Si-O键数量变化

图6-49　不同蠕变载荷下SiO_2膜中Si原子的配位数和Si—O键数量变化

不同蠕变载荷下，两种薄膜的PCB变化值如图6-49c所示，随着蠕变时间的增长，PCB的值以线性形式显著增长，说明0.8nm和2.0nm的这两种薄膜确实发生了塑性变形，而且变形形式为压实而非破裂。在不同蠕变载荷下，在一定的蠕变时间内（除了在 480nN 下），0. 8nm 的 PCB 值均大于 2. 0nm 的值，例如在载荷为 4060nN 时，0. 8nm 的 PCB 值比 2. 0nm 的约高 87%。出现这样差异的原因在于双层复合材料本身和受力状态。在较小的蠕变载荷 480nN 下（压痕深度约为 2. 0nm），压头压入基体，使得 0. 8nm 试样的薄膜和单晶硅发生了变形；而对于 2. 0nm 的试样，塑性变形仅局限在 SiO_2本身，单晶硅只是发生了部分扭曲，没有塑性变形发生。因此，蠕变载荷 480nN 下的 2. 0nm 的 SiO_2的塑性变形程度大于 0. 8nm 的。然而在更高的蠕变载荷 4080nN 下，SiO_2薄膜和单晶硅均发生了塑性变形。蠕变载荷越大，会有更多的单晶硅参与到塑性变形中来，导致复合材料的 n 值越来越接近单晶硅试样的 n 值。

（2）单晶硅的塑性变形　蠕变开始阶段 CN5 和 CN6 的 Si 原子数快速增加，然后在蠕变稳定阶段线性增加，如图 6-50 所示，这与蠕变位移变化趋势是一致的。在相同的蠕变载荷下，纯单晶硅试样的 CN5 和 CN6 明显大于复合材料的，这是因为单晶硅基体上的 SiO_2起了阻碍单晶硅相变的作用。值得注意的是，在蠕变载荷为 480nN 时，2. 0nm 薄膜下的单晶硅的 CN5 和 CN6 值是最小的，只是形成了配位数不同的原子组成的团簇，而非一个稳定的相。但在蠕变载荷为 4060nN 时，0. 8nm 的单晶硅基体的 CN5 值接近于纯的单晶硅基体。

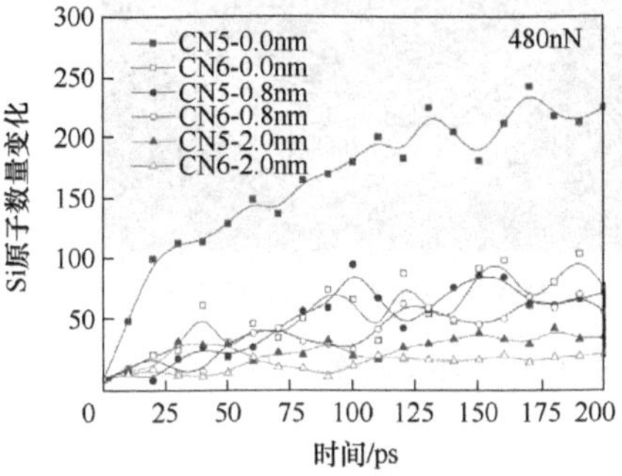

a）480nN

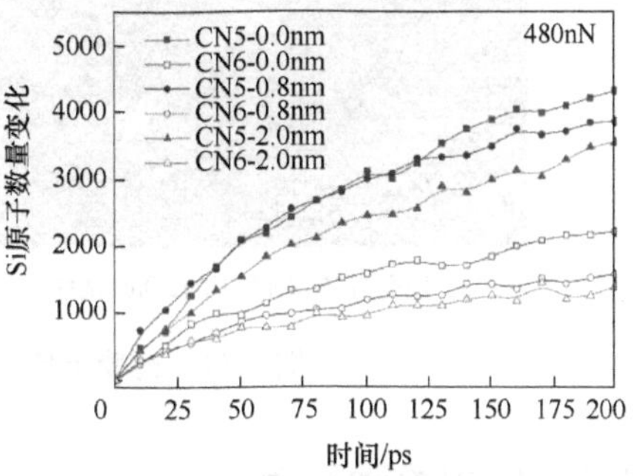

b）4060nN

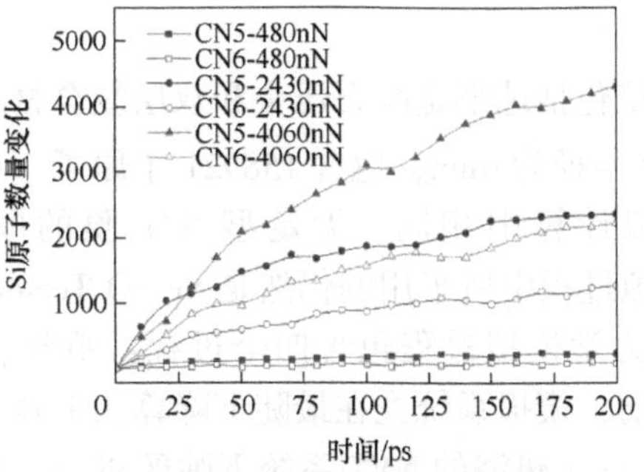

c）不同蠕变载荷对相变原子的影响

图 6-50　单晶硅相变原子变化量变化

分析了不同蠕变载荷下单晶硅基体的相变，图 6-50c 所示为 2.0nm 薄膜下单晶硅的 CN5 和 CN6 原子增加量。观察到 CN5 和 CN6 在蠕变初期急剧增加，而在稳定阶段（或接近蠕变后期）缓慢稳定增加。同时也发现 CN5 的原子数远远大于 CN6 的，这是由单晶硅的相变特征和应力分布导致的。图 6-51 为不同蠕变载荷下 Si（110）面的相分布，Si-Ⅱ相是由 bct-5 相包围的，分布在靠近硅基体的表面的相变区域的正中间。0.8nm 膜厚下的单晶硅的相变显著大于 2.0nm 膜厚下的。另外，可看到 2.0nm 单晶硅的变形原子仅仅是由配位数不同的原子组成的团簇，也很难形成一个稳定的相，卸载时这些原子又会转变为原始基体原子，也就是 Si-Ⅰ相。因此，认为在蠕变载荷为 480nN 时，2.0 nm 下的单晶硅没有发生明显的相变，进一步解释了 0.8nm 和 2.0nm 薄膜在 480nN 下塑性变形量不同的原因。

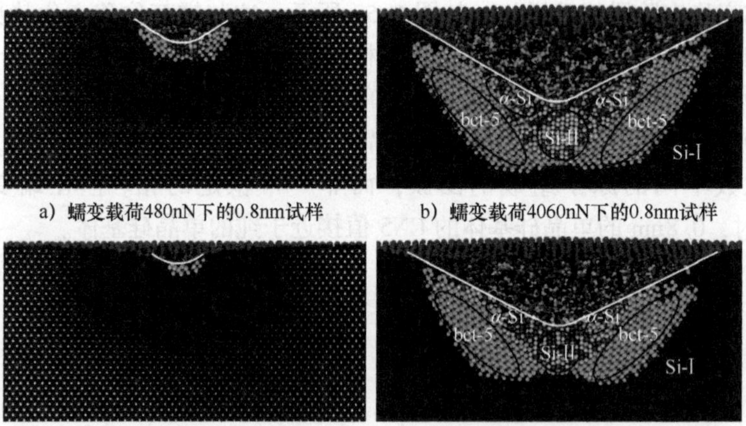

a）蠕变载荷480nN下的0.8nm试样　b）蠕变载荷4060nN下的0.8nm试样

c）蠕变载荷480nN下的2.0nm试样　d）蠕变载荷4060nN下的2.0nm试样

图 6-51　薄膜下单晶硅 Si（110）相变分布

6.3.3　应力松弛行为

1. 建模

应力松弛模拟系统包括球形金刚石压头和双层复合材料（无定型 SiO_2 膜和单晶硅基体）。金刚石球半径为 6nm，包含 158921 个原子。单晶硅基体尺寸大小和晶向与蠕变行为模拟计算中相同。无定型 SiO_2 膜的厚度为 0.8nm、1.0nm、1.4nm 和 2.0nm。模拟过程中所采用的仍然是 Si—O Tersoff 势函数。

应力松弛分子动力学模拟过程包含四个过程：弛豫、加载、应力松弛和卸载。纳米压痕开始之前，模拟系统先在最陡下降算法下弛豫来达到局部能量最小化，之后在有 Nose-Hoover 热浴的 NVT 系统下弛豫 90ps，待系统稳定后，球形压头以 $25m \cdot s^{-1}$ 的速度沿着 Z 轴负方向加载至目标压痕深度，然后保持一段时间

(200ps) 压头位置不变，最后再以 $25m \cdot s^{-1}$ 的速度卸载。整个压痕过程是在有 Langevin 热浴的 NVE 系综下进行的，时间步长为 0.5fs。

2. 应力松弛曲线

通过纳米压痕模拟来研究 SiO_2/Si 复合材料的应力松弛行为，具体的过程如图 6-52 所示，球形压头分别压入包括纯单晶硅在内的 5 个复合试样至不同的最大压痕深度（0.8nm、3.2nm 和 5.6nm），然后保持一段时间（200ps）压头不动，最后卸载。结果发现施加的压痕力随着加载时间的增长而减小，而且应力松弛量随着最大压痕深度的增加而增加，如图 6-52b 所示。

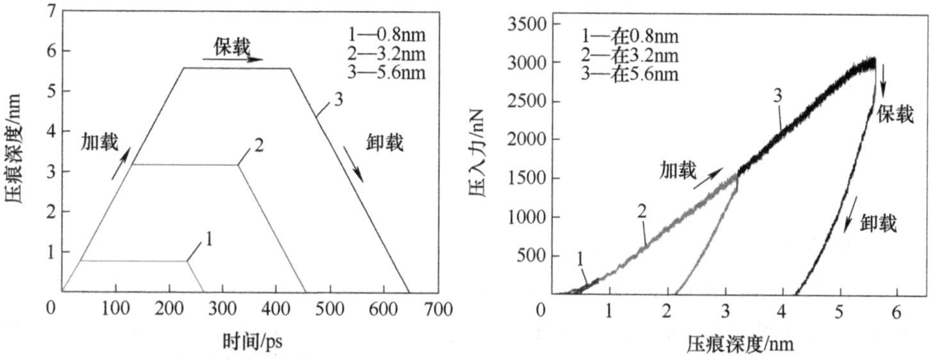

a）压痕位移-时间　　b）载荷-位移

图 6-52　应力松弛方法示意图

应力松弛过程中不同试样压痕力的变化如图 6-53 所示，发现应力松弛初期压痕力快速减小，后期缓慢稳定减小。还发现应力松弛初期不同试样压痕力是不同的，压痕深度为 3.2nm 时，纯硅和 0.8nm 试样应力松弛初期的压痕力最大，2.0nm 试样的压痕力最小。然而当压痕深度为 5.6nm 时，这一情况发生了改变，压痕力随着 SiO_2 膜厚度的增加而增加，如图 6-53b 所示。这是因为加载过程中无定型 SiO_2 膜的塑性变形行为引起的，当压痕深度较浅时，SiO_2 膜的塑性变形是压实和减薄，当压痕深度增大至 5.5nm，0.8nm 的 SiO_2 膜发生了破裂，由于无定型 SiO_2 膜的应变软化行为，使 0.8nm 膜进一步变形需要的外力减小，所以应力松弛初期 0.8nm 试样的压痕力较厚膜试样小。对于厚度较大的 SiO_2 膜，由 6.2.2 节分析结果可知，厚膜具有进一步压实的潜力，膜发生破裂时的压痕深度较大，例如 2.0nm 的 SiO_2 膜在压痕深度约 7.5nm 时破裂。因此在 5.6nm 的压痕深度下，厚膜试样的压痕力大于纯单晶硅和 0.8nm 试样。

图 6-54 所示为应力松弛结束后不同试样的应力松弛量，可以看出压力松弛量随着压痕深度的增加而显著增加，例如对于 0.8nm 的试样，压痕深度 0.8nm 时的应力松弛量为 28nN，压痕深度为 5.6nm 时的应力松弛量为 483nN。在相同

的压痕深度下，复合试样的应力松弛量随着 SiO_2 膜厚的增加而轻微的减小。发现待测试样的应力松弛与蠕变的变形趋势是一样的，都描述了材料随时间变化的关系。

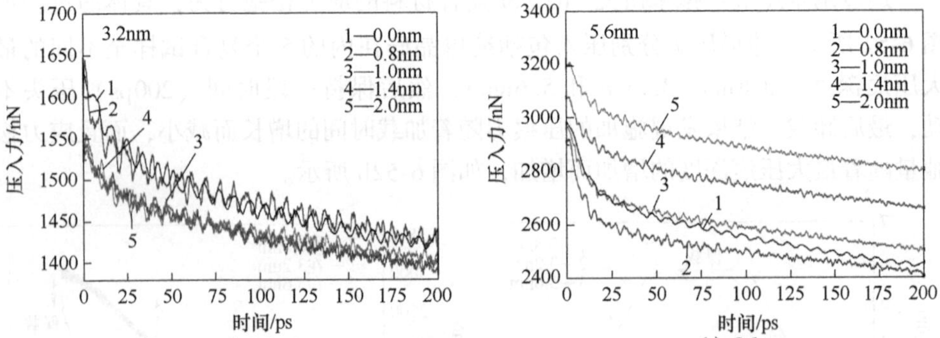

a) 3.2 nm　　b) 5.6 nm

图 6-53　不同压痕深度下压痕力随时间的变化

3. 应力松弛过程中的塑性变形行为

(1) 无定型 SiO_2 膜的塑性变形　为了研究加载过程中无定型 SiO_2 膜的变形及其对应力松弛的影响，提取了压头下方半径为 6. 0nm 的 0. 8nm 厚的 SiO_2 膜，并通过最近邻径向分布函数（RDF）分析了截断半径为 0. 2nm 范围内的多个原子对的具体变形特征，如图 6-55 所示。发现随着压痕深度增加，Si—O 峰向右移动，峰宽增加，而峰高减小，表明 Si—O 键之间的平均距离增大，从未加载时的 0. 165nm 到压痕深度为 5. 6nm 时的 0. 172nm。同时，O—O 和 Si—Si 原子对的 RDF 中出现了一个额外峰，距离分别约为 0. 2nm 和 0. 28nm。随着压痕深度增加，O—O 和 Si—Si 的 RDF 主峰高度降低，两个额外峰的高度和宽度增加，除了压痕深度为 5. 6nm 下的 Si—Si 原子 RDF 以外，这是因为 Si—Si 额外峰的缩小表明 0. 8nm SiO_2 发生了破裂。以上分析表明，压痕加载中原始的由无数规整的 SiO_4 结构组成的 SiO_2 膜变得更加无序，随着压痕深度增加，SiO_2 的塑性变形也逐渐增大，0. 8nm 膜发生了从压实到破裂的变化，较厚的膜仅发生压实变形。

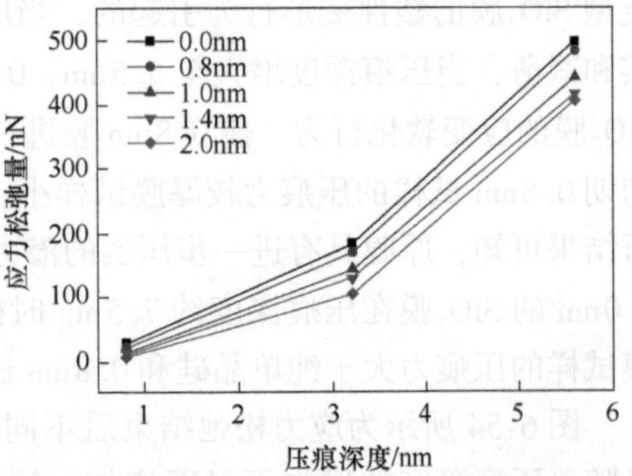

图 6-54　不同压痕深度下应力松弛量变化

基于对 SiO_2 膜的塑性变形分析，了解到加载中膜的变形分为三个阶段：压实、过渡和破裂。在压实阶段，PCN5 和 PCB 增加，而 PCN4 减小；压实到断裂的过渡阶段，PCB 和 PCN4

减小，而 PCN5 增加；在最后的破裂阶段，PCN4、PCN5 和 PCB 均减小。从加载中的 RDF 分析可看出，不同压痕深度下的 SiO_2 膜在加载阶段均发生了压实，除了压痕深度为 5.6nm 下的 0.8nm 的 SiO_2 膜发生了破裂。

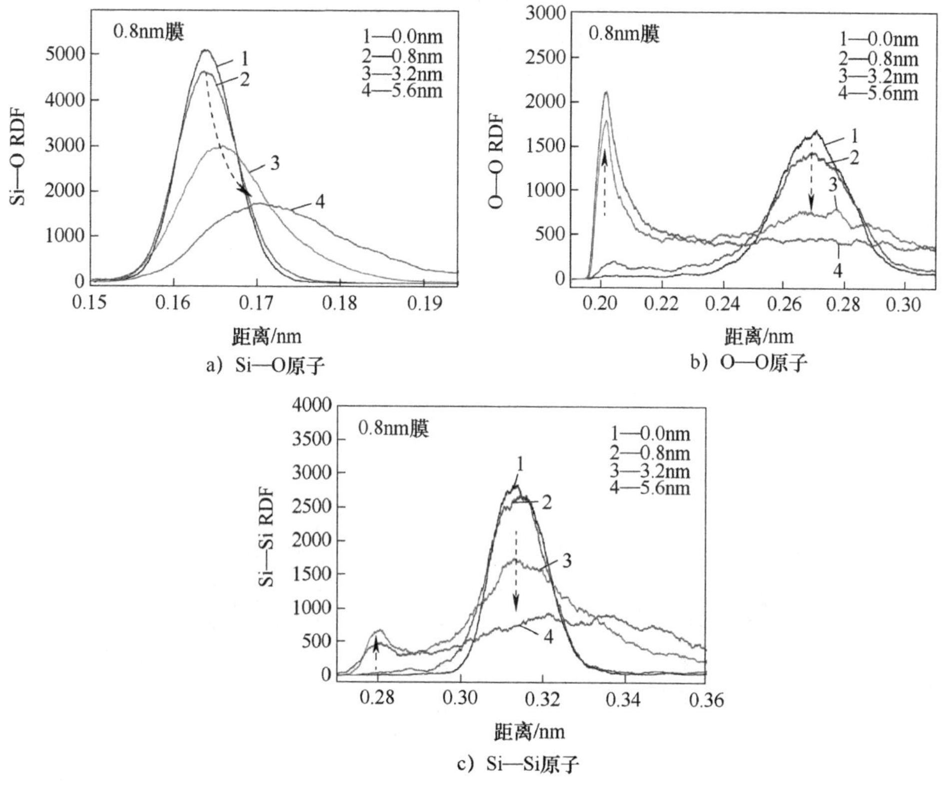

a）Si—O原子　b）O—O原子　c）Si—Si原子

图6-55　0.8nm 厚的 SiO_2 膜的 RDF 随压痕深度的变化

应力松弛过程中与时间相关的 SiO_2 膜的变形行为本书也用之前定义的硅的配位数原子百分比变化（PCNx）和 Si—O 键数量百分比变化（PCB）来描述，见式（6-11）、式（6-12）。应力松弛过程中的 PCNx 和 PCB 的变化趋势如图 6-56 所示，发现 PCN4、PCN5 和 PCB 在应力松弛初期变化较快，后期变化比较稳定。随着应力松弛时间的延长，PCN5 和 PCB 数值增加，而 PCN4 减小，意味着应力松弛过程中，SiO_2 膜均发生了压实，除了 0.8nm 的膜在较大的压痕深度下（5.6nm）的情况以外。对于 0.8nm 的膜，在压痕深度为 3.2nm 时，PCB 的数值小于压痕深度为 0.8nm 的 PCB 值，如图 6-56d 所示，结合图 6-56b 结果说明 SiO_2 膜依然发生了压实，但是压实的程度比较低，这是因为在压痕深度为 3.2nm 时 0.8nm 的膜有向过渡阶段变化的趋势；在压痕深度为 5.6nm 时，PCN4 在零值附近振动，而 PCN5 和 PCB 随着时间缓慢增加，意味着 SiO_2 膜发生了弹性回复。

对于厚度为 2.0nm 的 SiO_2膜，加载时随着压痕深度增加，PCN5 和 PCB 数值均增加，而 PCN4 减小，说明不同压痕深度下的膜在应力松弛过程中均发生了压实。还观察到在相同的压痕深度下，0.8nm 膜的 PCB 值明显大于 2.0nm 的，说明 0.8nm 的膜在应力松弛过程中的变形量更大，这是因为膜在纳米压痕加载中发生了更大的塑性变形，这种变形方式与加载阶段相同。

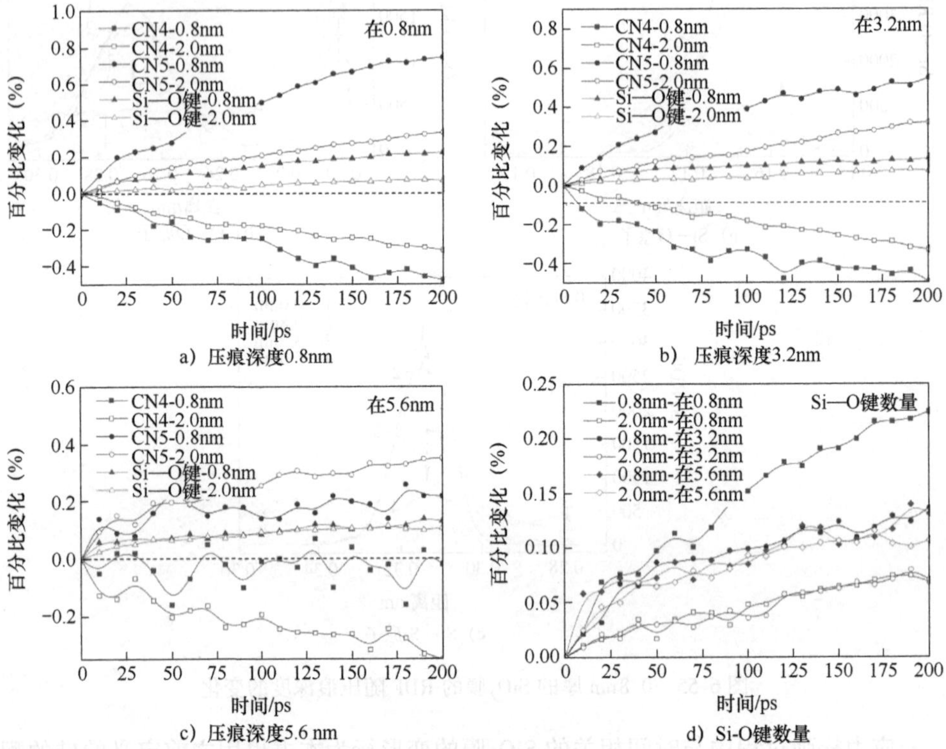

图 6-56　应力松弛过程中不同膜硅原子配位数和 Si—O 键数量变化

（2）硅基体的塑性变形　应力松弛过程中用硅的配位数原子数量的变化，也就是 CN5 和 CN6 的变化来分析应力松弛中单晶硅的相变，如图 6-57 所示，CN5 和 CN6 随着应力松弛时间的延长先快速增加，然后稳定增加，这与压痕力变化趋势一致。还观察到 CN5 和 CN6 随着压痕深度的增加明显增加，对于纯单晶硅，CN5 原子增量从压痕深度为 0.8nm 时的 20 增至压痕深度为 5.6nm 时的 1600，相同条件下 CN5 的原子数远远多于 CN6，这是由单晶硅相变本质和应力分布导致的。Gerbig 等人通过纳米压痕实验发现 Si-Ⅰ 相转变为 bct-5 相的压力小于 Si-Ⅰ 相转变为 Si-Ⅱ 相压力，而且从图 6-58 所示的应力松弛前（加载结束后）的单晶硅相变的原子构型图，可观察到 Si-Ⅱ 相处于整个变形区域的中心，相变区域较小，并被 bct-5 相包围着，所以 bct-5 相的硅原子要多于 Si-Ⅱ相，致使应力松弛过程中有更多的 CN5 原子出现。

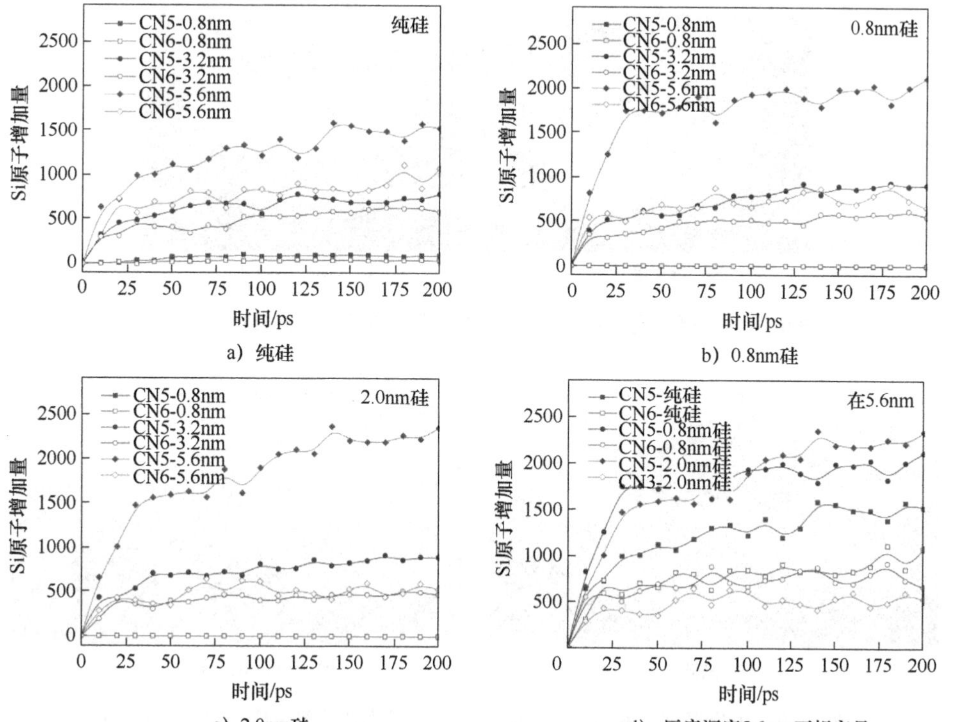

a）纯硅　b）0.8nm硅　c）2.0nm硅　d）压痕深度5.6 nm下相变量

图 6-57　应力松弛过程中单晶硅相变情况

当压痕深度为 5. 6nm 时，应力松弛过程中单晶硅相变原子数变化如图 6-57d 所示，发现在一定的应力松弛时间内，CN5 的原子增量随着 SiO_2 膜厚的增加而增加，而 CN6 的增量反而减小，这种现象可用应力松弛前（加载结束后）单晶硅相变原子构型图来解释，如图 6-58 所示。当压痕深度为 5. 6nm 时，纯单晶硅试样的 Si-Ⅱ相区域明显大于 2. 0nm 的复合硅，而 bct-5 相较复合硅少。图 6-28、图 6-29所示的不同单晶硅相变原子变化也描述了相似的变化，当压痕深度相同时，SiO_2膜下方单晶硅的压坑直径较大，压痕深度较纯单晶硅浅。由于 SiO_2膜有传递应力和耗散能量的作用，膜厚度越大时，复合单晶硅受到的应力越小，如图 6-59所示为 Mises 应力分布图，图中白色圆圈表示压头下方切应力较小，静水压力较大的区域，可以看出在相同的压痕深度下，纯单晶硅试样的切应力大于 2. 0nm 复合硅，应力集中面积和应力值也较大，所以压痕加载过程由 Si-Ⅰ相转变生成的 Si-Ⅱ明显增多，bct-5 相较少，而复合硅中生成的 Si-Ⅱ相较少，bct-5 相较多。从图 6-56d 可以看出，应力松弛过程中，纯单晶硅试样加载过程中的相变情况对后续的应力松弛有很大的影响，加载中较大塑性变形也导致了松弛过程中较大的与时间相关的塑性变形。

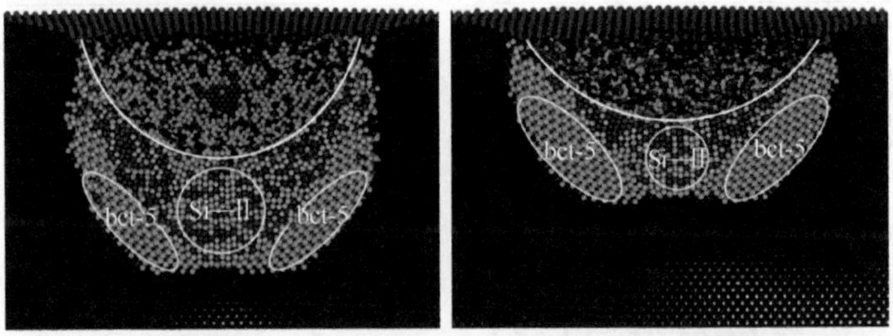

a）纯单晶硅　　b）2.0nm单晶硅

图 6-58　压痕深度 5.6 nm 下不同 SiO_2膜下单晶硅 Si（110）相分布

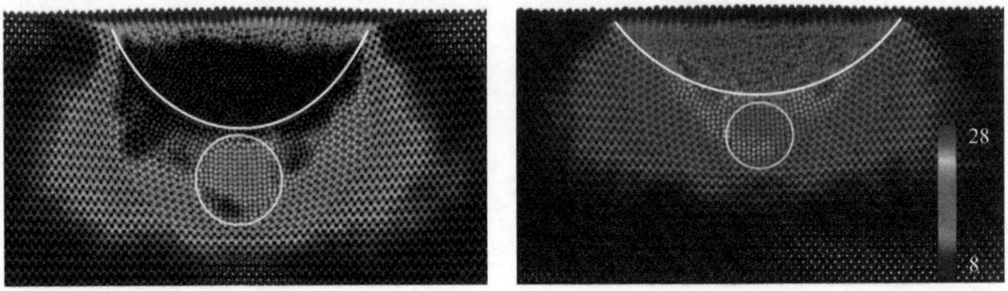

a）纯单晶硅　　b）2.0nm单晶硅

图 6-59　压痕深度 5.6 nm 下不同 SiO_2膜向下单晶硅剪切应力分布（GPa）

6.3.4　小结

通过 SiO_2/Si 复合试样的纳米压痕蠕变和应力松弛的分子动力学模拟，研究不同 SiO_2膜厚复合试样的蠕变和应力松弛行为，分析了无定型 SiO_2膜和单晶硅与时间相关的塑性变形，主要研究结果如下：

1）蠕变开始阶段，蠕变位移随着保压时间的延长快速增加，在接近蠕变后期的稳定蠕变阶段呈线性增加。试样最终的蠕变位移随着蠕变载荷的增大而增大，这是因为蠕变中试样发生了大量塑性变形的结果。

2）蠕变应力指数随着蠕变载荷的增大而减小，这是由纳米压痕加载时 SiO_2膜中生成的自由体积量以及自由体积的分布引起的，蠕变载荷越大，SiO_2膜的塑性变形越大，生成的自由体积数量越多，并且分布较广，蠕变过程中，无定型 SiO_2的塑性更容易在大量潜在的比较均匀分布的自由体积处发生，导致塑性变形更均匀。在相同的蠕变载荷下，试样应力指数随着无定型 SiO_2膜厚度的增加而有轻微的减小，除了小载荷下的厚膜试样，比如 480nN 下的 2.0nm 试样外。

3）纳米压痕中原来短程有序的 SiO_2 膜在压痕加载中发生了压实，SiO_4 四面体变得更加无序，这种塑性变形会遗传到蠕变中，压实变形在蠕变中继续进行。SiO_2 膜和单晶硅的这种与时间相关的塑性变形在较高的蠕变载荷下更加明显。

4）球形纳米压痕应力松弛过程中，发现应力松弛曲线呈现两个阶段：第一阶段，压痕力快速减小，曲线近似抛物线；第二阶段压痕力缓慢减小，曲线近乎直线。复合试样 SiO_2/Si 的应力松弛量随着压痕深度的增加而增加，在相同的压痕深度下，厚膜试样的应力松弛量比较小，这与蠕变结果一致。

5）在球形纳米压痕加载过程中（最大压痕深度为 5.6nm），0.8nm 的膜经历了从压实到破裂的变形，而厚膜试样只经历了压实。应力松弛过程中，厚度较大的 SiO_2 膜继续发生了压实，而加载中破裂的 0.8nm 的膜发生了弹性回复。纳米压痕中无定型膜下的单晶硅发生了相变，压痕深度越大，应力松弛过程中的相变原子越多。

6.4　SiO_2/Si 双层纳米材料的摩擦磨损行为

6.4.1　引言

两体磨损是常见的研究材料表面性能的方法，也是研究材料摩擦磨损和去除方式的有效手段，实际上在具体的实验中是通过单个针尖的纳米划痕实验来实现的。Sun[55, 79]研究了单晶硅的两体和三体磨料磨损。Fang 和 Shi 等人[16, 80]研究磨料形状对单晶硅相变影响。Si Lina 等人[81, 82]通过分子动力学研究了无定型 SiO_2 磨料在单晶硅基体上的划痕去除，发现磨料的滚动和滑动都对材料去除有贡献。Chen[83]研究了胶体 SiO_2 粒子对单晶硅基体的高速冲击去除，去除机理为黏着。钱林茂课题组[84]通过四种不同环境气氛中，SiO_2 玻璃球针尖对划三种不同亲水性表面的单晶硅的纳动实验，发现施加压力较小时，摩擦化学反应明显，硅表面亲水性的增加会导致单晶硅表面磨损深度加大。Barnette[85]、Yu[86] 和 Wang[87] 发现在 SiO_2 球和单晶硅的往复式球盘磨损和纳米摩擦实验中，当水蒸气湿度从 0 增至 50%时，单晶硅摩擦化学反应加剧，磨损深度加大。尽管这些实验发现了划痕过程中的摩擦化学反应，但划痕中的材料变形行为具体如何，以及摩擦力与材料变形的关系，摩擦力与材料去除的关系仍然没有搞清楚；另一方面，无定型的胶体 SiO_2 磨料作为硅片主要抛光磨料，化学机械抛光后获得的硅片要具有原子级平坦的、无缺陷的表面，但由于实验条件限制，抛光行为尚不明确，所以有必要研究原子尺度的材料摩擦学特性和材料去除机理。

采用分子动力学模拟方法研究无定型的胶体 SiO_2 磨料对表面覆有无定型 SiO_2 膜的单晶硅基体的划痕，分析不同正压力下，不同膜厚的 SiO_2/Si 复合试样的摩擦学性能和材料变形行为，评估材料去除效率，分析磨料尺寸对摩擦学性能和去除效率的影响。最后，采用金刚石磨料作为对比实验，探究划痕过程中不同的材料去除机理。

6.4.2 建模

纳米划痕模拟系统包括无定型 SiO_2 磨料和表面覆有不同厚度无定型 SiO_2 膜的单晶硅基体，为更加精确模拟 CMP 过程，试样表面有一层厚度为 0.3nm 的水分子，如图 6-60 所示。无定型 SiO_2 磨料上部为圆柱形，下部为半径 3.0nm 的半球，共包含 8844 个原子。为了模拟 CMP 过程中磨料的运动，磨料最上部分设置为可移动的固定层，用绿色原子表示，磨料中部为绝热层，用黄色原子表示，磨料的绝热层和半球部分均可进行牛顿积分。SiO_2 膜的厚度为 0.2nm、0.4nm、0.6nm、0.8nm 和 1.0nm，分别包含 11792、20592、31504、42240 和 52976 个原子。SiO_2 磨料和薄膜都是通过淬火熔融的 SiO_2 晶体获得的。单晶硅基体尺寸为（$34.2 \times 23.5 \times 15.0$）$nm^3$，包含 610827 个原子。模拟中，双层 SiO_2/Si 复合基体可分为三层：固定层、绝热层和牛顿层。各层的厚度设置与纳米压痕的相同。SiO_2/Si 基体的 X 和 Y 轴方向采用周期性边界条件，Z 轴方向采用非周期性边界条件。

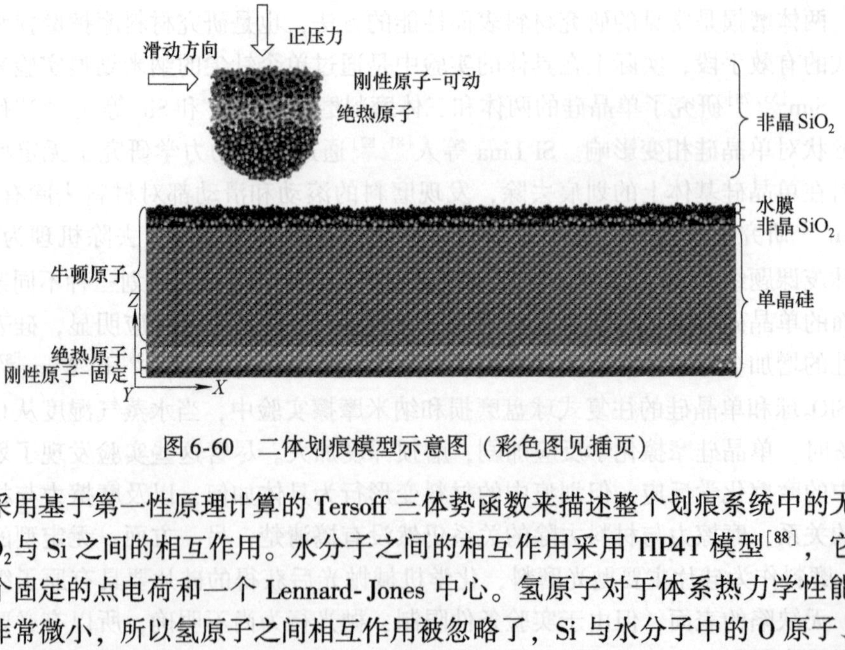

图 6-60 二体划痕模型示意图（彩色图见插页）

采用基于第一性原理计算的 Tersoff 三体势函数来描述整个划痕系统中的无定型 SiO_2 与 Si 之间的相互作用。水分子之间的相互作用采用 TIP4T 模型[88]，它包含三个固定的点电荷和一个 Lennard-Jones 中心。氢原子对于体系热力学性能的影响非常微小，所以氢原子之间相互作用被忽略了，Si 与水分子中的 O 原子、O 与 O 原子之间采用 Lennard-Jones 势[21, 88, 89]，相关参数见表 6-3。纳米划痕计算之前，对模拟系统进行了最陡下降算法的局部能量最小化和 300 K 下的结构弛豫。待系统结构稳定后，进行划痕计算，具体过程为在一定的正压力下，按恒载

荷方式无定型 SiO_2 磨料沿着 $-Z$ 方向压入试样表面，待系统平衡后，在该载荷的作用下，磨料沿着 X 轴正方向滑移一定距离（18nm），模拟划痕过程中磨料的运动速度为 $25m \cdot s^{-1}$，最后以恒载荷的方式卸载。整个模拟过程中采用具有 Langevin 热浴的 NVE 系综，时间步长为 0.5fs。

表 6-3　TIP4P 和 Lennard-Jones 势函数参数

原　子　对	E/kcal · mol^{-1}	δ/nm	截断半径/nm
O—O	0.1554	0.31655	0.6
Si—O	0.0520594	0.349575	0.5

6.4.3　载荷及薄膜厚度对摩擦力的影响

对表面覆有不同厚度无定型 SiO_2 膜的单晶硅试样进行了一系列不同正载荷下（10nN、20nN、40nN、60nN、80nN、100nN）的划痕计算，得到划痕过程中的摩擦力变化曲线，如图 6-61、图 6-62 所示。发现随着划痕的起动，试样摩擦力从零值开始逐渐增加，对于纯单晶硅试样，摩擦力随着滑移的进行缓慢增加至平稳状态，而复合试样的摩擦力先增加后减小，曲线出现一峰值。从摩擦力曲线容易看出，磨料划痕过程中摩擦力随着无定型 SiO_2 膜厚度的增加逐渐增加，例如当正载荷为 20nN 时，最大摩擦力从纯单晶硅的 150nN 到 0.6nm 复合试样的 250nN，当膜厚大于 0.6nm 时，试样摩擦力曲线无明显差异。

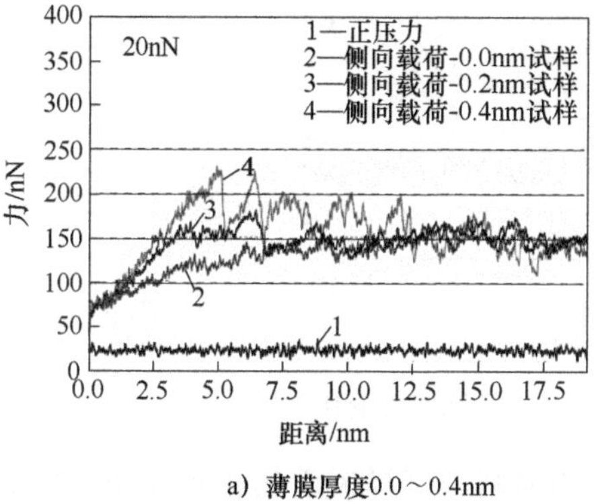

a）薄膜厚度0.0～0.4nm

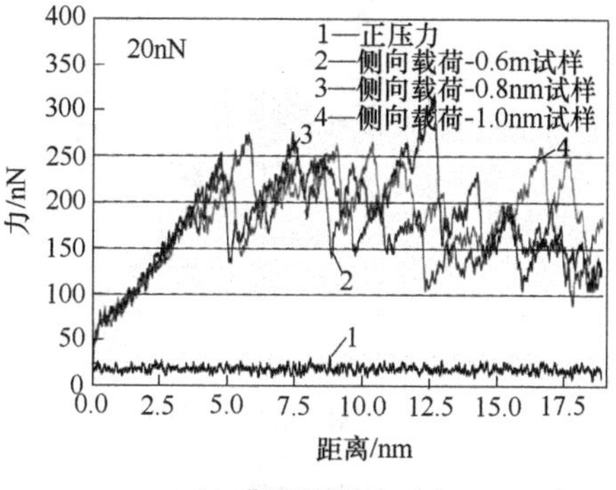

b）薄膜厚度0.6～1.0nm

图 6-61　正载荷下 20nN 不同膜厚试样摩擦力的变化

观察到纯单晶硅的摩擦力曲线比较光滑，而复合试样的曲线均出现明显的锯齿形特征，尤其是在正载荷为 40nN 时的 0.6nm 复合试样的摩擦力曲线，这种特征是无定型材料不均匀塑性变形的特征，是划痕过程中磨料与 SiO_2 膜相互作用的结果。

不同正载荷下 0.4nm 试样划痕时的摩擦力曲线如图 6-63 所示，可看出摩擦力曲线随着划痕距离的增加先快速增加后减小，而且划痕距离相同时摩擦力随着正载荷的增加而增大，正载荷为 10nN 时最大摩擦力约为 200nN，而当载荷增至 100nN 时，试样最大摩擦力约为 400nN，这是因为正载荷增大时，无定型 SiO_2 磨料发生了较大的塑性变形，磨料和试样之间的接触面积增大所致。

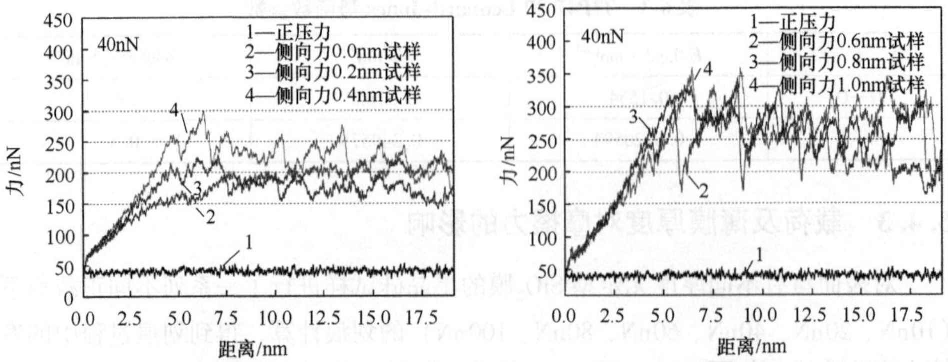

a）薄膜厚度0.0～0.4nm　　b）薄膜厚度0.6～1.0nm

图 6-62　正载荷下 40nN 不同膜厚试样摩擦力的变化

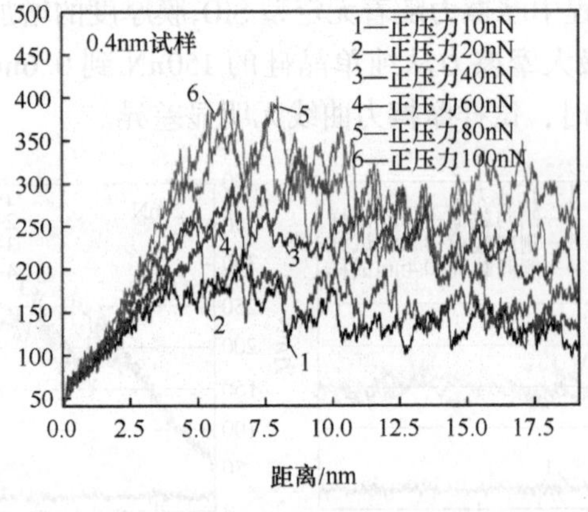

图 6-63　不同正载荷下 0. 4nm 试样摩擦力变化

势能是原子位移的函数，划痕过程中因为磨料与试样表面的相互作用，导致试样表面的部分原子离开了原来平衡的位置，也就是势能最小的位置，开始向势能增大的方向发展，如图 6-64 所示为 0. 6nm 试样划痕过程中势能和摩擦力的曲线图，可以看出二者的变化趋势基本一致。例如在图 6-64 中Ⅰ区间，当原子处于原来的位置时，势能较低，随着划痕的进行，试样表面部分原子黏附在磨料上，并随着磨料的运动偏离了原来的位置，系统势能随之升高，克服原子发生位移的外力也增大，也就是摩擦力增大。当原子发生的位移大于原子之间的键长时，这部分表面原子脱离基体，或残留在试样表面或黏附在磨料上，之后这些原子会发生结构弛豫来降低势能，系统势能自然降低，随之摩擦力也降低，如图 6-64 中Ⅱ区间所示。

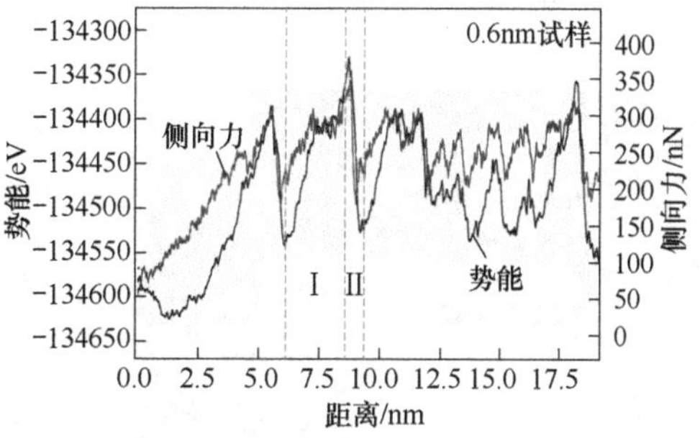

图 6-64　摩擦力与势能的关系

为进一步研究摩擦力与试样表面原子位移之间的关系，分析了 0. 6nm 试样划痕过程中发生位移的原子数变化，如图 6-65 所示。实际统计发生位移的原子数时，对于无定型 SiO_2 膜，认为原子的位移大于 0. 2nm 时，原子就脱离基体的原位置，对于单晶硅，原子位移大于 0. 26nm 时，则认为脱离了基体原位置（0. 2nm 和 0. 26 分别是 Si—O 键和 Si—Si 键的断裂距离），认为这些原子是被去除的原子（因为在实际 CMP 过程中，脱离基体的原子会在抛光液的冲刷中被去除）。当原子的位移小于断裂距离时，在磨料划过之后，原子发生结构弛豫，自发地进行重排来减小势能，原子回复到相对平衡的状态。从图 6-65 可观察到摩擦力与去除原子之间的变化趋势基本保持一致，表明较多原子的去除需要克服更大的摩擦力才能实现。

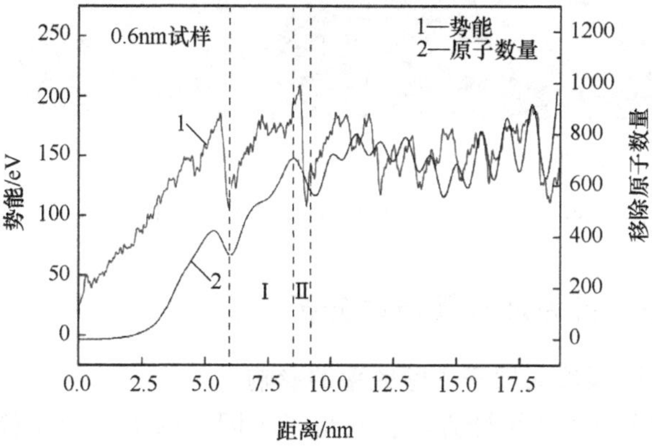

图 6-65　摩擦力与去除原子数的关系

图 6-66 所示为磨料和基体表面相互接触的界面处的无定型 SiO_2 膜随着划痕距离的原子位移示踪演化构型图，可看出当划痕距离增大时，发生位移变化的原子逐渐增多，其中黑色圈中深灰色原子表示该划痕距离下发生位移变化的主要原子，也就是位移量较大的原子。当划痕距离为 6nm 时，黑圈内的深灰色原子位移较其他原子大，随着划痕的进行，这些原子的位移缓慢增大，到划痕距离为 8nm

时，圈内原子开始脱离基体表面，甚至图中右侧圈中的 Si—O 环开始断开，当划痕距离为9nm 时，左圈中脱离基体的原子开始发生结构弛豫，原子试图恢复到相对平衡的位置，右圈中的的 Si—O 环已完全断开并发生结构弛豫，这样就完成了一个锯齿的变形，如图 6-64、图 6-65 中的第 I 区间和第 II 区间所示。

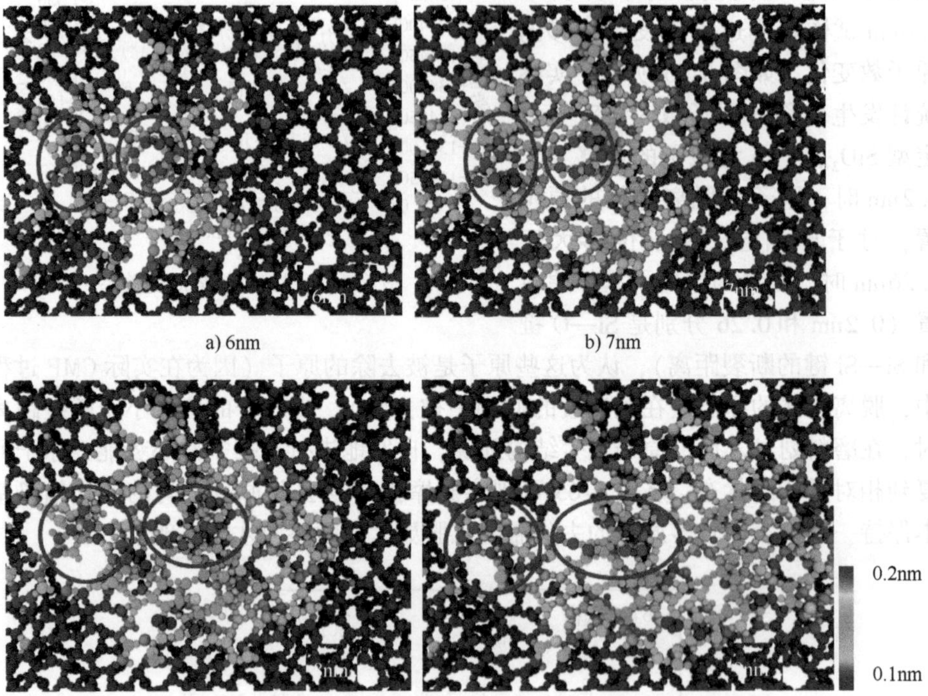

a) 6nm b) 7nm c) 8nm d) 9nm

图 6-66 不同划痕距离时 SiO_2 表面原子位移变形演化图

6.4.4 材料去除行为及表面质量分析

1. 载荷、薄膜厚度对原子去除效率的影响

按照上述去除原子的统计方法，获得了不同载荷下复合试样的原子去除量，如图 6-67 所示。发现在相同的载荷下，单晶硅基体的原子去除量随着 SiO_2 膜厚的增加迅速减小，当膜厚大于 0. 6nm 时，去除量几乎为零，这是因为单晶硅基体上的 SiO_2 膜抑制了单晶硅的塑性变形。当正载荷为 20 nN 时，SiO_2 膜的原子去除量基本保持在 200 左右，而当正载荷为 40nN 时，SiO_2 膜的原子去除曲线出现峰值，0. 6nm 的膜去除量最大，所以复合试样总体原子去除量（单晶硅和 SiO_2 膜去除原子数量之和）曲线也出现峰值，0. 6nm 试样的总体原子去除量最大，如图 6-67b所示。

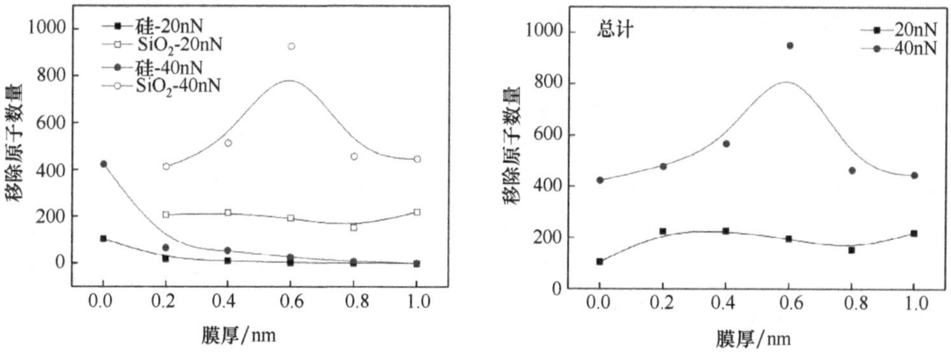

a) SiO_2和单晶硅　　b）试样

图 6-67　不同正载荷下试样去除原子数变化

统计了不同正载荷下 0.4nm 试样的原子去除量，如图 6-68 所示，发现随着正载荷增大，原子的去除量几乎呈线性增加，总体原子数从 10nN 时的 140 增加到 100nN 时的 1130，增长率约为 707%，这是因为随着正载荷的升高，磨料和试样之间的接触面积增大，如图 6-69 所示，接触面积的增大是由软质 SiO_2磨料和薄膜的塑性变形引起的，而且这种塑性变形会随着划痕的进行而加剧，使磨料和试样之间接触原子数随着划痕距离的增加而显著增加，比如划痕距离为 0nm 时，正载荷为 10nN 和 100nN 下的接触原子数分别约为 6 和 24 个，增长率约为 283%，当划痕结束后，正载荷为 10nN 和 100nN 时的接触原子数分别约为 46 和 180，增长率约为 291%。可看出，不同正载荷下去除原子数量和接触原子数量变化趋势一致，但是增长速率并不一致，这应该是材料的去除机理决定的。另外，统计磨料和试样之间原子接触数时，认为磨料包含的原子和试样原子之间的原子距离小于 0.2nm 时（由 6.3.3 节所示的 Si—O 原子 RDF 可看出，Si—O 原子之间的平均键长为 0.165nm，处于拉

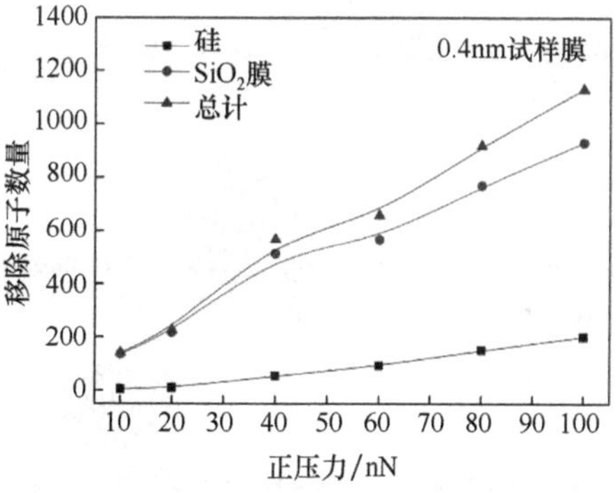

图 6-68　载荷对试样原子去除的影响

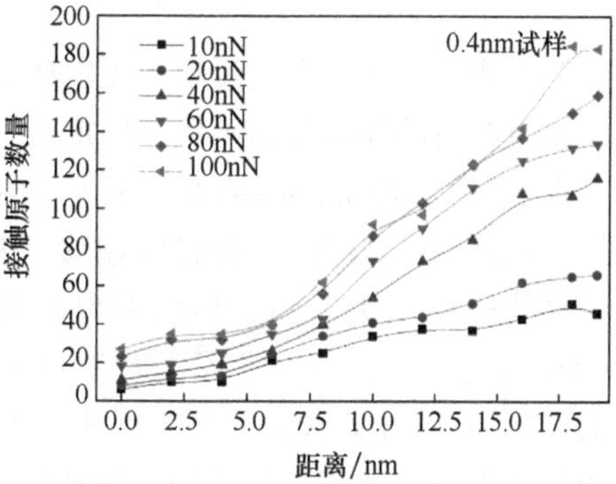

图 6-69　载荷对划痕过程中接触原子量的影响

伸状态时的 Si—O 键长约小于 0.2nm，所以选 0.2nm 为最大 Si—O 键长），就相互接触。

2. 划痕中 SiO_2 磨料的塑性变形行为

为了研究划痕过程中磨料和试样的接触情况，提取了不同正载荷下、不同划痕距离时 0.6nm 试样的界面横截面构型图，如图 6-70 所示，深灰色代表 SiO_2 膜，膜上为水分子，可看出随着划痕距离的增长，无定型 SiO_2 磨料的塑性变形增加，尤其是当载荷增至 40nN 时磨料变形更加严重。发现 SiO_2/Si 复合试样横截面变化不明显，这还需要进一步详细分析。

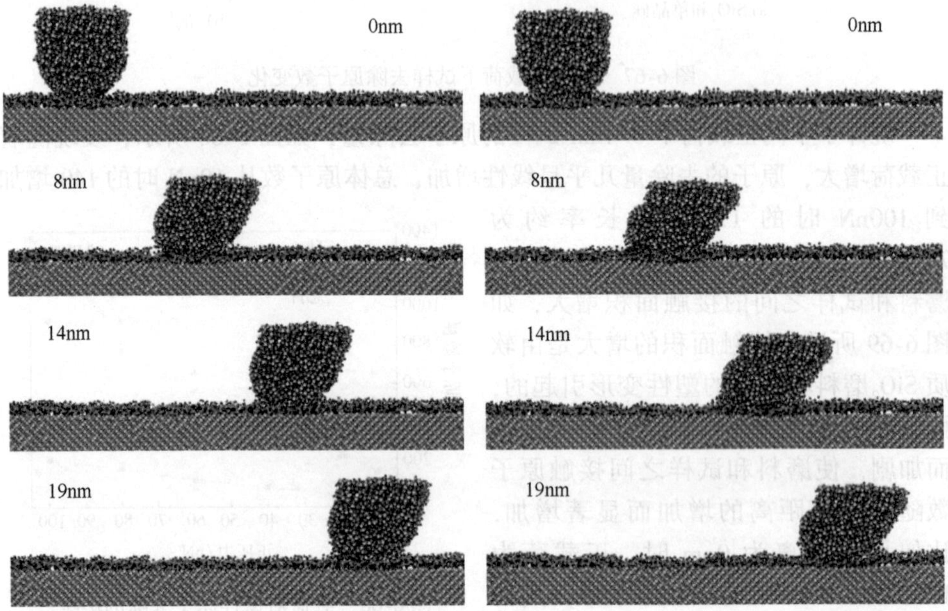

a）正载荷20nN　　b）正载荷40nN

图 6-70　不同滑移距离磨料和试样界面横截面图

为了进一步研究划痕过程中无定型 SiO_2 磨料塑性变形行为，分析了薄膜几个不同状态时磨料的径向分布函数（RDF），如图 6-71、图 6-72 所示，可以看出，原始的、未变形的 SiO_2 的 Si—O 峰高且窄，随着划痕位移的增大，峰高降低，但峰宽度增加，而且 Si—O 峰向右有轻微偏移，表明 Si—O 原子之间距离分布变宽，Si—O 原子平均距离增大，卸载后磨料离开基体，这时的磨料发生了部分弹性回复，Si—O原子平均距离又变小了。对于 O—O 原子 RDF，随着划痕的进行，主峰高度降低，O—O 原子距离的分布变得非常宽，从 0.198nn 到 0.32nm，而且还发现在距离约为 0.2nm 处出现一额外峰，额外峰峰高和峰宽随着划痕的进行增大，该峰的出现为部分 O—O 原子距离减小所致。卸载后由于弹性回复，O—O 主峰高度有所增加，宽度减小，额外峰缩小。表明划痕过程中的磨料发生了压实塑性变形。令人惊奇的是，从划痕距离为 9 nm 的 Si—O、O—O 原子 RDF 可看出，此时磨料变形比 18 nm 时更加剧烈，这是因为两个位移时刻摩擦界面的受力不同导致的，在划痕距离为 9 nm 时，磨料和试样表面相互作用力较强，为材料黏着去除的主要阶段，划痕距离为 18 nm 时，相互作用力减弱，如图 6-63 中摩擦力所示。

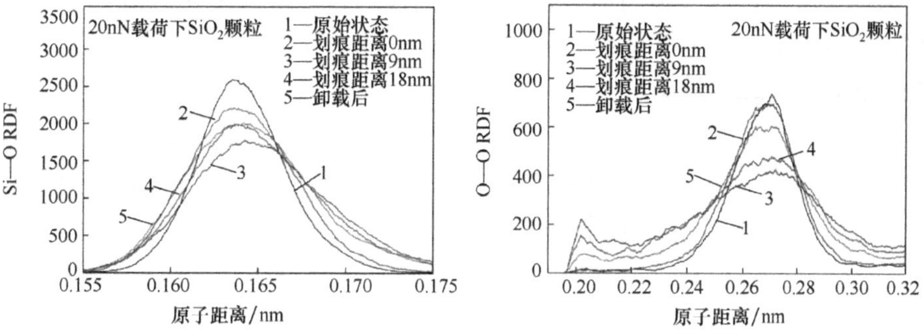

a) Si—O RDF　　b) O—O RDF

图 6-71　正载荷为 20nN 时不同状态下 SiO_2 磨料的 RDF

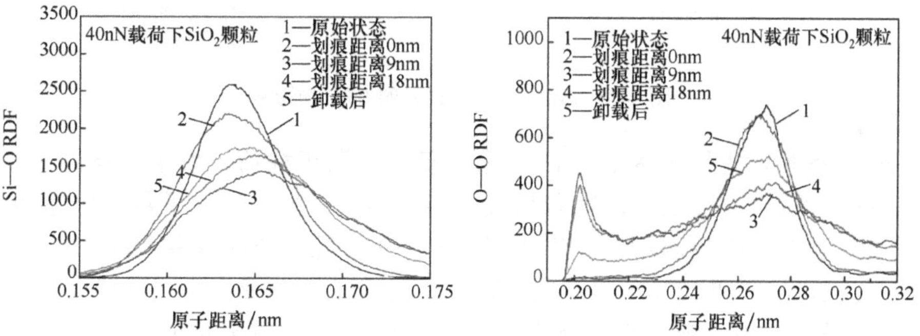

a) Si—O RDF　　b) O—O RDF

图 6-72　正载荷为 40nN 时不同状态下 SiO_2 磨料的 RDF

图 6-73 所示为划痕结束后（卸载前），不同载荷下 SiO_2 磨料的 RDF 特征，Si—O、O—O 原子 RDF 的变形趋势与图 6-72 相似，无定型 SiO_2 磨料的主要塑性变形为压实，载荷越大，磨料压实变形越严重。

3. 无定型 SiO_2 膜去除机理及表面质量分析

为了研究划痕过程中的材料去除效率及试样表面质量，分析了无定型 SiO_2 膜的原子位移变化，如图 6-74、图 6-75 所示。可以看出，几乎整个划痕范围内的 SiO_2 膜的 Si、O 原子均发生了位移变化，载荷越大，磨痕越宽，发生位移的原子数量也越多，并且在某些局部区域原子位移变化比较大，如 0.2～0.6nm 膜中深灰色圈标识的原子，可看出这些区域的薄膜发生破裂，原子脱离原来的基体表面。正载荷较小时（20nN），薄膜局部区域发生剥离，其余主要部分为单个原子的黏着去除。当正载荷较大时（40nN），薄膜（0.2nm 和 0.4nm 的膜）整个磨痕范围内均有原子的剥离行为发生，而当 SiO_2膜厚大于 0.4nm 时，这种原子脱离基体的现象基本发生在划痕初期，甚至没有剥离出现，只有单个原子的黏着去除，这就解释了复合试样摩擦力曲线出现峰值的原因。也可看出在载荷为 20nN 下，不同厚度薄膜表面的原子位移变化不大，而在 40nN 下，0.6nm 膜位移原子最多，0.4nm 次之，0.2nm 最少。

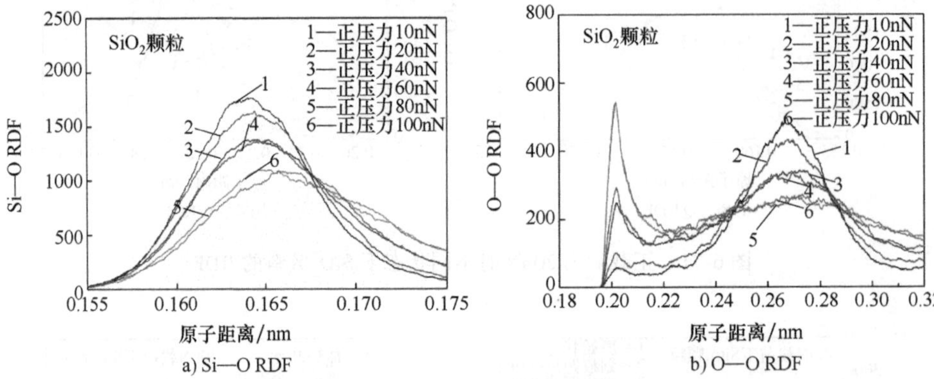

a) Si—O RDF　　b) O—O RDF

图 6-73　载荷对 SiO_2磨料的 RDF 的影响

图 6-75 所示为厚度为 0.4nm 的 SiO_2 膜在不同正载荷下发生位移的原子数（即去除原子数），可以看出随着划痕距离的增大，去除的原子数先快速增加，然后慢慢增加。正载荷越大，相同划痕距离下的去除原子数越多。还发现在较高载荷下，如 80nN 和 100nN，原子去除曲线几乎重合，这是因为当载荷大于 80nN 时，划痕范围内 SiO_2膜几乎被全部去除，所以去除原子数接近饱和。

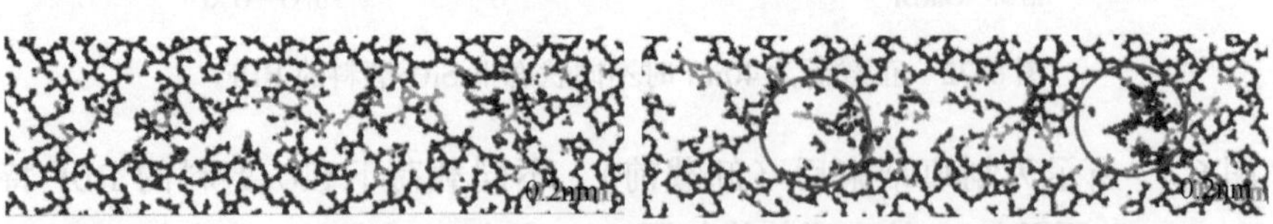

a) 0.2nm膜

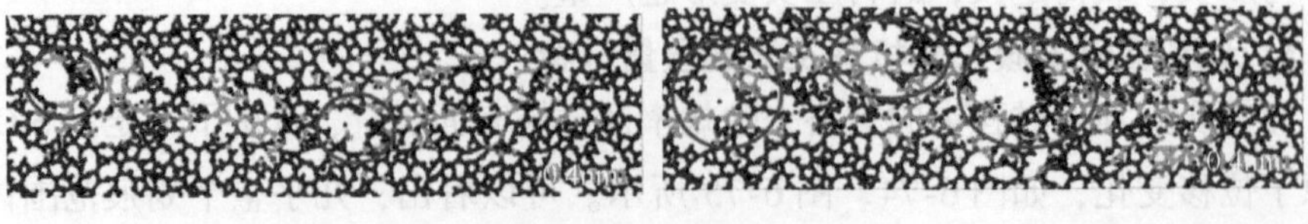

b) 0.4nm膜

图 6-74　不同正载荷下 SiO_2 薄膜原子位移图（左：20nN；右 40nN）

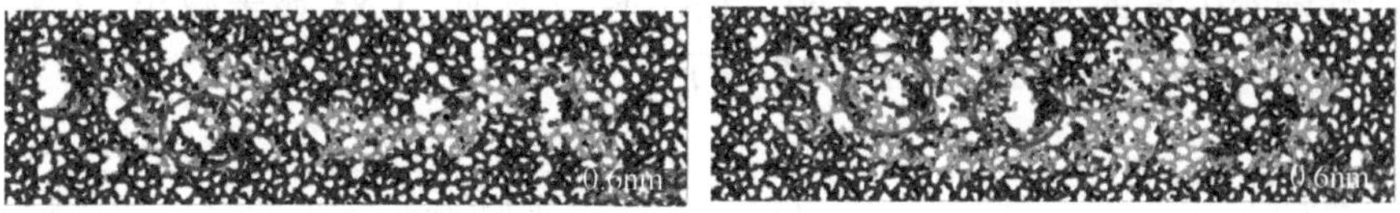

c) 0.6nm膜

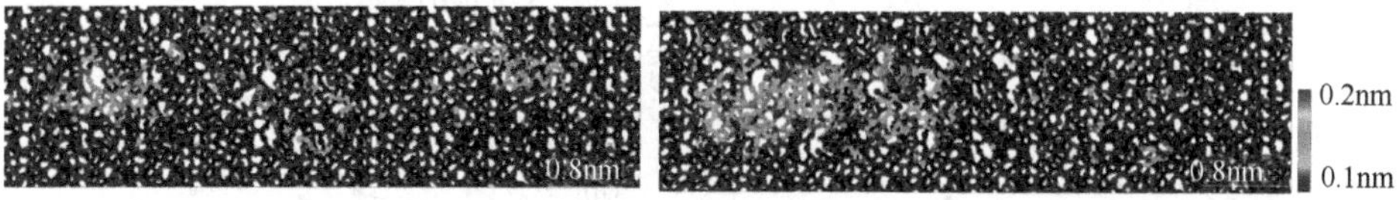

d) 0.8nm膜

图 6-74　不同正载荷下 SiO_2 薄膜原子位移图（左：20nN；右 40nN）（续）

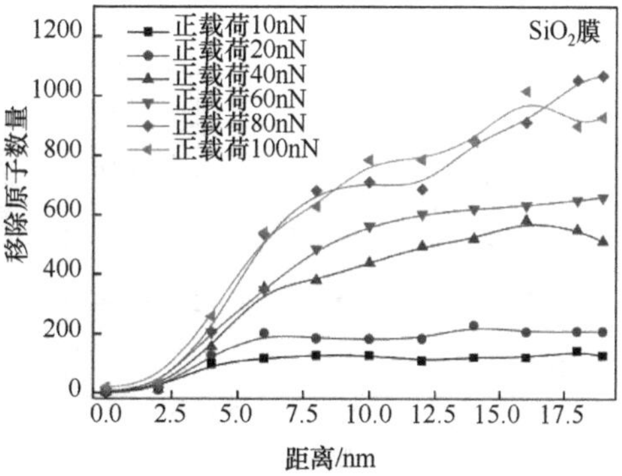

图 6-75　载荷对 SiO_2 膜去除原子的影响

作者认为当 Si—O 原子之间距离小于 0.2nm 时，这两个原子之间就形成Si—O化学键。通过统计与 Si 原子相连的 O 原子的数量，来计算 SiO_2膜中 Si 原子的配位数及 SiO_2 膜中存在的 Si—O 化学键数量。图 6-76所示为在不同载荷下，划痕过程中 0.4nm 膜的 Si 原子配位数和 Si—O 键数量变化，发现随着载荷的增大，CN1、CN2 原子数量先快速增加，载荷越大，增速越快，然后缓慢增加。在相同的划痕距离时，CN1 和 CN2 的数量基本随着载荷的增大而增大。随着划痕距离增加，CN3 的数量几乎呈线性减小，载荷越大，CN3 减小速率越大；CN4 数量变化呈现出先减小后增大的趋势，如图 6-76d 所示（黑色箭头表示 CN4 达到最小值的变化趋势），载荷越大，CN4 达到最小值时的划痕距离越大；CN5 数量单调增加，而且随着正载荷的增大而增大。Si—O 键的数量变化是考虑了 CNx（x 为 1 到 5）的原子数量的综合结果，如图 6-76f 所示，Si—O 键数量变化趋势与 CN4 变化相似，也是先减小后增大。从 CNx 和 Si—O 的变化趋势可以看出，针对某一特定薄膜，从划痕开始到 CN4 达到最小值的这一区间内，CN3、CN4 减小，CN1、CN2 和 CN5 增加。根据原子变化数目，可得出在这一过程中，由于磨料和试样表面的相互作用，薄膜中部分原子黏附在磨料表面，随磨料的运动逐渐脱离基体表面，使得薄膜中部分 CN3 和 CN4 原子转变为 CN1 和 CN2 原子，又由于磨料在垂直载荷的作用下，使薄膜部分原子之间距离减小，发生压实变形，薄膜中的部分 CN4 原子转变为 CN5 原子。在划痕的后期，主要为压实阶段，同时伴随着少量的原子去除，CN1、CN2 轻微增加，CN3 显著减小，CN4、CN5 数量增加，CN3 转变为 CN4 和 CN5 原子。

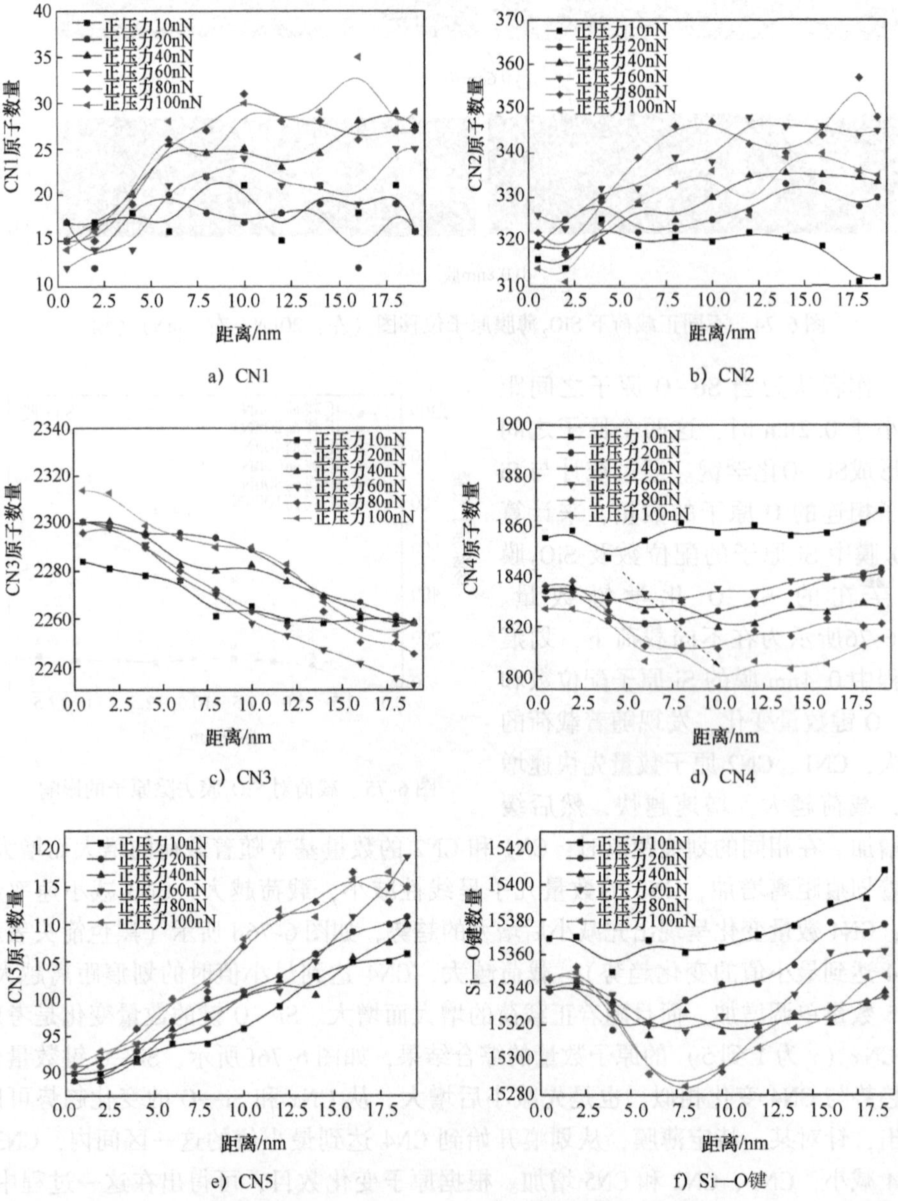

图 6-76　划痕中载荷对 0.4nm 膜的 Si 原子配位数和 Si—O 键数量影响

4. 单晶硅去除机理及表面质量分析

为研究 SiO_2 膜厚在划痕过程中对单晶硅的影响，分析了 0.0～0.6nm 复合试样的单晶硅在 20nN 和 40nN 下的原子位移变化，如图 6-77 所示，发现随着 SiO_2 膜厚度的增加，在相同载荷下，薄膜下方发生位移的单晶硅原子显著减少。而且磨痕内的原子分布也有差异，对于纯单晶硅试样，整个磨痕范围内有大量的 Si 原子发生较大的位移，而对于 SiO_2 膜下方的单晶硅，发生位移变化较大的 Si 原子主要集中在划痕初期，还观察到发生位移的原子数随着载荷的增大而增多。

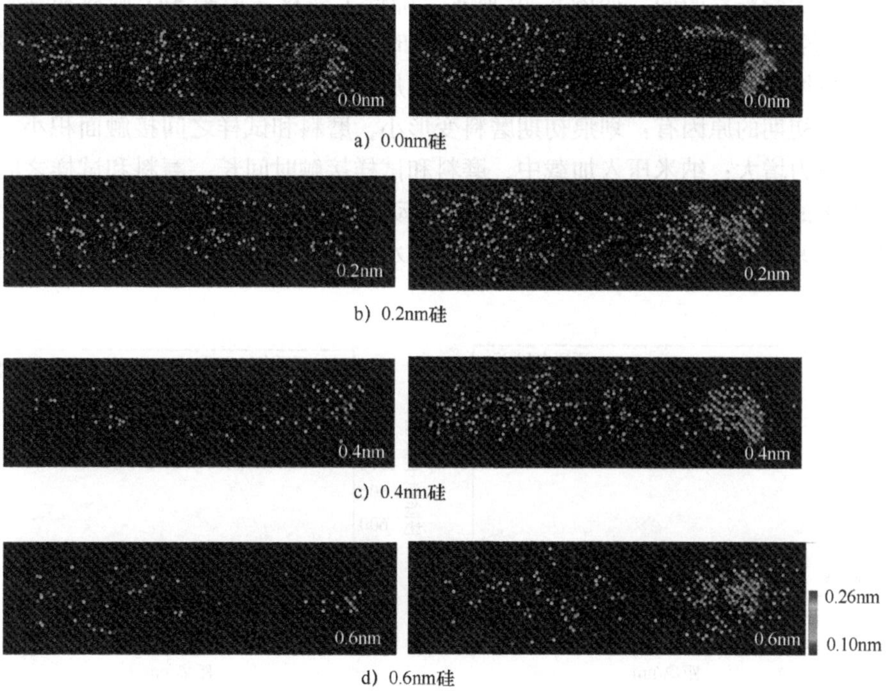

图 6-77　不同载荷下单晶硅原子位移图（左：20nN；右 40nN）

为了研究正载荷对单晶硅的去除影响，统计了划痕结束后（卸载前）不同载荷下原子位移大于 0. 26nm 的 Si 原子数量。如图 6-78a 所示，发现被去除的 Si 原子在划痕距离约为 7nm 左右出现一明显峰值，而且该峰值随着载荷的增大而变大。还观察到在相同的划痕距离时，去除的 Si 原子随着载荷的增大而增多。图 6-78b所示为试样的去除原子数（SiO_2膜和单晶硅表面的原子去除总和）随着划痕距离的变化关系，发现不同载荷下试样的去除原子数随着划痕的进行，先迅速增加，然后缓慢增加，进一步说明磨料在压入过程中，与复合材料表面原子之间的相互作用，导致 SiO_2磨料和薄膜之间形成键桥，在随后的划痕过程中，由于磨料的运动，黏着在磨料上的表面原子在剪切作用下，发生拉伸变形，最后离开试样表面。在较低的载荷下，磨料与试样表面的接触原子较少，划痕时仅有 SiO_2 膜表面的原子脱离试样表面而随磨料运动；而在较高载荷下，磨料和薄膜表面的接触原子数量较多，在剪切力的作用下，由于 Si—O 键的键能大于 Si—Si 键键能，所以键桥的背向键首先发生断裂，使得这部分 SiO_2 和单晶硅的 Si 原子从试样表面剥离。这一过程中，大量原子的剥离使得摩擦力增大。在之后的划痕过程中，由于无定型的 SiO_2 磨料发生变形，磨料和试样表面接触面积增大，在相同的正载荷下，接触界面间的压力减小；另一方面，由于划痕的进行，会有较多的水分子存在于摩擦界面间，如图 6-79 所示，降低了磨料（原来 SiO_2 磨料和黏附的 SiO_2 膜的原子）与复合试样之间的接触，同时起到了润滑作用，所以这一阶段去除原子量增速明显减低，去除原子数缓慢增加。根据以上分析，原子去除主要集中在划痕初期的原因有：划痕初期磨料变形小，磨料和试样之间接触面积小，试样所受应力增大；纳米压入加载中，磨料和试样接触时间长，磨料和试样之间会形成更多的 Si—O—Si 键桥，随着磨料的运动，大量试样表面原子和单晶硅原子脱离基体原来的位置，发生了去除；磨料和水分子之间接触数量少，水的润滑能力减弱。

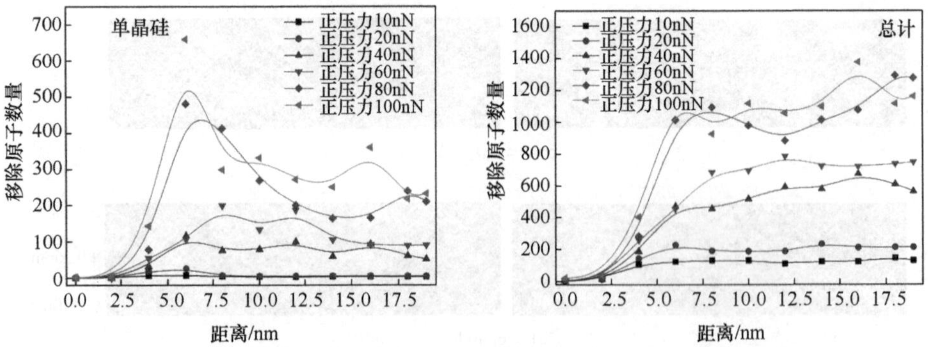

a）单晶硅　　b）复合试样

图 6-78　正载荷对材料去除原子的影响

图 6-80 所示为不同载荷下 0.4nm 膜下的单晶硅原子位移横截面，可以看出载荷较小时，单晶硅表面有极少量的原子被去除，而载荷增大到 100nN 时，发生位移的原子数量明显增多，这部分原子在抛光液和磨料作用下很容易被去除，去除的主要区域集中在划痕初期。由于相变为单晶硅的主要塑性变形方式，分析了划痕结束后不同载荷下的 0.4nm 膜下单晶硅相变，如

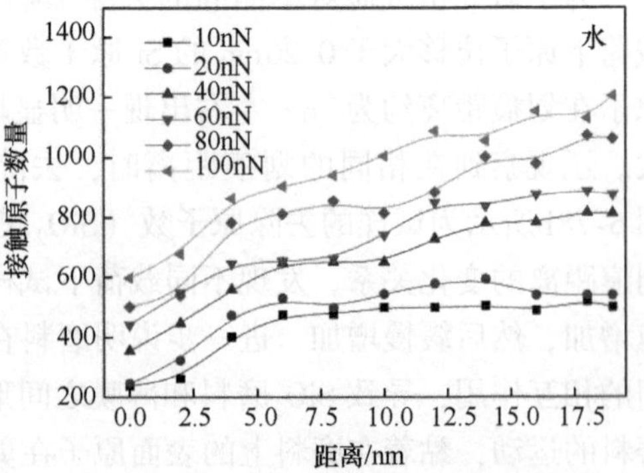

图 6-79　正载荷对磨料与水膜之间接触原子数量的影响

图 6-81所示，图中浅蓝色、蓝色、绿色和橘黄色分别代表配位数为 2、3、4 和 5 的 Si 原子，配位数为 2 和 3 的 Si 原子为表面原子。还观察到，在 20nN 下，单晶硅表面趋于完美，没有相变的发生；在 100nN 下，配位数为 5 的原子明显增多，但只是处于分散状态，无法形成某一特定的如前所述的 bct-5 相，而是和其他不同配位数的原子一起形成了一层薄薄的非晶硅，非晶硅主要分布在划痕初期的磨痕内，其他地方厚度减薄，数量也较少。还发现，即使在 100nN 下，非晶硅下的单晶硅几乎没有晶格畸变，也无其他缺陷产生。

a) 20nN　　b) 100nN

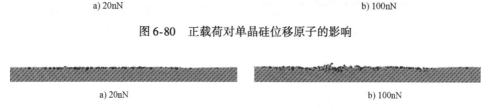

图 6-80　正载荷对单晶硅位移原子的影响

a) 20nN　　b) 100nN

图 6-81　正载荷对单晶硅相变的影响（彩色图见插页）

为了研究原子的去除机理，根据原子构型图计算获得在正载荷 10nN 和 80nN 下，划痕初期磨料和试样表面的接触投影半径分别约为 1. 3nm 和 2. 0nm，进而得到接触压力约为 4. 8GPa 和 6. 3 GPa，实际上因为磨料和 SiO_2 膜材质较软，两者均会发生塑性变形，所以磨料和基体之间的接触压力应小于 4. 8GPa 和 6. 3GPa。由于无定型 SiO_2 膜的硬度约为 7. 4GPa，所以在低于该值的正载荷下划痕，试样表面的原子是不可能通过磨料机械划痕去除的。另一方面，在实际 CMP 过程中，单个磨料压入基体深度小于 1nm，在模拟计算中，因为软质无定型 SiO_2 磨料和基体表面 SiO_2 膜的塑性变形，使得无定型的 SiO_2 磨料压入基体的深度更小，在最大载荷 100nN 时，压痕深度约为 0. 2nm，这种尺度的压痕深度远远小于 Son 等人[90]提出的单个磨料机械去除的最小切割深度（约为几十纳米），而且划痕结束后试样表面没有犁沟出现，所以进一步确定试样表面原子的去除方式为黏着去除。

6. 4. 5　磨料尺寸对摩擦磨损的影响

为了分析不同尺寸的磨料对 SiO_2/Si 复合材料的摩擦磨损行为的影响，模拟了较大无定型 SiO_2 磨料下对膜厚 0. 4nm 试样的划痕行为，磨料上端圆柱半径和下部半球的半径为 4nm，磨料形状和模拟细节与 6. 4. 2 节所述相同。不同载荷下的摩擦力曲线如图 6-82 所示，发现载荷较小时（20nN）摩擦力的变化趋势与之前 6. 4. 3 节相同，会有峰值出现，而在 60nN 时，较大磨料的摩擦力先增大，然后基本保持恒定，而且在相同划痕距离时，摩擦力数值随着磨料半径的增大而增大。

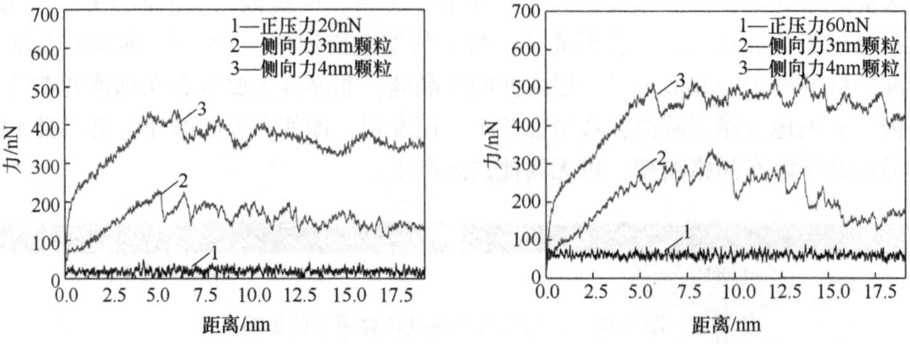

a) 20nN　　b) 60nN

图 6-82　不同正载荷下磨料尺寸对摩擦力的影响

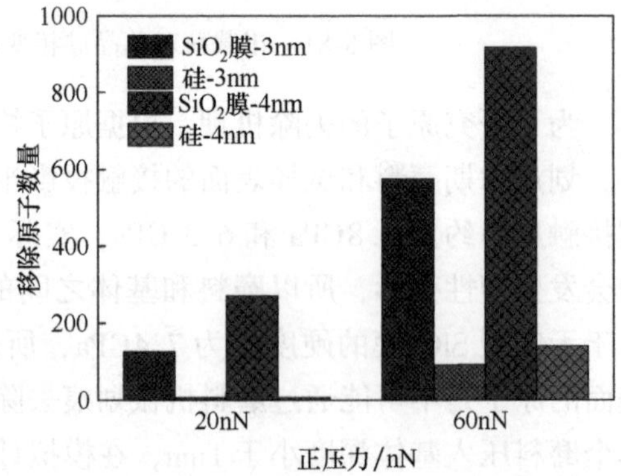

图 6-83　不同磨料尺寸对去除原子数的影响图

按照之前所述的试样表面去除原子的方法，统计了两种尺寸的磨料划痕结束后无定型 SiO_2 膜和单晶硅的去除原子数，如图 6-83 所示。可看出，在载荷为 20nN 时，4nm 磨料划痕时 SiO_2膜去除原子数相对于 3nm 磨料，单晶硅表面 Si 原子的去除数量较少；在 60nN 时，采用 4nm 磨料时 SiO_2 膜的原子去除量明显多于 3nm 磨料，相应的单晶硅表面 Si 原子的去除量也较多。大直径磨料下试样总的原子去除数较多，克服原子离开原来基体表面所需的外力也增大，也就是摩擦力增大，这解释了大磨料划痕时摩擦力增大的原因。

图 6-84 所示为 60nN 下两种磨料划痕后 0.4nm 的 SiO_2原子位移变化图，可以看出 SiO_2磨料尺寸减小时，发生原子位移变化的主要阶段在划痕初期，原子从原来基体上剥离开来，而磨料较大时，由于磨料和基体之间的接触面积增大，划痕结束后磨痕宽度明显增加，发生位移原子显著增多，而且分布相对比较均匀。图 6-85所示为相应的薄膜下的单晶硅表面原子位移图，发现磨料尺寸较小时，发生位移较大的原子主要集中在划痕初期，而对于4nm 的磨料，整个磨痕范围的均有原子发生较大的位移变化，所以大尺寸、高载荷下的去除原子数增多，相应的摩擦力也较大。

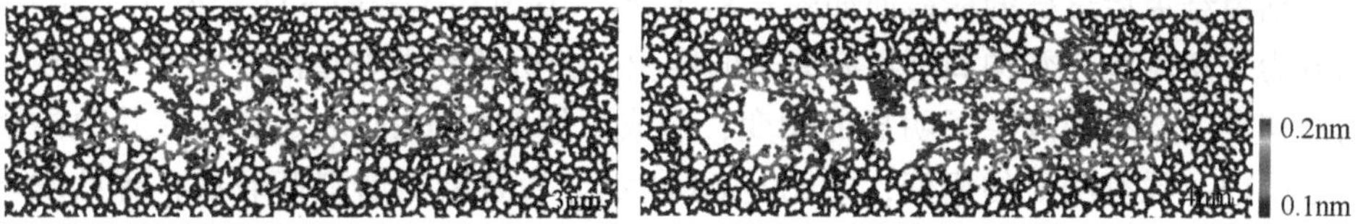

a) 3nm　　b) 4nm

图 6-84　不同尺寸磨料对 0.4nm 膜原子位移的影响

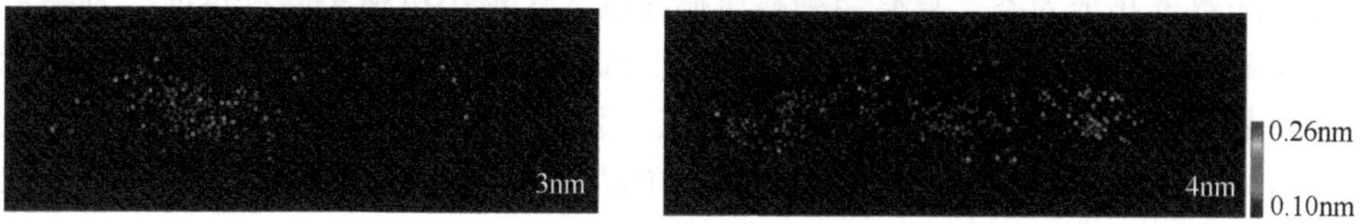

a) 3nm　　b) 4nm

图 6-85　不同尺寸磨料对单晶硅原子位移的影响

6.4.6　磨料种类对磨损的影响

为了对比不同种类磨料对 SiO_2/Si 材料去除的影响，进行了金刚石磨料（半径为 3nm）的二体磨损，图 6-86 所示为采用金刚石磨料划痕膜厚 0.4nm 试样时的载荷和摩擦力曲线，以及两种磨料摩擦力的对比曲线。发现在载荷为 60nN 时，采用金刚石磨料的整个划痕过程中摩擦力均保持在 20nN 左右，与采用无定型 SiO_2磨料的差异较大，这是因为划痕过程中 SiO_2/Si 基体和磨料之间的相互作用决定。对于金刚石磨料，磨料和基体之间为机械接触，两个接触面间的相互作用较小。对于 SiO_2磨料，磨料与基体之间的接触形式为黏着，相互作用力较大。

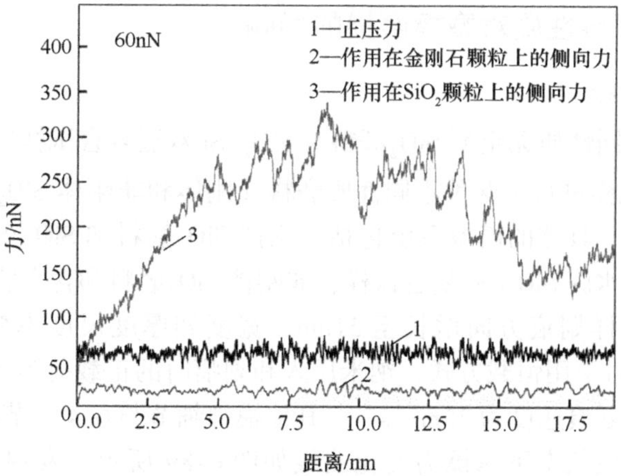

图 6-86　不同种类磨料对摩擦力的影响

划痕结束后试样的横截面如图 6-87 所示，发现基体表面 SiO_2膜发生了压实，划痕为一条犁沟，犁沟周围没有原子的堆积。分析薄膜下方单晶硅相变，发现在划痕初期的磨痕内发生了明显的相变，形成了体积较小的 bct-5 相，在其他的磨痕范围内，没有明显的相变，如图 6-88 所示。当金刚石磨料卸载后，统计发现去除原子数为零。这是因为，金刚石和磨料的作用力是范德华力，相互作用力较弱，不会发生大量原子的黏着和去除。另一方面，在较小的正载荷下，金刚石磨料压入基体的深度较小，小于 Son 等人[90]提出的最小去除深度，所以金刚石磨料的去除效率几乎为零。只有当磨料压痕深度大于最小机械去除深度时，划痕后的形貌才会有机械犁沟和原子堆积的出现。Sun 等人[55]采用金刚石磨料进行纳米划痕单晶硅试样的分子模拟证实了这一点，发现原子去除在压痕深度较大时发生，试样表面有明显的犁沟，而且划痕的单晶硅试样发生了较大的塑性变形，试样表面为一层无定型硅，下面为发生相变的原子。Zhang 等人[91]的单晶硅纳米划痕实验，观察到划痕后试样上有位错和层错出现。故软质磨料（胶体 SiO_2）更适合单晶硅和 SiO_2介质的化学机械抛光去除。

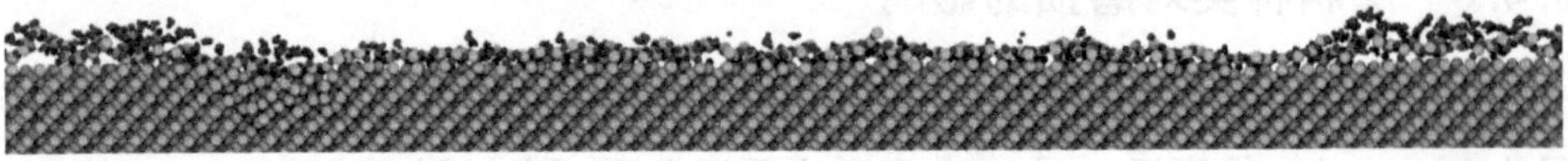

图 6-87　0.4nm 试样划痕后横截面

图 6-88　0.4 nm 单晶硅划痕后相变横截面

6.4.7　SiO_2磨料性质对摩擦磨损的影响

1. 摩擦力变化

为了研究不同性质无定型 SiO_2磨料对 SiO_2/Si 双层复合试样原子去除的影响，对膜厚 0.4nm 试样进行了两种不同性质磨料（刚体和非刚体 SiO_2）、三种不同划痕情况下的计算，具体的模拟系统包括：刚体 SiO_2磨料和 SiO_2/Si 复合试样，刚体 SiO_2磨料和含水膜 SiO_2/Si 复合试样，非刚体 SiO_2磨料和含水膜 SiO_2/Si 复合试样。双层复合试样划痕方向增长至 51nm，宽度和厚度尺度不变，磨料半径为 3nm。纳米压入时采用恒载方式，纳米压入和划痕时的正载荷为 40nN，水膜厚度为 0.3nm，磨料划痕速度为 $25m \cdot s^{-1}$。其他模拟细节与 6.4.2 节相同。

三种不同划痕状态下摩擦力变化曲线如图 6-89 所示，发现正载荷（40nN）相同时，采用非刚体 SiO_2磨料划痕过程中的摩擦力最大，刚体磨料划痕含水膜复合试样的摩擦力最小。还发现划痕过程中摩擦力出现先增大后减小，最后逐渐平衡的变化趋势。

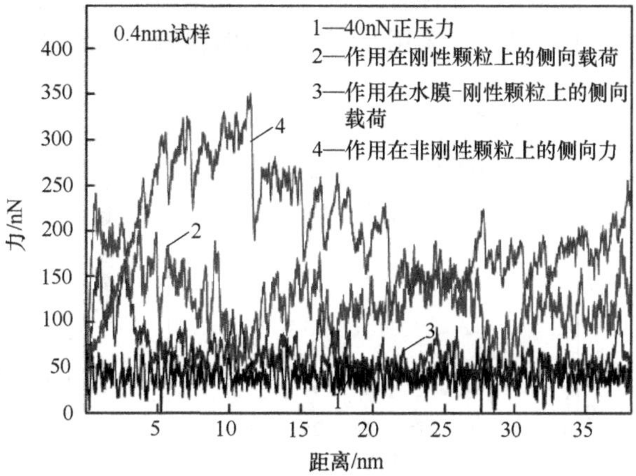

图6-89 不同SiO_2磨料对0.4nm试样摩擦力的影响

图6-90所示为三种划痕状况下，划痕过程中无定型SiO_2膜、单晶硅和总体原子去除量（膜和单晶硅去除原子量之和）的变化。结果发现采用刚体磨料划痕无水膜试样时的去除原子数最多，刚体磨料划痕有水膜试样时的去除原子数最少，非刚体磨料的去除原子数居中。还发现划痕过程中，去除原子数量先快速增加，然后稳定增加，非刚体磨料划痕时的增速居中。

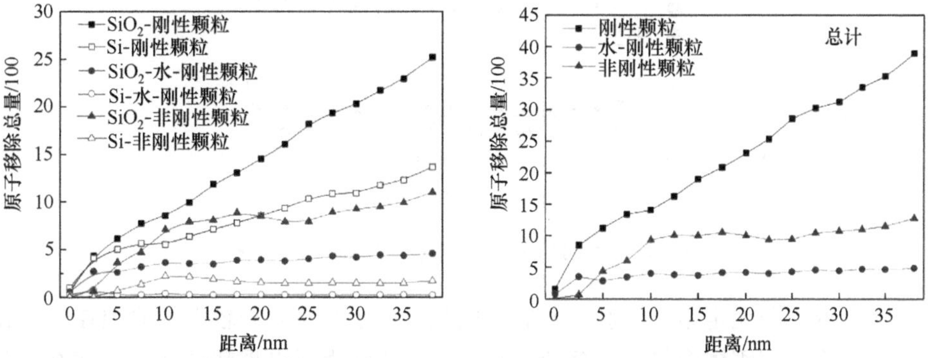

a）SiO_2膜和单晶硅原子去除　　b）总原子去除

图6-90 不同SiO_2磨料对0.4nm试样去除原子的影响

2. 磨料与试样接触原子数量变化

SiO_2磨料与复合试样SiO_2膜、水膜之间接触原子数量变化如图6-91所示，发现采用非刚体磨料时，磨料和SiO_2膜之间的接触原子数量远远多于其他两种情况，而且接触原子数量出现先快速增加，然后缓慢增加的变化趋势。采用刚体磨料划痕时，接触原子数在某一值附近振动，且磨料与含水膜试样的SiO_2膜接触原子最少，如图6-91a所示。磨料和水膜之间的接触原子数量变化如图6-91b所示，观察到采用非刚体磨料时，磨料和水膜之间的接触原子先快速增加，然后缓慢增加，接触原子数量远多于刚体磨料。所以划痕过程中磨料和试样的总体接触原子变化趋势如图 6-91c 所示，采用非刚体磨料时接触原子数量最多，无水膜刚体磨料最少。

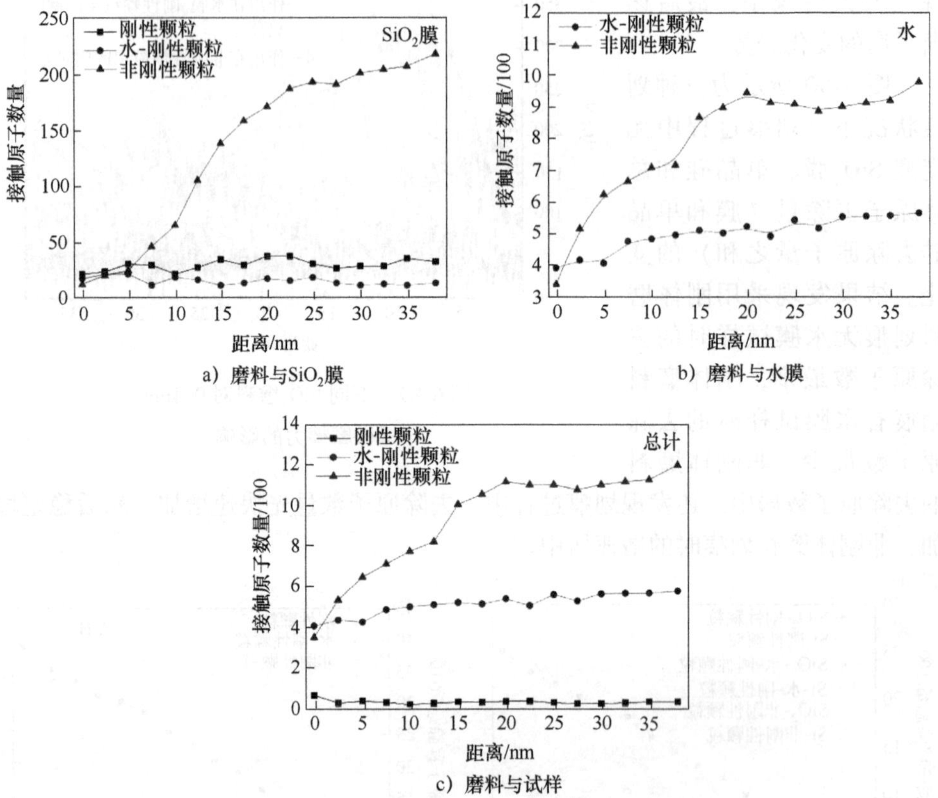

a）磨料与SiO_2膜

b）磨料与水膜

c）磨料与试样

图 6-91　不同 SiO_2磨料与试样接触原子数变化

不同磨料与无定型 SiO_2膜、水膜之间接触原子数量差异较大的原因在于，在划痕过程中，非刚体磨料在正载荷和复合试样的作用下出现塑性变形，如 6.3 节所述，磨料和试样表面之间的接触面积增大，将会有更多的试样表面原子（主要为 SiO_2膜原子）黏附在磨料上，随着磨料的运动，黏着原子逐渐脱离基体原位置，表面原子去除数量增加，因此磨料运动时所需克服的外力增加了，这就是采用非刚体磨料时摩擦力增大的原因，划痕过程中摩擦力的变化趋势也证实了这一点，可见接触原子数量对摩擦力的影响较大。

3. 试样表面质量分析

为了研究划痕结束后试样表面质量情况，首先分析了划痕过程中磨料压入试样表面的情况，图 6-92 所示为膜厚 0.4nm 试样纳米压入结束后（划痕前）的横截面图，图中绿色原子代表无定型 SiO_2膜，蓝色代表水膜中的氢原子。发现在正载荷相同时（40nN），刚体磨料压入复合试样表面的深度最大，压头下方的 SiO_2 膜和单晶硅基体发生明显的变形，如图 6-92a 所示。非刚体磨料下方的 SiO_2 膜和单晶硅变化不明显，甚至观察不到单晶硅基体的晶格畸变，如图 6-92c 所示，刚体磨料与含水膜的试样居中。

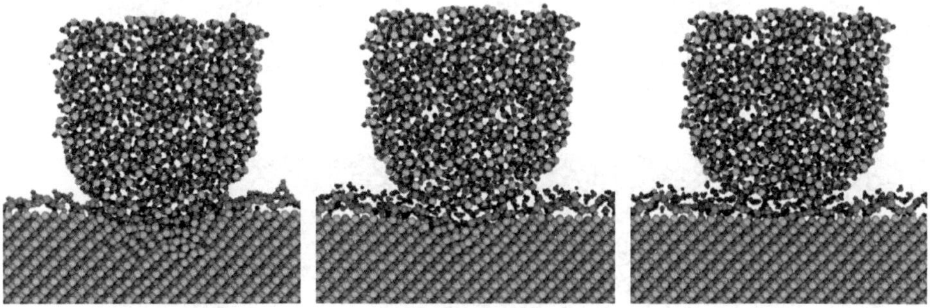

a）无水膜的刚性颗粒　　b）带水膜的刚性颗粒　　c）带水膜的非刚性颗粒

图 6-92　不同 SiO_2 磨料压痕结束后横截面图（彩色图见插页）

划痕结束后三种划痕状态下 0.4nm 无定型 SiO_2 膜原子位移变化情况如图 6-93所示，发现刚体磨料划痕无水膜试样表面时，SiO_2 膜发生位移变化的原子数量最多，薄膜多处发生破裂，如图 6-93a 所示，这是因为刚体磨料压入试样的深度较大，划痕时磨料和 SiO_2 膜之间接触原子较多，试样表面会有较多原子脱离原来的位置，所以 SiO_2 膜去除原子的数量最多。当有水膜存在时，磨痕较窄，发生位移变化的原子较少，如图 6-93b 所示，这是因为水膜的存在可耗散部分能量，使得磨料压痕深度较浅，也阻碍磨料和 SiO_2 膜的接触。采用非刚体磨料时，磨痕变宽，划痕初期薄膜破裂，发生位移变化的原子增多，如图 6-93c 所示，原子去除数量增多，这是因为划痕过程中非刚体磨料发生了塑性变形，磨料与试样表面接触面积增大，有大量原子脱离原来的基体位置所致。

三种划痕情况下厚度为 0.4nm 的 SiO_2 膜下单晶硅基体相变分析如图 6-94 所示，其中蓝色、淡蓝色、绿色、黄色和红色分别代表配位数为 1、2、3、4 和 5 的硅原子，发现采用刚体磨料划痕无水膜的试样时，单晶硅表面有大量硅原子超过了单晶硅表面，如图中的蓝色和部分淡蓝色原子，所以硅原子去除数量最多，但划痕结束后单晶硅表面生成一层较厚的由不同配位数硅原子组成的无定型硅层，单晶硅表面非晶相变比较严重，如图 6-94a 所示。采用非刚体磨料划痕有水膜的试样时，SiO_2 磨料发生塑性变形，磨料与试样之间接触面积增大，单晶硅表面受到的应力相对较小，又由于磨料和试样的黏着去除机理，部分硅原子超过了单晶硅表面，去除原子数量增加，划痕结束后单晶硅表面生成少量无定型的原子，单晶硅基体没有晶体畸变，如图 6-94c 所示。刚体磨料在含水膜复合试样表面划痕结束后，去除原子量较非刚体磨料少，单晶硅表面生成相变原子较多，如图 6-94b 所示。

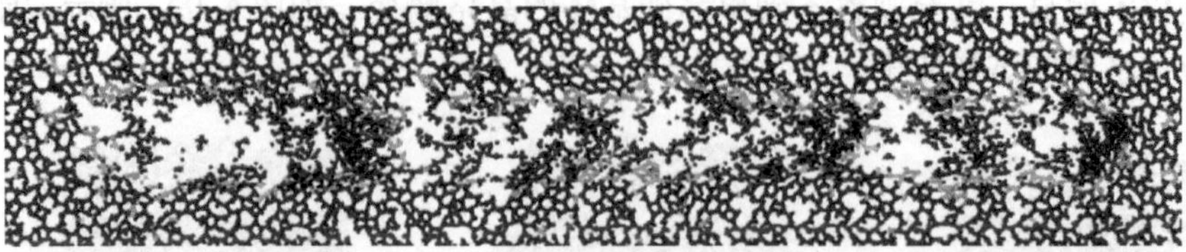

a）无水膜的刚性颗粒

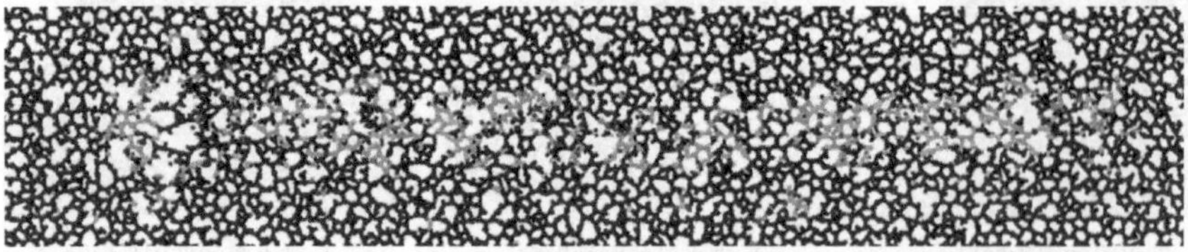

b）带水膜的刚性颗粒

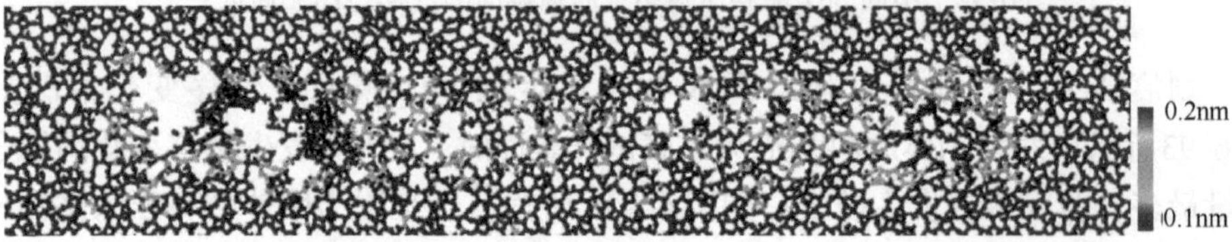

c）带水膜的非刚性颗粒

图 6-93　不同 SiO_2 磨料对 0.4nm SiO_2 膜划痕原子位移变化构型图

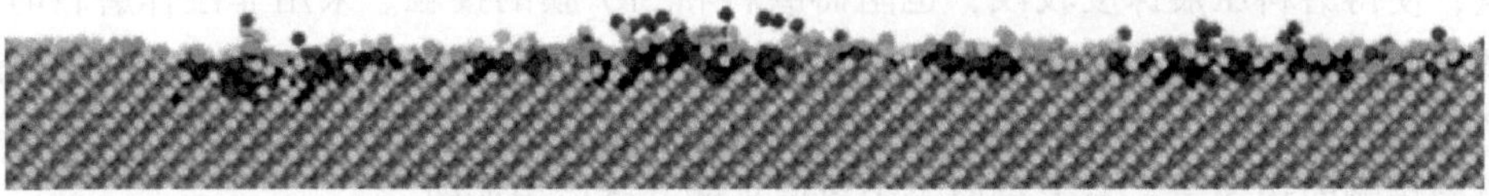

a）无水膜的刚性颗粒

b）带水膜的刚性颗粒

c）带水膜的非刚性颗粒

图 6-94　不同 SiO_2 磨料对单晶硅划痕相变构型图（彩色图见插页）

根据以上分析，可总结出在相同的正载荷下（40nN），采用非刚体 SiO_2磨料对 SiO_2/Si 复合试样表面进行划痕时，磨料所受摩擦力最大，无定型 SiO_2膜和单晶硅去除原子数较多，单晶硅表面为单个原子的黏着去除，去除单晶硅表面质量好，基体没有缺陷产生，这是因为在划痕过程中，非刚体 SiO_2磨料在正载荷和试样的作用下，发生了塑性变形，磨料和试样表面之间的接触面积增大，使得试样表面有更多的原子黏附在磨料上，并随着磨料的运动离开基体上原来的位置。

6.4.8　去除模型

摩擦磨损过程中，磨料在恒定正载荷下接近试样表面，待系统平衡后，磨料以一定速度在试样表面滑动，由于无定型 SiO_2磨料硬度小于单晶硅，磨料与试样接触时，复合试样表面无定型 SiO_2膜会发生轻微的塑性变形，而单晶硅基体（包含纯单晶硅）没有晶格畸变、相变、位错等缺陷的产生，如图 6-95 所示。随着磨料的运动，纯单晶硅表面黏着在磨料上的原子离开基体原来的位置而发生了去除；对于 SiO_2/Si 复合试样，黏着在磨料上的 SiO_2膜原子随着磨料的运动离开基体原来的位置，当正载荷较大时，磨料下方 SiO_2膜原子甚至从单晶硅表面脱离开来，并黏附在磨料表面随着磨料继续运动。根据实验结果发现，单晶硅表面无定型 SiO_2膜的存在，不仅可以提高试样摩擦磨损过程原子去除数量，还可保护单晶硅基体损伤程度减小。

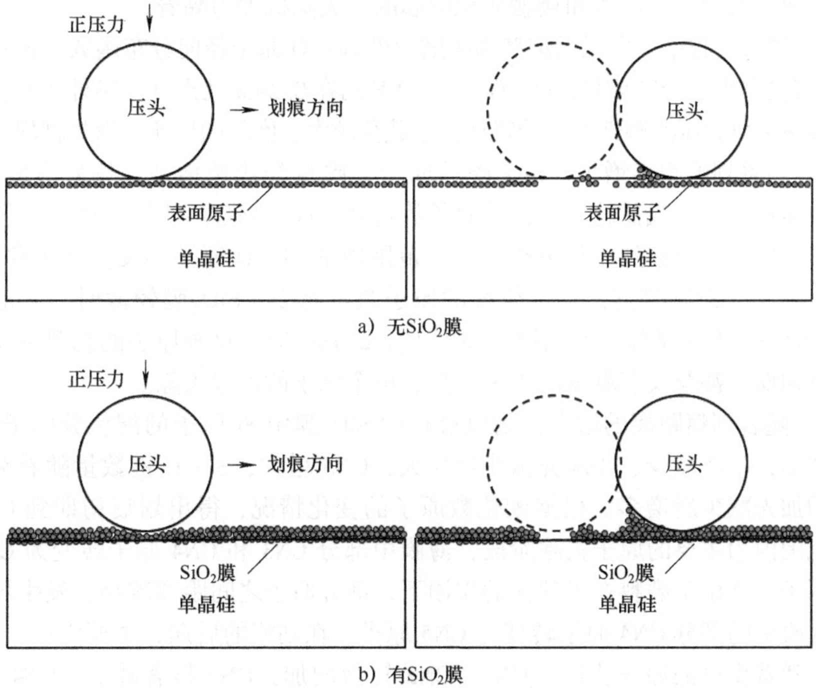

图 6-95　摩擦磨损模型图

6.4.9 小结

通过模拟胶体 SiO_2 磨料在表面覆有无定型 SiO_2 膜的单晶硅基体的划痕，来研究界面间的摩擦特性，探究 SiO_2/Si 复合材料的去除效率及去除机理，主要研究结果如下：

1）在相同的正载荷下，不同 SiO_2 膜厚复合试样的摩擦力有所不同，摩擦力随着 SiO_2 膜厚的增加而增加，当膜厚大于 0.6nm 时，不同膜厚试样的摩擦力变化不大。随着划痕距离的增加，摩擦力先增大后减小，出现一峰值。对于同种试样（0.4nm 试样），随着正载荷的增加，相同划痕距离时的摩擦力增大，这是由于 SiO_2 磨料和试样之间的接触面积增大，界面间的相互作用力增强，磨料滑动时，导致更多试样表面上的原子脱离原来的基体引起的。

2）复合试样的摩擦力曲线均出现不规则的锯齿形特征，这是无定型 SiO_2 不均匀塑性变形的特征，由于磨料与试样的相互作用，试样表面部分原子黏着在磨料上，随着划痕的进行，这些原子随着磨料的运动偏离了原来的位置，使得克服原子发生位移的外力也增大，也就是摩擦力增大，当部分原子脱离基体后，随之摩擦力也降低。

3）在较小的正载荷下（20nN），试样的原子去除量与 SiO_2 膜厚度关系不大；而在 40nN 时，材料的原子去除量随着膜厚的增加先增加后减小，其中 0.6nm 试样的去除数量最多。试样的原子去除量随着载荷的增大而增多，这是由磨料与试样表面增大的相互作用力和接触面积引起的，去除机理为黏着。

4）划痕过程中，发现无定型 SiO_2 磨料的 Si—O 原子径向分布函数（RDF）的 Si—O 峰高降低、峰宽增加，O—O 原子 RDF 约在 0.2nm 处出现一额外小峰，这是无定型 SiO_2 材料压实塑性变形的特征，正载荷越大，磨料的压实变形越剧烈。

5）随着划痕距离增大，SiO_2 膜的原子去除量先快速增加，然后缓慢增加。相同滑移距离时，载荷越大，去除原子数越多。根据划痕后不同厚度 SiO_2 膜的原子位移变形图可观察到，几乎整个划痕范围内的 Si、O 原子均发生了位移变化，正载荷越大，磨痕越宽，发生位移的原子数量越多。SiO_2 膜较薄时，大范围的 SiO_2 膜会脱离原来基体，而当薄膜厚度大于 0.4nm 时，这种原子的剥离主要发生在划痕初期，甚至没有剥离的出现，只有单个原子的黏着去除。

6）随着划痕距离的增大，划痕过程中 SiO_2 膜中 Si 原子的配位数原子 CN1、CN2 增加，CN3 减少，CN4 先减小后增大，CN5 增大，Si—O 键数量随着滑移距离的增加先减少后增多。根据配位数原子的变化情况，得出划痕初期到 CN4 最小的范围内为主要的原子去除阶段，薄膜中部分 CN3 和 CN4 原子转变为 CN1 和 CN2 原子，又由于磨料在正载荷的作用下，部分原子之间距离减小，发生压实变形，薄膜中的部分 CN4 原子转变为 CN5 原子。在划痕的后期，主要为压实阶段，同时伴随着少量的原子去除，CN1、CN2 轻微增加，CN3 显著减少，CN4、CN5 数量增加，CN3 转变为 CN4 和 CN5 原子。

7）薄膜下单晶硅原子的去除量随着划痕距离增加，约在划痕距离为 7nm 时出现一明显峰值，该峰值随着载荷的增大而变大。试样总体原子去除量（SiO_2膜和单晶硅去除原子之和）随着滑移距离先快速增加，然后缓慢增加。这是由于磨料和 SiO_2/Si 基体之间的相互作用，摩擦界面之间形成了 Si—O—Si 键桥，随着磨料的滑动，在剪切力的作用下，因为 Si—O 键的键能大于 Si—Si 键键能，所以键桥的背向键断裂，使得部分 SiO_2原子和单晶硅的 Si 原子从基体上脱离，这部分原子将会在抛光液冲刷中取出，解释了划痕初期摩擦力较大原因。

8）采用较大胶体 SiO_2磨料在 SiO_2/Si 基体表面划痕时，发现划痕过程中的摩擦力较大，SiO_2膜和单晶硅的去除原子数较多，这是因为大尺寸磨料与基体之间的作用面积更大，试样表面更多原子从基体剥离导致的。

9）采用金刚石磨料时，相同载荷下划痕过程中的摩擦力远小于同尺寸的胶体 SiO_2磨料，而且划痕后试样表面仅有 SiO_2薄膜的压实，原子去除量为零，而且划痕后的单晶硅表面相变比较严重，有 bct-5 相的生成，而软质的无定型 SiO_2膜划痕后的单晶硅表面仅有少量的非晶原子，基体没有发生晶格畸变。

10）通过不同性质 SiO_2磨料在三种状态下的划痕计算，发现采用非刚体磨料时材料去除效率较高，单晶硅表面去除质量好，基体无缺陷。

参考文献

[1] 黄庆红. 国际半导体技术发展路线图(ITRS)2013 版综述(3)[J]. 中国集成电路, 2014, 23(11):14-26.

[2] AYAZI F, NAJAFI K. High Aspect-Ratio combined poly and Single-Crystal silicon (HARPSS) MEMS technology[J]. Journal of Microelectromechanical Systems, 2000, 9(3):288-294.

[3] 翟羽婧, 杨开勇, 潘瑶. 陀螺仪的历史、现状与展望[J]. 飞航导弹, 2018, 12(12):84-88.

[4] XU J, LUO J B, WANG L L, et al. The crystallographic change in Sub-Surface layer of the silicon single crystal polished by chemical mechanical polishing[J]. Tribology International, 2007, 40(2):285-289.

[5] ESTRAGNAT E, TANG G, LIANG H, et al. Experimental investigation on mechanisms of silicon chemical mechanical polishing[J]. Journal of Electronic Materials, 2004, 33(4):334-339.

[6] ZARUDI I, ZHANG L C, CHEONG W C D, et al. The difference of phase distributions in silicon after indentation with berkovich and spherical indenters[J]. Acta Materialia, 2005, 53(18):4795-4800.

[7] MYLVAGANAM K, ZHANG L C. Effect of residual stresses on the stability of bct-5 silicon[J]. Computational Materials Science, 2014, 81:10-14.

[8] JANG J I, LANCE M J, WEN S Q, et al. Indentation-Induced phase transformations in silicon: Influences of load, rate and indenter angle on the transformation behavior[J]. Acta Materialia, 2005, 53(6):1759-1770.

[9] WU M, LIANG Y F, JIANG J Z, et al. Structure and properties of dense silica glass[J]. Scientific Reports, 2012, 2:398-404.

[10] MOTT N F. The viscosity of vitreous silicon dioxide[J]. Philosophical Magazine B-Physics of Condensed Matter Statistical Mechanics Electronic Optical and Magnetic Properties, 1987, 56(2):257-262.

[11] CHOWDHURY S C, HAQUE B Z, GILLESPIE J W, et al. Molecular dynamics simulations of the structure and mechanical properties of silica glass using ReaxFF[J]. Journal of Materials Science, 2016, 51(22):10139-10159.

[12] JIN W, KALIA R K, VASHISHTA P, et al. Structural transformation, Intermediate-Range order, and dynamical behavior of SiO_2 glass at High-Pressures[J]. Physical review letters, 1993, 71(19):3146-3149.

[13] MUNETOH S, MOTOOKA T, MORIGUCHI K, et al. Interatomic potential for Si—O systems using tersoff parameterization[J]. Computational Materials Science, 2007, 39(2):334-339.

[14] ZHAO S, XUE J. Modification of graphene supported on SiO_2 substrate with swift heavy ions from atomistic simulation point[J]. Carbon, 2015, 93:169-179.

[15] CHEN J, ZHANG G, LI B W. Thermal contact resistance across nanoscale silicon dioxide and silicon interface[J]. Journal of applied physics, 2012, 112(6):064319.

[16] SHI J, CHEN J, WEI X, et al. Influence of normal load on the Three-Body abrasion behaviour of monocrystalline silicon with ellipsoidal particle[J]. RSC Advances, 2017, 7(49):30929-30940.

[17] PLIMPTON S. Fast parallel algorithms for short-Range Molecular-Dynamics[J]. J Comput Phys, 1995, 117(1):1-19.

[18] STUKOWSKI A. Visualization and analysis of atomistic simulation data with OVITO-the Open Visualization Tool[J]. Modelling and Simulation in Materials Science and Engineering, 2010, 18(1):015012.

[19] SRIKANTH K, ANANTHAKRISHNA G. Dynamical approach to displacement jumps in nanoindentation experiments[J]. Physical Review B, 2017, 95(1):014107.

[20] GOULDSTONE A, KOH H J, ZENG K Y, et al. Discrete and continuous deformation during nanoindentation of thin films[J]. Acta Materialia, 2000, 48(9):2277-2295.

[21] PENG P, LIAO G, SHI T, et al. Molecular dynamic simulations of nanoindentation in aluminum thin film on silicon substrate[J]. Applied Surface Science, 2010, 256(21):6284-6290.

[22] GOLOVIN Y I, IVOLGIN V I, KHONIK V A, et al. Serrated plastic flow during nanoindentation of a bulk metallic glass[J]. Scripta Materialia, 2001, 45(8):947-952.

[23] OLIVER W C, PHARR G M. Measurement of hardness and elastic modulus by instrumented indentation: Advances in understanding and refinements to methodology[J]. Journal of Materials Research, 2004, 19(1):3-20.

[24] GOEL S, KOVALCHENKO A, STUKOWSKI A, et al. Influence of microstructure on the cutting behaviour of silicon[J]. Acta Materialia, 2016, 105:464-478.

[25] XU K W, HOU G L, HENDRIX B C, et al. Prediction of nanoindentation hardness profile from

a load-displacement curve[J]. Journal of Materials Research, 1998, 13(12):3519-3526.

[26] ZARUDI I, ZHANG L C. Structure changes in Mono-Crystalline silicon subjected to indentation: Experimental findings[J]. Tribology International, 1999, 32(12):701-712.

[27] GOEL S, FAISAL N H, LUO X, et al. Nanoindentation of polysilicon and single crystal silicon: Molecular dynamics simulation and experimental validation[J]. Journal of Physics D-Applied Physics, 2014, 47(27):275304.

[28] SUN J, LI C, JING H, et al. Nanoindentation induced deformation and Pop-In events in a silicon crystal: Molecular dynamics simulation and experiment[J]. Scientific Reports, 2017, 7:10282.

[29] BUDNITZKI M, KUNA M. Stress induced phase transitions in silicon[J]. Journal of the Mechanics and Physics of Solids, 2016, 95:64-91.

[30] GOEL S, LUO X C, AGRAWAL A, et al. Diamond machining of silicon: A review of advances in molecular dynamics simulation[J]. International Journal of Machine Tools & Manufacture, 2015, 88:131-164.

[31] LIN Y H, CHEN T C, YANG P F, et al. Atomic-level simulations of nanoindentation-induced phase transformation in Mono-Crystalline silicon[J]. Applied Surface Science, 2007, 254(5): 1415-1422.

[32] WU Y Q, YANG X Y, XU Y B. Cross-sectional electron microscopy observation on the amorphized indentation region in 001 Single-Crystal silicon[J]. Acta Materialia, 1999, 47(8): 2431-2436.

[33] ZARUDI I, CHEONG W C D, ZOU J, et al. Atomistic structure of monocrystalline silicon in surface Nano-Modification[J]. Nanotechnology, 2004, 15(1):104-107.

[34] SUN J, MA A, JIANG J, et al. Orientation-Dependent mechanical behavior and phase transformation of Mono-Crystalline silicon[J]. Journal of applied physics, 2016, 119(9):095904.

[35] HAN J, XU S, SUN J, et al. Pressure-Induced amorphization in the nanoindentation of single crystalline silicon[J]. RSC Advances, 2017, 7(3):1357-1362.

[36] HAN J, FANG L, SUN J, et al. Length-Dependent mechanical properties of gold nanowires [J]. Journal of applied physics, 2012, 112(11):114314.

[37] KANG K W, CAI W. Size and temperature effects on the fracture mechanisms of silicon nanowires: Molecular dynamics simulations[J]. International Journal of Plasticity, 2010, 26 (9):1387-1401.

[38] TANG D M, REN C L, WANG M S, et al. Mechanical properties of Si nanowires as revealed by in situ transmission electron microscopy and molecular dynamics simulations[J]. Nano Lett, 2012, 12(4):1898-1904.

[39] WANG X D, GUO J, CHEN C, et al. A simple method to control nanotribology behaviors of monocrystalline silicon[J]. Journal of applied physics, 2016, 119(4):044304.

[40] YAJIMA S, HASEGAWA Y, HAYASHI J, et al. Synthesis of continuous Silicon-Carbide fiber with High-Tensile strength and high Youngs modulus . 1. Synthesis of polycarbosilane as precursor[J]. Journal of Materials Science, 1978, 13(12):2569-2576.

[41] YANG Y, LIAO N, ZHANG M, et al. Numerical investigation on the bond strength of a SiCN-

Based Multi-Layer coating system[J]. Journal of Alloys and Compounds, 2017, 710:468-471.

[42] YANG Y, LIAO N, ZHANG M, et al. Evaluation of the Elastic-Plastic properties of SiCN coating system by finite element simulations[J]. Journal of the European Ceramic Society, 2017, 37(13):3891-3897.

[43] SCHIFFMANN K I. Determination of fracture toughness of bulk materials and thin films by nanoindentation: Comparison of different models[J]. Philosophical Magazine, 2011, 91(7-9): 1163-1178.

[44] HUANG H, ZHAO H W, SHI C L, et al. Randomness and statistical laws of Indentation-Induced Pop-Out in single crystal silicon[J]. Materials, 2013, 6(4):1496-1505.

[45] SAHA R, NIX W D. Effects of the substrate on the determination of thin film mechanical properties by nanoindentation[J]. Acta Materialia, 2002, 50(1):23-38.

[46] CHEN R L, WU Y H, LEI H, et al. Study of material removal processes of the crystal silicon substrate covered by an oxide film under a silica cluster impact: Molecular dynamics simulation [J]. Applied Surface Science, 2014, 305:609-616.

[47] CHEN R, LUO J, GUO D, et al. Extrusion formation mechanism on silicon surface under the silica cluster impact studied by molecular dynamics simulation[J]. Journal of applied physics, 2008, 104(10):104907.

[48] TABOR D. The hardness of metals[J]. Measurement Techniques, 1951, 5(4):281.

[49] PHARR G M. Measurement of mechanical properties by Ultra-Low load indentation[J]. Materials Science and Engineering a-Structural Materials Properties Microstructure and Processing, 1998, 253(1-2):151-159.

[50] KOMANDURI R, CHANDRASEKARAN N, RAFF L M. MD simulation of indentation and scratching of single crystal aluminum[J]. Wear, 2000, 240(1-2):113-143.

[51] MULLIAH D, D KENNY S, MCGEE E, et al. Atomistic modelling of ploughing friction in silver, iron and silicon[J]. Nanotechnology, 2006, 17(8):1807-1818.

[52] FANG T H, CHANG W J, WENG C I. Nanoindentation and nanomachining characteristics of gold and platinum thin films[J]. Materials Science and Engineering a-Structural Materials Properties Microstructure and Processing, 2006, 430(1-2):332-340.

[53] RIMSZA J M, YEON J, VAN DUIN A C T, et al. Water Interactions with nanoporous silica: Comparison of reaxFF and ab Initio based molecular dynamics simulations[J]. The Journal of Physical Chemistry C, 2017, 120(43):24803-24816.

[54] SHI J, CHEN J, FANG L, et al. Atomistic scale nanoscratching behavior of monocrystalline Cu influenced by water film in CMP process[J]. Applied Surface Science, 2018, 435:983-992.

[55] SUN J, FANG L, HAN J, et al. Abrasive wear of nanoscale single crystal silicon[J]. Wear, 2013, 307(1-2):119-126.

[56] SUN J P, LI C, JING H, et al. Nanoindentation induced deformation and Pop-In events in a silicon crystal: Molecular dynamics simulation and experiment[J]. Scientific Reports, 2017, 7:10282.

[57] LIU Q, WANG L, SHEN S. Effect of surface roughness on elastic limit of silicon nanowires [J]. Computational Materials Science, 2015, 101:267-274.

[58] BRADBY J E, WILLIAMS J S, WONG-LEUNG J, et al. Nanoindentation-Induced deformation of Ge[J]. Applied Physics Letters, 2002, 80(15):2651-2653.
[59] SPAEPEN F. Homogeneous flow of metallic glasses: A free volume perspective[J]. Scripta Materialia, 2006, 54(3):363-367.
[60] SPAEPEN F. Microscopic mechanism for Steady-State inhomogeneous flow in metallic glasses [J]. Acta Metallurgica, 1977, 25(4):407-415.
[61] ARGON A S. Plastic-Deformation in metallic glasses[J]. Acta Metallurgica, 1979, 27(1):47-58.
[62] YAVARI A R, LE MOULEC A, INOUE A, et al. Excess free volume in metallic glasses measured by X-Ray diffraction[J]. Acta Materialia, 2005, 53(6):1611-1619.
[63] WRIGHT W J, HUFNAGEL T C, NIX W D. Free volume coalescence and void formation in shear bands in metallic glass[J]. Journal of applied physics, 2003, 93(3):1432-1437.
[64] CHEN J, SHI J, ZHANG M, et al. Effect of indentation speed on deformation behaviors of surface modified silicon: A molecular dynamics study[J]. Computational Materials Science, 2018, 155:1-10.
[65] BHOWMICK R, RAGHAVAN R, CHATTOPADHYAY K, et al. Plastic flow softening in a bulk metallic glass[J]. Acta Materialia, 2006, 54(16):4221-4228.
[66] GERBIG Y B, MICHAELS C A, FORSTER A M, et al. Indentation device for in situ raman spectroscopic and optical studies[J]. Review of Scientific Instruments, 2012, 83(12):125106.
[67] GERBIG Y B, MICHAELS C A, FORSTER A M, et al. In situ observation of the Indentation-Induced phase transformation of silicon thin films [J]. Physical Review B, 2012, 85 (10):104102.
[68] SANZ-NAVARRO C F, KENNY S D, SMITH R. Atomistic simulations of structural transformations of silicon surfaces under nanoindentation[J]. Nanotechnology, 2004, 15(5):692-697.
[69] HAN J, XU S, SUN J P, et al. Pressure-Induced amorphization in the nanoindentation of single crystalline silicon[J]. RSC Advances, 2017, 7(3):1357-1362.
[70] TAYLOR T A, BARRETT C R. Creep and recovery of silicon Single-Crystals[J]. Materials Science and Engineering, 1972, 10(2):93.
[71] GERBIG Y B, MICHAELS C A, COOK R F. In situ observations of Berkovich indentation induced phase transitions in crystalline silicon films[J]. Scripta Materialia, 2016, 120:19-22.
[72] CAO Z Q, ZHANG X. Nanoindentation creep of Plasma-Enhanced chemical vapor deposited silicon oxide thin films[J]. Scripta Materialia, 2007, 56(3):249-252.
[73] WANG F, LI J M, HUANG P, et al. Nanoscale creep deformation in Zr-Based metallic glass [J]. Intermetallics, 2013, 38:156-160.
[74] XUE F, WANG F, HUANG P, et al. Structural inhomogeneity and strain rate dependent indentation size effect in Zr-Based metallic glass[J]. Materials Science and Engineering a-Structural Materials Properties Microstructure and Processing, 2016, 655:373-378.
[75] CAO Z H, LI P Y, MENG X K. Nanoindentation creep behaviors of amorphous, tetragonal, and bcc Ta films[J]. Materials Science and Engineering: A, 2009, 516(1-2):253-258.
[76] WANG Z, SUN B A, BAI H Y, et al. Evolution of hidden localized flow during Glass-to-Liquid

transition in metallic glass[J]. Nature communications, 2014, 5:5823.
[77] LIU S T, WANG Z, PENG H L, et al. The activation energy and volume of flow units of metallic glasses[J]. Scripta Materialia, 2012, 67(1):9-12.
[78] PAN D, INOUE A, SAKURAI T, et al. Experimental characterization of shear transformation zones for plastic flow of bulk metallic glasses[C]. Proceedings of the National Academy of Sciences of the United States of America, 2008, 105(39):14769-14772.
[79] SUN J, FANG L, HAN J, et al. Phase transformations of Mono-Crystal silicon induced by two-body and Three-Body abrasion in nanoscale[J]. Computational Materials Science, 2014, 82:140-150.
[80] FANG L, SUN K, SHI J, et al. Movement patterns of ellipsoidal particles with different axial ratios in Three-Body abrasion of monocrystalline copper: A large scale molecular dynamics study [J]. RSC Advances, 2017, 7(43):26790-26800.
[81] SI L, GUO D, LUO J, et al. Planarization process of single crystalline silicon asperity under abrasive rolling effect studied by molecular dynamics simulation[J]. Applied Physics A, 2012, 109(1):119-126.
[82] SI L N, GUO D, LUO J B, et al. Monoatomic layer removal mechanism in chemical mechanical polishing process: A molecular dynamics study[J]. Journal of applied physics, 2010, 107(6): 064310.
[83] CHEN R, LIANG M, LUO J, et al. Comparison of surface damage under the dry and wet impact: Molecular dynamics simulation[J]. Applied Surface Science, 2011, 258(5):1756-1761.
[84] WANG X D, YU J X, CHEN L, et al. Effects of water and oxygen on the tribochemical wear of monocrystalline Si(100) against SiO_2 sphere by simulating the contact conditions in MEMS[J]. Wear, 2011, 271(9-10):1681-1688.
[85] BARNETTE A L, ASAY D B, KIM D, et al. Experimental and density functional theory study of the tribochemical wear behavior of SiO_2 in humid and alcohol vapor environments[J]. Langmuir : the ACS journal of surfaces and colloids, 2009, 25(22):13052-13061.
[86] YU J, KIM S H, YU B, et al. Role of tribochemistry in nanowear of Single-Crystalline silicon [J]. ACS applied materials & interfaces, 2012, 4(3):1585-1593.
[87] WANG X, KIM S H, CHEN C, et al. Humidity dependence of tribochemical wear of monocrystalline silicon[J]. ACS applied materials & interfaces, 2015, 7(27):14785-14792.
[88] REN J, ZHAO J, DONG Z, et al. Molecular dynamics study on the mechanism of AFM-Based nanoscratching process with Water-layer lubrication[J]. Applied Surface Science, 2015, 346: 84-98.
[89] BODA D, HENDERSON D. The effects of deviations from Lorentz-Berthelot rules on the properties of a simple mixture[J]. Molecular Physics, 2008, 106(20):2367-2370.
[90] SON S M, LIM H S, AHN J H. Effects of the friction coefficient on the minimum cutting thickness in micro cutting[J]. International Journal of Machine Tools and Manufacture, 2005, 45(4-5):529-535.
[91] ZHANG L C, ZARUDI I. Towards a deeper understanding of plastic deformation in Mono-Crystalline silicon[J]. International Journal of Mechanical Sciences, 2001, 43(9):1985-1996.

第7章 晶界对纳米多晶铜力学性能的影响

7.1 概论

铜作为人类最早发现的有色金属之一，具有优异的延展性、导电性、耐磨性、耐蚀性，以及环境友好等特点而被广泛应用于电力、电子工业、机械制造、轻工业和建筑等领域[1-3]。从纳米尺度的超高精密器件到宏观尺度的各种零部件均离不开铜及其合金。近年来，随着我国半导体芯片产业及微机电系统（MEMS）的发展，铜作为战略性先进电子材料备受国家关注，多年来一直列入我国重点发展计划中，涵盖了铜的精炼、精密加工以及组织性能优化等研究。

虽然单晶铜具有较多优点，但是其制备困难并且不易成形和加工，从而限制了单晶铜的工业应用，相比之下多晶铜被广泛应用和研究。早在20世纪初，人们就已经开始了多晶材料的研究，并认识到晶粒细化可以显著提高材料的力学性能，如提高强度及硬度。晶界在多晶材料的强化中扮演了重要的角色，通常认为强化机制是晶界阻碍了位错的运动，从而引起位错的塞积。基于位错塞积理论，Hall和Petch在20世纪50年代提出了著名的Hall-Petch（H-P）公式来描述强度和晶粒尺寸之间的关系[4,5]，此后人们在理论指导下不断提高多晶材料的力学性能，但是当晶粒尺寸下降到临界值时，材料的强度和硬度反而下降，该现象被称为反H-P现象。到目前为止，引起反H-P现象的主要原因被归结为变形机制的转变[6,7]，当晶粒尺寸较小时，晶界中的低对称性原子所占的比例增加，从而引起变形机制从位错的运动转变为晶界活动，包括晶界变形、旋转、滑动以及蠕变。

为了更深入地了解及改善反H-P现象发生的条件，人们对晶界活动进行了大量的实验和模拟研究，但是由于多晶材料复杂的结构特性，迄今为止仍然没有对多晶的变形机制有统一的理论，其原因主要归结于纳米多晶材料结构复杂，目前的实验设备难以很好地观察并统计微观变形[8,9]。尽管如此，实验仍是研究多晶金属材料变形的重要手段，并为模拟研究提供了大量依据，如多晶铜出现反H-P现象的临界晶粒尺寸、位错的释放、孪晶的形成及强化机制，以及应变率敏感率（strain rate sensitivity，SRS）等，其中SRS为反映变形机制的一个重要参数，其大小主要受到晶界活动的影响。

对于模拟而言，分子动力学方法由于可以模拟纳米尺度下原子分子的相互作用，同时也可以提供相对连续的变形过程中的动态原子细节，已经成为研究纳米多晶体系的一种有用手段。虽然在该方法中，由于时间尺度的关系，金属变形的应变率较大，但是从众多模拟结果中，仍可以准确地得到一些变形机制。对于多晶材料的模拟，该方法同样存在一些弊端需要改进，其中最为突出的问题就是多晶体系构型相对简单，一方面它不符合实际的多晶模型，另一方面简单的多晶体系会降低相邻晶粒之间的耦合度，从而导致一些现象无法在模拟中重现，如初始变形阶段的晶界活动[10]。目前关于晶界活动的研究主要集中在高温下的蠕变行为以及剪切应变下的晶界变形[11, 12]，但对于常温下的晶界活动的定量统计分析鲜有报道。

因此，为了更加准确和全面地分析纳米多晶铜的变形机理，特别是晶界活动，有必要提出一种方法来构建更加合理的多晶体系用于分子动力学研究。为了解决这一问题，本章主要结合相场理论来创建更加自然的多晶体系，采用分子动力学深入理解纳米尺度下多晶铜膜基体材料的变形机理，主要包括对新型模型和传统模型的对比分析以及与实验的对比研究、开发定量分析晶界活动算法、定量分析晶界活动对力学行为的影响等方面。因此，本章的研究对深入认识多晶铜变形机理和力学特性具有重要的意义。

7.2 基于多相场理论构建多晶体系

7.2.1 多相场理论简介

采用 Steinbach[13] 等提出并由 Takaki[14, 15] 等改进的多相场模型（multi-phase-field, MPF）来模拟晶粒的长大，模拟得到的结果和理论值以及通过元胞自动机方法得到的值吻合。因此，该模型具有较高的精度，同时改进的模型中采用了 Kim 算法[16] 来求解相场方程，该算法具有很好的稳定性。

7.2.2 多晶铜晶粒生长模型

相场方程是模拟晶粒生长的关键，对于一个包含 N 个晶粒的多晶体系，根据晶体内结构的差异，采用序参量（ϕ_i，i 为晶粒编号）的值将晶粒分为三个部分：晶粒 i 内部（$\phi_i = 1$）、晶界（$0 < \phi_i < 1$）、晶粒 i 中的其他晶粒（$\phi_{\text{other}} = 0$），如图 7-1[14] 所示。

第 n 个晶粒中的所有相场序参量并不是独立存在的，必须满足下式：

$$\sum_{i=1}^{N} \phi_i = 1 \tag{7-1}$$

相场中的亥姆霍兹自由能方程定义为

$$F = \int_v \left[\sum_{i=1}^{N} \sum_{j=i+1}^{N} \left(-\frac{a_{ij}^{\ 2}}{2} \nabla\phi_i \nabla\phi_j + W_{ij}\phi_i\phi_j \right) + f_e \right] \mathrm{d}V \tag{7-2}$$

式中，a_{ij}为梯度系数；W_{ij}为晶界能势垒，和晶界能γ_{ij}和界面厚度δ_j有关；f_e为自由能密度，它是关于序参量的函数 ∇为拉普拉斯算子；V为体积。式（7-1）和式（7-2）中的N可以由$n = \sum_{i=1}^{N} \sigma_i$来代替，当$0 < \phi_i < 1$时，式中$\sigma_i = 1$，对于其他的$\phi_i$值，$\sigma_i = 0$，将其代入式（7-1）可得到：

$$\sum_{i=1}^{n} \phi_i = 1 \tag{7-3}$$

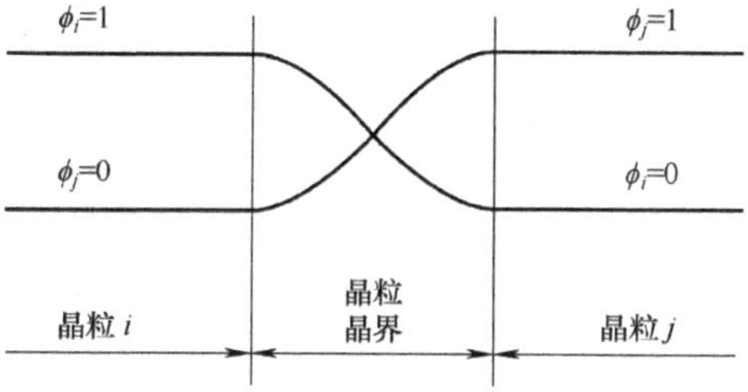

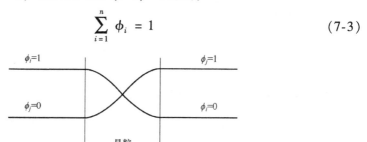

图 7-1　晶界附近相场序参量变化简图[14]

从文献[14]中可以得到初始的相场演化方程：

$$\dot{\phi}_l = -\sum_{j=1}^{n} \frac{2M_{ij}^{\phi}}{n}\left(\frac{\delta F}{\delta \phi_i} - \frac{\delta F}{\delta \phi_j}\right) \tag{7-4}$$

式中，M_{ij}^{ϕ} 为相场中晶界移动率（$m^4 \cdot kJ^{-1} \cdot s^{-1}$）；$\frac{\delta F}{\delta \phi_i}$可以表示为

$$\frac{\delta F}{\delta \phi_i} = \sum_{\substack{k=1\\k\neq i}}^{n}\left(W_{ik}\phi_k + \frac{a_{ik}^2}{2}\nabla^2 \phi_k\right) + \frac{\partial f_e}{\partial \phi_i} \tag{7-5}$$

式中，∇^2 为拉普拉斯算子。将式（7-5）代入式（7-4），可以得到：

$$\dot{\phi}_l = -\sum_{j=1}^{n} \frac{2M_{ij}^{\phi}}{n}\left[\sum_{k=1}^{n}\left\{(W_{ik} - W_{jk})\phi_k + \frac{1}{2}(a_{ik}^2 - a_{jk}^2)\nabla^2 \phi_k\right\} + \left(\frac{\partial f_e}{\partial \phi_i} - \frac{\partial f_e}{\partial \phi_j}\right)\right] \tag{7-6}$$

式中，最后一项可表示为：$\frac{\partial f_e}{\partial \phi_i} - \frac{\partial f_e}{\partial \phi_j} = \frac{8}{\pi}\sqrt{\phi_i \phi_j}\Delta E_{ij}$，其中$\Delta E_{ij}$为驱动力，即晶粒 i 和晶粒 j 之间的储能差，可表示为

$$\Delta E_{ij} = \frac{1}{2}\mu b^2(\rho_i - \rho_j) \tag{7-7}$$

式中，μ 为常系数；b 为位错柏氏矢量；ρ_i 和 ρ_j 为位错密度。

将式（7-7）带入式（7-6），可以得到最终的晶粒长大的相场演化方程：

$$\dot{\phi}_l = -\sum_{j=1}^{n} \frac{2M_{ij}^{\phi}}{n}\left[\sum_{k=1}^{n}\left\{(W_{ik} - W_{jk})\phi_k + \frac{1}{2}(a_{ik}^2 - a_{jk}^2)\nabla^2 \phi_k\right\} - \frac{8}{\pi}\sqrt{\phi_i \phi_j}\Delta E_{ij}\right] \tag{7-8}$$

式中，a_{ij}、W_{ij}、M_{ij}^{ϕ} 可表示为

$$a_{ij} = \frac{2}{\pi}\sqrt{2\delta}\,\gamma_{ij}, W_{ij} = \frac{4\gamma_{ij}}{\delta}, M_{ij}^{\phi} = \frac{\pi^2}{8\delta}M_{ij} \tag{7-9}$$

式中，γ_{ij} 为界面能。

至此晶粒长大的相场演化模型已经建立，利用式（7-8）可以模拟晶粒长大过程，此情况下 ΔE_{ij}为常数，但该式处理起来较复杂。为节约计算时间，采用效率较高的 C++ 语言并结合并行算法对该式进行求解，求解的具体过程同时也利用到 Kim 算法[16]，该方法在下面会详细介绍。

7.2.3 三维多相场并行求解

在三维相场模型中，三维空间被沿着 x、y、z 方向划分为很多格点。由于相场法是基于唯象理论的一种方法，因此，在演化方程中并没有考虑格点的长度单位。在本书中将每个格点沿着三个方向的单位长度定义为 0.1nm，该单位长度足以为晶格常数为 0.36146nm 的铜提供较高的“分辨率”来填充原子。因此，当要构建平均晶粒尺寸为 14nm 左右并包含 10 个晶粒时，空间中的格点数就达到了 13824000。在每个格点中都要计算每个晶粒的演化方程，从而得到每个晶粒的序参量，所以会消耗大量的时间，为了提高计算效率，必须采用并行计算处理。

在 C++算法中，并行主要采用库中的 omp. h 头文件实现，主要针对程序中占用时间较长的 for 循环进行并行，从而达到加速程序运行的目的。对于没有数据关联的程序，并行的实现仅仅通过 for 循环外加入“#paragma omp parallel for”即可，但在该程序中存在着较多数据关联，并行中解决数据关联的方法主要是通过设置变量锁以及变量所属线程来实现。在该相场演化方程，存在显著的数据关联，在进行并行操作前，先了解一些简单的并行过程中的指令。

（1）私有变量（Firstprivate）　这些变量会初始化到每个线程中，各个线程虽然拥有相同的变量名称、类型，但线程之间不冲突。

（2）共享变量（Shared）　所有的线程都可以对该类型的变量进行读、写操作，但使用共享变量时切记线程的操作顺序，尤其是结构体变量，因为结构体变量中的元素较多。当一个线程读取一个结构体的元素时，另一个线程在写该结构体，那么就可能会造成指针指向不明确，从而出现错误，所以在对共享变量进行操作时，要给变量加上锁，让各个线程顺序访问。锁的种类有很多，该程序中使用“#pragma omp critical”。

（3）并行线程设置（Num_ Threads）　设置并行时执行该语句块的处理器线程数，如果不指定线程数，那么计算机会最大限度地利用空闲线程。

在演化方程中，当计算机线程 1 计算当前格点的序参量值时，会用到近邻格点的序参量值，但如果另一个线程如线程 2 恰好正在执行该临近格点某晶粒的序

参量计算，并且线程 2 的速度大于线程 1，那么就会改变线程 1 计算的当前时间步的序参量，对结果有一定影响。更加糟糕的情况是，当线程 2 中该近邻格点的某个序参量小于 10^{-5}时，该线程会删除晶粒在该近邻格点中的信息，但如果线程 1 需要调用近邻格点的某一个被删除的晶粒的序参量值时，就会出现地址访问错误（该近邻格点的晶粒信息已经被线程 2 删除），从而导致出现程序的跳出或段错误等信息。因此，需要对该并行程序段进行相应的变量以及锁的设置。对程序中的变量进行设置，其中私有变量包括每个线程中临时保存计算后的格点信息的变量，共享变量有当前格点信息、下一步格点信息。在进行归一化处理及排序删除操作时，每个线程只对该临时矢量进行操作，不破坏当前格点的所有信息，从而可以让各个线程正常访问，待该线程结束后，每个线程将临时格点信息变量中的数据写入到下一时刻所有格点信息矢量中即可。

通过 Kim 算法[16]来求解相场演化方程，具体步骤如下：

1）在三维网格中，初始化第 N 个晶粒的序参量，并随机选择一些区域（$N-1$个）作为 1 到 $N-1$ 个晶粒的初始晶粒。在本书中，随机选的区域为圆形区域，直径的选择依赖于网格中的晶粒数，如果晶粒数较多且直径较小，则能保证演化前各个晶粒不会出现交叉。第 N 个晶粒在所有的格点中的序参量均为 1.0，第 1 到 $N-1$ 个晶粒在选择的区域中序参量为 1.0。

$$(\nabla^2 u_{i,j,k}):=\frac{u_{i-1,j,k}-2u_{i,j,k}+u_{i+1,j,k}}{\Delta x^2}+\frac{u_{i,j-1,k}-2u_{i,j,k}+u_{i,j+1,k}}{\Delta y^2}+\frac{u_{i,j,k-1}-2u_{i,j,k}+u_{i,j,k+1}}{\Delta z^2} \tag{7-10}$$

式中，Δx 为 x 方向上格点之间的间距；Δy 为 y 方向上格点之间的间距；Δz 为 z 方向上格点之间的间距；$u_{i-1,j,k}$ 等为拉普拉斯算子的变量，这里表示序参量。注意在求解算子时，要考虑周期性边界条件。随后对求得的序参量进行判断，若 ϕ_i 大于 1.0 或者小于 10^{-5}，分别执行 $\phi_i=1$ 和 $\phi_i=0$ 操作，随后删除序参量为 0 的晶粒。

2）求解式（7-8）得到 N 个晶粒在格点 n 的序参量，它等于当前序参量的值加上序参量增量。在三维空间中，式（7-8）的拉普拉斯算子如式（7-10）。

3）重复步骤 2）直到所有格点都被计算。

4）正则化序参量，并且在某一个格点中没有某个晶粒的信息，但相邻的六个格点中该晶粒的序参量不为零，那么需要将该晶粒信息存到该格点中。

5）重复步骤 2）~4），然后用当前计算的序参量值更新上一步所保存的序参量值。

6）重复步骤 2）~5），当第 N 个晶粒所占的比例小于 0.001 时，相邻晶粒之间的晶界形成，晶粒长大完成。

随后提取晶界信息，并随机填充 FCC 铜原子，图 7-2 所示为包含了三维多晶铜的相场模型与通过相场模型构建的 MD 模型。

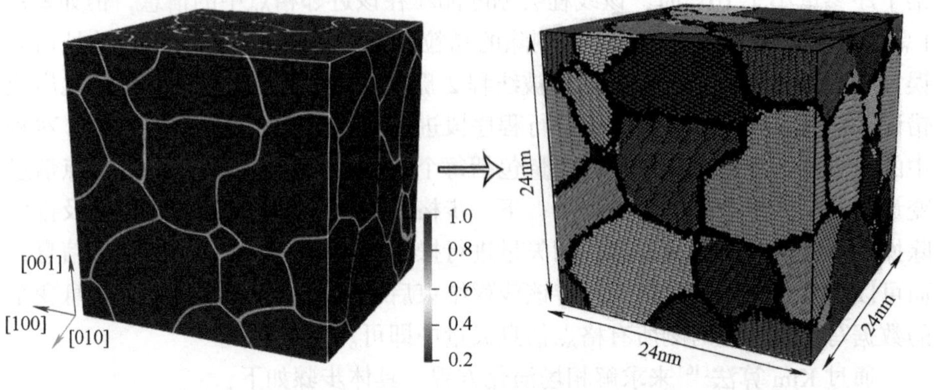

a) 相场模型　　b) MD模型

图 7-2　三维多晶铜的相场模型与通过相场模型构建的 MD 模型[9]

7.2.4　MD 模拟方法及参数简介

这里采用了经典分子动力学软件 LAMMPS（Large-Scale Atomic/Molecular Massively Parallel Simulator）[17]，它是由美国 Sandia 国家实验室开发并开放源代码，LAMMPS 可以在单个处理器的计算机也可以在多个处理器的计算机集群中运行，因此，可以大大提高模拟的体系和效率。

研究的对象包括了纳米多晶铜膜、三维多晶铜和预置孪晶铜，主要研究了晶粒尺寸、温度、应变率及预置孪晶对多晶铜变形机制及力学特性的影响，势函数采用 Mishin 等开发的 EAM 势。不同条件下的模拟过程和参数参可归类为：

（1）多晶铜膜的模拟研究　主要进行了直面晶界和曲面晶界的对比研究、不同晶粒尺寸下的变形行为研究、不同温度和应变率下的变形行为研究。采用相场法构建的多晶铜膜模型如图 7-3 所示，模型 a 的尺寸为 50nm × 50nm × 7nm（$x \times y \times z$），包含原子数 1200000；模型 b 的尺寸为 34.7nm × 60nm × 7nm（$x \times y \times z$），包含原子数 1036273。不同模型的对比模拟研究中，直面晶界的创立采用正六边形晶粒，晶界取向和模型 a 中的取向近似均为大角度晶界，且平均晶粒尺寸相同。不同晶粒尺寸的模拟采用模型 a，晶粒尺寸的变化范围为 7.97～25.23nm，应变率为 $1\times10^{8}s^{-1}$。不同温度和应变率的模拟采用较小的模型 b，温度的变化范围为 0.1～900K，应变率的变化范围为 $7.5\times10^{7}\sim5\times10^{9}s^{-1}$。MD 中能量最小化采用共轭梯度法，NPT 系综下弛豫 500ps 使得晶界的原子充分弛豫，单轴拉伸在 NVT 系综下进行，拉伸方向沿着 y 轴。

（2）三维多晶铜模拟研究　主要研究了晶粒尺寸、温度和应变率对力学特性及变形行为的影响，采用的模型如图 7-2b 所示，模型的尺寸为 24nm × 24nm × 24nm（$x \times y \times z$），包含原子数约 1100000，晶粒尺寸变化范围为 6.5 ~ 18.8nm，温度变化范围为 0.1 ~ 900K，应变率变化范围为 $7.5 \times 10^7 \sim 2.5 \times 10^9 s^{-1}$，采用共轭梯度法进行能量最小化，同样在 NPT 系综下弛豫 700ps 以获得稳定结构，随后在该系综下进行单轴拉伸模拟，拉伸方向沿着 z 轴。

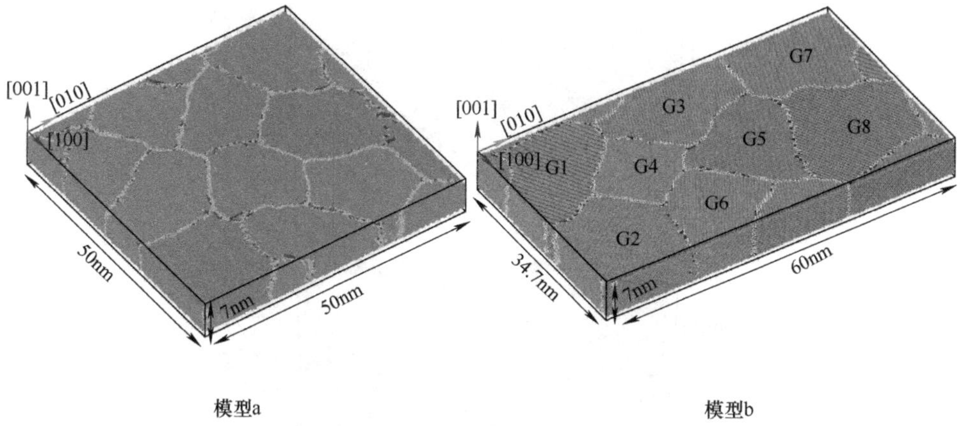

图 7-3　采用相场法构建的多晶铜膜模型

注：两个模型中的平均晶粒尺寸均为 17.84nm。

（3）预置孪晶铜模拟研究　主要研究了预置孪晶间距对变形行为和力学特性的影响，模型如图 7-4 所示，平均晶粒尺寸为 13.8nm，孪晶界间距为 2.5nm，模型的大小和（2）中相同。孪晶界间距变化范围为 1.25 ~ 3.13nm，能量最小化、弛豫方法与（2）相同，拉伸的应变率为 $1 \times 10^8 s^{-1}$。模型的构建包括两个步骤：首先构建相场模型，并通过相场模型构建传统的三维多晶铜，随后在铜中引入孪晶结构，孪晶的引入通过以下步骤进行：

1）创建的多晶模型中每个晶粒大于原始的相场模型中的晶粒，主要是为了防止后面原子按照孪晶结构移动时出现空洞。

2）根据孪晶界之间的距离设置每个晶粒中孪晶区域的起止点、总的孪晶界数量，在这里设置该数量为 30 个，该数量保证孪晶结构可以覆盖每个晶粒。

3）根据步骤 2）设置的起点、终点以及（111）面的法向量查找属于孪晶区域的原子，然后根据原子和起点之间沿着（111）面上的垂直距离，对原子进行编号（$n = 1, 2, 3, \cdots, n$）。

4）沿着三个坐标轴方向移动编号原子特定的距离：x 方向 $\frac{1}{6}\left(\sqrt{2} \times (n/l\ a_{Cu}) \times\right.$

$\cos\frac{\pi}{4}\Big)$，y 方向 $\frac{1}{6}\left(\sqrt{2}\times(n/l\,a_{Cu})\times\cos\frac{\pi}{4}\right)$，$z$ 方向 $\frac{1}{3}(n\times l\,a_{Cu})$，式中 n 为原子的编号，la_{Cu} 为铜的晶格常数。

5）重复步骤2）~4），然后在每个晶粒中均引入孪晶结构，随后对晶界原子以及相邻晶粒之间冲突的原子进行修饰。

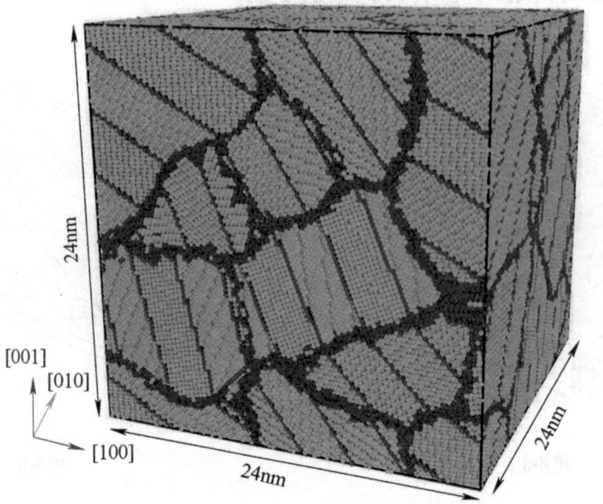

图 7-4　预置孪晶铜模型

7.3　相场模型和规整多晶对比

7.3.1　引言

前面主要讨论了目前多晶材料相场模型构造的主要方法，并分析了现有方法的缺陷，从而提出一种新的基于相场法构建的多晶模型。在相场法中，晶粒的长大和晶界的形成依赖于界面能和亥姆霍兹自由能。因此，所构建的模型更加符合真实的多晶体系。为了验证该模型的优越性，进行了对比模拟，采用正六边形构建了规则的多晶铜膜，两个模型的晶粒尺寸均为 17.84nm。弛豫后规整多晶模型中包含的晶界均为直面晶界。因此，在晶界几何形状上两个模型存在着明显的差异，但两个模型中所有的晶界类型均为大角度晶界。在拉伸变形下对比分析了晶界几何形状对晶界变形的影响，并定量分析了两个模型中晶界的应力集中状态和 HCP 结构的变化。随后采用该方法创建了不同晶粒尺寸的多晶铜膜，研究了铜膜中的变形机制、孪晶结构的形成，以及孪晶结构对变形行为的影响。

7.3.2　力学特性及变形行为对比分析

1. 力学特性对比分析

温度为 300K，应变率为 $1\times10^{8}s^{-1}$时，多晶铜单轴拉伸的应力 - 应变曲线如图 7-5所示，相场模型为 PFM（phase field model），规则六边形为 RHM（regular hexagonal model）。

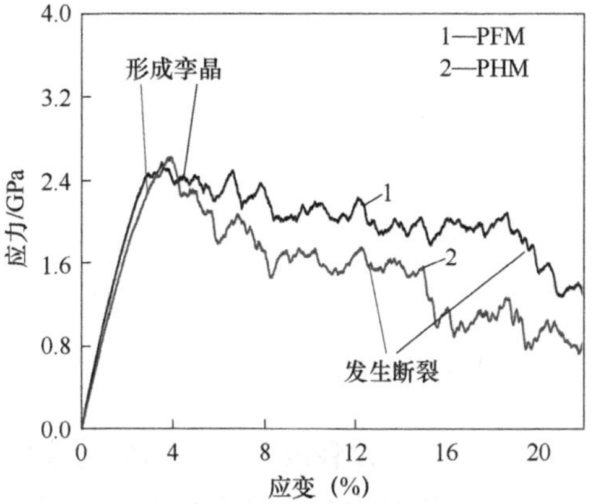

图 7-5　多晶铜单轴拉伸的应力 - 应变曲线

从力学曲线上可以明显看到两者之间的差异。通过计算前 0.5% 应变的斜率，得到的 PFM 的弹性模量为 108GPa，和预置孪晶铜膜的 110GPa[18] 较为接近，该值略大于 RHM 的值。其原因可能是 PFM 中不规则的晶界导致变形过程中产生较大程度的晶粒耦合。在流变阶段，可以清晰地看到 RHM 的流变应力小于 PFM 的流变应力。此外，孪晶形成应变和断裂应变也出现了差异，PFM 的这两种应变均小于 RHM 的应变，后面会结合晶界的变形及位错的释放来揭示孪晶形成应变和断裂应变的差异。

2. 晶界变形对比分析

通过 CNA 分析提取两个模型中变形前后晶界的结构，如图 7-6 所示。图中虚线表示存在变形的晶界的轮廓。仔细对比初始状态和应变在 4.04% 时的状态，可以发现在 PFM 中存在显著的晶界变形，直面的晶界变得更加弯曲，该晶界变形行为和实验中在 313K 下，通过原位 TEM 观察到的晶界变形行为吻合[19]。相反在 RHM 中除了观察到晶界被位错释放所破坏之外，并没有发现显著的晶界变形行为。同样对于 Voronoi 创建的多晶体系而言，所包含的晶界均为直面晶界。因此，在初始的变形过程中也没有发现明显的晶界变形行为[20]。晶界在变形过程中不仅可以传递力，而且可以调节相邻晶粒的变形[9]。因此，对于直面晶界而言，变形过程中相邻晶粒在相互作用过程中施加在晶界上的力近似于沿着一个方向，很难形成导致晶界变形的剪切力。然而对于曲面晶界，由于相邻晶粒之间的耦合增加，导致在晶界上的作用力通常指向晶界曲率中心，并且相邻晶粒的作用力会出现不均匀性，因此，在拉伸变形过程中会提供晶界变形的切向力。

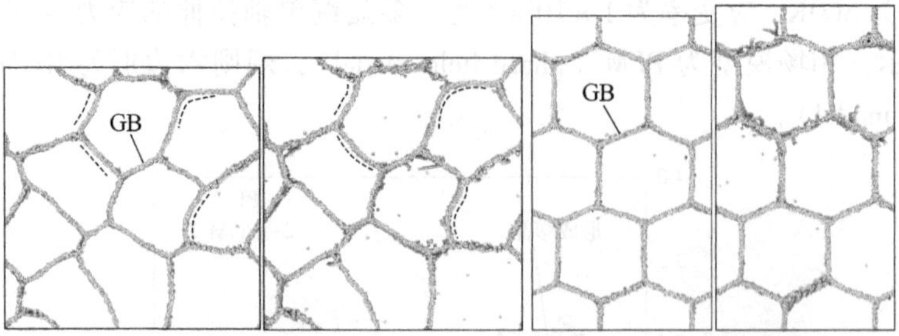

a）相场多晶模型　　b）规则多晶模型

图 7-6　不同应变下两种模型中晶界变形对比分析

7.3.3　晶界应力集中对比分析

Meyer[21] 等指出晶界的变形可以释放晶界上的应力集中，应力集中对位错的释放影响较大。因此，作者也对比分析了两个模型中晶界上的原子应力分布，如图 7-7a 和 b 所示。从分布图上可以看出，对于没有晶界变形的 RHM 模型，其晶界上的高应力原子数量明显高于 PFM 中晶界的高应力原子数。为了更加清晰地看出晶界上应力分布的差异，也计算了当应力大于 5GPa、10GPa、15GPa、20GPa、25GPa、30GPa 时，RHM 中平均每个晶粒晶界的原子数和 PFM 中的晶界原子数之比，如图 7-7c 所示。可以看到不同应力下的比值明显均大于 1.0，且随着应力的增加，该比值逐渐增加，这进一步说明 RHM 中高应力原子的数量大于 PFM 中的高应力原子数量。此外，从图 7-7c 的插图中也可以看到，当应力大于 18GPa 和 25GPa 时，RHM 晶界上的原子的密度明显大于 PFM 中晶界上原子的密度。通过应力对比，可以得出变形过程中晶界的变形能降低晶界上的应力集中的结论，这一现象和之前的研究结果吻合。

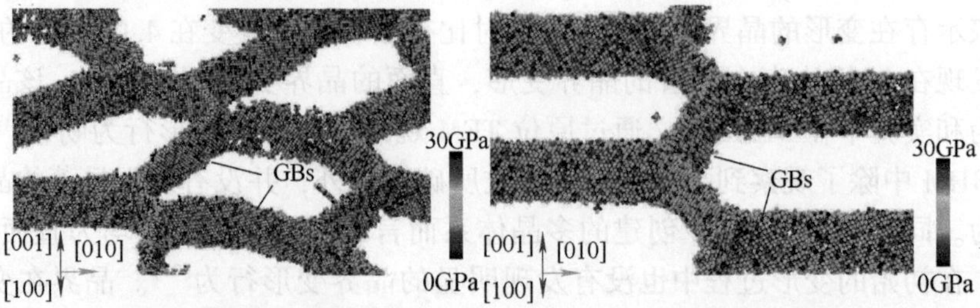

a）PFM 晶界应力分布　　b）RHM 晶界应力分布

图 7-7　应变为 2.53% 时两个模型中晶界上的原子应力分布及晶界高应力原子数比

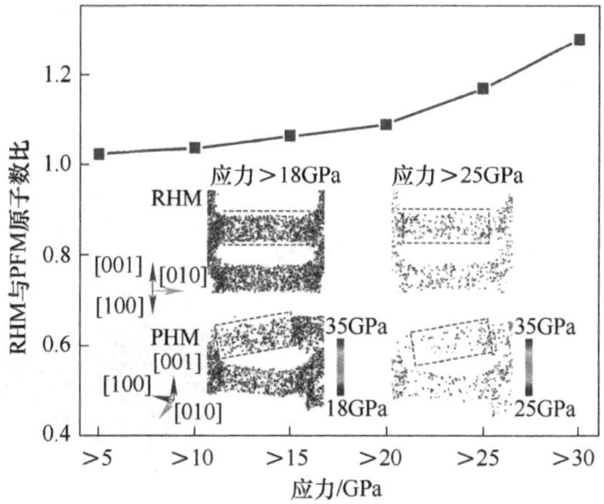

c）晶界高应力原子数比

图 7-7　应变为 2.53% 时两个模型中晶界上的原子应力分布及晶界高应力原子数比（续）

7.3.4　位错及 HCP 结构（SFs 和 TBs）对比分析

1. 位错对比分析

多晶中位错的释放和孪晶的形成在很大程度上取决于晶界的应力集中状态，在 FCC 结构材料中，位错通常是以 1/6 <112> 分位错的形式释放，包括 leading 和 trailing 分位错，前者的释放伴随着堆垛层错的产生，后者会使由 leading 分位错产生的堆垛层错消失。图 7-8a 和 b 分别为两个模型中每个晶粒中的平均位错长度（总的位错和分位错）和由 leading 分位错产生的堆垛层错在材料中的分布。由图 7-8 可以看出，总的分位错长度变化不大，并且在较小的范围内波动，总的分位错长度的波动主要是由 leading 分位错的产生和 trailing 分位错在晶界的消失引起的，并且在 RHM 中的波动大于在 PFM 中的波动。其原因是在 RHM 模型中变形的调节主要是通过分位错的释放和吸收实现，不存在晶界的变形调节机制，晶界上较高的应力集中也有利于分位错的释放。而当应变在3%~4% 时，两个模型中分位错逐渐增加，分位错的大量释放通常意味着材料的变形进入流变阶段，通过对比发现由弹性阶段过渡到塑性阶段，在 PFM 中分位错的释放较多，尽管其晶界上的应力集中小于 RHM 的应力集中，其主要原因可归结为两个方面：①由于两个模型中晶界均为大角度晶界，但具体的取向差可能存在一定的差异；②晶粒的旋转，尽管在二维薄膜中旋转的自由度会受到限制，但在 $x-y$ 方向上没有限制。因此，旋转可以在 RHM 模型中发生。在 PFM 中不规整的晶界会引起耦合的出现，晶界的耦合会导致变形过程中必然产生晶界的旋转[22, 23]。因此，晶界的旋转会创建更多滑移系[23]，从而导致大量分位错的释放。

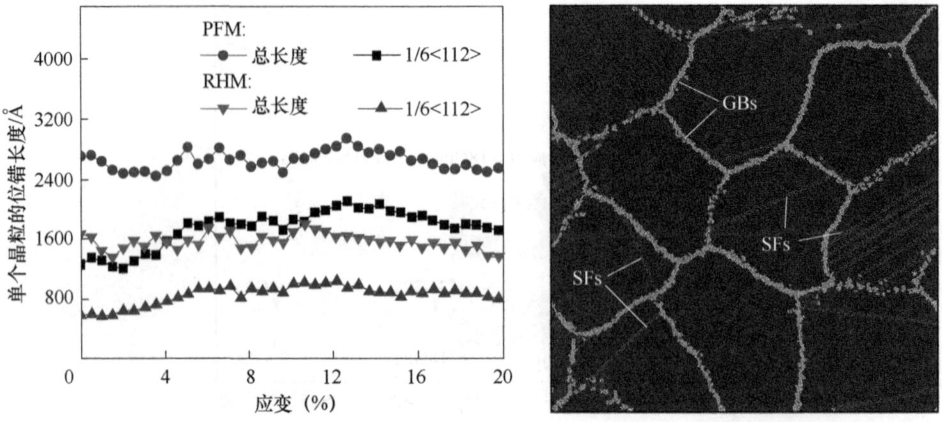

a）平均每个晶粒中位错长度变化　　b）不同结构的分布

图 7-8　两个模型中每个晶粒的平均位错长度和应变为 3.85% 时 PFM 模型中不同结构的分布

2. HCP（SFs 和 TBs）结构对比分析

HCP 结构特别是 TBs 结构对 FCC 多晶材料的力学性能影响较为显著。在 FCC 材料中孪晶的产生，通常分成两个步骤：①通过 leading 分位错形成内在堆垛层错，但 trailing 分位错并没有释放；②随着变形的增加，应力集中随之增加，导致新的 leading 分位错在 SFs 相邻的（111）面产生并滑移，使得内在堆垛层错变为外在堆垛层错，随着分位错的继续释放，外在堆垛层错就变成了微孪晶，如图 7-9a 中应变为 4.21% 的构型图所示。随着分位错在相邻平面的不断释放，孪晶区域逐渐长大，该孪晶形成和长大机制和之前的研究结果一致[24]。孪晶界在 FCC 多晶材料中具有较高的稳定性，它可以阻碍位错的运动从而实现材料的强化。

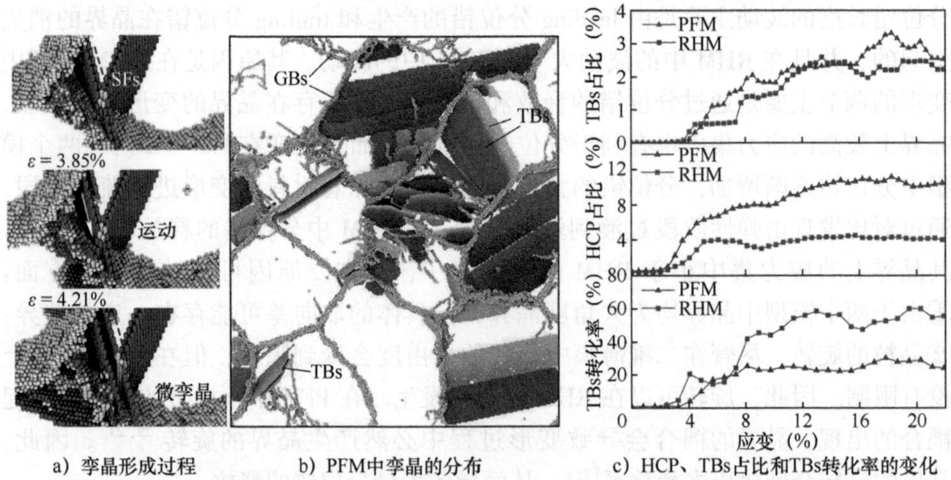

a）孪晶形成过程　　b）PFM中孪晶的分布　　c）HCP、TBs占比和TBs转化率的变化

图 7-9　孪晶形成过程及通过孪晶定量分析算法对孪晶构型的统计和分析

为更加深入理解两种模型的力学特性的差异，也通过孪晶定量分析算法分析并统计了两个模型中所产生的孪晶结构、孪晶构型图以及统计数据，如图 7-9b 和 c 所示。图 7-9c 中包括了孪晶结构占比、HCP 占比以及 SFs 到 TBs 转化率随着应变的变化。从图中可以看出，在流变阶段，PFM 中的 HCP 和 TBs 占比均大于 RHM 中的值。因此，较高占比的 TBs 导致流变应力较大。但在 PFM 中 TBs 的转化率比 RHM 中的低，特别是当应变大于 8% 时，其主要原因归结于晶界的变形，晶界变形导致应力集中减小，而分位错在堆垛层错相邻（111）面释放和移动需要较大的应力集中。因此，在 RHM 中较大的应力集中，使得分位错在 SFs 近邻面上释放，从而形成较高的孪晶转化率。此外，还可以看出孪晶在 PFM 中形成的应变略大于在 RHM 中形成的应变，其主要原因也是晶界的变形导致在 PFM 中晶界的较小应力集中，因此，延迟了分位错在 SFs 近邻面的释放。

7.3.5　不同晶粒尺寸下多晶铜膜的变形机制

构建不同晶粒尺寸的多晶铜膜，晶粒尺寸范围在 7.97～25.23nm 之间，进行单轴拉伸模拟，并分析不同模型的力学特性变化及变形中的孪晶结构对晶粒变形行为的影响。对于纳米多晶金属而言，随着晶粒尺寸的下降，晶界原子占比逐渐增加，对力学特性的影响较大，晶界原子占比的变化通常也被认为是导致材料软化的重要原因。对于这些不同晶粒尺寸的多晶铜膜，计算了晶界原子占比，如图 7-10 所示，该原子份数和通过气体凝结团簇法创建的多晶材料的原子占比一致[25, 26]。由于不规整或曲面晶界的存在导致该模型的晶界原子占比略大于通过简单几何方法创建的模型。

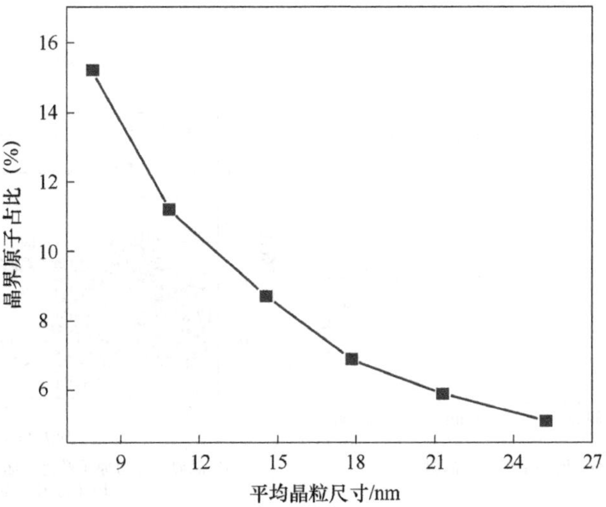

图 7-10　不同晶粒尺寸的多晶铜膜中的晶界原子占比

7.3.6 力学特性及变形行为

不同晶粒尺寸的多晶铜膜单轴拉伸的应力－应变曲线以及孪晶形成应变和断裂应变如图7-11a所示。由该图可以看出，在多晶铜膜中，弹性模量受晶粒尺寸的影响不大。在晶粒尺寸为7.97nm时，弹性模量为104GPa，晶粒尺寸为25.23nm时，弹性模量为115GPa，该值和晶粒尺寸为26nm的铜膜通过拉伸实验获得的弹性模量（108GPa）较为近似[27]。此外，从曲线中并没有看到明显的流变应力的差异性，但孪晶形成应变和断裂应变随着晶粒尺寸的增加逐渐增加，并在17.84nm的样品中达到最大值，随后下降，两者之间似乎存在一定的关联：孪晶形成越早，材料越早产生裂纹，其原因可能是孪晶界和晶界及位错之间的长时间相互作用更容易导致裂纹的产生。图7-11b中给出了每个晶粒中平均孪晶占比和HCP结构（SFs和TBs）占比。由该图可以看出，在流变阶段，在17.84nm模型中孪晶占比比其他模型中的孪晶占比要大，但在该模型中产生孪晶要比其他模型迟，其主要原因是晶界变形降低了晶界应力集中，从而推迟孪晶的形成。

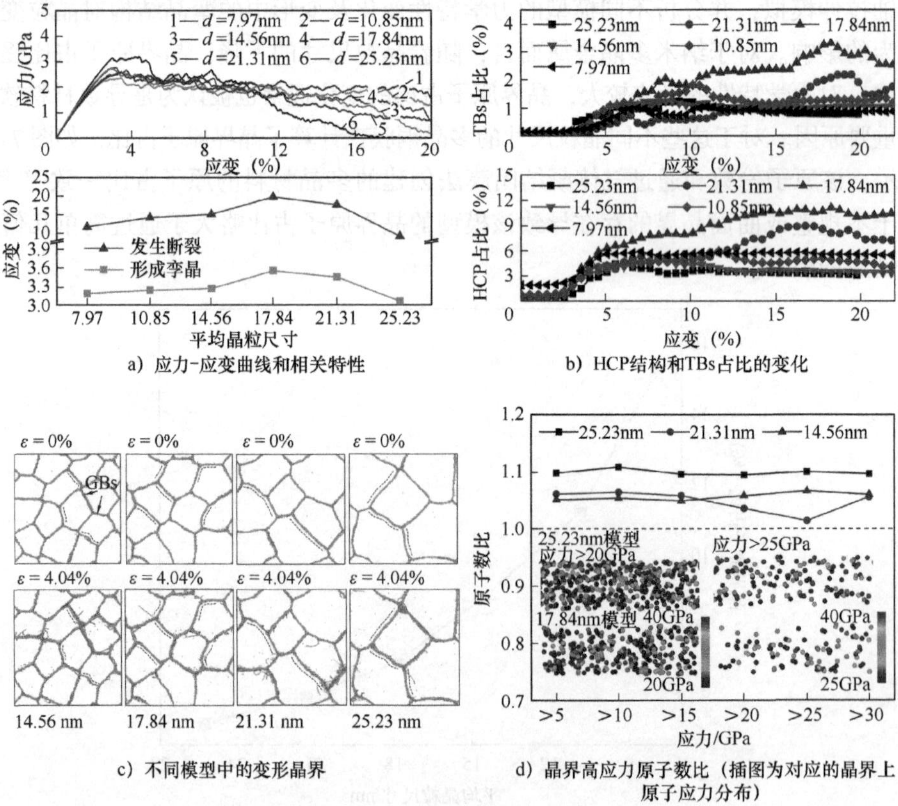

a）应力-应变曲线和相关特性　b）HCP结构和TBs占比的变化

c）不同模型中的变形晶界　d）晶界高应力原子数比（插图为对应的晶界上原子应力分布）

图7-11 多晶铜膜的力学特性及变形行为

通过观察初始阶段晶界结构，在每个模型中均发现了不同程度的晶界变形行为，并且在 17.84nm 多晶铜膜中，变形晶界的数量较大，如图 7-11c 所示。从上面对比研究中得到变形的晶界可以降低晶界的应力集中这一结论。因此，也对晶界原子占比的统计，计算了其他模型中高应力原子的相对于 17.84nm 模型中高应力原子的比例。由于不同模型中晶界原子占比有所差异，所以在下面的公式中加入了晶界原子占比f_{atom}：

$$f_{atom} = \frac{N_{atom}10}{N_{atom10}N_{grain}} \frac{N_{GB}}{N_{GB10}} \tag{7-11}$$

式中，N_{atom}为其他模型中晶界原子总数；N_{atom10}为 17.84nm 模型中晶界原子总数；N_{GB}为其他模型中应力大于某一值时，晶界原子的数量；N_{GB10}为 17.84nm 模型中应力大于某一值时，晶界原子的数量；N_{grain}为模型中晶粒的数量，在 17.84nm 中晶粒的数量为 10。

这里选择了晶粒数量为 5、7 和 15 的三个模型进行计算，对应的晶粒尺寸分别为 7.97nm、10.85nm、14.56nm，结果如图 7-11d 所示。由该图可以明显看出，比例大于 1.0，并且从插图中可以看出，当应力大于 20GPa 和 25GPa 时，25.23nm 模型中晶界高应力原子密度高于 17.84nm 中的高应力原子密度。这也证明了在 17.84nm 模型中，变形晶界的数量和比例高于其他模型，从而导致晶界上较低的应力集中，较小的应力集中推迟了分位错在 SFs 近邻面释放。

7.3.7　孪晶对晶粒变形的影响

孪晶界在低层错能的铜中对变形的影响较大，它不仅可以阻碍位错的运动，还对晶粒的变形产生影响。但多数研究并没有详细地讨论变形孪晶对铜基体的作用，主要是因为堆垛层错在多晶铜中是主要的变形机制，因此研究人员多采用预置孪晶的方法研究孪晶强化机制、变形行为等。通常孪晶的长大是通过分位错在单层 TBs 结构的相邻（111）面上滑动，但当分位错的运动被缺陷（如团簇、晶界）阻碍时，孪晶区域将不会再长大，如图 7-12a 所示。随着变形的增加，分位错将在孪晶界的相邻面或者孪晶区域形成，并向被阻碍的分位错运动，随后被阻碍的分位错在后来形成的分位错的推动下继续向前移动，从而使得孪晶区域逐渐长大。图 7-12b 展示了孪晶引起的晶粒扭转行为。从原子构型图中可以看到，初始变形时，位错在晶粒内部释放并形成平直的 SFs 结构，随着位错的进一步释放以及孪晶结构的形成，导致晶粒内部出现弯曲。从图 7-12b 中可以清晰地看到，在 HCP 结构（SFs 和 TBs）区域晶粒出现了扭转，弯曲的晶粒改变了滑移系统，导致变形过程中分位错逐渐从晶粒的下半部分释放。

此外，孪晶还会导致新晶粒的产生、相邻晶粒融合以及一些特殊结构的形成，如图 7-12c 和 d 所示。图 7-12c 展示了在孪晶作用下新晶粒的形成以及相邻晶粒的融合。通过观察原子构型图发现，新晶粒主要是通过孪晶束和分位错之间，以及晶界之间的相互作用产生的。该形成过程和多晶铝中模拟得到的结果[27]，以及多晶铜中通过实验观察到的新晶粒形成过程[28]相同。当相邻晶粒之间的取向差较小或者晶粒旋转导致的取向差减小时，孪晶会穿过晶界导致晶界逐渐消失，最终使得相邻晶粒融合。图 7-12d 给出了晶界的变形和由孪晶界组成的特殊结构，对比图中 0% 应变和 16.02% 应变可以看到显著的晶界变形行为，在 16.02% 应变下，大量的 HCP 结构由分位错的释放产生，而 SFs 和 TBs 的形成会加速晶界的变形[29]。随着这些结构和晶界之间的相互作用，一个包含了内在堆垛层错、外在堆垛层错、微孪晶和较大的孪晶的特殊结构逐渐形成，该特殊结构和多晶铝模拟得到的结构相同[30]。

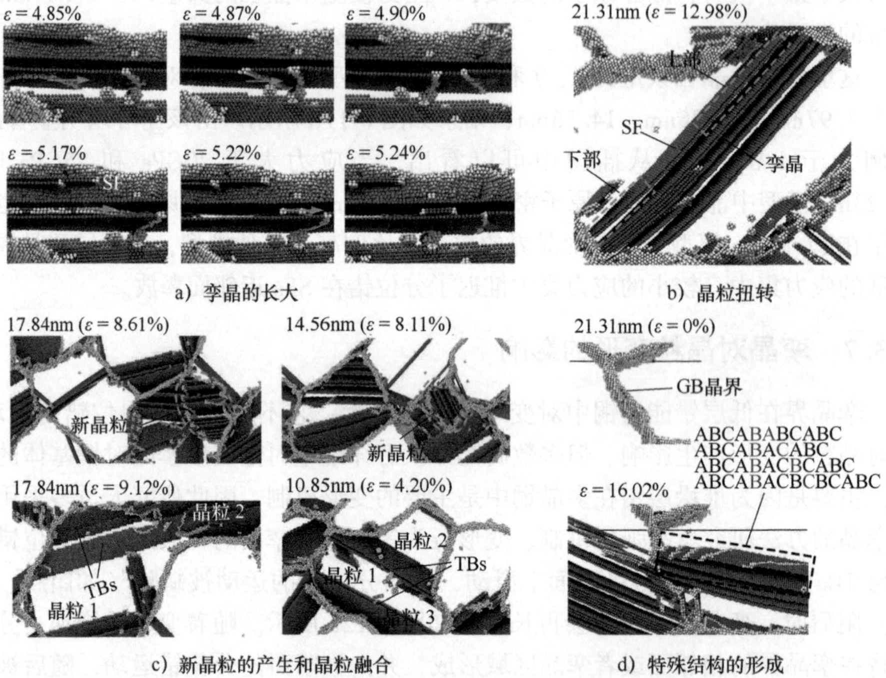

图 7-12　孪晶与晶界之间的相互作用

注：图 a 为 10.85 nm 模型中分位错推动变形孪晶的长大；图 b 为孪晶使得晶粒出现扭转；图 c 为不同模型中观察到的变形孪晶使得新晶粒形成和相邻晶粒融合；图 d 为特殊结构的形成：内在堆垛层错、外在堆垛层错、微孪晶界和较大的孪晶界。

7.3.8　孪晶与 HCP 结构（SFs 和 TBs）的相互作用

相比于传统的晶界，孪晶界具有较高的稳定性，可以很好地阻碍位错的运动，从而达到材料强化的目的。该孪晶强化机制得到广泛的认可[31-33]，因此，较多的相关研究是关于在铜中引入预置孪晶结构来提高其强度的。由图 7-13a 可以清楚地看到位错的运动受到了孪晶界的阻碍。因此，在 17.84nm 模型中，较高的孪晶分数增加了分位错和孪晶界的相互作用的概率，从而导致较高的流变应力。在晶粒内部，当沿着不同取向的孪晶形成并相互作用后会导致五重孪晶的形成，如图 7-13b 所示。该结构的稳定性相对于传统孪晶界更加稳定，很难被移动的分位错所破坏。这种五重孪晶形成及强化现象和模拟[34]及实验[35]中所观察的结果相同。

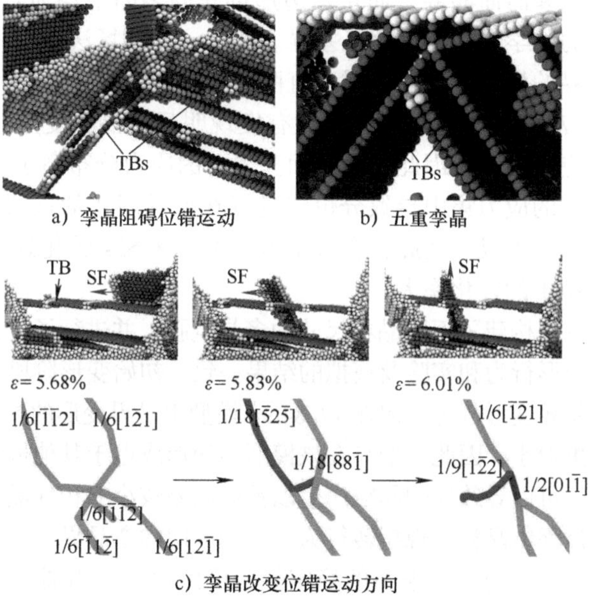

图 7-13　孪晶与位错的移动

注：图 a 为 17.84nm 模型中孪晶阻碍位错的移动；图 b 为 10.85nm 模型中五重孪晶结构的形成；图 c 为 14.56nm 模型中孪晶改变位错的运动方向。

孪晶界不仅可以阻碍位错的运动，还能改变分位错的滑移方向。如图 7-13c 所示，在应变为 5.83% 时，一个柏氏矢量为 $1/6\ [\bar{1}\ \bar{1}2]$ 的 Leading 分位错和柏氏矢量为 $1/6\ [1\bar{2}1]$ 的 trailing 分位错沿着孪晶界运动，两个分位错中间包含一个堆垛层错。当 Leading 分位错和孪晶界上的缺陷相遇时运动受到了阻碍，随着变形的增加该分位错发生了分解，如下式所示：

$$1/6[\bar{1}\ \bar{1}2] \rightarrow 1/18[\bar{5}\ \bar{2}5] + 1/18[\bar{8}1\ \bar{1}] \tag{7-12}$$

该反应最终形成两个不可动位错，见图 7-13c 中应变为 5.83% 对应的位错分布。这些不可动位错会引起应力集中。随后在应变为 6.01% 时，另一个柏氏矢量为 $1/6[\bar{1}\ \bar{2}1]$ 的分位错形成，并沿着其他方向运动，参见 6.01% 构型图中的堆垛层错方向，但位于孪晶界下半部分的分位错依然保持原来的柏氏矢量（图7-13）。这一现象和Lu[33]等的研究一致。

7.3.9 小结

通过相场法和规整六边形创建的多晶铜膜进行了分子动力学模拟，两个模型中的晶界类型均为大角度晶界，且平均晶粒尺寸相同。从模拟的结果中可以看出，相场法构建的多晶变形行为更加符合真实的多晶变形行为。相场法构建的多晶中包含了不规整和曲面晶界，而正六边形创建的多晶中均为直面晶界。因此，两个模型所展示的力学特性出现明显差异。此外，在相场法模型中，变形的初始阶段，发现了晶界的变形行为，但对于直面晶界该现象并没有被发现，并且文献中通过Voronoi方法创建的直面晶界也没有发现明显的晶界变形行为。晶界的变形会降低晶界的应力集中，因此，在直面晶界上的应力分布高于不规整的晶面上的应力分布。较高的应力集中导致分位错连续在堆垛层错的近邻（111）面上释放，从而导致孪晶的形成。因此，在规整多晶中，从SFs转化到TBs的转化率比相场法构建的模型中的转化率大。

随后采用该方法构建了不同晶粒尺寸的多晶铜膜，并进行了拉伸模拟，模拟得到的力学特性及变形行为和实验及模拟的结果一致。初始变形阶段，不同的模型中均出现了明显的晶界变形行为，但在17.84nm模型中晶界变形的数量较多，从而导致该模型中应力集中小，因此，孪晶在该模型中的形成迟于其他模型。孪晶对多晶的变形影响较大，可以导致新的晶粒产生以及取向差较小的相邻晶粒的融合。孪晶界还会导致变形过程中晶粒出现扭转行为，不同取向的孪晶界面相互作用也会形成稳定的五重结构。该结构具有很高的稳定性，可以很好地阻碍分位错的运动。此外，当分位错在孪晶界上运动受阻时，分位错会出现分解，形成稳定的位错，从而导致较高的应力集中，使得新的位错在孪晶界上释放。这些研究均表明，该新型构建多晶体系的方法更加合理，为研究多晶铜变形机制提供了基础。

7.4 不同应变率和温度下多晶铜变形机制

7.4.1 引言

尽管人们已经从模拟和实验上对多晶铜膜进行了大量的研究，但这些研究均集中在探究其力学特性、断裂、孪晶释放、预置孪晶以及延展性等方面。通过7.3节的介绍，在多晶膜中存在显著的晶界变形，并且晶界变形对晶界上的应力集中以及相关变形行为具有重要的影响。但在传统的模型中并没有发现这一现象，主要原因是平直的晶面降低了晶粒之间的耦合，所以在模拟中观察到的晶界活动均发生在特定的条件下，如高温、切应力以及一些特殊的模型中，晶界活动较为明显。另一方面，由于目前的实验装置难以在空间和时间上对晶界活动进行动态观察，因此，关于低温下的晶界活动、变形机制以及影响晶界变形的因素研究较少。

鉴于此，通过相场法构建了平均晶粒尺寸为 17.84nm 的多晶铜膜用于 MD 模拟，多晶模型如图 7-3 中模型 b 所示，其中晶粒之间的取向差为 G1 和 G4：45.8° [001]，G2 和 G4：34.4° [001]，G2 和 G6：17.1° [03 -2]，G3 和 G7：40.1° [0 -14]，G3 和 G5：74.5° [01 -6]，G3 和 G4：17.1° [03 -2]，G5 和 G6：63° [001]，G5 和 G8：17.1° [0 -15]，G7 和 G8：97.4° [01 -5]。在不同的应变率和温度下，对该铜膜进行单轴拉伸模拟，根据模拟结果构建了晶界活动、位错释放和力学特性之间的联系，随后深入地分析了在初始拉伸变形阶段晶界变形的机制，同时研究了影响晶界变形的因素。

7.4.2　不同应变率下力学特性及变形行为

1. 力学特性及 HCP 结构（SFs 和 TBs）变化

300K 下不同的应变率拉伸的应力 - 应变曲线如图 7-14a 所示，从曲线中提取的典型力学特性参见图 7-14b。其中弹性模量是曲线在 0.5% 应变前的斜率，根据之前的研究，平均流变应力的计算应选取应力 - 应变曲线近似稳定的阶段[6, 7]。因此，对于应变率为 7.5×10^{7}~$1.0\times10^{9}\,s^{-1}$，稳定阶段应变为 6%~15%，而对于 $2.5\times10^{9}\,s^{-1}$ 和 $5.0\times10^{9}\,s^{-1}$，稳定阶段选取 12%~18%，屈服应力的选取根据第一个位错从晶界释放对应的应力[18]。从这些力学特性参数中可以看出，随着应变率的增加，屈服强度、平均流变应力和弹性模量均增加，该变化趋势和其他模拟或者实验得到的结果相同。当应变率为 $1\times10^{8}\,s^{-1}$ 时弹性模量的值为 111.3GPa，这个值和 35nm 预置孪晶铜模拟的结果（110GPa）[18] 以及 26nm 多晶铜膜实验中得到的值（108GPa）[27] 近似。

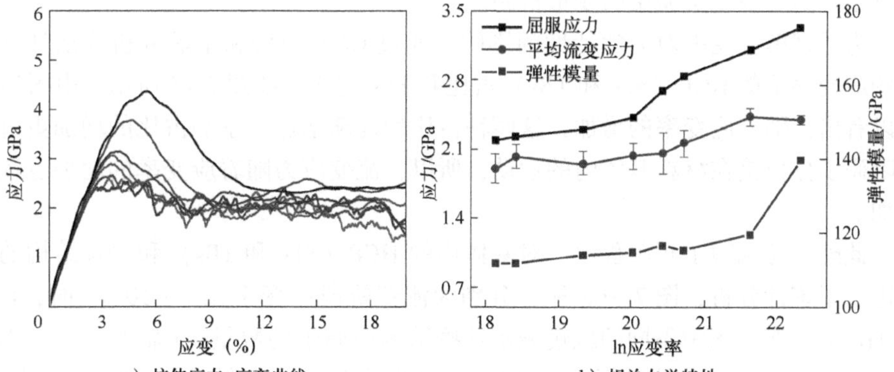

a）拉伸应力-应变曲线　　b）相关力学特性

图 7-14　300K 下拉伸得到的应力 - 应变曲线和相关力学特性

注：应变率单位为 s^{-1}。图 a 中曲线的应变率为 7.5×10^{7}~$5.0\times10^{9}\,s^{-1}$。

应变率敏感率（SRS）是描述材料在变形过程中，力学特性（流变应力或者硬度等）对于应变速率的敏感性参数，即当应变速率增大时材料强化倾向的参数[36]。应变率敏感率 S 被定义为

$$S = \frac{k_B T}{V^*} \tag{7-13}$$

式中，k_B为玻尔兹曼常数（$J \cdot K^{-1}$）；T为热力学温度（K）；V^*为活化体积。其中活化体积是活化焓相对于流变应力或硬度的下降速率，定义为

$$V^* = \sqrt{3} k_B T \left(\frac{\partial \ln \dot{\varepsilon}}{\partial \sigma} \right) \tag{7-14}$$

式中，$\dot{\varepsilon}$ 为应变率；σ 为应力（MPa）。结合式（7-13）和式（7-14）可以得出应变率敏感率的参数 m[37]，如式（7-15）所示：

$$m = \frac{S}{\sigma} = \frac{k_B T}{\sigma V^*} = \frac{\partial \ln \sigma}{\partial \ln \dot{\varepsilon}} \tag{7-15}$$

应变率敏感率可以很好地反映变形机制，当 m 在 0.05～0.1 时，通常变形过程中会伴随着晶界活动。因此，纳米多晶材料的 m 值大于粗晶得到的值[38]。通过式（7-15），还计算了该多晶铜膜拉伸的 m 值，式中的应力取平均流变应力，得到的 m 值约为0.056，该值大于0.05。Huang[39]等对平均晶粒尺寸为 26 nm 的多晶铜膜在室温下进行拉伸实验，得到的 m 值约为 0.059。此外，Lu[40]等对晶粒尺为 10nm ± 5nm 的多晶铜进行压入实验，得到的 m 值约为 0.06 ± 0.01。由此可以看出，在近似相同的条件下，这些模拟或实验得到的结果较为接近，并且这些值均大于粗晶铜得到的结果[41]。当晶粒尺寸下降到 20nm 左右时，晶界所占有的比例较大，所以变形过程中晶界活动也会增加，从而导致更大的 m 值。从这些结果的对比中可以得出，该模型的应变率敏感率值和实验较为接近。因此，它可以很好地反映出实验中的变形机制。

为了理解应变率对力学特性的影响，通过 CNA 分析和孪晶分析算法计算了一些应变率下的 HCP（SFs 和 TBs）占比和 TBs 占比，如图 7-15 所示。由图 7-15 可以看出，随着应变率的增加，这两种占比均逐渐增加，孪晶占比的增加更进一步阻碍了分位错在材料基体内的运动，所以，流变应力随着应变率的增加也逐渐增加。

此外，还编写了相关程序，对基体内的 HCP（SFs 和 TBs）和 TBs 结构的分布进行了统计分析，图 7-16a 和 b 分别为流变阶段应变率在 $1 \times 10^8 s^{-1}$时，HCP 和 TBs 的分布，图中不同的颜色表示这些结构中原子的数量，x 轴和 y 轴分别表示铜膜沿着两个方向的坐标。由图 7-16 可以看到，HCP 结构的分布较为广泛，不同的晶粒中均出现 HCP 结构，这意味着在这些晶粒中均出现了分位错的滑动，从而产生相应的内在和外在堆垛层错结构，但是 HCP 结构仍然主要分布在 G3、

G5 和 G8 这三个晶粒中，同样 TBs 的分布也集中在这三个晶粒。因此，后面将对这些晶粒的晶界活动进行详细的讨论。

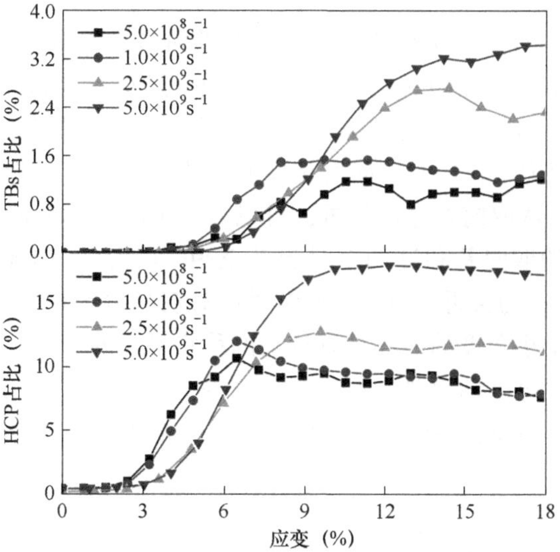

图 7-15　300K 下不同应变率时，模型中 HCP 结构（SFs 和 TBs）占比及 TBs 占比随着应变的变化

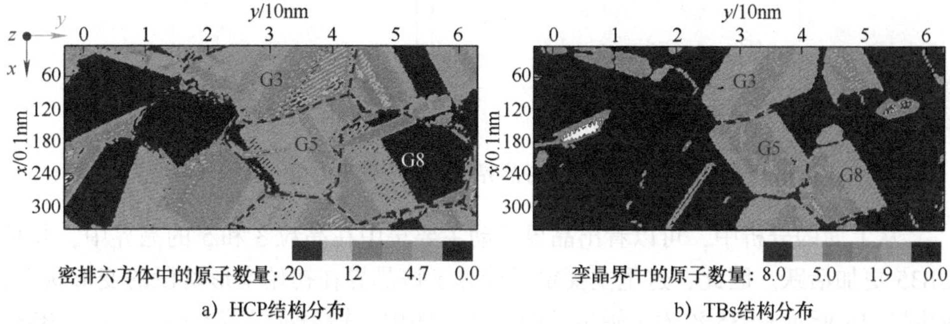

图 7-16　300K 下应变率为 $1\times10^{8}\ s^{-1}$ 时 HCP（SFs 和 TBs）和 TBs 结构在多晶铜膜中的分布（彩色图见插页）

对于晶粒 2 和晶粒 4，晶界的取向差为 GB24（34.4°［001］），该取向差接近于 Σ5（36.9°［100］）晶界，Zhang[42] 等也采用 Σ5 双晶铜进行了 MD 模拟，研究表明在该模型中位错的从晶界的释放依赖于晶界的能量，随着取向差角度的增加，晶界能逐渐增加并在 26°左右时达到最大随后开始降低。因此，取向差角度为 0°和 45°时的位错形核的最大拉伸应力大于其他角度的拉伸应力，主要是因为这两个晶界的晶界能最低，由于 GB24 的晶界能较低导致位错很难在晶界 GB24

上释放，所以最终导致这两个晶粒中很难出现孪晶结构，特别是在较低的温度下。

2. 晶界变形行为

通过 CNA 对晶界结构进行筛选，对比初始阶段的晶界变形行为。如图 7-17 所示，可以从虚线中看出 GB35 和 GB58 的变形行为较为明显，这两个较为弯曲的晶界逐渐变直，相对于弯曲晶界，较直的晶界所包含的混乱的原子较多。因此，在相应的切应力下作用时，曲面晶界更加倾向于向直面进行变形。其他晶界的变形并不明显，从取向差进行分析，可以看出 GB14（45.8°［001］）和 GB24（34.4°［001］）的取向差和这两个晶界的 Σ29a（43.6°［100］）和 Σ5（36.9°［100］）的取向差较为接近。Zhang[43] 等通过对双晶铜的模拟研究发现大角度的［001］晶界相对于小角度的晶界具有较高的稳定性。对于 Σ5 晶界，在不同的温度下时随着取向差角度的增加，晶界的移动率逐渐下降[44]。此外，这两个晶界也是近似于平直的晶面，所以变形过程中导致的相邻晶粒耦合较低，难以发生明显的变形行为。

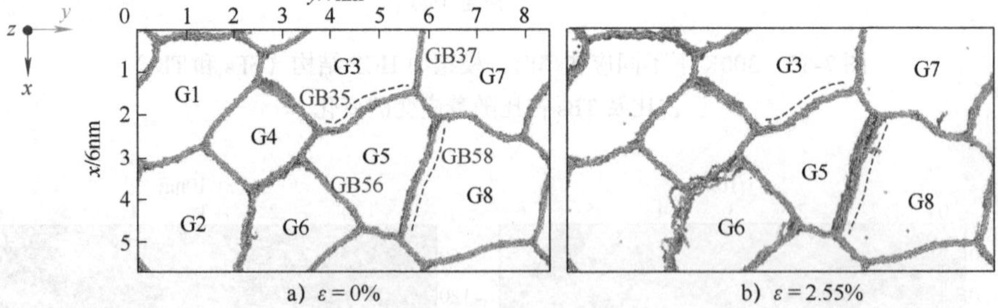

图 7-17　300K 下应变率为 $1\times10^{8}\mathrm{s}^{-1}$ 时晶界在不同应变下的分布状况（彩色图见插页）

从上面的分析中，可以看出晶界活动主要集中在晶粒 3 和 5 的晶界中，并且 GB35 更加活跃。因此，这里主要定量计算了该晶界在初始变形阶段的变形状态，如图 7-18 所示 GB35 沿着 x 轴运动的云图，图中 x 轴表示沿着不同位置的 GB35，y 轴表示应变的变化。

其计算方法为：$\dfrac{\sum X_{\varepsilon}}{N_{\varepsilon}}-\dfrac{\sum X_{\varepsilon_0}}{N_{\varepsilon_0}}$，式中 X_{ε} 和 X_{ε_0} 分别为当前的和初始状态（0%）下所选区域内原子的 x 坐标值，N_{ε} 和 N_{ε_0} 分别为当前和初始选中区域内的原子数量，区域的选择是沿着 y 轴间隔为 0.5nm 对 GB35 进行依次选择。

从图 7-18 中也可以明显看出，在 GB35 上不同点晶界的移动量是不同的，并且移动方向也存在一定的差异，对于 y 坐标大于 31nm 的部分晶界，移动方向沿着 x 轴正向，相反沿着 x 轴反向移动。此外，对比图 7-17 和图 7-18，可以看到，

当 y 的坐标约为 29.5nm 和 34nm 时，对应部位的晶界最为弯曲，并且移动量最大。同样对比图 7-15 和图 7-18 可以发现，当位错从晶界释放时，晶界的移动量增加迅速。随着应变率的增加，晶界移动量显著下降，主要是因为随着应变率的增加使达到同样应变所需要的时间下降。因此，晶界在大致相当的切应力下的变形时间较短，在较高应变率下该晶界的移动量较小。晶界的移动对晶界应力集中影响较大，所以从图 7-15 和图 7-18 中也不难发现，随着应变率的不断提高，晶界上的应力集中也逐渐增大，从而导致大量位错在高应力区域释放。因此，HCP（SFs 和 TBs）及 TBs 占比逐渐增加。

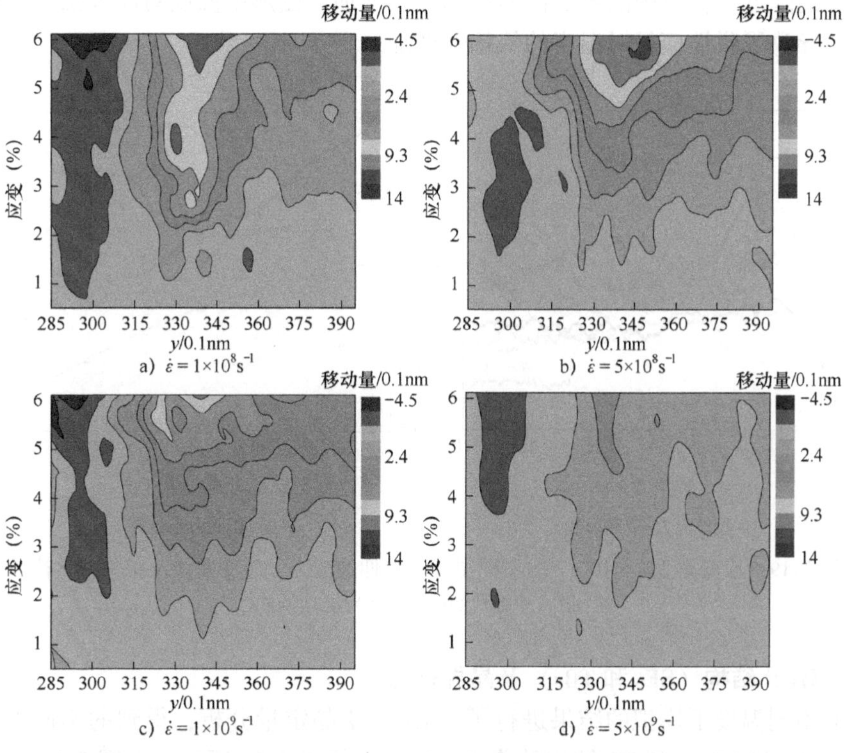

图 7-18　300 K 下沿着 y 轴分布的 GB35 在不同的应变率下沿着 x 轴移动量随着应变的变化（彩色图见插页）

注：图中的不同颜色表示晶界的移动量。

7.4.3　不同温度下力学特性及变形行为

1. 力学特性

对多晶铜膜在应变率为 $1\times10^8 s^{-1}$ 和不同温度下拉伸模拟，得到的应力－应变曲线以及提取的一些典型的力学特性如图 7-19 所示。对比不同应变率下的应

力 - 应变曲线，很难从图 7-19a 中看出不同应变率下弹性模量的差异，这也证实了弹性模量对应变率的依赖性较低，然而在不同的温度下，无论是弹性模量还是流变应力均出现了明显的差异，后面 7.6 节将定量分析温度和应变率对弹性模量的影响。从图 7-19b 中可以看出，随着温度的增加，材料的屈服强度、流变应力以及弹性模量逐渐下降，在 300K 和 450K 下得到的弹性模量和在室温下对晶粒尺寸为26nm[27] 及在369 K 对晶粒尺寸为16 nm[44] 多晶铜实验所得到的结果吻合。计算弹性模量的温度依赖性大约为 - 46.5MPa/K ± 3.5MPa/K，该值略大于对晶粒尺寸为200nm 的多晶铜实验得到的值（ - 40MPa/K）[45]。这主要是因为随着晶粒尺寸的降低，材料中晶界所占的比例逐渐增加，变形中温度对晶界活动的影响较大，导致了弹性模量对温度的依赖性增加。

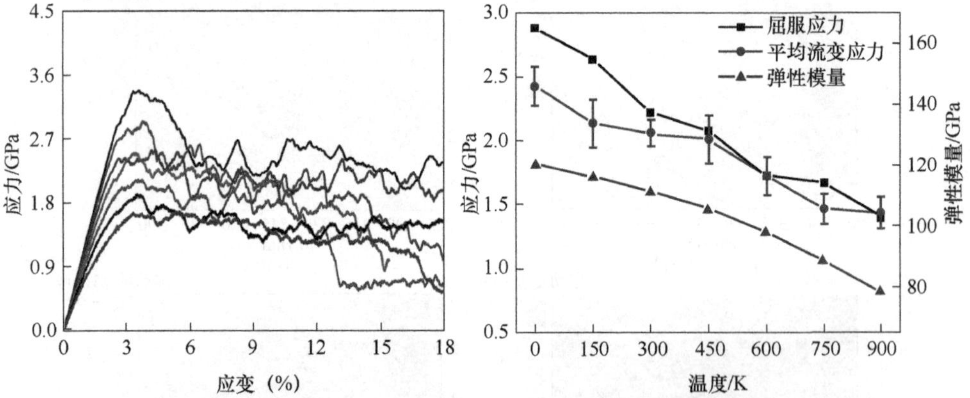

a）拉伸应力-应变曲线　　b）相关力学特性

图 7-19　应变率为 $1\times10^{8}\mathrm{s}^{-1}$时不同温度下拉伸的应力 - 应变曲线及相关力学特性

注：图 a 中曲线的测试温度为 0.1 ~ 900K。

2. HCP 结构（SFs 和 TBs）及晶界行为

对不同温度下模拟的结果进行了 CAN 与孪晶定量分析，得到的不同温度下 HCP（SFs 和 TBs）和 TB 结构随着应变的变化如图 7-20 所示。由图 7-20 可以看出，随着温度的增加，这两种结构的占比均逐渐减小，特别是当温度为 900K 时，很难在变形中发现孪晶结构，在较高的温度下，原子的局部振动加剧，特别是晶界上的混乱原子。因此，晶界活动变得更加活跃。相反，在 0.1K 下原子的振动较弱，晶界活动很难进行，所以低温下塑性变形的主要机制是分位错从晶界释放并在晶界处被吸收。随着温度的增加，变形机制从位错的释放转变为位错和晶界活动共同作用机制。

同样对较为活跃的 GB35 晶界进行定量分析，不同温度下的晶界移动量如图 7-21 所示，图中 x 轴表示沿着不同位置分布的 GB35，y 轴表示应变。从图 7-21 中可以看出，随着温度的增加，GB35 变形范围逐渐增大。此外，还可以发现在较高的温度下，GB35 开始移动时的应变逐渐减小。根据式（7-13），晶界移动率和温度的倒数是指数关系，在较高的温度下，晶界的移动率较高。因此，当变形时的应变相同且较小时，GB35 在较高的温度下发生移动所需切应力较小，最终导致高温下优先移动。此外，在较小的曲率半径位置（y 约为 34nm），当温度达到 150K 时，该位置晶界移动量较大，随着温度的增加移动量减小。对比图 7-20 可以发现，分位错从晶界的释放形成 HCP 结构（应变为 3%～6%）会加速该晶界的移动，但当温度为 0.1K 时，尽管会有大量的位错释放，晶界移动仍然较小，这也说明了晶界活动受温度的影响较大。

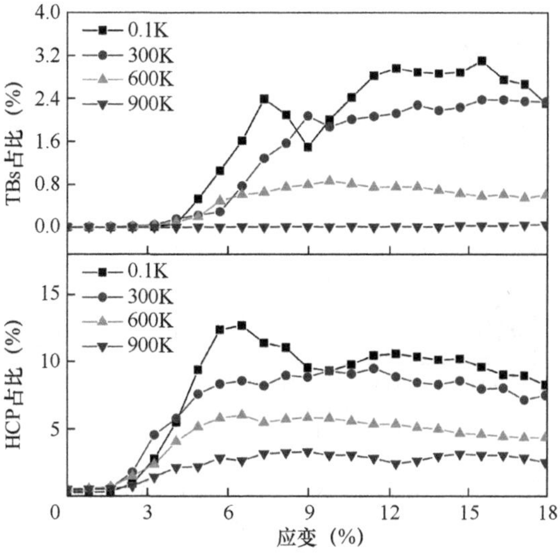

图 7-20　应变率为 $1\times10^{8}\,s^{-1}$ 时不同温度下 HCP（SFs 和 TBs）和 TBs 占比随应变的变化

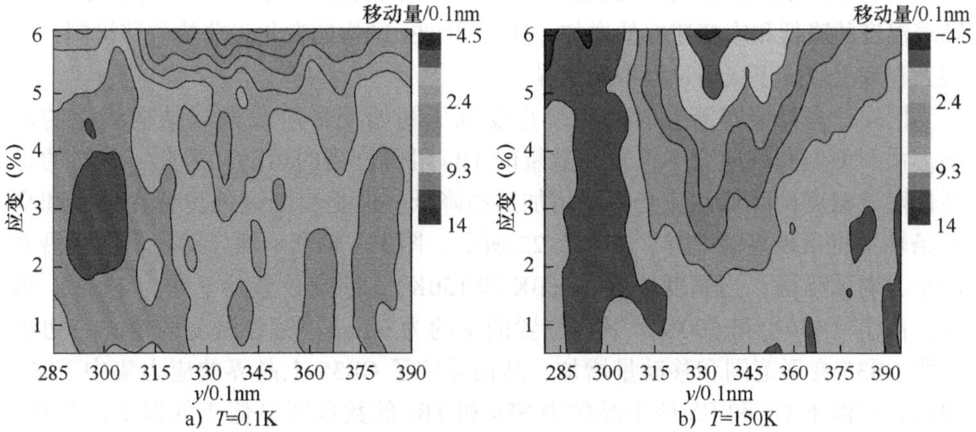

图 7-21　应变率为 $1\times10^{8}\,s^{-1}$ 时不同温度下 GB35 的移动云图（彩色图见插页）

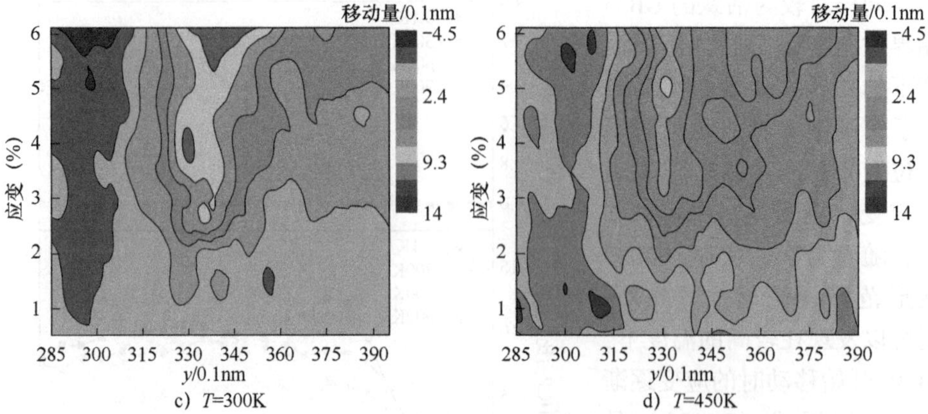

图 7-21　应变率为 $1\times10^8\ s^{-1}$时不同温度下 GB35 的移动云图（彩色图见插页）（续）

注：图中不同的颜色代表晶界的移动量。

7.4.4　晶界活动对力学特性的影响

从图 7-16 和图 7-17 中可以看出，微观结构的演化主要集中在 G3、G5、G7 和 G8 中，包括显著的晶界变形以及较高份数的 HCP（SFs 和 TBs），因此，这里对这四个晶粒进行深入的分析。晶界移动是依赖于热活动[46]，同时也受到应变率的影响，在较低的温度下依然可以看到微弱的变形。当温度较低和应变率较高时，晶界变形的范围以及相同应变下移动的量是很小的，这就导致了在晶界上产生较大的应力集中，从而在屈服开始时会从高应力的晶界处释放出大量的位错，特别在 0.1K 和 $5\times10^9 s^{-1}$条件下更是如此。因此，塑性变形通过位错的运动会产生较多的孪晶结构，这些结构反过来也阻碍分位错的运动，从而提高流变应力。随着温度的降低和应变速率的增加，HCP 和 TBs 结构的变化是非热位移机制，在很大程度上取决于变形过程中的晶界活动。

同样，多晶铜膜断裂时的应变也受到了初始变形阶段微观结构演化的影响。由于低温和高应变率下较高数量的 TBs 阻碍位错的运动，因此，材料的延展性随着温度的降低和应变率的增加逐渐降低。但是，断裂的位置在低温和高温条件下将出现显著差异，如图 7-22 所示，图中 x 轴和 y 轴分别表示铜膜沿着两个方向的坐标。当温度较低时（0K 和 150K），断裂位置的 y 约为 43nm，相反，高温（450K 和 600K）下该位置的 y 约为 60nm。随着温度的增加，初始阶段 GB35 变形范围和移动量增加，从而导致了 GB35 上晶界的应力集中下降。因此，高温下 G3 和 G5 两个晶粒中 SFs 和 TBs 的数量明显低于低温下的数量，但在其他晶粒中，如 G7 和 G8 中，SFs 和 TBs 的数量反而增加，主要是因为这两个晶粒的晶界相对于 GB35 来说移动量较低。因此，应力集中也较大。随着进一步拉伸，在 HCP 结构（SFs 和 TBs）和晶界的相互作用下，裂纹逐渐在该晶粒的晶界处产生。

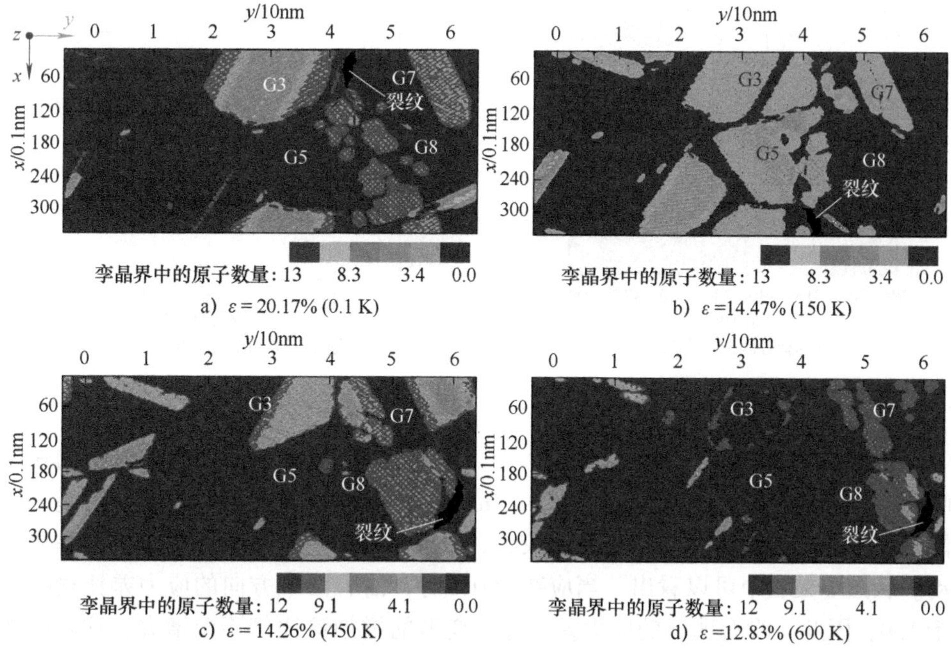

图 7-22　应变率为 $1\times10^{8}s^{-1}$时不同温度下 TBs 结构的分布及裂纹产生的位置（彩色图见插页）

注：图中不同颜色表示 TBs 中包含的原子数。

7.4.5　变形机制及影响晶界活动的因素

1. 晶界移动的驱动力

影响晶界变形的因素有很多，包括应变率、温度和晶界切应力差等驱动力。其中驱动力的种类有很多，根据晶界的类型和形状不同，可以分为直面晶界两侧的弹性能密度差[47, 48]、曲面晶界净晶界能[49]和曲面晶界的切应力[50]等。在这个研究中，发现晶界变形的驱动力是切应力差。通常曲面晶界的耦合会导致晶界移动伴随着晶界的旋转，但由于二维材料对旋转自由度的限制，因此，在这里不考虑旋转的驱动力。

图 7-23 展示了温度为 300 K 时，GB35 两侧沿着 x 方向的应力差分布，图中 x 和 y 分别表示不同位置的 GB35 以及应变变化。通过公式 $\frac{\sum S_{x+}}{N_{px}} \pm \frac{\sum S_{x-}}{N_{nx}}$ 进行计算，式中 S_{x+} 和 S_{x-} 为原子沿着 x 轴正向和反向的应力，N 为沿着 y 轴间隔为 0.5nm 范围内的原子数量，P_x为正方向，n_x为负方向。

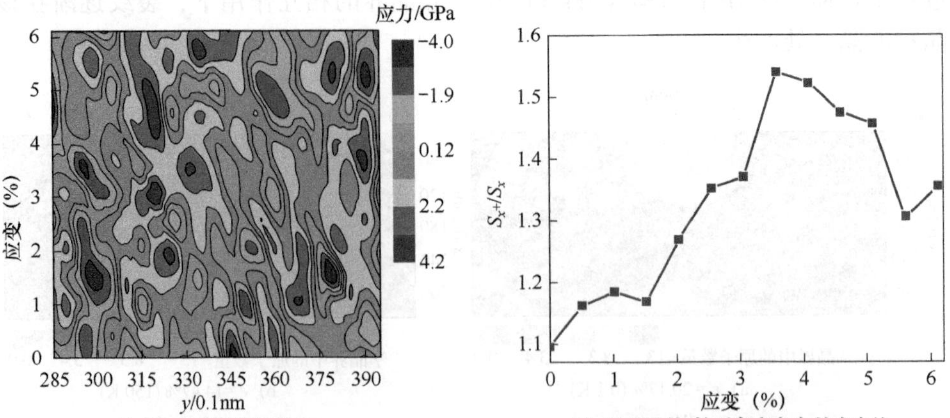

a）沿x方向应力差变化　　　b）原子沿着x轴正向和负向的应力比

图 7-23　应变率为 $1\times10^8 s^{-1}$，温度为 300K 时 GB35 晶界应力状态（彩色图见插页）

对比图 7-14a 和图 7-18a 可以看出，这两个晶界移动云图和应力差云图较为吻合。在较小曲率半径位置（$y\approx29.5$nm 和 $y\approx34$nm）出现较大的应力差，可能是因为晶界较为弯曲，耦合程度较大，较大的应力差也导致较大程度的晶界移动。从图 7-23b 中可以看出，当应变为 0% 时，沿着两个方向的应力差比例接近于 1.0，因此，没有明显的应力差。随着变形的增加该比例逐渐增大，这意味着沿 x 轴正方向的应力比沿着负方向的应力增大，从而导致 GB35 整体逐渐向 x 轴正向移动。当应变大于 3.5% 时，该比例逐渐下降，一方面是由于该曲面晶界逐渐变直，从而降低了相邻晶粒的耦合，另一方面，位错从晶界的释放也降低了两侧的切应力差。

2. 晶界变形机制

上面讨论了切应力差导致的晶界移动，但移动的具体机制没有详细讨论。在之前的研究结果中，晶界移动的主要机制是原子从一个晶格取向的晶粒扩散到另一个晶格取向的晶粒[51]，或者通过原子的缓慢移动来完成[52]。这些变形机制主要在高温或者塑性变形条件下发生，然而初始变形条件下曲面晶界的移动机制仍没有报道，下面对曲面晶界的变形机制进行详细讨论。

图 7-24a 给出了应变率为 $1\times10^8 s^{-1}$，温度为 300 K 时，GB35、GB78 和 GB56 晶界上的原子应力分布，图 7-24b 给出了初始变形阶段 GB35 的移动过程。从原子应力分布图中可以看到，对于曲面晶界 GB35 和 GB78，初始状态下晶界会出现明显的层片状结构。该结构包含了较多的低应力层（L_y）和高应力层（H_y），但在直面晶界 GB56 中，初始状态下并没有发现明显的层片状结构，原子在直面晶界上的分布较为混乱。

随着变形的增加，曲面晶界 GB35 的层片状结构逐渐消失，且原子排列也变得混乱。通过对晶界变形的观察发现，曲面晶界在初始变形阶段的移动方式是通过原子从相邻晶粒的 FCC 结构沿着（111）面向晶界进行扩散，而晶界上原来的原子逐渐向另一个相邻晶粒移动并变成了 FCC 结构。图 7-24b 中蓝色和红色原子为原始晶界，绿色的原子为新加入的原子。因此，在初始拉伸阶段，曲面晶界逐渐沿着（111）方向移动。随着晶界的进一步移动，晶界上的原子变得混乱并且晶界逐渐变得平直，随后该晶界的变形机制变成了原子的缓慢移动。但是，在曲面晶界 GB78 中并没有发现晶界的移动现象，其主要原因是在该晶粒中晶界的切应力差较小，难以驱动该曲面晶界的移动。

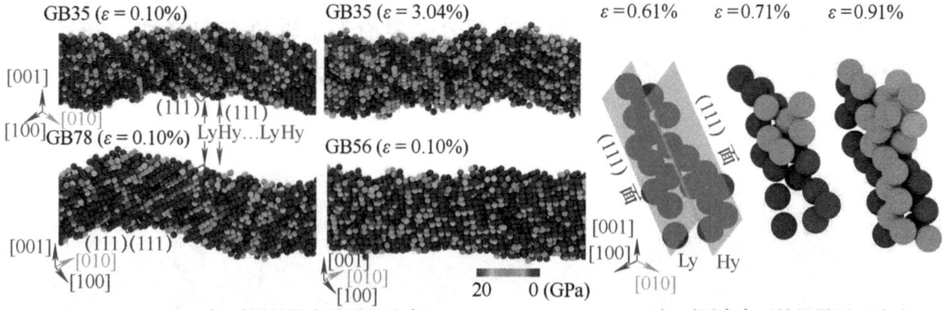

a）不同晶界上的原子分布　　b）不同应变下的晶界原子移动

图 7-24　三种晶界的原子应力分布以及 GB35 初始应变下晶界原子的移动（彩色图见插页）

注：图中蓝色和红色的原子分别为原来低应力和高应力的原子，绿色原子为从相邻晶粒移动到晶界的原子。

3. 晶界取向

如图 7-25 所示，GB37 和 GB58 均为平直的且沿着 x 轴分布的晶界，但两种晶界的变形行为截然不同，下面进行详细的讨论。当应变达到 2.0% 时，许多分位错从 GB58 释放，随后该晶界开始劈裂，随着进一步的变形，劈裂晶界的左侧部分逐渐向晶粒 G5 移动并逐渐消失。但晶界 GB37 并没有发生劈裂现象，为了深入理解该现象，对这两个晶界上沿着 y 轴方向的原子应力差分布以及晶界移动分布进行计算，如图 7-25 所示。对比两个晶界的应力差分布可以发现，随着应变的变化，两晶界应力差的变化相差不大，沿着 y 轴正向的应力大于沿着负向的应力，但两晶界的移动方向却相反，GB37 沿着 y 轴正向移动，而当应变大于 2.0% 时，晶界 GB58 沿着 y 轴负方向移动。

从之前的研究[53]中，可以得出晶界劈裂和移动行为依赖于切应力和取向差，发生劈裂的临界应力 τ_c 可通过下式计算：

$$\tau_c = 0.7D\omega \tag{7-16}$$

式中，$D = G/[2\pi(1-\gamma)]$；G 为切变模量（GB）；γ 为泊松比；ω 为取向差角度（rad）。

对于铜而言，$G = 48\text{GPa}$ 和 $\gamma = 0.34$[54]，GB37 的取向差角度为 $\omega = 0.7\text{rad} \approx 40.1°$，GB58 的取向差角度为 $\omega = 0.3\text{rad} \approx 17.1°$。代入式（7-16）计算得出两个晶界劈裂的临界剪切应力：GB37 为 5.7 GPa，GB58 为 2.4GPa。对比图 7-26a 和 c 可以看出，对于 GB58，当应变大于 2.0% 时，其晶界上分布的切应力差大于临界劈裂应力，但 GB37 中仅当应变达到 3.0% 时，才发现一个很小的区域内的切应力差达到临界值，大部分均小于该临界值，所以，很难在 GB37 中发生劈裂行为。此外，文献［53］也指出，当晶界的取向差较小时，发生劈裂的晶界倾向于沿着切应力相反的方向移动。从图 7-25 中可以看出，劈裂晶界的左半部分的取向差较小，从而导致后面的堆垛层错穿过该晶界并使得该晶界消失。因此，当劈裂发生时，取向差较小的左半部分晶界沿着 y 轴负方向移动，并且移动量较大，所以晶界 GB58 整体倾向于向 y 轴负方向移动。

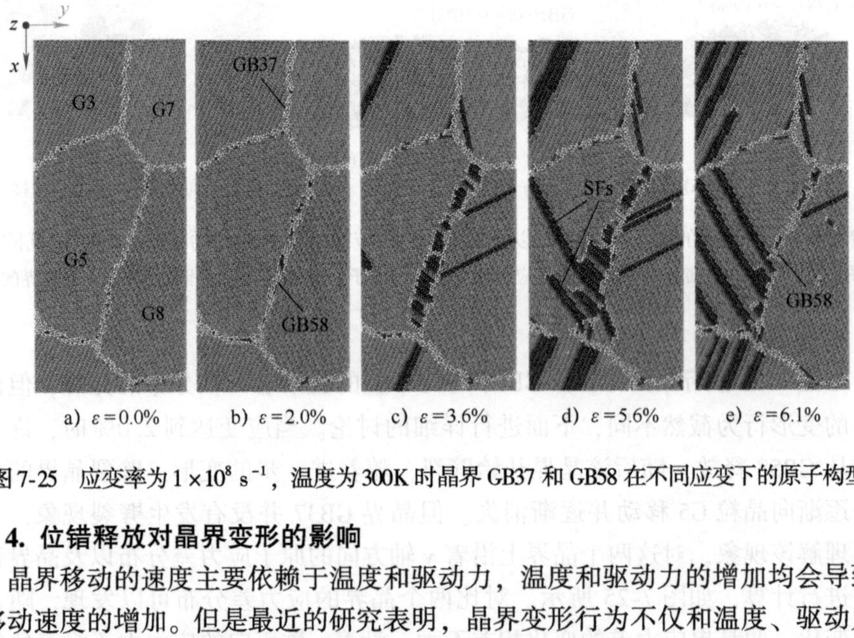

图 7-25　应变率为 $1\times10^{8}\ \text{s}^{-1}$，温度为 300K 时晶界 GB37 和 GB58 在不同应变下的原子构型

4. 位错释放对晶界变形的影响

晶界移动的速度主要依赖于温度和驱动力，温度和驱动力的增加均会导致晶界移动速度的增加。但是最近的研究表明，晶界变形行为不仅和温度、驱动力有关，还和晶界附近的缺陷有关，如堆垛层错[55]和孪晶结构[56]。从图 7-26 的晶界移动分布图中可以看出，当位错释放时，会加速晶界的移动。因此，应考虑 GB35 在不同温度下晶界整体移动量的平均值随着应变的变化。

从图 7-27 中可以看出，随着温度的增加，晶界整体移动量增加，并且晶界的移动可以分为阶段Ⅰ、阶段Ⅱ和阶段Ⅲ三个阶段，即初始移动阶段、SFs 加速阶段和 TBs 加速阶段。在阶段Ⅰ（应变在 0%~2% 之间），晶界的移动取决于温度，并且移动量是非常小的。当应变大于 2% 时，晶界移动进入阶段Ⅱ，在该阶段分位错从晶界释放，释放的分位错加速了晶界的移动，使得图 7-27 中的曲线的斜率增加。但阶段Ⅱ的范围在不同的温度下有所差异，如温度为 0.1K 和 150K 时，应变范围为 2.0%～4.5%，温度大于等于 300K 时，应变范围为 2.0%～4.0%，在该阶段晶界的移动仍然受到温度的控制。因此，当温度较高（450K 和 600K）时，阶段Ⅰ和阶段Ⅱ的斜率差距不是很大。在阶段Ⅲ，从图 7-26 可以看到，TBs 的数量逐渐增加，这些 TBs 对晶界的移动产生较大的影响，但随着温度的增加，晶界移动速度（曲线的斜率）逐渐减小，其主要原因是当温度增加时，在晶粒 3 和晶粒 5 中的孪晶界较少，并且在高温下 GB35 晶界的应力差也较小，虽然高温使得晶界的移动速度增加，但相比于阶段Ⅱ，在较高的温度（450K 和 600K）下，晶界的速度反而下降。在 0.1K 和 150K 时，晶界在阶段Ⅲ的移动速度大于在阶段Ⅱ的速度，在 300K 时，两个阶段的速度相差不大。因此可以得出，在塑性变形阶段，随着温度的增加，晶界的移动速度由受到 SFs 和 TBs 影响转变为受温度控制。

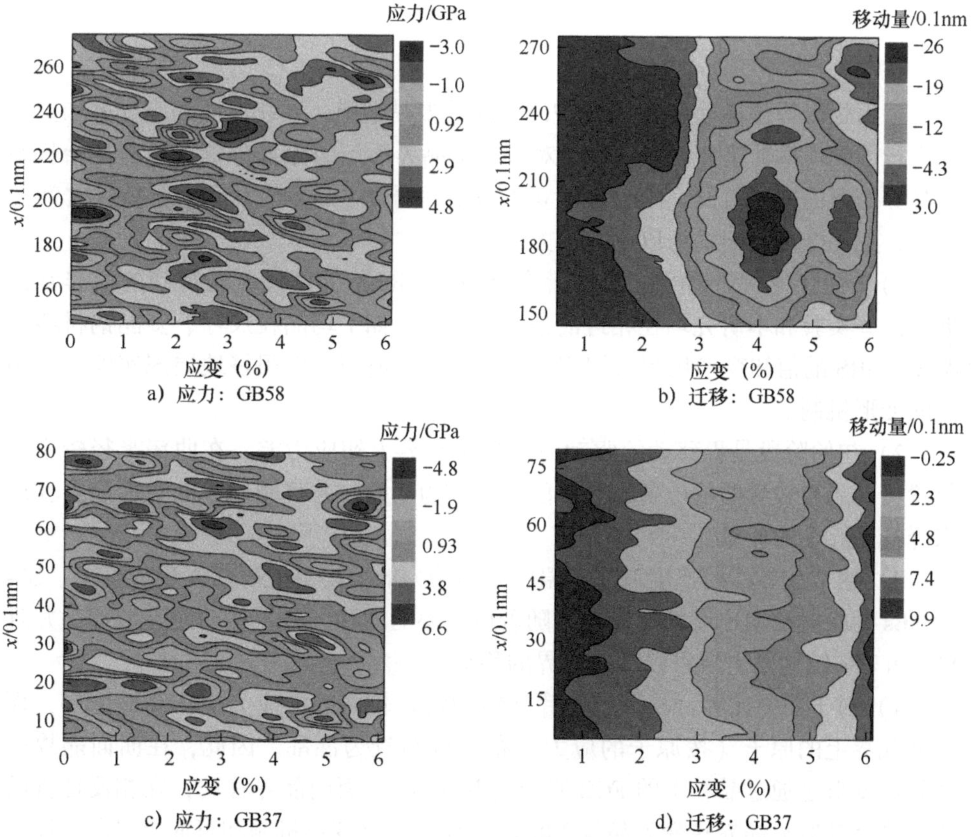

图 7-26 应变率为 $1\times10^{8}s^{-1}$，温度为 300K 时晶界 GB58 和 GB37 上的切应力差分布以及两个晶界移动量的分布（彩色图见插页）

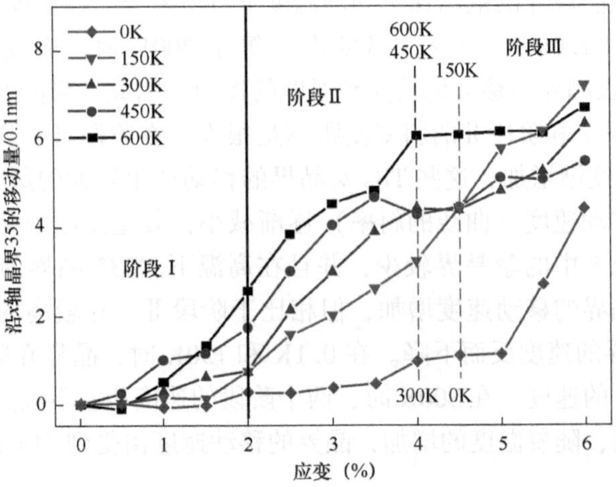

图 7-27 应变率为 $1\times10^{8}s^{-1}$时，不同温度下 GB35 晶界的平均移动量随应变的变化

7.4.6 小结

采用相场构建了晶粒尺寸为 17.84nm 的多晶铜膜，并在不同的应变率和温度下进行了 MD 单轴拉伸模拟。通过对铜膜中晶界活动的深入分析，得出初始状态下晶界变形的主要机制，同时也建立了该多晶铜膜中晶界活动和力学特性之间的关系，主要结论可归纳为以下几个方面：

1）通过拉伸变形得到的应变率敏感率（SRS）的值和实验得到的值非常接近，这些实验和本研究均在相近的条件下进行，如平均晶粒尺寸、多晶铜材料及温度，SRS 的值和变形机制密切相关。因此，该模型可以很好地展现实验中多晶铜的变形机制。

2）初始阶段晶界移动的驱动力依赖于晶界上切应力差，在曲率半径较小的位置，即晶界较弯曲的位置，晶界的移动较为明显，并且倾向于向直面晶界变形来降低晶界上的能量。

3）通常晶界移动速度取决于温度和驱动力的大小，但研究发现应变率、SFs 和 TBs 结构对移动速度均有影响。随着应变率的增加，晶界移动速度增加，并且 SFs 和 TBs 结构的出现可以加速晶界的移动。

4）对于曲面晶界，易形成层片状结构包含较多的低应力层和高应力层，而直面晶界上的原子（按原子的应力排布）分布较为混乱。因此，在曲面晶界中初始的变形是通过晶粒 1 的 FCC 原子沿着（111）面向晶界移动，在相反位置的原子会逐渐脱离晶界转变为晶粒 2 的 FCC 原子，该变形机制和直面晶界通过原子的缓慢移动变形完全不同。随着变形的增加，曲面晶界逐渐转变为较直的晶界，并且晶界上的原子分布较为混乱，随后变形机制也转变为原子的缓慢移动。

5）晶界活动对材料力学特性的影响是通过改变 HCP（SFs 和 TBs）结构的数量和分布来实现的。随着应变率的增加和温度的降低，晶界活动逐渐减小，从而导致晶界上的应力集中较大。随后大量的位错从晶界释放，并形成较多的 TBs 结构，TBs 可以阻碍分位错的运动，从而提高材料的流变应力。在不同的温度下，材料的断裂位置截然不同。在较高的温度下，晶界初始变形量较大，从而降低了应力集中，但随着变形的增加，在其他位置上的应力集中增加，从导致大量位错的释放形成 HCP 结构，HCP 结构和晶界的相互作用导致裂纹的产生。

7.5　不同晶粒尺寸的三维多晶铜变形机制

7.5.1　引言

前面针对简单的二维多晶铜模型，定量地分析了晶界活动及其对力学特性的影响。对于三维多晶模型，其结构更加复杂，其晶界包括了晶面、三角连接处以及顶点，并且晶粒的自由度并没有像二维材料那样受到限制，因此，很难通过实验研究晶粒内部的微观结构演化状况。早在 20 世纪中叶，平均晶粒尺寸在 1 ~ 100nm 之间的纳米金属材料因具有良好的力学性能而受到了广泛的研究，但当晶粒尺寸下降到临界值以下时，晶界数量急剧增加，从而引起材料的软化行为[57, 58]，为了了解其中的物理机制，人们对纳米金属材料中的晶界活动，包括旋转、移动和变形进行了深入的研究[59-61]。然而多数研究中模型的构建采用简单的几何结构，限制了晶界活动在特定的条件，如高温或者人为构造的切应力下发生的情况。对于真实的多晶体系，不规整的晶界导致晶界活动通常会出现耦合。因此，有必要采用更加真实的模型，定量地分析变形过程中的晶界活动。尽管如此，这些研究仍为认识晶界活动的机制及对力学特性的影响奠定了基础，但研究中仍有一些不足之处，可归纳为以下几点：

1）通常泰森多边形方法被广泛应用于构建三维多晶模型，但在该模型中晶面是直面，从而降低了相邻晶粒之间的耦合，导致在变形过程中一些晶界活动的出现受到了限制。

2）通常对晶界活动的模拟主要集中在高温下，研究晶界移动的阿伦尼乌斯关系。在高温下晶界活动较为明显，并且驱动力为热动力而不是变形过程中所产生的纯切应力。因此，很难建立晶界活动和力学特性之间的关系。

3）多晶材料塑性阶段变形研究广泛包括位错的释放[62]、塑性阶段晶界局部应力[63]及晶界蠕变模型[64]等。晶界作为连续的“网络”将分散的晶粒内部连接在一起，然而较少有研究分析弹性阶段晶界活动和晶粒内部之间的相互作用，因为弹性变形阶段的晶界活动极其微弱，很难在现有的简单模型中出现。

4）受到实验设备和技术的限制，很少有通过实验对晶界活动进行定量的分析[8]，特别是弹性阶段的晶界活动。因此，对于没有空隙和缺陷的理想多晶金属材料，仍没有建立晶界活动和力学特性之间的关系。

鉴于此，作者采用相场法构建平均晶粒尺寸为6.5~18.8nm的三维多晶铜，通过MD在300K及应变率为$1\times10^8s^{-1}$下进行拉伸模拟，并通过之前编写的晶界分析算法对变形初始阶段的晶界活动进行定量分析，从而建立三维多晶材料的晶界活动和力学特性之间的关系，并定量地分析出现反H-P现象的原因。此外，还对不同模型的弹性阶段的变形在较小的输出步长下进行模拟，分析弹性阶段的晶界活动及力学特性，并和之前的理论研究进行对比，从而定量地分析在不同晶粒尺寸的模型中弹性模量出现差异性的原因。

7.5.2 力学特性及晶界活动分析

图7-28a和b分别给出了300K时不同模型单轴拉伸的应力-应变曲线，以及不同模型的平均流变应力、弹性模量以及屈服强度。其中弹性模量为小于0.5%应变曲线的斜率，平均流变应力为5%~10%的平均应力值，屈服强度通常是描述塑性变形的开始，定义为应变偏离线性曲线0.2%时的应力[6,7]。300K下弹性模量的变化范围为70~110GPa，该范围和之前通过实验[27]以及模拟[7]得到的结果相似。从图7-28b中可以看到，随着晶粒尺寸的减小，三种力学特性均先升高后逐渐降低，三维多晶铜出现了明显的反H-P现象，并且H-P转变的临界晶粒尺寸约为14nm，该值和之前通过实验[44]、理论分析[65]和模拟[66,67]对多晶铜研究所得到的结果（临界晶粒尺寸为10~15nm）一致。因此，可以通过对模拟结果进一步分析来探究三维多晶铜的变形机制。

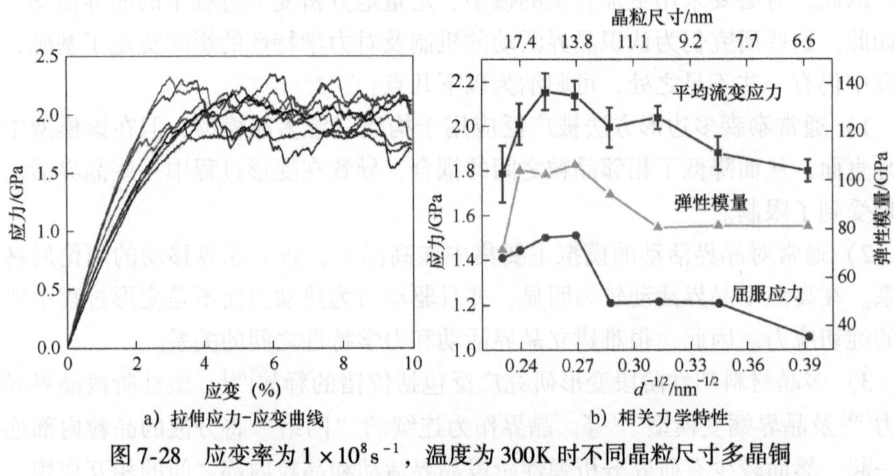

a）拉伸应力-应变曲线　　b）相关力学特性

图7-28　应变率为$1\times10^8s^{-1}$，温度为300K时不同晶粒尺寸多晶铜拉伸得到的应力-应变曲线与典型力学特性

注：图a中曲线对应的晶粒尺寸为6.5~18.8mm。

通过上面的研究发现，不规整的晶界容易产生变形，从而改变晶界上的应力集中，并且不规整的晶界会出现耦合变形活动，如滑移过程必然导致晶粒的旋转。因此，首先对该三维晶界变形过程中的晶界活动进行观察，发现了明显的晶界移动和旋转，而且初始变形阶段三维晶界的移动方式和二维晶界的移动是相同的，曲面晶界中原子的应力分布中也包含了很多层片状的结构（$L_y \cdots H_y$），但直面晶界中并没有发现该结构。因此，曲面晶界的移动分为两个步骤完成：①晶粒 1 的 FCC 原子沿着（111）面向晶界移动，晶界对立侧的原子逐渐脱离晶界转变为晶粒 2 的 FCC 原子；②随着变形的增加，曲面晶界逐渐转变为直面晶界并且晶界上的原子分布混乱，那么移动方式就变成了原子的缓慢移动。但相比于二维模型，三维模型没有限制晶粒的旋转自由度，曲面晶界的移动过程中可能会伴随着晶粒的旋转。

因此，通过上面的晶界定量分析算法（GBAA）对其中一个晶界的初始变形（应变为 0%~6%）进行全面的分析，分析结果如图 7-29 所示。通过 GBAA 分析后，晶界的变形对应拟合平面的拟合优度（R－squared）的变化，晶界的旋转则对应拟合平面的拟合系数（a_0 和 a_1）的变化，晶界的旋转通常是和晶粒的旋转相互关联。图 7-29a 展示了原始的晶界的轮廓和通过移动最小二乘法拟合后的变形晶界轮廓，可以看出初始变形阶段出现了明显的晶界活动，该曲面晶界在应变从 0% 增大 3.02% 时逐渐变得平直。通过图 7-29b 中的变形量分布图可以看到晶界上的变形量较大，图中不同的颜色表示相对于原始位置（应变为 0%）晶界的变形量。图 7-29c给出了拟合优度和拟合系数随着应变的变化，这些参数定量地反映了晶界变形的量。可以看出随着应变的增加，R－squared 逐渐增大，这就意味着拟合平面和晶界的拟合程度较高。因此，晶面逐渐变得平直。此外，和拟合平面法向量对应的拟合系数波动也较大，那么在晶界变形的过程中也出现了晶界的旋转，三维模型中晶界耦合活动现象和 Upmanyu 等[68]及 Cahn[69]的研究结果一致。

7.5.3　弹性阶段变形分析及晶界波动模型的提出

相比晶粒内部（GIs），晶界包含了松散分布的原子、杂质和微孔，因此，晶界所表现的力学特性和晶粒内部是不同的[64]，并且晶界通常作为位错的释放位置，导致了它的塑性变形行为要先于晶粒内部发生。在多晶材料中，晶粒内部可以看作是不连续的许多“孤岛”，而晶界则是连续的网格。因此，在弹性变形阶段，晶界的响应速度高于晶粒内部。Meyers[23]等指出晶界的响应主要是通过提高晶界位错密度和发生黏塑性行为。Meyers[21]等和 Benson[70]等依据晶界和晶粒内部不兼容的应力将屈服前的变形分为三个阶段：

第一阶段，相邻晶粒所表现的不同的弹性响应导致晶界位置产生不兼容的应力，从而导致晶界的应力高于晶内的应力（$\sigma_{GB} > \sigma_{GI}$）。因此，晶界先经历了流变塑性变形。

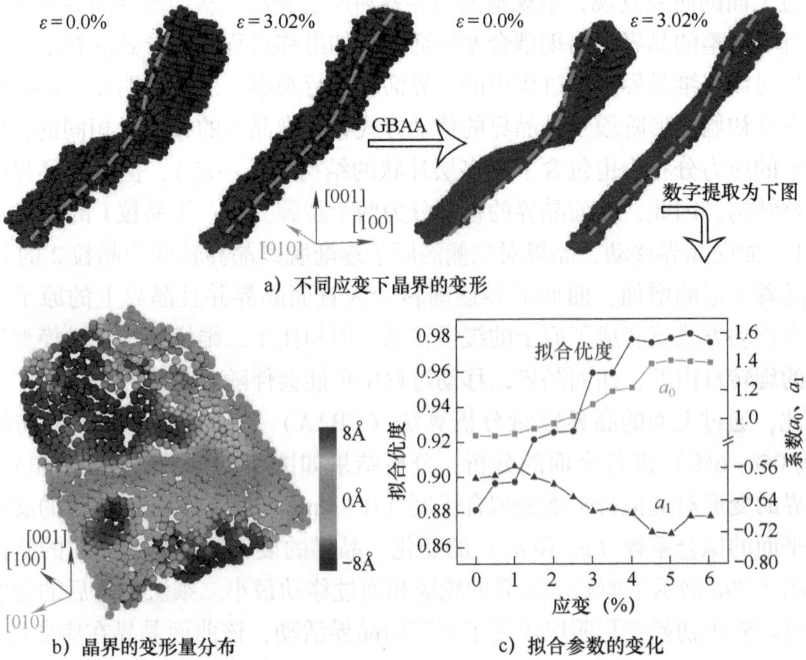

图 7-29　18.8nm 模型中曲面晶界的变形及拟合参数的变化（彩色图见插页）

第二阶段，晶界的流变可以释放应力集中，几何上的调整使得产生的位错释放应力的变化，但这些位错仍然不能从晶界释放到晶内，主要是因为取向差，以及弹性不兼容性引起的应力集中不足以使得位错向晶内滑动。

第三阶段，当晶内应力（σ_{GI}）、晶界应力（σ_{GB}）以及施加的载荷（σ_{AP}）相同时，晶内和晶界的不兼容性消失，位错通过晶界释放到晶内，材料出现宏观的屈服行为。

从 7.5.2 小节的晶界变形分析中可以看出，在屈服发生前晶界发生了明显的变形，这一节根据 Meyers 的理论对晶界和晶内的不兼容性进行分析。

1. 弹性阶段晶界和晶内不均匀变形

为了分析晶界和晶内屈服前的不兼容性，分别计算了不同晶粒尺寸的模型中晶界和晶内应力的变化，结果如图 7-30a ~ e 所示。图中插图为观察到的位错首次从晶界释放到晶内的原子构型图。图 7-30f 给出了在不同模型中，当 $\sigma_{GB}=\sigma_{GI}$ 以及位错首次释放时对应的应变值。尽管从这些应力变化中不能看到晶内和晶界不兼容性的产生过程，但在屈服发生前晶内和晶界的应力差和 Meyers 模型的前两个阶段一致。晶界和晶内的不同应力代表了不同的变形行为，通过观察原子构型图可以看到，在前两个阶段晶界出现了微变形。从图 7-30d 中也可以看出，当变形达到第三个阶段时两部分应力相同，并且分位错从晶界向晶内释放，从而在晶内形成 SFs，在图 7-30f 中不同模型中两个应变的数值非常接近。因此，第三个阶段的变形行为和上面的理论模型也一致。此外，还可以观察到随着晶粒尺寸的降低，这两种应变逐渐下降，并在 13.8 nm 模型中达到最低，随后开始增加。

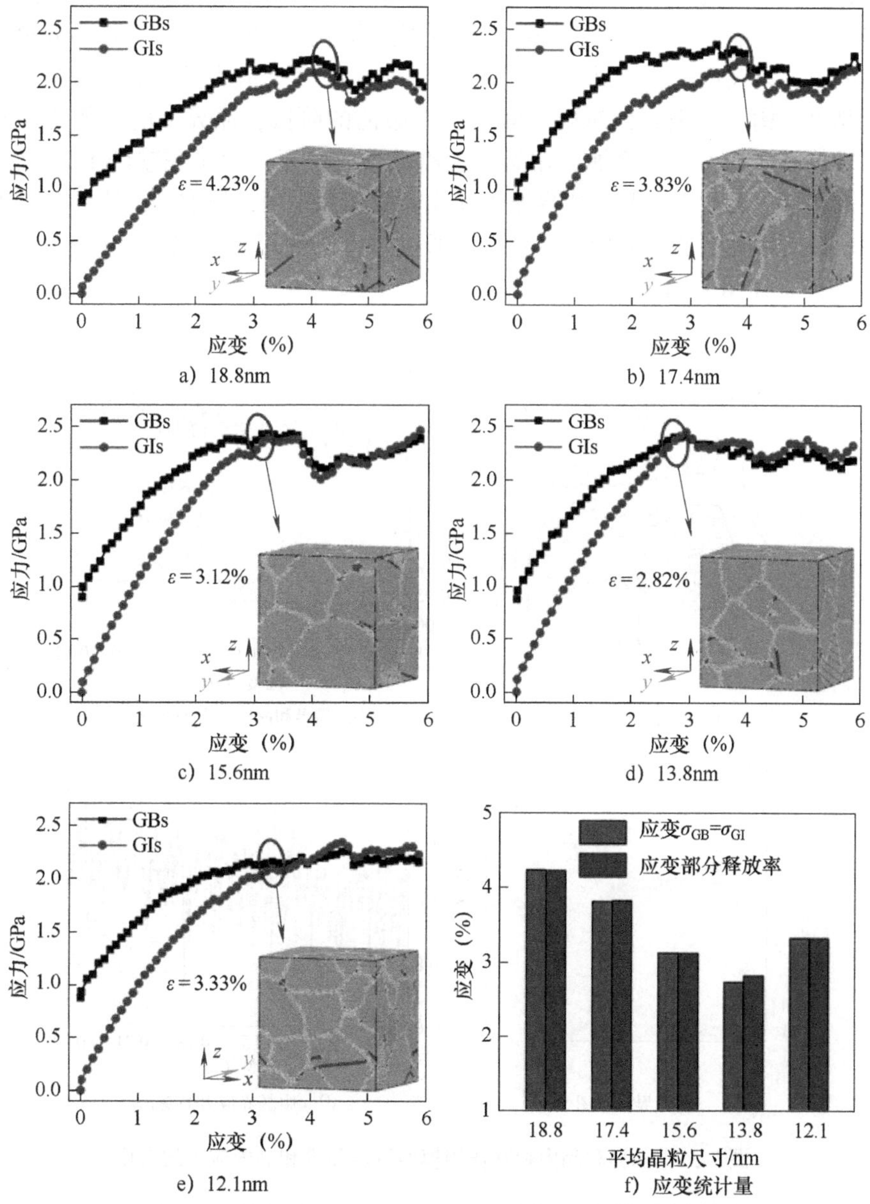

图 7-30　不同模型中晶界应力和晶粒内部应力随着应变的变化

2. 弹性阶段晶界和晶内相互作用模型

前面的讨论中，可以得到屈服前晶界和晶内的变形行为与 Meyers 的理论模型一致，但是对两部分应力不兼容性以及不均匀变形消失的机制并没有给出详细的结论。在前两个阶段，晶界应力大于晶内应力，从而引起两部分的应力差出现，并且在该阶段混乱的晶界原子导致晶界微观变形更加容易。晶界作为连续的网格将分离的晶内部分整合在一起，在变形过程中连续的晶界可以传递分离晶内之间的力，以及调节相邻晶粒之间的变形。所以，考虑应力差、晶界微塑变以及连续晶界结构三个因素的影响，假定在屈服前的阶段，晶界上的力能传递到晶内，导致晶内的力逐渐增加。在晶内远离晶界的位置，由于完整的 FCC 结构使其很难变形，然而由于晶内边界原子和晶界的相互作用，导致晶内边界原子的对称性较低。因此，假定晶内和晶界之间通过一个刚性矩阵（***k***）和一个阻尼矩阵（***c***）连接，如图 7-31a 所示。

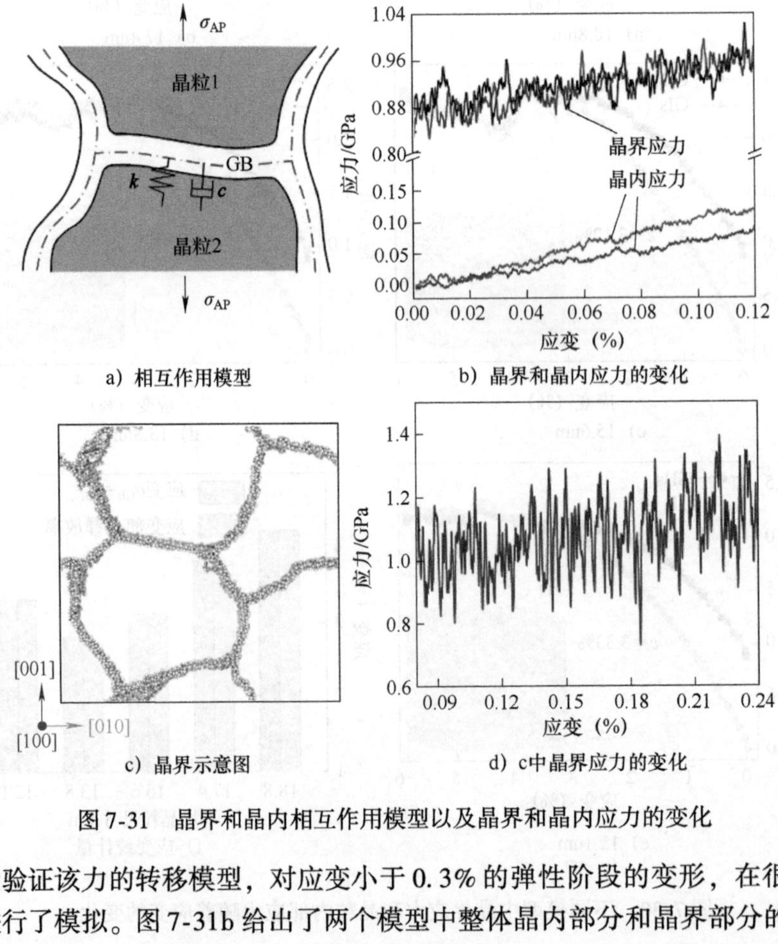

图 7-31　晶界和晶内相互作用模型以及晶界和晶内应力的变化

为验证该力的转移模型，对应变小于 0.3% 的弹性阶段的变形，在很小时间步下进行了模拟。图 7-31b 给出了两个模型中整体晶内部分和晶界部分的应力随着应变的变化，晶界的应力在较大的范围内波动，但是晶内应力的变化看起来像直线一样并没有较大的波动。为了更进一步了解晶界应力的变化，在 15.6nm 的模型中任意提取了一片厚度为 1nm 的晶界层并计算了应力的变化，如图 7-31c 和 d 所示，可以看出晶界的应力表现出近似周期性的波动，应力中包含了较多的“微弹性”和“微塑性”阶段。当应力达到一个临界值后，微塑性开始发生，并释放了应力集中[21]，然而微塑性发生的临界应力将逐渐增加，主要是因为晶界的变形改变了晶界的几何形状以及取向关系。晶界应力通过模型中的刚性和阻尼矩阵使晶内应力逐渐增加，但在晶界发生微塑性时，晶界应力并没有出现明显的下降，主要是晶内的原子的对称性较高。因此，在弹性阶段微塑性很难在晶内发生，从而导致晶内的应力无法释放，反而使该应力逐渐增加并呈现出近似线性的变化行为。

Rey[71]等的理论研究表明，晶界通常被认为是多晶材料内部产生应力的来源。为了进一步了解晶内和晶界之间的相互作用，计算了图 7-31c 中一片晶界和晶内的应力分布，结果如图 7-32 所示。图 7-32a 展示了图 7-31d 的放大图，图 7-32b对应了图 7-32a 中的 B 和 C 两点晶界的微塑性，图 7-32c 为对应图 7-32a 中 $A \sim D$ 四个点的晶界和晶内应力分布。从应力分布图中可以看到，高应力区域主要集中在晶界附近，并且该应力的分布和 Lebensohn[72]等的研究中的米塞斯应力分布相近。通过仔细对比不同应变下的应力分布可以发现，当应变从点 A 增加到点 B 或者从点 C 增加到点 D 时，晶内的高应力区域增大。当应变达到点 B 时，晶界的微观塑性发生并导致晶界的应力逐渐下降到点 C。对比图 7-32b 中的灰白色晶界放大图，可以明显地看到晶界的变形。但应变从点 B 到点 C 时，晶内的应力并没有出现明显的变化。所以，晶内增加的应力并没有像晶界应力那样被释放掉，而是保存在晶内中。此外，通过对比点 A 和点 C 的应力分布，可以发现应变在 C 点时，晶内的高应力区域变得更大，这就意味着在晶界应力的一个周期内，晶界的微弹性会使得晶内的应力增加，但晶内的应力增加量和晶界的应力并不相同，主要是因为两个部分的相互作用中间隔阻尼矩阵。因此，晶界上的应力不可能完全传递到晶内，这也符合上面假设的理论模型。从这些现象中可以得出：在初始变形的前两个阶段，晶界和晶内相互依存，晶界给晶内提供了额外的应力，晶内给晶界微塑性变形提供空间和变形所需要的原子。

3. 不同晶粒尺寸下弹性模量定量分析

除温度外，影响纳米多晶的弹性模量因素较多，如晶界形状[73]、平均晶粒尺寸[7]及孔隙率[44]等。最近，Gao[74]等对多晶铜的晶界和晶内的弹性变形特性进行了研究，结果表明，相比于晶内，晶界会在弹性阶段产生局部变形，从而使晶界的弹性模量比晶内的弹性模量的 30% 还小，弹性模量主要由晶内的应力所决定。多晶体系内整体的弹性模量可通过下面的公式进行计算：

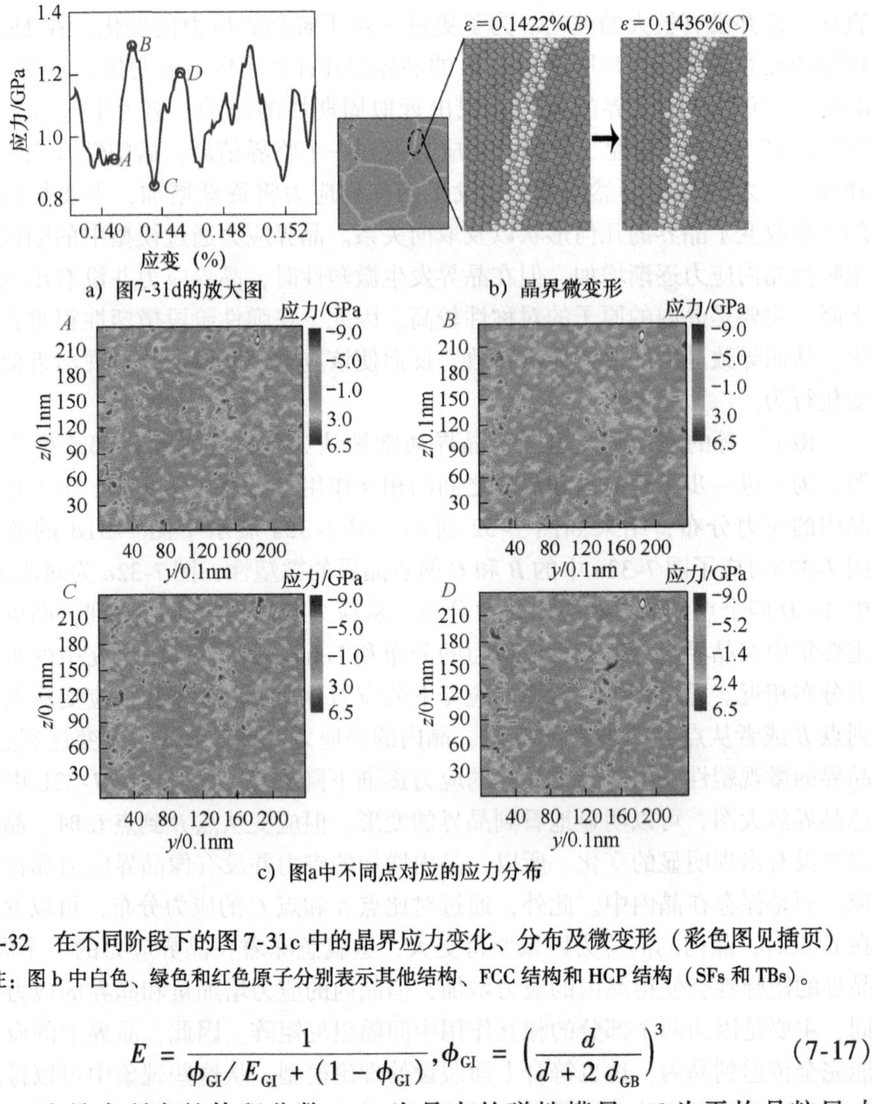

图 7-32　在不同阶段下的图 7-31c 中的晶界应力变化、分布及微变形（彩色图见插页）

注：图 b 中白色、绿色和红色原子分别表示其他结构、FCC 结构和 HCP 结构（SFs 和 TBs）。

$$E = \frac{1}{\phi_{GI}/E_{GI} + (1-\phi_{GI})}, \phi_{GI} = \left(\frac{d}{d + 2d_{GB}}\right)^3 \quad (7\text{-}17)$$

式中，ϕ_{GI} 为晶内所占的体积分数；E_{GI} 为晶内的弹性模量；d 为平均晶粒尺寸（nm）；d_{GB} 为晶界的厚度（nm）。Gao[74] 等的研究表明，整体的弹性模量随着晶粒尺寸的下降而降低。

从前面的讨论中可以得出，一个波动周期内弹性阶段的晶界应力将使晶内应力增加。所以，晶界曲线的斜率受到晶界应力的波动频率影响较大。图 7-33 和图 7-34 分别给出了沿着 x 轴和 y 轴的晶界应力和应力平均值之差的快速傅里叶变换（FFT），图 7-33a 和图 7-34a 均表示不同晶粒中沿着两个方向选择的一个晶界层的 FFT 变换，从曲线中可以明显地看到晶界应力波动的主频。因此，对不同模

型沿着 x 轴和 y 轴的晶界，按照厚度为 1 nm 进行选择并计算 FFT，所得到波动的主频如图 7-33a 和图 7-34a 所示。随后对两个方向不同层片晶界的主频进行了平均值计算，结果如图 7-33c 和图 7-34c 所示，可以看出随着晶粒尺寸的下降，x 轴和 y 轴的主频均先增加后下降，并在晶粒尺寸为 13. 8nm 的模型中达到最高点。因此，在 13. 8nm 的模型中晶内应力增加的斜率大于其他模型，从而导致在该模型中的弹性模量比其他模型高。在图 7-30f 中，对于 13. 8m 的模型，当晶界应力和晶内应力相同时，位错从晶界释放到晶内的应变也是最小的，主要是因为在该模型中晶界应力波动的频率大，所以导致晶内应力增加较快，从而在较短的应变内两个部分的应力相同。

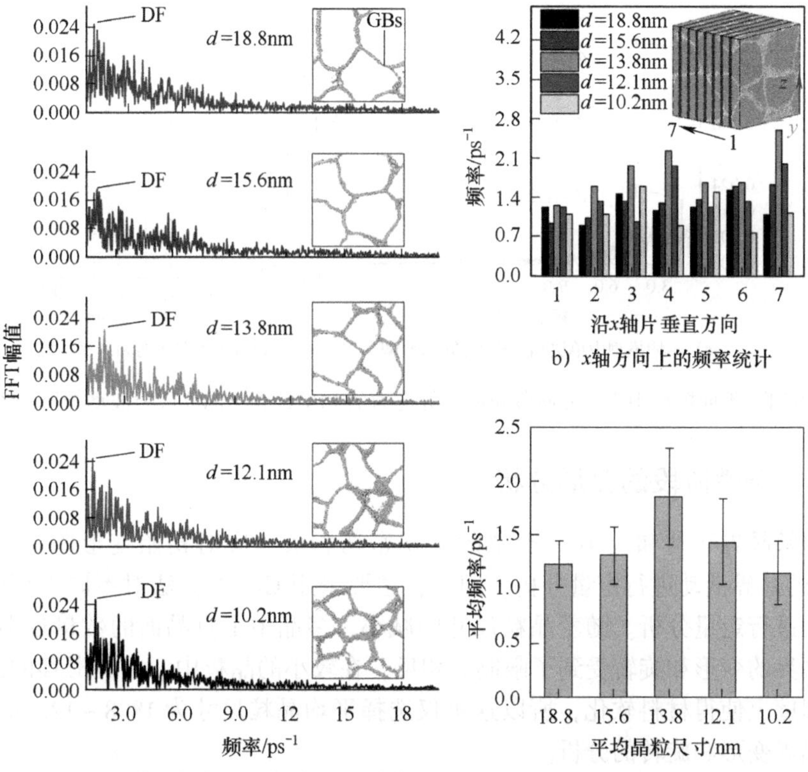

a）不同模型中单层晶界应力的FFT计算　b）x轴方向上的频率统计　c）y轴方向上的频率平均值

图 7-33　不同模型中沿 x 方向分布的晶界应力的 FFT 计算与晶界应力波动频率的统计

此外，还可以看出，在 12. 1nm 的模型中，晶界应力波动的主频略高于 15. 6nm 的模型中的应力波动，但其弹性模量却低于 15. 6nm 的弹性模量，主要是因为随着晶粒尺寸的下降，晶界数量逐渐增加，导致晶体的致密性下降，并且在较小的晶粒中，直面晶界的数量上升，导致晶粒之间的耦合将减小。

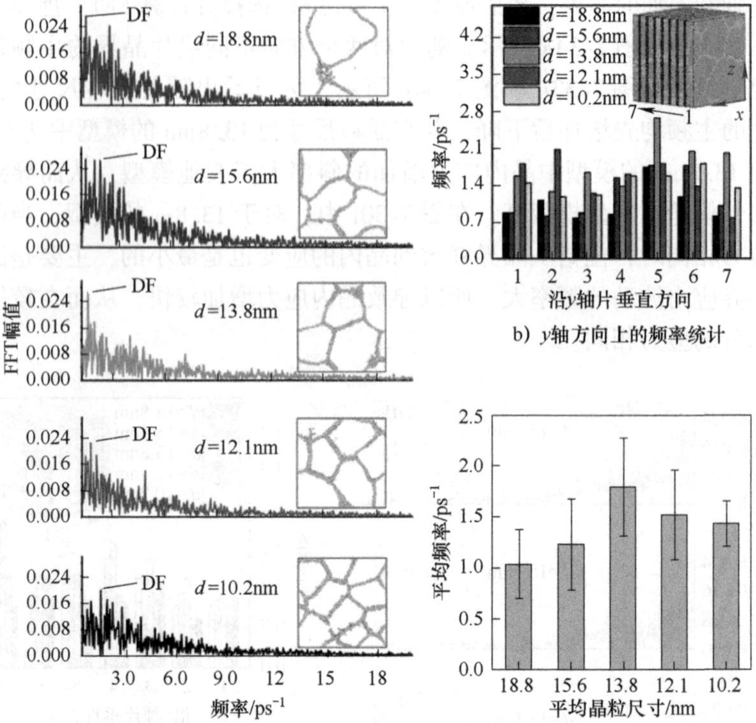

a）不同模型中单层晶界应力的FFT计算

b）y轴方向上的频率统计

c）y轴方向上的频率平均值

图 7-34　不同模型中沿 y 方向分布的晶界应力的 FFT 计算与晶界应力波动频率的统计

7.5.4　塑性阶段的变形分析

通常晶界活动和反 H-P 现象的出现密切相关，应对初始变形阶段（0%~6%）的晶界活动进行定量分析。因此，主要采用 GBAA 算法对不同模型中的晶界活动进行定量分析。随着晶粒尺寸的减小，多晶中平直晶面的数量逐渐增加，导致晶界的变形和旋转受到了限制。相反，在较小的晶粒中，晶界滑移的出现在很大程度上使得材料软化，所以这里仅选择平均晶粒尺寸为 18.8~12.1nm 模型进行晶界变形和旋转的分析。

1. 晶界活动定量分析

图 7-35a~e 给出了不同模型中晶界变形参数随着应变的变化。由于模型中所包含的晶界数量较多，因此，这里只显示该参数变化较大的晶界。随后对变化量 ΔR^2 大于 0.03 的晶界进行统计，最终得出不同模型中晶界变形分数，如图 7-35f 所示。从图 7-35a~e 可看到，大多数 R^2 随着应变的增加而增加，特别是较为弯曲的晶界，这就意味着多数晶界向直面晶界进行变形。其原因主要是曲面晶界的混乱原子数多于直面晶界，从而导致相同的取向差下曲面晶界的晶界能高于直面晶界的

晶界能。所以，该晶界的演化行为可以降低晶界能量。随着变形的增加，晶界的变形更加困难，从而导致晶界微塑性的临界应力增加，7.5.3 节中也提到这个现象。

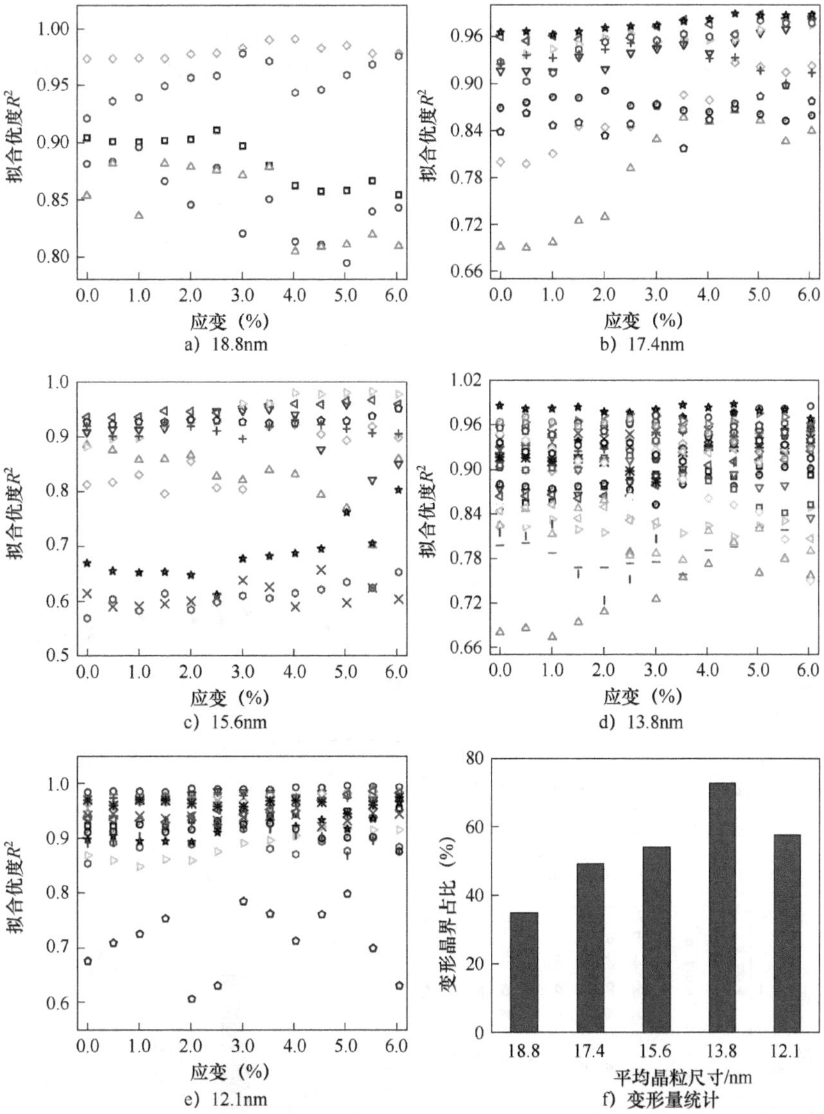

图 7-35　不同模型中不同晶界的晶界变形参数随着应变的变化与不同模型中较大的变形晶界（$\Delta R^2 > 0.03$）占比的统计

从图 7-35f 中可以看出，随着晶粒尺寸的降低，变形晶界占比逐渐增加，并在晶粒尺寸为 13.8nm 的多晶模型中达到最大，随后开始降低。这主要是因为在屈服前，在 13.8nm 的模型中晶界应力的频率较高。因此，该阶段就包含了很多的微塑性行为，屈服前的微塑性变形总和以及塑性阶段的变形最终导致在该模型中变形晶界占比最大，并且塑性阶段位错的释放也会加速晶界的变形，后面将会看到在该模型中，流变阶段所包含的分位错也是最多的。同样对晶界的旋转进行了分析，图 7-36a～e 给出了不同模型中晶界旋转参数（a_0和 a_1）随着应变的变化，随后对变化量Δa_0和Δa_1大于 0.03 的晶界统计数据，最终得出不同模型中旋转晶界占比如图 7-36f 所示。

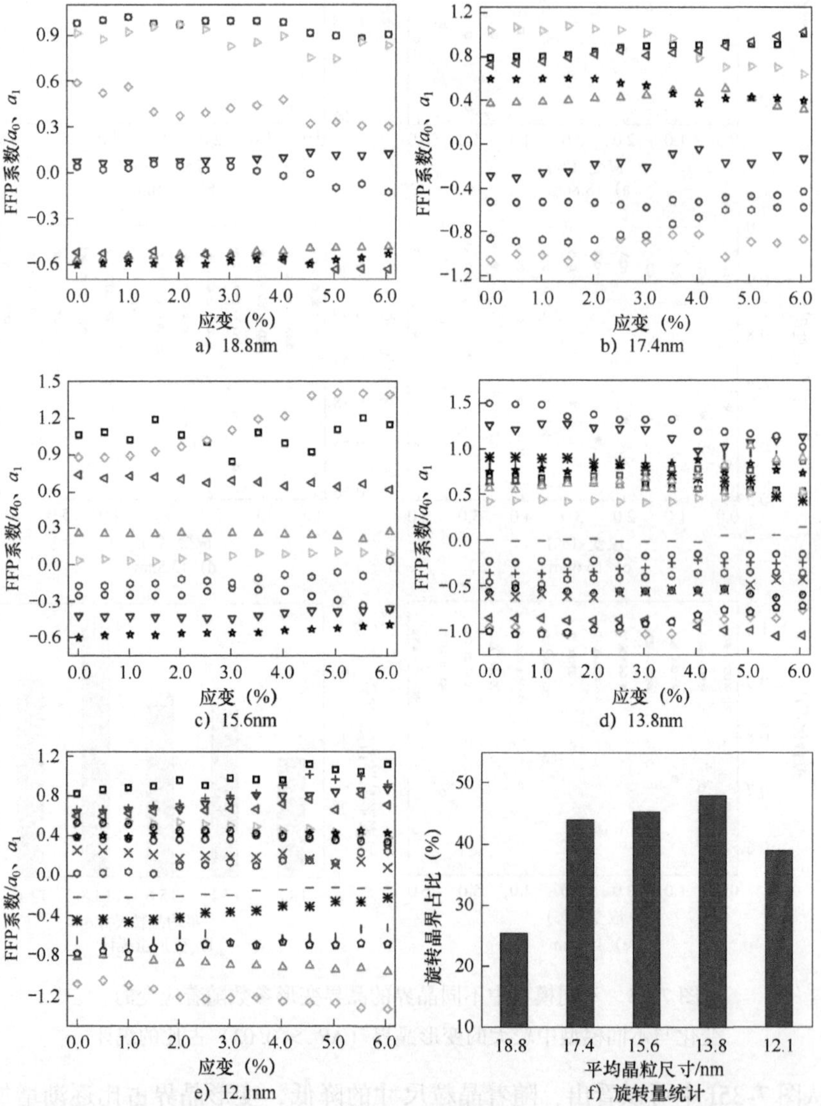

图 7-36　不同模型中不同晶界的拟合晶面系数（a_0和 a_1）随着应变的变化与不同模型中较大的晶界旋转（Δa_0 和Δa_1 > 0.03）占比的统计

从图 7-36 中可以看出，随着晶粒尺寸的下降，旋转晶界占比逐渐增加，同样是在 13.8nm 的模型中达到最高，随后开始下降。对比晶界旋转系数和晶界变形系数可以发现，两者的变形是不同的，当应变小于 3.0% 时，晶界旋转参数的波动范围不大，但应变高于该值时该参数的波动较大。因此，可以得出晶界的旋转通常发生在塑性阶段，该现象和 Meyers 指出的晶界旋转行为一致[23]。然而对于晶界变形，从晶界变形参数的变化中可以看到，无论是弹性阶段还是塑性阶段，晶界变形均会发生。

2. HCP 结构（SFs 和 TBs）变化及反 H-P 现象

从前面的研究中可以看到，在屈服阶段前，晶界的应力导致晶内的应力逐渐增加，并最终使得两个部分的应力相同，从而导致位错释放，材料进入屈服阶段。随后晶界的旋转在多个晶粒中出现，晶界旋转通常伴随着晶粒的旋转，会改变位错滑移系，从而改变晶体内堆垛层错的数量。图 7-37a 和 b 分别展示了不同模型中 HCP（SFs 和 TBs）占比和平均每个晶粒中的 TBs 占比随着应变的变化，可以看出 HCP 的波动范围较大，主要是因为分位错运动是主要的变形机制，Trailing 分位错的运动会导致 SFs 结构消失。此外，当应变大于 3.0% 时，在 13.8nm 模型中 HCP 占比急剧增加，其原因是在该模型中出现了较大数量的晶粒旋转，从而导致施密特因子和滑移系发生改变，最终导致大量的位错在有利的滑移系下从晶界释放到晶内。

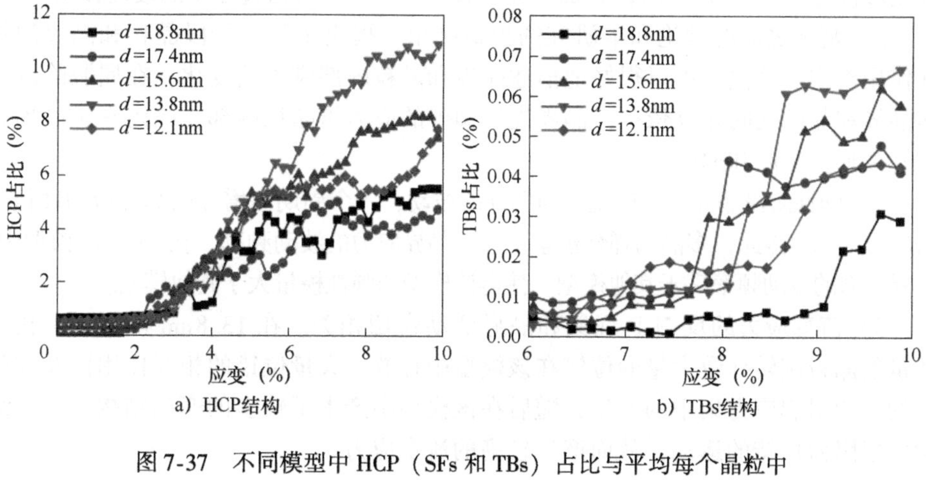

a）HCP结构　　b）TBs结构

图 7-37　不同模型中 HCP（SFs 和 TBs）占比与平均每个晶粒中的 TBs 占比随着应变的变化

大量的分位错在 13.8nm 和 15.6nm 模型中，引起位错在晶界上的堆积或者通过位错之间反应，导致不可动位错的产生，从而进一步引起应力集中，导致位错在堆垛层错的近邻面上释放，从而产生大量的孪晶结构，如图 7-37b 所示。通常位错的堆积机制主要用于揭示屈服强度和材料的 H-P 关系，但由于流变应力的反 H-P 现象主要依赖于晶界活动和孪晶结构，这些孪晶结构稳定性较高，可以有效地阻碍位错的运动，从而提高材料的流变应力，因此可以得出，对于 FCC 多晶铜，晶界活动导致的反 H-P 现象的出现主要是通过间接改变材料内部的稳定微观结构占比来实现的。

7.5.5 小结

主要通过相场法构建了不同晶粒尺寸的多晶铜模型，并进行了 MD 模拟，随后采用晶界定量分析算法（GBAA）对初始变形过程中的晶界变形及旋转进行了定量分析，并发现多晶铜中反 H-P 现象和晶界活动密切相关。此外，进行了弹性阶段的模拟，分析了该阶段下晶界和晶粒内部应力的变化，两种应力存在明显的差异性，主要是由于不同的变形行为所导致，该现象和之前的理论研究结果一致。所获得的主要结论可归纳为下面几个方面：

1）基于移动最小二乘法（MLS）构建的晶界定量分析算法可以精确地分析初始变形阶段晶界的变形和旋转，该分析方法能帮助研究者深入地认识反 H-P 现象的机制。

2）出现反 H-P 的临界晶粒尺寸和之前的研究结果一致，并且在单轴拉伸过程中出现了明显的晶界变形和旋转行为。初始阶段的曲面晶界变形机制和第 6 节中铜膜中的曲面晶界变形的变形机制相同，无论是二维还是三维的曲面晶界都经历了两种变形行为：原子沿着（111）面向晶界移动，随后变形通过原子的缓慢移动。

3）基于之前的理论和本研究的模拟结果，提出了弹性阶段晶粒和晶界的相互作用模型。该模型可以很好地描述晶界和晶粒内部应力的变化，在屈服阶段之前晶界和晶内之间相互依存，晶界提供额外的应力给晶粒内部，晶内提供晶界微塑性变形的空间和原子。

4）弹性阶段晶界应力展现出周期性的波动，一个周期内增加的晶界应力使得晶内应力增加。因此，多晶的弹性模量依赖于晶界应力的波动频率。在 13.8nm 模型中，晶界应力的波动频率高于其他模型，使得该模型的弹性模量大于其他模型。

5）流变应力的反 H-P 现象和晶界活动密切相关。在 13.8nm 模型中，较大数量的晶粒旋转导致大量的位错在该模型中释放，大量位错的相互作用以及在晶界的堆积引起应力集中的产生，随后在该模型中产生了较多的孪晶结构，孪晶结构可以阻碍位错的运动，从而产生较高的流变应力。

7.6 不同温度和应变率下三维多晶铜变形机制

7.6.1 引言

通常温度和应变率对力学特性的影响是通过改变微观结构的演化实现的，特别是多晶中的晶界结构，晶界能、蠕变率和晶界移动率均与温度有直接的关系。从二维铜膜的模拟中可以看出，应变率和温度对晶界的变形影响较大，不同程度的晶界变形改变了晶界的应力集中，进一步影响位错的释放和孪晶的形成。因此，从应力 - 应变曲线中可以明显地看到，不同变形条件下材料所展现的不同的力学特性，如弹性模量、流变应力以及断裂位置，但并没有发现弹性模量对应变率的依赖性。此外，最近的研究中也指出，弹性模量受应变率的影响较小[7, 74]，但具体的机制并没有给出，其原因主要是不真实的多晶模型限制了晶界活动的发生，以及实验条件阻碍了对多晶材料晶界活动的统计分析，特别是弹性阶段晶界极其微弱的变形。

因此，有必要在不同的温度和应变率下对平均晶粒尺寸为 13.8nm 的三维多晶铜进行 MD 模拟。此外，还对弹性阶段晶界和晶内的应力进行定量分析，同样结合 7.5 节中提出的晶界和晶内相互作用模型，对不同条件下晶界应力波动情况进行分析，来定量地分析温度和应变率对弹性模量的影响。采用晶界定量分析算法（GBAA）、孪晶定量分析和统计算法来分析三维多晶铜在不同条件下的晶界活动，从而建立不同温度和应变率下的晶界活动和塑性阶段力学特性之间的关系。

7.6.2　力学特性及晶界活动

1. 力学特性

图 7-38 所示为不同温度和应变率下对晶粒尺寸为 13.8nm 的三维多晶铜单轴拉伸的应力 - 应变曲线和一些典型的力学特性，包括：平均流变应力、屈服强度和弹性模量。平均流变应力是计算应变范围为 8%～16% 的应力平均值，弹性模量的计算和上面的计算略有差别，此处选取的是应变小于 0.3% 时的应力 - 应变曲线，主要是因为高温下在较小的应变下材料就会产生屈服，从而导致应力应变曲线变得弯曲。同样屈服强度通常是描述塑性变形的开始，定义为应变偏离线性曲线 0.2% 时的应力。

从图 7-38b 和 d 中可以看出，流变应力和屈服强度随着温度的增加和应变率的降低逐渐下降，弹性模量的变化则不同，从应力 - 应变曲线中也可直接看出，弹性模量对温度的依赖性较大，而对应变率的依赖性较小，该结果和近期的研究结果一致[74]。通过对弹性模量进行拟合得到其温度依赖性约为 -56.67MPa/K，该值比对晶粒尺寸为 5.2nm 的多晶铜进行模拟得到的结果（-60MPa/K ± 18MPa/K）小[7]，大于晶粒尺寸为 200nm 的粗晶铜的结果（-40MPa/K）[45]。随着晶粒尺寸的降低，晶界所占的比例增加，晶界活动对温度的依赖性增加，研究结果表明，弹性模量受晶界活动的影响较大[74, 75]。因此，在晶粒尺寸较小的模型中，弹性模量对温度依赖性增加。

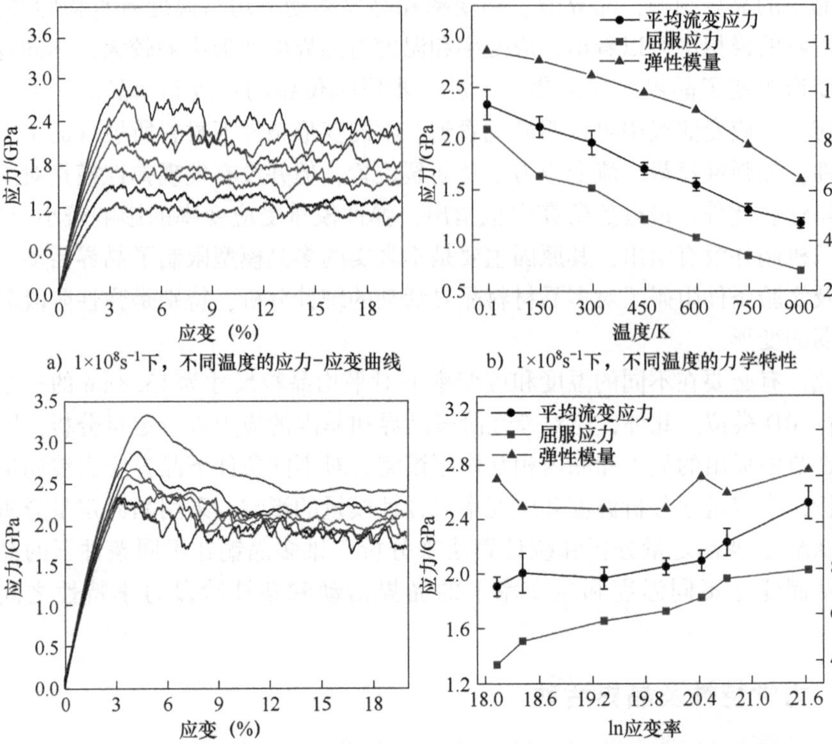

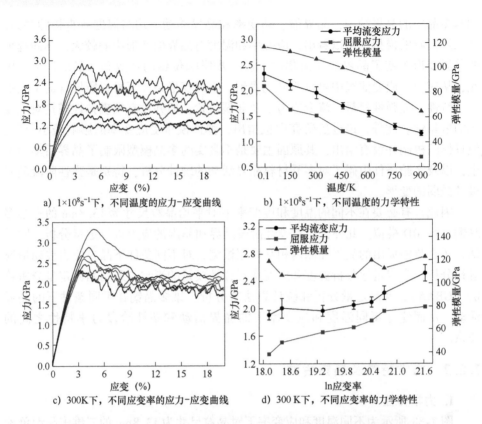

a）$1\times10^{8}s^{-1}$下，不同温度的应力-应变曲线　b）$1\times10^{8}s^{-1}$下，不同温度的力学特性

c）300K下，不同应变率的应力-应变曲线　d）300 K下，不同应变率的力学特性

图 7-38　不同温度和应变率下对平均晶粒尺寸为 13.8nm 的多晶铜进行单轴拉伸得到的应力－应变曲线和一些典型的力学特性

注：图 a 中各曲线对应的温度范围为 0.1～900K。图 c 中各曲线对应的应变率范围为 7.5×10^{7}～2.5×10^{9}s。

同样，对于三维多晶铜，也采用不同应变率下的平均流变应力，通过 $m = \partial \ln\sigma / \partial \ln\dot{\varepsilon}$ 公式计算了应变率敏感率，关于应变率敏感率的介绍这里不做赘述，感兴趣的读者可参见 7.4.2 节介绍。对于 13.8nm 的三维多晶铜，在 300K 下的应变率敏感率为 0.066，该值略大于晶粒尺寸为 17.84nm 的二维多晶铜膜的 0.056，原因是一方面由于晶粒尺寸的下降，另一方面三维多晶铜增加了晶界旋转的自由度，从而导致晶界活动增加。实验中晶粒尺寸为 10nm ± 5nm 和 9nm 的多晶铜得到的结果分别为 0.06 ± 0.01[40] 和 0.063[39]，可以看出模拟的结果和实验的结果非常接近，该值略大于晶粒尺寸为 26nm 的多晶铜的结果（0.059）[39] 以及粗晶铜得到的结果[41]。较大的应变率敏感率和晶界活动有关，通过对原子构型的观察，也看到了明显的晶界变形，下面对弹性阶段和塑性阶段的晶界活动进行详细讨论。

2. 晶界活动

采用晶界定量分析算法 GBAA 对不同温度和应变率下模型中的晶界活动进行了分析。图 7-39a 和 b 给出了两种条件下（温度为 450K，应变率为 $1.0\times10^{8}s^{-1}$ 和温度为 300K，应变率为 $5.0\times10^{8}s^{-1}$）的拟合优度和拟合平面系数随着应变的变化。由于模型中包含较多的晶界，所以图 7-39 中仅展示了变化量较大的参数（> 0.03），并对这些晶界的变形、旋转及未改变占比进行了统计，不同条件下的结果见图 7-39c。高温下多晶铜内的原子热振动加剧，从而导致晶内其他类型类似于晶界结构的出现，所以难以对晶界和晶内的混乱原子进行分离，从而影响 GBAA 计算的精度，这里仅考虑温度小于 450K 下的晶界活动。此外，Trautt[50] 等研究表明，曲面晶界的耦合运动必然会导致旋转的发生，但在较高的温度下（$0.8T_m$，T_m为铜的熔点），晶界的旋转行为将发生急剧下降甚至不旋转的情况，从而导致耦合运动的消失。因此，高温下晶界活动主要是晶界的滑移。

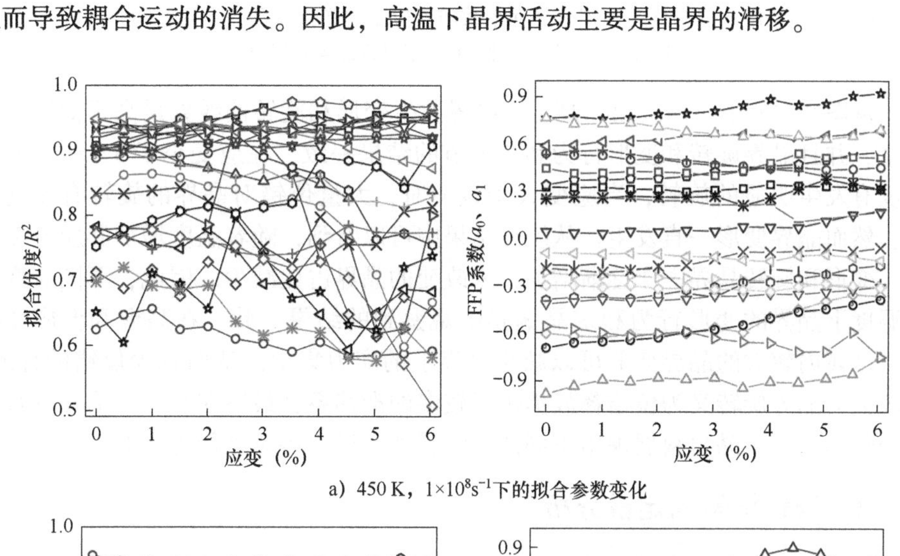

a）450 K，$1\times10^{8}s^{-1}$下的拟合参数变化

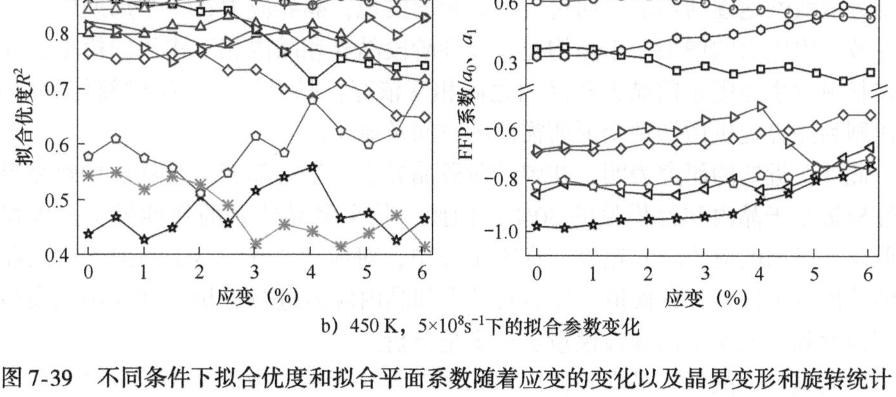

b）450 K，$5\times10^{8}s^{-1}$下的拟合参数变化

图 7-39　不同条件下拟合优度和拟合平面系数随着应变的变化以及晶界变形和旋转统计

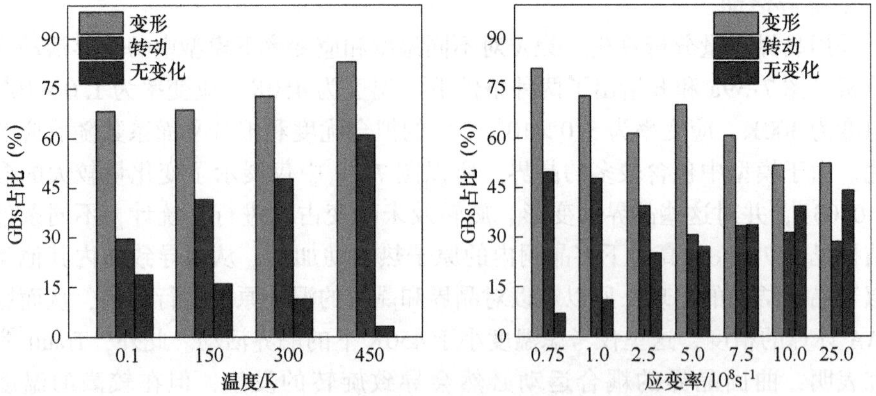

c）不同温度和应变率下晶界变形和旋转统计

图 7-39　不同条件下拟合优度和拟合平面系数随着应变的变化以及晶界变形和旋转统计（续）

注：图 a、b 中各条曲线代表不同的晶界计算结果。

从图 7-39a 中可以看出，高温下晶界发生变形和旋转曲线数量高于低温下的数量，并且晶界旋转和变形行为和 7.5 节的结果一致，在应变小于 3% 时，晶界并没有发生明显的旋转，当应变大于该值时，大量位错对晶界的旋转有促进作用，然而晶界变形一直发生。从统计结果中可以看到，随着温度增加和应变率下降，变形和旋转晶界占比逐渐增加，未改变的晶界占比减少。因此，不同应变率和温度下晶界的变形行为和多晶铜膜中观察到的结果一致。在高温和低应变率下，基体内较大的晶界变形可以减小晶界上的应力集中，从而减少位错的释放，但较大的晶界旋转又为位错释放提供了较多的滑移系，最终在晶界变形和旋转的综合作用下，多晶材料展现出不同的力学特性，后面将对该行为详细讨论。

7.6.3　弹性模量的定量分析

在 7.5 节中发现在弹性阶段，晶界上的应力近似周期性地波动，而晶内的应力则近似线性地逐渐增加。通过应力分布图发现，晶界应力在一个周期内增加时会导致晶内应力的增加。于是构建了弹性阶段晶界和晶内相互作用的模型，并得出在材料发生屈服之前晶界和晶内之间相互依存：晶界给晶内提供额外的应力，晶内则为晶界提供微塑性变形所需要的空间及原子。

此外，近期的研究表明，在弹性阶段晶界会产生局部变形，从而导致晶界的弹性模量小于晶内弹性模量的 30%，因此，整个多晶体系的弹性模量很大程度上取决于晶内的应力增长速度。在本小节中，对应变小于 0.3% 的弹性阶段在很小的输出步下进行 MD 模拟，随后对晶界和晶内应力进行分析，并采用该模型对不同温度和应变率下的弹性模量进行定量分析。

不同温度下晶界和晶内整体应力如图 7-40a 所示。由图 7-40a 可以看出，随着温度的增加，晶界应力的波动逐渐增加，晶内应力随着温度的变化呈近似线性增长，而在 0.1K 时晶界应力并没有出现波动，主要是因为晶界的微塑性变形是通过原子的扩散进行的。因此，在没有热振动的条件下原子很难扩散，或者是微塑性变形量极小，所以在 0.1K 温度下，晶界的变形可认为主要是弹性变形，使得晶内应力的增加较大，这导致了在 0.1K 时较大的弹性模量。图 7-40b 给出了在 450K 下提取厚度为 1nm 的一层晶（插图）进行应力计算，应力出现明显的近似周期性的波动，对插图中四个点 $A \sim D$ 对应的晶界进行仔细观察，可以明显地看到晶界的微弹性和微塑性变形行为，如图 7-40c 所示。

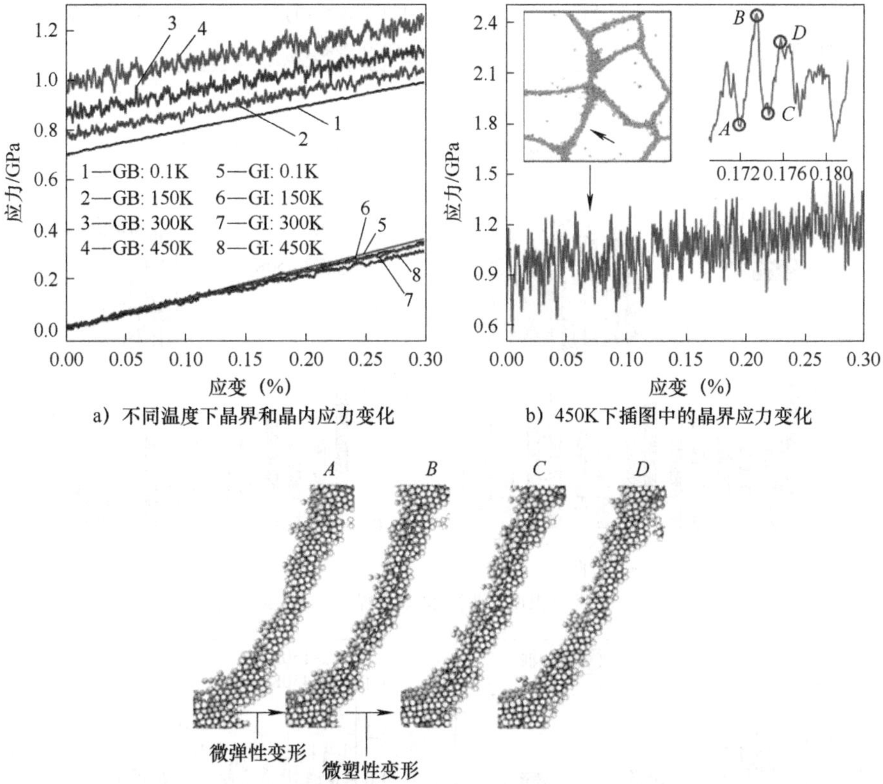

a）不同温度下晶界和晶内应力变化　　b）450K下插图中的晶界应力变化

c）图b中不同点晶界微观变化

图 7-40　不同温度下晶界和晶内应力分析以及晶界微观变化构型

1. 不同温度下的弹性模量

从前面的分析得出，弹性模量主要取决于晶内应力的增长速度，而晶内应力的增长速度又和晶界应力的波动频率有关，同样采用快速傅里叶变化（FFT）对不同温度下厚度为 1nm 的不同晶界层片的应力进行了计算，并得到晶界应力和晶内应力波动的主频。由于在温度为 0.1K 时，晶界应力呈近似直线的增长趋势，所以这里仅分析 150K、300K 和 450K 下的晶界应力波动。图 7-41a 给出了 150K 下一个晶界层的 FFT

计算结果，从曲线中可以看出明显的波动主频；图 7-41b 展示了沿着 x 轴和 y 轴不同晶界层应力波动的主频；对这些主频进行平均处理得到不同温度下主频的平均值，如图 7-41c 所示，可以看出随着温度的升高，两个方向上的主频逐渐降低。

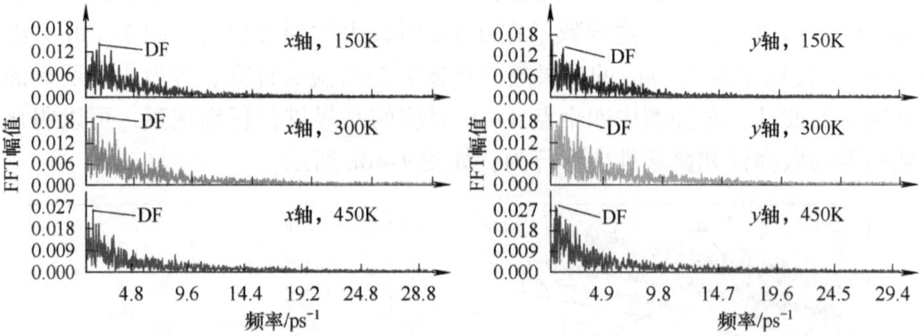

a）不同温度下沿着x和y轴单层晶界应力的FFT计算

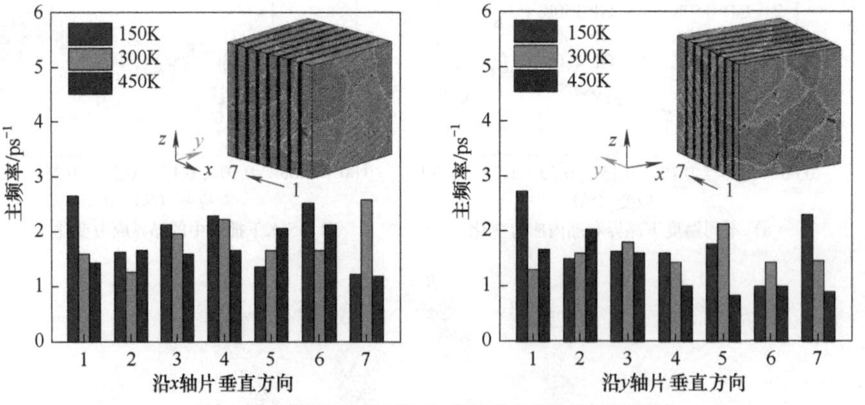

b）不同温度下沿着x和y轴晶界应力波动频率统计

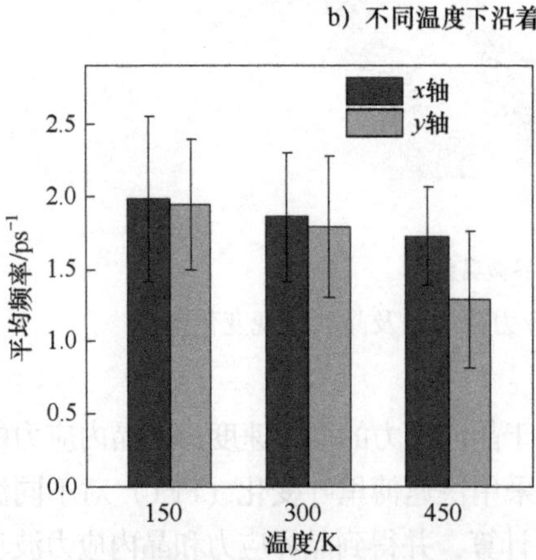

c）不同温度下沿着x和y轴波动频率均值

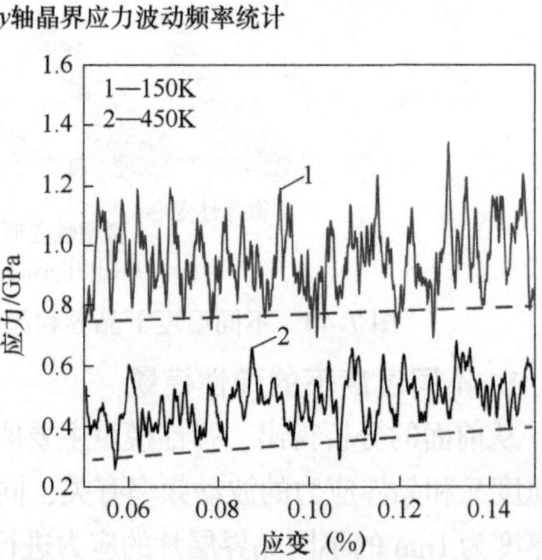

d）150K和450 K晶界应力变化

图 7-41　晶界应力波动 FFT 分析与统计以及 150K 和 450K 下厚度为 1nm 的晶界应力的波动

Burker 和 Turnbull[76]以及其他研究者（如 Smoluchowski[77]）将反应理论应用到原子在晶界上跳跃引起的晶界滑移，并指出晶界的滑移速度 v 可以描述为移动率和驱动力的乘积：

$$v = M\Delta F,\ M = M_0\exp\left(\frac{-Q_{gb}}{k_B T}\right) \tag{7-18}$$

式中，M 为移动率（$m^2 \cdot s^{-1}$）；M_0为常数；ΔF 为驱动力（GPa）；$-Q_{gb}$ 为晶界移动的活化能（焓）（$kJ \cdot mol^{-1}$）；k_B为玻尔兹曼常量（$J \cdot K^{-1}$）；T 为温度（K）。

从式（7-18）可以看出，由于晶界的微塑性变形是依赖于温度的原子扩散活动，当温度增加时，晶界的移动率将增加，较高的移动率将导致晶界变形更加容易，并且变形的幅度更加大。因此，晶界应力在微塑性阶段释放得更彻底，从而导致了晶界微塑性阶段持续的时间增加，如图 7-41d 所示，最终降低了整体应力波动的频率。通过对比图中的两个温度下的应力，也不难发现高温下晶界应力的波动范围更大，所以在高温下微弹性阶段晶界的初始应力较小，如图 7-41d 中的虚线，从而对晶内的应力贡献较小。因此可以得出弹性模量不仅依赖于高温下晶内材料的软化，也依赖于晶界应力的波动频率和晶界微弹性的初始应力。

2. 不同应变率下的弹性模量

从之前的研究中可以发现，温度[74]、晶界形状[73]、平均晶粒尺寸[7]和孔隙率[44]对弹性模量的影响较大，然而应变率对弹性模量的影响并不是很大。为了更好地揭示这一现象，也对不同应变率下弹性阶段变形进行了模拟，并计算了不同应变率下的晶界应力随时间和应变的变化，结果如图 7-42 所示。

由图 7-42 可以发现，不同应变率下应力的变化趋势相同，在相同的时间下不同的晶界应力的波动周期是相同的，可以得出不同应变率下晶界应力的波动频率相同。在 0~0.3% 应变的范围内，低应变率下晶界应力波动的周期更多。因此，低应变率下晶界对晶内作用的次数较多，所以导致的在该应变范围内晶内应力的增长速度应该较大，但从图 7-38d 中并没有发现弹性模量的差异性。对比图 7-42中的曲线可以发现，晶界的微弹性阶段的初始应力随着应变率的增加而增加。因此，在高应变率下，即便晶界波动的次数较少，但晶界为晶内提供的初始应力较大，所以弹性模量对应变率的依赖性较小。

因此，对于多晶材料，很难通过减小空隙率而提高材料的弹性模量，但可以通过提高晶界应力的波动频率或者晶界微弹性的初始应力来提高弹性模量，比如可以在晶界附近添加一些稳定的结构，如孪晶、纳米团簇或者偏析一些其他原子来阻碍晶界的微塑性变形，从而减少晶界微观演化的周期，提高晶界应力波动频率。

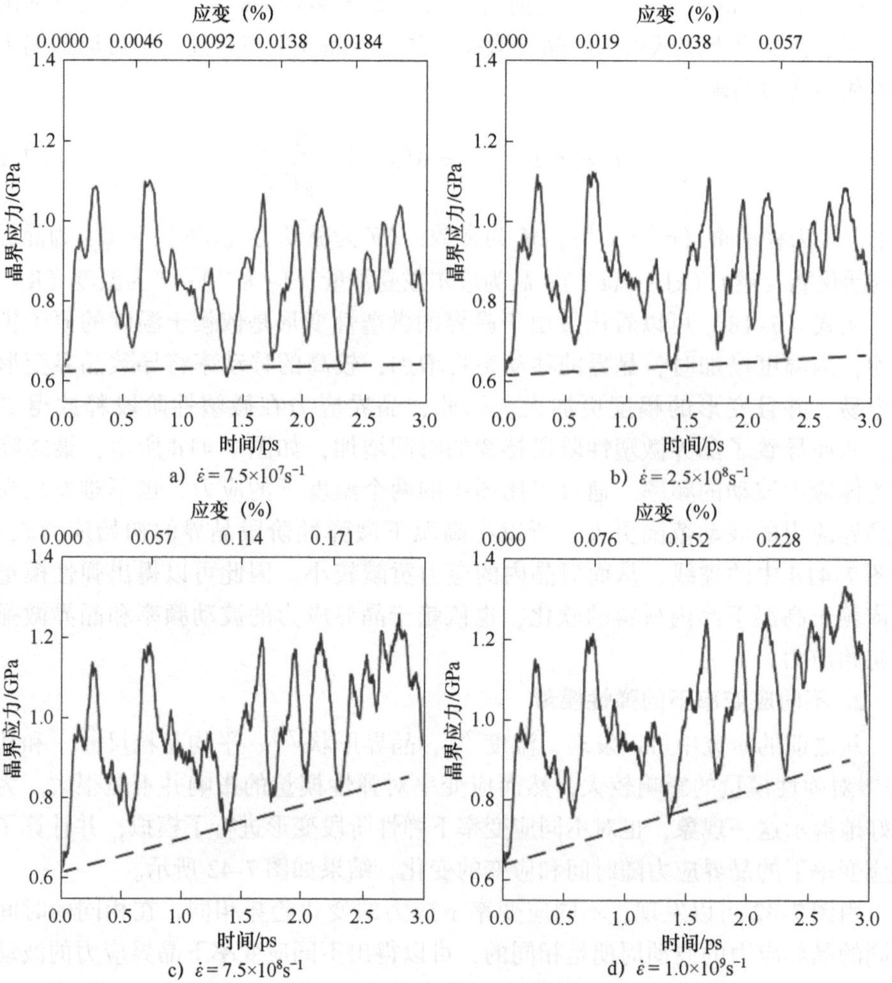

图 7-42　不同应变率下晶界应力随着时间和应变的变化

7.6.4　流变应力的定量分析

不同温度和应变率下，随着温度的增加或应变率的降低，晶界变形和旋转均逐渐增多，晶界变形可以降低晶界上的应力集中，从而减少 HCP（SFs 和 TBs）和 TBs 占比。图 7-43 中展示了不同温度和应变率下 HCP（SFs 和 TBs）和 TBs 占比随着应变的变化。从图中可以看出，在不同的条件下，这两种占比并没有出现显著的差异，其原因主要是高温和低应变率下晶界的旋转较多，从而为分位错的滑移提供了较多的滑移系。因此，即便在该条件下晶界应力集中较小，也会释放较多的位错使得 HCP 结构增加。对比二维多晶铜可以看出，在不同的温度和应变率下，多晶铜膜中 HCP 和 TBs 占比截然不同，主要是因为二维多晶材料限制了晶界的旋转自由度，所以 HCP 和 TBs 占比由晶界的变形所决定。通过这些研究得出，并不能从差异性不大的 HCP 和 TBs 结构来揭示三维多晶铜在不同条件下流变应力的差异性。

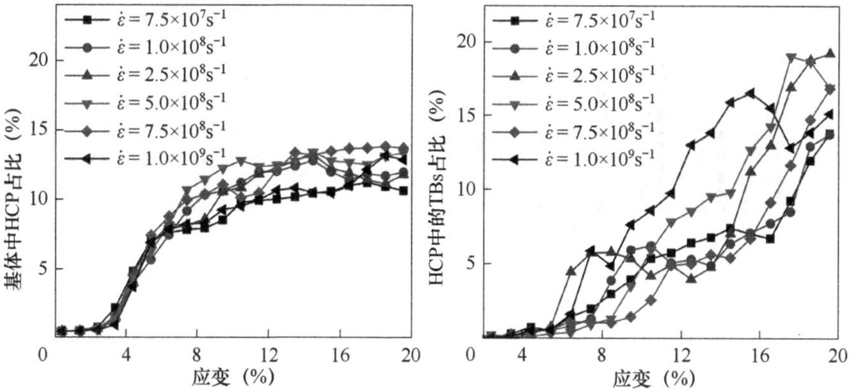

a）不同应变率下HCP和TBs份数变化

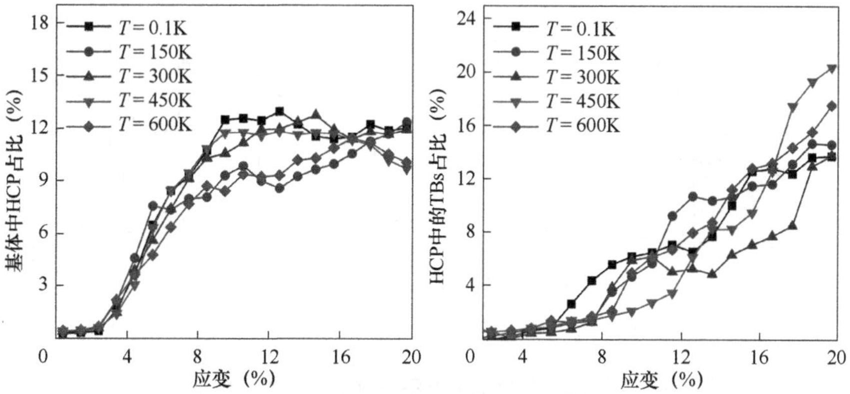

b）不同温度下HCP和TBs份数变化

图 7-43　不同应变率和温度下 HCP（SFs 和 TBs）和 TBs 占比随着应变的变化

为了更好地分析塑性阶段流变应力的差异性，通过孪晶定量分析算法对不同温度和应变率下塑性阶段（9.13%~12.18%）的孪晶尺寸（包含的原子数）进行统计，结果如图 7-44a 所示。从图中可以看到，随着温度的增加和应变率的降低，较大尺寸的孪晶界逐渐减少。对比图 7-44b、c 中的不同温度下孪晶界分布也可发现，同样应变下 600K 的孪晶数量比 0.1K 的数量多，但孪晶的尺寸均匀并且偏小，在 0.1K 下孪晶界包含的原子数较多且尺寸较大。较大的尺寸可以有效增加分位错被孪晶阻挡的概率，从而提高流变应力。因此，可以得出随着温度的降低和应变率的增加，逐渐增大的孪晶界最终导致塑性阶段的流变应力逐渐增大。

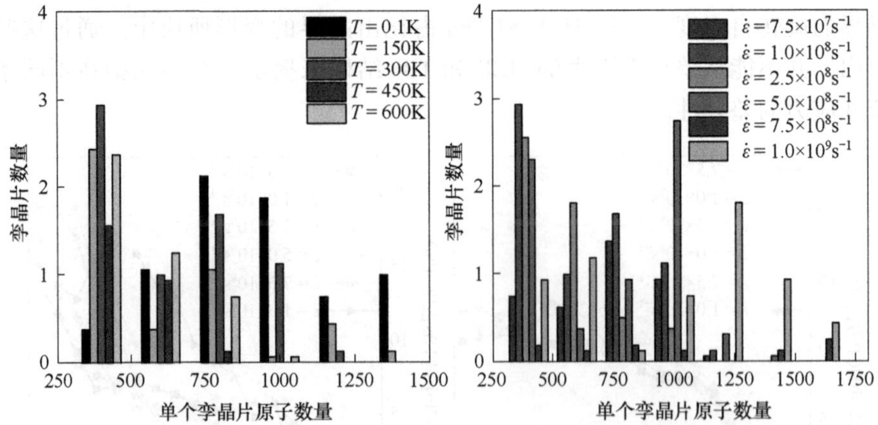

a）不同温度和应变率下孪晶数量和孪晶中原子数关系

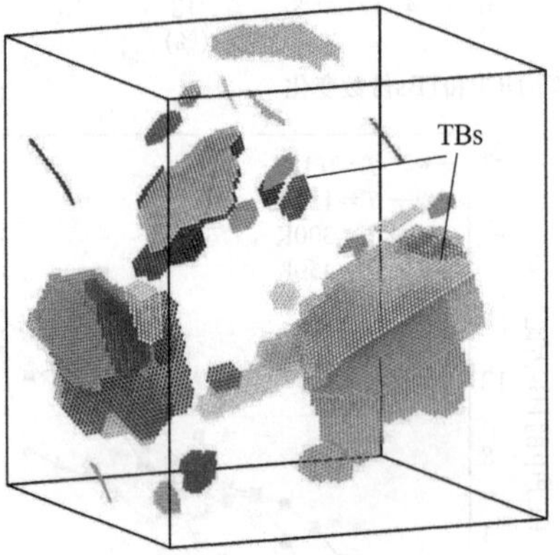

b）0.1K下晶体内孪晶分布

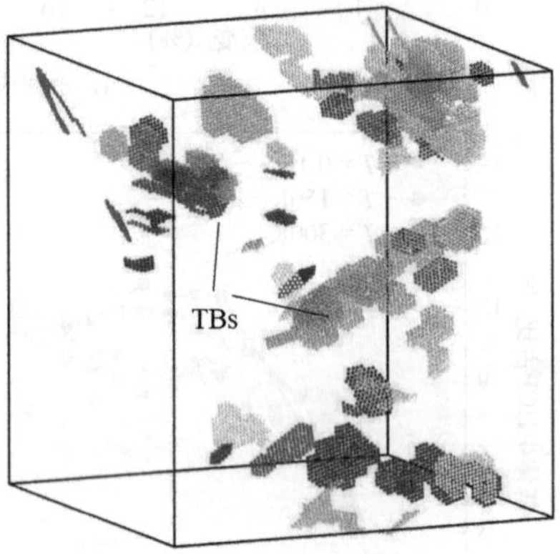

c）600K下晶体内孪晶分布

图 7-44　不同温度和应变率下塑性阶段孪晶界结构中包含的原子数统计结果与应变 12.1% 时孪晶结构分布

为了进一步分析在对立的条件下（高温和低温，高应变率和低应变率）孪晶晶界尺寸的差异性，仔细观察了对立条件下的孪晶形成和长大过程。从前面的结果中得出，在低温和高应变率条件下，初始条件下晶界的变形较小，而在应变小于 3% 时晶界的旋转较小。所以，在该条件下晶界上的应力集中较大，当塑性开始时较多的分位错会沿着多个滑移系进行滑动，从而引起位错之间的相互作用并反应。图 7-45a 和 b 给出了初始变形时的原子构型，从图中 HCP 结构（SFs 和 TBs）中可以看出，在低温下出现了较多的 HCP 结构（SFs 和 TBs）的交叉，而在高温下由于晶界的变形较大，使得晶界应力集中较小，进一步导致大多数 HCP 结构都是平行的。

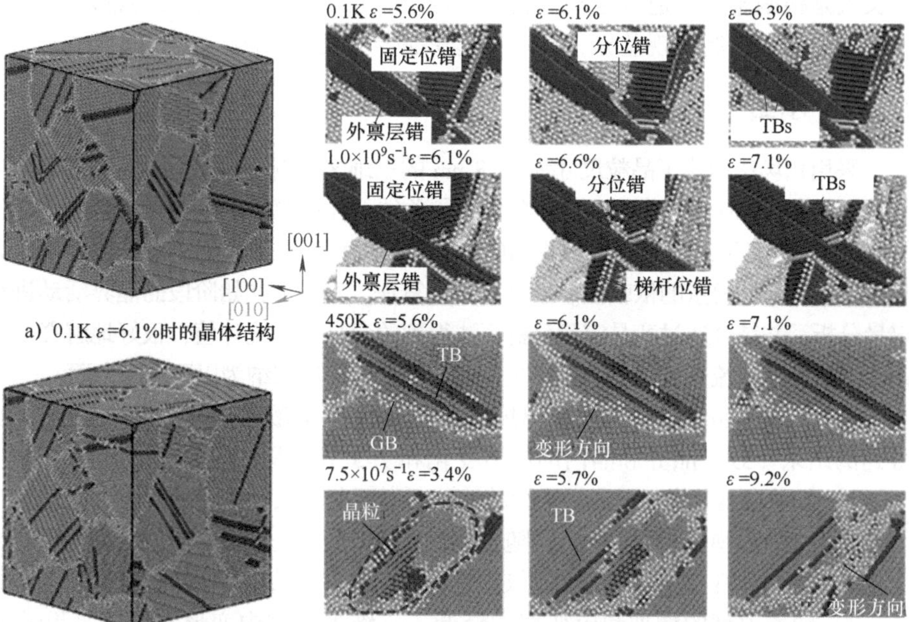

a）0.1K ε=6.1%时的晶体结构

b）450K ε=6.1%时的晶体结构

c）不同条件下的孪晶形成

图 7-45　不同温度下的原子构型图与变形孪晶的形成过程

对立条件下的孪晶形成机制会出现差异。图 7-45c 给出了两种孪晶形成机制，其中较为典型的一种是分位错在外在堆垛层错上的滑动形成机制，主要发生在低温和高应变率下，如图 7-45 中 0.1K 和 $1.0\times10^{9}s^{-1}$的原子构型。由于低温或者高应变率下的位错之间相互作用，导致一些稳定的位错产生如 Sessile 位错和 Stair-rod 位错，这些位错较为稳定很难被破坏，因此增大了应力集中，从而导致分位错从晶界或者那些稳定位错的附近释放，并在外在堆垛层错的近邻（111）面上滑动，最终导致微孪晶的形成并逐渐长大。但在高温和低应变率下孪晶的形成和长大机制截然不同，如图 7-45c 中 450K 和 $7.5\times10^{7}s^{-1}$对应的构型所示，在这些条件下晶界上的应力集中较小，所以很难通过位错反应形成稳定的位错结构。同样位错在 SFs 的近邻面上移动也是较难的，但是在该条件下晶界的变形较大会导致微孪晶的产生，如图 7-45 中 450K 时应变为 5.6% 的原子构型和 $7.5\times10^{7}s^{-1}$中应变为 3.4% 构型。当内在堆垛层错面在靠近晶面的附近产生时，晶界的运动会使得内在堆垛层错的一层 HCP 结构（SFs 和 TBs）消失，从而形成了单个孪晶界，但此时孪晶界较小。随着晶界向孪晶的反方向运动，如图 7-45 中 450K 时 6.1% 的原子构型和 $7.5\times10^{7}s^{-1}$中 5.7% 的原子构型。孪晶界逐渐长大，晶界的运动也导致晶粒缩小，如图 7-45 中 $7.5\times10^{7}s^{-1}$中 3.4% 应变和 9.2% 应变的原子构型。在高温或者低应变率的条件下，晶界的变形量仍然是有限的，因此，通过该机制产生的孪晶长大是很困难的。通过这些分析可以得出，在对立条件下，晶界活动的不同导致孪晶的形成机制出现差异，最终引起孪晶界的尺寸不同。

7.6.5 小结

采用相场法构建了晶粒尺寸为13.8 nm的三维多晶铜，并在不同的应变率和温度下进行了常规MD拉伸模拟。为了分析不同条件下弹性模量的差异性，也对弹性阶段的变形进行了模拟。通过7.5节提出的晶界和晶内相互作用模型，定量地分析了温度和应变率对弹性模量的依赖性。通过GBAA算法，对变形初始阶段的晶界活动进行了定量分析，并结合通过孪晶定量分析算法得到的孪晶尺寸统计值，很好地解释了不同条件下塑性阶段流变应力的差异。主要研究结论可简单归纳为以下几个方面：

1）三维多晶铜的弹性模量温度依赖性及应变率敏感率和之前的实验及模拟得到的结果一致，晶界和晶内的应力变化和7.5节以及之前的理论研究一致。

2）随着温度的增加，晶界应力的波动频率逐渐降低，导致晶内应力的增加速度下降，从而引起弹性模量下降。而随着应变率的增加，晶界应力的波动频率没有明显变化。因此，弹性模量对应变率的依赖性较低，这一结果和其他的研究结果一致。

3）随着温度的增加和应变率的降低，三维多晶铜中变形和旋转晶界的占比逐渐增加，未改变的晶界占比逐渐降低。

4）在不同的条件下，塑性阶段HCP和TBs占比并没有显著的差异，主要是在晶界变形减小晶界上的应力集中和晶界旋转增加位错滑移系共同作用的结果。但在对立条件下，孪晶界的尺寸（孪晶界包含的原子数）有明显的差异，低温和高应变率下孪晶界的尺寸较大，可以有效地阻碍位错的运动，从而增加流变应力。而在高温和低应变率下时，孪晶界的尺寸较小。

5）低温和高应变率下，初始阶段晶界活动减少，从而导致晶界上的应力集中增加，所以在材料屈服开始时多个滑移系的位错释放，不同滑移系上的分位错相互作用，从而产生稳定的位错结构。随着变形的增加，分位错会在堆垛层错的近邻面上滑动，使得孪晶形成和长大。而在对立的条件下，孪晶的形成和长大主要依赖于晶界的变形，由于晶界变形量有限，最终导致在该条件下孪晶界的尺寸较小。

7.7 预制孪晶的三维多晶铜变形机制

7.7.1 引言

如何提高材料变形过程中的力学特性至关重要，近年来材料的强化研究得到了广泛的关注。相比于传统的通过结构优化方法（如优化溶质原子、析出物、纳米团簇及晶界等）来提高材料的强度和硬度，孪晶不仅可以较好地阻碍分位错的运动，而且还能作为位错的形核点，因此，孪晶不仅可以提高材料的流变应力，而且还不会损失材料的塑性[78,79]。前面的研究中，无论是二维的多晶铜模拟还是三维多晶铜模拟，均证明了这一点。对于低层错能的铜来说，位错的运动通常是粗晶铜的主要变形机制。早期的研究指出，在粗晶铜中孪晶通常在低温或者高应变率下产生[80,81]，但当晶粒尺寸下降到纳米尺度时，在室温和低应变率下多晶铜中也会产生变形孪晶[24,81,82]。对于预置孪晶材料而言，引入孪晶的方法很多，包括机械加工或者再结晶等，这两种孪晶成为长大孪晶和退火孪晶[40]。

近年来，关于在多晶铜中引入孪晶结构的研究较多，人们研究了该材料中最大的屈服强度出现的条件[33,83]、变形机制[84-86]、施密特因子[79]，以及孪晶和空洞之间的相互作用[87]等。尽管如此，很少有关于预置孪晶界对初始变形阶段晶界活动影响的报道，主要是因为在这些研究中所采用的模型均通过规整的几何图形构建，规整的晶界可能限制了晶界活动。

鉴于此，通过相场法构建平均晶粒尺寸为 13.8nm 的多晶铜模型，并人为引入了孪晶间距在 1.25～3.13nm 变化的孪晶结构。随后对这些构建的模型和一个未包含孪晶结构的模型进行了 MD 单轴拉伸模拟，结合上面的多晶分析算法（GBAA）对变形初始阶段的晶界活动进行分析，从而进一步定量地分析预置孪晶界对晶界活动的影响。

7.7.2　力学特性及晶界活动

1. 力学特性

图 7-46 给出了在温度为 300K 和应变率为 $1\times10^8 s^{-1}$ 的条件下，不同模型的应力－应变曲线。从这些曲线中可以看出，弹性阶段所有模型的应力变化较为接近，可以得出孪晶界的存在对弹性阶段晶界的微塑性变形没有明显的影响。所以，不能通过预置孪晶结构来提高多晶铜的弹性模量。但在塑性阶段，可以看出预置孪晶模型的流变应力明显高于没有孪晶结构的模型的应力，并且随着孪晶距离的减小，流变应力呈上升的趋势，但上升幅度较小。Li[83]等的研究结果表明，晶粒尺寸越小，孪晶界间距越小，金属的强度越大。但在本研究中流变应力的增加量并没有 Li 的结果明显，其主要原因归结于模型的不同，Li 等是通过 Voronoi 方法创建的模型，且晶粒尺寸和本研究中不同。此外，不规整的晶界更加容易产生晶界活动，从而导致晶界上的应力集中和 Li 的结果不同，后面会详细地分析晶界的活动以及对变形的影响。

2. 晶界活动及晶界应力集中分析

孪晶界具有较高的稳定性，预置孪晶界可能会对初始变形阶段的晶界活动产生影响。采用晶界定量分析算法 GBAA，对不同模型中的晶界活动进行了分析。图 7-47a 分别给出了没有孪晶的模型中拟合优度和拟合平面系数随着应变的变化。图 7-47b给出了不同模型中晶界活动统计值，当变形量和旋转量满足ΔR^2、Δa_0和$\Delta a_1 \geqslant 0.03$ 时进行统计。从图 7-47b 中可以明显看出，预置孪晶对晶界的变形有很大的阻碍作用，并且随着孪晶间距的下降，晶界的变形量逐渐减小，且多晶中晶界未改变量也逐渐减小。但孪晶界对于晶界旋转的阻碍影响不大，所有的模型，包括没有孪晶结构的模型中，晶界的旋转占比较为接近，主要是因为晶粒的旋转伴随着晶界的旋转，它们是一个整体，旋转的驱动力是晶粒沿着晶界切向的力，因此，晶粒的旋转也会驱动孪晶界一起旋转。而变形的驱动力则是沿着晶界的法向切向力，所以晶界变形会受到孪晶界的阻碍。

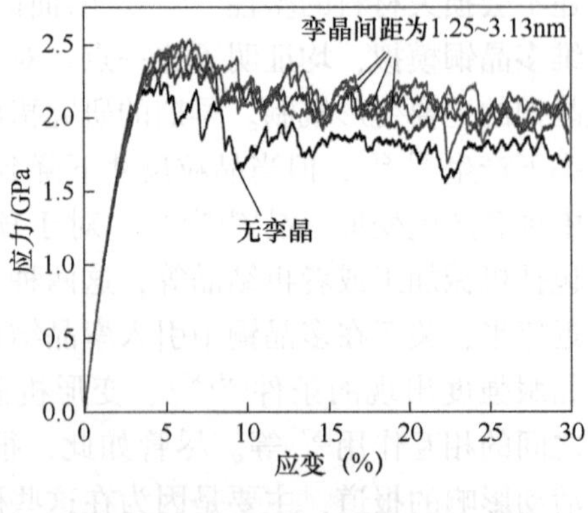

图 7-46　温度为 300K 及应变率为 $1\times10^8 s^{-1}$ 下，不同模型单轴拉伸的应力-应变曲线

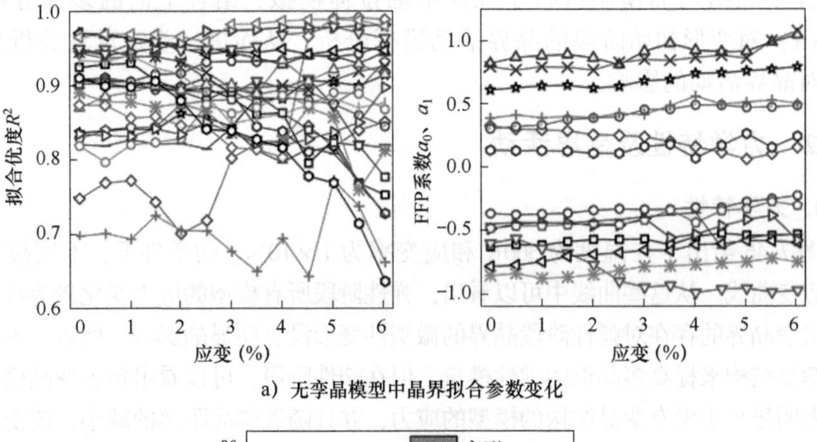

a）无孪晶模型中晶界拟合参数变化

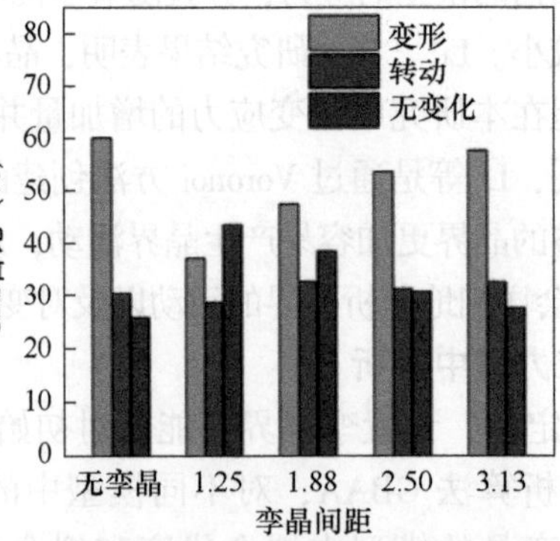

b）不同模型中晶界活动统计

图 7-47　拟合优度和拟合平面系数随着应变的变化以及不同模型中晶界活动的统计

注：图 a 中各条曲线代表不同的晶界计算结果。

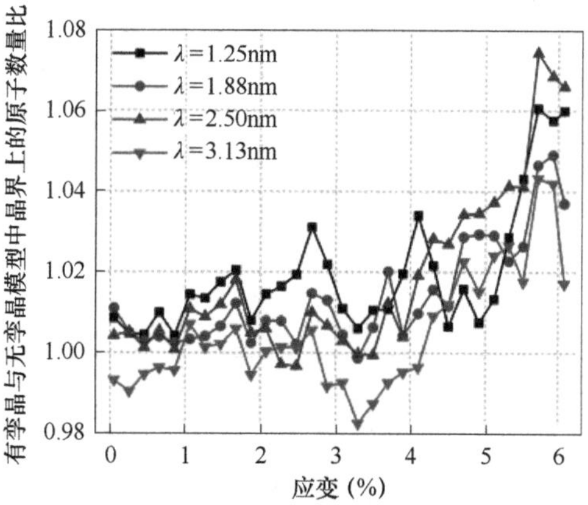

图7-48　应力大于5.0GPa时预置孪晶模型晶界上的原子数量和无孪晶模型中晶界上的原子数量比

晶界的变形会降低晶界上的应力集中，从而改变位错的释放。为了认识预置孪晶的塑性变形机制，对这些模型中的晶界应力集中进行了分析。图7-48给出了应力大于5.0GPa时，预置孪晶模型晶界上的原子数量和无孪晶模型中晶界上原子数量之比随着应变的变化。由图7-48可以看出，当应变小于3.0%时，大多数比值均大于1.0，这就意味着预置孪晶模型中高应力原子的数量较多。此外，还可以发现，随着孪晶间距 λ 的下降，该比例逐渐增加，主要是因为较小的孪晶界更加阻碍了晶界的变形，从而提高了应力集中。当应变在3.0%左右时该比例迅速下降，特别是孪晶间距 λ 为3.13nm的模型，其原因是位错的释放降低了晶界的应力集中[10, 29]。当应变大于3.0%时，所有模型的比值均大于1.0并逐渐增加，主要是因为在不包含孪晶的多晶中，位错的释放可以加速晶界变形，特别是变形孪晶的形成可以进一步加速晶界变形[29]，从而更进一步释放晶界上的应力。然而对预置孪晶模型，孪晶对晶界变形的阻碍作用导致应力并不能很好地释放，所以该比值逐渐增加。

7.7.3　变形机制的分析

从7.7.2节的分析中可以看出，孪晶界对晶界的变形阻碍较大，从而改变晶界的应力集中。为了更好地分析晶界上的局部特性，在不同的模型中选择了厚度为1nm的晶界层片，并计算了应变为3.04%时的应力分布，如图7-49所示，图7-49a、c和e分别为不包含孪晶界、孪晶间距 $\lambda=1.88$nm和 $\lambda=3.13$nm的模型。显然，在不包含孪晶界的模型中，晶界上的应力分布较为均匀，没有明显的应力集中。然而在预置孪晶模型中，可以看到孪晶界和晶界的交汇处出现了明显的应力集中，如图7-49c和e中的红色虚线，这也直观地验证了孪晶界阻碍晶界变形，从而提高了晶界应力。

晶界应力的改变对变形机制的影响较大，图7-49b、d和f分别展示了三种不同的模型中塑性阶段厚度为1m的晶体层片上的HCP结构（SFs和TBs）分布。对比图7-49a和b可以看出，在不包含孪晶结构的模型中，晶界上均匀的应力分布会导致分位错在不同晶粒中沿着不同滑移系释放，并留下了相对杂乱的SFs结构。但是在图7-49d中孪晶间距为1.25nm，由于在晶界和孪晶界交汇处有较高的应力，所以

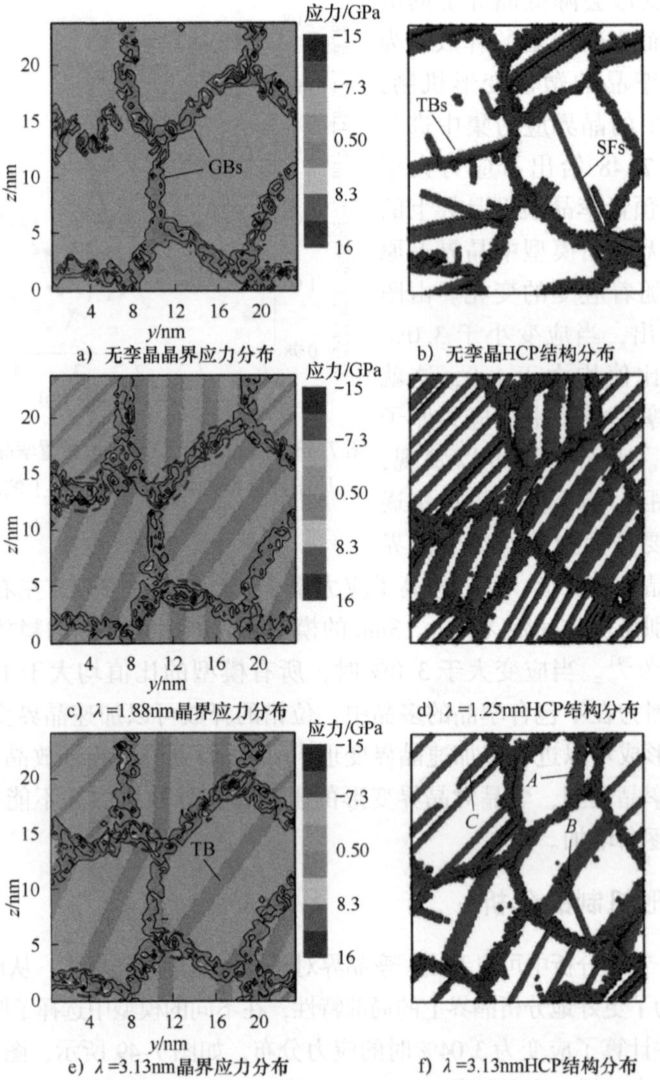

a）无孪晶晶界应力分布　b）无孪晶HCP结构分布

c）λ=1.88nm晶界应力分布　d）λ=1.25nmHCP结构分布

e）λ=3.13nm晶界应力分布　f）λ=3.13nmHCP结构分布

图 7-49　3.04%应变下不同模型中厚度为 1nm 的晶界应力分布和 9.12%应变下的 HCP 结构分布（彩色图见插页）

分位错的释放总是沿着预置孪晶的相邻面进行，分位错的释放导致原始的预置孪晶界开始移动，从而增大或减小了预置孪晶界之间的距离。图 7-49f 为孪晶间距为 3.13nm 的 HCP 结构（SFs 和 TBs）分布，由于该模型中变形晶界的占比接近于没有包含预置孪晶的模型，因此，两者的应力集中相差不大。在该模型中，分位错可以沿着不同的滑移系进行滑移，所以在该模型中会出现预置孪晶界和对 SFs 之间的相互作用，见图 7-49f 中 *A*、*B* 和 *C* 点。这种相互作用也是预置孪晶材料最为常见的强化机制。从这些结果中可以得出，随着预置孪晶界之间的距离减小，变形机制从分位错沿着不同滑移系滑动转变为分位错沿着预置孪晶界的近邻面滑动。

图 7-50 给出了不同模型中 HCP（SFs 和 TBs）占比随着应变的变化。由图 7-50 可以看出，当塑性变形开始时（应变在 3% 左右），随着应变的增加，所有的模型中的 HCP 逐渐增加并达到一个相对稳定的值。但在预置孪晶模型中，HCP 的增量显然小于没有预置孪晶的模型，并且随着孪晶间距的减小，HCP 的增加量变小，主要原因是在较小的孪晶距离下，孪晶界和晶界相交位置的应力集中增大，从而导致位错的释放将沿着预置孪晶面进行。因此也可以得出，在预置孪晶模型中随着孪晶距离的降低，材料的强化机制从位错和孪晶界之间的相互作用转变到降低分位错释放的数量。

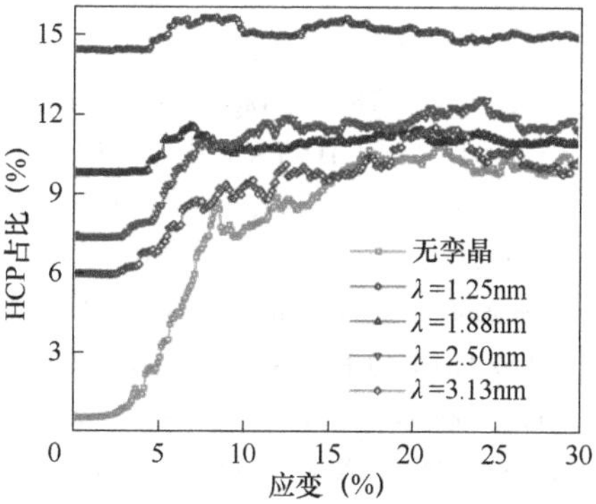

图 7-50　不同模型中 HCP（SFs 和 TBs）占比随着应变的变化

7.7.4　小结

通过相场法构建了三维多晶铜模型，后面采用相关算法在模型中引入不同间距的孪晶界，随后对这些模型进行了 MD 拉伸模拟，并通过 GBAA 分析了初始变形阶段的晶界活动。主要结论可归纳为以下几点：

1）预置孪晶对弹性阶段的影响较小，但可以显著提高塑性阶段的流变应力。

2）预置孪晶可以阻碍初始变形阶段的晶界活动，从而增加晶界上的应力集中。随着预置孪晶间距的减小，变形晶界的占比逐渐降低。但在不同的模型中，孪晶界对晶界的旋转影响较小。

3）随着预置孪晶间距的减小，孪晶界和晶界交叉位置的应力集中较大，随后塑性变形阶段位错在预置孪晶近邻面滑动。然而在较大孪晶间距模型中，位错可以沿着不同的滑移面滑移，从而导致了位错和预置孪晶界之间的相互作用。

4）随着孪晶间距的减小，孪晶强化机制从位错和孪晶的相互作用逐渐转变为减少分位错释放的数量。

参考文献

[1] 王俊才．新时期我国铜加工业的发展与对策[J]．世界有色金属，2003（10）：8-12.
[2] 李俊萌．我国铜加工业现状与发展趋势[J]．世界有色金属，2005(2)：24-30.

[3] DAVIS J R. ASM Specialty Handbook: Copper and copper alloys[M]. Russell: ASM International, 2001.
[4] HALL E O. The Deformation and ageing of mild steel . Ⅲ. discussion of results[J]. P Phys Soc Lond B, 1951, 64(9):747-753.
[5] PETCH N J. The cleavage strength of polycrystals[J]. J Iron Steel I, 1953, 174(1):25-28.
[6] SCHIOTZ J, DI TOLLA F D, JACOBSEN K W. Softening of nanocrystalline metals at very small grain sizes[J]. Nature, 1998, 391(6667):561-563.
[7] SCHIOTZ J, VEGGE T, DI TOLLA F D, et al. Atomic-Scale simulations of the mechanical deformation of nanocrystalline metals[J]. Physical Review B, 1999, 60(17):11971-11983.
[8] PANZARINO J F, PAN Z L, RUPERT T J. Plasticity-Induced restructuring of a nanocrystalline grain boundary network[J]. Acta Materialia, 2016, 120:1-13.
[9] ZHANG M, SUN K, FANG L. Influence of grain boundary activities on elastic and plastic deformation of nanocrystalline Cu as studied by phase filed and atomistic simulation[J]. Int J Mech Sci, 2020, 187:105911.
[10] ZHANG M, XU T, FANG L. Grain boundaries dependence of plastic deformation in nanocrystalline Cu film investigated by phase field and molecular dynamics methods[J]. Mater Chem Phys, 2020, 254:123506.
[11] OLMSTED D L, HOLM E A, FOILES S M. Survey of computed grain boundary properties in Face-Centered cubic Metals-II: Grain boundary mobility[J]. Acta Materialia, 2009, 57(13): 3704-3713.
[12] HOMER E R, FOILES S M, HOLM E A, et al. Phenomenology of Shear-Coupled grain boundary motion in symmetric tilt and general grain boundaries[J]. Acta Materialia, 2013, 61(4): 1048-1060.
[13] STEINBACH I, PEZZOLLA F. A generalized field method for multiphase transformations using interface fields[J]. Physica D, 1999, 134(4):385-393.
[14] TAKAKI T, HIROUCHI T, HISAKUNI Y, et al. Multi-Phase-Field model to simulate microstructure evolutions during dynamic recrystallization [J]. Mater Trans, 2008, 49 (11): 2559-2565.
[15] TAKAKI T, HISAKUNI Y, HIROUCHI T, et al. Multi-Phase-Field simulations for dynamic recrystallization[J]. Comp Mater Sci, 2009, 45(4):881-888.
[16] KIM S G, KIM D I, KIM W T, et al. Computer simulations of Two-Dimensional and Three-Dimensional ideal grain growth[J]. Physical Review E, 2006, 74(6): 061605.
[17] PLIMPTON S. Computational limits of classical Molecular-Dynamics simulations[J]. Comp Mater Sci, 1995, 4(4):361-364.
[18] CAO A J, WEI Y G. Molecular dynamics simulation of plastic deformation of nanotwinned copper[J]. J Appl Phys, 2007, 102(8):083511.
[19] WANG L H, XIN T J, KONG D L, et al. In situ observation of stress induced grain boundary migration in nanocrystalline gold[J]. Scripta Mater, 2017, 134:95-99.
[20] SMITH L, ZIMMERMAN J A, HALE L M, et al. Molecular dynamics study of deformation and

fracture in a tantalum Nano-Crystalline thin film[J]. Model Simul Mater Sc, 2014, 22(4): 045010.

[21] MEYERS M A, ASHWORTH E. A model for the effect of Grain-Size on the yield stress of metals[J]. Philos Mag A, 1982, 46(5):737-759.

[22] WANG Y M, MA E, CHEN M W. Enhanced tensile ductility and toughness in nanostructured Cu[J]. Appl Phys Lett, 2002, 80(13):2395-2397.

[23] MEYERS M A, MISHRA A, BENSON D J. Mechanical properties of nanocrystalline materials [J]. Prog Mater Sci, 2006, 51(4):427-556.

[24] HUANG C X, WANG K, WU S D, et al. Deformation twinning in polycrystalline copper at room temperature and low strain rate[J]. Acta Materialia, 2006, 54(3):655-665.

[25] SIEGEL R W. What do we really know about the Atomic-Scale structures of nanophase materials [J]. J Phys Chem Solids, 1994, 55(10):1097-1106.

[26] SIEGEL R W. Cluster-Assembled nanophase materials[J]. Annu Rev Mater Sci, 1991, 21 (1):559-579.

[27] SANDERS P G, WEERTMAN J R, EASTMAN J A. Tensile behavior of nanocrystalline copper [C]//SURYANARAYANA C, SINGH J, FROES F H. Processing and Properties of Nanocrystalline Materials. The Minerals, Metals & Materials Societ, 1996:379-386.

[28] LI Y S, TAO N R, LU K. Microstructural evolution and nanostructure formation in copper during dynamic plastic deformation at cryogenic temperatures[J]. Acta Materialia, 2008, 56(2): 230-241.

[29] ZHANG M, CHEN J, XU T, et al. Effect of grain boundary deformation on mechanical properties in nanocrystalline Cu film investigated by using phase field and molecular dynamics simulation methods[J]. J Appl Phys, 2020, 127(12):125303.

[30] YAMAKOV V, WOLF D, PHILLPOT S R, et al. Dislocation processes in the deformation of nanocrystalline aluminium by Molecular-Dynamics simulation[J]. Nat Mater, 2002, 1(1): 45-48.

[31] SHABIB I, MILLER R E. A molecular dynamics study of twin width, grain size and temperature effects on the toughness of 2D-Columnar nanotwinned copper[J]. Model Simul Mater Sc, 2009, 17(5)055009.

[32] TUCKER G J, FOILES S M. Quantifying the influence of twin boundaries on the deformation of nanocrystalline copper using atomistic simulations[J]. Int J Plasticity, 2015, 65:191-205.

[33] LU K, LU L, SURESH S. Strengthening materials by engineering coherent internal boundaries at the nanoscale[J]. Science, 2009, 324(5925):349-352.

[34] CAO A J, WEI Y G. Formation of fivefold deformation twins in nanocrystalline Face-Centered-Cubic copper based on molecular dynamics simulations[J]. Appl Phys Lett, 2006, 89(4): 041919.

[35] ZHU Y T, LIAO X Z. Formation mechanism of fivefold deformation twins in nanocrystalline face-centered-cubic metals[J]. Appl Phys Lett, 2005, 86(10):103112.

[36] KHAN A S, LIU H W. Variable strain rate sensitivity in an aluminum alloy: Response and con-

stitutive modeling[J]. Int J Plasticity, 2012, 36:1-14.

[37] WEI Q, CHENG S, RAMESH K T, et al. Effect of nanocrystalline and ultrafine grain sizes on the strain rate sensitivity and activation volume: Fcc versus bcc metals[J]. Mat Sci Eng A-Struct, 2004, 381(1-2):71-79.

[38] MOHAMED F A, LI Y. Creep and superplasticity in nanocrystalline materials: Current understanding and future prospects[J]. Mat Sci Eng a-Struct, 2001, 298(1-2):1-15.

[39] HUANG P, WANG F, XU M, et al. Dependence of strain rate sensitivity upon deformed microstructures in nanocrystalline Cu[J]. Acta Materialia, 2010, 58(15):5196-5205.

[40] CHEN J, LU L, LU K. Hardness and strain rate sensitivity of nanocrystalline Cu[J]. Scripta Mater, 2006, 54(11):1913-1918.

[41] GUDURU R K, DARLING K A, SCATTERGOOD R O, et al. Mechanical properties of electrodeposited nanocrystalline copper using tensile and shear punch tests[J]. J Mater Sci, 2007, 42(14):5581-5588.

[42] ZHANG L, LU C, TIEU K. Atomistic simulation of tensile deformation behavior of sigma 5 Tilt grain boundaries in copper bicrystal[J]. Sci Rep-Uk, 2014, 4:5919.

[43] ZHANG L, LU C, MICHEL G, et al. Molecular dynamics study on the atomic mechanisms of coupling motion of [001] symmetric tilt grain boundaries in copper bicrystal[J]. Mater Res Express, 2014, 1(1):015019.

[44] SANDERS P G, EASTMAN J A, WEERTMAN J R. Elastic and tensile behavior of nanocrystalline copper and palladium[J]. Acta Materialia, 1997, 45(10):4019-4025.

[45] LEBEDEV A B, BURENKOV Y A, ROMANOV A E, et al. Softening of the elastic modulus in submicrocrystalline copper[J]. Mat Sci Eng A-Struct, 1995, 203(1-2):165-170.

[46] YANG X S, WANG Y J, WANG G Y, et al. Time, stress, and temperature-dependent deformation in nanostructured copper: Stress relaxation tests and simulations[J]. Acta Materialia, 2016, 108:252-263.

[47] ZHANG H, MENDELEV M I, SROLOVITZ D J. Computer simulation of the elastically driven migration of a flat grain boundary[J]. Acta Materialia, 2004, 52(9):2569-2576.

[48] JANSSENS K G F, OLMSTED D, HOLM E A, et al. Computing the mobility of grainboundaries [J]. Nat Mater, 2006, 5(2):124-127.

[49] ZHANG H, UPMANYU N, SROLOVITZ D J. Curvature driven grain boundary migration in aluminum: Molecular dynamics simulations[J]. Acta Materialia, 2005, 53(1):79-86.

[50] TRAUTT Z T, MISHIN Y. Grain boundary migration and grain rotation studied by molecular dynamics[J]. Acta Materialia, 2012, 60(5):2407-2424.

[51] GORKAYA T, MOLODOV D A, GOTTSTEIN G. Stress-Driven migration of symmetrical < 1 0 0 > tilt grain boundaries in Al bicrystals[J]. Acta Materialia, 2009, 57(18):5396-5405.

[52] CAHN J W, MISHIN Y, SUZUKI A. Coupling grain boundary motion to shear deformation[J]. Acta Materialia, 2006, 54(19):4953-4975.

[53] BOBYLEV S V, OVID'KO I A. Stress-Driven migration, convergence and splitting transformations of grain boundaries in nanomaterials[J]. Acta Materialia, 2017, 124:333-342.

[54] NIU R M, HAN K. Strain hardening and softening in nanotwinned Cu[J]. Scripta Mater, 2013, 68(12):960-963.
[55] ZHANG Y W, WANG T C. Molecular dynamics simulation of interaction of a dislocation array from a crack tip with grain boundaries[J]. Model Simul Mater Sc, 1996, 4(2):231-244.
[56] WANG W, LARTIGUE-KORINEK S, BRISSET F, et al. Formation of annealing twins during primary recrystallization of two low stacking fault energy Ni-based alloys[J]. J Mater Sci, 2015, 50(5):2167-2177.
[57] KHAN A S, ZHANG H Y. Mechanically alloyed nanocrystalline iron and copper mixture: Behavior and constitutive modeling over a wide range of strain rates[J]. Int J Plasticity, 2000, 16(12):1477-1492.
[58] TANG Y Z, BRINGA E M, MEYERS M A. Inverse Hall-Petch relationship in nanocrystalline tantalum[J]. Mat Sci Eng a-Struct, 2013, 580:414-426.
[59] RAHMAN M J, ZUROB H S, HOYT J J. A comprehensive molecular dynamics study of Low-Angle grain boundary mobility in a pure aluminum system[J]. Acta Materialia, 2014, 74:39-48.
[60] WU Z X, ZHANG Y W, JOHN M H, et al. Anatomy of nanomaterial deformation: Grain boundary sliding, plasticity and cavitation in nanocrystalline Ni[J]. Acta Materialia, 2013, 61(15):5807-5820.
[61] TRAUTT Z T, MISHIN Y. Capillary-Driven grain boundary motion and grain rotation in a tricrystal: A molecular dynamics study[J]. Acta Materialia, 2014, 65:19-31.
[62] ZHU B, ASARO R J, KRYSL P, et al. Transition of deformation mechanisms and its connection to grain size distribution in nanocrystalline metals[J]. Acta Materialia, 2005, 53(18):4825-4838.
[63] KAMAYA M, KAWAMURA Y, KITAMURA T. Three-Dimensional local stress analysis on grain boundaries in polycrystalline material[J]. Int J Solids Struct, 2007, 44(10):3267-3277.
[64] KIM H S, ESTRIN Y, BUSH M B. Plastic deformation behaviour of Fine-Grained materials[J]. Acta Materialia, 2000, 48(2):493-504.
[65] WEI Y J, GAO H J. An Elastic-Viscoplastic model of deformation in nanocrystalline metals based on coupled mechanisms in grain boundaries and grain interiors[J]. Mat Sci Eng A-Struct, 2008, 478(1-2):16-25.
[66] HAHN E N, MEYERS M A. Grain-Size dependent mechanical behavior of nanocrystalline metals[J]. Mat Sci Eng A-Struct, 2015, 646:101-134.
[67] SCHIOTZ J, JACOBSEN K W. A maximum in the strength of nanocrystalline copper[J]. Science, 2003, 301(5638):1357-1359.
[68] UPMANYU M, SROLOVITZ D J, LOBKOVSKY A E, et al. Simultaneous grain boundary migration and grain rotation[J]. Acta Materialia, 2006, 54(7):1707-1719.
[69] CAHN J W, TAYLOR J E. A unified approach to motion of grain boundaries, relative tangential translation along grain boundaries, and grain rotation[J]. Acta Materialia, 2004, 52(16):4887-4898.

[70] BENSON D J, FU H H, MEYERS M A. On the effect of grain size on yield stress: Extension into nanocrystalline domain[J]. Mat Sci Eng A-Struct, 2001, 319:854-861.

[71] REY C. Effects of Grain-Boundaries on the Mechanical-Behavior of Grains in Polycrystals[J]. Rev Phys Appl, 1988, 23(4):491-500.

[72] LEBENSOHN R A, BRINGA E M, CARO A. A viscoplastic micromechanical model for the yield strength of nanocrystalline materials[J]. Acta Materialia, 2007, 55(1):261-271.

[73] HILL R. The Elastic Behaviour of a Crystalline Aggregate[J]. P Phys Soc Lond A, 1952, 65(5):349-355.

[74] GAO G J J, WANG Y J, OGATA S. Studying the elastic properties of nanocrystalline copper using a model of randomly packed uniform grains[J]. Comp Mater Sci, 2013, 79:56-62.

[75] ZHANG M, RAO Z X, XU T, et al. Quantifying the influence of grain boundary activities on Hall-Petch relation in nanocrystalline Cu by using phase field and atomistic simulations[J]. Int J Plasticity, 2020, 135:102846.

[76] BURKE J E, TURNBULL D. Recrystallization and grain growth[J]. Prog Met Phys, 1952, 3:220-292.

[77] SMOLUCHOWSKI R. Theory of grain boundary motion[J]. Physical Review, 1951, 83(1):69-70.

[78] LU L, CHEN X, HUANG X, et al. Revealing the maximum strength in nanotwinned copper[J]. Science, 2009, 323(5914):607-610.

[79] STUKOWSKI A, ALBE K, FARKAS D. Nanotwinned FCC metals: Strengthening versus softening mechanisms[J]. Physical Review B, 2010, 82(22)224103.

[80] BLEWITT T H, COLTMAN R R, REDMAN J K. Low-Temperature deformation of copper single crystals[J]. J Appl Phys, 1957, 28(6):651-660.

[81] JOHARI O, THOMAS G. Substructures in explosively deformed Cu and Cu-Al alloys[J]. Acta Metall Mater, 1964, 12(10):1153-1159.

[82] LIAO X Z, ZHAO Y H, SRINIVASAN S G, et al. Deformation twinning in nanocrystalline copper at room temperature and low strain rate[J]. Appl Phys Lett, 2004, 84(4):592-594.

[83] LI X Y, WEI Y J, LU L, et al. Dislocation nucleation governed softening and maximum strength in nano-twinned metals[J]. Nature, 2010, 464(7290):877-880.

[84] ZHAO X, LU C, TIEU A K, et al. Deformation mechanisms in nanotwinned copper bymolecular dynamics simulation[J]. Mat Sci Eng a-Struct, 2017, 687:343-351.

[85] CAO A J, WEI Y G, MAO S X. Deformation mechanisms of Face-Centered-cubic metal nanowires with twin boundaries[J]. Appl Phys Lett, 2007, 90(15):151909.

[86] ZHANG H W, FU Y F, ZHENG Y G, et al. Molecular dynamics investigation of plastic deformation mechanism in bulk nanotwinned copper with embedded cracks[J]. Phys Lett A, 2014, 378(9):736-740.

[87] WANG L, SUN J, LI Q, et al. Coupling effect of twin boundary and void on the mechanical properties of bulk nanotwinned copper: An atomistic simulation[J]. J Phys D Appl Phys, 2019, 52(5):055303.

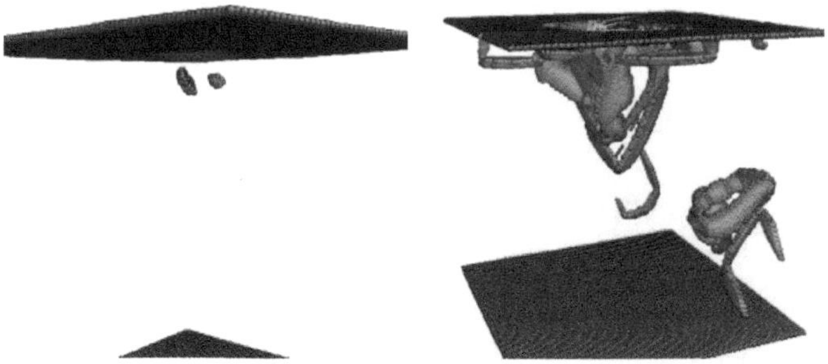

a）压深0.86nm，位错初始成核　　b）压深1.947nm

图 3-19　单晶铜纳米压痕位错演化

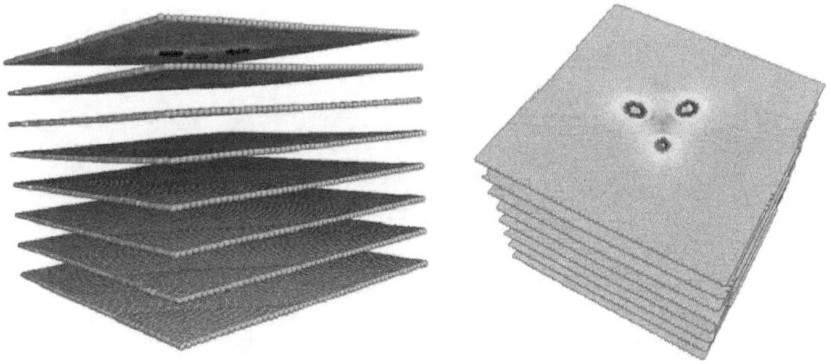

a）0.675nm　　b）0.685nm

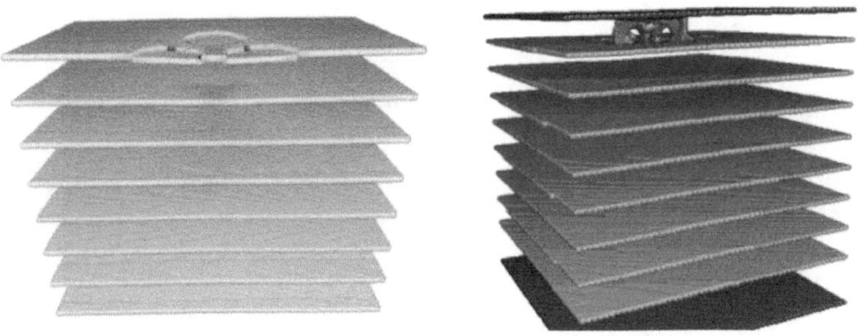

c）0.693nm　　d）0.747nm

图 3-20　孪晶层片厚度为 2. 50nm 的纳米孪晶铜纳米压痕中的位错演化

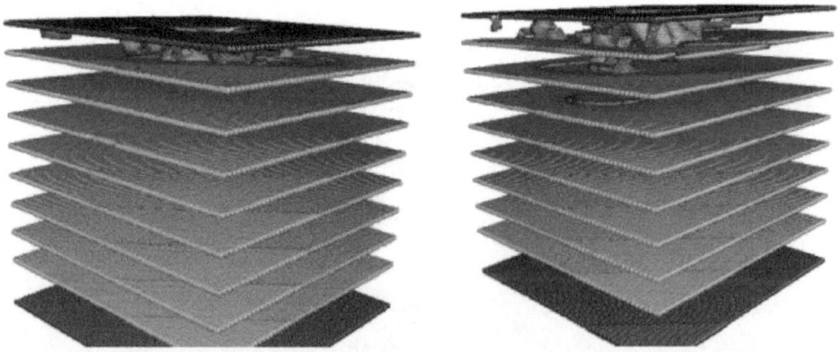

e) 1.117nm　　　　f) 1.697nm

图 3-20　孪晶层片厚度为 2. 50nm 的纳米孪晶铜纳米压痕中的位错演化（续）

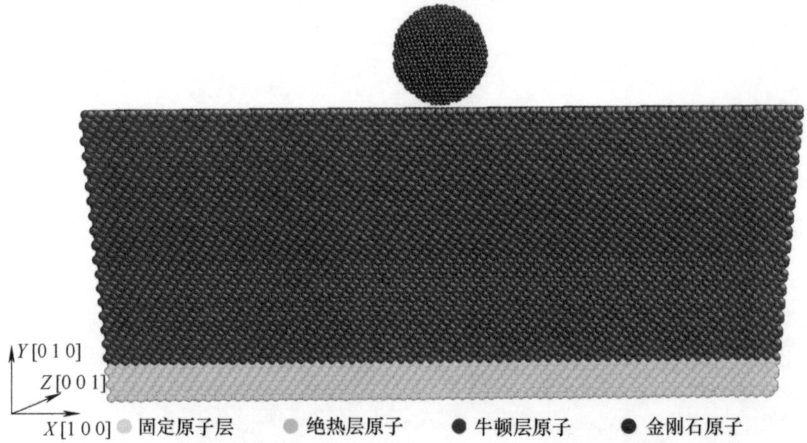

图 3-22　单晶铜基体的分子动力学模型

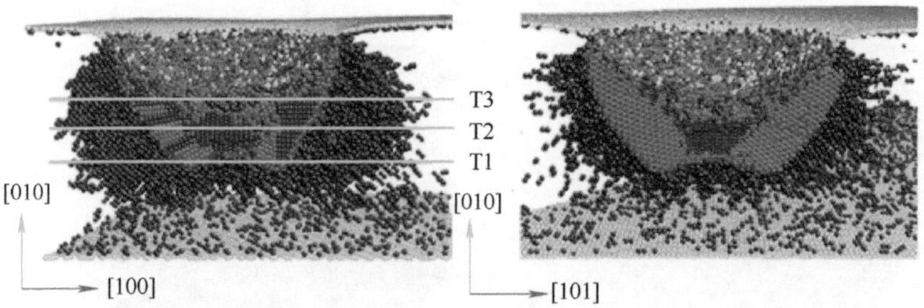

a) (001) 截面　　　　b) ($\bar{1}$01) 截面

图 3-46　纳米压痕所致单晶硅高压相分布

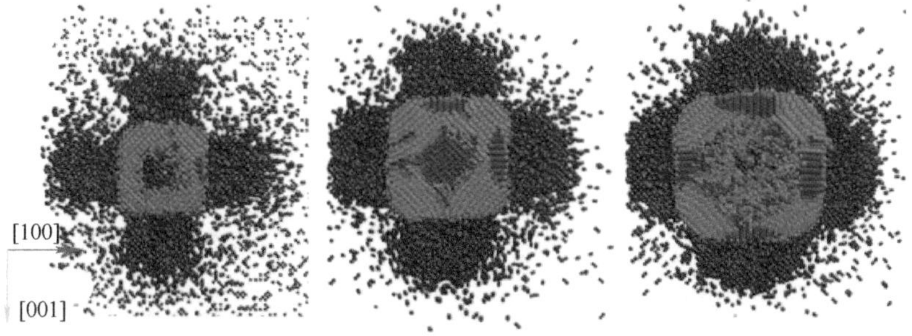

c）T1截面　　d）T2截面　　e）T3截面

图 3-46　纳米压痕所致单晶硅高压相分布（续）

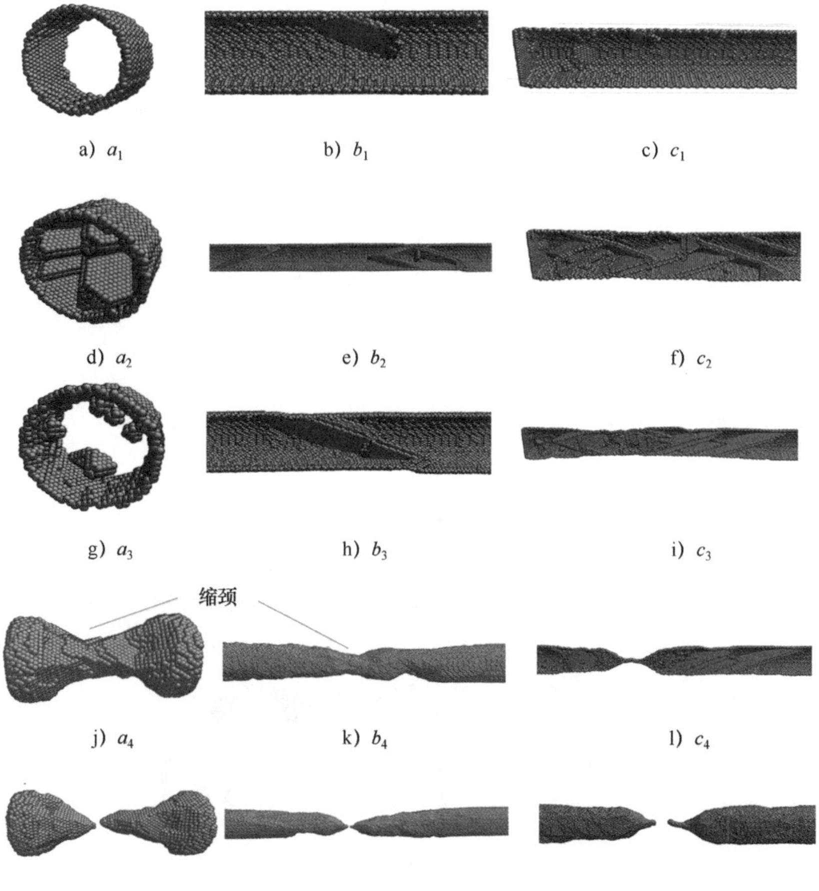

a）a_1　　b）b_1　　c）c_1

d）a_2　　e）b_2　　f）c_2

g）a_3　　h）b_3　　i）c_3

j）a_4　　k）b_4　　l）c_4

m）a_5　　n）b_5　　o）c_5

图 3-54　原子构型演变（对应于图 3-52 中的标注点）

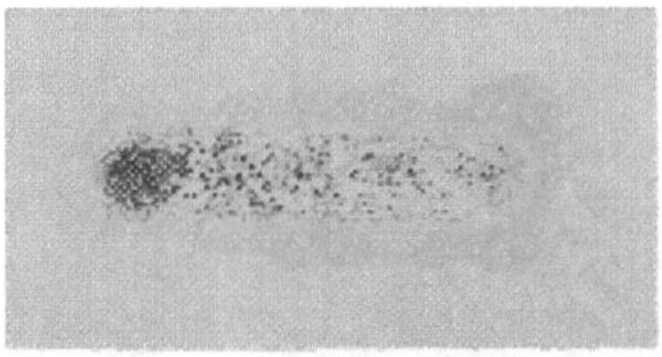

a）滑动速度50m/s

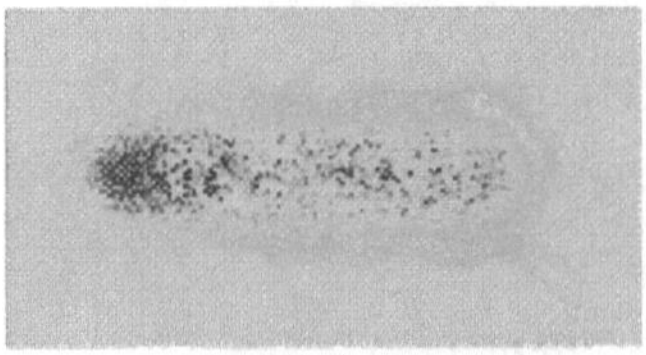

b）滑动速度100m/s

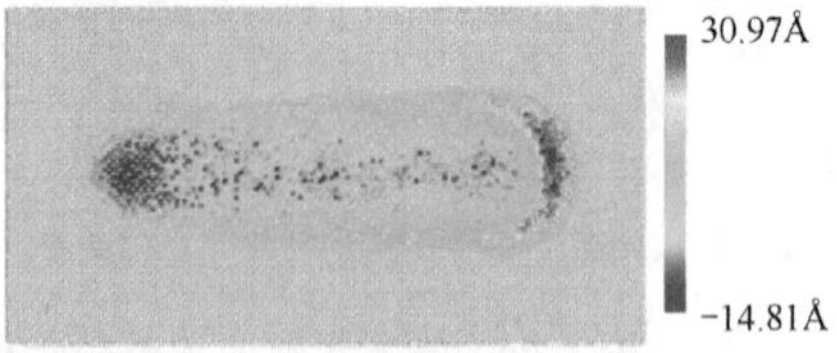

c）滑动速度200m/s

图 4-4　载荷 40nN，滑动长度 16nm 时不同滑动速度下单晶铜基体表面形貌

注：1Å =0. 1nm。

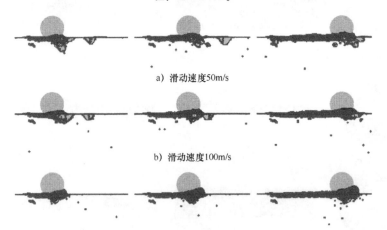

a）滑动速度50m/s

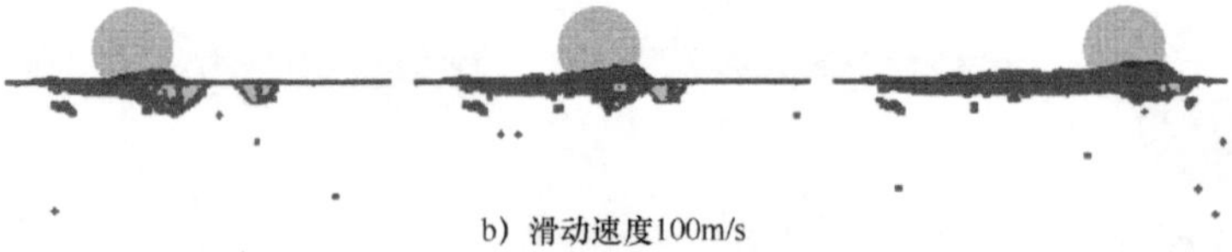

b）滑动速度100m/s

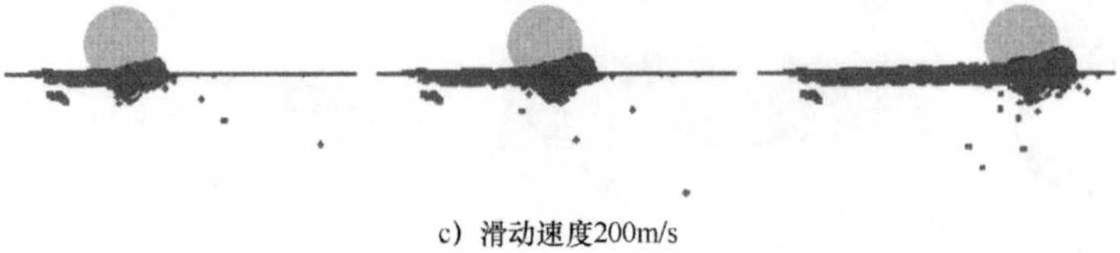

c）滑动速度200m/s

图 4-5　载荷 40 nN，不同滑动速度下单晶铜基体内部瞬时缺陷

注：每个分图中，左图为滑动距离 4nm，中图为滑动距离 8nm，右图为滑动距离 16nm。

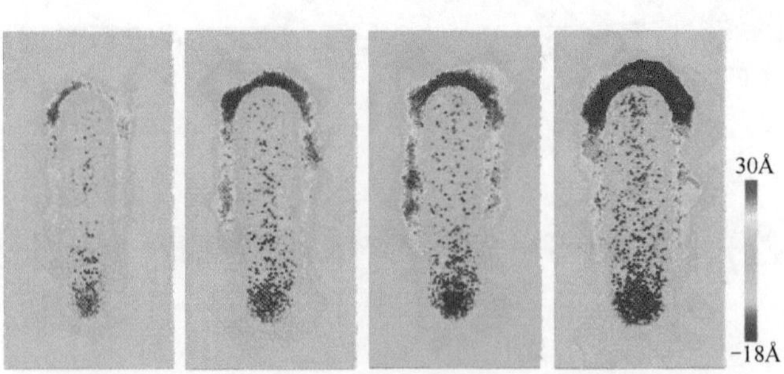

a）载荷40nN　　b）载荷60nN　　c）载荷80nN　　d）载荷100nN

图 4-10　滑动距离 16nm，不同载荷下单晶铜的表面形貌

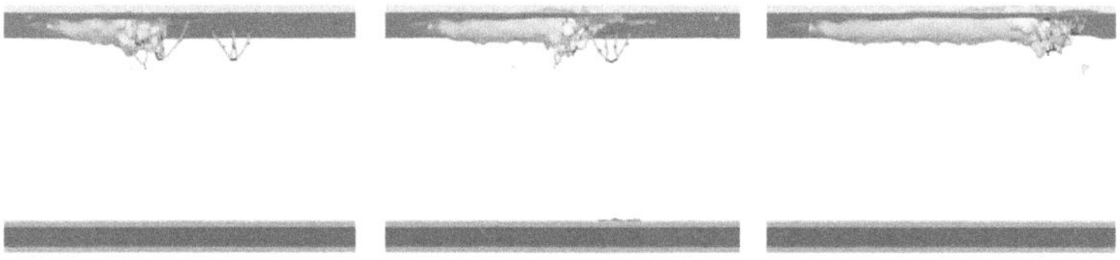

a）滑动距离4 nm　　b）滑动距离8 nm　　c）滑动距离16 nm

图 4-14　载荷 40nN 单晶铜基体内部瞬时位错线

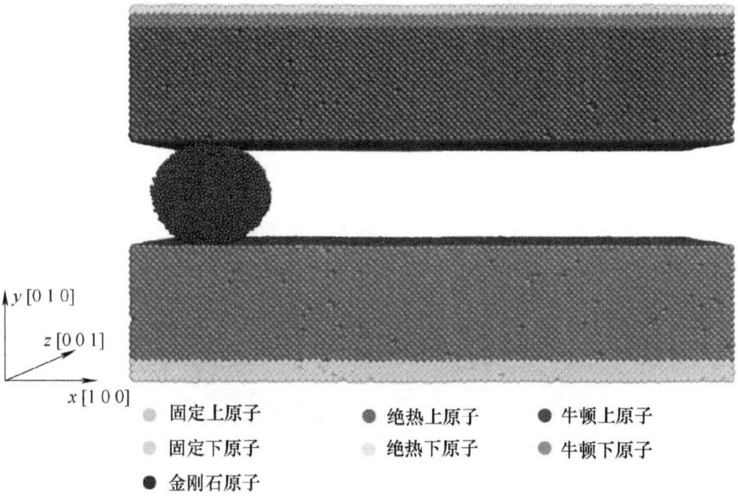

图 4-22　三体单晶铜椭球形磨料的分子动力学模型

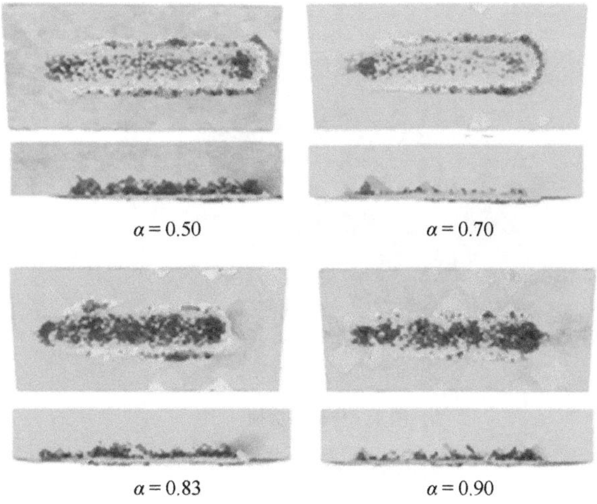

图 4-36　不同长径比下单晶铜基体表面损伤

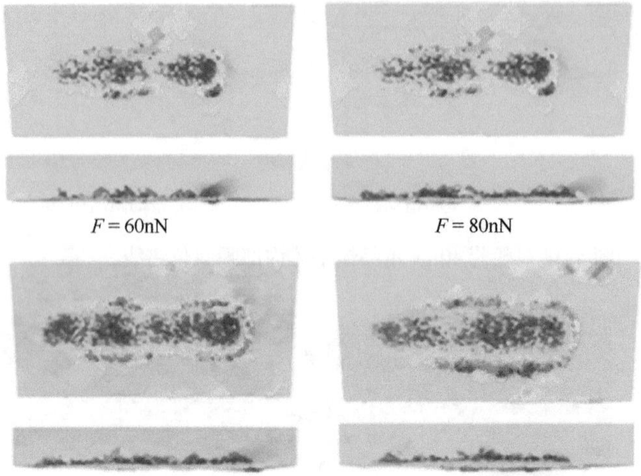

$F = 60\text{nN}$　　$F = 80\text{nN}$

$F = 100\text{nN}$　　$F = 110\text{nN}$

图 4-41　不同载荷下单晶铜基体表面的损伤

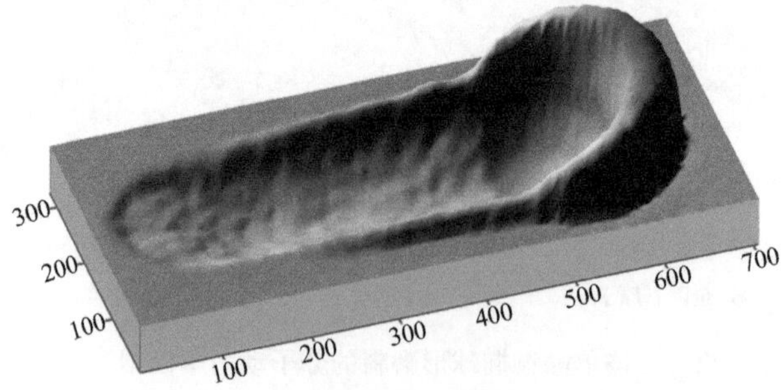

a）纳米二体磨料磨损

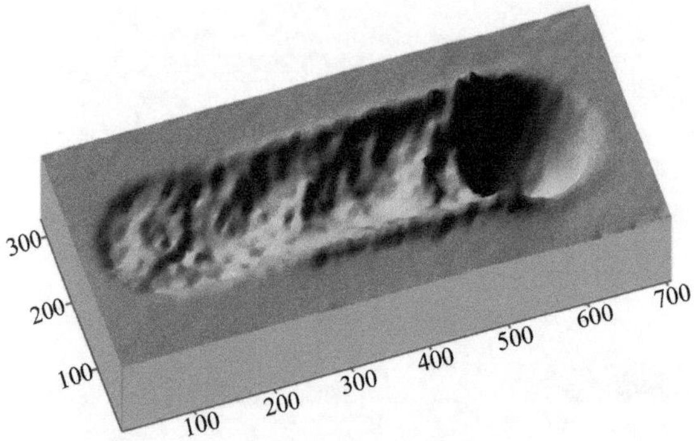

b）纳米三体磨料磨损

图 4-54　磨损形貌

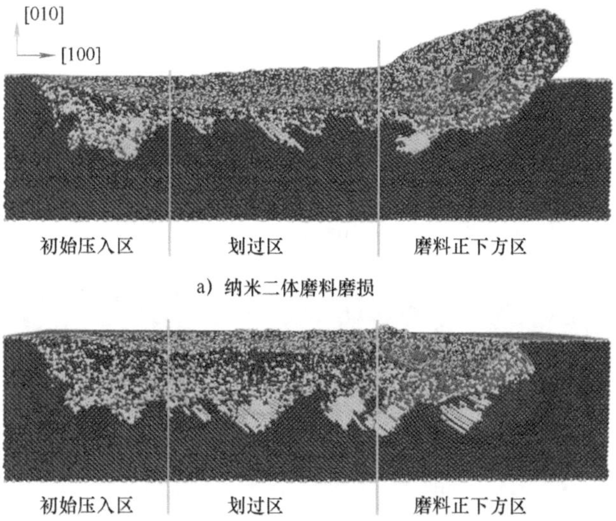

a）纳米二体磨料磨损

b）纳米三体磨料磨损

图 4-56　纳米磨损中原子构型的截面图

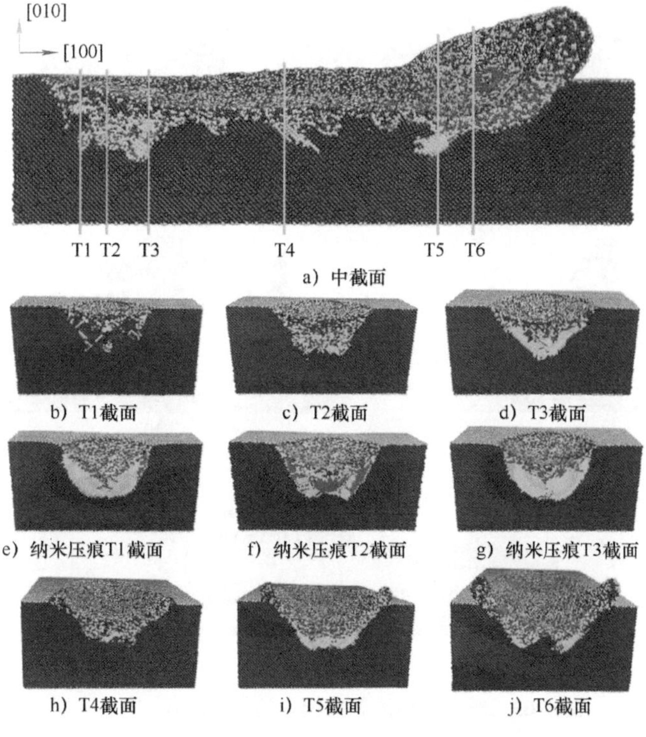

a）中截面

b）T1截面　c）T2截面　d）T3截面

e）纳米压痕T1截面　f）纳米压痕T2截面　g）纳米压痕T3截面

h）T4截面　i）T5截面　j）T6截面

图 4-58　纳米二体磨料磨损相分布图

（图中原子依据配位数着色，天蓝色原子是 bct5 相原子，蓝色原子是 Si-Ⅱ相原子，红色原子是 Si-Ⅲ/Si-Ⅻ相原子，黄色原子是配位数小于 3 的原子，即表面原子）

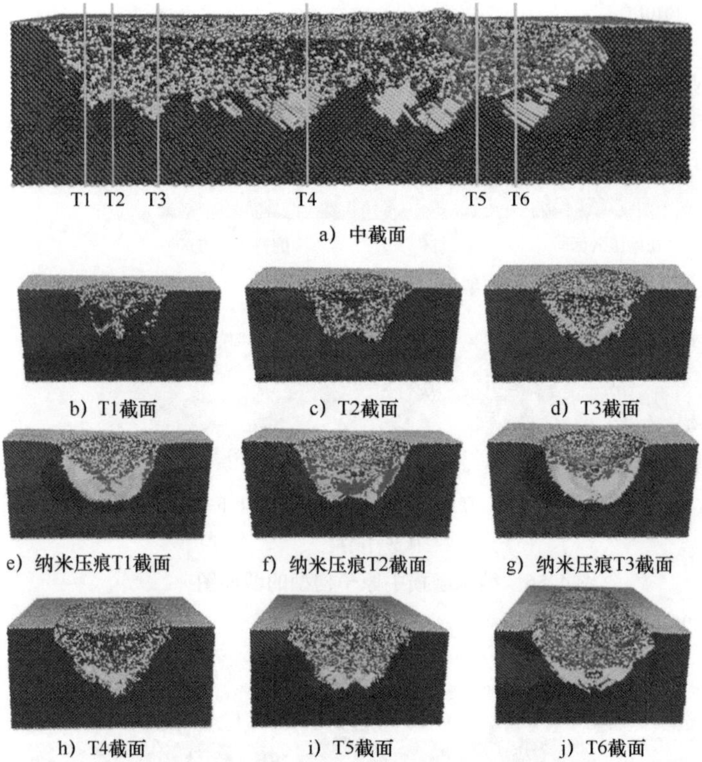

a）中截面

b）T1截面 c）T2截面 d）T3截面

e）纳米压痕T1截面 f）纳米压痕T2截面 g）纳米压痕T3截面

h）T4截面 i）T5截面 j）T6截面

图 4-60 纳米三体磨料磨损中原子类型的改变

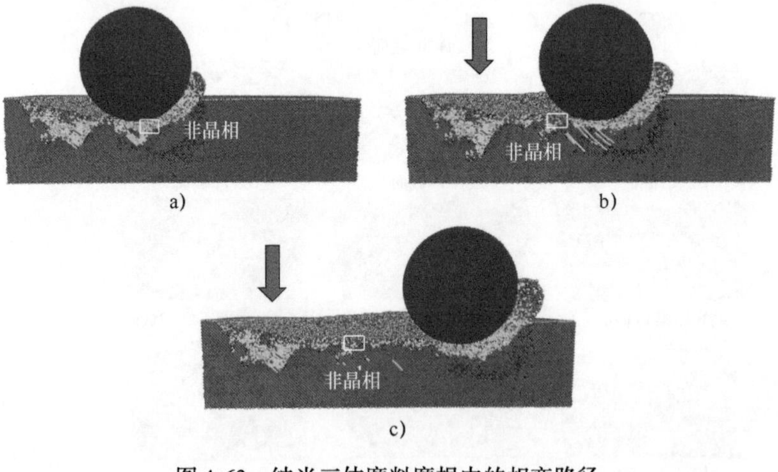

a) b) c)

图 4-63 纳米三体磨料磨损中的相变路径

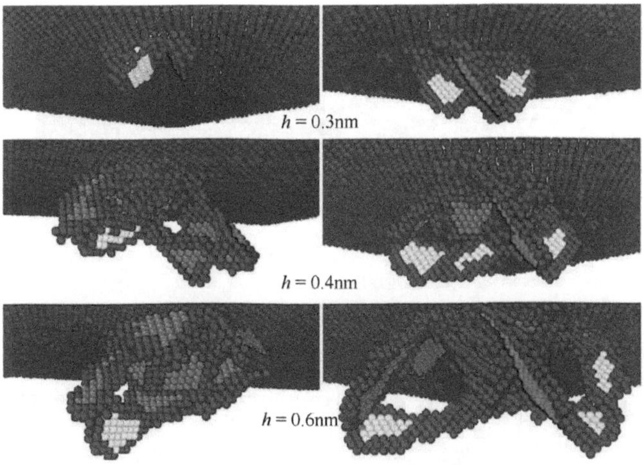

a）无水膜　　b）水膜厚度为1.0nm

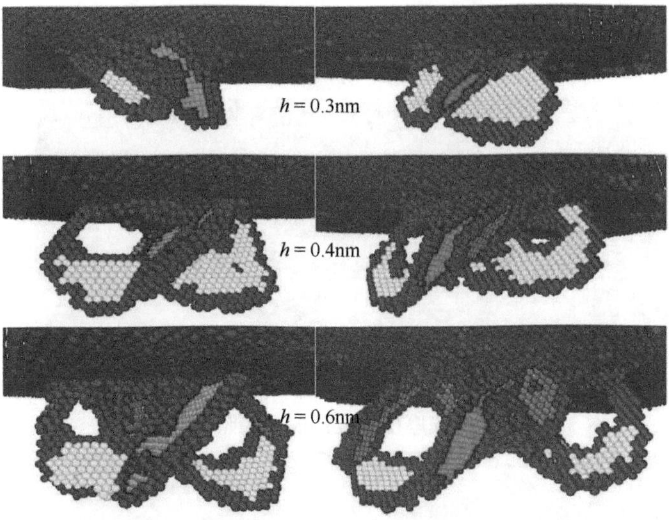

c）水膜厚度为2.0nm　　d）水膜厚度为3.0nm

图 5-3　不同水膜厚度下单晶铜内部塑性变形演化过程

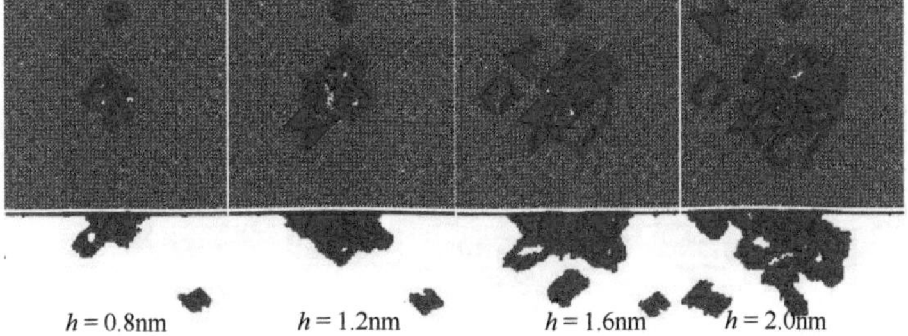

a）无水膜

图 5-4　不同水膜厚度下位错演变快照

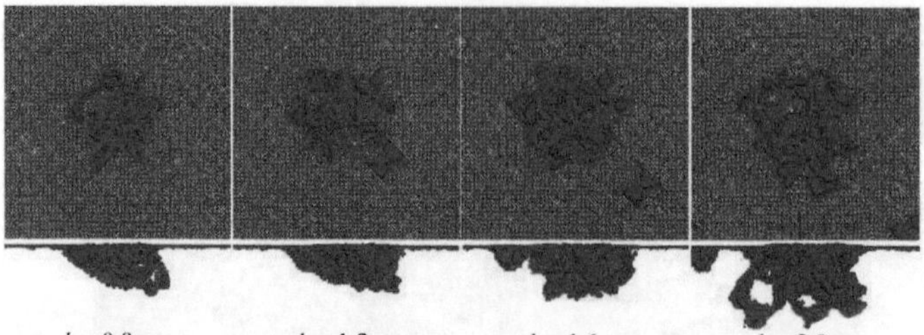

$h = 0.8$nm　　$h = 1.2$nm　　$h = 1.6$nm　　$h = 2.0$nm

b）水膜厚度为1.0nm

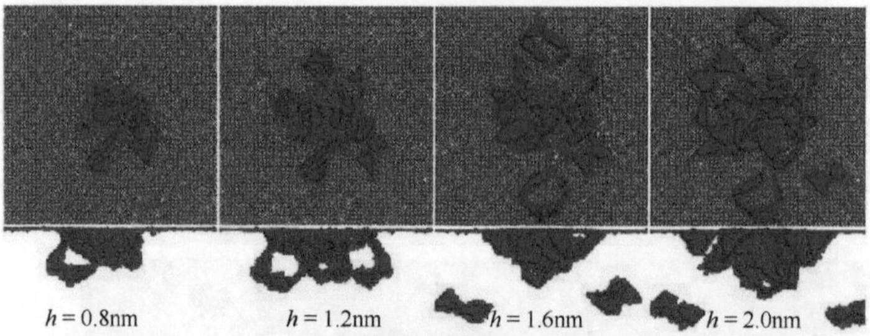

$h = 0.8$nm　　$h = 1.2$nm　　$h = 1.6$nm　　$h = 2.0$nm

c）水膜厚度为2.0nm

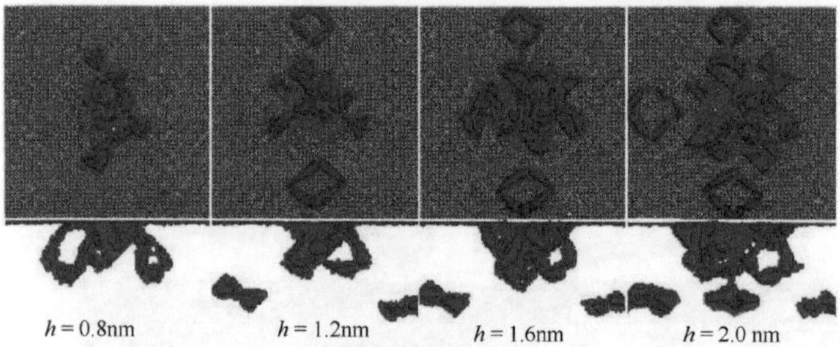

$h = 0.8$nm　　$h = 1.2$nm　　$h = 1.6$nm　　$h = 2.0$ nm

d）水膜厚度为3.0nm

图 5-4　不同水膜厚度下位错演变快照（续）

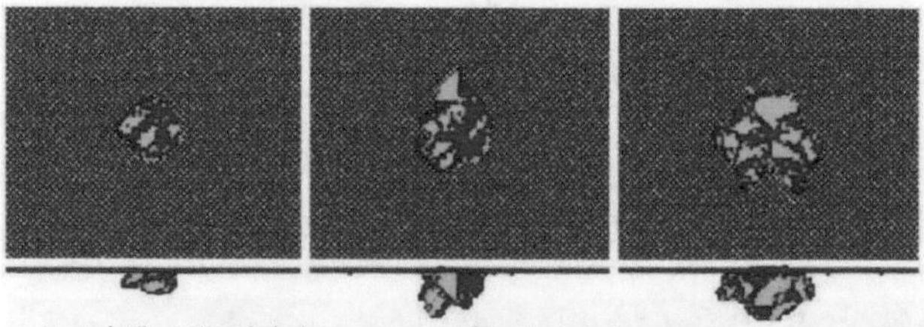

a）无水膜、压入速度为10m·s^{-1}，压痕深度依次为0.3nm、0.5nm和0.7nm

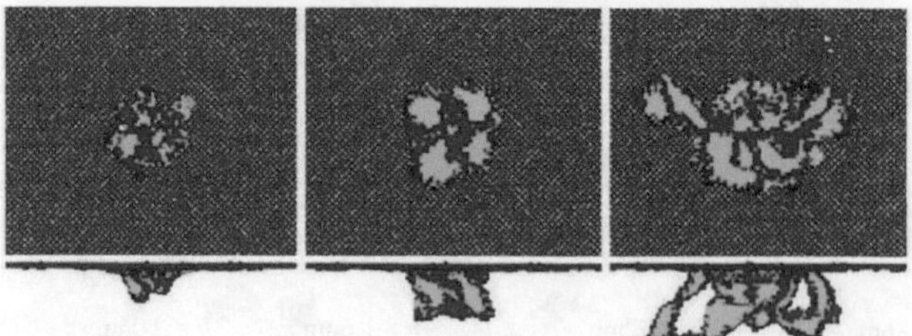

b）水膜厚度为2.0nm、压入速度为10m·s^{-1}，压痕深度依次为0.3nm、0.5nm和0.7nm

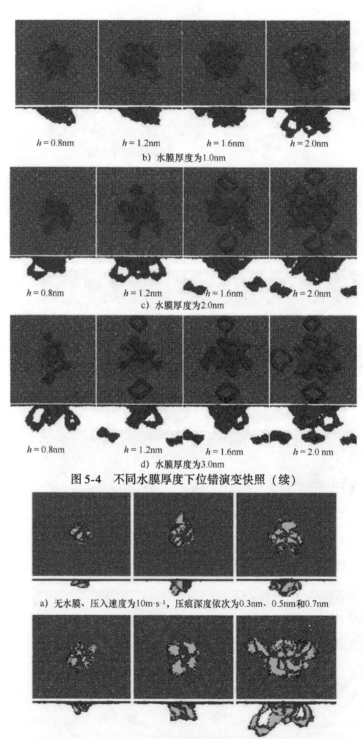

图 5-13　位移控制压入过程中单晶铜基体内部位错演变

c）水膜厚度为2.0nm、压入速度为50m·s-1，压痕深度依次为0.3nm、0.5nm和0.7nm

图 5-13　位移控制压入过程中单晶铜基体内部位错演变（续）

a）无水膜、加载率为1nN·ps−1，压痕深度依次为0.3nm、0.5nm和0.7nm

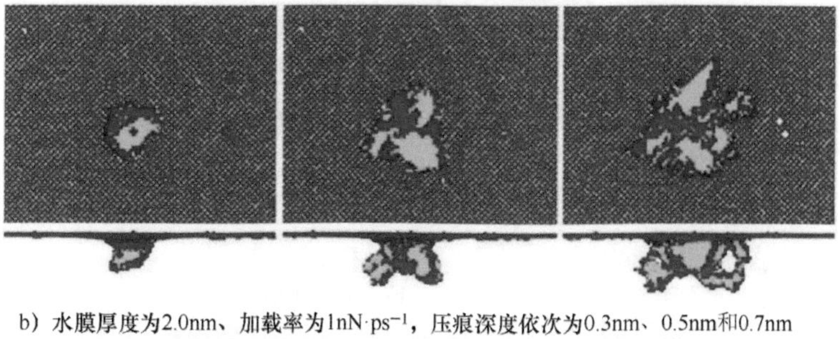

b）水膜厚度为2.0nm、加载率为1nN·ps−1，压痕深度依次为0.3nm、0.5nm和0.7nm

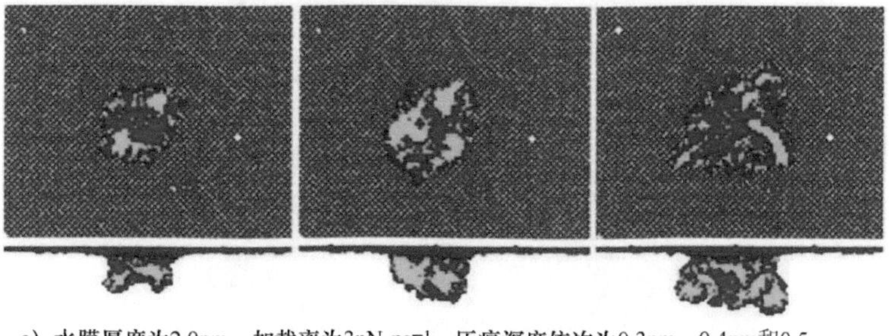

c）水膜厚度为2.0nm、加载率为3nN·ps−1，压痕深度依次为0.3nm、0.4nm和0.5nm

图 5-14　载荷控制压入过程中单晶铜基体内部位错演变

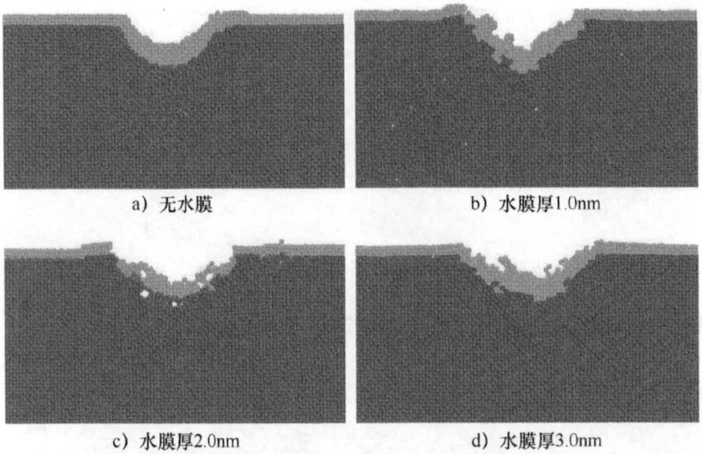

图 5-22　不同水膜厚度（*H*）下磨料卸载前（橙色）后（蓝色）单晶铜切片构型

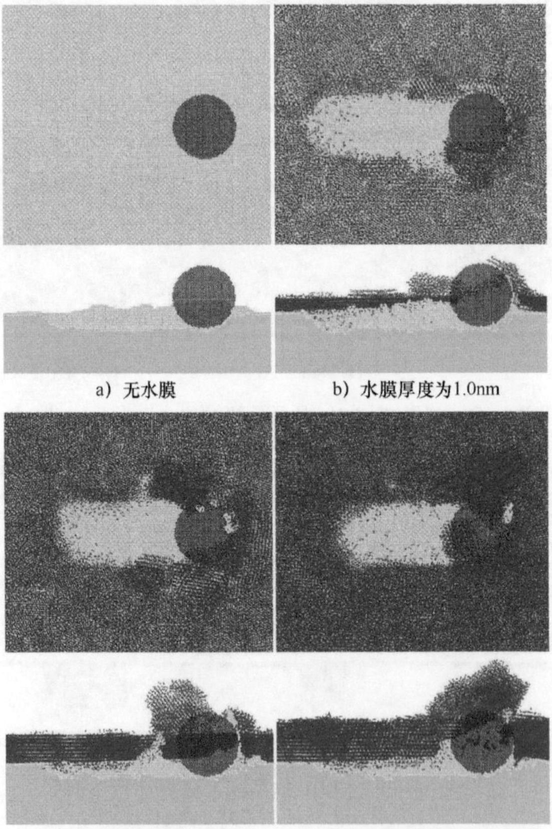

图 5-29　纳米划痕形貌的顶视图（上）和横截面视图（下）

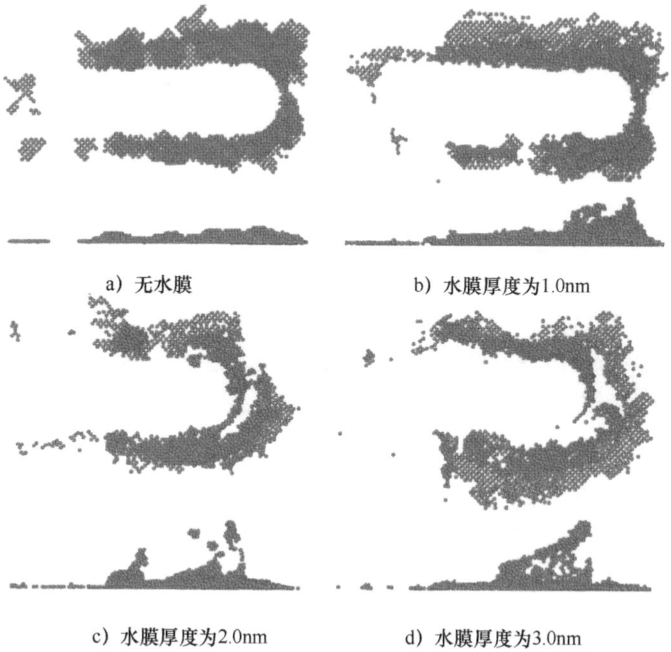

图 5-30　犁沟两侧脊的形貌的顶视图（上侧）和截面视图（下侧）

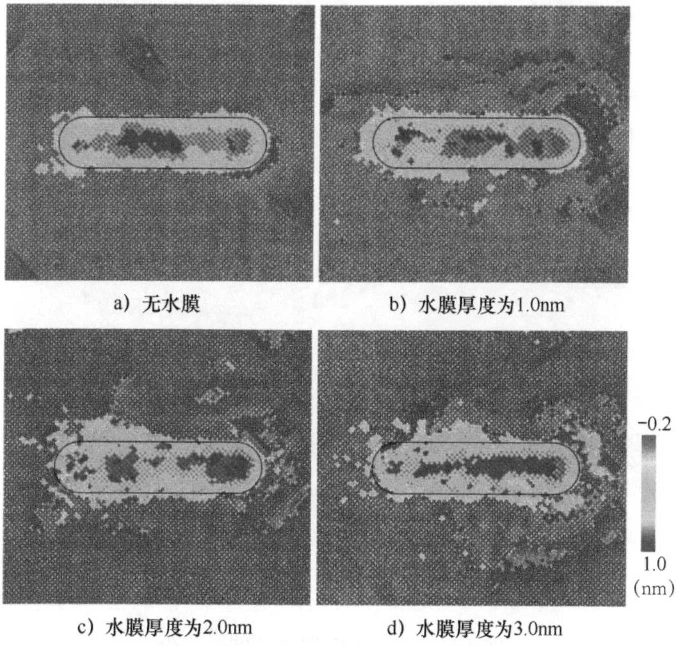

图 5-31　单晶铜表面磨损形貌的顶视图

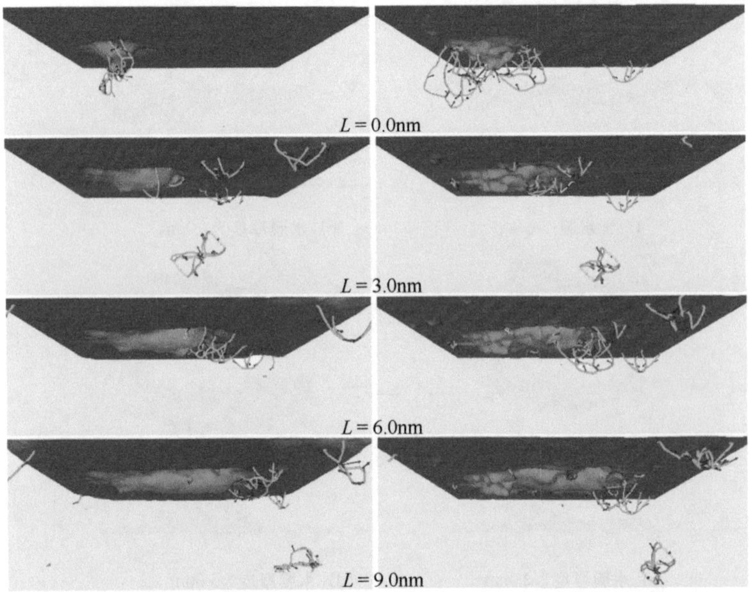

a）无水膜　　　　b）水膜厚度为1.0nm

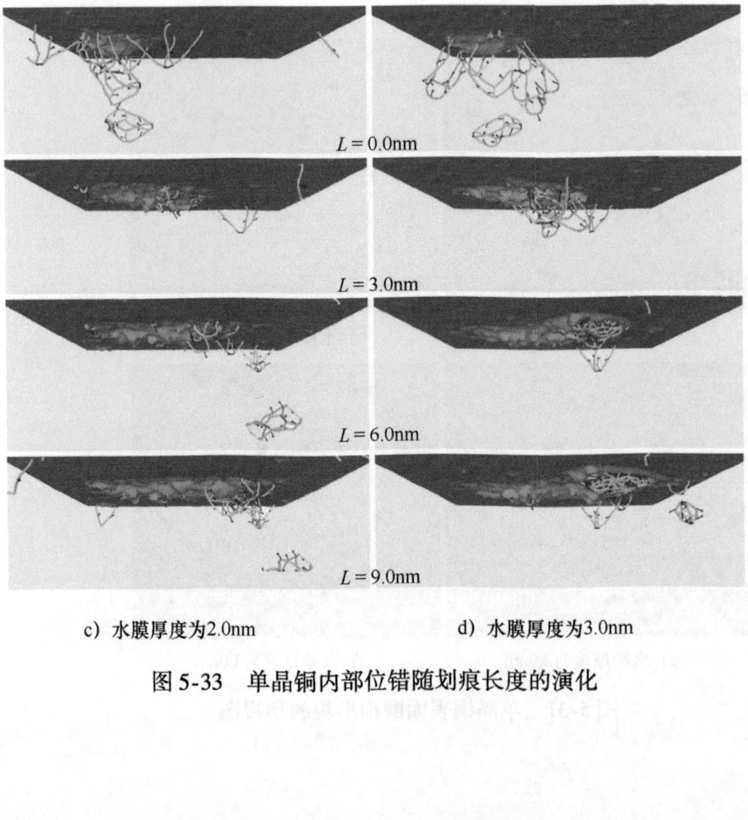

c）水膜厚度为2.0nm　　　　d）水膜厚度为3.0nm

图 5-33　单晶铜内部位错随划痕长度的演化

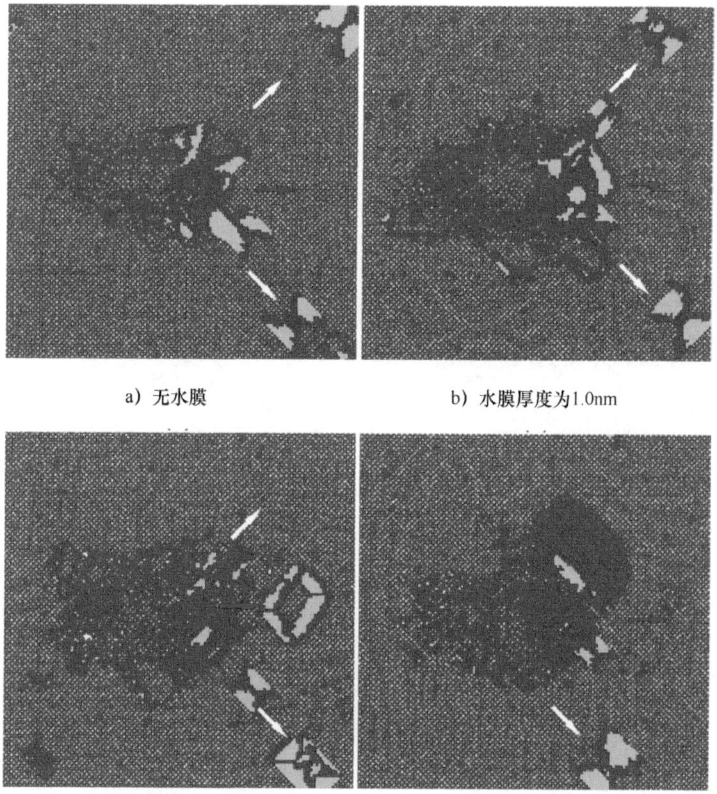

a）无水膜　　b）水膜厚度为1.0nm

c）水膜厚度为2.0nm　　d）水膜厚度为3.0nm

图 5-34　划痕距离为 6.0nm 时位错、层错扩展方向

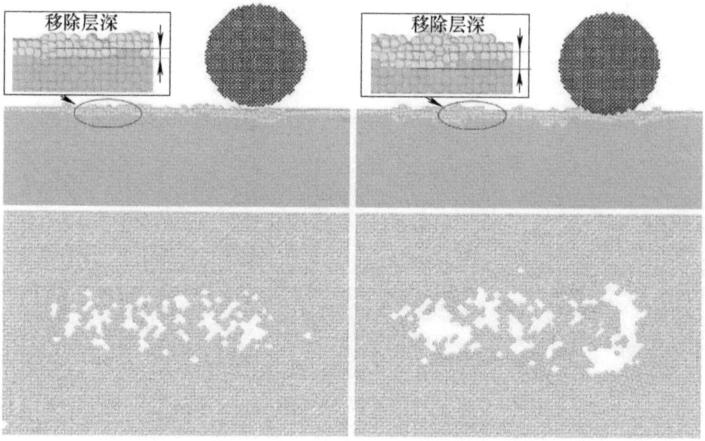

a）划痕深度$h=-0.2$nm　　b）划痕深度$h=0.1$nm

图 5-37　水膜厚度为 1.0nm 时单晶铜磨损截面视图（上，$x-z$ 平面）和俯视图（下，$x-y$ 平面）

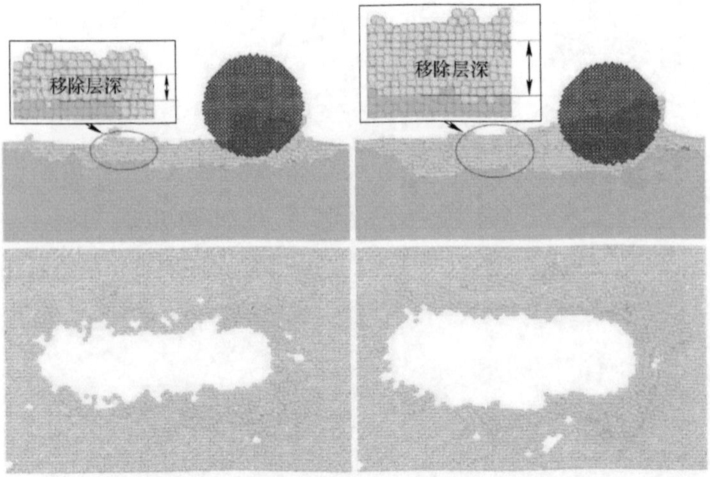

c）划痕深度h = 0.5nm　　d）划痕深度h = 1.0nm

图 5-37　水膜厚度为 1.0nm 时单晶铜磨损截面视图（上，$x-z$ 平面）和俯视图（下，$x-y$ 平面）（续）

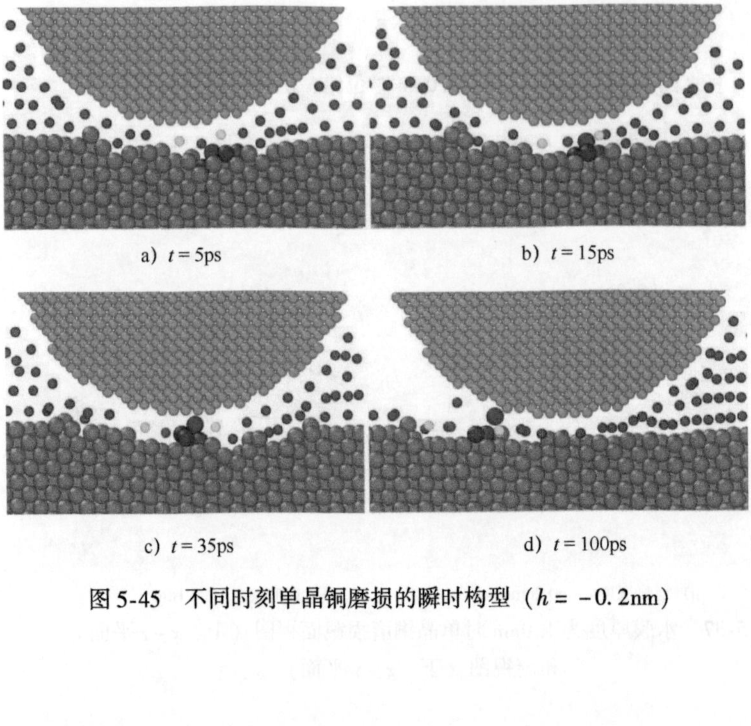

图 5-45　不同时刻单晶铜磨损的瞬时构型（h = −0.2nm）

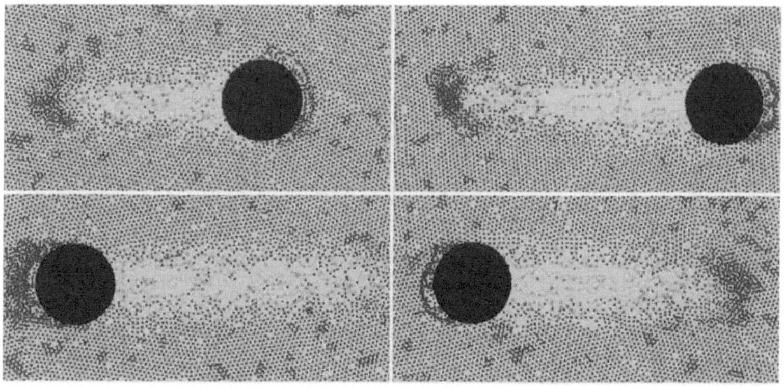

a) $\alpha=0.70$　　b) $\alpha=0.80$

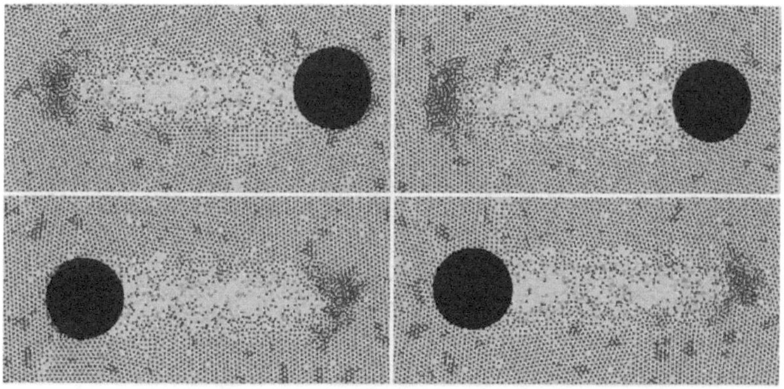

c) $\alpha=0.85$　　d) $\alpha=0.90$

图 5-53　磨损结束时单晶铜上表面（上）与下表面（下）的瞬时构型

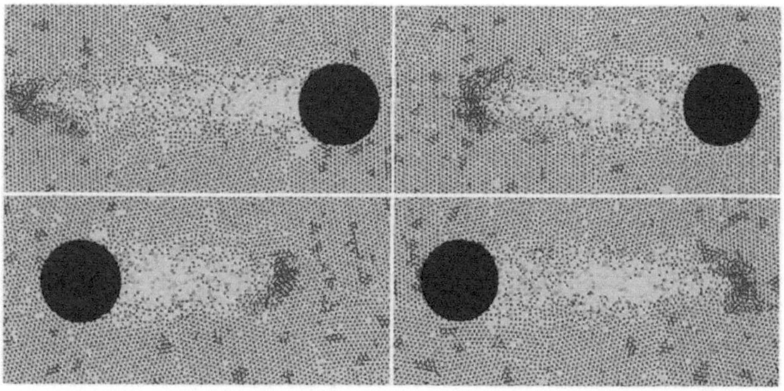

a) $F=50\text{nN}$　　b) $F=60\text{nN}$

图 5-65　磨损结束时单晶铜上表面（上）与下表面（下）的瞬时构型

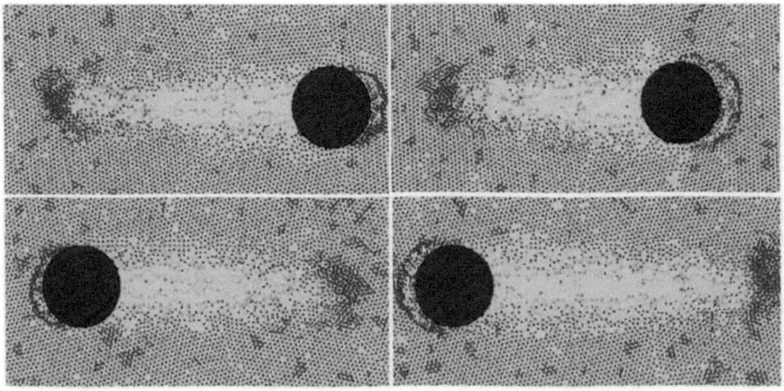

c) $F=80\text{nN}$　　　　d) $F=100\text{nN}$

图 5-65　磨损结束时单晶铜上表面（上）与下表面（下）的瞬时构型（续）

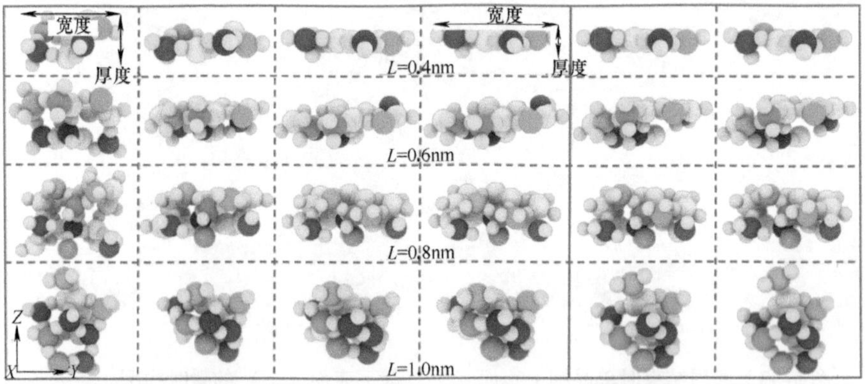

a）加载 h=0.0　b）加载 h=0.8　c）加载 h=1.8　d）加载 h=3.2　e）卸载 h=2.3　f）卸载 h=1.5

图 6-10　不同压痕深度（h）不同厚度 SiO_2 膜变形演化原子构型图（h：nm）

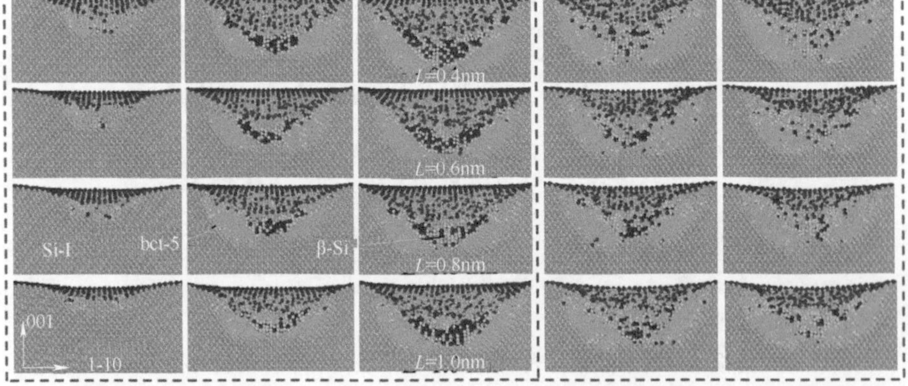

a）加载 h=0.8　b）加载 h=1.8　c）加载 h=3.2　d）卸载 h=2.3　e）卸载 h=1.5

图 6-12　不同压痕深度（h）不同厚度 SiO_2 膜下硅基体的相变演化（h：nm）

图 6-16　SiO_2/Si 界面横截面原子构型图（应变 16.90 %）

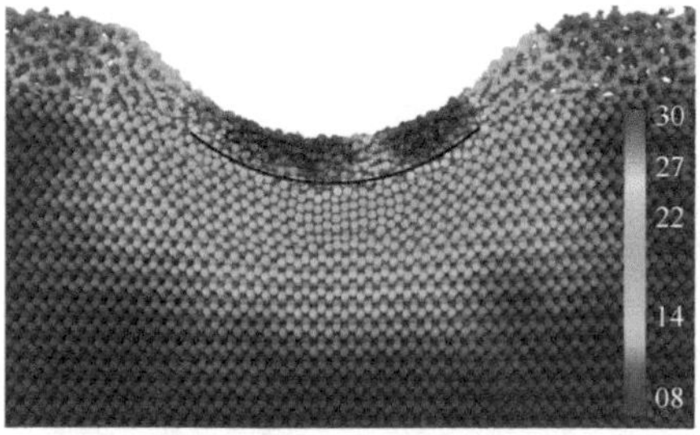

图 6-17　膜厚 2.0nm SiO_2 试样 Von Mises 应力分布截面图

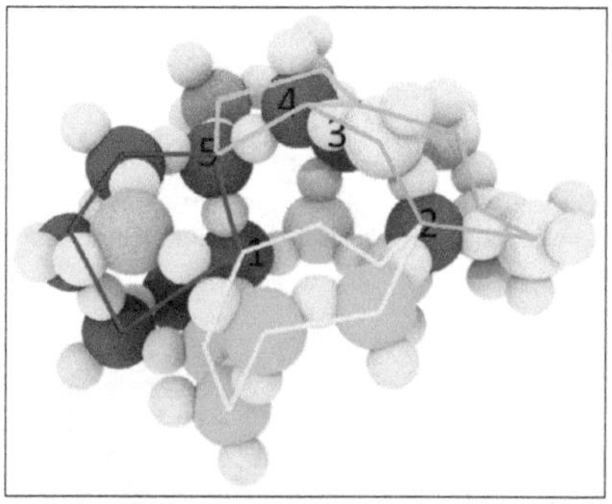

图 6-26　部分 SiO_2 中 $Si—O$ 环

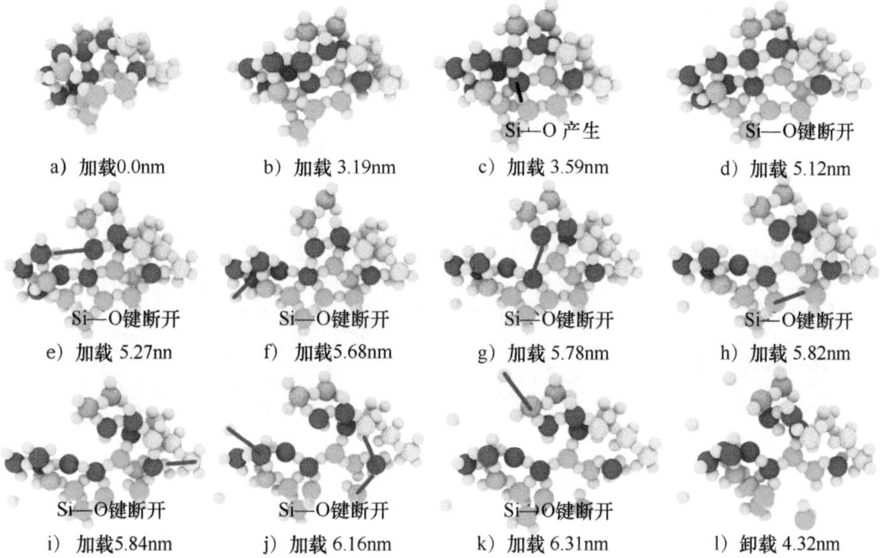

图 6-27　部分 SiO_2 变形演化图

（黑色短线表示键生成，蓝色短线表示键断裂）

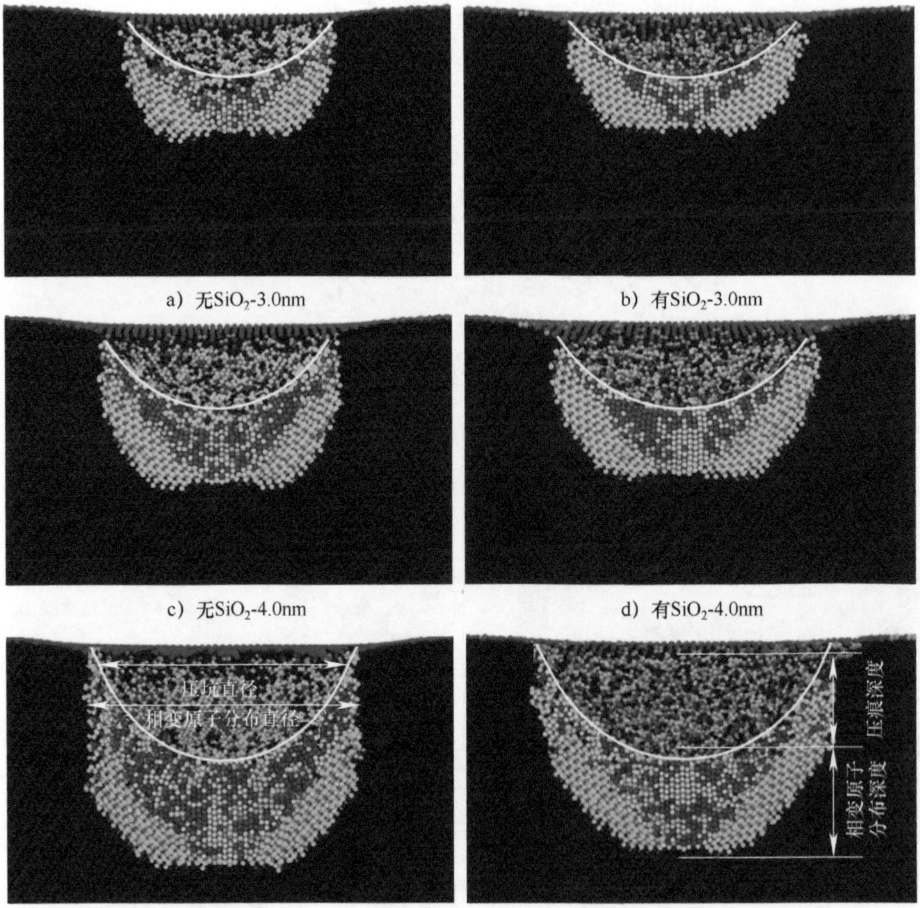

a）无SiO$_2$-3.0nm　b）有SiO$_2$-3.0nm

c）无SiO$_2$-4.0nm　d）有SiO$_2$-4.0nm

e）无SiO$_2$-5.5nm　f）有SiO$_2$-5.5nm

图 6-29　不同穿透深度下 Si（110）横截面相变分布图

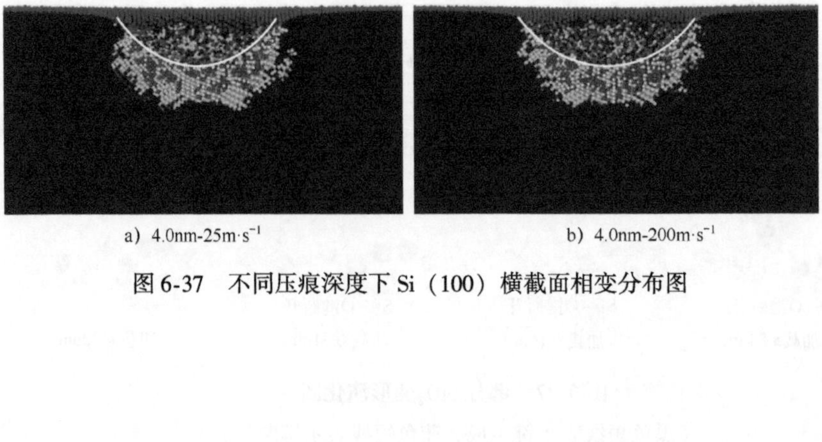

a）4.0nm-25m·s^{-1}　b）4.0nm-200m·s^{-1}

图 6-37　不同压痕深度下 Si（100）横截面相变分布图

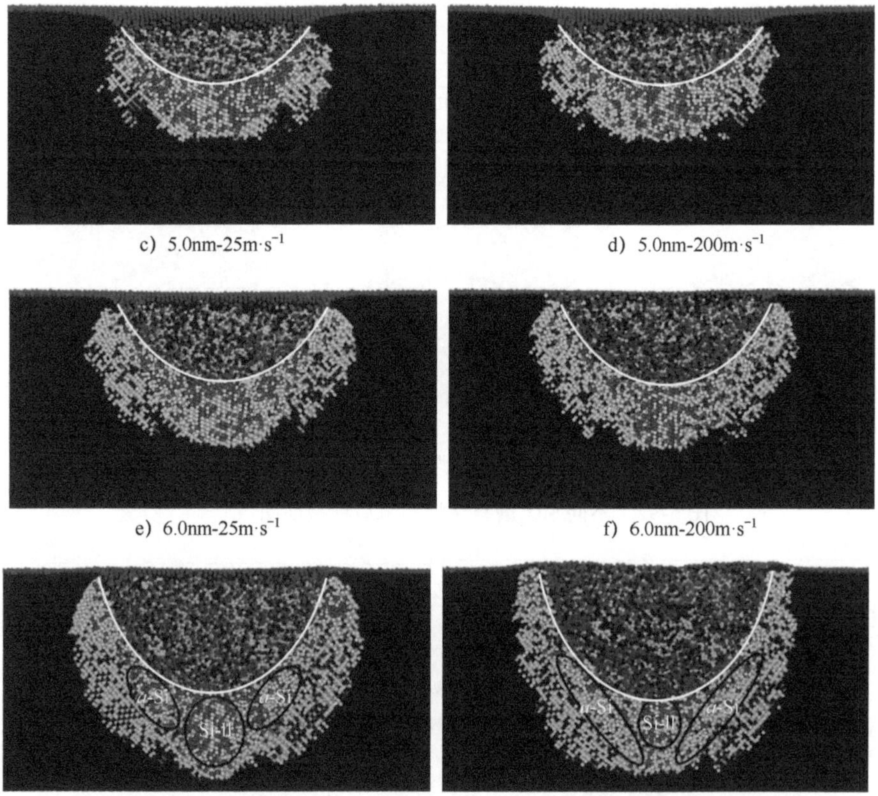

c) 5.0nm-25m·s^{-1}　　d) 5.0nm-200m·s^{-1}

e) 6.0nm-25m·s^{-1}　　f) 6.0nm-200m·s^{-1}

g) 8.0nm-25m·s^{-1}　　h) 8.0nm-200m·s^{-1}

图 6-37　不同压痕深度下 Si（100）横截面相变分布图（续）

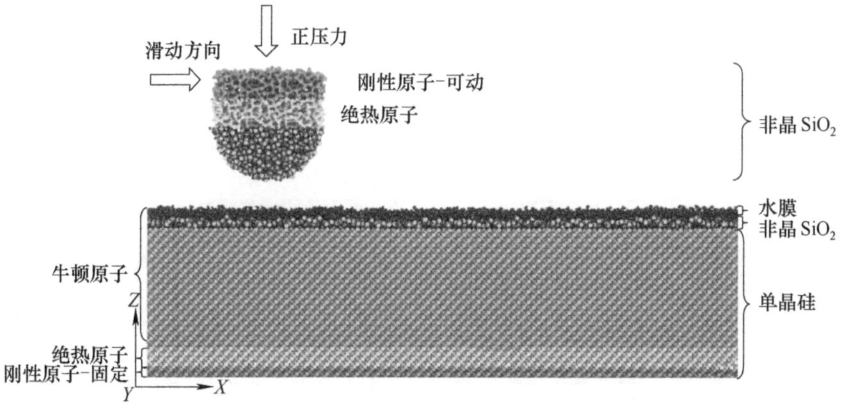

图 6-60　二体划痕模型示意图

a) 20nN　　　　b) 100nN

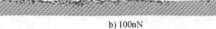

图 6-81　正载荷对单晶硅相变的影响

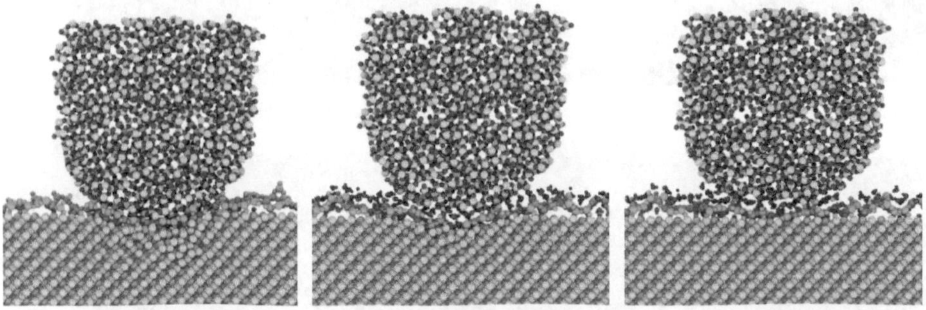

a）无水膜的刚性颗粒　　b）带水膜的刚性颗粒　　c）带水膜的非刚性颗粒

图 6-92　不同 SiO_2 磨料压痕结束后横截面图

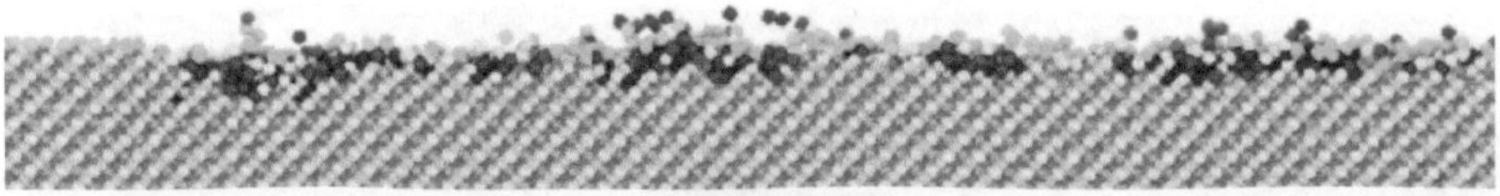

a）无水膜的刚性颗粒

b）带水膜的刚性颗粒

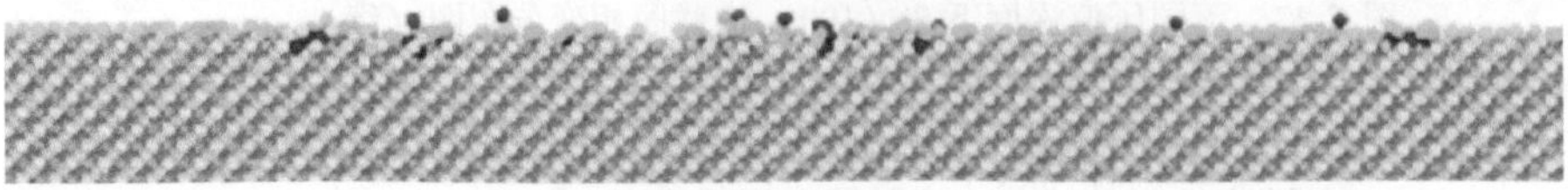

c）带水膜的非刚性颗粒

图 6-94　不同 SiO_2 磨料对单晶硅划痕相变构型图

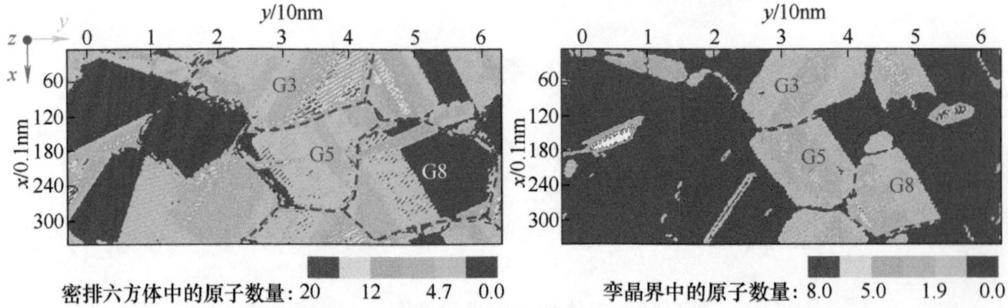

a）HCP结构分布　　b）TBs结构分布

图 7-16　300K 下应变率为 $1\times10^{8}\ s^{-1}$ 时 HCP（SFs 和 TBs）和 TBs 结构在多晶铜膜中的分布

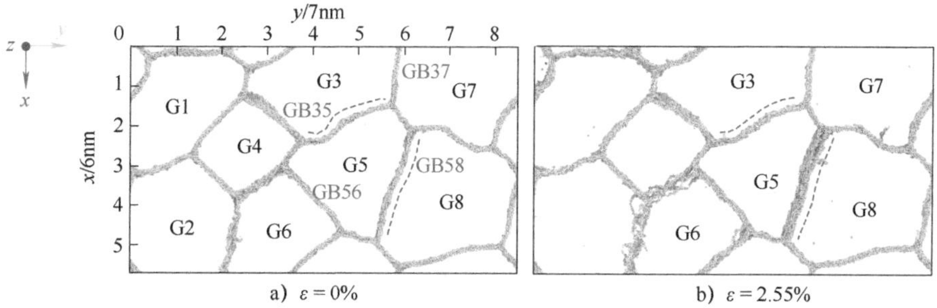

图 7-17　300K 下应变率为 $1\times10^{8}s^{-1}$ 时晶界在不同应变下的分布状况

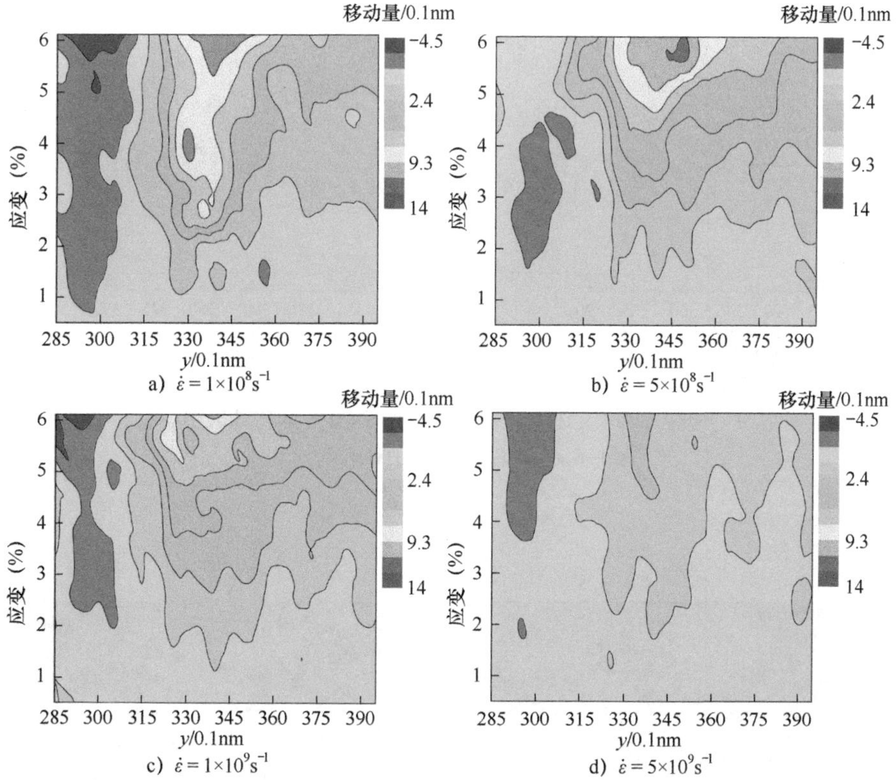

图 7-18　300 K 下沿着 y 轴分布的 GB35 在不同的应变率下沿着 x 轴移动量随着应变的变化

注：图中的不同颜色表示晶界的移动量。

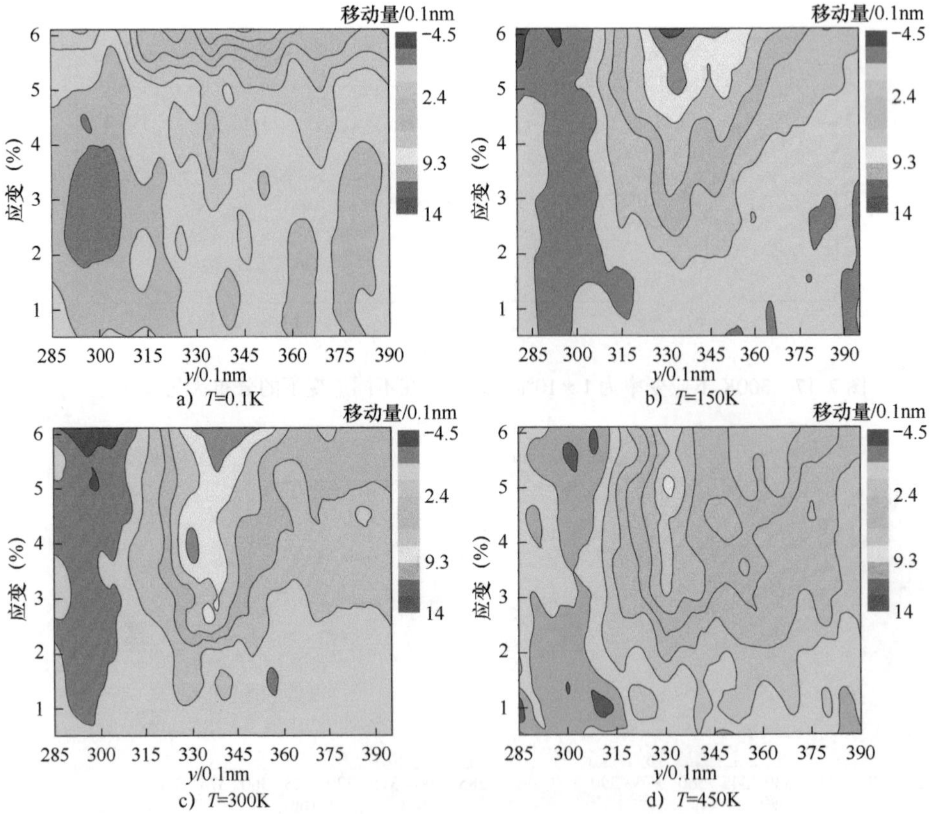

图 7-21　应变率为 $1\times10^{8}\ s^{-1}$时不同温度下 GB35 的移动云图

注：图中不同的颜色代表晶界的移动量。

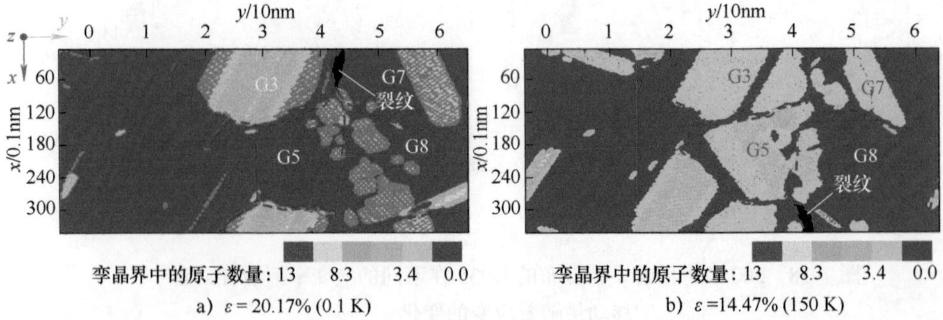

图 7-22　应变率为 $1\times10^{8}s^{-1}$时不同温度下 TBs 结构的分布及裂纹产生的位置

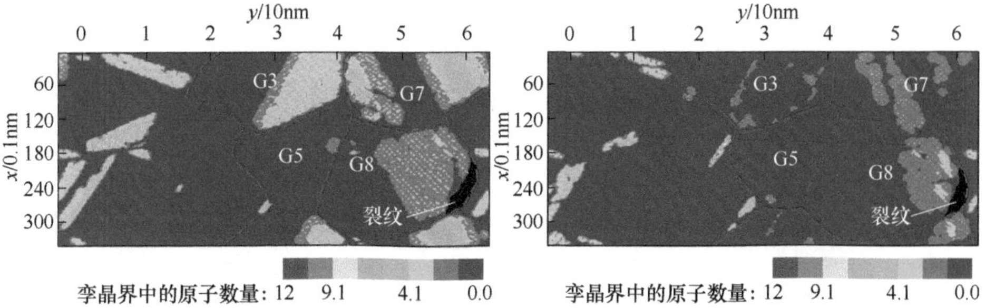

c) $\varepsilon = 14.26\%$ (450 K)　　d) $\varepsilon = 12.83\%$ (600 K)

图 7-22　应变率为 $1\times10^8\text{s}^{-1}$时不同温度下 TBs 结构的分布及裂纹产生的位置（续）

注：图中不同颜色表示 TBs 中包含的原子数。

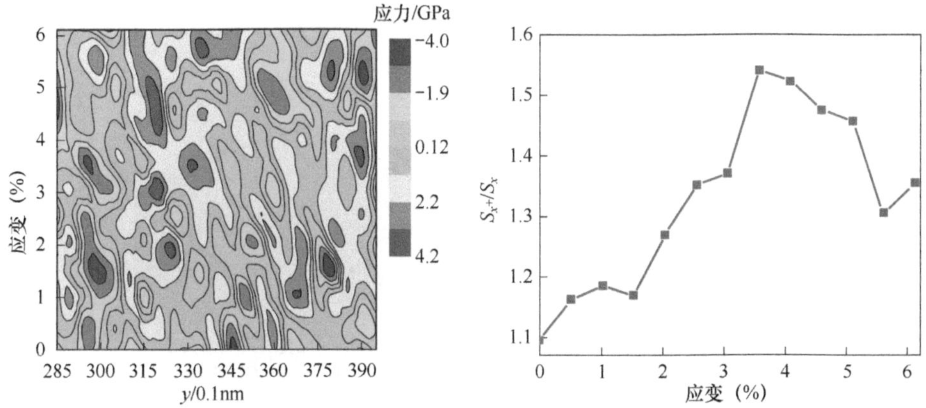

a）沿x方向应力差变化　　b）原子沿着x轴正向和负向的应力比

图 7-23　应变率为 $1\times10^8\text{s}^{-1}$，温度为 300K 时 GB35 晶界应力状态

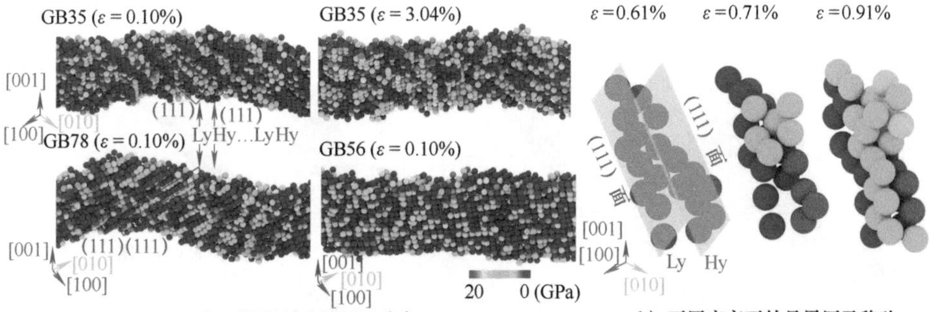

a）不同晶界上的原子分布　　b）不同应变下的晶界原子移动

图 7-24　三种晶界的原子应力分布以及 GB35 初始应变下晶界原子的移动

注：图中蓝色和红色的原子分别为原来低应力和高应力的原子，绿色原子为从相邻晶粒移动到晶界的原子。

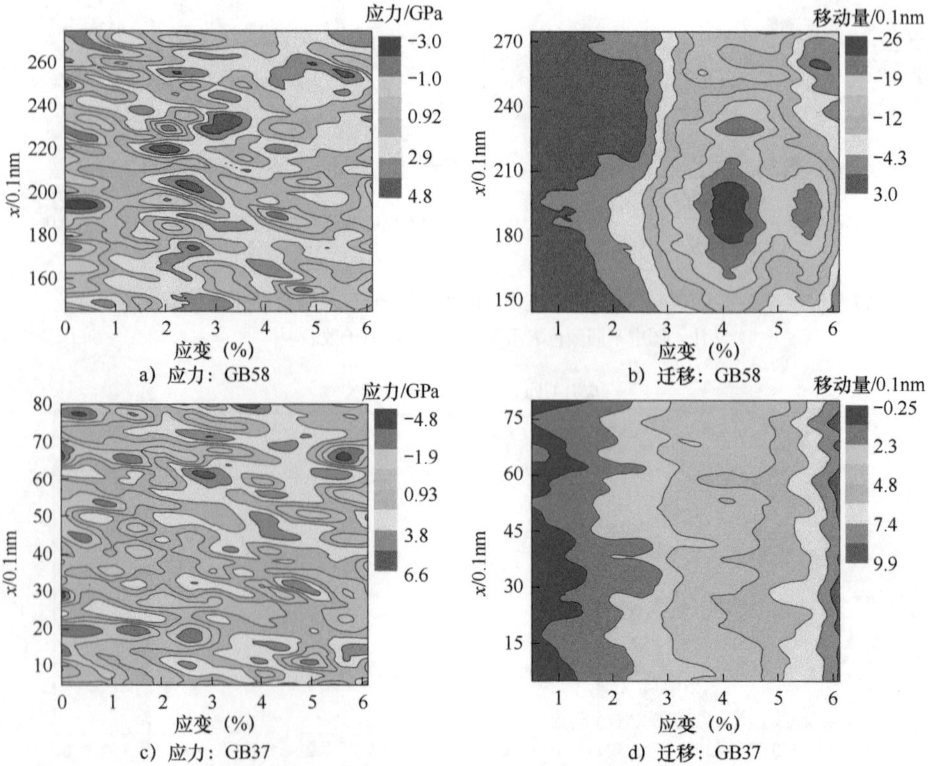

图 7-26　应变率为 $1\times10^{8}s^{-1}$，温度为 300K 时晶界 GB58 和 GB37 上的切应力差分布以及两个晶界移动量的分布

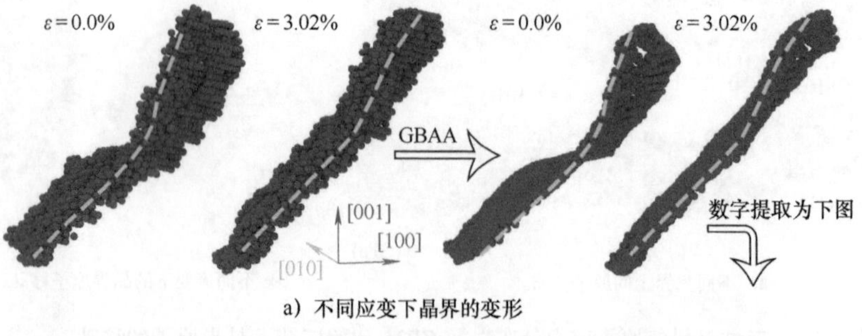

a）不同应变下晶界的变形

图 7-29　18.8nm 模型中曲面晶界的变形及拟合参数的变化

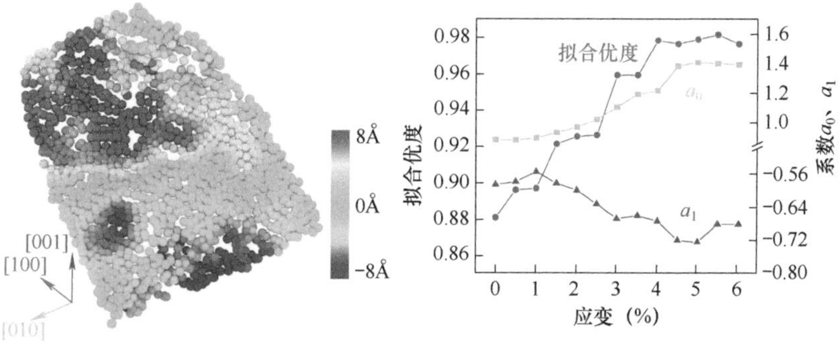

b）晶界的变形量分布　　c）拟合参数的变化

图 7-29　18.8nm 模型中曲面晶界的变形及拟合参数的变化（续）

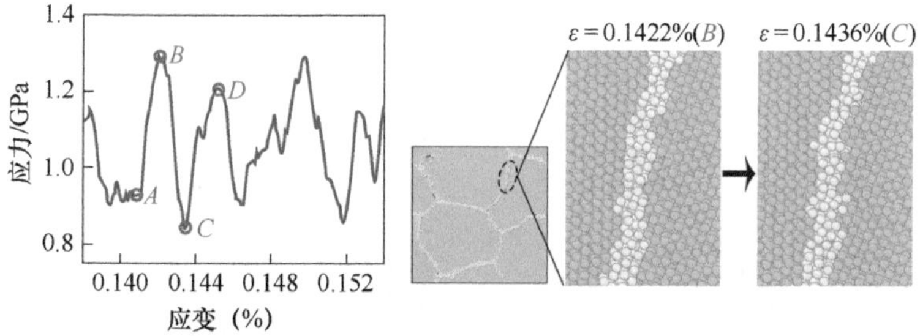

a）图7-31d的放大图　　b）晶界微变形

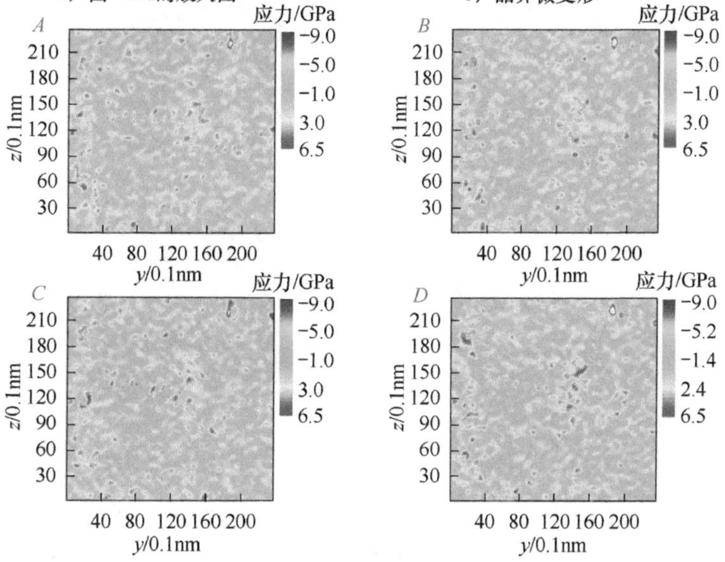

c）图a中不同点对应的应力分布

图 7-32　在不同阶段下的图 7-31c 中的晶界应力变化、分布及微变形

注：图 b 中白色、绿色和红色原子分别表示其他结构、FCC 结构和 HCP 结构（SFs 和 TBs）。

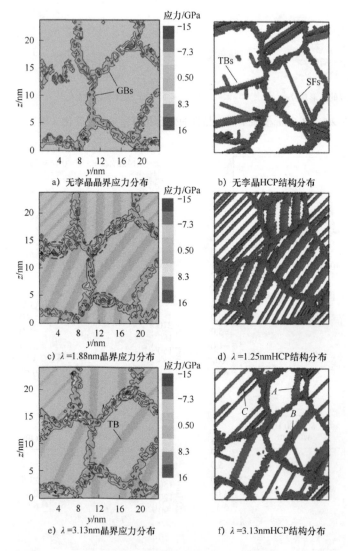

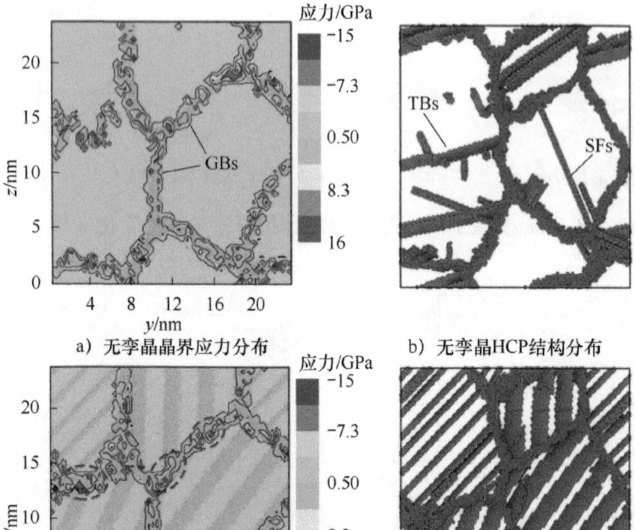

图 7-49　3.04%应变下不同模型中厚度为 1nm 的晶界应力分布和 9.12%应变下的 HCP 结构分布